フェルミのパラドックス

広い宇宙に地球人しか見当たらない75の理由

スティーヴン・ウェッブ
Stephen Webb
松浦俊輔 訳

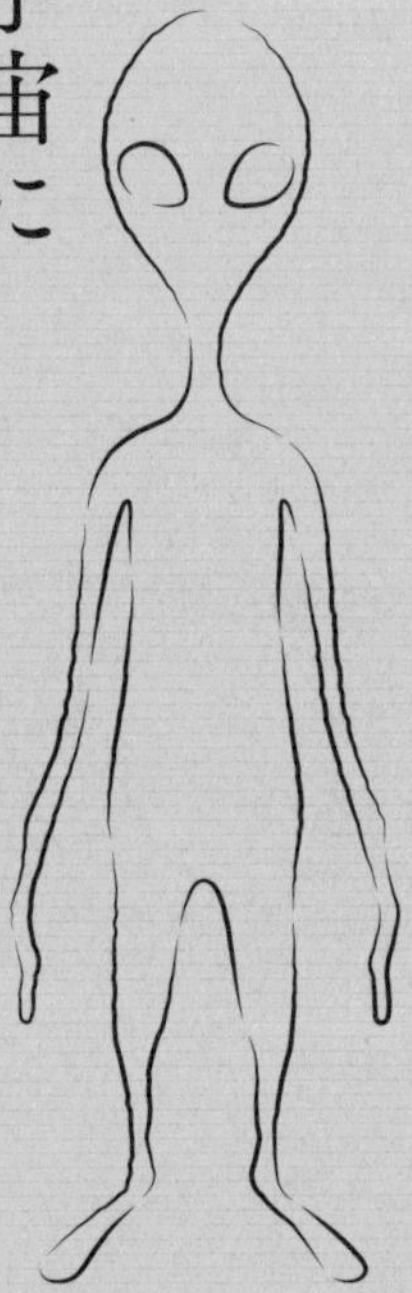

If the Universe Is Teeming with Aliens …
WHERE IS EVERYBODY?
Seventy-Five Solutions to the Fermi Paradox and the Problem of Extraterrestrial Life

青土社

目次

広い宇宙に地球人しか見当たらない75の理由

フェルミのパラドックス

ハイケとジェシカに

序文

「われわれ人類は宇宙で孤立した存在か?」とは、古くからある、普遍的な問いの一つだ。一世紀以上前から、見事なSF作品の元にもなっている――それに今や、現実の科学や探査も生んでいる。ただ、証拠は挙がっていない――実際、知的エイリアンが存在していそうか、そうでないかを言えるほどのことはほとんどわかっていない。そのため、集められるだけのあらゆる説が必要となる。また、だからこそ本書が探究心のある人々を刺激することになる。

火星には単純な生命体がいるかもしれない。あるいは火星の歴史の初期に生きていた生命の遺物があるかもしれない。また、エウロパやエンケラドゥスという、それぞれ木星と土星に伴う氷に覆われた衛星にも生命がいるかもしれない。しかしそうだと確信する人はほとんどいないし、そのような場所に複雑な生命圏があると予想する人はきっといない。生命圏を求めるには、遠い星々を探さなければならない――私たちに今建造できる探査機で行ける範囲をはるかに超える。

この方面では、見込みははるかに明るい。この二〇年(またとくにこの五年)、夜空は私たちの先祖にとってそうだったよりもずっと興味深く、はるかに探求心をそそるものだ。天文学者は、多くの星――大半の星と言ってもいいかもしれない――は、太陽と同じく公転する惑星を従えていることを発見してきた。こうした惑星は一般に直接見えるわけではない。その存在は、正確な測定で親恒星に対する影響が検出できるおかげで明らかになる。公転する惑星の重力によって恒星に周期的な微動が引き起こされたり、惑星が恒星の正面を通過するときに、恒星の光がわずかに遮られて、定期的に恒星が少し暗くなったりする。

地球の「双子」惑星——太陽に似た恒星を公転し、水が沸騰もせず、凍りっぱなしでもないような温度の軌道を回っている惑星——の可能性に対する特殊な関心もある。ケプラー探査機はそんな惑星を数多く探知していて、私たちは自信をもって、天の川銀河にはそういう惑星が何十億とあると推定できる。

今後二〇年もしないうちに、次世代望遠鏡がそうした惑星の中でも近くにあるものの画像を得るだろう。そこに生命はいるだろうか。私たちは地球で生命がどのように始まったかについても、確信を抱けるほどのことはほとんど知らない。複雑な分子から、代謝や生殖ができる存在への移行の引き金となるものは何か。銀河全体で一度しか起こらないほどのごく稀なまぐれ当たりによっていたのかもしれない。逆に、この重大な移行も、「適切な」環境が与えられればほとんど避けられないことだったかもしれない。私たちはまだ知らない——地球にいる生命のDNA／RNAの化学は唯一の可能性なのか、それとも所が変われば実現しうる多くの化学的基礎の可能性のうちの一つにすぎないのかもわかっていない。

さらに、単純な生命が広まるとしても、それが複雑な生命圏に進化する見込みを見積もることはできない。またそうなったとしても、いずれにせよ、そこから生じる結果は、違いすぎてその違いがわからないほどかもしれない。私はそれがわかるまでは生きていられないだろうが、ＳＥＴＩ（地球外知的生命体探査）の活動は賭けるに値する——探査が成功すれば、論理や物理の（意識のとは言わなくても）捉え方が人間の頭に収まる装置には限定されないような、とてつもないことがもたらされるからだ。

さらに、地球型の惑星にばかり目を向けるのは人間中心的すぎるかもしれない。ＳＦ作家には他のアイデアがある――木星のような惑星の濃密な大気に風船のような生命が浮かんでいるとか、知性ある昆虫の群れとか、ナノスケールのロボットとか。もしかすると、冷たい星間空間の闇にはじき出された、熱源としては内部の放射能（地球の中心部を温める作用）しかない惑星の上でも生命は栄えられるかもしれない。星間雲の中を自由に漂う、希薄な生命体というのさえありうるかもしれない。そのような存在だと、生きる（知能があれば考える）のはゆっくりとしたものだろうが、遠い将来には相応の実力をつけるかもしれない――ケンブリッジ大学での私の恩師、フレッド・ホイルが想像した「暗黒星雲」のように。

　中心にある太陽のような星が巨大になって、その外層を吹き飛ばすようになると、どんな惑星上の生命も生き延びることはないだろう。そのようなことを考えると、私たちは生命のいる惑星のはかなさに（そして生命はいずれその惑星の拘束を脱しないわけにいかないことに）思い当たるようになる。意図的と思われる信号が、超高知能の（意識があるとは限らないが）コンピュータから出ていて、それを生み出したエイリアン種族はもう滅びている、という可能性があることも考えておくべきだろう。

　いつかＥＴが見つかるかもしれない。他方、本書はＳＥＴＩの探査が失敗するかもしれない理由を七五も示している。複雑な生命圏は地球だけなのかもしれない。それは探査をしている人々にはがっかりだろうが、良い面もある。私たち人類は、「宇宙から見たらちっぽけ」とはそうそう言えなくなるのだ。さらに、そういう結果が出ても、生命は宇宙の片隅にできた副次的なものということにはならない。進化はまだ終わりより始まりの方に近いかもしれない。私たちの太陽系はやっと中年になったところで、人類が自滅を避けられれば、人類以後《ポストヒューマン》の種族の時代が到来する。地球出身の生命が銀河系に広がり、私たちに考えつけるものをもはるかに超える、複雑な存在の膨大な群れに進化することがありうるだろう。そうなればこの小さな惑星――宇宙空間に漂う淡い青い点《ペールブルードット》――が、銀河系全体で最も重要な場所となり、地球からの最初の星間旅行者は、銀河系全体に、またもしかするとさらにその向こうにまで反響を生むような大使命を担うことになる。
この論議は何十年も続くだろう。そしてスティーヴン・ウェッブはたった一冊の楽しい本の中に、その論議を豊かにしそうな論証と推測を集めた魅惑の宝庫にしている。著者には感謝すべきだろう。

王室天文官　マーティン・リーズ

新版まえがき

スプリンガー社のクリス・カロンに、本書の改訂版を出すという案と、辛い改訂作業全体を励ましてくれたことに感謝する。フェルミのパラドックスを論じることは、科学とSFが交わる刺激的なところに位置するものなので、この本の新版が、スプリンガー社の「サイエンス＆フィクション」という、当のカロンとアンジェラ・ラヒーの発案になるシリーズの一冊として出してもらえることになってうれしく思う。初版が出版されて一〇年以上が経ち、私はフェルミの問いが科学でも差し迫った問題の一つだとますます思うようになったが、それはまだ、専門の科学者よりもSF作家の方が論争に貢献している分野にとどまっている。

これまで私がフェルミのパラドックスの話をした方々は多すぎてすべてのお名前は挙げられないが、とくに、ミラン・チルコヴィッチ、マイク・ランプトン、コリン・マッキネス、アンダース・サンドベリ、デーヴィッド・ウォルサム、ウィラード・ウェルズに、アイデアや論文や原稿を見せてくれたことに感謝する。もちろん、そういうことすべてに価値を与えてくれるハイケとジェシカにも感謝しなければならない。

二〇一四年七月、リー・オン・ザ・ソレントにて

スティーヴン・ウェッブ

初版まえがき

本書はフェルミ・パラドックスの本だ——エイリアンがいる証拠が見つかってもよさそうなものなのに、いるようには見えないという矛盾のことだ。私は一七歳のときこのパラドックスと初めて出会い、それに魅了され、今もそれにとりつかれている。その間に多くの人が（あまりに多くて名を挙げられないが、本書の後ろにある文献表に出てくる人々）、このパラドックスについて書いた本や文章に、私は夢中になった。そのことがこの本に影響を及ぼしていることは明らかだ。またこのパラドックスについて、多くの友人や同僚とも話をしてきた。これまた数が多すぎて個々の名前は挙げられないが、その人たちのおかげで本書がある。

この本を書くに当たり、直接貢献してくれた方々がいて、その方々にお礼を申し上げたい。プラクシス・パブリシング社のクライヴ・ホーウッド、スプリンガー・フェアラーク社のジョン・ワトソン、コペルニクス・ブックスのポール・ファレルの各氏は、本書の計画を大いに支援してくれた。これらの方々の助言と励ましがなければ、この本は完成しなかっただろう（ジョン・ワトソンには、楽しいワーキングランチのときに、お気に入りのパラドックス解決法を教えてもらったことにも感謝）。スチュアート・クラークは、原稿に有益な意見をたくさんつけてくれた。ボブ・マリオットとティモシー・ヨーンは残っていた誤りや文章のおかしいところを指摘してくれた（ボブ・マリオットはパラドックスの一〇一通りの解決のしかたを送ってくれた——そのうち七五については賛成する)。さらにスティーヴ・ジレットは科学的なことで誤りを正してくれた(それでも残る間違いについては、もちろん私の責任だ)。マレーケ・ペースラーは、よく気がつく、力になる編集者で、アシスタントのアンナ・ペインターとともに、文章を大いに良くしてくれた。図版を転載する許諾を与えてくれた方々、あるいは団体もある。ローラ・ゴードン、ジェフリー・ランディス、イアン・ウォール、スーアン・レンドロス、ラインハルト・ラケル、ヘザー・リンゼイ、メリデス・ミラーには、しかるべき図版を手に入れる手伝いをしてもらった。デーヴィッド・クラスパーは、私とともに影響を受けた、子どもの頃の事件の記憶を語ってくれた。最後に、家族——ハイケ、ロン、ロニー、ピーター、ジャッキー、エミリー、アビゲール——にも、いろいろ我慢してもらったことに感謝。この本を書いていなかったら一緒に過ごせたはずの時間を使ってしまった。

スティーヴン・ウェッブ

二〇〇二年七月、ミルトン・ケインズにて

1 みんなどこにいるんだろうね?

逆説《パラドックス》には、あやしくもおもしろそうなところがある。モーリス・エッシャーのありえない逆説的な版画は、必ず目を欺く。ロバート・グレーヴズの「子どもたちへの注意」などの詩は、無限退行のパラドックスを利用して頭をくらくらさせる。二〇世紀最高の小説の一つに挙げられるジョセフ・ヘラーの『キャッチ22』の核心にもパラドックスがある。しかし私のお気に入りは、フェルミのパラドックスだ。

　フェルミ・パラドックスに私が初めて遭遇したのは一九八四年夏のことだった。ブリストル大学を出たばかりで、夏休みをかけてエイチソンとヘイによる『ゲージ理論入門』〔藤井昭彦訳、講談社、全二巻〕を読まなければならなかった——マンチェスター大学の大学院での勉強を始める前に読んでおくよう言われていたのだ。ところが私は、ブリストル・ダウンズの日の光を満喫して過ごし、自分が好きなものを読んでいた。『アイザック・アシモフSFマガジン』[1]だ。多くの人々と同様、私が科学に関心をもつようになったのはSF《サイエンス・フィクション》による。アイザック・アシモフ、アーサー・C・クラーク、ロバート・ハインラインを読み、『禁断の惑星』を見て、科学に夢中になったのだ。その年には、アシモフの雑誌に二号連続で、思考を刺激する科学事実《サイエンス・ファクト》の記事が掲載されていた。[2]最初はスティーヴン・ジレットの、「フェルミ・パラドックス」という簡単な題の記事だった。次に、ロバート・フレイタスの強力な反論記事「フェルミ・パラドックス——実にばかげた話」が出た。ジレットはこんなふうに論じた。楽観論者が信じるように、銀河には多くの地球外文明《エクストラテレストリアル・シヴィリゼーション》が栄えているとしてみよう（地球外文明のことを、略してETCと記すことにする）。すると、銀河系はきわめて古いので、ETCがわれわれから何万年、何億年も先行して存在している可能性は大いにある。ロシアの天体物理学者ニコライ・カルダシェフは、そのような文明について有効な考え方を提案した。それは、文明が保有する技術水準を使ってETCを分類できるのではないかということで、その技術の能力を表す三段階評価の尺度を考案した。カルダシェフ・タイプ1、つまりKⅠ文明は、われわれの文明と同程度で、惑星のエネルギー資源を利用することができるものをいう。KⅡ文明になると、地球の文明を超え、恒星規模のエネルギー資源を利用できる。KⅢ文明ともなると、銀河全体のエネルギー資源を利用できる。ジレットによれば、銀河系にあるETCの大半はKⅡかKⅢではないかという。地球上の生命についてわかっていることすべてをふまえると、生命には利用可能な空間を見つけてそこへ広がっていく生得の傾向があることがわかる。地球外生命は別だと考える理由はない。きっとETCは、生まれた星系から銀河系へと広がろうとしているだろう。ところが――ここが肝心かなめだが――KⅡやKⅢ文明なら、数百万年もあればこの銀河系に植民できるはずなのだ。するとこの天の川銀河には、技術的に進んだ文明があふれているはずだということになる。地球にも来ていていいだろう。ところがETCが存在する証拠は見つかっていない。ジレットはこれをフェルミ・パラドックスと呼んだ（どうしてフェルミの名がついているかについては、数か月後、エリック・ジョーンズが、パラドックスの由来を説明するロス・アラモス研究所の前刷りを発表してわかったが、それについてはまた後ほど）。ジレットにとって、このパラドックスは水を差す結論を示していた。この宇宙では、人類は孤立した存在だということになる。

フレイタスは、そういう話は全部でたらめだと考え、ジレットの論理を次のような論証になぞらえた。レミングは急速に増える――一年に三回ほど子を産み、一回に八匹生まれる。何年もしないうちに、レミングの総質量は地球の生命圏の総質量に匹敵することになる。地球はレミングだらけにならざるをえない。ところがレミングがいるところを見た人はまずいない。レミングを見たこと、あります？　「フェルミ・パラドックス」流の推論なら、レミングは存在しないと結論することになるだろう——ところが、フレイタスも指摘するように、それでは理屈に合わない。もっとおもしろいことに、フレイタスはＥＴＣの証拠がないことはそれほど問題にならないと思っている。小惑星帯に小型の探査機が隠れていたり、もっと大きな探査機でも、太陽系の外側のオールトの雲にいたのでは、それが探知できる見込みはまずない。さらに、パラドックスと言われていることの背後にある論理が誤っているとも論じている。この論旨の最初の二段はこうなっている。⑴エイリアンが存在するなら、ここにも来ているはずだ。⑵エイリアンがここに来ているなら、それが見られるはずだ。このふたつの「はず」がくせものだ。「はず」は「必ず」ではなく、したがって、言われていることを対偶のように裏返すのは論理的に正しくない（つまり、エイリアンがいるのが見られないからといって、来ていないということにはならないし、存在しないということにもならない）。

パラドックスを解決するための明瞭な証拠が出るまでは、自由にいろいろな方向の推論ができる。だからこそパラドックスはかくもおもしろくなるのだ。フェルミのパラドックスの場合、そこにかかっていることは非常に大きく（エイリアンの知的生命体が存在するかしないか）、論証に関して実験から入ってくる情報はほとんどない（いまだにＥＴＣがこちらに来ていないとは言いきれない）ため、論証はしばしば白熱する。ジレット＝フレイタス論争の場合、私は最初フレイタスの側だった。主な理由は、ただただ数の重みである。天の川銀河にはたぶん四〇〇〇億もの恒星があるし、宇宙全体には、銀河系にある星の数ほどの銀河があるだろう。コペルニクス以来、地球には特別な点は何もないということを科学は唱えてきた。そうすると、地球が知的生命の唯一の生まれ故郷ということはありえないだろう。ただ……

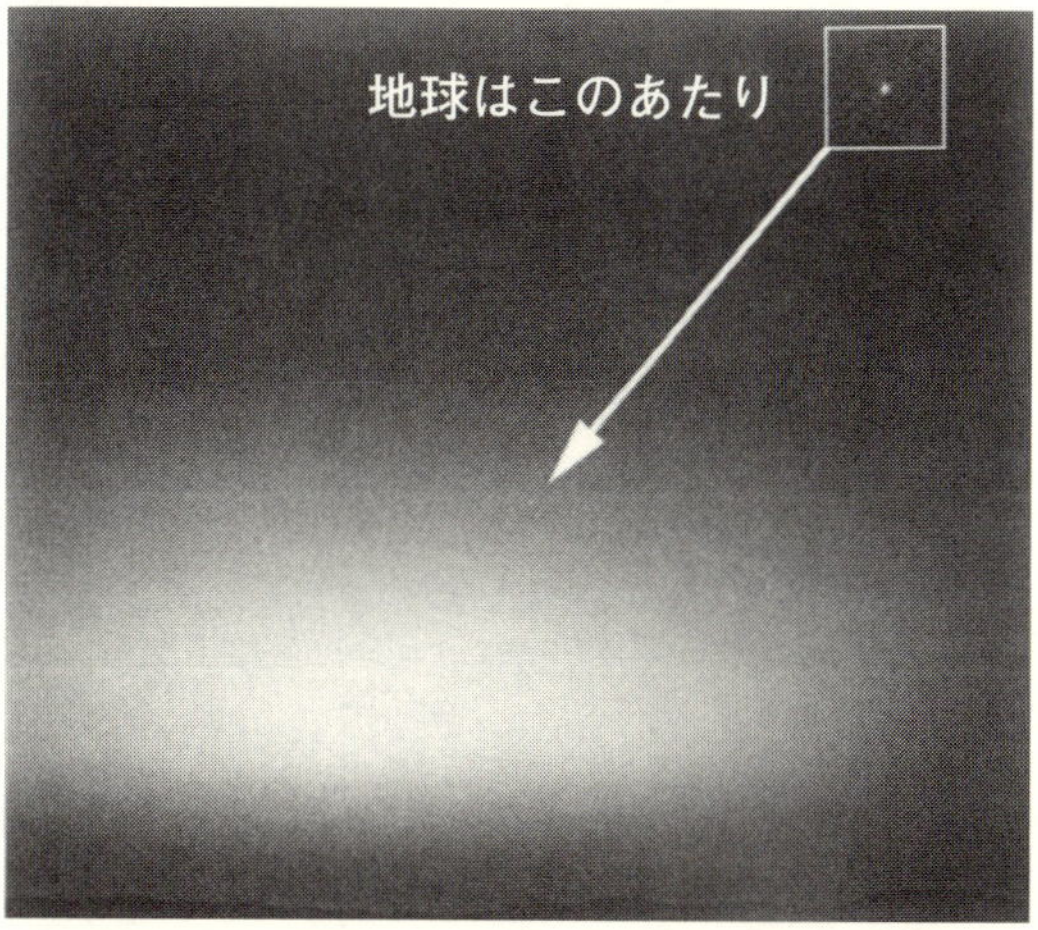

図 1.1　初めて別の惑星表面から撮影された地球の画像。2004 年 3 月、火星地上探査車「スピリット」が撮影したもの。地球はコンピュータ画面上でもかろうじて見える程度、印刷技術の限界があって、紙面では見えないかもしれない。これより前の 1990 年には、ボイジャー 1 号がさらに遠くから――約 60 億キロの距離――撮った地球の写真を送ってきた。カール・セーガンの言い方では、地球は「ペールブルードット」〔淡い青い点〕に見えた。われわれが住み着いている岩のかけらのちっぽけさと、宇宙にあるにちがいない何十億、何百億という同様の岩のかけらのことを考えると、われわれが宇宙で孤立した存在だとは、なかなか信じられない（写真―― NASA）。

ジレットの論証を頭から振り払うこともできなかった。子どもの頃から宇宙の驚異を描いた本を読んでいて、ファウンデーション三部作〔アシモフ、岡部宏之訳、ハヤカワ文庫など〕に出てくる銀河系に広がる文明、『リングワールド』〔ラリー・ニーヴン、小隅黎訳、ハヤカワ文庫〕に出てくる天体工学の驚異、『宇宙のランデヴー』〔アーサー・C・クラーク、南山宏訳、ハヤカワ文庫〕に出てくる乗り物《ベッセル》の謎――こうしたことはすべて、私の心に備えつけの家具のようなものだ。それにしても、そうした驚異の世界はどこにあるのだろう。SF作家の想像力は、ありうる宇宙を何百と見せてくれていたが、私がそれまで受けていた天文学の講義からすれば明らかに、実際の宇宙を覗き込めば、目に見えるすべてのことは物理学の冷徹な方程式で説明できた。単純に言えば、宇宙は死んでいるように見える。つまりフェルミの問いだ。いったいみんなどこにいるんだろうね？それを考えれば考えるほど、このパラドックスには意味があるように思えた。

私には、パラドックスが二つの大きな数の間の争いのように見えた。生命がいる可能性のある場所の数の多さと、宇宙の年齢の途方もない長さだ。

まず一方の数は、単に生命の発育にとってふさわしい環境がある惑星の数ということだ。平凡の原理を採用して、地球には特別なところはほとんどないと仮定すれば、銀河系には生命に適した環境は何億とあることになる（宇宙全体には何兆とあるだろう）。これほど多数の苗床があるなら、生命はあたりまえに存在するはずだ。

この論じ方は、少なくとも紀元前四世紀にまでさかのぼる。キオスのメトロドロスが、「広い畑に小麦の穂が一本しかないのは、無限の空間に一つの世界しかないのと同じくらい奇妙である」と書いている。

もう一つの数は、今や驚くべき精度で知られていて、最新の測定では、[3] 一三八億年（プラスマイナス三七〇〇万年）となっている。この種の話のときには、この時間の長さを感じてもらうために、宇宙の歴史全体を、手近な時間の長さに圧縮するのが慣例になっている。ここでは現行の宇宙の年齢の長さを地球の一年に圧縮することにしよう。言い換えれば、「宇宙カレンダー」があって、宇宙全体の歴史を三六五日に圧縮するというわけだ。この尺度では、一秒が現実の時間の四三七年に相当する。つまり、宇宙カレンダーでは、西洋の科学は一二月三一日も終わりかけ、日付が変わる一秒前に始まることになる。一九〇三年、ライト兄弟が動力飛行機を開発した。四〇年もしないうちにドイツのV2号ロケットが初の弾道飛行を行なう最初の機体となり、さらにそれから約三〇年後の一九七七年、ボイジャー1号がタイタン・ロケットで打ち上げられ、今や恒星間空間の入り口に達している。人間のふつうの寿命ほどの間に、人類は基本的に地表に拘束された生物種から、いずれ星々に達する飛行体を打ち上げられるところまで達した。それでもその時間の長さは宇

図 1.2　上――機上で操縦するオーヴィル・ライト、1903 年。左下――ドイツの発射台から発射されるロケット、1945 年。右下――ボイジャー 1 号の打ち上げ、1977 年。1 世紀もしない間のとてつもない技術の進歩。1000 年後、われわれの乗り物はどんなふうになっているだろう。（写真上―― USAF、左下―― Crown Copyright 1946、右下―― NASA）

「実時間」	宇宙カレンダーに換算した時間
70 年	0.16 秒
100 年	0.23 秒
437 年	1 秒
1000 年	2.3 秒
2000 年	4.6 秒
1 万年	23 秒
10 万年	3 分 50 秒
100 万年	38 分 20 秒
200 万年	1 時間 16 分 40 秒
1000 万年	6 時間 23 分 20 秒
1 億年	2 日 15 時間 53 分 20 秒

表 1　「宇宙カレンダー」で 138 億年を 365 日に圧縮する。この時間の尺度では、人間一人の寿命は何分の 1 秒の程度。イエス・キリストの生きていた時代は 12 月 31 日 24 時の 4.6 秒前、恐竜が滅びたのは 12 月 30 日のまだ早い時刻頃。

宙カレンダーでは最後の〇・一六秒にしかならない。人類の歴史全体は、宇宙カレンダーでは一時間にもならない。ところが、最古のETCとなると、宇宙カレンダーの初夏の頃に生まれた可能性もある。銀河系への植民《コロニゼーション》が数時間相当分でできるとすれば、いくつかの技術的に進んだ文明がとっくにそれを果たしているものと予想される。ETCがすべて植民以外の道を選んだとしても、少なくとも、ETCが存在する何らかの証拠が聞こえてくるものと予想されるのではないか?ところがこの宇宙は静かなものだ。フェルミ・パラドックスは論理的にエイリアンが存在しないことを証明するわけではないかもしれないが、その問いは注目するに値する。

　フェルミ・パラドックスがおもしろいと思ったのは私だけではなかった。長年の間に、多くの人々が、このパラドックスに対する答えを出していて、私にはそれを集める習慣ができた。「みんなどこにいるんだろうね?」という問いへの答えは、呆然とするほどの広がりがあるが、それはすべて三つの区分のいずれかに収まる。

　まず、地球外生命はすでに何らかの形でこちらへ来ている（あるいは来たことがある）という考え方を中心にまとまるもの。このパラドックスへの答え方としてはいちばん人気があるのはおそらくこれだろう。確かに地球外知的生命がいると信じる人はどこにでもいる。いくつもの世論調査が、アメリカ人の過半数が、空飛ぶ円盤は実在して地球を飛び回っていると思っていると、一貫して言っている。ヨーロッパでそう思っている人の割合はそれほどではないとはいえ、やはり高い。

次は、ＥＴＣは存在するものの、何らかの理由でその存在を示す証拠が見つかっていないとする答え。これはおそらく現場の科学者の間ではいちばん人気のある部類だろう。

第三に、宇宙にいるのは、あるいは少なくとも天の川銀河にいるのはわれわれだけだと言える理由を説明しましょうと称する答え方がある。地球外知的生命の消息を聞かないのは、地球外知的生命体などいないから、というわけだ。

二〇〇二年、私は本書の初版を刊行した。そこでは、フェルミのパラドックスについて私が何年かかけて収集した解き方五〇通りを、今述べた三つの区分に整理して取り上げた。それから一二年後〔原書刊行は二〇一四年〕、私がこの本の新版が必要だと思うのはなぜか？　何と言っても——おそらく誰の目にも意外には映らないだろうが——地球外知的生命の存在を示す、確固たる証拠はまだないのだ。ただ、「みんなどこにいるんだろうね？」に対する決定的な答えは得られていないとはいえ、科学者は、取り上げられた答えの多くに関連して得られていることを理解する点で大きく前進している。この十数年の間に、科学者は系外惑星、惑星力学、生命の限界について多くのことを知ってきた……このパラドックスについて最初に唱えられた答え（「みんなもうここにいて、ハンガリー人と名乗っている」）の誕生についてさえ、多くのことがわかってきた。つまり初版で取り上げた話は今やかなり時代遅れになっているということだ。最近になって唱えられた新たな答えもある。一二年を期して改訂するのは適切なことと思われる。

本書の初版には一つか二つ、冗談のような答えも入っていた。それは残すことにし、さらに二つ加えるが、それはフェルミ・パラドックスを本気で考える必要はないという意味ではない。私は「大沈黙《グレートサイレンス》」はますます答えに窮するようになりつつあると信じている。探査が行なわれ、否定的な結果が出るたびに、毎年毎年、望遠鏡で捉えられた山のようなデータの中に地球外生命の活動の証拠となる何らかの痕跡が見つからないまま一年が過ぎるたびに、パラドックスは強さを増している。私はフェルミの問いが科学全体の中でも重要なものになりつつあると思っている——それは意識の正体に関する問いや、われわれの物理学の理論の統一に関係する問いにつながっているのだ。

指数表記

本書は指数表記を用いる。この表記法になじみがなくても、これが非常に大きい数や非常に小さい数を扱うのには便利な方法だということだけは知っておいていただきたい。

本書で私が使うのは10を底《てい》とするもので、基本的に、指数は1の後に続くゼロの数を表す。この表記を使って二つの数をかけるのは単純で、指数を足せばよい。たとえば、

$$100 = 10 \times 10 = 10^2$$

であり、

$$1000 = 10 \times 10 \times 10 = 10^3$$

割り算も同様に易しい。指数から指数を引けばよい。たとえば、

$$1000 \div 10 = 10^{3-1} = 10^2 = 100$$

1より小さい数については、指数は負の数になる。負の指数の場合は、対応する正の指数の数の逆数となる。たとえば、

$$10^{-2} = 1/10^2 = 1/100 = 0.01$$

であり、

$$10^{-3} = 1/10^{3} = 1/1000 = 0.001$$

となる。指数表記を使うと、たとえば一〇〇万は10^{6}と書けるし、一〇億は10^{9}と書ける。科学者はあたりまえに非常に大きい数や小さい数を相手にしているので、これは科学では有用だ。指数表記を使えば、宇宙にある星の数でも（約10^{22}個）、電子の質量でも（約10^{-36} kg）、「一〇億兆」とか「一兆兆兆」のようなぎこちない言い方に訴えなくても言えるようになる。

本書の目的は、フェルミの問いに対して唱えられている七五通りの答えを紹介することだ。解を網羅的に集めることは意図していない。むしろ代表的なものだからとか、とくに興味深い何らかの特色を有すると思うからという理由で答えを選んでいる。幅広い、まったく異なる分野で研究するそれぞれの科学者の解もあるが、SF作家のものもある。このテーマでは、作家は少なくとも学者なみによく研究していて、専門の科学者の研究を先取りしている場合も多い。

本書の骨格は次のようになっている。

2章では、フェルミについて、その科学上の業績に焦点を絞って略伝を語る。それからパラドックスの概念を論じ、フェルミ・パラドックスの歴史を簡単に解説する。

3章から5章は、逆説への私が気に入っている解を七四個挙げる。そのすべてが別々のものではなく、一つの解が別の姿をしているものを取り上げることもあるが、いずれもフェルミの問いに正面から答えようとして唱えられたものだ。解は先に触れた三つの区分に沿ってまとめてある。3章にはETCはすでに来ているという考え方に基づく一〇通りを収め、4章にはETCは存在するが、その証拠が見つかっていないという考え方による三〇通り、5章には人類は孤立した存在だという考え方による二四通りを収めた。解の配列にもロジックがあるが、それぞれの解説が自足していて、読者が本の中を「探って」、とくに自分の気に入る答えを取り出してくれることを願っている。取り上げる際には、私が解に同意できなくても（そういう場合が多い）、解説はできるだけ公平になるよう努める。

6章には七五番めの解を収める。パラドックスの解き方に関する私自身の見方だ。それはとくに独創的なものではないが、われわれが住むこの宇宙についてフェルミ・パラドックスが教えてくれるかもしれないと私が思っていることを要約する。

その後に註や推薦する資料の章を置く。本書で取り上げられる素材は天文学やら動物学やら、幅広い主題にわたるので、最終章の資料集はどうしても範囲の広いものになってしまう。ＳＦ小説もあれば、科学の解説書もあり、学術誌で発表された一次資料となる研究論文もある。専門的な資料はなかなか手に入らない読者が多いだろうが、この最終章を使えば、ウェブで関連する情報を得ることくらいはできるものと期待している。

本書は一般の読者が対象だ。フェルミ・パラドックスの美しいところの一つは、指数表記以上の数学に関する知識がなくても理解できるところだ。つまり、誰でもフェルミ・パラドックスに答えを出せるということでもある。議論に参加するために、何年も科学や数学の教育を受けなくてもいい。本書を読んで、他の誰も考えたことのない答えを考えつければ私はうれしいと思う。もしそんなことがあったら、ぜひ教えてもらいたい。

2

フェルミとパラドックスについて

フェルミ・パラドックスに対して出されているいろいろな答えを見る前に、本章では背景をいくらか説明しておこう。まずエンリコ・フェルミの略伝を、その科学上の業績のほんのいくつか（本書で後で触れるもの）に絞って記す。本書の後節で取り上げる範囲の科学についての貢献のみについて触れ、たとえば、宇宙線物理学に関する貢献などは素通りする。フェルミは宇宙から地球に降り注ぐ高エネルギー粒子の起源を説明するための現実的なモデルを初めて唱え、この業績によって、NASAは宇宙線調査のための衛星を「フェルミ・ガンマ線宇宙望遠鏡」と名づけて称えているのだが。実際、フェルミの科学上の業績は数々あり、この「フェルミ宇宙望遠鏡」はフェルミの名がついたあれこれの中でも最新のものにすぎない。イリノイ州バタビアにはフェルミラボという素粒子物理学の世界最先端の研究施設があるし、一九五二年に水素爆弾の爆発の際に初めて合成された原子番号100の元素はフェルミウム（Fm）と呼ばれる。原子核物理学では標準的な長さとなる10^{-15}メートルのことは「フェルミ」と呼ばれる。「8103フェルミ」と言えば、小惑星帯にある小惑星の名であり、月の裏側にはフェルミの名がついた大きなクレーターがある。シカゴ大学のエンリコ・フェルミ研究所の何人かのメンバーはノーベル賞を受賞している。フェルミの科学内外での生涯のさらに詳しい話は、「参考文献」に挙げた、いくつかのフェルミ伝をお薦めする。

その次に、パラドックスの概念を説明し、いろいろな分野からの例をいくつか、簡単に見ておく。パラドックスは知の歴史の中でも重要な役割を演じており、思想家が概念の枠組みを広げるのを助けたり、ときには直観に反する概念を受け入れざるをえなくしたりしてきた。フェルミ・パラドックスを、こうしたもっと定着しているパラドックスと比較してみるのもおもしろいだろう。

最後に、当のフェルミのパラドックス——みんなどこにいるんだろうね？——が生まれた経緯について述べる。これはパラドックスではないし、フェルミが考えたものでもないと言う人々もいることは述べておくべきだろう。それでも、フェルミの問いは形式を整えたパラドックスの形にしつらえることが（そうする必要があると思うなら）できることを見てもらい、実際には信じられているよりずっと古いこのパラドックスにフェルミの名がつけられるようになったいきさつを説明しておく。

物理学者エンリコ・フェルミ

知識が前に進むのを止めようとするのは良くない。知っているより知らない方がましということは決してない。

——エンリコ・フェルミ

エンリコ・フェルミは二〇世紀物理学者の中でも最も両道に秀でた——最高水準の実験的研究を行ない、世界レベルの理論家でもある——物理学者だった。フェルミ以後、理論と実験をこれほど易々と行き来した物理学者は他にいないし、再びそういう人が出てくることはなさそうだ。この分野は大きくなりすぎて、そんな行き来を許さなくなっている。

フェルミは一九〇一年九月二九日、ローマで生まれた。公務員をしていた父アルベルト・フェルミと教師をしていた母イーダ・デガッティスとの間の第三子だった。早くから数学の才能を見せ[4]、ピサの高等師範学校に入って物理学の学生になると、すぐに教師たちを追い越した[5]。

フェルミが物理学に対してなした最初の貢献は、物質を構成する、いくつかの素粒子のふるまいを解析したことだ。このような粒子――陽子、中性子、電子――は、フェルミを称えて「フェルミオン」と呼ばれている。フェルミは、物質が圧縮されて同一のフェルミオンが近づくと、斥力が作用するようになり、一定の限界以上には圧縮できなくなることを示した。このフェルミオンの斥力は、金属の熱伝導性や白色矮星の安定性など、様々な現象を理解するのに重要な役割を果たしている。

その後まもなく、ベータ崩壊（大質量の原子核が電子を放出するタイプの放射性）に関する理論で、フェルミの国際的な名声は定まった。その理論は、電子とともに、ある幽霊のような粒子が放出されなければならないとしていた。この粒子をフェルミはニュートリノ――「小さな中性のもの」――と呼んだ。このような仮説的なニュートリノの存在を誰もが信じたわけではないが、結局フェルミが正しく、物理学者は一九五六年、とうとうニュートリノを検出した。ニュートリノは通常の物質とはなかなか反応せず、なかなか捕まえにくいものだが、その特性は、今日の天文学や宇宙論の理論では、根本にかかわるような役を演じている。

一九三八年、フェルミはノーベル物理学賞を受賞した。授賞理由には、原子核を調べるために開発した技法が認められたことも含まれていた。その技法によって、フェルミは新しい放射性元素を発見することになった。自然にある元素に中性子をぶつけることによって、四〇以上の人工的な放射性同位体を生み出したのだ。中性子の動きを遅くする方法の発見も授賞理由に入っていた。これは大したことがないように見えるかもしれないが、実用的な応用にとっては核心をなす。遅い中性子は速い中性子よりも放射線の放出を誘発しやすいからだ（遅い中性子の方が、標的となる原子核の近くにいる時間が長いので、原子核と相互作用する可能性が高くなる。狙いすましたゴルフボールは、転がり方が遅い方がホールに入る可能性が高くなるのと似ている。速いパットだと、カップを飛び越すこともある)。この原理は原子炉の運転にも用いられている。

受賞の知らせも、イタリアの悪化する政治状況によってそれどころではなくなった。ムッソリーニはます

図 2.1　原子の理論に関する講義をしているエンリコ・フェルミ。アメリカ郵政公社が 2001 年 9 月 29 日、フェルミ生誕百年を記念して発行した切手に使われているもの。(写真—— American Institute of Physics Emilio Segré Visual Archives)

ますヒトラーの影響を受けて、反ユダヤ運動に乗り出した。イタリアのファシスト党政府は、ナチのニュルンベルク法をそのまま真似た法律を通した。この法律は、アーリア人と見なされていたフェルミやその二人の子に直ちに影響したわけではないが、妻のラウラはユダヤ人だった。一家はイタリアを出ることにし、フェルミはアメリカで職を得た。

ニューヨークについて二週間後、フェルミの許へドイツとオーストリアの科学者が核分裂を実証したという知らせが届いた。アインシュタインは周囲から催促されて、当時のルーズベルト大統領に対して、核分裂から出てきそうな結果について警告する、歴史的な手紙を書いた。アインシュタインはフェルミらの研究を挙げ、質量の大きなウランで原子核の連鎖反応——巨大なエネルギーを解放できる反応——を仕立てることができるかもしれないことを警告していた。ルーズベルトは心配し、国防上の可能性を研究する計画に予算をつけた。フェルミはこの研究に深くかかわった。

原子爆弾を作るまでには多くの疑問を解決しなければならず、その多くに答えたのがフェルミだった。一九四二年一二月二日、シカゴ大学スタジアムの西スタンド下にあるスカッシュのコートに設けられた間に合わせの実験室で、フェルミらのグループは初の核分裂連鎖反応を起こした。反応炉、つまり原子炉は、純度を上げたウランの塊——全部で六トンほど——を、グラファイト〔炭素の結晶の一種〕の格子の中に並べたものでできていた。グラファイトが中性子を遅くし、分裂をさらに起こして連鎖反応を維持できるようにする。カドミウム（強力な中性子吸収体）でできた制御棒は、連鎖反応の速さを制御する。原子炉は午後二時二〇分に臨界に達し、[6]最初の実験は二八分間行なわれた。

フェルミはその並ぶもののない原子核物理学の知識をもって、マンハッタン計画で重要な役割を演じた。一九四五年七月一五日のアラモゴードにも行った。初の原爆実験トリニティの爆心地から一五キロほど離れたところだった。フェルミは爆弾とは反対側に顔を向けて地面に伏せていたが、巨大な爆発による閃光が見えたとき、立ち上がり、手にしていた何枚かの紙を落としてみた。風がなければ紙は足元に落ちただろうが、閃光の数秒後、衝撃波がやってきて、紙は空気の動きのせいで水平に飛んだ。よくやるように、フェルミは紙の飛んだ距離を測った。爆心までの距離はわかっていたので、すぐに爆発のエネルギーを推定することができた。

戦後、フェルミはシカゴ大学で研究生活に戻り、宇宙線の性質と由来に関心を抱くようになったが、一九五四年、胃がんと診断された。生涯の友人で同僚だったエミリオ・セグレがフェルミを病院に見舞った。フェルミは検査手術を受けた後で安静にしており、点滴を受けていた。セグレの感動的な語りによれば、フェルミは最後まで観測と計算への愛情を失わなかった。点滴のしずくを数え、ストップウォッチで落ちる間隔を測って、栄養剤の流れる速さを測っていたという。

フェルミは一九五四年一一月二九日に亡くなった。五三歳だった。

フェルミ推定

フェルミの同業者たちは、フェルミが物理学の問題について、その核心をまっすぐ見通し、それを簡単な言葉で述べる恐ろしいほどの能力を称えていた。みんなフェルミのことを教皇と呼んでいた。間違うことがないように見えたからだ〔ローマ教皇は神の代理として無謬とされる〕。それと同様に印象的だったのが、答えの大きさを推定する方法だった（頭の中で複雑な計算をする場合が多かった）。フェルミはこの能力を学生にも教え込もうとして、よく、いきなり、一見すると答えようのない問題に答えるよう求めていた。世界中の海岸にある砂粒の数はいくらかとか、カラスは止まらないでどのくらいの距離を飛べるかとか、人が呼吸するたびに、ジュリアス・シーザーが最後に吐いた息の中にある原子のうち何個を呼吸していることになるかとか。このような「フェルミ推定」（今ではそう呼ばれている）を考えるには、学生は世界や日常の経験についての理解に基づいて、大ざっぱな近似をする必要がある。教科書やすでにある知識に基づいてはいられないのだ。

フェルミ推定の典型が、アメリカの学生に問うた、「シカゴにはピアノの調律師が何人いるか」という問題だった。おなじみの当てずっぽうではなく、こんな推論をして、そこそこの推定値を出すことができる。

仮定1。シカゴの人口を三〇〇〇万人としよう（年鑑を見てこの数字が正しいかどうか確かめたわけではないが、確実な知識がないところで明快な推定をすることがこの練習の要だ。シカゴは大都市だがアメリカで最大の都市ではないので、この推定が二桁以上の誤差がある〔実は一億を超えているとか、実は数万人だったとか〕ということはまずない。前提を明瞭に述べてあるので、後にもっと良いデータで計算をやり直すこともできる）。仮定2。ピアノを所有するのは世帯であって個人ではないとし、学校やオーケストラなどの団体に所属するピアノは無視しよう。仮定3。ふつう一世帯には五人いるとすれば、シカゴには六〇〇万世帯あると推定できる。全世帯がピアノを所有しているわけではないことはわかっている。そこで仮定4。ピアノを所有しているのは二〇世帯に一世帯としておこう。こうするとシカゴには三万台のピアノがあることになる。さて今度は、三万台のピアノは一年にのべ何回の調律を必要とするかと問う。そこで仮定5。ピアノはふつう一年に一度調律する必要があると仮定しよう——したがってシカゴでは毎年、ピアノの調律は三万回行なわれていることになる。仮定6。ピアノ調律師は一日に二台の調律ができて、年に二〇〇日働くとする。したがって、一人の調律師が調律するのは一年に四〇〇台となる。必要な調律回数を満たすためには、シカゴには30,000/400 = 75人のピアノ調律師が必要ということになる。知りたいのは概数であって正確な数字ではないので、これを丸めて一〇〇人とすればよい。

後で見るように、問題の根幹を把握するフェルミの能力は、「みんなどこにいるんだろうね？」という問いを立てたときにも発揮されている。

パラドックス

みんな飲み屋でおばかさんたちを笑わせるおなじみのよた話《パラドックス》よ。
――ウィリアム・シェイクスピア『オセロ』第二幕一場

英語の「paradox《パラドックス》」という言葉は、「～に反する」という意味の「para」と、「見解・判断」を意味する「doxa」という二つのギリシア語に由来する。[7] それはある見解や解釈とともに、別の、互いに排除し合う見解があることを述べている。この言葉は様々な細かい意味をまとうようになったが、どの使い方にも、中心には矛盾という観念がある。しかし、ただつじつまが合わないだけではパラドックスにはならない。「雨が降っている、雨は降っていない」と言えば、それは相反することを言っているだけで、パラドックスにはならない。パラドックスが生じるのは、一そろいの正しいと思われる前提から始めて、その前提からそれを危うくする結論が導かれる場合だ。外ではきっと雨が降っているにちがいないと言える鉄壁の論拠があるのに、それでも窓の外を見ると雨は降っていない。この場合、解決すべきパラドックスがあるということになる。

弱いパラドックス、あるいは「誤謬《ファラシー》」は、少し考えれば解決がつくことが多い。矛盾が生じるのは、たいてい、単純に前提から結論に至る論理のつながりを間違えているせいだ。たとえば、文字式の計算を習いたての生徒は、よく、1＋1＝1のような明らかに正しくない命題の「証明」をしてしまう。そのような「証明」には、たいてい、式をゼロで割るところが入っている。それが誤謬の元だ。ゼロで割ることは四則演算とし

図2.2　視覚的パラドックス。このありえない図形はペンローズ三角形という。1950年代にこれを考案したイギリスの数学者、ロジャー・ペンローズの名がついている（初めて登場したのはもっと早く、1934年、スウェーデンのグラフィック・アーティスト、オスカル・ロートスヴァルトによる）。図は三次元の三角形の立体を表しているように見えるが、この三角形は実際には作れない。ペンローズの三角形の各頂点は、直角を透視図法的に描いたものになっている。エッシャーやロートスヴァルトのようなアーティストは好んで視覚的パラドックスを提示する。（図版―― Tobias R）

て認められていない。ゼロで割ることができたら何でも「証明」できてしまうのだ。これに対して強いパラドックスでは、矛盾の元はすぐには明らかにならない。解決がつくまで何世紀もかかることもある。強いパラドックスには、われわれが後生大事に抱えている理論や信仰を問い直すという力がある。実際、アナトール・ラパポートという数学者はこう述べている。[8]「パラドックスは知性の歴史において劇的な役割を演じており、科学や数学や論理学の革命的な展開に影響していることが多い。どんな学問分野でも、成り立つはずと思われていた概念の枠組み内部では解決がつかない問題が見つかれば、必ず衝撃を受ける。この衝撃のおかげで、古い枠組みを棄てて新しい枠組みを採用せざるをえなくなることもある」。

パラドックスは論理学や数学や物理学にはあふれていて、どんな趣味や関心についても、それに関するパラドックスが必ず一つはある。

論理パラドックスを少々

紀元前四世紀の中頃から哲学者が考えていて、今なお議論の対象となる古いパラドックスは、嘘つきのパラドックスだ。古代ではたいてい、ミレトスのエウブリデスによるとされている。エウブリデスはこんなことを問うた。「ある人が、自分は嘘をついていると言っている。この人が言っていることは真か偽か」。この文をどう分析しても、矛盾が生じる。同じパラドックスは、新約聖書にも姿を見せる。聖パウロは、クレタ人について「彼らのうちの一人、預言者自身が次のように言いました。『クレタ人はいつもうそつき』……」〔「テトスへの手紙」1-12 新共同訳〕。聖パウロがこの文の問題点について知っていたかどうかは定かではないが、ともあれ、自己言及をしてよいとなると、ほとんど必ずパラドックスになる。

われわれが持っている推論の道具の中でも重要なものとして、連鎖式がある。連鎖式は論理学者の言葉で三段論法の連鎖のことだ。ある命題の述語が次の命題の主語になる。次のような例が連鎖式の典型となる。

すべてのカラスは鳥である。
すべての鳥は動物である。
すべての動物は生きるために水を必要とする。

この連鎖をたどると、論理的にこう結論せざるをえない。すべてのカラスは生きるために水を必要とする、と。

連鎖式が重要なのは、それによって実験でどういうことになるか、すべてを実験して試さなくても結論を出せるからだ。先の例で言えば、カラスが渇きで死ぬかどうか知るためにカラスに水をやらないでおく必要はない。しかし連鎖式の結論は時として不条理になる。連鎖式がパラドックスになるのだ。たとえば、砂粒を一粒、別の砂粒に加えても砂山《ヒープ》はできないということを認め、砂粒一個では砂山にはならないとすると、いくら砂を集めても砂山にはならないと結論しなくてはならない。しかし現に砂山はある。このようなパラドックスの元は、「砂山」という言葉を意図的に曖昧に使っているところにある。[9]「テセウスの船」というパラドックス――木造船を、すべての板を一枚ずつ入れ替えて再現するとすれば、それは同じ船か？――も、「同じ」という言葉の曖昧さによっている。政治家はもちろん、こうした言語上のトリックを日常的に利用している。

推論を行なうときは、連鎖式だけでなく、きまって帰納――個別事例から一般論を引き出すこと――も用いるものだ。たとえば何かが落ちるのを見れば、それは必ず下に落ちる。帰納を用いて一般法則を立ててみると、ものが落ちるときは必ず下へ行くのであって、上ではないということになる。帰納は非常に役に立つ技で、それに疑念を投げかけるものがあると困ったことになる。ヘンペルのカラスのパラドックスを考えてみよう。[10]鳥類学者が何年も野外観察をして、無数の黒いカラスを見てきたとする。証拠は十分で、この鳥類学者は、「すべてのカラスは黒い」という仮説を立ててもいいだろう。これが科学的帰納の標準的な進め方だ。鳥類学者が黒いカラスを見れば、それはその仮説に有利な証拠をささやかに重ねることになる。さて、「すべてのカラスは黒い」という命題は、「すべての黒くないものはカラスではない」という命題と論理的には等価となる。この鳥類学者が一本の白墨を目にすれば、「すべての黒くないものはカラスではない」という命題に有利な証拠がささやかに重ねられる――しかしそうすると、白墨が黒くないことは鳥類学者がカラスは黒いと唱えるための証拠と言わなければならない。なぜ白墨を見て、鳥に関する仮説の証拠にせよというのだろう。鳥類学者は家でテレビを見ていれば、わざわざ木立にいるカラスを見なくても、有益な仕事ができるということだろうか。

予期せぬ絞首刑という論理パラドックスもある。判事が有罪を宣告された男にこう言う。「来週のある日に絞首されるが、精神的苦痛を軽くするために、執行の日は予期されずに来るものとする」。囚人はこう推論する。判事の言ったことを実行するには、執行人は金曜日まで待つことはできない。金曜日になれば、今日だとわかってしまうからだ——それでは執行が予期されなかったとは言えない。したがって金曜日は除外。しかし金曜日が除外となると、同じ理屈で木曜も除外される。同じく水曜も、火曜も、月曜も。囚人は大いに安心して、刑の執行はできないと推論する。ところがまったく思ってもいない木曜日、囚人は絞首台へ連れて行かれる。この論法——「抜き打ちテストのパラドックス」とも呼ばれる——にも、膨大な文献が生まれている。[11]

科学でのパラドックスを少々

嘘つきやカラスや死刑囚のパラドックスを考えるのはおもしろいし、役に立つこともあるが、論理パラドックスに関係する話は言葉の正確な意味や用法をめぐる話に退行してしまうことがあまりにも多い——少なくとも私の趣味で言えば。哲学者なら、そういうことを論じるのは立派なことかもしれないが、私の側から言えば、本当に魅力のあるパラドックスは、科学の世界にある。

たぶん中でも有名なものの一つに、双子のパラドックスという、特殊相対性理論に出てくる時間の遅れという現象にかかわるパラドックスがある。双子の一方が地球に残り、もう一方は光速に近い速さで遠くの星まで旅行するとしよう。地球に残った双子にとっては、もう一人の時計は進み方が遅くなる。相手の方が自分よりも年の取り方が遅くなるのだ。この現象は常識に反するかもしれないが、このことは実験で確かめられている。しかし相対性原理からすると、移動している相手も自分の方が静止していると考えることができることになる。向こうの視点からすれば、遅れるのは地球にいる方の時計で、地球に残った方が年の取り方が遅くなるはずだ。すると相手が旅行から帰ってきたらどうなるだろう。両方が正しいということはありえない。双子の両方が相手より若いというのは不可能だ。このパラドックスは簡単に解決できる。混乱は特殊相対性理論のあてはめ方が間違っているところから生じているのだ。双子それぞれの想定は入れ替え可能ではない。旅行している方は、光速近くまで加速し、途中で減速して、それからまた逆向きに同じことをする。地球に残った方はこのような加速を受けていないことには誰もが合意する。したがって、旅行をする方が、地球に残っている方よりも年を取るのが遅くなる。旅をした方が戻ってくると、双子の相手は年を取っているか、場合によっては死んでいるかもしれない。地球へやってくる地球外生命も、故郷の星に帰れば同様の現象を見ることになるだろう。故郷の星に残った兄弟姉妹は（エイリアンにも兄弟姉妹がいるとして）年を取っているか、ずっと前に亡くなっているかになる。こうなるのは、われわれの直観には反するが、パラドックスではない——パラドックスと言うより、星間旅行の悲しい事実なのだ。[12]

いわゆる火の壁《ファイアーウォール》のパラドックスも名品だが、双子のパラドックスよりもはるかに時代が下る。初めて唱えられたのは二〇一二年で[13]、それ以来、根底にある謎を解決しようとする論文が嵐のように出ている。これを書いている時点では、このパラドックスを解決した人はいない。このパラドックスは、量子論、一般相対性理論、相補性という三つの根本的理論が立てる予測どうしに明らかに矛盾があるために生じる。

量子論は自然界に起きる物理学的過程について、われわれが得ている最善の理論だ。それは確率論的理論、つまり起きることを特定して予想するのではなく、特定の事象が起きる確率を与える。したがって、量子論は異なる結果すべての確率を合わせると1になってこそ意味をなす。ありうるすべての結果について確率を足し合わせると、結果が0・8あるいは1・3——あるいは1以外のどんな値でも——になったら、その計算は意味をなさない。そこから、量子論にある情報は失われることはありえず、クローンを作ることもできないということも出てくる。情報が何らかの形で消えたり、複製できたりするとなると、確率を足しても1にならず、意味をなさないことになるからだ。

重力に関してわれわれが得ている最善の理論である一般相対性理論は、量子論というよりは古典に寄っている。つまり、こちらは事象から出てくる結果について、定まった予測をする。可能性があるいくつかの結果のいろいろな確率ではない。一般相対性理論は重力を時空の湾曲として記述し、そこから予測されることの一つとして、時空の湾曲が極度になると、ブラックホールができるとする。ブラックホールとは、光の速さをもってしても重力を振り切って脱出できないような空間の領域のことだ。ブラックホールは、事象の地平という「引き返し不能《ノーリターン》面」に囲まれている。事象の地平の外にいれば、原理的にではあれ、ブラックホール近傍から離れることはできるが、地平を越えて落下すると、脱出しようとどんなに試みても、失敗に終わることになる。一般相対性理論によれば、事象の地平を通過するときに特別なことに気づくわけではないことを知っておくことが大事だ。空間の中に、ここから先はブラックホールという境界を示す目印はないのだ。たいてい、だんだん流れが速くなって最後に滝になるような川でボートを漕ぐことにたとえられる。この川には、どんな筋力で漕いでも流れに打ち勝てなくなる、引き返し不能地点がある。ボートがこの引き返し不能点を通過すると、その運命は閉ざされ、滝の底まで運ばれることになる。しかし川にはその地点を示す印はなく、ボートは穏やかにその地点を通過して、何か変わったことに気づくわけではない。ブラックホールを囲む事象の地平についても同じことが言える。

一九七〇年代の半ば、スティーヴン・ホーキングが物理学にブラックホール情報パラドックスというのを持ち込んだ。ホーキングは、ブラックホールは何も出さないのではなく、実は放射することを示した。事象の地平面付近での量子効果から、地平近傍から粒子が離脱できるというのだ。ブラックホールはいわゆるホーキング放射を出していて、この放射とともに情報やエネルギーが運ばれる。この効果によりブラックホールはエネルギーを失う。つまり、小さくなるということだ。いずれブラックホールは蒸発してなくなる。しかし問題がある。ブラックホール内部にある情報はどうなるのか。情報がホーキング放射によって運び去られるなら、情報はコピーされなければならないことになる。事象の地平の内部からは脱出できないはずだからだ。しかし情報を二部持つというのは、確率を足して1にならなくなるので、量子論に反する。するとひょっとして、ブラックホールが蒸発してなくなるとき、情報は消えるのだろうか。しかし情報が消えるというのも、確率を足すと1に足りなくなるので、量子論に反する。つまり、ブラックホールに落ち込む情報がどうなるかについて、量子論と一般相対性理論が相反する記述をするように見えるというパラドックスがあることになる。

一九九〇年代の初め、レナード・サスキンドらのグループが、相補性と呼ばれることを、ブラックホール情報パラドックスの解決として唱えた。サスキンドの考えは、この問題はある意味で視点の問題だということだった。事象の地平の内と外では、それぞれの観測者が見るものが違うということだ。ブラックホールの外にいる観測者は、情報が事象の地平に集まり、それからホーキング放射でブラックホールを脱出すると見る。ブラックホール内部にいる観測者は、情報は事象の地平の内側にあると見る。二人の観測者は連絡をとれないので、パラドックスにはならない。サスキンドの説は、ある意味で、情報が、量子論の要請に反しないようにしながら事象の地平の内外両方にあることができるようにする。その案は、一九九七年、ファン・マルダセナがAdS/CFT対応という説[14]を唱えて支持を得た。この説が言っているのは、ストリング理論（これは自動的に重力を含む）は次元数の少ない空間での重力なしの量子論と同等であるということだ。マルダセナの論文はとてつもない影響を及ぼした。それによって物理学者はそれがなかったら難しすぎて解けないような問題を攻略できるからだ。ある状況で解きにくい問題を、解きやすそうな別の状況に切り替えてそこで処理しても、元の状況に戻すことができる。とんでもないことに思えるかもしれないが、AdS/CFT対応は、重力のあるブラックホールの三次元の内部は、事象の地平という二次元の面のすぐ上にある重力のない量子論と同等になることを述べる。この対応に基づく理論的研究の多くが相補性から言えることを支持するように見えた。情報は失われず、量子論は救われ、情報のパラドックスは片づいたように見えた。

ところが二〇一二年、四人の物理学者（アーメド・アルムヘイリ、ドナルド・マロルフ、ジョセフ・ポルチンスキー、ジェームス・サリー、合わせてAMPSと呼ばれる）は、ブラックホールが蒸発する過程を相補性を使って記述しようとしているときに、気がかりなことを発見した。四人の分析によれば、ブラックホールが蒸発過程の半ばあたりにあるとき、ホーキング放射で多くの情報を失っていて、二次元の地平面に残った情報は、重力を伴うブラックホールの三次元の内部を表すには足りなくなる。これは、AMPSがファイアーウォールと呼んだ現象に表れる。ブラックホールに落下する観測者が事象の地平のすぐ上の面で燃え尽きてしまうのだ。しかしこの効果は一般相対性理論に従うと起きるはずがない。空間には「引き返し不能面」を示す印はないはずなのだ。

こうしてパラドックスが戻ってきて、今度は量子論、一般相対性理論、相補性という三つの要素のいずれに注目するかで競合するので、事態はさらに悪くなる。これを書いている時点では、状況は混沌としている。いずれ明らかにはなるだろう——たぶん、情報理論のような別の領域の考え方が入ってくることによる——し、ファイアーウォール・パラドックスを解くことによって、物理学の根本的な概念のいくつかについて、さらに理解できるようになるだろう。

双子のパラドックスとファイアーウォール・パラドックスよりも前に、ハインリヒ・オルバースの名がついたパラドックスがあった[15]。オルバースは子どもたちが際限なく聞いてきた質問――「どうして夜の空は暗いの？」――について考えた。そして夜空の暗さはひどく不可解であることを示した。オルバースの推論は、二つの前提に基づいている。まず、宇宙は無限に広がっていることと、次に、星は宇宙全体にランダムに分布していることだった（天の川が星の集団であることが認識されたのは、オルバースが亡くなって七五年ほど後のことで、オルバースは銀河の存在を知らなかったが、推論がそのことに影響されるわけではない。その論証は、星についてだけでなく、銀河についてもまったく同じに成り立つ）。こうした前提から、しっくりこない結論が出てくる。どの方向を見ても、視線の先には何かの星がなければならない――したがって、夜空は明るいはずなのだ。

オルバースのパラドックス

すべての恒星の絶対光度は同じだとしよう（以下の論証は、この仮定によって簡単になるが、結論はこの前提に依存するわけではない）。さて地球を中心とし、星から成る薄い殻（殻Aと呼ぶ）と、やはり地球を中心とし、半径は殻Aの二倍ある別の薄い殻（殻B）を考えよう。言い換えれば、殻Bは殻Aの二倍の距離のところにある。殻Bにある星は、いずれも殻Aにある星の四分の一の明るさに見える（これは逆二乗則という。光源からの距離が二倍になれば、光源の見かけの明るさは2×2＝4の逆数、つまり四分の一に減る）。他方、殻Bの表面積は殻Aの四倍になるので、そこに含まれる星の数も四倍になる。明るさが四分の一になった星の数が四倍になる。つまり殻Bの全体の明るさは殻Aの全体の明るさと同じということだ。ところが、このことはどの星の殻どうしを比べても成り立つ。遠くの殻が夜空の明るさに占める分は、近くにある殻の占める分と同じとなる。宇宙が無限に広がっているなら、（同じ明るさの殻が無限に存在することになるから）夜空は無限大の明るさになるはずだ。

この論法は完全には正しくない。きわめて遠い星からの光は途中にある星で遮られる。それでも星が一様

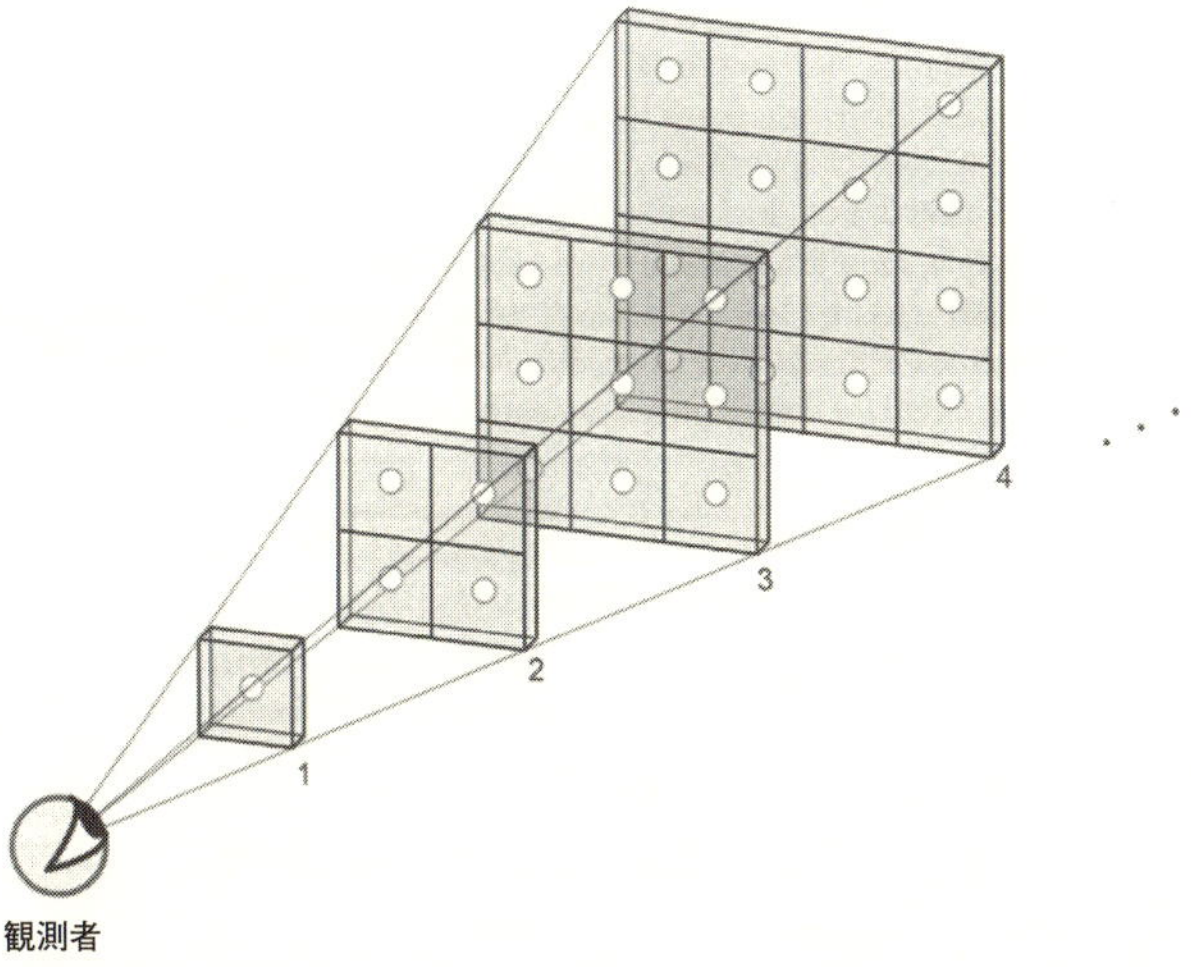

図 2.3　星が空間全体に一様に分布しているとしよう。星の明るさは観測者からの距離の２乗に反比例して減るが、星の数は観測者からの距離の２乗に比例して増える。この二つの効果が打ち消し合って、図のそれぞれの格子による明るさは同じになる。この格子が無限にあるのだから、夜空は無限に明るいはずだ。遠くの星からの光を近くの星が遮ることを認めても、夜空はまばゆくて目も開けられないほどになるはずだ。（図── Htykym）

に分布する無限大の宇宙なら、任意の視線がいずれは何かの星に行き当たるだろう。夜空全体は、暗いどころか、太陽のようにまばゆいはずだ。夜空は目を開けていられないほど明るいはずなのだ。

このパラドックスをどう解決できるだろう。まず思いつきそうな答えは、ガスや塵による雲が遠くの星からの光を遮っているとすることだ。宇宙には実際、そのような雲があるが、それがオルバースのパラドックスを消すことはない。雲が光を吸収するとしても、それで雲はどんどん熱くなり、元の星と同じ平均温度に達することになる。結局このパラドックスは、宇宙の年齢は有限という、天文学者による非常に劇的な発見によって説明されることになった。宇宙はたかだか一三〇億年ほど前にできたので、われわれに見える部分は一三〇億光年ほどの大きさしかない。夜空が太陽表面ほどの明るさになるためには、観測できる宇宙が今よりも一〇〇万倍近く大きくならなければならないだろう（宇宙が膨張しているということも、パラドックスの説明に使える。遠くにある天体からの光は膨張によって赤方偏移し、遠くの天体は逆二乗則で予想されるよりも暗くなるのだ。しかし説明の主要部分は、宇宙の年齢が有限であることから出てくる）。

このような単純な問い──「夜の空はどうして暗いの？」──を考えることで、宇宙が膨張し、その（少なくともそこにある星や銀河の）年齢が有限であるという推論ができるというのは見事なことだ。フェルミが投げかけた単純な問い──「みんなどこにいるんだろうね？」──は、さらに重要な結論をもたらすことになる。

フェルミ・パラドックス

この世にはわれわれしかいないと思うこともあるし、そうではないと思うこともある。いずれにせよ、そういうことを考えることがとてつもない。

──バックミンスター・フラー

ロス・アラモス国立研究所の科学者エリック・ジョーンズによる、本節も大いに依拠している調査[16]のおかげで、フェルミ・パラドックスの誕生についてはよくわかっている。

一九五〇年の春から夏、ニューヨークの各紙は、あるささやかな謎でもちきりだった。公設のごみ箱が姿を消したのだ。この年は空飛ぶ円盤の報告も盛んで、これまた紙面を賑わせていた。一九五〇年五月二〇日、『ニューヨーカー』誌がアラン・ダンによる、両方の話に拠った漫画を掲載した〔図2.4〕。

一九五〇年の夏、フェルミはロスアラモスにいて、ある日、エドワード・テラーやハーバート・ヨークと

図 2.4　エイリアンは、当人たちにしかわからない理由で、ニューヨーク市衛生局の財産であるごみ箱をもって母星に戻ろうとしている。（図版 —— The New Yorker Collection 1950, Alan Dunn 画, cartoonbank.com より, all rights reserved）

しゃべりながら、フラー・ロッジへ歩いて昼食に出かけていた。話題は最近やたらと出ている空飛ぶ円盤の目撃談だった。エミール・コノピンスキーが加わり、ダンの漫画のことを話した。フェルミは皮肉たっぷりに、ダンの見方はごみ箱が消えたことと空飛ぶ円盤の話という二つの別々の現象を説明しているので合理的な理論だと言った。フェルミのそんな冗談に続いて、空飛ぶ円盤が光の速さを超えられるかという真剣な議論があった。フェルミはテラーに、一九六〇年までに超光速移動の証拠が得られる確率はどのくらいだと思うかと尋ねた。テラーは一〇〇万分の一という推定を示し、フェルミはそれは低すぎると言った。フェルミの考えは、むしろ一〇分の一あたりの方だった。

四人は腰を下ろして昼食をとり、話はもっと現世的なことに転じた。すると、まだ他のことを話しているさなか、だしぬけにフェルミが聞いた。「みんなどこにいるんだろうね?」。昼食をともにしていたテラー、ヨーク、コノピンスキーは、すぐにフェルミが地球外からの来訪者のことを言っていることを理解した。それがフェルミだったので、最初思われていたよりも厄介で根本にかかわる問題だということに、一同は気づいたかもしれない。ヨークの記憶では、フェルミは次々と概算して、地球にはとっくに誰かが、何度も来ているはずだという結論を出した。

フェルミも他の三人も、この計算のことを公表していないが、フェルミの思考過程についてはそれなりの推測はつく。まず銀河系にある地球外文明（ＥＴＣ）の数を推定したにちがいない。これはわれわれにも推定できる。何と言っても、「発達した通信能力をもった地球外文明は銀河系にいくつあるか」とは、典型的なフェルミ推定の問題なのだ。

フェルミ推定問題――通信する文明はいくつ存在するか？

銀河系にある通信するＥＴＣの数《ナンバー》をNで表そう。Nを推定するためには、まず銀河系で一年に星が生まれる率《レート》Rを知る必要がある。また、恒星のうち、惑星《プラネット》を持つ割合《フラクション》f_pと、惑星を伴う恒星について、生命が維持できる環境《エンヴァイロンメント》をもつ惑星の数をn_eとする。生命が維持できる惑星のうち、実際に生命《ライフ》が育つ割合f_l、その惑星のうち、生命が知的能力《インテリジェンス》を発達させる割合f_i、そのうち星間通信ができる文化《カルチャー》が発達する割合f_cが必要だ。最後に、そのような文化が通信を行なう期間を表す年数Lが必要となる。以上の数をすべてかければ、Nの推定値が得られる。それは次のような簡単な式の形に書ける。

$$N = R \times f_p \times n_e \times f_l \times f_i \times f_c \times L$$

まず気をつけておくべきことに、囲みで示した等式$N = R \times f_p \times n_e \times f_l \times f_i \times f_c \times L$は、シカゴにいる

図 2.5　フェルミとエドワード・テラー（左）。1951 年。フェルミが最初にその問いを発してから、まだそんなにたっていない頃。（写真―― American Institute of Physics Emilio Segré Visual Archives）

ピアノ調律師の数を表す等式$N = p_c \times n_f \times n_e \times f_p \times n_l \times R$と同様、「きちんとした」式ではない。しかし等式に出てくるそれぞれの割合にしかるべき数を指定すれば――そのような値は知識が増大するとともに変化しうるし変化するだろうということも必ず理解したうえで――銀河系のETCの数の推定値に達することになる。直面する難点は、この等式の各項について、わからない度合いが異なるところにある。右記の項の値を出せと言われれば、天文学者の答えは「まず間違いない」（Rに関して）から、「確定も近い」（f_pについて）、「いったいぜんたい、どう考えればいいのか」（Lについて）までにわたる。少なくともシカゴで仕事をするピアノ調律師の数を推定しようとする場合には、いろいろな補助推定をしても、それにあまりにひどい誤差はないだろうと、まずまずの自信を持てた。ところが通信するETCの数に関する推定にはそんな自信は持てない。とはいえ、ETCについて明瞭な知識がなくても、それで進めていくしかない（ついでながら、先の式は、科学では偶像のような地位に達している。これは、

図 2.6　ハーバート・ヨーク。フェルミと昼食をともにした一人。（写真―― American Institute of Physics Emilio Segrè Visual Archives）

電波天文学者で、この等式を初めて明示的に用いたフランク・ドレイクにちなんで、ドレイクの方程式と呼ばれている。[17] ドレイクの方程式は、一九六一年――フェルミが例の感想を述べてから一一年後――にグリーンバンクで行なわれた地球外知的生命探査に関するきわめて有名な学会のときの焦点となった）。

一九五〇年の段階では、先の「等式」のそれぞれの項目について、フェルミが知っていることは今よりはるかに少なかっただろうが、妥当な推測をすることはできただろう――地球や太陽系は特別変わった存在ではないという、フェルミも依拠したであろう「平凡の原理」が指針となる。星が形成される率を一年に一個と推定しても、そんなに間違いではなかった。$f_p = 0.5$（半分の恒星が惑星を持つ）で、$n_e = 2$（惑星を持つ恒星は、平均して生命が生じうる環境のある惑星を二つずつ持っている）という値は、「まあまあ」に見える。他の項目はもっと主観的だ。フェルミが楽観的なら、$f_l = 1$（生命を育てうる惑星はすべて生命を育てることになる）、$f_i = 1$（生命が育つなら、必ず知的生命が生まれる）、$f_c = 0.1$（知的生命のうち一〇分の一が通信を行なえてそうする意思のある文明になる）、$L = 10^6$（文明はおよそ一〇〇万年間、通信時代にある）くらいの推定になる。フェルミがそういうふうに論じていれば、$N = 10^6$という推定に達することになる。言い換えれば、われわれと通信しようとする文明が、今現在、一〇〇万あってもおかしくないということだ。そのうちいくつかは、われわれよりはるかに進んだ技術水準に達しているにちがいない。すると、なぜ、向こうからの連絡がないのだろう。

確かに、この方向に推論を進めれば、どうしてもうすでにこちらへ来ていないのだろうということになる。きわめて長寿の文明がいくつかあれば、その文明が銀河系に植民していると予想してもおかしくない——しかも地球に多細胞生物が育つ前からそうなっていたとしてもおかしくない。この銀河系には、地球外文明があちこちにあるはずだ。ところがその兆しは見えない。すでに向こうの存在を知っているはずなのに、実際にはまだ知られていない。みんなどこにいるんだろうね？　これはさりげなく星間旅行について問うているのに他ならないと見たくもなるが、論証をパラドックスとして明示的に立てることも可能で[18]、フェルミならこの問いの逆説的な面を喜んだだろうということには相当の確信が持てる。みんなどこにいるんだろうね？　これがフェルミ・パラドックスだ。

念を押すと、パラドックスは地球外文明が存在しないと言っているのではない（フェルミが地球外知的生命の存在を信じていたかどうかはわからないが、私は多くの物理学者同様、信じていたのではないかと思う）。パラドックス——あるいは少なくとも、先方はこちらに来ていないだけでなく、向こうからの連絡もなく、銀河系にはその活動の証拠も見られないという、このパラドックスを拡張版——は、地球外文明が存在すると予想される

図 2.7　エミール・コノピンスキー（左端）。やはりフェルミと昼食をともにした一人（写真――American Institute of Physics Emilio Segré Visual Archives）

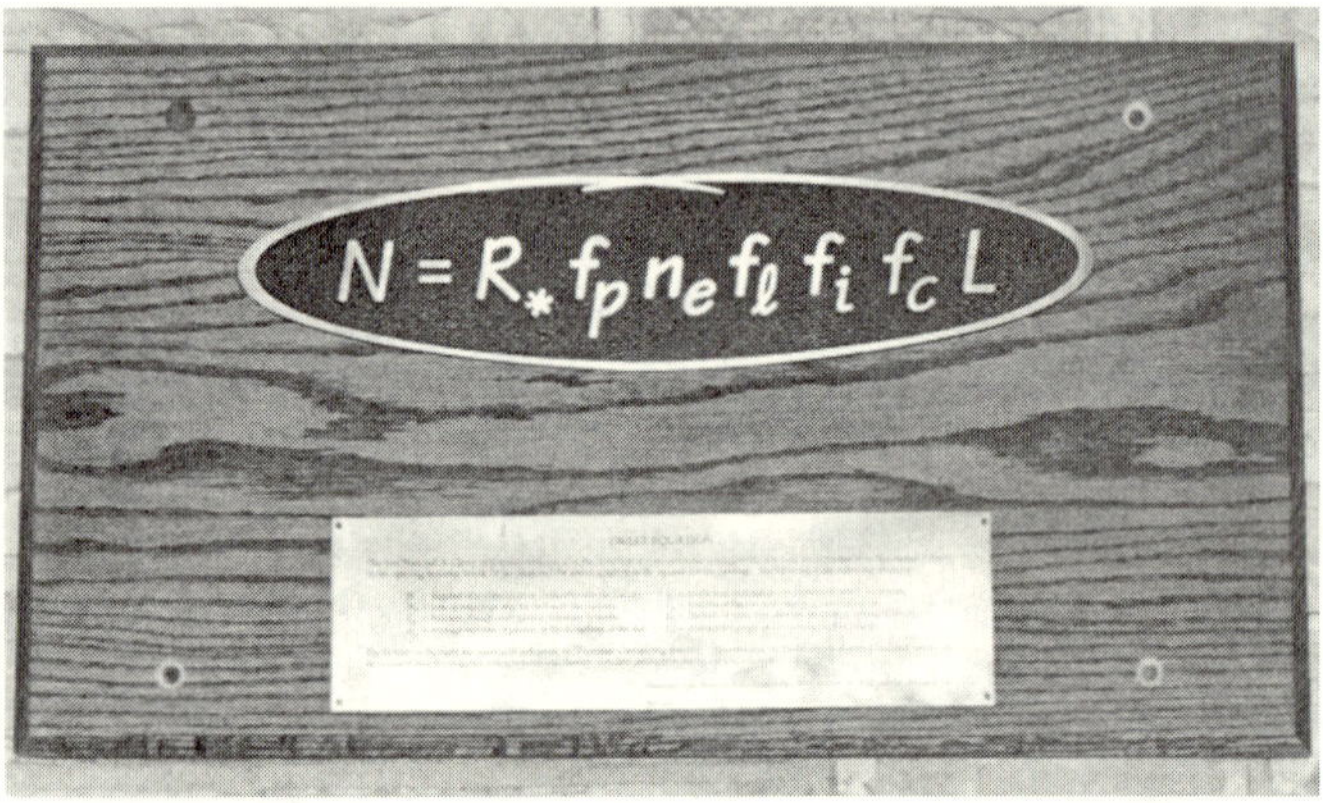

図 2.8　ドレイクの方程式は、銀河系で何らかの通信をしている文明の数を推定する手段。ドレイクは、第 1 回 SETI 会議―― 1961 年、ウェストバージニア州グリーンバンクの NRAO で開かれた――の議題に乗せられるようにこれを考えた。写真の記念プレートは、式が初めて書かれた黒板があるのと同じ壁に掲げられている。（写真―― SETI League）

のに、その兆しが見あたらないということだ。このパラドックスには、われわれが進んだ文明としては唯一のものだという説明もありうる――しかしそれはいくつもある説明のうちの一つにすぎない。

それが独立して四度発見されたことを知れば、このパラドックスの力がわかるだろう。このパラドックスは、正確にはツィオルコフスキー＝フェルミ＝ヴューイング＝ハート・パラドックスと呼ぶべきかもしれないのだ。

＊＊＊

コンスタンティン・ツィオルコフスキーは、一九〇三年にはすでに宇宙飛行の理論的基盤を考えていた予言者的な科学者で、[19]究極の実在は一種類の物質であるという一元論的な教義を深く信じていた。宇宙の部分がすべて同じなら、地球によく似た惑星系が他にもなければならないし、その惑星のいずれかには生命が宿ることになるだろう。ところが、その宇宙飛行の詳細への関心を考えると当然のことながら、ツィオルコフスキーは、人類が太陽系に居住地を建設し、宇宙空間へと乗り出していくことも固く信じていた。その思いは、有名な「地球は知性のゆりかごである。そのゆりかごで永遠に暮らすことはできない」という言葉に表れている。ツィオルコフスキーの中の一元論からすれば、どうしてもそういう話にならざるをえない。われわれが宇宙に出て行くなら、他の種族も同じことになるにちがいない。この論理からは逃れがたく、その結果ツィオルコフスキーは、人類が宇宙へ広がり、かつ宇宙には知的生命であふれているという両方の説を唱えると、パラドックスになるということを理解していた。一九三三年、フェルミがその問いを発するよりずっと前、ツィオルコフスキーは、ＥＴＣの存在が否定される理由は、次の二点であることを指摘した。(i)そのような文明が存在するとしたら、その代表が地球に来ているはずだ。(ii)そのような文明が存在していたら、その存在をうかがわせる何らかの兆候がもたらされているはずだ。これは明瞭なパラドックスの陳述だが、それだけではなく、ツィオルコフスキーは答えも出した。進んだ知性――「完全な天なる存在」――は、人類はまだ来訪を迎える態勢になっていないと考えていると信じたのだ。

ツィオルコフスキーのロケット学や宇宙飛行論の専門の業績は広く論じられたが、他の膨大な成果はソ連の時代にあっては一般に無視された。そのパラドックスに関する議論が評価されたのは、近年になってからのことだ（フェルミ自身の貢献も十分に伝わっていたわけではなかった。セーガンはフェルミとその問いについて、一九六三年に発表された論文の脚注で触れているが、ロスアラモスでの論議は「今やよく知られている」と言う以外は資料を挙げなかった。セーガンとシュクロフスキーは、二人による一九六六年の『宇宙の知的生命』という影響の大きかった本で、「みんなどこにいるんだろうね？」を引用した章を立て、この一句をフェルミによるとしているが、それが言われたのは一九四三年だと間違ったことを言っている。後の論文で、セーガンはフェルミからの引用であることを「根拠のない話かもしれない」としている）。

一九七五年、イギリスの工学者デーヴィッド・ヴューイングは、このジレンマについて明瞭に述べた。[20] その論文の一節は、そのことをきれいにまとめている。「するとこれはパラドックスになる。われわれの論理、われわれが中心ではないという考え方からは、われわれが特別ではない――つまりあちらも存在していなければならない――のは確実である。それなのに、われわれにはそれが見えない」。ヴューイングは、最初にこの重要な問い――「みんなどこにいるんだろうね？」――を発したのがフェルミであること、この問題がパラドックスをもたらすことを認めている。私の知るところでは、この論文は、フェルミ・パラドックスに直接言及したものとして初めてのものだった。

しかし、パラドックスへの関心が爆発する元になったのは、『クォータリー・ジャーナル・オヴ・ロイヤル・アストロノミカル・ソサエティ』誌に掲載された、マイケル・ハートによる一九七五年の論文だった。[21] ハートは、ある鍵を握る事実について説明を求めた。今のところ、外部宇宙から地球へ来た知的生命はいないということだ。ハートは、この事実の説明には四種類あると論じた。まず、「物理的な説明」で、これは宇宙旅行を実現しにくくしている何らかの難点があることに依拠している。次の「社会学的説明」は、要するに、地球外生命は地球には来ないことにしたという。第三に「時間的説明」があり、これはETCがわれわれのところに来るだけの時間がまだ経っていないとする。第四は、先方はもう地球に来ているかもしれないが、今はまで見えていないのだという説明。以上の類型は、可能性を尽くすために出されている。ハートはさらに、これら四つの類型のいずれも、鍵となる事実に説得力のある説明をもたらしていないことを有無を言わさず明らかにし、自身の説明を出すことになった。すなわち、われわれが銀河系で最初の文明であるということだ。

ハートの論文は活発な議論を巻き起こし、その多くは先の『クォータリー・ジャーナル』に掲載された。それは誰にでも参加できる論争だった——早い時期にはウェストミンスターの上院議員からの寄稿もあった。[22] たぶん、いちばん論争の種となった寄稿は、フランク・ティプラーからのものだっただろう。にべもない「地球外知的生命は存在しない」という題の論文だった。ティプラーは、進んだETCなら、銀河を安価に、また比較的短期に探検して移住するために、自己複製する探査機を使えるだろうと推理した。[23] ティプラーの論文の要旨は、それをこうまとめている。「地球外知的生命が存在するとしたら、その宇宙船がすでに太陽系に来ていなければならないと論じられる」。ティプラーの主張は、SETI計画には成功の見込みがなく、したがって時間と金の無駄だということだった。その論旨は論争の火に油を注ぎ、さらなる議論を呼んだ。この論争で最もクールな最高の要約[24]は、デーヴィッド・ブリンによるものだ。ブリンはこのパラドックスを「大沈黙《グレートサイレンス》」と呼んだ。

一九七九年、ベン・ズッカーマンとマイケル・ハートは、フェルミ・パラドックスを論じる学会を開いた。論集は本の形で出版され[25]、いろいろな見解が入ってはいるが、ETCには、銀河に移住していく手段も動機も機会もあるという結論抜きに読むことは難しい。手段――星間旅行は、容易ではないとはいえ可能らしい。動機――ズッカーマンは、ETCの中には母星の死によって、星間旅行に乗り出さざるをえないものもあり、いずれにせよ、惑星が破滅する可能性に備えて種が宇宙に広がることは賢明な考え方であることを示した。機会――銀河系ができて一三〇億年だが、植民は数百万年ほどで行なえる。それでも、われわれはまだそれを見ていない。これが推理小説なら、容疑者はいるが、死体はないということだろう。

この論証の力にみんなが納得したわけではない。数学者のアミーア・アクゼルが書いた最近の本では、地球外生命が存在する確率を1とする議論が行なわれている[26]。物理学者のリー・スモーリンは、「知的生命が存在しないとする側に立った議論は、私がこれまで遭遇した中でもいちばん興味深いものの一つである。それはセックスに遭遇したことがないから、それは嘘の話だと思う十歳の少年みたいなところがある」[27]と言う。故スティーヴン・ジェイ・グールドは、ETCは銀河に移住するために探査機技術を使うだろうというティプラーの説に触れて、「このような論法にどう応じればいいのか、単純にわからないと言うしかない。自分に近い人々の計画や反応を予測するのさえ十分に難しい。文化が異なる人々の思考や成果には、たいていまごつくものだ。地球外のどこかにいる知的生命がしそうなことを確信をもって述べられるなどということは、断じてありえない」と書いた[28]。

この感想に共感するのはたやすい。フェルミ・パラドックスについて用いられるこのタイプの推論を考えるとき、私は技術者とエコノミストが二人で歩いていたという古いジョーク[29]のことを思ってしまう。技術者が舗道に落ちていたお札《さつ》を見つけ、それを指さして、「ほら、舗道に一〇〇ドル札が」と言う。エコノミス

図 2.9　エンリコ・フェルミ。エルバ島沖で舟に乗っているところ。亡くなる直前に撮影された写真。(写真── American Institute of Physics Emilio Segré Visual Archives)

トはそのまま歩き続け、わざわざ見ようとせずに、こう言う。「そんなことはないよ。お金が落ちていたら、とっくに誰かが拾っているはずだろう」。科学では、観測し、実験することが大事だ。見ないことには何がいるかわからない。この世ではどんなに理論化しても、すべて実験による検証を通さなければ何にもならないのだ[30]。

それでも、確かにハートの鍵を握る事実には説明が必要だ。天文学者はこれまで半世紀以上もＥＴＣを探してきた。そして、徹底した調査にもかかわらず沈黙が続き、ＳＥＴＩを熱心に支持している人々の間にさえ、心配が生じるようになっている。宇宙には人工物も簡単に見えそうなのに、観測される宇宙は自然のものばかりだ。なぜか。みんなどこにいるんだろうね？　フェルミの問いは、今なお答えを求めている。

3

実は来ている（来ていた）

フェルミ・パラドックスの最も単純な解決方法は、「みんな」――つまり地球外知的文明の代表――がもう来ている（あるいは今はここにいなくても、過去にはいた）とすることで、このパラドックスを解決する三種類の方法のうち、一般の人々にずば抜けて人気があるのはこの種の解だ。世論調査をすればいつも、UFO現象はエイリアンの宇宙船と考えるのが最善の説明だという考え方を高い割合の人々が受け入れているという結果になる。古代の構造物は当時の人々ではなく地球外生命が築いたものだという考えを信じる人々の比率は少し下がるが、それでも、たとえばエジプトのピラミッドは地球外起源だという説は、ただのアングラの見解ではすまない（私は今、「pyramids（ピラミッド）」と「extraterrestrial（地球外）」を検索語にしてインターネットの検索をしたところ、三三万二〇〇〇件がヒットした）。そして驚くほど多数の人々が、自分の意志によるかよらないかの差はあっても、別の惑星からの存在と接触したとさえ言う。すると多くの人々にとって、フェルミの問い――みんなどこにいるんだろうね？――には簡単に答えが出る。

科学者は様々なこの種の説にははるかに懐疑的だが、それはその主張がそもそもありそうにないからだけではなく、根拠となる証拠が貧弱だからでもある。それでもこうした説は、パラドックスを解決する可能性があるものとしてまともに取り上げて良い。唱えられている解には率直に言って滑稽なものもあるが、ここに関係する考え方を、少なくとも虚心坦懐に検討することなしに退けるべきではない。実際、まじめな科学者の中には、近隣の領域をもっと詳しく調べてエイリアンの宇宙船の存在を明瞭に排除できるまでは、フェルミ・パラドックスは実はパラドックスではないと論じる人もいるくらいだ。

私は本章の題を非常にゆるやかに考えていることを言っておこう。「いる」とはただ地球だけでなく、太陽系全体と考える――解9と19では、この宇宙全体と考えている。とはいえ最初は、フェルミに由来する問いよりも前に、このパラドックスについて唱えられた解決法第一号のことを述べる。

解1 みんなもう来ていて、ハンガリー人と名乗っている

……私が知る中で、無条件で最も頭のいい人物
――ジェーコブ・ブロノウスキー『人間の進歩』（ジョン・フォン・ノイマン評）

フェルミならきっと、このパラドックスに対する答えの一つのことを、自分がその問いを出す前から知っていただろう。それはロスアラモス国立研究所には出回っていた冗談だった。

その冗談の由来は、一九四五年あるいは四六年、ロスアラモスで、アメリカの物理学者フィリップ・モリソンが仕立てた、火星人が地球を――その必要が生じた場合――占領するとしたらどうするかという話だった。[31] モリソンは、火星の地球侵略は、まだ記憶に新しい連合軍によるノルマンディ上陸よりも難しいことを認識していた。では火星人はどうするだろう。モリソンは、火星人は長期的な展望をとって、一〇〇〇年、二〇〇〇年の時間をかけて現地を理解するだろうと論じ、ハンガリー人がその橋頭堡だと考えられるいくつかの理由を提示した。その長期的偵察活動が成功するには、火星人は地球人として通用しなければならず、当然、進化上の違いをものすごくうまく隠しただろうという――ただし隠せない例外が三つあった。第一の

特徴は非定住性。ハンガリーのジプシーにそれが表れている。第二に言語。ハンガリー語は、近隣のオーストリア、クロアチア、ルーマニア、セルビア、スロバキア、スロベニア、ウクライナといった国々で話されているインド＝ヨーロッパ系の言語いずれとも類縁関係がない。第三に知能。ハンガリー人の頭脳の力はただの人のものとは思えない。数年後、フェルミがあの問いを発する頃には、モリソンの話はロスアラモスの理論部門内でしばしば繰り返される変わった話になっていた。その冗談が、「連中はもうわれわれの中に交じっていて、ハンガリー人と名乗っている」だった。

　この説にとっては残念なことに、歴史上、ある時期に非定住性を見せたことのある民族はいくつもあるし、ハンガリー語は決して特異ではなく、フィンランド語、エストニア語、ロシアで話されているいくつかの言語と類縁がある。しかし第三の特徴は、マンハッタン計画の時期には明らかだった。フェルミの同僚には、レオ・シラード、エドワード・テラー、ユージン・ウィグナー、ジョン・フォン・ノイマンもいた。この四人のハンガリー人は一〇年ほどの間に相前後してブダペストで生まれた。セオドア・フォン・カルマンも戦時研究に大きな貢献をしたブダペスト生まれの人物だ。ただし他の四人よりは少し前の生まれだった。この五人の「火星人」は、確かにものすごい頭脳集団をなしていた。[32]物理学者のシラードはいくつもの分野に貢献した。テラーは水爆開発の原動力となった。ウィグナーは量子論の業績で一九六三年のノーベル賞を受賞した。フォン・カルマンの航空力学研究によって、初の超音速航空機の設計が生まれた。中でも図抜けて頭がよかったのはフォン・ノイマンだった。

　ジョン・フォン・ノイマンは、後ほどまた登場するが、二〇世紀でも傑出した数学者の一人だった。ゲーム理論の分野を拓き、量子論、エルゴード理論、集合論、統計学、数値解析にも根本的な貢献をし、初の柔軟なプログラム読み込み式のデジタル・コンピュータを開発する仕事も支援して、その名声を獲得した。晩年は大企業や軍の顧問にもなり、その脳自体が時分割式の大型コンピュータであるかのように、様々な事業に時間を配分していた。頭の中で数学の問題を解く計算力は伝説的だ——フェルミと計算競争をすれば必ず勝った。ほとんど写真のような記憶力は、この世のものとは思えない知能という雰囲気を増した。「ハンガリー人はエイリアン」という説に見事に合致するフォン・ノイマンの才能は他にもあった。「遊び好きのジョニー」はプリンストンのパーティでは大量のアルコールを摂取し、それでも頭の働きが鈍ることはなかったらしい。自動車事故を次々と起こした——プリンストンのある交差点はノイマンが事故の常連だったせいで「フォン・ノイマン・コーナー」と呼ばれた——が、本人はけがもせず歩いて立ち去った（当然出てくる結論は、アルコールが運転には影響したということだが、そうだったと言える証拠はない。ただ運転が下手だっただけらしい）。

しかし「世界でいちばん頭がいい男」でも、ときには間違うことがある。フォン・ノイマンは、デジタル・コンピュータの開発の要になる役割を果たし、数学者としてはあまり例のないほどわれわれの生活に影響を及ぼしているのに、コンピュータはこれから先も巨大な装置で、水爆を作ったり天候を制御したりするだけに役立つものと考えていたらしい。コンピュータがトースターやらドラム式乾燥機やら、日常のすべてに組み込まれるような日を予測することはできなかった。本当の火星人なら、きっともう少し先のことが見えただろう。

解2　みんなもう来ていて、政治家と称している

誰かに空想できるなら、別の誰かが信じるだろう。

――ウィリアム・K・ハートマン

私たちの多くは、どこかで、自分たちの政治的指導者は全然まともじゃないという意見を言ったことがあるにちがいない。実際、政治家の中には、おそらく端的におかしいと非難された人々もいる。ある種のイギリス政治家の場合には、そのおかしさは、尊大な野心が奇矯なパブリックスクール制度とかけあわされた産物にちがいないと、私はつねづね思っている（イギリスで暮らしたことのない読者のために言っておくと、この学校は「パブリック」と言いながら私立）。政治家の尋常ではない行動には疑いなく別の説明がある国々もある。しかし政治家のいずれかがエイリアンだと言えるだろうか。デーヴィッド・アイク――元サッカー選手でBBCのスポーツキャスターを務めたこともある――は、まさしくそうだと論じる。アイクによれば[33]、高次元の爬虫類のようなあるエイリアン種族が、自分たちの分身を英米の枢要な政治家に投射しているという（政治家だけではない。エリザベス女王、フィリップ王配、チャールズ皇太子はみな変身する爬虫類だ。アン王女も爬虫類だが、今のところ変身するところを見られたことはないらしい）。

権力にある人々の一部が人類ではないと信じるのは、アイクだけではない。カナダの高名な公人で、一九五〇年代には国防長官を務め、ピエール・トルドー政権では内閣上級閣僚も務めたポール・ヘルヤーは、地球外生命が今も地球を闊歩していると信じている。とくに、二〇一三年五月のシティズン・ヒアリング・オン・ディスクロージャー〔情報開示市民公聴会〕のときには、オバマ政権の閣僚のうち二人がエイリアンだと述べた[34]。ある政治家は、エイリアンと何度も身近に接したことを告白したことさえある。ホイットビー町議会議員を

務めるサイモン・パークスは、キャット・クイーンというエイリアンとの間に子を儲けたと主張する（パークスの政治家としての経歴は、アイクやヘルヤーのものと同じ水準ではないことは認めなければならない。パークスはイングランド北東部の小さな地方公共団体の代議員で、二〇一二年の地方選挙で当選したときには、有権者数二七五八人で、投票に出かけたのは六四八人だった[35]）。

「ハンガリー人は地球外生命」説はつねに冗談として言われていたが、アイクもヘルヤーもパークスも本気だ。すると、こうした人々にとっては、フェルミ・パラドックスは明らかにないことになる。地球外生命はここにいて、私たちの上帝《オーバーロード》か恋人か何かになっている。こうした説をトンデモ説として退けることは簡単にできる——そこで私も同様にトンデモ説だとする——が、私がこれをパラドックスの解の一つとして取り上げるのは、単にすべてをつくすためだけではない。本書のすべての解のうち、この説は（おそらく解4を除いて）最も多くの人々に受け入れられるものである可能性が高い。確かに、私の本を読む人よりアイクの本を読む人の方が多いし、ネットの書評家も相当の数の人々がアイクのとりとめのない話をトンデモとは見ていない。何十万という人々がヘルヤーの証言を見ていて、YouTubeにある様々なディスクロージャーの動画につくコメントは、大部分がその証言を支持している。パークスが朝のテレビ番組にゲスト出演したときは、番組後にかかってきた電話は一般にがんばれなど好意的だった。エイリアンが不運な人々を誘拐して体を調べるという説は、この世界の相当の部分で本気で取り上げられているらしい。

今では、私は人が女王が変身する爬虫類だとか、閣僚の誰かが変身した地球外生命だとか、エイリアンが定期的にやって来てセックスするとかのことを信じるようになるいきさつを理解できる。つまるところ、私たちの誰もが本当に信じられることは自分の頭の中で起きることだけで、アイクのような人々にとっては、頭の中で膨らむ思考はたぶん外の世界の現実のことだと受け止められるのだろう（アイクよりも精巧な頭の持ち主も同様の道をとっている。ジョン・ナッシュという、フォン・ノイマンのゲーム理論の成果をさらに進めた傑出した数学者は、妄想型統合失調症にかかった。ある人が、どうして数学者のあなたが、地球外生命からメッセージを送られてきているなどと信じられるのかと尋ねた。ナッシュは、そういう考えは自分の創造的な数学の考えと同じような届き方をするので、まともに取らざるをえないと答えた[36]。私には理解できないのは、これほど多くの人々がなぜ、アイク、ヘルヤー、パークスの発言を信じることを選ぶのかということだ。政治家が地球外生命だという考えは流布した仮説かもしれないが（そしてもちろんトニー・ブレア元英首相の行動を説明するという利点があるが）、もちろん私たちはパラドックスのもっと本当らしい解を探す必要がある。

解3　ラディヴォイェ・ライッチに石をぶつけている

魔法使いは、可能性が一〇〇万分の一のことが一〇回のうち九回現れると計算した。
――テリー・プラチェット『死神の館』

二〇一三年の夏、休み中に読んだ本で、フェルミ・パラドックスのまったく新しい解決案に出会った。高名な傑出した研究者による材料科学に関する一般向けの優れた解説書[37]に、ラディヴォイェ・ライッチ――自宅に隕石が六回当たったと主張するボスニアの人物――について、否定的とはいえ、まともに取り上げた見解が書かれていたのだ。この本が正しく述べたように、同じ家に隕石がこれほどの回数、偶然に当たる可能性はきわめて小さく、そのためむしろ、自分は（少なくともその家は）地球外生命に狙われているという、ライッチ自身の説明がありえそうに見えるほどだ。

隕石が当たる可能性

一軒の家に隕石が六回当たる可能性はどれだけあるだろう。これは典型的なフェルミ推定の問題だ。推定はお任せするが、ここでは、ライッチの場合を考える出発点となる、関連する数字をいくつか示しておく。

まず、地球の表面積は約五億平方キロ。

次に、ボスニア北部、プリイェドル村にあるライッチ氏の住まいは小さい方だ——概算のために、屋根の面積は一〇平方メートルほどとする。

さらに、私は毎年地表にまで達する直径五センチ以上の隕石は約一〇万個あると見積もる。[38]

以上の数を適切に組み合わせ、私と同じような計算になれば、結論は次のいずれかになる。(1)ライッチ氏は英国宝くじに当たりながらくじをなくしたという夫婦[39]よりも運が悪いとするか、(2)地球外生命が実際にライッチ氏の家を狙っているとするか、あるいは、もちろん、話そのものにいかがわしいところがあるとするか。

無造作な感想では気になって（ラジッチの「主張」は、それが本当なら、フェルミの問いに明瞭な答えをもたらすのだ）、夏休みが終わって学校に戻ると、私はこの件をもう少し詳しく調べてみた。インターネットを少し検索すると、ライッチの話が一群の新聞記事やウェブサイトに登場したのは、二〇〇八年四月のことで（その時点でライッチの家はすでに隕石が五回当たっていたらしい）、それから二〇一〇年七月（六回当たった後）に再び現れた。残念ながら、この説のそもそもの出典をつきとめるのは容易ではない。二〇〇八年の記事は、たぶん無視でき

ないことに、四月の一日のネット記事が元になっているかもしれない。二〇一〇年の記事が最初に発表されたのは七月一九日で、この記事をいちはやく載せた集団の中にはイギリスのタブロイド紙『メトロ』があった。

こうなると、イギリスのコメディアンで合理主義者のデーヴ・ゴーマンの仕事を取り上げるべきだろう。ゴーマンは『メトロ』紙に掲載される「イエス・キリストの顔」という何本もの記事に興味を抱いていた（『メトロ』紙によれば、イエスの顔が最近、木の切り株、鶏の羽、食器用ふきんなど、他にも十余りの場所に現れているという）。ゴーマンはイエスの顔の像を、洗濯に使う柔軟剤を使って古いTシャツに作ってみた。そうして『メトロ』紙に、その模様のついた服の写真を、短い、冗談めいた記事を添えて送った。記事はマーティン・アンドリューズという学生が書いたとも言われる[40]——もちろん同紙はそれを記事にした。興味深いことに、何時間もしないうちに、ゴーマンがでっちあげた記事が他の刊行物やウェブサイトにも取り上げられた。さらに興味深いのは、ゴーマンの話の伝播が、言葉のねじれ方に至るまで、ライッチの話の伝播とそっくりに見えたことだ。ゴーマンの元の原稿では、ある学生が、このしみは「イエスがドラマの『ハッピーデイズ』に出てくるフォンジーに扮した」みたいだと冗談を言っている。伝言ゲームが一回か二回続くと、この学生は、それがキリストの顔であることを「確信」していることになっていた。二〇一〇年の『メトロ』紙の記事では、ライッチはただ自分が狙われていると「言う」だけだった。言葉はすぐに変化して、ラジッチは自分の家が「爆撃」されていると「主張している」になった。

ちょっと考えれば、ラディヴォイェ・ライッチの話は、フェルミ・パラドックスの答えというよりは、エイプリルフールの冗談のように見えるのではないか。多くのニュース発信源がこのような記事を本当のこととして伝え、それはありふれた地上の因子がなせるわざかもしれないと言及することもないまま「怪異」な事件に分類するのを何度も見るのは憂鬱なことだ。この話について書かれたブログのコメントを見ると、近所の子がライッチ氏の家に石を投げているのではないかという斜めから見た意見もあるが、それに負けないほど、これを「何かが起きている」ことの証拠と捉える信者もいるのは残念なことだ。さらに、この話が科学報道を行なうまじめな発信源に届き、批判的な見解も出ないとなれば、嘆かわしい。多くの優れたSF小説が、地球外生命に狙われた不運な人の話を語る。しかしそれは小説だ。そのような存在が現実にラディヴォイエ・ライッチを――あるいは自分の生活がエイリアンによって悪い影響を受けていると主張する他のどの人々でも――狙っているという証拠はない。前の二つの解の場合と同様、このようなことがパラドックスを解決できるというのを本気で認めることはできない。

解4　みんなUFOからこちらを監視している

よく見ることによって多くのことが観察できる。

――ヨギ・ベラ

シェイクスピアはジュリエットに「名前とは何でしょう」と問わせている。状況によっては、それが「すべて」という答えになるだろう。たとえば、何万年にもわたり、人々は空に奇妙な光が姿を見せるのを見てきた。[41]その光に魅力的な名前がつくまでは、この現象には大した関心も向けられなかった。「空飛ぶ円盤《フライング・ソーサー》」という名がつくと、突如として誰もが興味を持った。

人がはじめて「空飛ぶ円盤」を見た正確な日付はわかっている。一九四七年六月二四日、ケネス・アーノルドが自家用飛行機でワシントン州のカスケード山脈上空を飛んでいると、[42]操縦席から、空中に浮かぶいく

図 3.1　UFO ――それともこれは IFO か？この写真は 2011 年 8 月、英国コーンウォール州、セント・オーステル付近で観光客が撮影したもの（偶然、私はこの時期に休みでセント・オーステルにいたが、これは私の仕業ではないことは断言できる）。この物体は完全に特定できる。それは飛んでいるカモメがねばねばの白い不伝導性のものを落としているところだ。むしろ、英国の情報安全保障部局である GCHQ がなぜこれを選んで UFO に関する発表に入れ、インターネットで利用できるようにしたかということの方が謎と言える。（写真――撮影者は不明。資料は GCHQ が作成し、告発者エドワード・スノーデンによってリークされた）

つかの物体が見えた。着陸すると、自分が目撃したことを、物体は「池を円盤《ソーサー》〔英語の意味はカップの受け皿〕のように」スキップしていたと報告し、その名が残った。報道機関はこの「空飛ぶ円盤」に関する噂を求め、この言葉は、おずおずと冷戦時代に入ろうとしていたアメリカの大衆の心に響いていった。多くの人々は、空飛ぶ円盤には当然、外国人《エイリアン》――ロシア人でも地球外生命でも――が乗っているものと思っていた。

空飛ぶ円盤が本当なら、そしてそれが本当にエイリアンの乗った宇宙船なら、フェルミ・パラドックスは即座に解決となる。パラドックスについて唱えられたすべての解法の中でも、これは民衆から最も多くの支持を集めてきた。世論調査をすればわかるように[43]、アメリカ人の三分の一以上が、今も空飛ぶ円盤が地球を訪れていると信じている。ヨーロッパでは、同じことを信じている人の割合はそれほどではないが、それでも無視できるほど少なくはない。一九四七年の六月末から七月初めにかけて（図ったかと思うほどアーノルドが目撃した時期に近い）、ニューメキシコ州ロズウェルに空飛ぶ円盤が墜落し、米軍が残骸からエイリアンの遺体を収容したと信じている人も多い。とはいえ、科学は民主的な手順では進まない。仮説が正しいかどうか、投票で決めるわけではない。特定の仮説が正しいと信じる人がいくら多くても、科学者がその仮説を受け入れるのは（それも暫定的に）、その仮説ができるだけ少ない仮定で多くのことを説明でき、強力な批判に耐え、すでにわかっていることと矛盾しない場合だけだ。そこで問題はこうなる。この仮説――空飛ぶ円盤がETCの証拠であるという仮説――はどれだけ精査に耐えるか。

話を始める前に断っておくと、空に見える奇妙な光や物体についての諸説を検討するときには、中立的な「未確認飛行物体《アナイデンティファイド・フライング・オブジェクト》」、すなわちUFOという語を用いるのがベストだと思う。この用語はアメリカ空軍のUFO研究基金調査を担当したエドワード・ルッペルトが造語した。[44] UFOと空飛ぶ円盤は、しばしばごっちゃになって使われている。しかし正しく使えば、UFOが言っているのはただ「正体不明の」空中現象のことだ。大気中で見られる現象はすべてUFOかIFO（確認済み飛行物体《アイデンティファイド・フライング・オブジェクト》）か、いずれかとなる。UFOがIFOとなり、そのIFOが空飛ぶ円盤だったということになるかもしれない――しかしそう決まるのは、綿密な調査を経てからのことだ。

この定義の下では、UFOが存在することは否定できない。実は、UFOを見たことがないとしたら、ちゃんと見たことがないということだと言いたいほどだ。空には自然現象であれ人為的なものであれ、無数のおもしろい現象にあふれている。それでもちょっと調べてみれば、たいていのUFOには説明がつき、それはIFOになる。たとえば、金星を飛行機だと思う人は多いし、飛行機が異様な視覚的効果を生むこともあるし、毎日毎日、四〇〇〇トンもの地球外からの岩石や塵が大気圏で燃え上がり、つかのまの光のショーを演じる、等々。変わった、それでも地上の出来事によるUFOもわずかながらある。たとえば、ある謎の光は、ゴルフボールを焚き火に放り込んだ結果だった。UFO研究家の資料は、そのような一回かぎりの出来事を見て驚いた人々の目撃例があふれているにちがいない。他にも、IFOに分類する前に、徹底した、詳細な調査が必要なものがあるにちがいない。たとえば、ノヴァアヤ・ゼムリヤ、ファタ・モルガナ、ファタ・ブロモサなどの蜃気楼は、何百年にもわたって人々を惑わしてきた。これらは比較的稀な大気の条件によって引き起こされる。ＵＦＯにも同じ仕組みで説明できるものがあるのだろう。空に見える奇妙な光の中には、たぶん、車のヘッドライトが異常な気象条件で屈折したものもあるだろう。中には、科学が進歩しないと説明がつかないＵＦＯもありそうだ。たとえば火球現象はまだ十分にはわかっておらず、きちんと調べられているとは言えない――皮肉なことに、多くの科学者がＵＦＯの考え方を不快に思うのと同じ理由による。さらに、わかってみればわざとやったいたずらの結果だったというＵＦＯも多い。

　調べてみれば、たいていのＵＦＯがＩＦＯになる。しかし毎年、合理的な説明が先送りにされる事例がわずかに残る。あまりそれに驚くことはない。何と言っても、有名な懐疑派のロバート・シェーファーが指摘するように[45]、警察だって犯罪を一〇〇パーセント解決するわけではないのだ。しかし話がＵＦＯになると、この点を認められないと思う人が多く、すべての目撃例について説明を求めることになる。そもそも説明のつかないＵＦＯをどう説明できるだろう。

　ＵＦＯと言われているものが単なる空に現れた光だとしたら、その光がどれほど奇妙に見えようと、それは説明する必要もないと無理なく論じることができるだろう。科学者もすべての現象をいちいち説明できるほどのんびりはしていられない。私がこれを書いているときに窓の外に見えた、見馴れぬ「くまのプーさん」のような形の雲の説明をわざわざつけることはないのと同様、科学者には、空に生じた特定の光を生んだ状況を詳細に説明する必要があるわけではない。調べるべきもっと重要な事物があるだろう。しかし説明が求められたらどうすればいいだろう。

　異様な光景を説明するために新しい仮説を持ち出す必要ないと私は思う。一様な調査を行なえるだけの理性があって、資源も忍耐もあったら、ほとんどのＵＦＯを説明する理由ですべてのＵＦＯが説明できるだろう。シェーファーは「説明できない」UFOの割合が、目撃例の総数の中であまり変化しないことを強調する。言い換えれば、UFOの目撃例が多い年も少ない年も、IFO／UFOという比はだいたい同じなのだ。これは、「説明できない」UFOの目撃例がエイリアンの乗り物だとした場合に予測されることではない。この発見についてのいちばん簡単な説明は、シェーファーの言い方で言えば、「説明できない残りと見えるものも、基本的に無作為な誤認や誤報のせいである」とすることだ。

　これは、われわれがETCの来訪を受けていないことを証明するものではない（UFOを見ているときに、幽霊や、妖精の乗り物や、高次元の存在がわれわれの時空をときどきよぎるところを見ているのではないという証明にもならない）。しかしUFOの観測のいずれも、来訪を受けていることの証明にはならない。空に光が見えたという確固たる、文句のつけようのない目撃例も、空に光が見えたということにすぎない。空に見馴れない光が見えて、それを説明できないなら、自分は何かを見たが、その正体は未確認ということにとどめるしかない。空に現れる光を空飛ぶ円盤と呼ぶなら、それを確認したことになるが、その確認を行なう根拠はまったくない。正体不明の大気現象の存在だけでは、地球外からの来訪が存在することの証拠とはならない。

　もちろん、空飛ぶ円盤説の中には、ただ空に見えた光だけではないものもある。

　たとえば、熱心な人々の中には、エイリアンの乗り物が墜落したと説く人々もいる。先にも触れたロズウェル事件が最も知られている例だ。乗り物が恒星間距離を超えて飛んでくることができながら、惑星大気を乗り切ることができないかどうかを措いても、そのような報告に有利な証拠は乏しい。高度な装置の一つ、未知の合金のひとかけらなりともあれば、証明になるかもしれない。しかし与えられるのは、墜落したロズウェルの機体から収容された「エイリアン」の一人の検視ビデオだけだ——ビデオはもちろん、（儲けになる）捏造だった。エイリアンの乗り物は各国に着陸してエイリアンが下船しているという人々の主張を見かけるこ

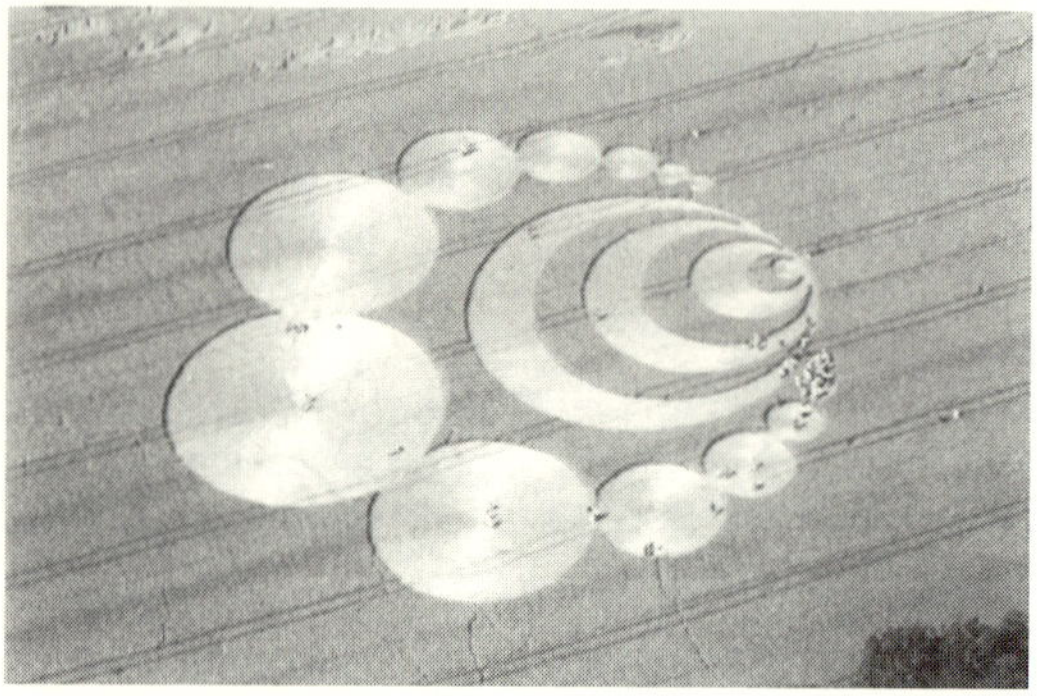

図 3.2　ミステリーサークルの大部分はイングランド南東部に現れるが、これはスイスのもの。このような美しい模様は、風や雨のような自然現象ではできないだろう。そこでもちろん、人が作ったものという結論にすべきだろう――空飛ぶ円盤によってできたというのではない。写真に見えているのは観光客。少なくともイングランドでは、とくに念の入ったミステリーサークル巡りを商売にして稼ぐことができる。（写真―― Jabberocky）

ともある――そうしてそういう人々の肛門に検査器具を差して体を調べるとか、奇妙なことに牛を切り刻むという説もある（中には、解2で見たように、エイリアンが英米の政権に職を得ているという説さえある）。言うまでもなく、そのような説の根拠とするのに必要な証拠は乏しい。

エイリアンの乗り物が、ときどきそっと着陸し、接触は試みないという、もっと控えめな説もある。たとえばイギリスのミステリーサークルを考えよう（ミステリーサークルには、実は様々な形がある。ミステリー六角形、ミステリーフラクタル図形、ミステリーナイキ商標……などがあるが、一般に円《サークル》と呼ばれる）。小麦畑に複雑な意匠が自然の過程で描かれるのは理解しにくいので、一部のサークル専門家によれば、これは少なくともミステリーサークルの中の一部は空飛ぶ円盤によって引き起こされたことの証拠になるもと言われる。マシュー・ウィリアムズという、自らミステリーサークルを作ったと名乗り出た人物は、この結論に異論を挟んだ。人間でも簡単に念入りなミステリーサークルが作れることを明らかにしようとして、二〇〇〇年、七芒星形を作ることによって自説を証明した――ミステリーサークル研究の専門家の一人が、この形は作れないと言っていた形だ。ウィリアムズは、何枚かの板、竹竿、懐中電灯で、実りつつある小麦畑の農地に三晩かけて七芒星形を作った。個人的にはその合理精神に対する熱意には感心するが、畑の持ち主も判事もそうではなく、犯罪による損害に対して一〇〇ポンドの罰金と、経費として四〇ポンドを科した。ウィリアムズはなおもミステリーサークル作りを続け、活動をやめたのは、花粉症がひどくなった二〇一三年のことだった。

あいにく、ミステリーサークルを作ったのは自分だと名乗り出て、作り方を明らかにする人々がいるにもかかわらず、ミステリーサークル現象は説明のつかない、たぶん説明のしようがない謎だと信じ込んでいる人々が残る。特定の考えに凝り固まっている人々相手に、現象について考えるときには、オッカムの剃刀を使うべきだと言う以外、どう話せばよいのか[46]。剃刀とは何かと言えば、未知の現象の説明は、まず既知のことを用いて求めるべきだというのも一つだ。ミステリーサークル、家畜切断死体など、いろいろな怪異現象も、既知のことで説明できる。それを説明するために空飛ぶ円盤仮説は必要ない。

空飛ぶ円盤について異様な説が出されるときは、その説を裏づける異様な証拠が出されることはない。嘘や言い逃れやでっち上げが出てくる。空飛ぶ円盤仮説はフェルミ・パラドックスの説明としていちばん人気はあるかもしれないが、他にもっと良い説明があるのだ。

＊＊＊

ついでながら、私もUFOを見たことがあると述べておくべきだろう。それはずっと私の中でもいちばん生き生きした記憶だ。子どもの頃、道路でサッカーをしていて——まだ車が少なく、子どもが道路で遊ぶのをやめるほどではなかった——ふと見上げると、満月ほどの大きさの純白の円が見えた。円の両側には突起が出ていて、土星を輪の真横から眺めたような形だった。それが何であれ、ほんの数秒浮かんでいたかと思うと、とてつもない速さでどこかへ行った。友人が一人一緒にいて、その友人もそれを見ていて、今でもおぼえている。おもしろいことに、記憶が違っている。私が見ているとき、それは左へ飛んで行ったと記憶している。友人は右へ飛んで行ったと言う（人間は観察が下手で、経験から私も観察はとても下手だということはわかっている。しかし飛んで行ったのは、絶対左だ）。確かに私と友人はその日、空に何かを見た。それが何かはわからない。しかしそれは空飛ぶ円盤ではなく、空に現れた光にすぎない。

解5　かつて地球にいて、存在した証拠を残している

みんなにぼくが来たと言っても、誰も答えなかった。
——ウォルター・デ・ラ・メア『聴き入る人々』

地球外生命が今現に地球に来ていることを示す証拠は基本的に存在していない。しかしもしかすると、かつて地球に、あるいは少なくとも太陽系に来ていたかもしれない——もしかすると遠い昔、人類が発展途上で、それが何かよくわからなかった頃に。そういうことだったら、地球外生命はその技術の証拠を残していったかもしれない。この地球上か、少なくとも地球の周辺に。その証拠はあるだろうか。この問いが重要なのは、それが地球外知的生命探しの範囲を広げる可能性があるからだ。信号（本書の後の方で取り上げる活動）を探すだけでなく、エイリアンの技術の跡を探すこともできるだろう。[47] 太陽系を調べてみよう。まずは地球から。

遠い昔――たとえば何千万年も前――に地球外生命が地球を訪れたとしよう。その地球外生命の遺した物理的痕跡がまだ保存されてることはありうるだろうか。[48] その可能性はきわめて低い。地球は活動的な惑星で、氷河期あり、地殻変動あり、風化ありの何千万年では、その種の証拠はたいてい消えてしまうだろう。それでも、もしかしたら名残を検出できるかもしれない活動が二つ考えられる。たとえば、放射性核種には半減期が何百万年とか何千万年というものがあって、地球外生命が訪れて核廃棄物を白亜紀の地表に落として行ったら、今日になっても検出できる痕跡が残っているかもしれない（ガボンのオクロには、ウラン鉱床があり、地球が今の年齢の三分の二ほどのときに自然に臨界に達した。オクロ天然原子炉[49]は一七億年たった今でも検出できるいろいろな核種を残している）。たとえばプルトニウムの痕跡があれば、その発見は、技術的文明――われわれ人類か、ETCか、いずれでも――で説明せざるをえないだろう。プルトニウムの半減期からすると、この元素が自然にできたとしたら、とっくになくなっている。地質学的時間を超えて痕跡が残っているかもしれないもう一つの活動は、大規模な採掘だ。地球外生命が地球へやって来て、鉱物を産業規模で掘り出したとしたら、今の地質調査で原理的にはその採鉱場を検出できるだろう（何千万年も前の隕石衝突クレーターがその後積もった地層の下に埋もれていても検出可能なのと同じこと）。

放射性核種の異常、あるいは太古の採鉱場の証拠を探すのにはほとんどコストはかからない――地質学者はもともと調査しているのだし、何かが見つかる可能性はごく低くても、過去の地球外生命来訪のしるしに目を開いておいても、きっと何の害もありえない。見ないことには見つかりもしないのだし。とはいえ、地球外生命の実業家が過去に地球を訪れた可能性が高いと考えるとしても（個人的にはほとんどありそうにないと思う。知的生命がわずかばかりの金《きん》を求めて何光年も旅をする理由の想像がつかない）、その証拠が見つかるには、とてつ

図 3.3　これは隕石がもたらしたもので、宇宙船ではない。2013 年 2 月 15 日の朝、隕石が音速の 60 倍という速さで地球の大気圏に突入した。それはチェリヤビンスク上空約 2 万 3000m で空中爆発を起こした。この画像はマーク・ボスラフによるシミュレーションによって、ブラッド・カーヴィーがサンディア国立研究所のスパコンを使って描いた。隕石のもともとの写真はオルガ・クルグロヴァによる（図版 ―― Sandia Labs）。

もないい幸運が必要だろう。もしかして、もっと新しい訪問の痕跡はあっただろうか。

一九〇八年の、シベリアの針葉樹林の樹木を何千万本も倒した有名なツングースカの爆発は、そのなかの一撃だった――TNT火薬にして約一五〇〇万トン分に相当する。ところが人里離れた現地に最初に乗り込んだ人々は、そのような事件の最も可能性の高い原因――小惑星衝突から予想される破片を一つも見つけられなかったので、長年、この事件はいささかの謎だった。第二次大戦後、巨大な核爆発の威力が明らかになると、ツングースカ事件は核爆発だったという説が流れた――エイリアンの原子力宇宙船が墜落して衝突したのだという。この説は半分真剣に取り上げられ、単純な検証手段もあった。ツングースカへ行き、放射性物質の痕跡を探すのだ。それが行なわれたが、原子力エンジンに由来しそうな放射性物質の痕跡は見つからなかった。反物質エンジンの可能性も否定された。今ではツングースカ事象はおそらく、石ころだらけの流星体《メテオロイド》、あるいはもしかすると彗星が大気圏中で爆発した結果だろうと思われている。

過去にはツングースカのような事件がいくつかあり、未来にも同様の事件があるだろう。実際、本書の新版について考え始めた頃、ロシアのチェリヤビンスクという町で空中爆発があった。チェリヤビンスク事件はツングースカに比べると微々たるものだが、居住地域上空で起きたため、一二〇〇人以上が負傷した。ツングースカやチェリヤビンスク事件を説明する場合には、宇宙船の墜落という仮説を持ち出す必要はまったくない。こうした壮大な眺めをもたらすのは、ほかならぬ自然だ。宇宙船が過去において墜落したことがあったとしても、その証拠はまだ見つかっていない——いくらロズウェルを持ち出してもだめ。

地球外生命の採鉱場や墜落した宇宙船の存在を示す証拠はないとしても、そうしたものは探しどころとして間違いだと論じる人もいるだろう。一九七〇年代には、エーリヒ・フォン・デニケンが、地球外からの来訪者が世界中に散らばる多くの謎の構造物——イギリスのストーンヘンジ、ペルーのナスカ地上絵、イースター島の巨像など——を築いたと唱える一連の本を書いて有名になった。[50] いずれの本にもその説を裏づける証拠は入っていなかったが、それでも、その本を読んだ多くの人々が、デニケンが詐欺で長期刑を受けて収監されている間も、その著書を支持した。人々は、その説が手間をかけて完全に否定された後も支持しつづけた。デニケンが棄てられたのは、人々が飽きて趣味や流行が変わってからのことだ。今では、当時の何組かの人気グループと同様、デニケンとその説が再び流行っている。デニケンの本が最初に出て四〇年余り、その推測を支持する証拠は何も出てきていないというのに——フォン・デニケン当人は、そのことをあっけらかんと認め、証拠はどうでもいいと思っているらしい。フォン・デニケンを支持する人々は、合理的な論証で考えを変えそうにはないので、先に進めて——ＥＴＣに属するものの地球来訪を示す証拠はないことを認めて――いいだろう。もちろん、ＥＴＣが決して訪れたことがないと言っているのではない。しかし逆の証拠もないので、地球はまだ未踏地だと仮定してもかまわない。

月

月は地球に比べるとあまり活発なところではない。地球外生命が何千万年も前に月を訪れて、技術的な活動の痕跡――先に触れた大規模な採鉱跡や放射性廃棄物投棄場跡のような――を残したとしたら、そうした痕跡はまだ目に見える程度に残っている可能性が大いにある。構造物は風雨や氷河に耐える必要はないだろうし、放射性廃棄物置き場は地殻の動きで埋もれることもないだろう。ときどき隕石が月面に衝突して塵や岩を飛ばすだろうが、関心を向ける対象の大きさが数メートルを超えるなら、そうした「ガーデニング」作用で痕跡を覆ってしまうには、数億年がかかるだろう。[51] さらに、月は、過去の地球外生命来訪の証拠を探せるほど地球に近い。[52] 実際、私たちはすでに月の探査を行なうことができた。ＮＡＳＡのルナー・リコネサンス・オービター〔月偵察軌道周回船〕は、二〇〇九年、高解像度の月面地図を作り始めた。このオービターのカメラは一画素あたり五〇センチという最大解像度があり、来訪の証拠を検出するには十分な性能がある（カメラはすでに月面に活動の跡を検出しているが、もちろんそれはアポロ計画で訪れた人間によるものだった）。今や、高い効果を発揮する「市民科学」プロジェクトがいくつもあって、それによって会員が自分の時間を様々な科学的試みに提供している。人間の脳のパターン認識能力の方が、コンピュータをはるかに上回る場合もある。ルナー・リコネサンス・オービターに充てられる市民科学プロジェクトがあれば、過去に地球外生命の活動があった証拠を求めて月面をすべて探し尽くすことができるだろう。これはＳＥＴＩ計画を低コストで補完するものとなるかもしれない。

ＥＴＣが月を訪れた証拠はないが、つい最近になるまで、月で地球外生命活動の兆候を見たと称する人々がいたことには触れておくべきだろう。たとえば一九五三年、天文学者のパーシー・ウィルキンスは、人為的な構造物——橋[53]——のように見えるものを発見した。他の天文学者は、もっと強力な望遠鏡を使ってもそれを見つけられず、当然のことながら、天文学界はその橋は光の加減によるものだったと片づけた。それでも月はエイリアンの隠れ家だと信じる人々の熱意は衰えなかった。熱心なファンは月は地球に一方の側しか見せないことを指摘した（正確には、秤動もあるせいで、見えるのは月の表面の五九パーセントだけ）。月面の四一パーセントは見えないとすれば、月の裏側に何が隠れているか、誰がわかるだろう。一九七〇年代も遅くなって、何度も月に着陸したり月を周回したりして月面全体の地図ができてやっと、「生命」ファンは橋をはじめとする人為的構造物という考えを訴えるのをやめた。

月・地球のラグランジュ点

後でも見るように、どこかのＥＴＣが太陽系を探査したいと思えば、有人宇宙船団よりも、まず小型の無人（無エイリアン）探査機を飛ばしてくるだろう。そのような探査機はどこにありそうか。考えられる場合が三つある。まず、探査機はわれわれの関心を引くようにプログラムされているかもしれない。標識信号が出ている証拠は見あたらないので、そのような探査機は来ていないものと想定してもよさそうだ。次は、探査機がわれわれの目を逃れるようにプログラムされている可能性もある。そのような探査機は見つかりそうにないので、それを見るための最善の方策を、時間をかけて論じる必要はない。第三に、ＥＴＣが探査機を送ったにしても、人間がそれを見るかどうかは気にしないということもあるかもしれない。もしそうだったら、それがどこかで見つかるだろう[54]。

太陽系にあるすべての惑星の中で、いちばん研究に値するのは地球だと無理なく論じることができる。地球が関心の対象になる理由はいろいろある――いちばん大事なところでは、私が知る限り、生命を宿しているのはここしかないということだ。したがって、探査機は地球を調査するようプログラムされている可能性が高い（この論証はもちろん人間中心主義の臭いがする。エイリアンが調査したいものが何か、わかったものではない。どんな技術を使うかもわかったものではない。しかしわれわれにはそういう論理しかなく、この話を続けてそれでどうなるかを見ても損はないだろう）。地球表面は長期的にこの惑星を調べるには場所が悪い。宇宙から惑星全体を眺める方がわかりやすい[55]。太陽エネルギーが使いやすいし、探査機が地球の地質的活動の影響を防ぐ必要もないからだ。

軌道上の探査機が長期にわたって停留するのに適した軌道は何種類かあるが、いちばんよく知られているのはラグランジュ点だろう[56]。小さな質量が、それよりずっと大きい質量で公転するものの近くにあると、小さい質量が大きい方の質量から一定の距離で公転できる点が五か所ある。この五つのラグランジュ点は、二つの大きい方の質量からの重力による引力が、それとともに回転するのに必要な向心力とちょうど等しくなる点に位置する。そのうち三つ――L1、L2、L3――は不安定で、小さな質量の物体を押し、押された方はラグランジュ点から離れて行く。ところがL4とL5は安定していて、小さな質量を少しずらしても、ラグランジュ点に戻ってくる（正確に言えば、L4とL5が安定なのは、三つの物体のうち、いちばん質量の大きい物体が、二番めの物体よりも少なくとも二四・九六倍の質量があるときに限られる。この条件は太陽・地球系では満たされている。太陽は地球よりはるかに質量が大きいからだ。地球の質量は月の八一倍あるので、地球・月系でも成り立つ。太陽の重力による影響で地球・月系のL4とL5は乱されがちだが、安定な軌道が存在する地点は、ある程度の体積の範囲に広がる）。

太陽・地球ラグランジュ点の衛星

L1点は、ACE、SOHO、WINDといった衛星が本拠にして、この有利な点から、何にも邪魔されずに太陽を見ている。L2点は、WMAP、プランク宇宙天文台、ハーシェル宇宙望遠鏡などの注目される天文観測衛星の本拠となっている——こうした衛星はこれまでにない細かさで宇宙を観測しており、L2での探査は他にも多くが計画されている。L1とL2は不安定だが、その点の周囲に、探査機がごくわずかなエネルギーを使うだけで一定の場所にとどまれるような軌道を見つけることは可能だ。宇宙機関が太陽・地球系のL3の使途を見つけることはなさそうだ。これは地球から見て太陽の向こう側にあるからだ。L4とL5周辺の領域には、惑星間の塵と、少なくとも一つの小惑星がある。

NASAやESAといった宇宙機関はすでに太陽・地球系のラグランジュ点によってもたらされる停留施設を大いに利用している。NASAとESAがそうした位置を使うと便利だと思うくらいなら、ETCもそう思うだろう。ひょっとして、地球・月系のラグランジュ点に探査機が来ているのではないか?とくに、ひょっとするとL4とL5の点に探査機が見つかるかもしれない。その位置では、探査機が原理的に、あまりエネルギーを使わなくても長期にわたり観測できるからだ。少なくとも一回、熱心な探査が行なわれた。さらに、天文学者はすでに地球・月系のL4とL5を調べている。この地点は天文学一般の視点から見ても興味深いからだ。専用の捜索でも汎用的なスキャンでも、探査機がいる証拠はまったく見つからなかった。さらに、近年の調査では、地球・月系のL4とL5は、かつて考えられていたほど安定した観測地点にはならないかもしれないことが示されている。[57] 検討しなければならないのが地球と月だけなら、L4とL5は確かに安定している

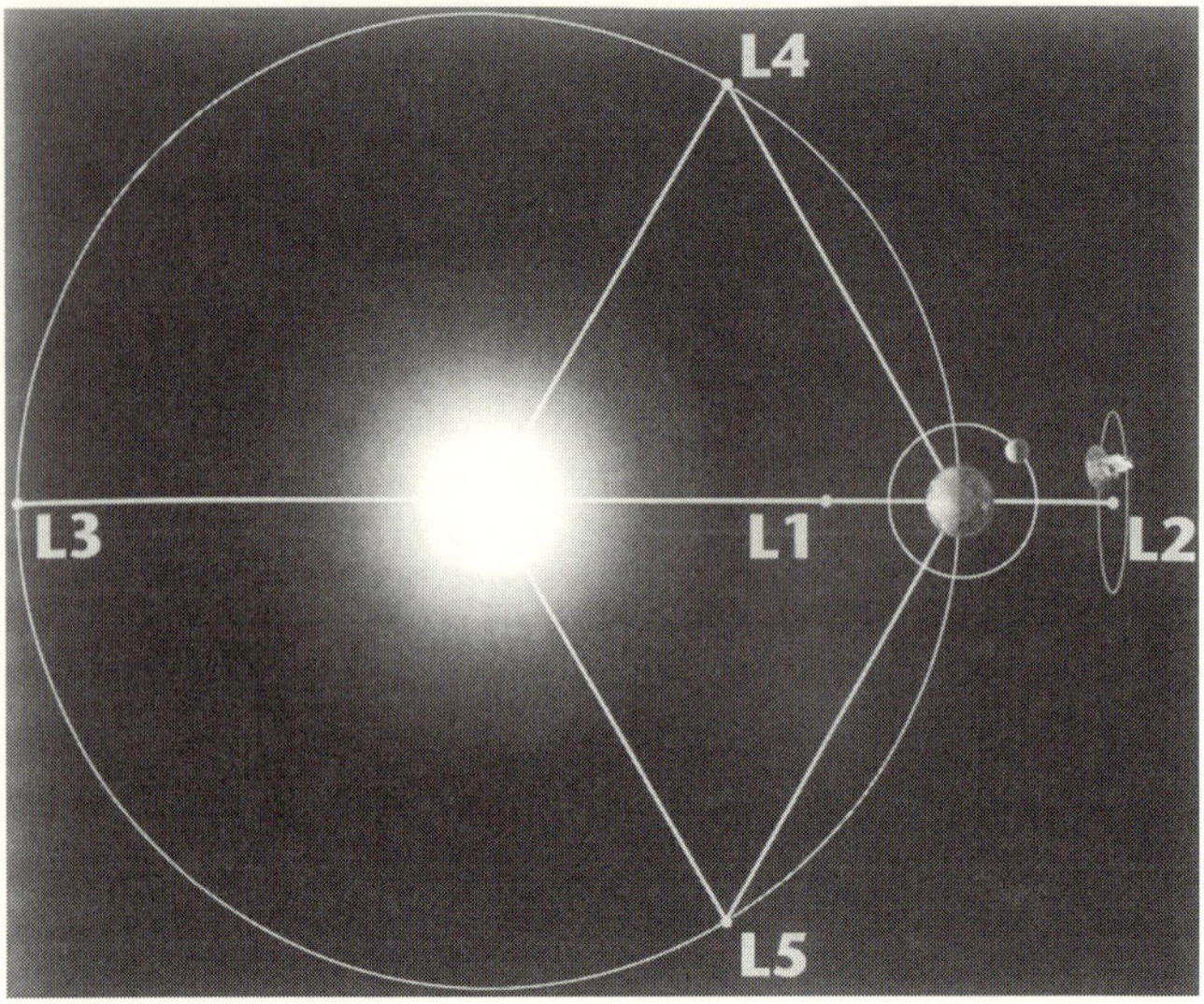

図 3.4　太陽・地球系の五つのラグランジュ点（縮尺どおりではない）。一般に、ラグランジュ点は、二つの公転する質量の付近にできる、第三のもっと小さな物体が、大きな質量からの距離を一定に保てるような場所のこと。L1、L2、L3 は、二つの大きな質量を結ぶ直線上にあり、不安定。わずかな変動があると、小さい物体はラグランジュ点から離れることになる。一定の条件下では、L4 と L5 は安定していて、変動があっても、小さな物体はラグランジュ点に戻ってくる。同様の配置は地球・月系にも存在する。地球外生命の探査船がそうしたラグランジュ点にとどまって、地球を観察しているのではないか？太陽・地球系のラグランジュ点に宇宙を観測するわれわれの探査機がいるように。（画像―― NASA）

だろう。しかし太陽系には他の天体もある。結局、他の惑星によるかすかな重力で引かれて、ラグランジュ点の安定が乱され、L4やL5にいるどんな探査機も、いずれゆっくりと外れて行く。地球外生命探査機がそこに見つかるとしたら、奇妙なことになるだろう。

他の地球近傍の軌道が調べられるようになっている――これは、地球の生物にとって致命的になるかもしれない小惑星を探している天文学者による。この研究の副産物として、人工的なものが見つかるのではないかと期待されるが、これまでのところ、まったく見つかっていない。探査機は熱を出すだろうが、それに対応する異常な赤外線信号は観察されていない。探査機は母船か母星にメッセージを送り返しているものと予想されるが、そのような送信も検出されていない。

長時間遅れて届く電波エコー《ロング・ディレイド・ラジオ・エコー》（LDE）——信号を送信してから三秒ないし一五秒後に電波のエコーが見られる現象——は、ETC探査機からの電磁的送信とするのが最善の説明ではないかと言う人もいた。LDE現象は、電波時代が始まる頃から観測されていて、いささかの謎を残している。月にはね返って戻ってくる電波のエコーはよく知られているが、これは主信号を送信してから二・七秒——光が月まで行って帰ってくるのにかかる時間——後に戻って来る。同様に、いちばん近い惑星、金星も犯人ではない。エコーが現れるのは主信号を送ってから四分後になってからだ。一つの説明として、月よりも遠くにあるETCの探査機に当たってはね返った電波だと言われることもある。もっとありふれた説明で、地球の大気上層にあるプラズマや塵によって生じる自然現象だとも言われる。[58]

地球近傍での探査機探索はすべてが尽くされているわけではない——実際には地球にはまだわれわれが知らない一定の周波数の信号が飛び交っているということもありうるのを考えれば、まだ始まったばかりだ——が、これまでの観測ではすべて否定的な結果が出ている。望遠鏡はときどき、太陽系の彼方にある探査機からの信号を捉える——しかしそれは地球から打ち上げた探査機から送信されたものだ。

火星

後で見るように、火星が地球での生命の発達に役割を演じたのではないかと考える立派な理由がいくつかある。しかし独自に生命——また独自の技術文明——を宿していることはありうるだろうか。

火星は長い間、生命がいると思われてきたが、[59]大騒ぎの大部分は誤訳から始まった。ジョヴァンニ・スキアパレッリは、[60]一八七七年に始めた一連の観測で、火星表面に、当人はカナリ——イタリア語で水路《チャネル》あるいは運河《カナル》を意味する語――と呼んだ地形を見た。本人の書いたものを見れば、スキアパレッリがその形に名をつけたときには、それが自然の作用でできたと考えていたのは明らかだ。ところが英語圏の天文学者は、それを「運河《カナル》」という、二つの水路を結ぶ人工的な構造物を表す語に訳した。

　パーシヴァル・ローウェルもスキアパレッリが記録した表面の形を見て[61]、それを数えた結果、最終的に四三七あるとした。しかしローウェルは、自分が観測の限界ぎりぎりのところで作業をしていることを認識していなかったし、人間の視覚はランダムな模様におなじみの形を見るように進化していることを知らなかった。自分は人工的に築かれた線形の運河を見たのだと思い込むようになり、運河は極冠の水を砂漠地帯へ供給するものだと推測した。ともあれ人々の意識には、運河と言えばどういうものか、イメージがあった――スエズ運河は新しい世界の驚異的建造物で、一八六九年から航行が可能になった――し、世間一般は、知的生命が火星の運河を築いた可能性に心を奪われた。ＳＦ作家はすぐにそれを小説の材料に使った。それは人気のロマンチックな考え方で、一九六〇年になっても、火星の地図にはオアシスと運河が出ていたし、一部の天文学者は、火星表面の模様が季節変化するのを、植生パターンが変化するせいだと思っていた。

　一方、一九六〇年代の初め、シュクロフスキーは[62]、火星の二個の衛星のうち大きい方、フォボスの軌道の特異なところを論じ、巧妙な説明を出した。

　フォボスの軌道は衰微《ディケイ》している〔高度が急速に下がること〕。特異な点というのは、ベヴァン・シャプレスが一九四〇年代に行なった観測によれば、衰微の速さが説明しにくいところだった。何通りかの仕組み――火星に大きな磁場を仮定するもの、火星との潮汐力による相互作用によるもの、太陽からの影響の可能性など――が唱えられたが、いずれも可能性は低かった。フォボスが火星の薄い大気圏の最外層を通っているという、わかりやすい説明も可能性は低かった。その程度の摩擦では、フォボスほどの大きさの岩石に、シャプレスが観測で

図 3.5　火星の四つの面。1997 年 3 月 30 日、ハッブル宇宙望遠鏡撮影。運河のようなものはない。（写真——Phil James (University of Toledo), Todd Clancy (Space Science Institute), Steve Lee (University of Colorado) and NASA/ESA）

図 3.6　パーシヴァル・ローウェル、1914 年。ローウェル天文台で 60cm 屈折望遠鏡を使っているところ。（撮影者不明）

きるほどの影響はないだろう。大胆なシュクロフスキーは、フォボスは中空なのではないかと考えた。中が空っぽなら、フォボスの質量は、その大きさからうかがえる質量よりは小さくなり、火星大気の影響を受けやすくなる。フォボスが本当に中空だとしたら、それは自然のものではありえない。つまりシュクロフスキーは、フォボスは人工のものではないかと唱えた――火星文明の産物だというわけだ（これはフォン・デニケンの本にでてくるどんな説よりも想像力豊かな説だが、それでも利用できる観測データには依拠している）。シュクロフスキーは、フォボスは何百万年、何千万年前に打ち上げられた衛星だと考えたが、もっと近年になって打ち上げられたかもしれないと考える科学者もいた。フランク・ソールズベリーは、火星の二つの衛星が発見されたのは、一八七七年、口径六六センチの望遠鏡を使ったアサフ・ホールによることを指摘した[63]。その一五年前、ハインリヒ・ダレストがもっと大きな望遠鏡を火星に向けたときの方が条件はもっと良かったのに、一八六二年のダレストはなぜ二つの衛星を見逃したりしたのだろう。一八六二年と一八七七年の間に人工衛星が打ち上げられた可能性はないか、とソールズベリーは問いかけた。

　運河を築き、衛星を打ち上げられるほど発達した火星の文明というロマンチックな考えは、一九六〇年代以後は続かなかった。初期のマリナー火星探査船が至近距離を飛んで撮影し、送ってきた写真には、ローウェルが見た運河はなかった。一九七六年に着陸したバイキングも、一九九七年のパスファインダーとマーズ・グローバル・サーベイヤーも運河は見つけられなかった。同様に、接近通過した際にも、フォボスには人工物らしきものは見つからなかった。それはでこぼこだらけの小さな岩――捕捉された小惑星かもしれない――だった（火星の両衛星の起源という問題はまだ研究中）。さらに、その軌道は実際に衰微しているが、最近の測定では、衰微の速さはシャプレスが計算した値の半分にすぎなかった。この改善された測定結果をもとにして、フォボスの摩擦の元を説明できる。それは潮汐力による火星との相互作用だった（フォボスは毎年数セ

図 3.7　フォボス。火星の二つの衛星のうち大きい方。26km × 16km ほどのじゃがいも形の岩石。引力で捕捉された小惑星である可能性が高い。画像にある N の文字は北極を示す。（写真—— G. Neukum (FU Berlin) et al., Mars Explorer, DLR, ESA）

ンチずつ火星に引き寄せられている。この衛星は今後四〇〇〇万年以内に火星に衝突し、ベルギーほどの大きさの盆地を残す。天文学的な規模で言えば四〇〇〇万年は短いが、人間的に見れば長い。残念——見られれば壮大なイベントになるだろうに）。

様々な接近通過、周回飛行、着陸船から得られた証拠から、火星にはかつて文明があったという信仰はほとんど絶えた。ほとんどで、すべてではない。一九七六年、バイキングが火星のシドニア地域の写真を撮影し、ＮＡＳＡはその直後、低解像度の写真を公表した。すぐさま熱心な信奉者たちから、写真の一つに人間の顔が写っているという指摘があった。眼、口、鼻孔が識別できた（熱心なファンは「鼻孔」が実は、画像が処理されたときの方法のなせるわざで、火星の物理的な構造には対応していないことは指摘しない場合が多いが）。顔は大きく、およそ一キロ四方あり、見たところ岩に彫られているようだった。ＮＡＳＡの科学者は、これは自然の地形であり、見える姿も火星のある午後、丘にかかる日光の具合にすぎないこと

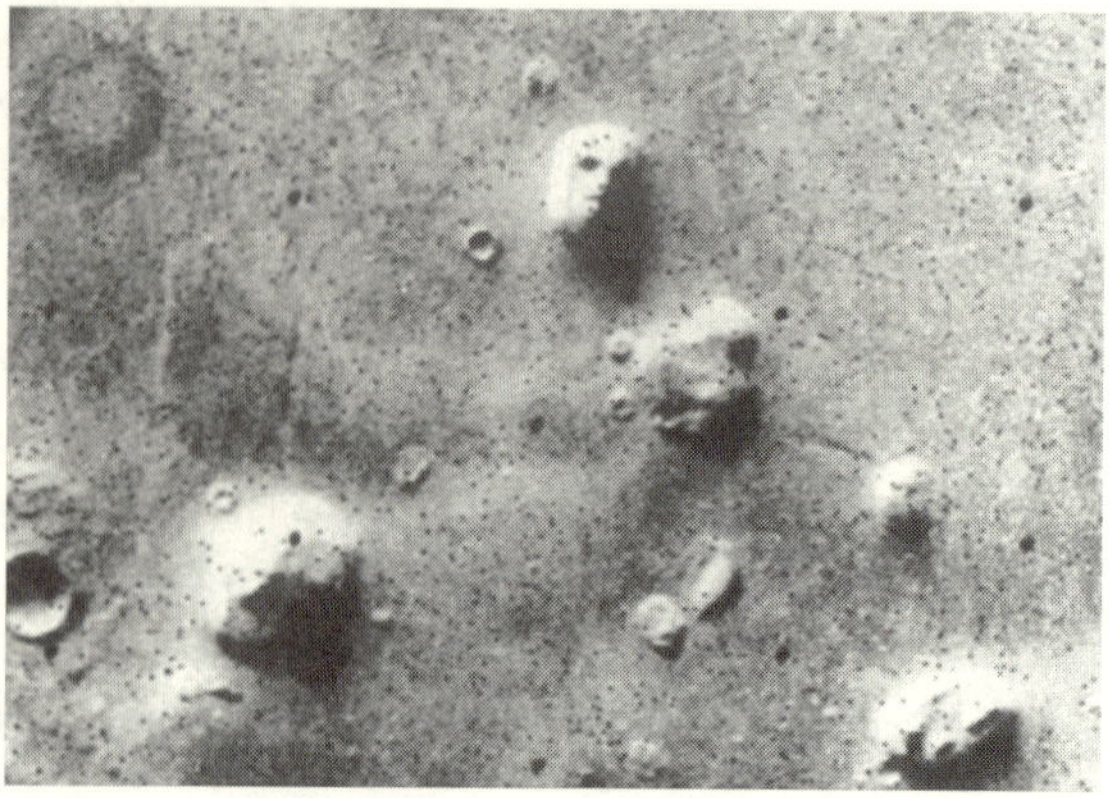

図3.8　火星の「顔」。この低解像度の画像には、多くの黒い点が含まれているが、これはジェット推進研究所が採用した画像処理技法のなせるわざであって、火星の地形とは無関係。（画像── NASA）。

を強調した。その形が人工的な構造物だと論じる人々もいた。岩の「顔」は、かつて火星に古代文明があったことの証拠だと言う。

ランダムなデータでも、大量に、また長い間、その気で見ていると、いずれ意味があるように見えるものが見つかる。おもしろそうではなく、前もって探しているものには当たらないデータは都合よく無視される。火星の表面積は一億五〇〇〇万平方キロもあり、それだけの広さの中に何となくおなじみのものに見えるものが何もない方がおかしいだろう。惑星科学者は、火星の「顔」がもつ意味は、火にくべる石炭に見るパターンと同じことだと論じる。これもまた無意味なパターンに見る側が意味を付与する例だ。

マーズ・グローバル・サーベイヤーがシドニア地方を再訪し、さらに詳細な写真を撮った。もちろん顔を示す証拠はなかった（二つの写真で光の当たり方が違うことを指摘しておくべきだろう。それでも現代のコンピュータによる画像技術は、グローバル・サーベイヤーの写真の詳細を保持しつつ、バイキングが見たのと同じ午後の光でその形をシミュレートできる。目を凝らしてみれば、『スター・ウォーズ』に出てくるチューバッカが見えてくる──人間の顔ではない）。[64]

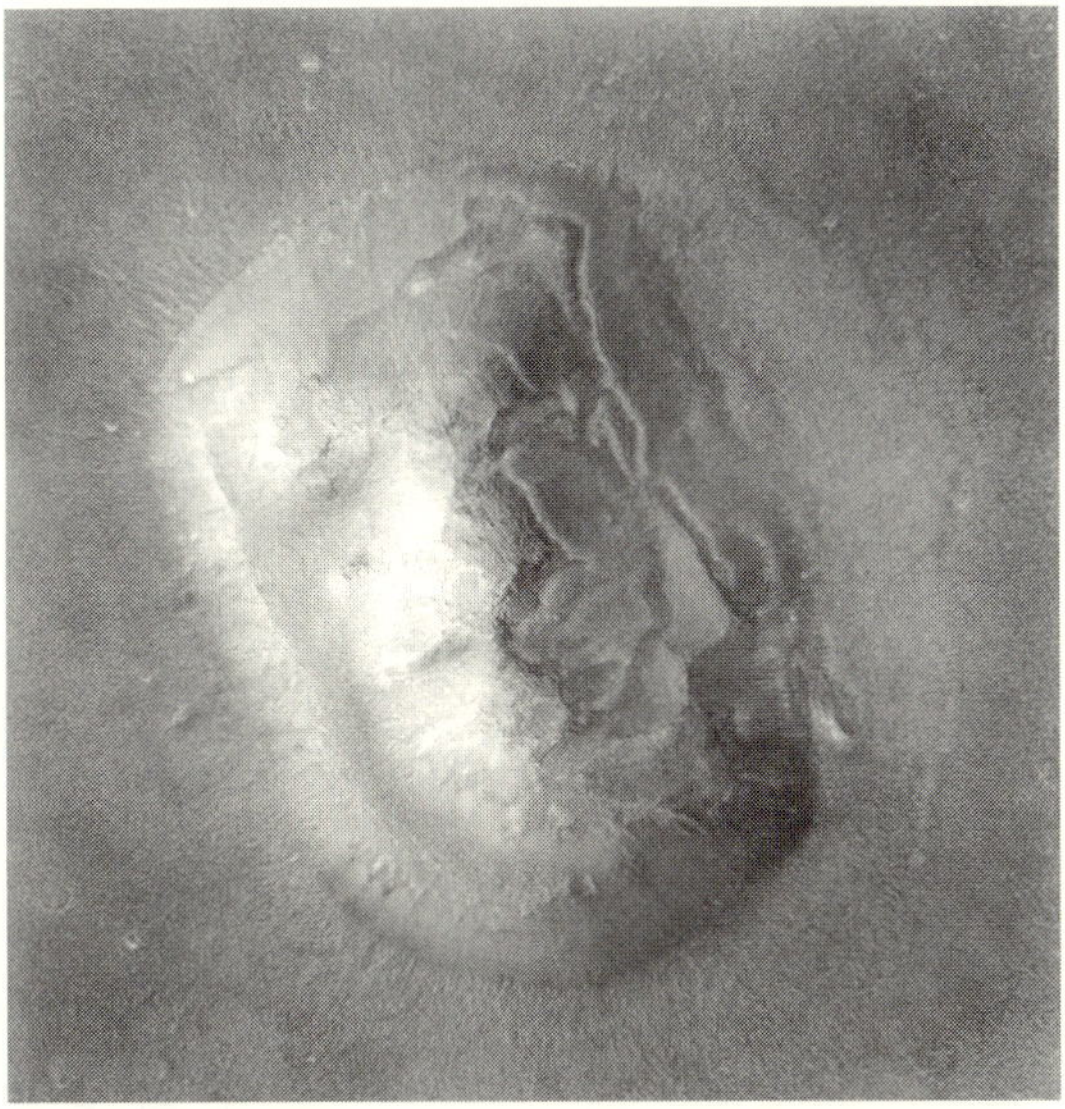

図3.9　これは盾か？足跡か？チューバッカか？ 1998年のマーズ・グローバル・サーベイヤーが撮影したシドニア地区の高解像度画像で、こちらは顔があることを示す証拠は見せていない。（写真——NASA/JPL）

小惑星

　マイケル・パパヤニスは、ＥＴＣが太陽系に来ていないと結論するには、小惑星帯《アステロイドベルト》にいる可能性を排除しなければならないと論じた。[65] アステロイドベルトは、ＥＴＣが宇宙居住地《スペースコロニー》を築くには理想的な場所になるだろう。小惑星から天然資源を採掘することもできるし、[66] 太陽エネルギーも大量に利用できる。もしかしたら、アステロイドベルトがばらばらの断片でできているのは、ＥＴＣによる大規模採掘事業の結果でないとも限らない。アステロイドベルトにスペースコロニーがあるとしても、そのことが必ずわかるわけではない。大きさが一キロにも達しない程度の乗り物なら、天然の小惑星とはなかなか区別できないだろう。

　他方、ＥＴＣがアステロイドベルトに本当にいたら、疑問もいくつか出てくる。電磁放射が漏れてくるのが検出できないのはなぜか。太陽からの距離で説明できるより高い温度の物体が一個も見つかっていないのはなぜか。ＥＴＣがいるなら、これほど長い間沈黙を守っているのはなぜか。

太陽系外縁部

小惑星の向こうには、いろいろな「異常」が見られる――天王星の自転軸がほとんど横倒しになっているとか、海王星の衛星トリトンの軌道が海王星の自転方向と逆になっているとか。そうしたことは、その気になれば、ＥＴＣが手を加えた証拠と考えることもできる。また、海王星軌道の外、太陽から三〇～五〇天文単位あたりのところから、カイパーベルトが広がる。カイパーベルトには一〇〇〇個以上の天体が見つかっていて、このベルトには一〇万以上の天体があると信じられている。そのほとんどは小さく、最大のものが冥王星だが、これは二〇〇六年、不名誉なことに、惑星の地位からただの太陽系外縁天体に降格された。分類区分が変更される前、デーヴィッド・スティーヴンソンは、冥王星の軌道が変則的なのは、宇宙土木工事の結果ではないかと言っている[67]。しかしそうした「異常」――天王星の傾き、トリトンの逆向き運動、冥王星の離心率の大きい傾いた軌道――はすべて、太陽系ができて間もない頃に生じた衝突や相互作用の結果と考えた方が自然に説明できる。他の説明を持ち出す必要はない。それでも、カイパーベルト天体は、ＥＴＣ探しで出番があるかもしれない。二〇一二年、ハーバード大学の天文学者、エイブラハム・ローブとプリンストン大学の天文学者、エドウィン・ターナーが、ひとたび一定水準の技術文明に進んだ生命体は、母惑星を、一日の周期の中の暗い時間帯には人工的に照明している（つまり夜は照明で明るい）可能性が高いと説く論文を発表した。地球文明からして二種類の夜間照明――量子的なもの（ＬＥＤランプや蛍光灯のような装置による）と熱によるもの（白熱電球）――を用いていて、どちらも惑星のような自然な熱を発する物体から得られる自然な放射とはまったく別のスペクトルを見せる。人工的な照明が漏れるのを探知できたら、ＥＴＣの存在を推測することができるだろう。カイパーベルト上の東京ほどの大きさの天体を考え、そこに今の東京と同水準の夜間照明があるとしてみよう。ローブとターナーは、今ある望遠鏡でもその人工的な照明は探知できることを示した。[68] この手法を利用すれば、今すぐにでもカイパーベルトに文明を探すことができるだろう（ここでも結果が出なくても証明にはならない。エイリアンは放射を私たちに見えないよう隠しているかもしれないし、暗くてもよいように慣れているかもしれないし、私たちには想像もつかない技術を使っているかもしれない……）。

カイパーベルトの外側の端のさらに一〇倍外へ行けば、論理的に私たちの太陽系を調べる探査機がいそうな場所がある、と論じることもできるかもしれない。この論証は、光線の通り道は大質量の近くを通過すると曲がるという観測されている事実とともに始まる。アインシュタインの一般相対性理論は、そうなる理由を説明する――質量は空間を曲げるので、光はただその曲がった道筋どおりに進むということだ。光線の通り道は、光学レンズを通っても曲がる。この二つの場合に関与する「湾曲機構」はもちろんまったく別だが、原理的には、十分に大きな質量を用いれば、レンズが光を焦点に集めるのと同じように光に焦点を結ばせることができる――その場合、質量は重力レンズとして作用している。一九七九年、スタンフォード大学の電気工学教授、フォン・エシュレマンは、重力レンズ効果の理論を太陽の場合に当てはめてみた。[69] そうして、望遠鏡を太陽から五四八天文単位――太陽と冥王星距離の一四倍近く――の距離に設置できれば、太陽の重力レンズによって得られる拡大効果を利用できるだろうということを示した（このエシュルマンが計算した五四八天文単位という距離は、太陽が重力レンズをなす最小限の距離のこと。この最小距離を過ぎて遠ざかれば、あらゆる方向に無限個の焦点が見つかる。実際、望遠鏡は一〇〇〇天文単位のところに置いた方がいいかもしれない。それほど大きな距離なら、太陽コロナの話をややこしくする作用を埋め合わせる必要が小さくなるからだ。しかしそれは細かいことにすぎない）。

光学レンズと重力レンズ

伝わる速さが異なる領域の境界に光が当たると、遅い方の領域の側に曲がる傾向がある（これは車を運転していて、歩道寄りの車輪が雪の塊を踏んだときのようなものだ。道路側にある車輪は雪を踏んだ車輪よりも速く回転するので車は曲がる——車は横滑りを始める）。光は空気中よりもガラス中の方が進み方はずっと遅いので、光線が空気からガラスに進むと曲がる。どれだけ曲がるかは、光がガラスに当たる角度にもよるが、レンズの形を正しく作っていれば、ガラスに当たる光線すべてが、曲がって一点に集中するように仕組むことができる。この一点が焦点となる。重力の場合には、曲がる仕組みが異なる。光線が大質量の近辺で曲がるのは、質量が存在することによって空間そのものが曲がるからだ。光線は空間の最短距離をたどるが、大質量付近では、その最短距離が曲がっているのだ。ただ、仕組みは違っても、結果は同じでありうる。

　太陽の焦点に置かれた望遠鏡は天文学者の夢だろう。これがあれば、遠い惑星、恒星、銀河を、ものすごく詳細に調べることができる。このことは、イタリアの天文学者で、たぶん誰よりも、太陽の焦点が将来の天文学的探査にとって重要であることを唱えてきた、クラウディオ・マッコーネが言うように、地球外知的生命探しでも強力な道具として使えるだろう。[70] マッコーネは、恒星重力レンズシステムで伝送が大きく増幅され、ごく控えめな伝送出力を使うだけで、近隣の恒星どうしの通信手段が得られることも示している。この増幅率は実に驚きだ。

　これがいったい地球外生命の証拠探しとどう関係するのだろう。ＥＴＣが探査機による銀河系探査を始めるとしてみよう（本書でも後で特定の探査モデルを取り上げる）。探査機と出発地の文明との通信が行なわれるだろうが、探査機が元の星系ではなく、手近の星系と連絡をとることがうまい通信方式となる（天の川銀河の構造では、光速という限界と比べた場合の大きさもあって、出発した星系との直接交信を維持するのは難しいだろう。それだけでなく、中央のハブとなる原点の星系を持つことに基づく通信方式は、万一元の文明が崩壊したり、移住してしまったり、単純に興味を失ったりすると、探査機網全体が危うくなることになる）。比較的小さい物体が恒星間距離で通信ができそうな最も容易な方法は、自然界がありがたくも提供してくれる重力レンズを用いるものとなるだろう。言い換えれば、探査機が太陽系にいるなら、あるいはいたなら、太陽の焦点──一〇〇〇天文単位というのがわかりやすい距離──に、近隣の星系との情報交換を行なうための通信用の宇宙船が見つかる可能性は大だ。この説は、ベルギーの宇宙物理学者ミハエル・ジロンによるもので、[71]探査機探しの方向を決める簡単な手段をもたらす。個々の近隣の星いずれについても、宇宙でのしかるべき地点の位置を容易に計算できるからだ。

あいにく、ジロン自身が言うように、どこを見ればいいかがわかっていても、探査機を見つけるのは難しいだろう。探査機が動力として太陽帆《ソーラーセール》推進を使っているとしてみよう（そういう探査機は、太陽の小さな、それでもまったく無視するわけにはいかない重力による引力を埋め合わせる必要が生じる。ＥＴＣであれば、われわれにとっては夢でしかないようなエネルギー源を利用できるかもしれないが、この探査機は大きな帆を使って太陽の推進力を捉えるものとしておこう。観測できる可能性という点からは、これが最善の想定だろう）。ボイジャー探査機ほどの質量がある探査機については、半径約五〇〇メートルの円形のソーラーセールが必要となることがわかっている。すると問題はこうなる。われわれはそのサイズのソーラーセールを一〇〇〇天文単位の距離で探知できるか。残念ながら、計画されている壮大な観測施設（欧州超大型望遠鏡のような）をもってしても、[72]目指す物体を直接に撮影するのは無理だろう。探査機は暗すぎるのだ。第二の可能性は、掩蔽法を用いて、遠くの星の明るさが、探査機がその正面を通るときにぐっと下がるのを探すことだ。こちらも実行は難しいことがわかっている。明るさの変化は小さすぎ、一瞬のことでしかない。そこで近隣の恒星の太陽焦点領域が探査機を探すのに適した場所だということが推測されても、われわれにはそれを探せないとあきらめなければいけないのだろうか。ジロンはさらに三つの案を持っている。一つはこちらから探査機をそのあたりに送って見回ることができるかもしれない。しかし一九七七年に打ち上げられた二機のボイジャー探査機は、本書を書いている段階で、一方は太陽から一二七AU、もう一機は一〇四AUのところにある。一〇〇〇AUに達するには長い時間がかかる。次に、探査機から漏れる放射を探せるかもしれない。これは原理的には可能だが、実際にはきわめて可能性が低い。第三に、探査機にこちらから直接接触を試みることができるかもしれない――探査機に向けて強い電波を送って反応に耳を澄ますのだ。私の考えでは、この種の探査機については、少なくともこの二〇年ほどで利用できる技術をもってするのであれば、第三の選択肢だけが現実的な捜索方法だと思われる。探査機にメッセージを送って、応答があるかどうか調べよう。応答があれば世界は変わる。私がそうなるのではないかとにらんでいるように何も聞こえてこないという結果になれば……ふりだしに戻ることになる。

カイパーベルトや太陽焦点領域の話になってくると、太陽系がいかに大きいかということにも気づいてくる。冥王星の軌道が収まる球には、一兆立方キロの一兆倍のそのまた二〇〇万倍ほどの空間がある〔一兆立方キロは、一辺が一万キロの立方体の体積。あるいはほぼ地球の体積分〕。太陽系はその冥王星のはるか外にあるオールトの雲という彗星の巣にまで広がっている。エイリアンの小さな宇宙船を偶然に見つける可能性はほとんどゼロに等しい。人工物があえて目を引くようなこと――あるいは信号を送ってくるとか、目立つ場所に立つとか――をしてはじめて、われわれはそれを探知することになる。したがって、かつて探査機が太陽系に来たことがある可能性も、今なお太陽系にいる可能性も排除できない[73]。その可能性が排除できるようになるまでは、フェルミ・パラドックスはパラドックスにならないと論じる人々もいる。

しかしわれわれは自信をもって、エイリアンの存在を示す証拠はまだ明らかになっていないと言うことはできる[74]。それを探すのは確かにもっともなことだ。すでにこの探査が安上がりだということには触れたし、成功の可能性はきわめて低くても、成功したときの見返りはきわめて高い。しかし、そうした探査機が観測されるときまでは、こちらに来ていると想定すべき理由はない。

再び地球へ

探す場所が間違っているのかもしれない。話はエイリアンの作ったもの——技術的に作ったものという証拠を中心に回ってきた。もしかしたらＥＴＣはここにいて、ものではなく、情報を残しているのではないか。一九五〇年代のあるおもしろいＳＦ小説は、クモが嫌いな人が多い理由は、クモ類はエイリアンの生物が集まったものだからではないかとしている。クモ類は宇宙船で地球に連れて来られて脱出したもので、人類は本能的にクモがエイリアンのもたらしたものであることを認識しているという（もちろんクモはエイリアンではない。後の解64で見るように、この惑星上の生命はすべて親戚どうしだ。どれほどクモが嫌いでも、人のＤＮＡの多くの部分はクモと共通なのだ）。一九七〇年代には、一部の科学者がやっとＳＦに追いついて、生物学的な物質はＥＴＣから出てきた符号化されたメッセージを伝えているのかもしれないという説を出した。理論的にはこれはありうるだろう。何と言っても、ＤＮＡの根本は、情報を符号化しているところにある。実際、遺伝子符号《コード》は何億年もの間変化せず、それでも何らかの信号を埋め込みたければすぐに修正できる[75]。

ＤＮＡに符号化されたメッセージは、通信回路としてはあまりありそうにない。たとえば、送信側がそのメッセージを送れるとしたら、同じ生化学を有する惑星に対してだけだ（地球の場合は、送信側の生化学はＬアミノ酸に基づき、人類と同じ遺伝子符号に基づくタンパク質合成を行なうなど）。受信側で自然の配列と人工的なメッセージとを区別することができたとしても、無作為の突然変異によってメッセージはごみになるかもしれないし、送信側はそれをどうすることもできないだろう。進化の気まぐれで、メッセージがすっかり消去されることもありうる。それでも、ゲノムのDNAはすでに地球では情報を保存するために使われているので、他の文明がメッセージを埋め込んだ可能性もありえないわけではない。アイデアの検証のため調査はわずかながらも行なわれている。[76] ウイルスのDNAの何種類かが解析されているが、人工的なパターンと思えるものは見つかっていない。今や生物学者は人間をはじめ、何種類かの生物については遺伝子全体の配列を決定しており、符号化されたメッセージに関しては詳細な探索が可能になっている。そのような探索は遺伝学者の優先順位は低いにちがいないが、いずれは誰かがパターンを求めて遺伝子のデータをふるいにかけることになるだろう。私はパターンが見つかると思うが、それは火星の運河やシドニアの顔と同じことに由来するものだと思う。そのようなパターンは知性の証拠ではある――ただ望遠鏡や顕微鏡を覗く側の話だ。

解6　現にいて、それはわれわれのこと――われわれはみなエイリアン

このような種子からどんな果実が育つか知っておくべきだった。
――バイロン卿「チャイルド・ハロルド」

解5では、ETCがメッセージを地球の生物にあるDNAに符号化しているかもしれないという案を取り上げた。その可能性は低いが、逆説的なことに、もっと幅広く取れば、可能性は上がる。遺伝学研究が進むたびに、地球上の生物はすべて深いところで関係していることが明らかになってくる。たぶん、個々の生物種のいずれかがエイリアンだということはないが、すべての生物種が地球外から来た同じ先祖に由来する可

能性は否定できない。もしかしたら、生命そのものがメッセージなのかもしれない。われわれはみなエイリアンなのかもしれない。

生命が別のところで生まれ、何らかの方法で地球に運ばれてきたのではないかというアイデアは、昔からある。「パンスペルミア」説——文字どおりには「至るところ種子あり」という意味——は、古代ギリシアのアナクサゴラスにまでさかのぼる。[77] しかしパンスペルミア説が近代的な形式をまとうようになったのは、一九世紀、ベルツェリウス、リヒター、ヘルムホルツなどの著述が出てからのことだ。当時の科学者は、いろいろな形のパンスペルミア説を論じている。たとえばケルヴィン卿は、一八七一年、英国学術協会での講演で、生命は隕石の岩に乗って宇宙に拡散したのではないかと考察した——岩石《リソ》パンスペルミア説だ。しかしこの説を広めたのは、一九〇八年のアーレニウスが書いた本だった。[78] アーレニウスは宇宙は生物の胞子で満ちていて、星の光の圧力で空間を動いていると考えた——放射《ラジオ》パンスペルミア説となる。このような胞子の一部が初期の地球に落下し、増殖して、今日われわれが見ている生命に進化したという。

後でもっと詳しく論じるように（解64を参照）、生命の起源の根本にある謎の一つとして、それが地球に現れたのが異様に早いということがある。無生物の塊から、ランダムな物理的・化学的過程で生命が生成されるほどの時間があるようには見えない。パンスペルミア説は、必要な時間の問題がなくなるので魅力はある。生命は「出来あいの」ものが地球に降ってきたというわけだ。それでもアーレニウス説は、いくつかの理由ですぐに栄光の座から滑り落ちた。この説がお蔵入りになった一つの理由は、宇宙空間を何億年にもわたって旅をする厳しさに耐えられるほど丈夫な胞子を想像しにくかったことだった。とくに、宇宙線の放射は胞子にとって確実に命取りになるだろう。生命の究極の起源という問題を地球から宇宙のどこかに移しただけのことだという理由もある（もちろん、歴史的事実の決着をつけるとなれば、どこで生物が生まれたかがわかればいいのだが)。
地球外の宇宙空間に微生物がいるかもしれないというアイデアは、完全には消えていない。たとえばホイルとウイクラマシンゲの二人は、微生物は彗星に乗って地球にやってきて、時々病気の大量発生をもたらすという説を唱えた。[79]
その説は、細菌が無人月着陸船に乗って月まで行き、アポロ宇宙船の飛行士によって地球に持ち帰られても生きていたという説によって、いくらか信憑性を得た。もっと最近には、極限環境微生物——きわめて過酷な地球上の環境で繁殖できる微生物——の、宇宙に見られる状況に耐える能力が調べられている。[80] 実験からは、極微の炭素質の粒によって保護されている極限環境微生物は、シンクロトロンから発生する強烈な放射——太陽の放射何百万年分による放射の蓄積に相当する——を数時間あびても生き延びる。この「マイクロ岩石パンスペルミア」説——微生物の生命を巨大な岩ではなく、小さな塵の粒に移す——も一つの可能性に見えるだろう。パンスペルミアという過程が壊れやすすぎて、生命が惑星から別の惑星へと進めないとしても(何と言っても、生物体は宇宙空間の過酷な環境以上のことと争わなければならないだろう。生物は故郷の惑星から放り出され、別の惑星に着地し、両方の惑星大気圏をくぐることに伴う衝撃を受けても生き延びなければならないのだ)、たぶん、少なくとも不活性なウイルス様の生物、あるいは死んだ細菌の断片が、地球の生命を「成り立つ」ようにするのには十分なのだろう——これが「死体《ネクロ》パンスペルミア」説となる。[81]
パンスペルミア説が生物学で主流だというわけではないが、この説は確かに排除はできない。それが正しいということになれば、生命が宇宙の中で頻繁に生じる可能性は大きく高まる(もちろん、それで知的生命やETCの存在、非存在については何も言ったことにはならないが)。ところが一九七三年、クリックとオーゲルは、「誘導パンスペルミア」説という考え方を発表した。[82] ダイソンの言い方では、パンスペルミアに知性を加えた説だった。クリックとオーゲルは、丈夫な微生物が何光年という星間の長旅の後に地球に降りてくる可能性は非常に小さいと思った。しかし意図的に種を蒔くなら話は別だ。誘導パンスペルミア説は、古いETCが、生命が生き延びるのに有利な条件がそろっている惑星に向けて、意図的にねらって胞子を送ったのではないかと説く。原始的な生命が隕石の中にたまたま隠れていてこちらまで届いたのではないかもしれない。探査船に乗せられて送り込まれたのかもしれない（ETCがなぜそうやって惑星に種子を播くのか？たぶんその後の植民に備えて惑星の支度をしようとしたものの、どういうわけか地球にやって来て地球植民への切り替えに失敗したのかもしれない。あるいは壮大な宇宙生物学的実験を行なっていたのかもしれない。あるいは母星で天変地異があって、遺伝子物質だけは確実に残したいと思ったのかもしれない。誰にもわからない）。

　誘導パンスペルミア説を検証する方法はよくわからない。ことが起こってから何十億年もたっており、原始の卵から生まれた原始的な生物なのか、隕石に潜り込んで届いた原始的生命なのか、宇宙船によって届けられた原始の生命なのか、どうやって区別できるのだろう。クリックとオーゲルは論文を書いて、誘導パンスペルミアは、いくつかの謎を解決できると言っている。たとえば、地球上の遺伝子符号が一種類だけなのはなぜか。地球上のすべての生命が、一種類の微生物に由来するクローンのなりかわったものとすれば、当然、符号は普遍的になる。またこの考え方を支持して与えられる論拠には、多くの酵素がモリブデンに依存していることに関係するものもある。この金属はあまりない物質――地殻に含まれる元素の比率を並べると第五六位――なのに、生化学では重要な役割を演じている。これは少々奇妙な事態だが、地球上の生命がモリブデンがもっと豊富な生態系に由来するとすれば、さほど驚くことではなくなる。もちろん、生化学者はこうした謎にはもっと正統的な答えを得ているし、誘導パンスペルミア説に有利な証拠も弱い。

　生物学者が、生命が原始の地球で利用できる物質から自然に生まれるという説得力のある理論を考え出せば、パンスペルミアは――誘導であろうとなかろうと――必要なくなるだろう。逆にクリックとオーゲルが正しかったということになるかもしれない。銀河のこのあたりに胞子を播いたETCと会わないともかぎらない。それが真か偽か明らかになるまでは、誘導パンスペルミア説はフェルミ・パラドックスにありうる答えとして議論の俎上に残る。みんなどこにいるんだろうね？みんなここにいる。われわれがエイリアンだからだ。

解7　動物園シナリオ

みんな動物園で起きていることなんだと誰かが言った。
確かにそうだ、確かにそうだと僕は思った。

――ポール・サイモン「動物園にて」

フェルミ・パラドックスを解決する手段としてこの説が唱えられたのは、一九七三年、ジョン・ボールによる[83]。実は、ボールはそれを「動物園仮説」と呼んだ。以下に何種類かの形を述べるが、そちらも「仮説」を名乗り、文献にもそういうふうに登場している。私がそれをシナリオと呼ぶのは、科学では、仮説というと通常、検証可能な形にまとめられた推測を意味するからだ。これから見るように、ボールの推測は基本的な形では検証ができない。これは動物園シナリオが真ではないとか、他の説明よりも可能性が低いとか、そういうことを言っているのではない。ボールの推測よりもずっと突飛でありえないような説にも、これからお目にかかるだろう。問題は、それをすぐに反証できないところにある。

ボールはETCがどこにでもいると唱えた。多くの技術文明は停滞するか、滅亡に瀕するが（内部からであれ外部からであれ)、中には長期にわたってその技術水準を発達させるものもあるだろう。地球の文明から類推して、ボールは技術的に最も進んだ文明だけを考えればよいと論じた。進んだETCは、ある意味で、宇宙を支配している。[84]それほど進んでいない文明は滅びるか、服従するか、吸収されるかだからだ。すると重要な問いはこういうことになる。高度に発達したETCはどのようにその力を行使するか。ボールは人類がその権力を自然界にふるってきた様からの類推で論じ、人間が自然公園、野生保護地域、動物園を設置して、他の種が自然に歩んでいけるようにしたのと同様、地球もETCがわれわれ用に残しておいた自然公園にあるのだと推測した。あちらとこちらの交流がないように見える理由は、あちらが見つかりたくないと思っていて、こちらからは向こうが見えないようにする技術的能力もあるからということだ。動物園シナリオは、進んだETCはただわれわれを見ているだけではないかと言う(これほど説得力はないが、この説の異形がいくつかある。実験室シナリオといい、われわれを実験室での実験の被験者にする)。

この考え方一般には、ボールが発表する前から長いSFの歴史がある。たとえば『スター・トレック』には、連邦が個々の惑星における自然な展開に干渉してはいけないと定める「基本指針《プライム・ディレクティブ》」があった(もちろんこの指針は、ただ遵守されるときよりも守りがたいときこそ立派になる。脚本家たちもプロットをひねり出さなければならないのだから)。これ以前にも、一九五〇年代の有力SF誌『アスタウンディング』は、ジョン・キャンベルの強力だが蛮勇的な編集方針の下で、[85]地球が隔離されているという設定を確立した――ETCが保護してくれていることもあれば、もっと人気があったのは、人類がETCにとっては危険だからという理由もある。ツィオルコフスキーによるパラドックスの解決――ETCは人類を完成状態にまで進めるため、地球は放置しているとする――も、動物園シナリオの種子を含んでいると論じることができるだろう。

空飛ぶ円盤を信じる人々は、動物園シナリオがその信仰を正当化してくれるものであるかのように、それに同意する傾向がある。ただ動物園シナリオは明瞭に、われわれは空飛ぶ円盤でも何でも、上位の技術の表れを見ることはないと予測する。空飛ぶ円盤が宇宙船なら、動物園シナリオは間違っている（ジェームズ・ディアドーフは、ボール説の変種を唱えた。抜け穴だらけの禁止《リーキー・エンバーゴ》説と呼ばれ、空飛ぶ円盤が目撃されることとは両立する。要するに、先進的で優しいETCは人類と公式に接触することに関しては禁止している。しかしその禁令は完全ではない。エイリアンは、科学者や政府には信用できそうにない話を信じている人々と接触する。エイリアンは後で自分たちが姿を見せたときに生じかねない衝撃に備えて人類に少しずつ心の準備をさせたいと思っているのだという[86]。ディアドーフの説は科学的ではなく――やはり必ずしも間違いとは言えないが――おそらく「シナリオ」という言葉さえあてはまらないだろう）。

　動物園シナリオはいくつかの根拠で批判されている。大きな欠点は、そう考えたところでどうなるのかということだ。これは検証可能な仮説ではない。良い仮説は、確認するか反証するかできそうな観測のアイデアを生み出すし、そうしながら新たな仮説を生み出す。本説の想定の正しさを検証できるような観測は考えにくい。このシナリオから出てくる一つの予測は、われわれはETCを見つけないということになるが、ETCが見つからないからといって、当初の命題を確認することにはならない。どんなに見ても、どんなに探索の限りをつくしても、ETCがいないことを、ETCがわれわれに姿を見られたくないからだとする説明のしかたについては、満足できないところが残る（庭のどこかに妖精がいることを示す観測による証拠がないことを、妖精は人が近づいてくると必ず姿が見えなくなるからだと説明することはできる。妖精がいようといまいと、この種の説明は、科学的な立場からすれば下手な説明となる）。

　このシナリオは人間中心的だという批判もある。なぜETCはわれわれのような生物種に関心を抱くのか（もちろんここでは、ETCが関心を抱いているのはイルカや猿やミツバチではなく、人間だと仮定している）。エイリアンが何をおもしろいと思うかについてはまったく想像もつかないので、地球が――どんな理由であれ――銀河版国立公園として保存されている可能性は排除できない。しかしさらに一つ弱点を挙げれば、動物園シナリオは、地球が複雑な生物が生まれるよりずっと前に植民地にされなかったのはなぜかを説明できないところだ。このシナリオは、ETCが知的生命を地球に発見したときの反応は記述しているかもしれないが、地球が見つかったときにいたのが原始的な単細胞生物だけだったとしても同じ反応になるだろうか。

もっと重大な批判は、一つでも禁止を破るETCがあり、未成熟な文明が籠の格子の間から指を差し入れるだけでも、地球からそれが見えてしまうところに向けられる。さらに、それは銀河系に誰かいるいかなる証拠も見つからないことの説明にはなっていない。ここで言われているのは、進んだ知的生命はどこにでもいるということだ。するとその開発事業はどこで行なわれているのか。その通信施設はどこにあるのか。地球を開発の対象にしないというのと、われわれのために活動全体を停止するというのとは話が違う。

もう一つ挙げれば、このシナリオには、ある意味でフェルミ・パラドックスに対するあらゆる解に共通の弱点がある。エイリアン知性体の意向に左右されるということだ。あらゆるETCがいつでもわれわれについて同じふるまい方をすることが前提なのだ。

この節の拡張版は禁止シナリオと呼ばれ、ボールの節を一般化して弱点のいくつかを何とか切り抜けようとしている。

解8　禁止シナリオ

ずっと不在だが、ずっとそばにいる。

――フェレンツ・カジンツィ「別離」

禁止シナリオ――動物園シナリオを拡張したもので、生命を宿した惑星は、地球に限らずすべて立ち入り禁止になる理由を与える――は、一九八七年、マーティン・フォッグによって唱えられた[87]。

フォッグは、初期銀河文明の起源、拡大、交流について、単純なモデルから得られる結果を発表した。それまでの論者と同様、値を入れるべきモデルの変数に、ありそうに思える値を入れると、銀河系は比較的早く知的な種族で満ちあふれた。入れる値によって、巨大な「帝国」をわずかな種が支配することになるか、小さな「帝国」がたくさんできるかの結果になった。フォッグのモデルからは、変数の値がどうであれ、ETCはわれわれの太陽系ができる前からでも、銀河系に植民するようになるという結論が導かれる。

フォッグは、植民期が終わって、ほとんどすべての星が知的生命を宿すようになってしまうと、銀河系は新しい「定常状態」期に入ると論じた。拡張の欲求は衰え、攻撃性、なわばり、人口増加の問題は解決される。知能の分布はますます混じりあって均質になり、定常状態期はコミュニケーションの時代になる。このモデルによれば、われわれはこういう（すばらしそうな）時代が始まって何十億年もたっている時期にいる。

フォッグのシナリオが正しければ、進んだETCが一つと言わずあって、地球はその影響圏内に位置していることになる。ではなぜそのETCが支配していないのだろう。フォッグは、定常状態期にあっては、知識が最も価値のある資源だと論じる。進んだETCは、生命を宿す惑星を、単に将来かけがえのない情報源になるかもしれないという理由だけでも、干渉しないでいてもおかしくないという。生活空間の犠牲は必ずしも大きくはない。アシモフが指摘したように[88]、ETCは惑星に住む必要がないほどに進んでいるかもしれない。ETCが恒星間を宇宙の方舟のようなものに乗って移動できるなら、太陽のような恒星にこだわる必要もなく、どんな星でもいいし、むしろ明るいO型の星の方がいいくらいだ。そのような宇宙の方舟であれば、道義上、居住可能な惑星がある太陽のような星は避けるかもしれない。フォッグは、ETCが避けなければならない星の数は少ないという。生命を擁する惑星を持っている星の比率として〇・六パーセントという数を出した（この数字にはもちろん異論がある）。わずかな数の生命を擁する惑星を放っておく代償は小さく、その生命を宿す惑星がいずれ有することになる情報量に比べれば見合うものだという。

　すると定常状態期になって、ETCどうしが通信し、共通の進み方が合意される時代になると、「銀河連盟」がすでに生命のいる惑星には干渉しないという取り決めをする。ニューマンとセーガンの言い方で言えば、「銀河法《コデクス・ギャラクティカ》」が確立する[89]。フォッグは、太陽系は何十億年も前にETCが訪れて原始的生命を発見したときに、禁止区域に指定されたと説く。それ以来、地球上の生物は動物園——それが生み出す複雑な情報のパターンを求めて調べられているところ——で暮らしているのだ。

　私の考えでは、禁止シナリオの根底にある前提のいくつかは説得力がない。一つだけ挙げれば、フォッグが説く文化的均質には至りそうにない。本当に知的エイリアンがいるとして、それが「高度な理解と相互合意」に達するほど効率的に通信ができるとは思えない。汎銀河通信網を確立するという問題は、翻訳の難しさどころのものではない。たとえば、銀河系の回転に差があることによって、太陽のような恒星は他の恒星に対して運動することになる。五〇〇〇万年前には、地球があるあたりの動物園管理者は非常に几帳面だったかもしれないが、今は管理者が進化して、しばらく休みを取ることにしたかもしれない。そうだとしても、他の誰がそのことを知るだろう。知ったとしても、銀河連盟の他のメンバーがどうやってそれを止められる

図 3.10　われわれの天の川銀河のような銀河は、ふつう直径が 10 万光年以上ある。ここに示した銀河、NGC 2841 はさらに大きい――直径は 15 万光年ある。禁止シナリオは、「銀河連盟」にその規則と伝統を銀河の隅々まで実施できる能力を必要とする。相対論的な宇宙では、それは非常に達成しにくい。（写真―― NASA/ESA/Hubble Heritage Collaboration）

だろう。われわれの住んでいる宇宙では情報が流れる速さに限界があり、そのために銀河規模の文化的均質性はきわめて達成しがたい。マクドナルドは地球制覇はできたかもしれないが、銀河系制覇は無理だろう。

つまり、フォッグのコンピュータ・モデルの詳細なパラメータ〔理論から一意的に決まるのではなく、観測結果など、実際の状況によって決まる値〕や過程を検討しなくても、結論には異論の余地がある。そうした留保を措いても、禁止シナリオには、元の動物園シナリオと同じ批判が向けられる部分がある。とくに挙げれば、われわれが禁止対象になっているかどうかを明らかにする方法がなさそうだということがある（たぶん、銀河連盟の一員に選ばれるだけの種に進むまでは）。となると、検証可能な予想はない。このシナリオはまた、進んだＥＴＣがその進化の全段階で、その活動をわれわれから隠すことができることも想定している。確かにできるのかもしれない。しかし言われるように銀河が本当に昔からあるＥＴＣだらけなら、われわれはときどき壮大な天体工学的構造物を目にしたり、ときどき星間の噂話が聞こえてきたりすることにならないだろうか。一個の惑星を禁止対象にすることはできても、自分たちの存在を示す証拠をわれわれから隠すとなると、話はまた別だ。結局、先にも論じたように、銀河の定常状態の中でつっこんだ通信ができるようになったとしても、生命を宿す惑星に関する思惑が一致することになるだろうか。上に述べられた価値観を共有しない進んだETCが一つ存在するだけで、シナリオは成り立たなくなってしまうのだ。

解9　プラネタリウム仮説

現実は神々の夢。

——ジョン・キーツ、『レイミア』I

スティーヴン・バクスターは動物園シナリオ系の興味深い変種を唱え、これをプラネタリウム仮説と呼んだ。[90] この推測はボールの説よりもずっと粗っぽいが、こちらは検証可能な予測を出すので、「シナリオ」ではなく「仮説」の名に値する。われわれが暮らしている世界がシミュレーション——この宇宙には知的生命がいないという幻想を与えるために開発された仮想現実のプラネタリウムだと考えることはできるだろうか。バクスターはそう問いかける。

このような考え方の背後にある物理学がこの説に現代的な感じをもたらす。実際、プラネタリウム仮説は近年にならないとそれなりの理屈で唱えることはできなかっただろう——コンピュータの性能が信じがたいほど増してきた時代なればこそのものだ。ただ、プラネタリウム仮説を支える「真相は目に見えるとおりのものではない」説は、SFでは確立した設定となっている。ハインラインの中編小説「大宇宙」〔矢野徹訳『宇宙の孤児』（ハヤカワ文庫）所収〕では、世代宇宙船《ジェネレーションシップ》（一三二頁を参照のこと）の住人が、自分たちがいる乗り物の外に宇宙があることを発

図 3.11　よくできたプラネタリウムでは、人は宇宙の写実的な再現に没入してしまう。(写真—— Carl Zeiss)

見する。アシモフが、ソ連の衛星が月の裏側の写真を撮る二年前に書いた陽気な短編では、初めて月を周回飛行した宇宙飛行士が月の向こうに見たのは、クレーターだらけの月面ではなく、角材で支えられた巨大なキャンバスだった。「トリップ」という、月への飛行が飛行士に及ぼす影響について心理学者が調べられるようにするシミュレーションもあった。アンドルー・ワイナーの「D街からの知らせ」というもっと暗い話では、主人公が、自分の馴れ親しんだ、それでも奇妙に制約の多い世界が、あるコンピュータ・プログラムの産物であることを知る。もっと新しいところでは、大手メディアが、人々が様々な人工の現実とやりとりするというアイデアを使っている。たとえばテレビ番組『新スター・トレック』のいくつかの話は、「ホロデッキ」という、ユーザが双方向でやりとりできる物質的な対象を模擬的に作り出す技術の産物上でのことと設定されている。映画『マトリックス』は、人間を強制的に仮想現実漬けにしていた。こちらは埋め込まれた電極で脳が直接に刺激を受ける技術による。映画『トゥルーマン・ショー』の主人公は、そうとは知らずテレビ番組のスターになっていた。本人は、人工的に作られた現実に暮らしていたのだ。この映画の場合の人工現実は「ローテク」版で、番組プロデューサーが考えた、絵に描いた天蓋の下にある、偽の街だった。[91]

こうした小説や映画の多くには、気になったらなかなか忘れられないところがある。たぶん、心の奥にある哲学的な不安に触れるところがあるからだろう。何と言っても、現実とは何かだとか、われわれはそれぞれ外部の宇宙をどう認識するかだとかの問いは、何千年もの間、哲学者の仕事になっていたのだ。プラネタリウム仮説はわれわれが受け入れている外部宇宙の理解が間違っているのではないかと言う。実際にどう間違っているかは、ETCがわれわれに提供するプラネタリウムの型（『トゥルーマン・ショー』のようなローテクか、『マトリックス』のようなハイテクか）や、その広がり——人間の意識と外部の「現実」との境目の位置——によって決まる。

プラネタリウム仮説を極端にまで推し進めると独我論に似てくる。真の独我論者は、自分が経験すること——人、出来事、物——はすべて自分の意識の一部だと思っていて、われわれみなが共有する外側の実在だとは考えていない。本人の心だけが存在するということだけではない（惑星全体を滅ぼす天変地異であって、その唯一の生き残りであれば、自分の心が唯一の心だと信じても正しいかもしれないが、それでも必ずしも独我論者とはならない）。むしろ真の独我論者は、原理的に、他人の心が思考や感情を経験するという考え方に意味を付与できない。それは自己中心的な宇宙観だ。したがって、最も極端なプラネタリウムは、ETCが人工的な宇宙を私の意識に直接生成したものということになる。この宇宙が空っぽに見えるのは、ETCが何かの理由で、そう考えるよう私を騙しているからなのだ。

独我論は先がなく、そのままの形で唱えられることはめったにない（真の独我論者が自説を擁護する場合、存在しない相手に何かを伝えなければならず、それ自体ばかげたことに見える)。それほど極端でないプラネタリウム説は、独我論の風味を残しながらも、それほどひどくはない。たとえば、われわれ人類はたぶん実在するが、われわれが身のまわりに見ているものはシミュレーションによる——『新スター・トレック』のホロデッキのような——ものかもしれない。あるいは、現実は地球と太陽系でわれわれが訪れたことがある場所にあるすべてのものからなるが、恒星や銀河はシミュレーションされたもの——大掛かりな『トゥルーマン・ショー』の天蓋——かもしれない。

オッカムの剃刀は、プラネタリウム説をすべて否定する根拠になる。ボールを投げてその放物線の軌道を見るとしよう。ボールはニュートンの万有引力の法則に従って自律的に動く物体だ。そうでないという説——何らかの装置(個人の意識であれ、精巧な仮想現実生成装置であれ)が、ボールとその万有引力の下での運動の特性をシミュレートする法則を備えている——は、同じ現象についての説明が複雑になる。どちらの説明も観測結果に合う。しかしオッカムの剃刀は、いちばん単純な説明を用いるよう命じる。この場合であれば、ボールは「実在する」とすることだ。ボールは自律的に存在している。同じ論法を、宇宙の観測結果についても用いることができる。

他方、オッカムの剃刀をしばらく片づけておいて、プラネタリウム仮説をまともに取り上げる気になるとしても、バクスターは人が何らかの人工の現実にいるかどうかがテストできるようにする方法を示している。この点は、元の動物園シナリオや立ち入り禁止シナリオがまともな予測をしないことに比べると、大いに前進している。

バクスターによれば、プラネタリウム説は根本的に、科学実験がつねに整合的な結果を生むことを要請することになるという(今の時点では、ETCがわざわざ、われわれの利益になるように宇宙をシミュレートしてくれる理由は何かとは問わない。ある系の完璧なシミュレーション――言い換えれば考えうるどんなテストによっても元の物理的な系とは区別できないシミュレーション――が理論的に生成されるということを言っておくだけで十分だ）。実験が現実の織りなす生地に不整合を浮かび上がらせれば、われわれは「外」が存在することを仮定するよう導かれるかもしれない。

物理学者は、与えられた大きさの完璧なシミュレーションを生み出すのに必要な情報やエネルギー量を計算することができる。したがって、しかじかのプラネタリウムを建造するのに必要なエネルギー需要を満たす能力がＥＴＣにあるかどうかと問うこともできる（プラネタリウムの設計者はわれわれと同じ物理学の法則に従っていると想定しなければならない。そうでないとしたら――たとえばボルツマン定数の値を変えることができるなら――この議論はこれ以上進められない）。

ベッケンシュタイン境界

ヤコブ・ベッケンシュタインは、量子物理学によって物理系を符号化する情報量に制限がかかることを示した。[92] 不確定性の関係式は、半径R（メートル）、質量M（キログラム）の系の内部にある情報量は、質量×半径×定数（約2.5×10^{43}ビット/m/kgという値）を決して超えられないことを示す。自然界では、ベッケンシュタイン境界に達するまでに驚くほどの量の情報が符号化できる。たとえば、水素原子一個は約一メガビットの情報を符号化できる。典型的な一人の人間は、約10^{39}メガビットの情報を符号化できる――現存するハードディスクでは扱いきれないほどの情報だ。

物理系に符号化できる自然の情報量は、自然が許容するよりもはるかに少ないらしい。しかしベッケンシュタイン境界はプラネタリウムの設計者に、様々な大きさと範囲の完璧なシミュレーションを開発する機会をもたらす。標準的な熱力学的計算をすると、任意の特定の大きさと質量の完璧なシミュレーションを構成するのに必要なエネルギーがわかる。

KⅠ文明であれば、地球表面のうち一万平方キロほどの広さで高さ一キロほどの範囲について、完璧なシミュレーションを生成できることがわかっている。言い換えれば、KⅠ文明のレベルでは、われわれの現代世界よりはるかに小さい古代シュメール帝国でも、それを完璧にシミュレートすることはできないだろう。プラネタリウムの設計者は、シュメール人を騙すために完璧なシミュレーションを生成する必要はない。たとえば地球表面から二〇〇メートル下にあるものを模擬的に生成する必要はないだろう。当時の人々がそこまで掘り進んで行けたとは思えないからだ。様々な仕掛の簡略化もプラネタリウムのプログラマは利用できるだろう——結果として出てくるシミュレーションは完璧ではなく、原理的には不整合が明らかになるかもしれないことには注意しておこう。ワイナーの「D街からの知らせ」の主人公は、まさにこの状況に遭遇する。

KⅡ文明であれば、コロンブスを騙せるほどのシミュレーションが生成できたかもしれない。しかしクック船長の航海となると、プラネタリウムの設計に不整合があることを露呈したかもしれない。

KⅢ文明であれば半径がおよそ一〇〇天文単位（AU）ほどの球の体積分について完璧なシミュレーションを生成できるかもしれない。これは大きな距離で、本書の初版を書いていた頃は、われわれの文明は、自分がいる宇宙が「実在」なのか、KⅢ文明が開発したシミュレーションの結果かを試験することはできなかった。しかし状況は変化している。ボイジャー1号はすでに地球から一二七AUのところにいるが、漆黒の金属の壁に衝突してはいない。われわれは、自分たちが完璧なシミュレーションの中で生きているのではないことを知っている。それでも私たちは完璧には足りないシミュレーションの中にいるのかもしれない。何と言っても、一〇〇AUを超えて進んだのは二機のボイジャー探査機のみなのだ。プラネタリウムを建造するときに、シミュレーションの限界を広げるために、現実のいくつかの面をシミュレートするのを省略するかもしれない。しかしそれは完璧なシミュレーションではありえない。私たちの器具は原理的にそのような低い質のシミュレーションでのほころびを探知できる。

プラネタリウム仮説はオッカムの剃刀にも、宇宙の仕組みに関するわれわれの基本的直観にも反する。KIII文明が、単にわれわれに宇宙は空っぽだということを納得させるためにそれほどの手間をかけると考えるのは、ほとんど妄想だろう。バクスターがそれを提示したのは、本人としては可能性を消すためのことだった（それにバクスターはきっと、その可能性が成り立つとは思っていないだろう）。しかし少なくともわれわれは、いずれそれを消すことができる。今後の何十年かで、われわれが調べる宇宙は広がり、これまで以上の距離の規模で現実が織りなす生地を試験するにつれて、われわれはシミュレーションのほころびが見つかるか、宇宙が「実在する」ことを受け入れざるをえなくなるだろう。そして結局、宇宙が「実在」するということになれば――きっと読者の大半はそちらに賭けると思うが[93]――フェルミ・パラドックスの解決には、別のところを見なければならない。

解10　神が存在する

偶然とはたぶん、神が署名したくないときの神の偽名だろう。
――アナトール・フランス『エピクロスの園』

ＳＥＴＩの科学者は神学的な探求に従事しているのだと言った人がいる。ＥＴＣはわれわれよりもはるかに進んでいるらしいので、われわれから見ればほとんど全知全能の存在に見えることになる。われわれはＥＴＣを神々のように思うのだろう。ＳＥＴＩの科学者にはそうは言わない人が多い。ＥＴＣのテクノロジーははるかに発達しているために、クラークの言い方を用いれば、魔法と区別できないのかもしれないが、われわれにはきっと、こうした存在が技術の達人であると考えられる程度の分別はあるだろう。悪くても、魔術師と見るのであって、神々だとは思わないのではないか[94]。

神――宇宙の造物主――が存在すると論じる人々もいた。そして、神はあまねく存在するので、われわれの地球外知的生命の探索は、神が見つかれば満たされることになる。私にはこの点について論じる資格は絶望的なほどない。それでも、理論物理学の領域に発する推測はある。理論物理学が真だということになれば、ＥＴＣの発達につながるような宇宙が他にたくさん存在することを明らかにするかもしれない。もっと推測を広げれば、そうした文明の一つがわれわれの宇宙を生んだのだとも言われる。そういう文明は、ある意味で神なのだ。その研究はどこまでも推測でしかないが、この理論は検証可能な明瞭な予測を立てる。論法は以下のようになる。

物理学者は何十年も「万物理論」を追い求めてきたが、これは重力と他の力を統一する物理学の理論であり、様々な力どうしに観測されている関係を説明する理論のことだ。万物理論は基礎物理学の問題に答える。

物理学者が問いそうな問題なら、あらゆるタイプのものが、原理的にはこの理論を用いて答えられるだろう。実際には、たいていの問題は究極の原理を用いては説明されない。タンパク質合成に関する現在の問題が、その答えを求めるために量子色力学の知識を必要としないのと同じことだ。万物理論は、もちろん愛とか真実とか美を説明する必要はない。しかしこの理論は、ブラックホールの仕組みや素粒子、さらには宇宙の誕生は説明するはずだ。

今のところ、究極理論の最有力候補はM理論と呼ばれている（物理学者は一九世紀にも、万物理論ができる寸前だと考えていたので、こうした話は必ず話半分で聞いておくのが良い）。M理論の数学はきわめて難しく、実際、この理論を展開するのに必要な数学的な仕掛の多くはまだこれから考えなければならない。しかし、今後の数十年でM理論が発達して高度に練り上げられているとしてみよう。それは「万物」を説明するだろうか。ひょっとするとそうかもしれない。その分野で研究する人々の大半はそう希望している。それでも、その理論には――それがどういうものであれ――いくつものパラメータ、たとえば素粒子の質量や、基本的な力の相対的な強さなどがあるだろう。その値は〔理論から導かれるのではなく〕「手で」入れなければならない。われわれの最終理論の方程式は、たとえば電子の質量はゼロではないことを言うかもしれないが、その質量が自然な単位で10^{-22}のような極微の数値になる理由について何か言うかどうかは明らかではない。電子の質量など、理論のいろいろなパラメータがどんな値をとってもいいということになるかもしれない。

なぜ基本的パラメータが観測される値をとるのかを万物理論が説明できないとすれば、つまり、この理論はいろいろな自由に決められるパラメータにどんな数を入れようと矛盾しないのなら、究極の理論と言っても、手にするのはありうるいくつかの宇宙を記述するものとなる。それぞれの宇宙はいろいろな基本パラメータについて別の値になってもよかった。実際、いろいろな理由から、物理学者は「マルチバース」の概念をますます本気で取り上げるようになりつつある。しかしたとえば、「宇宙定数に対応する質量がなぜ自然の単位で10^{-60}になるのか。素朴に考えれば質量は1になると予想されるのに」という、どこから見てもまっとうな問いに、物理学者はどう答えられるのだろう。そこからどう先に進めるのだろう。

一つの方式は、パラメータの値が偶然に決まるとすることだ。しかし、こうしたパラメータの値が生命にとって必要なものに見えることはどう説明できるだろう。パラメータが少しずれてもやりくりできるかもしれないが、あまり大きく外れてはいけない。生命には化学が必要で、化学には恒星が必要で、恒星には銀河が必要で、これらすべてが、いくつかの値がごく狭い範囲に収まることを求める。強い相互作用の強さがたとえば四分の一だったら、安定した原子核は存在しえない。恒星はできないことになる。宇宙定数が一桁違えば、われわれのいる宇宙とは似ても似つかぬ宇宙になるだろう。物理学者のリー・スモーリンは、生命に好都合な宇宙ができるパラメータが無作為に得られる確率を10^{229}分の1と推定している。スモーリンによる確率の推定が正しければ、幸運に頼ることもできない。

10^{229}分の1の可能性

10^{229}分の1の可能性がどれほど想像を絶する低い可能性かを伝えることは難しい。たとえば、イギリスの宝くじと同じ程度の当籤率の宇宙宝くじを一枚持っているとしよう。およそ一三〇〇万分の一だ。それなら買ってみようかと思うかもしれない。あなたには当たらなくても誰かには必ず当たる。さて、この宇宙宝くじの主催者がけちだったとする。そのくじは一三〇億年ほど前に始まってからずっと、一秒に一回ずつ抽選が行なわれてきたとする——それでおよそ10^{17}回の抽選があったことになる。しかし当たりくじがあるのはそのうちの一回だけで、他はすべてはずれしかなく、代金は主催者が取る。したがって自分のくじ券が抽選の対象になる率は一兆分の一のさらに一〇〇万分の一となる。それが抽選対象になったとしても、その上で当たる率は一三〇〇万分の一。こんな率だと、買ってみようと言う気にはならないだろう。このような宝くじでも、それに当たる可能性は10^{229}分の1という身も蓋もない可能性のほんの序の口にもならない。このような出来事が信用できると考えそうなエコノミストは一人だけだ。ゴールドマン・サックス社の最高財務責任者は、二〇〇七年の金融危機の際、ヘッジファンドのひどい成績を説明して、「数日連続して平均から25標準偏差分外れたことが起きた」と言った。数日続けてについては忘れよう——25標準偏差差のずれの出来事は、3.1×10^{136}日のうちの1営業日に起きると予想される。

第二の方式は、ある種の人間原理を持ち出すことだ（この原理については三二五頁でさらに取り上げる）。言い換えれば、パラメータは、理性を備えた生物が存在するために、ありそうにないような値に調整されていると論じることができるだろう。たぶん神が生命のいる宇宙を創造するために、明示的にパラメータをセットしたのかもしれない。あるいはそれほど神学的に見なくても、もしかしたら多くの宇宙があって、それぞれが異なる物理学の法則や定数を持っているのかもしれない。その場合、われわれはその中の生命ができやすいパラメータの宇宙にいることになる——何と言っても、物理学がわれわれの存在を許さないような宇宙にわれわれがいることはまずないのだ。多くの科学者は、このような論法には不快感をおぼえる。これでは何も説明できないからだ。このような論じ方をすれば、ほとんど科学者の責任を放棄することになる。さらに、人間原理的なアプローチに対する執拗な批判は、議論の対象になるいくつかの例外を除けば、観測によって検証できる予測を立てられないという。

第三の方式はスモーリンが唱えたもので、ダーウィンの進化論を宇宙論にあてはめることだった。[95] 方程式

図 3.12　MCG-6-30-15 銀河にあるブラックホールの想像図。ほとんどの銀河の中心部には超大質量ブラックホールがある。こうしたブラックホールのそれぞれが、われわれの宇宙のような物理的パラメータを伴う宇宙を生むことができるのだろうか。もしそうなら、われわれの宇宙は似た宇宙を何億も生むかもしれない。恒星の崩壊でできたブラックホールは、超大質量ブラックホールよりもさらにあたりまえにある。こうした天体が新しい宇宙を創造するのなら、われわれの宇宙は何億何兆もの子を儲けるのかもしれない。(画像── NASA)。

では物理的パラメータが10^{-60}のような精密な値に微調整されていることを説明できないかもしれないが、進化の過程なら説明できる。スモーリンは、物理定数、さらには物理法則さえ、突然変異と自然淘汰に似た過程を経て今のような形に進化したのではないかと説く。

どういう仕組みでそうなれるのだろう。スモーリンの鍵を握る仮定は、ある宇宙でブラックホールができれば、その宇宙とは別の膨張する宇宙がまたできるということだ。スモーリンはさらに、子宇宙の基本パラメータは親宇宙のパラメータとわずかに異なるとも仮定する。この部分が生物学で言う突然変異と似ている。子の遺伝子型は親と同じようなものだが、わずかに変動しうる。この構図では、われわれが暮らすこの宇宙は、それと物理定数がよく似た親宇宙にできたブラックホールの形成を通じて生成されている。ブラックホールができるパラメータを持つ宇宙は子宇宙を得て、その子宇宙がまたブラックホールを生む。ブラックホールができないか、できても少ししかない方は、子宇宙ができないか、わずかしかない。パラメータがどれほど微調整されている必要があろうと、ブラックホール形成につながるパラメータを持った宇宙がすぐに主流になるだろう。無作為に宇宙を選んでも、ブラックホールがたくさんできる宇宙が選ばれる可能性の方が圧倒的に高い。

今、われわれが知る限り、宇宙がブラックホールを生むには、星の崩壊によるのが最も効率が良い。たとえばわれわれのいる宇宙は、星の崩壊を通じて10^{18}個ものブラックホールを――ひいてはスモーリンの説では子宇宙を――生んでいる。つまり、星が形成できるようにする物理の根本パラメータの値がどれほど「ありえない」ものであろうと、宇宙が進化すると無数の星がある宇宙が豊富に生まれることが予想できる。そして恒星が生まれるようにする物理的パラメータをもった宇宙は、必然的に、重い原子核、化学、複雑な現象が生じるだけの長さの時間がある宇宙となる。言い換えれば、生命を有していてもいい宇宙だ。定数の微調整は、生命の登場に有利なのではなく、ブラックホールができることに有利なのだ。スモーリンの構図では、生命は単にブラックホールの形成が可能なほどの複雑さをもった宇宙にたまたま生じる結果にすぎない。

これは純然たる憶測に聞こえるかもしれないし、実際そうだ。ブラックホールの形成が別の膨張する宇宙を生むことを示す証拠はない（たぶん証拠のありようがない）。新しい宇宙ができるとしても、訊ねてみたい問いの多くには答えは出ようがない（そもそもそれぞれの子宇宙が生まれるとき、物理的パラメータはどのようにして変わるのだろう。一個のブラックホールから生まれる宇宙は必ず一個なのだろうか。ブラックホールの質量は何らかの役割を果たしているのか。スピンはどうか。何個かのブラックホールが合体したらどうなるのか。等々）。重力の量子論が得られるまでは、このような疑問に手をつけることはできない。それでも、スモーリンの説にはそれなりの魅力がある。科学の中心をなすような考え方――進化論、相対論、量子論――をつなげて、物理学の基本パラメータの値という長年にわたる謎を説明するのだ。さらに、それは明瞭な、照合すれば理論が検証できる予測を出す。[96]その予測とは、われわれのいる宇宙は多くのブラックホールを生み出す宇宙であり、したがって基本パラメータはブラックホール形成に最適な値に近いので、基本パラメータのいずれでも変化すれば、ブラックホールが少ない宇宙につながるという。

基本パラメータが観測されている値と違ったらどうなるかを計算できた場合もわずかながらある。それぞれの場合には確かに、恒星の崩壊によってできるブラックホールの数は減少することになった。ただ、今のところ、すべてのパラメータの変動による影響を計算できるほど天体物理学が理解されているわけではない。スモーリン説は否定も肯定もできず、興味深い推測にとどまっている。

さて、こうしたことと地球外知的生命の関係はどうなっているのだろう。エドワード・ハリソンは、さらに推測を一歩進めた[97]。ハリソンも、物理的数が有機的生命の発達と維持にちょうどいいように見えるのはなぜかという長年の謎を取り上げる。スモーリンの理論はあるところで謎を説明するが、ハリソンは、ブラックホールの形成と生命の必要条件とのつながりはあまりにも薄いと論じる。しかし、将来のある時点でスモーリン説が確立された宇宙論の理論に変異するとしよう。すると、できるだけたくさんのブラックホールができるはずだと信じるようになるのではないかとハリソンは言う。そうすれば他の宇宙にも知的生命が含まれる可能性が高まるからだ。さらに、技術文明はブラックホールを生み出すために星の崩壊で気をもむ必要はない。人類はすでに、大型ハドロン衝突型加速器を建造することによって、ブラックホール生成のための装置を得ているのかもしれない。できるブラックホールは極微でも、それはおそらく問題にはならないだろう。われわれはすでに原始的にでも宇宙を生み出す技術を有しているのかもしれない。われわれよりも技術的に進んだ文明なら、膨大な数のブラックホールを生み出せるだろう。将来、われわれが子宇宙を創造するということなら、ひょっとすると、このわれわれがいる宇宙も知的生命に創造されたものかもしれない。もしかしたら神が六日間働いたのではなく、われわれの宇宙と基本的な物理定数がよく似た宇宙にいるＥＴＣが、苦労してブラックホール――われわれのいる宇宙の形成につながるブラックホール――を生み出したのかもしれない。
ハリソンの説がフェルミ・パラドックスを解決できるかどうか、私は確信できない。ETCは別の宇宙を生み出す勢いを通じて何かのメッセージを押し込んでいたりするだろうか。そうでなかったら、この宇宙が他の宇宙にある実験室で人工的に作られたものであることを、われわれはどうやって知るのだろう。しかしメッセージを押し込むことができるという考え方はおもしろい。そのようなメッセージが見つかれば、われわれのいる宇宙には他の知的生命がいないとしても、マルチバースではそうではなかったということにはなるのだ。

4

存在するが、まだ会ったことも連絡を受けたこともない

多くの科学者が地球外生命という問題について取っている立場は次のようになる。銀河系には何億もの居住可能な、地球に似た惑星があり、その惑星の一部、たぶん数万ほどは、生命を宿していて、さらにそうした惑星の中には、われわれよりも技術的にずっと進んだETCが存在するものがある。この結論は、平凡の原理――地球はこの銀河の中のふつうの地域にある、ありふれた恒星を回る平凡な惑星だという考え方――から出て来るらしい。この原理はコペルニクスの時代から科学の役に立ってきた。しかし、この立場を取る科学者は、フェルミの問いに答えなければならない。ETCが存在するなら、なぜそれは来ていないのか。少なくとも、何の音信もないのはなぜか。

答えには、技術的なもの（たとえば星間旅行は達成できないなど）から、実践的なもの（たとえば恒星間距離にわたる通信はもともと難しいなど）、社会学的なもの（たとえば星間旅行を開発するほど進んだ社会は必然的に自滅するなど）まで、多岐にわたる。本章では、「みんな」は存在するが、これまで地球外文明の存在を示す証拠が得られないことには、技術的、実践的、社会学的など、いくつもの理由があると論じるパラドックス解決案を四〇通り取り上げる。

こうした解決案、とくに社会学的な論証の一部にある弱点の一つは、フェルミ・パラドックスを説明するためには、その答えがすべてのETCにあてはまらなければならないという点だ。そのような答えが、単独でも合わせ技でもパラドックスを解決できるかどうかの判断は読者に委ねる。

本章に出てくるいくつかの案は、地球では計算を行なう欲求や能力が着実に高まっているという所見に基づいている。この傾向が続けば、どこまで行くかわかったものではない。高度なETCが計算量を最大にしたいという願望で動いているなら、その欲求がその文明をどこへ連れて行くかもわかったものではない。計算がフェルミ・パラドックスをどう処理できるかの一例として、アンダース・サンドベリ、スチュアート・アームストロング、ミラン・チルコヴィッチの夏眠仮説[98]を取り上げよう。夏眠《エスティベーション》とは（専門用語で気を悪くしないで。私も調べなければならなかった）、一部の生物が陥る長期間の不活発な状態のことをいう。冬眠は冬の寒さに反応するが、それとは違い、夏眠は熱や乾燥に反応するもので、したがって、たいてい夏に見られる。サンドベリらのチームは、しかじかの量の（不可逆的）計算に必要なコストは温度に比例することを唱えた。今、一ジュールのエネルギーで、一定量の計算が買える。しかしちょっと待てば、宇宙が膨張し、その際に宇宙は冷えるので、その一ジュールのエネルギーは、それで買える計算量という点では価値が上がる。実行できる計算量から見ると、待ってから与えられたエネルギーを使うことにするのには巨大な価値がある。一兆年待てば、約10^{30}倍が得られる。

そこでこんな考えが出てくる。計算量を最大にする欲求で動く文明は、十分な天然資源を得るために、宇宙の一定部分に植民し、その資源を計算に使うことが合理的になるまで休眠するということだ。今ETCが見当たらないのは、それが「眠って」いて、今の宇宙の耐えがたい熱を避けているからだ。

夏眠仮説がフェルミの問いに片をつけるには、この論旨には他の様々な要素を加えなければならない。サンドベリらは、私がこれを書いている今もその要素を考えているところなので、私はそれをここに独立した解として紹介することはできない。それでも、われわれの社会がますますデジタルになるにつれて、計算がフェルミ・パラドックスを解決する上で活躍するか――夏眠によるのであれ、シンギュラリティにまっしぐらによるのであれ、はたまたもっと可能性の高い、われわれが夢にも見たことがない何らかの他の仕組みによるのであれ――を考える人がきっと増えることだろう。

解11　星はあまりに遠い

……星と星の間は何と遠いことだろう
――ライナー・マリア・リルケ『オルフェウスへのソネット』第二部XX

フェルミ・パラドックスのいちばん素直な解き方は、もしかすると、星と星の間の距離が大きすぎて、星間旅行ができないとすることかもしれない。もしかすると、どんなに技術が発達しても、生物種には星と星の間の距離という壁は乗り越えられないのかもしれない（これは、ETCがまだこちらへ来ていないことの説明にはなるかもしれないが、音信が聞こえてこない理由の説明にはならない。しかしこれから何節かは、その批判は措くことにする）。

星が遠いといっても、それだけで星間旅行に達しえないことにはならない。惑星系を離脱して、星間宇宙を航行する船を建造できる可能性は確かにある。われわれのいる太陽系を例にとろう。その脱出速度は、太陽から地球の距離のところでは、秒速四二キロにすぎない。言い換えれば、太陽に対して秒速四二キロで進む船を打ち上げれば、それは太陽の重力を振りきることができるということだ。そうなれば銀河宇宙船《スターシップ》になれる。何のことはない。NASAはすでにそのような宇宙船をいくつか建造している。現在の技術では、少しずるをして惑星が提供する重力の助けを借りなければならない。いわゆるスイングバイで、これで低速の船を十分脱出速度まで加速できる。しかし、どういう飛ばし方をするにせよ、ともあれわれわれの今の技術水準でも、確かに恒星間空間に達することはできる。

一九七七年九月に打ち上げられたボイジャー一号は、外惑星を巡って宇宙空間へと向かった。一九九八年二月には、人工のものとしては最も遠くへ行った物体となり、二〇一四年六月には、太陽から一二七ＡＵ強まで達した――太陽系のいちばん外にある惑星、海王星の四倍の距離だ。映画『スター・トレック』で架空のボイジャー六号の身の上に起きたような、エイリアンの探査船がそれを拾い上げるというようなことがなければ、一号はいずれ他の星へ最も近いところに近づくことになるだろう――AC+79 3888と呼ばれる目立たない四等星〔カシオペア座〕から一・六光年以内のところに入り込むことになる。問題は、ボイジャーが星との最接近遭遇に達するのに何万年もかかるということだ。[99] そこが星間旅行の難しいところで、進み方が遅ければ、移動時間が長くなる。

宇宙船の速さを評価するのにいちばんいいのは、c、つまり光の速さで表すことだろう。[100] cは速度の普遍的な限界だからだ。光の真空中での速さは秒速二九万九七九二・四五八キロ。つまり、現時点で太陽から秒速一七・二六キロで進んでいるボイジャー一号の進む速さはわずか0.000058 cでしかない。さて、星と星の間の間隔は広いので、星間距離を表すのに好都合な方法は、「光年」、つまり光が一年かかって進む距離を用いることだ。たとえば、太陽にいちばん近い恒星、ケンタウルス座のプロクシマ星までは、距離が四・二二光年ある。[101] それで、ありうる最速の「船」――光子――でも、このいちばん近い星に達するのに四年以上かかる。ボイジャー一号は、その方向に進んでいたとしても、同じ旅を終えるには七万三〇〇〇年近くかかることになる。ボイジャー一号が何十年もかかって、やっと一七・六光時を進んだだけだということを認識するのも、こうした数字の正しい感覚のつかみ方だろう。一光日よりもずっと少ない。光速に満たない速さで移動するときにかかる膨大な時間によって、多くの人の意見では、星間旅行は理論的には不可能でなくても、実践的には無理という結論になる。

しかしもしかすると、銀河系探査はボイジャーの速さでも可能かもしれない。一九二九年にはすでに、ジョン・バーナルが「世代宇宙船」あるいは「宇宙方舟」というアイデアを提唱した。[102] 乗客にとっては全世界をなす低速の自給自足の乗り物だ。母星を出た後、船が目的地に着くまでに、何世代もの乗客が生まれ、死ぬことになる。バーナルのアイデアは、ハインラインの小説「大宇宙」に見事に描かれている。[103] 乗客を映画『エイリアン』のように生命活動を中断した状態にし、目的地に着いたら元に戻すという可能性もある。冷凍した胚を低速の宇宙船で運び、旅の目的地に着いたら人工子宮で育てるという案が出たこともある。それに、誘導パンスペルミア説（九六頁）は相対論的宇宙船の使用を前提としていない。低速の探査機を用いても銀河系に生命の種子を播くことができるだろう。

それでも、妥当な時間で星まで到達したいと思えば、光速に対して相当の比率の速さで進める宇宙船を建造する必要があることは明らかに思われる。そうであっても、必要な移動時間は個人の単位で考えれば長くなる。たとえば、両端での加速と減速の時間を無視し、0.1*c* という猛烈な速さで飛ぶ船でも、太陽に似た星の中でいちばん近いエリダヌス座イプシロン星に達するのには一〇五年かかることになる。その新しい星を初めて見る乗組員のうち、自分たちの船が飛び立ってきた星のことをおぼえている者はほとんどいないだろう。しかしそれは必ずしも問題にならないのではないか。移動時間のことを考えるときには、人はそれほど長い間故郷から離れて暮らそうとは思わないだろうと考えがちだ。しかしこの前提は、今の人間の寿命を元にしている。今の時代、冒険心のある人には、大学を出てから一年——これは成人としての人生のおよそ二パーセントに当たる——をただ世界中を旅して回って過ごす人も何人かいる。人間の寿命がたとえば一〇倍くらいに延びれば、人生のうち一〇年くらいは星への旅にかける人が出てきてもおかしくはない。出かけて

図4.1　1969年7月16日午前9時32分、アポロ11号宇宙船を載せた高さ110mのロケットが、ケネディー宇宙センターの39番発射場Aパッドから打ち上げられた。乗組員は、アームストロング、オルドリン、コリンズの各宇宙飛行士だった。この乗り物は、よその天体に人類を送り込んだ最初のものだが、星間旅行には使えないだろう。（画像—— NASA）

いって現実の宇宙のあちこちを調べることでのみ学べることもあるだろうし、[104]体験できることもある。その事実だけでも人々を旅に誘うのには十分ではないか。一〇〇年に及ぶ旅も異例ではないかもしれない。どうなるかわかったものではない。例のごとくで、現在のテクノロジーに基づいて未来の活動について論じるのは難しい。

　先に挙げた旅行時間——$0.1c$でエリダ

133　存在するが、まだ会ったことも連絡を受けたこともないヌス座イプシロン星に達するのに一〇五年——は、地球にいる観測者の測定による。船に乗っている人々の測定では、特殊相対性理論の時間の遅れの効果のせいで、それよりは少し短くなる。時間の遅れも特殊相対性理論から導かれる変わった帰結だ。運動する物体は質量が増えるし、運動する時計は進み方が遅くなる。時計が地球の観測者に対して速く運動するほど、その時計の進み方は、地球にいる観測者が持つ時計と比べると、遅くなる。$0.1c$ で移動する宇宙船上の観測者にとっての時間の遅れは、わずか〇・五パーセントほどなので、無視してもいいだろう。しかし速さが c に近づくと、影響はもっと顕著になってくる。エリダヌス座イプシロン星へ $0.999c$ で飛ぶ船なら、旅行を終えるのにかかる時間を地球にいる観測者が測定すると、一〇年半になるだろう。ところが旅をする乗組員にとってはわずか一七一日しかかからないことになる。限りなく c に近い速さで移動できるとしたら、旅行する側にとっては、旅はほんの一瞬ですむ。どんなに遠い銀河までの旅でも、人間の寿命の範囲内でできることになる[105]——地球にいる観測者から見たら、その旅には時間がかかり、その間に地球が太陽の断末魔の中に飲み込まれてしまうだろうが。

　知的生命が妥当な速さの星間移動技術を開発できる可能性はどのくらいあるだろう（「妥当な」とは、近くの星に到達する飛行が、何万年というのではなく、何百年程度の時間で可能になるような速さのことを言っている。もちろん相対論的な速さの方が良い。星が人の一生の範囲内に入ってくるからだ。これに対し、太陽系を $0.01c$ 程度の速さで出る船だと、いちばん近い星へ届くにも四三〇年くらいかかり、これだと世代宇宙船の領分に入るだろう）。これに答えるには、これまで唱えられてきた様々な宇宙旅行技術を検討する必要がある。ここではほんの概略を述べるだけにする。巻末の註にはその先の参考文献を挙げてある（念のために言うと、技術的に進んだETCが現時点で相対論的な速さで進む宇宙船を得ているとしたら、われわれは、光が船に反射する様子からそれを検出できるかもしれない[106]。物質の塊は一般に0.1～$0.5c$ という速さでは動かないので、そのような高速で動く物体からの反射に対応するドップラー偏移を特定できたら、その出どころは人工的なものだという結論を導いてもよいだろう）。

ここでは推進方式に話を限るが、他にも考えるべき因子があることは頭に入れておいた方がよい。たとえば、高速で進む宇宙船は猛烈に被弾する。星間空間にある細かい塵の粒子は宇宙船の構造体に相当量のエネルギーを及ぼすことになる。船体をそのような浸蝕作用から守り、宇宙線被曝というもっと見えにくい問題から乗組員を守るとなると、念の入った遮蔽物が必要になる。進路の問題もある。[107] 星はいろいろな速度で三次元の各方向に移動しており、低速の船が特定の星と落ち合うのは難しい。それでもこうした問題は、船を星まで飛ばせる装置が存在しなければ意味のないものだ。星間移動が永遠に実現不能なら、フェルミ・パラドックスに対する一つの解がたぶん得られるだろう。

ロケット

宇宙船の推進機構としてたいていの人がまず思い浮かべるのは、自給式のロケットだ。ＮＡＳＡのおなじみの化学式ロケットは、そのエネルギーと噴射する物質を、すべて搭載してあるものから得る。たとえばアポロ計画を考えよう。多段式のサターンV型ロケットは、液体の推進剤、つまり第一段は灯油と液体酸素、第二段は液化水素と液化酸素を燃やした。その化学反応の噴射でも月に届くには十分だったが、この方式は、星間旅行にはまったく使えない。プロキシマ・ケンタウリでも、月の一億倍も遠いところにある。灯油タンクをつけるとしたらとてつもない大きさになるだろう。

それでも、その変種を採用するのはありうるかもしれない。何十年もの間、科学者は化学式ロケットに替わるものを考えてきた。たとえばイオン・ロケットであれば、荷電した原子を噴出して推進力を生む。核融合ロケットであれば、制御された熱核反応によって排出される高速の粒子を生成することになる。たぶん、最も大胆な可能性は、反物質ロケットだろう。これは最初、一九五三年にオイゲン・ゼンガーによって唱えられた。[108] 物質粒子がその反物質と接触すると、粒子も反粒子も互いを消滅させてエネルギーを生む。最初の物質を適切に選べば、対消滅による産物を方向を決めて噴射できるかもしれない。さらに分析すると、ゼンガーの最初の設計ではうまくいかないことがわかったが、この何十年かの反物質物理学の発達から、いつか反物質ロケットにつながるかもしれない案が生まれている。

融合ラムジェット

そもそも自給式のロケット——エネルギー源と本来の積載物両方を運ばなければならない——を使うという考え方が、星間旅行には使えないかもしれない。船に燃料を積む必要のない推進方式を用いた方がずっと効率的になるだろう。一九六〇年、ロバート・ブサードは、融合ラムジェットなら星まで達する動力になるかもしれないと説いた。[109]

星と星の間の空間は空っぽではない。主に水素からなる星間物質が存在する。ラムジェットは、電磁場を使ってこの水素を集め、船に搭載された融合炉へ送り込み、推進力を生む。ゼンガーの反物質ロケット構想と同様、ブサードの融合ラムジェット案にも実用上の難点がいくつもあり、当初のアイデアが使えるようになることはなさそうだ。それでも、この案を改善するための方法がいくつか唱えられている。もしかするとその一つがいずれ実際に動く宇宙船の基礎となるかもしれない。ラムジェットの可能性に引かれる熱心な支持者は残っている。理論的には数か月で c に近い速さが得られるからだ。

図 4.2　この絵は、宇宙に設置された太陽発電によるレーザーが、宇宙船に装着された強大な軽量の帆にビームを当てているところを示す。(画像—— Michael Carroll, Planetary Society)

レーザー帆走

一九七〇年代、アメリカの物理学者ロバート・フォワードは、直近の星へ到達する方法としてレーザー帆走を提案した[110]。宇宙船に巨大な「帆」をつけたところを想像しよう。そして巨大な太陽発電によるレーザーで、細いビームを船に向けるとする。ビームの光子は帆にわずかな圧力を及ぼし、船は星に向かってゆるやかに押される。レーザー帆走なら、きわめて高速まで加速することができるだろう。むしろブレーキをかけるほうが難しくなるだろうが、減速機構もいくつか提案されている。フォワードのアイデアは、この何十年かで精巧になり、熱心な支持者は一方通行の移住用と往復用、両方でレーザー帆走を使う方式を考案している[111]。少なくともわれわれの今の技術水準では、帆は高価にはなるだろうが[112]、技術的には実現可能で、$0.3c$ の速さを可能にする。

ここで帆のアイデアの変種に触れておくのもよいだろう。こちらはレーザーとは無関係で、KII以上の文明でないと開発できないが、帆の威力がはっきりする。シュカドフ推進装置、あるいは恒星《ステラー》エンジンという、星の放射圧の大部分を反射する巨大な鏡だ[113]。星から射出される放射には方向ごとに差があるので、差し引きした推進力がわずかにある。シュカドフ推進装置は地球外文明にいるスピードマニアには魅力はないだろう。太陽のような星を動力源に使う推進装置であれば、秒速0から二〇キロにまで加速するのに一〇億年かかることになる。しかし文明が現実に危機に瀕していたり、単純に移住を考えていたりするなら、（一定の動的安定性の問題が解決できるとして）この推進装置はそうした文明のために機能するかもしれない。星を一〇億年で三万四〇〇〇光年動かすこともできるからだ。

重力による補助

一九五八年、スタニスワフ・ウラムは、質量が船よりはるかに大きい天体二つが互いに相手を追って回っている系と船の重力相互作用を用いて、船を高速に加速する可能性を考えた。これは原理的には、ボイジャー一号を太陽系を脱出できる速さにまで加速した重力による補助を用いた軌道と同類の仕掛だ。その数年後、フリーマン・ダイソンは、もっと現実味のある——それでもまだもちろん推測による——可能性を考えた。ダイソンの手法を用いると、進んだ文明であれば、二つの中性子星を用いて宇宙船を光速に近い速さにまで加速することができるかもしれない[114]。

変わった物理学

これまで挙げた技術は確立している物理学に基づいている。こうしたアイデアを用いた宇宙船の建造は、もちろん現在のわれわれの能力をはるかに超えている。実際、開発を検討するうちに、宇宙船を建造することは、現実的にはありえないということになるかもしれない。しかしこうしたアイデアは、理論的に間違っているところはなさそうだ。物理法則にはまったく反していない。

人々は長年、本当に速く移動することは可能かどうか考えてきた。cよりも高速で移動できたら、星はひどく遠いということはなくなる。超光速《ファスター・ザン・ライト》（ＦＴＬ）移動ができれば、銀河系の果てでも手が届く範囲に入ってくる。ＦＴＬ移動に関するアイデアのほとんどすべては、すぐに却下できる。確立した物理学の原理を破っていることは明らかだからだ。しかしまだときおり取り上げられる案がいくつかある。

タキオン――特殊相対性理論は超光速移動を絶対に禁止しているのではない。それが言っているのは、質量のある粒子を光速まで加速することはできないと言っているのであり、質量のない粒子（光子のような）は、つねに光速で進む。虚数質量の粒子は常に光速よりも速く動かざるをえない。そのような虚数質量粒子はタキオンと呼ばれる。

　虚数の量にはとくに異様なことは何もない。われわれはいくつかの物理量を虚数で表している。しかし虚数質量となると、理解しにくい。正の質量という概念は難なく理解できる。ゼロの質量という概念にも問題はない。負の質量にさえ意味を付与することができる[115]（負の質量が存在したら、それを推進装置に利用することができるかもしれない）。しかし虚数質量とは。それがどういう意味だろうと、物理学者はその兆候を探してきた。これまでのところ、タキオンはまだ仮説上のものにとどまる。そのような粒子が存在する証拠はないし[116]、われわれの理論はそれがなくても十分にやっていける。タキオンが見つかったとしても、それをどう制御してＦＴＬ旅行に使えるのだろう。手がかりはないし、タキオン駆動は推進力の可能性から外してもよさそうだ。

ワームホールとワープ航法――われわれはたいてい、ニュートンによる重力像になじんでいる。学校では質量をもった物体が、空っぽの空間を通して謎の影響を及ぼすことによって引き合うと教わる。アインシュタインの一般相対性理論は、重力についてまったく異なる見方を提示する。この見方では、重力による相互作用に、空間――あるいは時空――が積極的に関与している。ジョン・ホイーラーの言い方を借りれば、質量は時空に曲がり方を教え、時空は質量に動き方を教える。

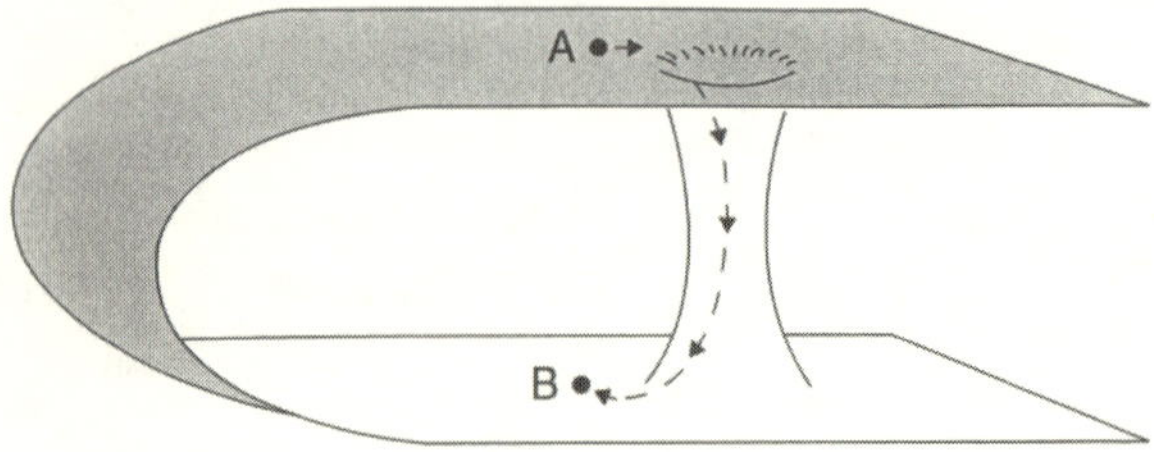

図4.3　空間が折りたたまれると、AとBをつなぐワームホールができて、旅行者がこの２点間を、「通常の」２点間の時空を通らなくても移動できることになるかもしれない。

特殊相対性理論は一般相対性理論の特殊事例だと考えることもできる。特殊相対論は、小さくて曲率が無視できる領域に対して局所的に成り立つ。ここで考慮すべき興味深い点は、一般相対論はＦＴＬ旅行を許容するということだ——局所的な特殊相対論の制約が守られるかぎり。光速は局所的な速度の限界であっても、一般相対論はその限界を回避する方法をいくつか認めている。これは奇異に見えるかもしれないが、一般相対論ではＦＴＬ現象の例はいくつか確認されている。たとえば、標準的な宇宙論モデルでは、この宇宙が膨張することによって、空間の中の遠く離れた領域は、われわれからＦＴＬ速度で後退する。膨張が遅くなってはじめて、そうした領域は光速の地平の向こうから姿を見せ、われわれに見えるようになる。実は、膨張は加速しているらしく、将来は、宇宙の中の、光速の地平の向こうにあって見えなくなる部分は増えることになる。遠い未来の宇宙は、われわれの子孫からすると寂しいところになるだろう。

これまでのところ、一般相対論は実験によるテストすべてに合格してきた。この理論は、太陽の縁近くで光線が曲がること、連星パルサーの軌道、ＧＰＳ装置の信号の到達などを正しく予測する。しかしこの理論の大半のテストは時空の曲がり方が小さいところで行なわれている。ときには、物質の分布のしかたによって、時空が大きく曲がることがある。たとえばブラックホールの特異点では、物質の密度が無限大になる。時空の生地その

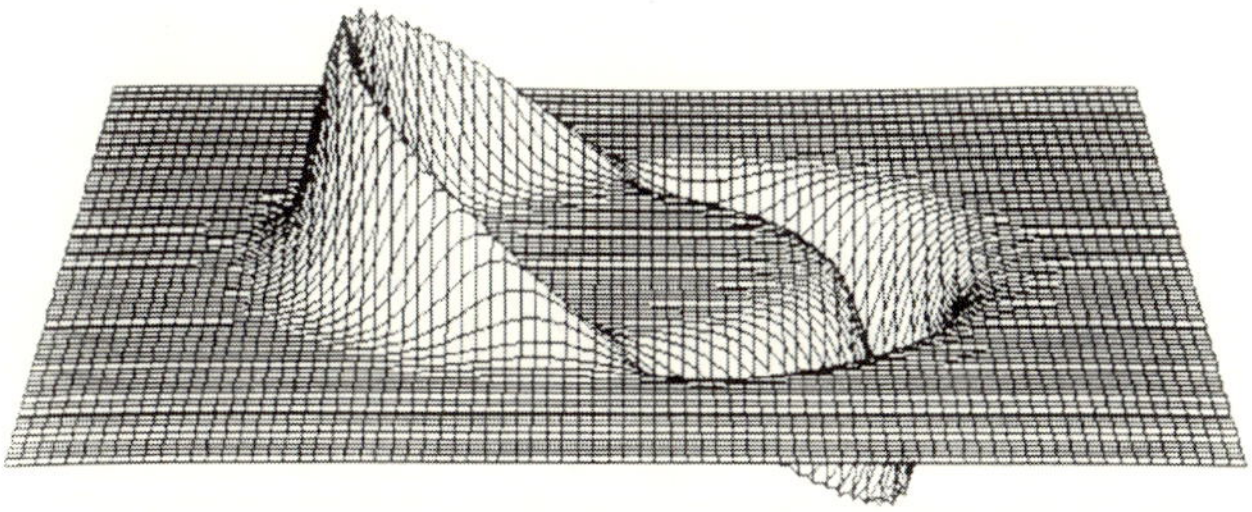

図 4.4　図はアルクビエレ・ワープ領域での空間の曲がり方を示している。空間はワープの後方では膨張し、正面で収縮する。平らな領域が前へ押し出される。

ものがパンクするのだ。

ブラックホールの特異点近くに生じる極端な状況について、一般相対論による帰結を解釈するのは難しい。もしかすると、この理論はそのような状況には適用できないかもしれない。そこで起きることを記述するためには、おそらく重力の量子論を必要とするだろう。しかしこうした時空の極限領域を理解しようとする際には、物理学者は一般相対論を押し込んできた。ブラックホールができることによって、「ワームホール」――別々のブラックホールをつなぐ「橋」――ができるという推測もある。二つのブラックホールは時空の遠く離れた地点、あるいは宇宙のまったく別の領域をつなぐかもしれない。一方のブラックホールに入れば、ごく短い時間で、出発点から見ると何万光年と離れた反対側の穴から飛び出すことになるのではないか。橋を通り抜けるときには局所的な速さの制限は守って c よりも遅く移動する。それでも実効的な速さは c の何倍にも大きくなりうる。セーガンはそのSF小説『コンタクト』でこのアイデアを用いた。[117]

ワームホールは堅実な研究に基づいているとはいえ、理論物理学者の動物説話集の中の仮説上の生物にとどまる。ワームホールは存在しないかもしれない。存在するとしても、それをくぐって移動はできないかもしれない。計算からすると、ワームホールは小さくてひどく不安定である可能性が高そうだ。それでも、「エキゾチックな」物質（負の質量エネルギーを持った物質）を所有しているETCなら、微細なワームホールを使い、それを安定化させ、大きく膨張させる――そうしてそれを巨大な距離を踏破するために用いる――ことができるという魅惑の可能性も残っている。逆に、高度な技術文明のエンジニアなら、最初はロシアの物理学者セルゲイ・クラシニコフが示した一般相対性理論に対する一つの解を利用できるかもしれない。クラシニコフは、ある区分のワームホールには、どれほど遠くまで行こうと、出発直後に元のところに戻って来られるという特性があることを示した[118]。もしかしてKⅢ文明なら、星間旅行のためにこのクラシニコフ・チューブを使えるのだろうか。

一般相対論によって超光速移動を可能にする方法は他にもある（『スター・トレック』でおなじみになっている）。時空の平らな領域に宇宙船――大型の豪華客船のような――があるとしよう。船上にあるものはすべて、地球で馴れ親しんでいる時空の平らな領域にあるときと同様にふるまう。その部分の背後の区域では空間が膨張しているとしよう――宇宙そのものが膨張しているのと同じように。この区域の前面では、空間が収縮するとする――宇宙がつぶれてビッグクランチになるとしたらそうなるように（宇宙そのもののビッグクランチはないのだが）。空間にこのような特異な歪み《ワープ》部分ができると、宇宙船を含む平らな空間の区域は前へ進むことになる――後方の膨張と前面の収縮によって推進力を得る。船が時空の波に乗っているようなものだ[119]。

ワープは好きなだけ高速度で移動できる。cよりも何倍も速くなることもありうるし、それが宇宙船を乗せて進む。ところが、局所的な平らな空間の部分に対しては、船は静止している。相対論による質量の増加もなければ時間の遅れもない。乗員にとってはすべては平常どおりだ。$100c$の速さで星に向かって飛んでいくときも、乗客は宇宙船クィーン・エリザベス2世号の快適さを楽しむことができる。

このアインシュタイン方程式の特殊な解の特性が最初に解析されたのは、当時ウェールズのカーディフ大学にいたミゲル・アルクビエレによる。私はアルクビエレのワープドライブに弱い。アルクビエレがそのアイデアを研究しているとき、私はその向かいの研究室で無為に過ごしていたからだ。とはいうものの、アルクビエレ・ドライブは、少なくとも最初に唱えられた形では、実際には動きそうにない。まず、必要な空間の曲がり方の作り方について、実行可能なアイデアがない。次に、歪んだ領域内部のエネルギー密度は非常に大きく、しかも負となっている。理論家によっては、この第二の問題点でアルクビエレ・ドライブの考え方全体が崩壊すると論じる人もいる。しかし量子論は負のエネルギー密度が生じる状況を提供するので、われわれがエキゾチックな物質を大量に生産できるような段階にまで進んだとしたら、ひょっとすると何らかの形のアルクビエレ・ドライブを作れるかもしれないが。とはいえ宇宙船クィーン・エリザベス2世号を運ぶだけの大きさのワープとなれば、目に見える宇宙全体のプラスのエネルギーの一〇倍にも及ぶ大きさの負のエネルギーが必要になる。可能性は低そうだ。

ベルギーの物理学者、クリス・ファン・デン・ブルックは、アルクビエレ・ドライブの問題点の一部を回避する方法を見つけたかもしれない。歪んだ空間の極微の泡を作れば、エキゾチックな物質の量も少なくてすみ、これを一般相対性理論で許容される何らかの位相幾何学的曲芸と組み合わせれば、宇宙船を保持できるだけの大きさの体積が、ワープの泡の内部にできることがありうる。テレビ番組の『ドクター・フー』に出てくるタイムマシン、ターディスみたいなものになるだろう。外側は極微でも、内側にいる乗客にとってはゆったりしている。結局、量子重力理論全体が得られれば、ファン・デン・ブルック航法は排除されることがわかるかもしれない。いずれにせよ、この推進方式は推測によるもので、非現実的な特徴がいろいろとあることは強調しておくべきだろう[120]——たとえば理屈に合わないほど大きなエネルギー密度が必要になるなど。ひょっとするとワームホールとワープドライブは決して実用にはならないかもしれない。しかし不可能であることが明らかにされたわけではない。もしかしていつかは……

零点エネルギー――量子論の不確定性原理は、粒子の位置と運動量を同時に知ることはできないことを教えてくれる。したがって、絶対零度でも粒子はもぞもぞ動いていなければならない。もし完全に静止するとしたら、その位置と運動量を同時に知ることになるからだ。エネルギーと時間も不確定性原理に従う。すると同様に、ある体積の空っぽの空間にもエネルギーが含まれていなければならない（エネルギーがゼロであることをはっきりさせるには、永遠に測定を行なわなければならないだろう）。カシミール効果[121]――平行な二枚の電荷のない伝導体の板の間に、わずかな引力がはたらくこと――は、零点《ゼロ・ポイント》エネルギー（ZPE）が存在することの明瞭な例だ。この効果は電磁場の量子的なゆらぎを用いてのみ説明できる。

　真空中にはいくらでもエネルギーがあり、いつかこのZPEを引き出すことになるのではないかという著述もある。ひょっとするとZPEを推進方式として使えるかもしれない。実際、NASAは革新的な推進方式に関する会議の後援までして、そこでZPEが飛躍をとげる可能性がある技術として特定された。それが動作すれば、安価なエネルギーをいくらでも得られる。個人的には、私はこの考えには懐疑的だ。ただで手に入るものはないのだ。しかしこれもまた、進んだETCなら、物理学の法則に内在する可能性を用いて、われわれ程度の発達段階の者にとってはほとんど魔法に見えるような技術を開発するかもしれないことを説いている。

＊＊＊

　私は星間推進方式に関するいろいろな案のほんの一端に触れたにすぎない。今のところ、ここに挙げた装置の一つを作り、それを使って星まで行くことはできないだろう。今の水準の技術では、人を安全に土星に送って戻って来させることもまず無理で[122]、ましてシリウスとなると言うまでもない。星まで行くために乗り越えなければならないであろう問題――経済的、政治的、科学的、技術的――は無数にある。ただ特筆すべきことは、立派な科学者が星間飛行のために提案している方法の数だ。方法は、低速のものから、実質的に瞬間移動に至るまで、実際に試されているものから風変わりなものまで、広い範囲にわたる。人類は二〇一四年に宇宙船を建造することはできなくても、二一一四年ならどうだろう。三〇一四年では？われわれの文明よりも何万年、何億年も古い文明が他にあるかもしれない。その中に、宇宙旅行に必要な技術水準（あるいは相対論的な旅行が不可能なら、ただの忍耐の水準でも）に達したものがないなどと考えられるだろうか。

星は実に遠い。この事実だけでも、誰もここに来ていないことの説明になるかもしれない（必ずしも「大沈黙」――ETCからの信号がないこと――や、進んだ文明が他にあることの証拠が見あたらない理由の説明にはならないにしても）。しかし、科学や技術の到達する範囲について楽観的な人々にとっては、距離の壁は乗り越えられる。こうした人々にとって、銀河系の大きさだけでは、フェルミ・パラドックスは説明できないのだ。

解12　こちらまで来るだけの時間がまだ経っていない

十分な世界と時間があったら。

――アンドルー・マーヴェル「内気な恋人に」

フェルミ・パラドックスのことを聞かされると、「こちらまで来るだけの時間がまだ経っていないんだ」という反応がよくある。ハートは、ETCは存在しないことを述べて影響力をもった論文で、この見方をパラドックスの時間的説明と呼んだ。[123]

五七頁で見たように、ハートは、星間旅行が可能だという前提では、この説明は成り立たないことを論じている。まとめておくと、ETCが植民用の船を0.1cの速さで手近の星に送り出し、行った先のコロニーでまた次の植民船を送り出すとすれば、このETCはすぐに銀河じゅうに植民することになるとハートは論じた。次の出発までに間を措かないとすれば、移住の波は、銀河に0.1cの速さで広がっていくことになる。移動と移動の間の時間が航行にかかる時間と同じとしても（旅行者も休まなければなるまい）、移住の波は0.05cの速さで広がり、天の川銀河の端から端まで、六〇万年から一二〇万年くらいで移動することになる。扱いやすいように、この銀河の移住時間は一〇〇万年ほどだと言ってもよい。

一〇〇万年というと、個人の目で見れば長い時間だし、哺乳類の一つの種全体として見ても長い。しかし移住に使える時間全体に比べるときわめて短い。宇宙を一年で表した宇宙カレンダーで様々な時間の長さを考えよう。銀河系全体に植民する時間に相当するのはわずか三八分二〇秒となる——サッカーの試合時間の半分にもならない。この尺度で言えば、文明は春の終わりに始まった可能性があり、最初のETCが生じた五月一日頃に生まれたと考えても無理はなさそうだ。そこで、星間旅行をしたがる傾向と能力を持ち合わせた最初の種族は、五月から一二月までの八か月のうちいずれの時期に生じてもいいのだが、ハートによれば、時間的説明は、この種族は一二月三一日の午後一一時一八分以前には星間旅行を始めていないとしなければならなくなる。そうすると、人類は星へと船出する最初の文明が登場した直後に生まれたことになり、著しい偶然の一致ということになる〔だから始まった時期に関する仮定は成り立ちそうにない〕。

ハートの論証には説得力があるが、その前提のいくつかに異議をはさむことができる。すぐに見える問題点は植民の波の速さで、ハートはこれを個々の宇宙船の速さと比べて大きく見積もっている。セーガンが指摘するように、「ローマは一日にして成らず——人は数時間でローマを歩いて横断できるとしても」。ローマの都市に当てはめて言い換えれば、「植民の波」の速さは、そこに「植民」するために用いられる船の速さと比べて微々たるものでしかない。もっとはっきり言えば、人類の歴史全体にわたって、個々の乗り物の速さなみの速さで進んだ植民の波などあったためしがない。銀河系への植民を急ぐ文明についても、話が別になるはずがないだろう。

ハートは銀河植民の時間を、銀河の直径を想定される移動速度で単純に割って計算した。ハートの論文が発表されてから、銀河植民についてもっと精巧なコンピュータ・モデルを開発し、それによってもっと成り立ちそうな植民時間に達した論者が何人かいる。[124] エリック・ジョーンズは、植民が人口増加によって推進されるというモデルを解析した。人口増加率を年に三パーセントとし、植民する人の割合は年に〇・〇三パーセントとした（一八世紀にヨーロッパ人が北アメリカに植民した時代に出国した人の率に相当する）。そのモデルは、この前提で、宇宙へ乗り出すETCが一つでも、五〇〇万年で銀河じゅうに植民できることを示した。その後の解析では、もっと好まれる六〇〇〇万年という植民時間を出したが、人口増加と移住の率について前提を変えればこの数字はもっと大きくできる。もちろん六〇〇〇万年はハートの植民時間よりもずっと長いが、それでもフェルミ・パラドックスの時間的説明を認めるには短かすぎる。人類の尺度で言えば、六〇〇〇万年かかる過程は氷河の歩みのように遅々としているが、宇宙の尺度で見れば、植民の波は銀河系全体に鉄砲水のように移動する。

とはいえ、このジョーンズが立てた前提にも異論の余地はある。たとえば、ニューマンとセーガンは、銀河系全体への植民は人口増加からの要請では推進できないと論じた。[125] 人類を見よう。二〇世紀の間に世界の人口は三倍以上になった。人口がその調子で増大を続け、地球の現在の人口密度は維持したいとすれば、ほんの数百年後には、植民の波は光速で移動することになる。その地点に達すると、人口の成長率は減少せざるをえない。これは一例だが、その一例で、ＥＴＣは母星の人口過剰を避ける手段として植民地を建設することはないことが明らかになる。長期的には、指数関数的に増大する人口により生じる問題を回避することはできない——必要な速さで移動できなくなるのだ。文明は、宇宙旅行を開発するかどうかに関係なく、人口増加を止めなければならない。ニューマンとセーガンは、そこで、銀河系全体への植民「拡散過程《ディフュージョン》」としてモデル化し、特定の植民モデルに、よく知られている拡散の数理を適用した。二人の出した結果は、ETCが人口増加率ゼロを実行するとすれば、直近の文明でも、それが一三〇億年の寿命をもっているとしてやっと地球に到達することを示しているらしい。これなら、地球外生命がまだこちらに来ていない理由の時間的説明になる——連絡してこない理由の説明にはならないが。

拡散過程

物理学では、拡散は分子によるランダムな過程で、それによってエネルギーや物質が濃度の高い方から低い方へ、分布が一様になるまで流れる。たとえば、棒の一方の端を熱すると、その熱は熱い方の端から冷たい方の端へと拡散する。拡散過程の速さは棒の材質による。金属棒なら拡散は速いが、石綿の棒だと拡散は遅い。拡散過程は角砂糖を紅茶に入れるときにも生じる。お茶を混ぜなければ、砂糖分子は液中をごくゆっくりと拡散するだけだ。固体が別の固体に拡散することもある。銅に金メッキをすると、金は銅の表面に拡散する——ただ、金の原子がごくわずかな距離を奥へ潜り込むのにも何千年とかかるが。

ニューマン＝セーガン・モデルは批判を受けた。そのモデルでは、銀河系全体への植民の時間は、星間旅行の速さと無関係ということになる。大事なのは、惑星コロニーを建設するのにかかる時間であり、これは人口の成長率で決まる。ニューマンとセーガンは、人口成長率を非常に「低い」と仮定した——多くの人が、それはあまりに控えめすぎると見ている。二人の人口増加率を認めるとしても、その結論には問題がある。銀河系の自転には領域ごとに差があるために、拡張する地域を、渦状の、コーヒーをゆっくりかきまぜながら濃いクリームを落としたときにたどる道筋のようなものにする。その因子を考慮に入れると、銀河系全体に植民する時間は劇的に短くなる。さらにもう一つの批判。高度なETCは、人口の圧力で拡張に向かうのではなくても、好奇心から銀河系探検に乗り出すのではないか。

それでも、ビョルクによる銀河系探査のきわめて詳細なモデル[126]がニューマン＝セーガンによる結論を強化した。ETCが銀河系を次のように調べることにしたとしよう。まず八機の「母船」探査機を送り出す。それぞれには、それぞれの裁量で用いる八機の小型探査機がある。母船にはそれぞれ、銀河系の中の恒星が四万個ある領域を調べるよう命じる。そこで母船探査機は目的の星へ向かい、八機の小型探査機を、まだ調べていない星へ向けて切り離す。小型の探査機は速さが0.1cで、接近通過による調査を行なう。探査機が知的生命を探知したら、元の惑星に知らせる。何も探知しなければ移動を続け、次の未調査の星へ向かう。探査機が指定された四万の星すべてを訪れると、母船に戻り、母船は新たな目的の星に向かい、あらためて探査が繰り返される。ビョルクはこの探査法を用いて、約三億年で調べられるのは銀河系のわずか四パーセントと見た。これはいやになるほど遅い探査法で、見るからにパラドックスの時間的説明を強力に支持する。コッタとモラレスは、ビョルクのモデルを拡張して同様の結論に達した[127]。そのようなモデルすべてと同様、根底にある前提のいくつかに異を唱えることは可能だ（当の二人が自分たちのモデルの批判を提示している）。こうしたモデルには、結論に疑念を投げかけると思われるところが二点ある。まず、これには植民が入っていない。ETCが植民を行なうつもりなら、この探査方針のあり方を変えることになるだろう。もう一つ、そこには自己複製する探査機の可能性が入っていない——この点については解22に残しておく。

解析されたモデルは他にもある。[128] たとえば、イアン・クローフォードによる計算からは、わずか三七五万年で銀河系全体に植民できるのではないかとされる。クローフォードの数字の最大の不確定部分は、星間宇宙船の速さではなく、コロニーが確立して、次の宇宙船を送り出すまでにかかる時間だ。フォッグは、禁止シナリオを発展させて、ETCが一〇〇〇年に一つの割合で生まれ、そのうち一〇〇に一つが銀河植民を試みるとするモデルからの帰結を解析した。そのモデルは、植民の波が伝わる時間をいろいろ変えて、銀河系を「埋める」時間を求めた。どんなに悲観的な仮定をしても、ETCは五億年で銀河系を埋めることがわかった。これは銀河系の年齢と比べれば短く、パラドックスの時間的説明は支持しにくくなる。ニコス・プランツォスはこの結論を、ドレイクの式とフェルミ・パラドックスの分析で強化した。[129]

こうした各種モデル——今後の解でさらに取り上げる——はわれわれがどちら側ででも論じられることを示している。星間旅行は遅くて高価で、ETCがこちらに来ていないのは、こちらに達するだけの時間がまだ経っていないからだと論じることができる。同様に、星間旅行は十分に進んだ技術のある文明にとっては、高速で安価にできるとも論じられる。個人的には、私は子孫が銀河系を妥当な時間幅で調べる方法を考えつくと思いたい。そしてわれわれにそれができたのなら、過去に他の文明にもできたことになるだろう。こちらにくるための時間は何十億年もあった。それだけの時間があれば十分だ。

解13　パーコレーション理論による扱い

万物は流転する。とどまるものはない。
——ヘラクレイトス

解12で述べた植民のモデルは、フェルミ・パラドックスに、ひとつ、あるいは複数のETCが銀河系全体に広がるのにかかりそうな時間を用いて対応する。しかし植民モデルには様々な形のものが考えられ、それぞれ大きく異なる見通しをもたらしうる。ジェフリー・ランディスが唱えた植民モデルは、フェルミの問いに興味深い答えを出した。

ランディスはそのモデルを要となる三つの前提の上に立てている。[130] まず、星間旅行は可能だが難しいという前提。ダイリチウム結晶も、ワープ・エンジンも、大胆に進む宇宙船エンタープライズ号もない。手近の星までの長い、遅々とした輸送ルートがあるだけだ。すでに見たように、これは妥当な仮定だ。われわれが確かに知るかぎり、物理学の法則は星間旅行を禁じていないが、それで易しくなるわけではない。そうしてランディスは、ETCが直接にコロニーを確立できる距離の上限があると論じる。人類の場合、くじら座タウ星（地球から一二光年弱）のすぐそばにいつかコロニーを築くことがあるかもしれないが、ヒアデス星団（地球から一五〇光年）の星となると、直接に植民することはできないだろう。どんなETCにしても、植民に適しており、かつ母星から旅行できる距離の上限以内にある星の数はわずかしかない。したがって、どんなETCでも、直接に確立できるコロニーもわずかしかないだろう。その先の前進基地は、二次的なコロニーとして設置される。

次に、星間旅行は難しいので、親文明のコロニーに対する支配力は弱い（あるいは存在しないこともありうる）

だろうと、ランディスは論じる。コロニーがそれ自身の植民能力を開発するまでの時間は長く、すべてのコロニーがそれぞれ独自の文化を持つことになる——植民した元の文明からは独立した文化だ。

さらに、文明はすでにコロニーができている星にはコロニーを築くことはできない。これは恒星間距離にわたる侵略はありそうにないと言っているのと同じで、それはもっともに思える。星間旅行が難しく費用がかかるなら、侵略はもっと難しく費用もかかるだろう。いくつかのハリウッド製ヒット映画の筋書きが消えてしまう。

その上でランディスはある規則を唱える。文化は植民の欲求を持つか持たないか、いずれかだ。そのような欲求を有するETCは、届く範囲内の適切な星すべての付近にコロニーを築くことになる。届く範囲内に植民されていない星がないETCは、必然的に植民の欲求がない文化を育てる。したがって、しかじかのコロニーについて、植民する文明になる確率pと、植民しない文明を育てる確率$1-p$が得られる。

確率

確率pは、定義上、0と1の間になければならない。確率$p=0$は、ありえない事象に対応し、確率$p=1$は必ず起きる事象に対応する。事象にありうる結果が二つだけ——その事象が起きるか起きないかいずれかだけ——なら、その結果の確率を足すと1にならなければならない。どちらかは必ず起きるのだ。つまり、事象が起きる確率がpなら、起きない確率は$1-p$となる。

この三つの前提と、規則からすると、「通り抜け《パーコレーション》」の問題が発生する。パーコレーション問題の要となる課題は、特定の系について、その系の一方の端から反対側の端までの連続した経路がある確率を計算するこ

とだ。[131] パーコレーションという語は、「流れ抜ける」という意味のラテン語に由来し、パーコレーション理論を展開した人々の頭には、その名をつけたとき、たぶん、コーヒーのパーコレーションがあったのだろう。コーヒーを淹れるとき、水は挽いた豆を通り抜けてポットに入る道筋を見つけなければならない。コーヒーを淹れるのは、液体が隙間のある個体を通って広がるという一般的な問題の個別例なのだ。しかし、パーコレーション・モデルは山火事の広がり方や集団での伝染病の広がり方、渦巻銀河での恒星の形成、核物質中でのクォークのふるまいなど、いろいろな現象の研究でも用いられてきた。

要するに、パーコレーションは広い空っぽの空間がもので埋まる様子にすぎない（厳密には、パーコレーション理論は無限に大きな配列についてのみ成り立つので、パーコレーション理論が成り立つには、当該の系は大きくなければならない）。配列は長方形である必要もないし、二次元である必要もない。一次元配列でうまくモデル化できる現象もあれば、三次元の配列が適切な場合もあるし、もっと高次元の方がいい場合もある。ただ、考え方を捉えるには、N個のセルからなる、チェス盤を拡張したような大きな二次元配列を想像するのがいちばん易しい。

パーコレーション理論

ある配列の一つ一つのセルに何かがある確率をpとしよう。それぞれのセルは、他から独立している——つまり、あるセルにたまたま何かがあるからといって、直ちに隣接するセルに何かがある確率が上がったり下がったりするわけではないということだ。当然、$p \times N$個のセルに何かがあって、$(1-p) \times N$個は空いている。確率pが大きければ、配列中の埋まったセルの数は多くなる。pが小さければ、何かがあるセルはまばらになる。図4.5はコンピュータで生成した8×8の配列を四つ示している。(a)では、任意のセルが埋まっ

153　存在するが、まだ会ったことも連絡を受けたこともない

ている確率は三〇パーセント、(b)では四〇パーセント、(c)では五〇パーセント、(d)では六〇パーセントとなっている（物理学者はもちろん、これよりもずっと大きなシミュレーションを行なうが、8×8の格子でも、図解の目的のためには立派に使える）。互いに隣り合った二つのセルが埋まっている場合、「隣どうし《ネイバー》」と言い、ネイバーどうしでできる集団はクラスターと呼ぶ。図解に示された二次元の配列については、端にあるもの以外のセルは、それぞれ、上下左右隣の四つのネイバーを持つ可能性がある。パーコレーション理論は主に、こうしたネイバーやクラスターが互いにどう相互作用するか、その密度が調べられている特定の現象にどう影響するかを扱う。縦または横（あるいは両方）に端から端まで広がるクラスターは、パーコレーション理論ではとくに重要だ。これは「横断《スパニング》クラスター」、あるいは「通り抜け《パーコレーション》クラスター」と呼ばれる。無限の格子については、スパニング・クラスターは、pの値が、ある臨界値《クリティカル》p_cを超えたときのみに生じる。

一般には、p_cの値は解析的に導くことはできない。しかじかの系についてpcを推定するにはコンピュータによるシミュレーションを用いなければならない。たとえば無限大の正方形格子なら、p_cの値はだいたい〇・五九二七五となる。ある単純な例が、スパニング・クラスターの重要性を明らかにする。何らかの電気を絶縁する素材の大きな塊を考えよう。そこに体積に対して一定割合で、同じ導電率の球を埋め込む。臨界値p_cより下では、スパニング・クラスターは存在せず、この材質は絶縁体となる。臨界値p_cを超えるとスパニング・クラスターが存在し、この材質は電気を通すことができる。同じ考察によって、病気が広がる人口密度、山火事が森林全体を焼いてしまう樹木の密度がわかる。

これはフェルミ・パラドックスとどう関係するだろう。ランディスが正しければ、銀河系全体にETCが行き渡るのをシミュレートするために、パーコレーション理論という研ぎすまされた技法が使えるということ

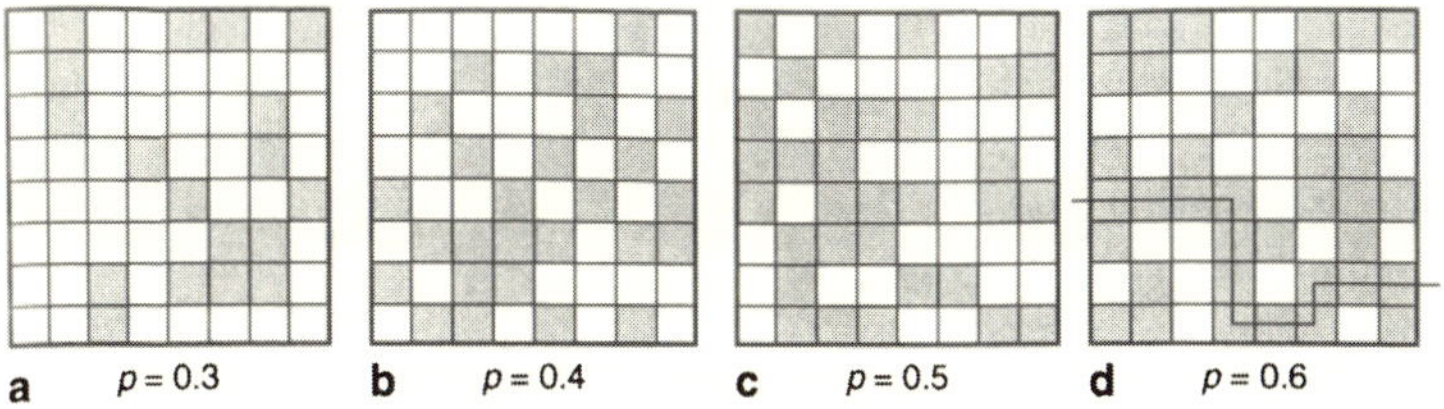

図 4.5　この四つの配列のいずれのセルも、無作為に影をつけて（占められて）いる。(a) では、セルは 30% の確率で埋められている。(d) では占められる可能性が 60% になっている。(a) でさえ「クラスター」がある——二つ以上の直近のセルどうしが埋まっている（直近のセルとは、上下左右いずれかの隣り合うセルのこと）。(d) には、「スパニング・クラスター」、つまり直近のセルをたどって配列の一方の側から反対の側へつながる経路がある。

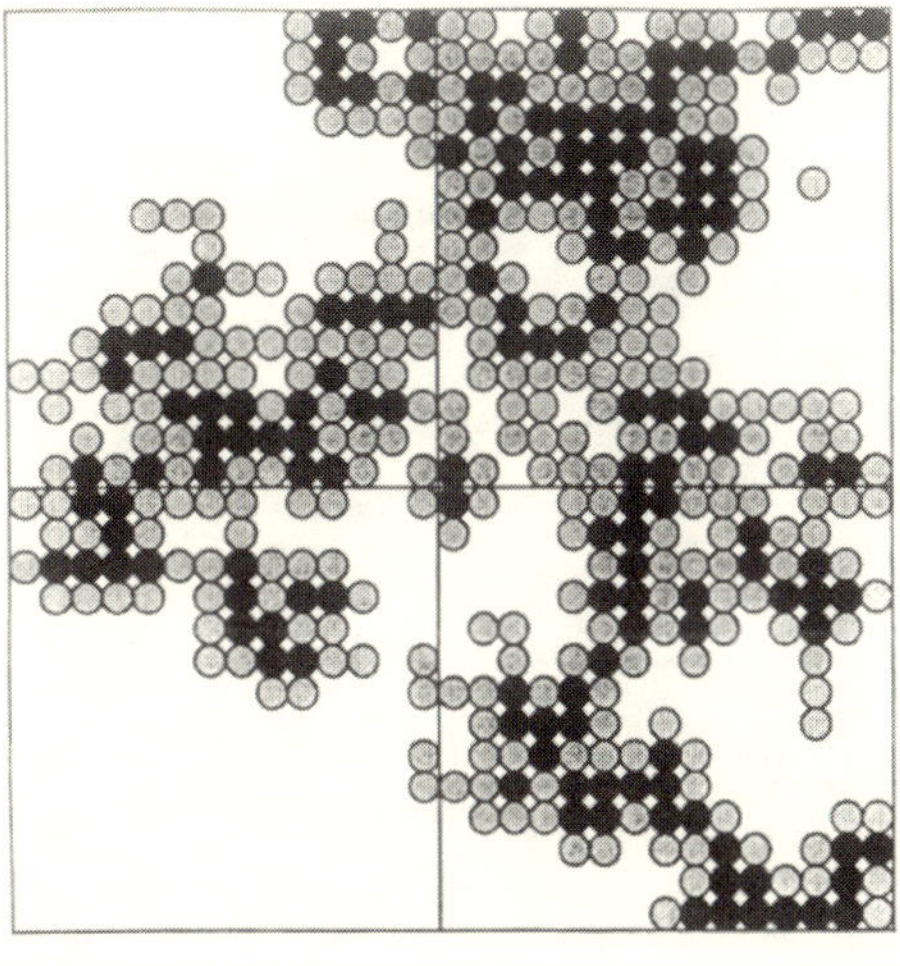

図 4.6　単純な三次元の立方体格子で行なった典型的なパーコレーションをシミュレーションした結果の断面。この配列については、臨界値は 0.311 で、シミュレーションは $p = 0.333$ としている。黒い円は「植民」する地点を表し、灰色の円は「非植民」地点を表す。円がないところは、まだ訪れていないところを表す。境界が不規則であること、空いているところが広いことに注目のこと。地球はその空いているところにあるのかもしれない。（図版—— Geoffrey Landis）

とだ。パーコレーション問題は、解析で扱うには難しいが、コンピュータでなら簡単にシミュレーションできる。ちょっとしたプログラムの知識がある読者なら、ランディス・モデルを立てて、いろいろなパラメータを入れてETCの分布がどうなるか、自分で調べることもできる。図4.6は典型的な結果の一つを示している。

どんなパーコレーション問題でも、最終的な格子はpとp_cの相対的な値によって決まる。ランディス・モデルでは、$p<p_c$の場合、植民はつねに有限個のコロニーができた後で終わる。成長はクラスターに生じ、個々のクラスターの境界は非植民文明でできる。$p=p_c$の場合、クラスターはフラクタルな構造を示し、空いた部分の体積と空いた部分の体積は、ともにあらゆる規模で存在する。$p>p_c$のときは、植民クラスターがどこまでも大きくなるが、わずかな隙間――非植民文明で区切られる空間の部分――が残る。スイスチーズのような植民モデルができる。つまり、文明は銀河の端から端につながるが、穴もある。

このようにパーコレーションで考えると、植民する地球外生命がまだ地球まで到達していない理由は次の三つのうちの一つということになる。まず、$p<p_c$で、生じた植民が地球に達する前に停止したということ。次に、$p=p_c$で、たまたま地球は、どうしても生じてしまう、植民がない広い部分の一つにあること。さらに、$p>p_c$で、地球はあちこちにある埋まらない隙間の一つであること。どの説明がいちばん可能性が高いだろう。それに答えるには、植民確率pの値と、植民に利用できる星の典型的な数を知る必要がある。もちろん、pがどんな値とすれば妥当か、まったくわかっていない。ランディスは$p=1/3$とするが、それが他の推定に比べて良いわけではない。植民する文明については、ランディスは適切な候補は太陽によく似た星(言い換えれば、限られたスペクトルの範囲に収まる単独の主系列星)の周辺のみに存在すると論じている。地球から三〇光年以内では、候補はわずか五つであり、この数の妥当な推定値は5ということになる。この二つの値から得られるモデルは臨界に近い。植民が行なわれる体積も大きいが、空っぽの体積も大きい。ランディス・モデルによれば、銀河系にETCが多く存在しても、それが地球を訪れたことがないのは、われわれが隙間の一つで暮らしているからだ。

この結論は、後にオサメ・キノウチが達したものと似ている。[132] 夜の地球を宇宙から見れば、人間の居住地の分布は——富の偏った分布は言うに及ばず——不均一なのは明らかだという。多くの人間の居住地——つまり都市——が見えるだけでなく、誰も住んでいない広大な領域も見える。人間の文明は空中を時速一〇〇〇キロで飛べるので、地球全体を植民する時間はあったが、それでも未踏の地は強固に残存している。アマゾン川流域の部族の、世界文明と接触したことのない人が、そのような世界文明は存在しないと言えば間違っていることになる。キノウチのフェルミ・パラドックスに対する「強固解《パーシステンス》」は、地球は銀河系の中の巨大な、生命があまり住んでいない領域にあることを説く。われわれは植民の進行が届いていない「強固文明」なのだ。同様に、経済学者の視点から銀河植民の問題に取り組んだロビン・ハンソンは、[133] 自身のモデルに基づいて、地球は銀河系の静かな領域の中にあるオアシスのようなものとして存在するのではないかとした。植民、探査、資源の猛烈な消費はこの領域の外で起こりえた。しかしハンソンさえ、植民の波が銀河系に広がるときの活動の兆候も、過去の植民の波の兆候も見えないのは不可解だと思った。われわれは「焼き払われた宇宙的共有地」〔急激な資源採掘の跡〕を見ていない。

パーコレーション理論を用いると、フェルミ・パラドックスの魅力的な扱い方ができる。それは、ETCの動機や状況が一様であるとするのではなく、動機や能力や事情は文明によっていろいろだと仮定している。パラドックスの解決は、モデルから当然に帰結することの一つとして出てくる。もちろん、モデルの詳細について論じることも可能だ。ランディス本人が、その論文でそうしている。たとえば、モデルは恒星の固有運動を考えていない。恒星も、チェス盤のマス目のようにじっとしているわけではなく、互いに対して運動している。恒星どうしの相対運動は速くはないが、パーコレーション・モデルには影響するかもしれない。解析を改善する方法を提案することもできる。たとえば、銀河の端かどうか、居住可能な地域、実際の星の分布などを考慮に入れて、もっと複合的なモデルを開発することもできるだろう。パーコレーション法の基本前提に異を唱えることもできる。たとえば、遠い地平の存在を考え、文明はその向こうへは決して植民しないと仮定するのは現実的だろうか。要するに、ある文明が五〇光年移動できるのなら、一〇〇光年の移動は本当にそれよりずっと難しいのだろうか。その地平の範囲内にある恒星のうち、条件に合うのは少しだけだと言う前提はどうか。ふさわしい発達をした文明なら、いろいろな種類の星の周囲にコロニーを建設できる――あるいはそちらの方が望ましい――と見るのではないか。さらに、このモデルを単純に拡張すると、結論は根本から変化しうる。[134]たとえば、個々のコロニー――文明全体ではなく――が滅びることもありうるかもしれない。コロニーが滅びると、そうでなかったらつっかえていた植民する文明が移動できる道が開ける。このわずかな変化が、モデルを相当に修正する。そしてたぶん、コロニーは時間を経ると文化的に変化するかもしれない。たぶん、フロンティアにある非植民型の文化はときとして探査の欲求に夢中になることがあるのかもしれない。パーコレーション・モデルを次の二つの要素――コロニーの死とコロニーの突然変異――を加えることによって修正しよう。すると宇宙にはもう空虚がまったくないことになる。結局、銀河系はすっかり飽和してしまうのだ。

　それに、この手法でわれわれが訪問を受けていない理由は説明できても、ＥＴＣからの連絡がない、あるいは活動の兆候が見られていない理由は説明できるだろうか。この問題は、$p \geq p_c$ の場合が一つでも成り立ち、しかもわれわれが高度な文明でまわりをすべて囲まれている隙間に住んでいるとすると、とくに重要になる。

親文明から子文明が独立するようになったとしても、きっと子文明どうしでときどきは連絡をとり合いたくなるのではないか。電波や光の回路を使って連絡を続けるのは、物理的に星間旅行する問題に比べれば、ささいなことだろう。こうした文明のすべてが、移動した上で沈黙政策をとってそれを維持するとは考えにくい。それではなぜその会話の一つなりとも傍受することがないのだろう。なぜ、「ここにいる」という標識信号を一度も見かけたことがないのだろう（ランディス・モデルでは、ETCは自分の位置が明らかになるのを恐れる必要はないはずだ。モデルへの入力の一つは、誰かが住んでいる星系の植民は難しくて決して生じないとすることだった）。進んだETCなら取り組みそうな集中的な開発プロジェクトの一例を見たことがないのはなぜか。こうした問題への答えは、もちろん、われわれはまだ見方も聞き方も不十分で、時間も経っていないというだけのことかもしれない。それでも、パーコレーション・モデルはわれわれのところに誰も来ていない理由については簡潔に説明するが、個人的には、やはり納得できない。

解14　しばし待て

待っていれば何でも起きる。

——ベンジャミン・ディズレーリ、『タンクレッド』

ランディスのパーコレーション理論方式の利点の一つは、銀河植民について、ある単純な前提を明らかにし、それからその前提からの帰結をコンピュータで調べることによって、フェルミ・パラドックスを処理するということだった。今では多くの人々が、十分な性能のあるコンピュータが利用できて、銀河植民について、お気に入りの理論を調べることができる。その一つの方法が、セルオートマトンに基づくモデルを用いることだ。天文学者のベズスードノフとスナルスキーはそれを行なって、それによってパラドックスについて、関連する、少し別の見方をもたらした。

セルオートマトン

セルオートマトンは最初、一九四〇年代にスタニスワフ・ウラムとジョン・フォン・ノイマンによって研究されたが、注目されるようになったのは、一九七〇年代、マーティン・ガードナーがジョン・コンウェイの「ライフゲーム」を世に広めたときのことだった。[135]

セル・オートマトンを作るのは易しい。何かの板を将棋盤のように区切っていくつかのマスにする。それぞれのマスはセルと呼ばれ、セルは有限個の異なる色のいずれかをとれる。さらに二つの要素が要る。まず、時計。それから時計の一刻みごとに適用される遷移規則を定めなければならない。セルはそれ自身の色、周囲のセルの色を確かめ、規則に従ってあらためて色を決める。時計がかちっと進んだら、すべてのセルが同時に変化する。つまり、セルオートマトンを動かすということは、セルを何らかのパターンに色分けして、時計を進め、時計が進むたびにパターンがどう変わるかを見るということだ。

コンウェイのライフゲームでは、各セルは二色——たとえば黒と白で、それぞれが死と生に対応する——のうちの一色を選べて、遷移規則は単純だ。白（生）のセルは、その隣に二つあるいは三つの白があれば白のまま。そうでなければ黒になる（死ぬ）。黒（死）のセルは、隣に三つの白があれば白に変わる。この単純な決定論的規則で、複雑な、予測しがたい結果が生じる。ライフゲームをしたことがなければ、無料で利用できるシミュレーションをどれか試してみること——パターンの進展を見ていると引き込まれる。点滅するパターンもあれば、振動するものもあり、さらには空間を進んだり、その進むパターンを食べたりする。

二〇一三年一一月、このゲームが世間の注目を受けるようになってから四三年後、最初の自己複製するパターンが発表された。

ベズスードノフとスナルスキーは、銀河文明のセルオートマトン・モデルを次のようにして生み出す。銀河を薄切りにして、セル〔マス目〕の集合にして（つまり、簡単にするために銀河系は二次元空間に存在しているとする。銀河を薄切りにしたものは、レーダー作戦ゲームの格子のように見える）、ETCがどのように生まれ、広がり、滅びるかについていくつかの前提を立てる。第一の前提。文明はある低い確率で、埋まっていない空間のどの点にでも誕生できる。第二に、ここが決め手だが、すべての文明には同じ寿命T_0があり、それを過ぎると滅び始める（ベズスードノフとスナルスキーは、文明の死の普遍的な原因は、「基礎的機能、つまり知識機能」の喪失だろうと信じている。言い換えると、文明は自身と環境について知りうることをすべて知ってしまうと、もっと、という欲求を持たなくなる。それはしおれ、死んでしまう）。第三に、ある文明が別の文明に接触すると、両方の寿命がT_bだけ延びる。接触が新たに学ぶことを生み出し、新たな対話が行なわれて、さらに発達する刺激になるということだ（二人はこれを「追加刺激《ボーナス・スティミュレイティッド》」モデルと呼ぶが、これを略すとちょっと不運な略号、BSモデルとなる〔BSは、ある使ってはいけないとされる言葉の略〕。そこで私は略さずに書くことにする）。

追加刺激モデルでは、文明はセルで表され、中央のセルがその文明の生誕地となる。このモデルは、前提を遷移規則の形で表すことによって、セルオートマトンとして定義できる。第一の規則は、新しい文明は、どの空のセルにでも生まれうること。誕生する確率はnで、文明は一個のセルとして始まる。第二の規則は、時計の一刻ごとに、文明はどの側にでも、セル一個分サイズを変える。文明がT_0よりも若ければサイズが増す。T_0より大きければ大きさを減らす。サイズがゼロになれば、つまりセルがなくなれば、その文明は死んだことになる。第三の規則。成長する文明が別の文明に出会うと――このモデルでは、セルが両方の文明に属することになった場合――両方の文明の寿命がボーナス時間T_bだけ増える。あるクラスターにいくつかの文明があれば、すべてがボーナス時間を得る。各文明のその後の展開は、第二の規則にあるとおり。

モンテカルロ法

地球外知的生命に関する問題を調べるのに使える方法はセルオートマトンだけではない。たとえばモンテカルロ法を使うこともできる。

モンテカルロ法では、何らかの未知数の分布を得るために、何度もシミュレーションを実行し、繰り返してランダムにサンプルを取る。たぶん、最古のモンテカルロ法は一八世紀、ビュフォン伯ジョルジュ＝ルイ・ルクレールがπの推定にランダムな確率論的手法が使えることを示したときだろう。隣り合う平行な縞が何本か引かれた木製の盤があるとする。縞の幅は一定で、これをdとする。縞の幅よりも短い長さlの針を台に落とす。ビュフォンは針が二つの縞の境をまたぐ確率pはいくらかと問い、$p = 2l/d\pi$ であることを示した。これを変形するとπを表す式が得られる。一方、pは何度も実験を行ない、針が境界線を何回またぐかを数えることによって測定できる。n回試みてh回だったとすれば、$p = h/n$ で、この場合、$\pi = 2ln/hd$ となる。辛抱強ければ、このモンテカルロ実験を自分で行ない、πを推定することができる。

この方式の現代版について「モンテカルロ」法という名を考えたニコラス・メトロポリスによれば、この手法に初めて手を出したのはフェルミだったという[136]。フェルミは、一九三〇年代に中性子の拡散を調べるときにそれを使ったが、この研究は発表しなかった。モンテカルロ法を広く用いるようになったのは、先に触れたウラムとフォン・ノイマンの研究だった。ウラムとフォン・ノイマンは、モンテ・カルロ法をロスアラモスの核兵器研究で用いた。この手法は今、入力に不確定部分が多い現象をモデル化する必要があるところで用いられる——つまり、物理学、工学、天気予報、ビジネスなど……実に至るところで用いられている。スコットランドの宇宙物理学者ダンカン・フォーガンは、モンテカルロ法をフェルミ・パラドックスの研究へ応用する先駆者となった。[137]

ベズスードノフとスナルスキーがシミュレートした「銀河系」は各辺一万セル——全部で一〇〇万個のセル——の正方形の格子で、その系が時計三二万刻みぶん、進められた。シミュレーション一回ごとに、変数 n, T_0, T_b の値を少しずつ変えた。明らかにこの三つの数が系のふるまいを支配することになるからだ。もちろん、この三つの数が実際にどうなるかはわからない——しかしシミュレーションを実行して、それぞれの場合にどうなるかを見るのはたやすい。

結局、ボーナス時間がなければ（つまり $T_b = 0$ なら）、文明で占められる銀河系の体積は、誕生確率 n と自然な寿命 T_0 の立方に比例する。この場合、ベズスードノフとスナルスキーが考えた変数の値について、文明間の接触はきわめて可能性が低い。ETCが存在するとしても、その経路が交わることはない。ボーナス時間 T_b が0でない場合には話は変わってくる。T_b の値が小さいとさほどの違いにはならないが、ある境目の水準で、文明は銀河を埋める大きなクラスターになるだけの時間が得られる。ベズスードノフとスナルスキーが導いた結論は、n、T_0、T_b の実際の値が適切な範囲にあれば、われわれはただ待つだけだ。今は銀河系全体に文明が広がっているところなのだ。

追加刺激モデルに注文をつけたいなら、弱点を特定するのも易しい。たとえば、このモデルでは若いコロニーの方が先に滅びる。文明は「内側から外側に向かって」滅びることにもなりやすい、あるいは実際にはそちらの確率の方が高いのではないか。この遷移規則をモデルに導入すれば、コロニーは接触の報酬を回収する時間が増えるので、結果が変わる。さらに、追加刺激モデルは交流のある文明全体に接触の恩恵が要は瞬間的に伝わることを前提にしている点で、非現実的だ。銀河系の広い範囲に広がっている文明が、恩恵が普遍的であるために必要な文化的等質性を維持できるとしても、そのような伝播では特殊相対性理論に反することになる。したがってこのモデルは、植民の波が広がってわれわれに向かっているという説得力のある論拠を与えるには単純化しすぎている——ただ公平を期すなら、それは実はベズスードノフとスナルスキーが狙っていたことではない。むしろ二人は、ランディス方式の上に立ち、セルオートマトンを使って特定のシナリオを調べることができるのを明らかにしたかった。セルビアの天文学者ブラニスラフ・ヴコティッチとミラン・チルコヴィッチはもっと精巧なセルオートマトンを考えた[138]。近年、惑星生物学者が得た知識を考慮に入れた知識に基づいている。「ランディス解」によれば、地球は未探査の空隙にあって、もっと広いパラメータの組合せによる地形の中の片隅を占める。

　セルオートマトンの美しさはその単純さにある。コンピュータがそこそこ使えるなら、モデルを設定してそれが進展するのを見るのは簡単なことだ。地球外文明がどのように生まれてその後どう進展するかについて何らかの考えがあるなら、それを適切な遷移規則を使って表してみれば良い。その展開をモデル化し、その運命が繰り広げられるのを見て、新たなフェルミ・パラドックスの新たな解に達するかもしれない。しかしこれまでのところ、この方式で与えられる解は、私の考えでは説得力はない。

解15 光ケージ限界

歌手を檻に閉じ込めることはできても歌は閉じ込められない。
――ハリー・ベラフォンテ

銀河植民モデルは、拡散に基づくもの（ニューマン＝セーガン案など）、パーコレーションに基づくもの（ランディス案）、セルオートマトンに基づくもの（ベズスードノフとスナルスキー案）、いずれも種の移住行動について言われることは、何十万、さらには何百万年という時間の規模で成り立つと仮定される。コリン・マッキネスは、地球に訪れる地球外生命がいないことを説明するために、数千年成り立てばよい移住モデルを考えた[139]。それはフェルミ・パラドックスの解決としてはかなり殺伐としたものだが、残念ながら、ヒトという種の行動を考えると、ありそうな話だ。

マッキネスは、星間移住に成功する技術的能力に達した若い文明にありそうな特徴について考えた。ある生物種が必要な技術を発達させる原動力もやる気もあるなら、進化による初期の発達段階で他の種に勝たなければならなかっただろうから、当該の種はおそらく高い競争力をもつだろう。ある生物種が、自分たちは大規模な経済的に見合う規模で星間旅行を行なえて、そのとき新しい資源を利用するなら、遠慮はしないだろう。実際、その種の何らかの下位集団が、宇宙に植民し、新たな資源を獲得することによって競争での優位を得られると思うことになり、そこへ乗り出して、チャンスを利用しようという競争が生まれる。富、活動、人口が増え続け、この種は経済的拡大の波を体験することになる。しばらく、この種は右肩上がりの成長を経るだろう。とどまるところもなさそうだ。

植民の過程はおそらく星から星へと進むだろうが、モデルの目的としては、母星を中心として球状に広がる波を考えることができる。さて、この生物種の総人口は増えるが、この種は植民がすんだ球の内側の人口密度を一定に保ちたいとする。何と言っても、平均人口密度は環境の収容力で限られるのだ。そこで、人口の成長率が一年で一パーセントとしてみよう——ささやかだが、たぶん無理な想定ではないだろう。この人口増加率を導入することによって、災厄の種子を播くことになった。成長は指数関数的で、先にも述べた通り、指数関数的な増大には勝てない。

　マッキネスは、一定の平均人口密度を維持するには、移住速度は母星からの半径に比例しなければならないことを示す。しかし、ある時点で移住速度は光速に等しくなる。その半径を超えると、一定の人口密度を維持するのは不可能になる。スティーヴン・バクスターはこの半径を「光檻《ケージ》」と呼ぶ[140]。このモデルによると、植民による球面は、光ケージ限界に達するまで、増え方が速くなる。それ以後は、まだ若くて元気な文明でも、住民をすばやく送り出して平均人口密度を一定に保つことができなくなる。人口密度は、光ケージ限界のすぐ内側にある球の外縁部では維持しがたいほど大きくなり、環境の収容力を超え、資源の限界を超えてしまい、文明は崩壊する。それは避けられない——年間の人口増大率がわずか一パーセントであっても。

　人口の増加率がわずか一パーセントなら、光ケージは母星からはるか遠いところにできるにちがいないと思われるかもしれない。光ケージがたとえば五万光年先なら、「余地」はたくさんあるだろう。銀河の相当部分に居住できるだろう。しかしそのように考えるとすれば、指数関数的増大の威力を直観的につかめていないということだ。それができている人はわずかしかいない。一年に一パーセントの成長率によると、光ケージ限界はわずか三〇〇光年にしかならない。さらに、文明が光ケージ限界に達するのにかかる時間はわずか数千年だ——宇宙規模ではほんの一瞬でしかない（最大膨張速度が光速より小さければ、ケージの境界は小さくなる。最大速度が0.05cなら、ケージ限界はわずか一五光年になる。地球から一五光年以内の星は五〇個ほどでしかなく、そのほとんどは、植民には適さないだろう。この構図では、植民はわざわざ行なうに値するものではなさそうだ)。

そこで、私たちのところに来訪がない理由を説明する筋書きは以下のようになる。近隣の星への大規模で経済的な植民に乗り出す能力を育てる文明は、移住の速さは成長の速さに見合わないため、数千年以内に崩壊せざるをえない。崩壊した後は、文明は資源が乏しくなって、第二波の植民を始めることもできないだろう。文明は生まれ、滅び、光ケージ限界を超えては進めないので、こちらには来ていない。

これは暗い筋書きだが、避けられないだろうか。実は、落とし穴は明白なので、技術的に進んだ文明が少なくとも一つくらいはそれを見て取って、回避するのではないかという期待も持てる。落とし穴を避ける一法は、正味の人口増加率を低く抑えることだろう。そうなると文明の停滞に伴う危険というのもあるかもしれないが。資源の限界に達したら成長を抑制するが、辺境での急速な成長は許容するという手もあるだろう。きっと、無制約な成長の生存にかかわる危険を見て取ることができて、それに従って動ける知恵をもった技術的に高度な文明が、一つくらいはあるだろう。そうではないのだろうか。

解16 向こうの気が変わる

ぜったい、ぜったい、ぜったいにあきらめるな。

——ウィンストン・チャーチル

コンピュータ・モデルを使って銀河植民を調べるとき、われわれはそのモデルが表すとされる現実のことをつい忘れてしまう。たとえばセルオートマトンの場合、文明はどうにかして生まれ、時計の「一刻」ごとに広がるか収縮するか滅びるかする。動作はチェス盤上で起きて、すべてごく単純に見える。しかし時計の一刻一刻に対応する現実の時間は、膨大な長さだ。超光速旅行が不可能だということを受け入れるなら、どんなに技術的に楽観的でも、植民は長期的事業だということを認めざるをえない。移動はその事業のほんの一部でしかない。ETCが目的地に着いてから適切な生活空間を得るには、その惑星を改造しなければいけないことがわかるということもあるだろう[141]——そうなれば必然的にもっと時間がかかる。住みにくい系外惑星上にコロニーを確立するには、少なくとも一〇〇〇年はかかると考えられる。一〇万年という方が現実的な推定かもしれない。これは宇宙的に見れば一瞬で、「一刻」が一万年を表すコンピュータ・モデルでは取り立てて言うほどのことではない。しかし現実世界から見ると、それでは問題が生じる。何十万年、何百万年も安定して、さらに相当の資源を拡大事業に投入し続けられる文化はありうるだろうか。長寿の安定した文化でも、ある時点で優先順位を組み換えるかもしれない。右のような時間の長さを前にして、大規模な植民という構想自体を断念することもあるかもしれない。

クラウディオス・グロスは、技術的に進んだ文明が性格を変えるとした場合の人口動態を支配する、単純な方程式をいくつか考えた[142]。グロスの式では、ある率で新しい文明が生まれ、既存の文明がある率で滅び、ある成長率があるとされる。しかしグロスは、拡張する文明のコロニーが自動的に親文明の性格を引き継ぐという前提を採らない。言い換えると、どんな理由であれ、コロニーが単純に植民を断念することはありうるだろう。逆に停滞した文明が、どんな理由であれ、再び拡張に転じる決断をすることもあるだろう。グロスはこうした様々な率を考え合わせて、拡大する——ただし変異しうる——ETCの大きな人口が安定した平衡状態に収まりうることを示す。

グロス自身が認めるように、その方程式に出てくる様々な数字——誕生と滅亡の率、それまで拡大していた文明が気を変えて停滞する率など——についてはわれわれは何も知らないが、この研究は思考を刺激する。人間社会が何万年も安定しつつ、ずっと熱心に探検と拡大を続けるというのはありそうなことだろうか。自分たちについてそれを疑うなら、他の文明についても疑える。これがみんなが来ていない理由の説明になりうるだろうか。

解17　こちらが太陽系流に考えすぎ

……故郷のいろいろな日の光

——ルパート・ブルック「兵士」

銀河植民のモデルは暗黙のうちに、宇宙空間では、安定した、中年期の、太陽と同様のG2型の恒星と、地球のような水の豊かな惑星が肝心だと思い込んでいる。しかし、われわれの文明よりもずっと古い文明がどこで生きることにするか、誰にわかるだろう。地球のような条件は、生命の発生や初期の進化には必要かもしれないが、そうだとしても、ひとたび文明が技術的に進んで自分用の居住地を建設することができるようになれば、太陽のような平凡な星を公転する惑星の表面にはとどまりたくないと思うかもしれない。ETCが手（あるいは触手でも何でも）をつけたがるのは、われわれの太陽系という一等地だろうと思うものだが、それはわれわれの太陽系の流儀を反映しているだけのことかもしれない。もしかしたら、いろいろな銀河植民モデルは間違っていないかもしれないが、単純にはあてはまらないのかもしれない[143]。

たとえばダイソンは、KⅡ文明であればその星系にある惑星をいくつか解体し、それを材料にしてその恒星をすっぽりと覆う球を作るかもしれないと言う[144]。そうすることによって、その恒星からのエネルギー出力がすべて利用可能になるだろう。太陽が発するエネルギーの一〇億分の一しか捕捉していない地球の状況とは比べものにならない。そんな文明が星間旅行もできるのであれば、おそらく訪れたどんな星のまわりにでもダイソン球を建設できると考えられる（解11で簡単に取り上げたシュカドフ推進装置は、要するにダイソン球の半分だ）。そうであれば、どうしてわれわれの太陽などに構うだろう。スペクトル型がOの恒星からのはるかに大量のエネルギーを利用できるのだ。たとえばスペクトル型がO5の恒星は太陽の約八〇万倍の明るさがある。そのような星の周囲にダイソン球ができれば、われわれがこの地球で太陽から得られるエネルギーの10^{18}倍近くのエネルギーが収集できる。すると、高度なＥＴＣは遊牧民のようなもので、O型の星から星へと世代宇宙船に乗って移動しているかもしれない。恒星に達すると、その寿命のうちほんの数百万年分の豊富なエネルギーの恩恵を享け、それから星が超新星になる前に離れる。まばゆいO型の恒星はすぐに死んでしまうので、生命が進化するには不向きな環境だ。しかしＫⅡ文明が選ぶ星にはなるかもしれない。

　そもそもＫⅡ文明に恒星は必要だろうか。もしかすると真空エネルギーからエネルギーを取り出したり、ブラックホールからエネルギーを引き出したりするかもしれない。世代宇宙船で暮らしていれば、惑星表面に足を（あるいはエイリアンの足に相当するものを）下ろす必要も感じないかもしれない。銀河植民モデルの大半は類推に基づいていた。ヨーロッパ人によるアメリカ植民や、ポリネシア人による太平洋諸島への植民だ。もしかすると植民のもっと良い見立ては、生命の水中から陸上への移動かもしれない[145]。魚が鳥に会わないように、ＥＴＣがわれわれと出会うことはないのかもしれない。ＥＴＣは宇宙に移住するかもしれないが、他にもっと魅力的なところがあって、われわれのいるこの地をわざわざ植民しようとは思わないのだろう。

解18　エイリアンは環境保護的

家で暮らす。

――ジョージ・ワシントン・カーバー

もしかするとフェルミの問い――「みんなどこにいるんだろうね？」――は、銀河植民がどのように進むかについてのわれわれの本能的な感覚から力を得ているのかもしれない。文明は惑星上で発達し、それから新たな惑星に植民するということだ。その世界がさらに二つの惑星に植民する。それぞれがさらに二つ……すると銀河系は比較的早くから知的生命にあふれることになる。これはわれわれ自身の歴史から導かれる植民像だ。われわれの先祖はアフリカから試みに足を踏み出して、他の大陸に生存可能なコロニーを確立し、そうして地球全体に広がった。その広がり方はものすごい。ドバイは砂漠から立ち上がるとほうもない大都市で、大型客船は私が住んでいる小さな町の人口なみの乗客を乗せて海を渡る。地球で最も住みにくいところである南極にも、人が常駐する研究施設がある。ＥＴＣは、人類が地球上で植民してきたのと同じようには、銀河系に植民しないのだろうか。

人類のサクセスストーリーを最もよく表しているのは、たぶん人口の増加だろう。図4.7に明らかなように、増大は指数関数的曲線をたどっている。私はこの曲線を見て何かが変わらざるをえないという結論にならない人とは会ったことがない。この調子で進めば、一〇〇年か二〇〇年で、人々はみな立っているしかなくなる。もちろん、そのような極端な人口に達することはないだろう。問題は、人口増加を下げる因子が何かということだ。環境の激変が人口増加に歯止めをかけると論じる人もいる。それが正しければ、今後何世代かにとって、未来は快適なものではなくなる。われわれの人口増加だけでなく、個人の消費も増えるので、問

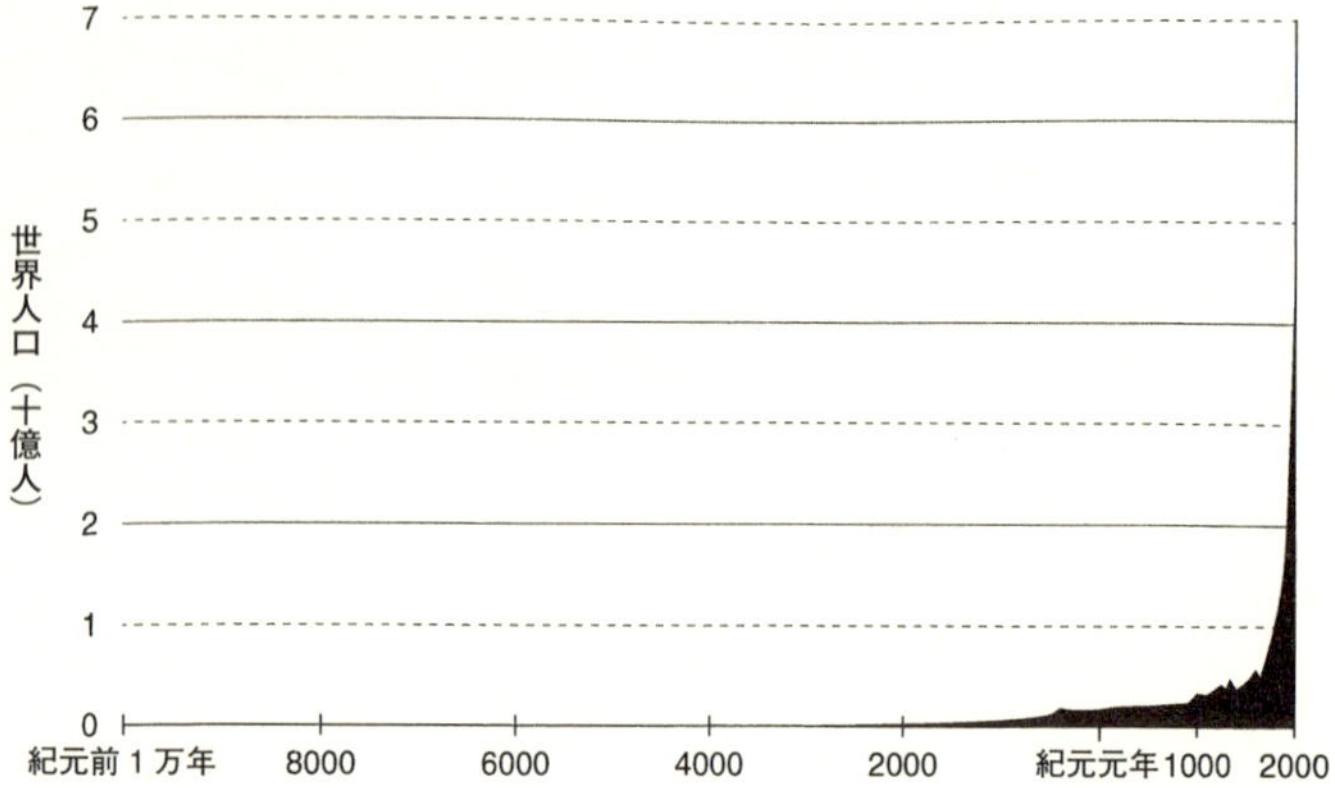

図 4.7　歴史上の人口増加には、小さなでこぼこがいくつかある。たとえば西暦 1350 年頃の凹みはペストによる――死者が１億人規模という大流行だった。それでも基本的には、人口は指数関数的に増大してきた。いつまでもそうすることはできない。（パブリックドメイン）

題はさらに悪化する。西洋式の消費水準を求める人が増え、当の西洋式の消費がさらに浪費的になると、地球の限りある資源にかかるストレスも増すにちがいない。ノーマン・ボーローグのような科学者のおかげで、現代農業はかつて可能と思われていた以上に人々を養えるようになっているが、全員がアメリカ風の食生活を求めたら、一〇〇億人を養えるだろうか。現代の工業技術のおかげで、水資源はかつてよりもずっと効率的に扱えるようになったが、ある地方を干ばつが襲えば、人々の渇きをうるおすことはできるだろうか。技術の進歩のおかげで、かつてよりも多くの電力を生み出せるが、将来にはその需要を満たせるほどの電力ができるだろうか。われわれが消費するエネルギー、水、食料は増える。われわれは「消費するもの《ホモ・コンスメンス》」なのだ。そしてそれは続きようがない。

イースター島の怪事件

イースター島、つまりラパ・ヌイ島は極端な離島で、最も近い大陸上の地点は三五〇〇キロ離れたチリにある。それでもポリネシア人は西暦一〇〇〇年までには海を渡ってそこに定住した。最初のポリネシア人がやって来たとき、島は濃密

図4.8　ラパ・ヌイの人々は、西暦1250年から1500年にかけて、887体のモアイ像を彫った。モアイ像の平均の高さは4mで、重さは12.5トンというのもざらにある。ラパ・ヌイの人々がこうした彫刻を作った理由は定かではないが、これを製作し、輸送するには、この文明の資源や関心を相当に費やしたにちがいない。島民は、その文明が滅びた後、モアイ像を倒した。（写真―― Arian Zwegers）

な森林に覆われていたが、一六五〇年には森はなくなっていた。島民によって切り倒されたのだ。一六五〇年には、イースター島の人口はピークだった一万五〇〇〇人から減り始めた。一七二二年に最初のヨーロッパ人が来たときには、人口はたぶん二〇〇〇人にまで減っていただろう。ラパ・ヌイ文明が崩壊した原因はまだ議論の的だが、森林の伐採が大きな役割を演じている可能性が高そうだ。島民はもうまっとうな船を建造することができず、漁業の能力もだめになった。さらに樹木の喪失は、陸海の鳥の集団の崩壊ももたらした。島民の数も食料源の多様性も小さくなった。ラパ・ヌイ文明は持続不可能な形で成長したのだろうか。

われわれは光ケージを取り上げたときにすでに、急速な成長が維持できないことを見た。ハクク＝ミスラとバウムは、フェルミ・パラドックスはＥＴＣが存在しないと言っているのではなく、急速に成長するＥＴＣはないと言っているのだと唱える。[146] ＥＴＣが指数関数的に成長するなら、それはマッキネスが唱えるような光ケージ限界にぶつかる。それは生き急いで若いうちに死ぬのでわれわれが見ることはない（宇宙へ乗り出す文明が自分たちは滅びることを知っていれば、少なくとも、その前触れを放送しようとしたり、他の文明に警告するために何らかの信号を送ったりして、宇宙に自分たちがつかのまでも偉大だったことを知らせるのではないか。そういうものが聞こえたこともない)。逆に、非常に遅い、持続可能な成長であれば、この道をたどる文明は、こちらまでやって来る時間がまだ経っていないので、われわれはまだそれを見たことがないだろう――そうしたETCが銀河系に出て行くとしたら、ニューマンとセーガンが示したような(一四二頁)、めちゃくちゃに長い時間がかかる拡散過程によるだろう。

ハクク゠ミスラとバウムの論証が反響を呼んだのは、それが人間社会にとってますます重要になる問題にかかわっているからだ。われわれの消費パターンにある指数関数的増大の面は、この文明の崩壊をもたらすことになりかねないし、そうなると、銀河系に植民していくのは人間ということにはならないだろう。しかし持続可能性の問題は本当にフェルミ・パラドックスを説明するだろうか。私は納得していない。

今後数十年で、疑いもなくわれわれに対して問題が差し迫ってくるだろう。それでも、少々の運と、多くの善意と、ノーマン・ボーローグのような科学者があと何人かあれば、人類文明は、人口過剰と消費過剰によって引き起こされる崩壊を回避できるかもしれない。われわれはすでに指数関数的人口増加は続かないことにある程度の自信を抱いている。出生率は何年か前から多くの国で減少しており、人口の偏りで地球全体の人口総数はしばらく増え続けるかもしれないが、世界人口は今世紀半ばにはしばらく安定し、それから減少を始める可能性が高い。実際、最も差し迫った困難は人口の指数的増大ではなく、出生率の減少の方だ。これは女性一人当たりの出生率が一・三六人しかないドイツでは問題として認識されている。多数の高齢者の世話をするための資源を少数の若い人でどうやって生み出すのだろう。科学、技術、計算力が前進することと――それ自体が指数関数的増加曲線をたどるらしい――と人口が安定または減少することとを組み合わせると、持続可能な文明のための処方が得られる。そうなると、拡大主義的な西洋流の文明は、縮むことも停滞することもなく、地球の大部分に植民しているだろう。ゆっくり成長する人間の文明（ハクク＝ミスラとバウムはこの点でカラハリ砂漠地方にいるサン人の人々を挙げている）は、ある意味で負けてしまうのだ。他ならぬ地球の歴史がフェルミ・パラドックスの持続可能性による解への反例となるだろう。さらに、文明が拡大すると、それに使える資源も膨らむことを認識すべきだろう。十分な知恵と巧みさがあれば（それこそいつも供給不足の資源かもしれないが）、文明は光ケージ限界を避けることができる。とくに、解22で見るように、文明は一個の自己複製する探査船を生み出すまで生き延びれば、原理的に銀河系を持続可能な形で探査できるだろう。

人間文明が生き延びて、星間探査が可能になる段階に達するなら、われわれは銀河系を探査する可能性がある――それも「グリーン」〔「環境保護的」の象徴的表現〕な形で。そしてわれわれが将来そうなると信じるなら、他の、もっと古い文明も過去にそうなっていることもありうると信じざるをえない。またパラドックスに逆戻りだ。

解19　家から出ない……

我が家に勝るところはない。

――J・H・ペイン「埴生の宿」

一九六九年七月二〇日、私が子どもの頃でいちばんはらはらした出来事があった。[147] 父が私を起こして、ニール・アームストロングとバズ・オルドリンの月面着陸を見せてくれた。私と同年代の人はたいてい、アポロ11号の着陸を見て同じような畏怖の念を抱いたのではないかと思う。それから何十年も経って、われわれにはこのような冒険を再び企てるだけの能力――そしてやる気――はない。一九七二年、ユージーン・サーナンが靴底から月の埃を払って以来、誰も月の土を踏んでいないし、誰かがそうする決まった計画もない。熱心な宇宙推進派は火星への有人飛行に必要な因子を確立するべく貴重な仕事を続けているが、そのような旅行はすぐには実現しそうにない。私を含めて多くの人は、われわれのような知能を備えた種族は必ず宇宙へ広がっていくと思っている――ではなぜわれわれは宇宙にいないのか。もしかするとその想定が間違っているのかもしれない。たぶん、いくつかの因子の不幸な混合――もしかすると無関心、それにほぼ確実に経済事情、さらに宇宙へ行かなくてもそこから情報を集める能力が増していることもあるかも――によって、ETCは故郷にとどまるということかもしれない。ETCは「グリーン」だとか、技術が足りないとか、制約のない成長の結果を心配しているとかのことではなく、単純に、大がかりな宇宙探査をすることはないだけのことなのだろう。ひょっとすると、これがフェルミ・パラドックスの悲しい答えかもしれない。

有人宇宙探査が中断しているのは単なる一時停止だと願うのも一理ある。技術が改良されるにつれて、宇宙への旅は安価になり、頻繁に行なわれるようになる。それに政府機関だけが輸送手段を提供するとはかぎらなくなるだろう。ロバート・ハインラインは大昔に民間企業による宇宙探検の可能性を想像していたし、宇宙観光旅行の例もすでにあった。二〇〇一年、デニス・チトーは、ロシアの宇宙事業に二〇〇〇万ドルを支払って、軌道上の国際宇宙ステーションで八日間を過ごす権利を得た。これは民間宇宙旅行が容易だと言っているのではない。今後しばらくは、地球の引力圏から出るのはまだ、企業や慈善財団よりも、国家の行なうことになるだろう。たとえば二〇一三年二月、チトーのインスピレーション・マーズ財団は、二〇一八年に有人火星接近通過飛行を打ち上げたいと発表した。二〇一三年一二月段階ではそのような飛行はNASAが相当に関与しないと無理だということが明らかになっている。リチャード・ブランソンは二〇〇四年、自らのバージン・ギャラクティック社が世界初の商用宇宙航空便となることを約束したが、一〇年と何度かの開始の誤報を経て、やっと試作機が、フェリックス・バウムガートナーが気球で達した高度の半分ほどまで上昇できたにすぎない。それでも、観光の関心が学術やハイテク産業の関心と相俟って、今後有人宇宙旅行の原動力にすることには現実味がある。

すべての文化が拡大主義的とはかぎらない

孤立主義的文明として最も頻繁に挙げられる例は、明王朝だ。

明は一三六八年、洪武帝（「きわめて武人的」という意味）となった朱元璋によって建国された。その治世や、後の永楽帝の治世で明はその版図を拡大した。[148] 永楽帝と後継の宣徳帝は、海軍の大将軍で探検家の鄭和を七度、大航海に送り出した。この航海で鄭和はインド、ペルシア湾、東アフリカ沿岸まで達した。鄭和は史上最大級の艦隊を率いた――最初の航海では三一七隻のうち六〇隻は全長が一二〇メートル級の「宝船《ほうせん》」で、荘厳な眺めだったにちがいない――中国は当時、疑いもなく一流の海軍国だった。実は、おそらく地球で最も技術的に進んだ国だっただろう。ところが鄭和と宣徳帝が亡くなった後は、未解明の理由で、中国は拡大政策をやめ、外国貿易を禁止して、内向きの道をたどることになった。

もっと長期的に見ると、火星やオニールのスペースコロニーに永続的な独立したコロニーを確立せざるをえないとする、強固な理由もある。そちらに移住すれば、万一地球が大災害に見舞われても、人類の生き残りを確実にする助けになる。近年は、われわれが暮らしているところがどれほど危険なところかが理解されるようになってきた。巨大な隕石が地球に衝突すれば、われわれはチクシュルーブの衝突が恐竜を滅ぼしたのと同じくらい、あっさりと滅亡することになるだろう。超大型の火山の噴火があれば、われわれの技術文明は崩れるかもしれない。原因が何であれ、気候変動があれば、われわれの生活手段が破壊されかねない。記録が残っている範囲での人類の歴史では地上は穏やかだったが、宇宙カレンダーでは、人類の文明などほんの一〇秒分にしかならない。穏やかではない状態を見ていないからといって、この世が穏やかだと信じるのは、高いビルの屋上から飛び降りて、三〇階建ての建物のうち二九階分が過ぎても何もなかったから、大丈夫だと踏むようなものだ。

さらに長期的に見ると、太陽に万一のことがあった場合に備えて、他の恒星の周囲にコロニーを確立するのも無意味ではない。これまで記録されている中で最も強力な太陽フレアのほんの数倍の強さでコロナ物質が大量に放出されれば、地球に深刻な問題が生じかねない。[149] つまるところ、われわれが長い間生き延びるとすれば、太陽が主系列星ではなくなり、赤色巨星になるのを見ることになる——そうなれば、本当に引越しせざるをえなくなるだろう（ズッカーマンは、天の川銀河に一〇から一〇〇の長寿文明があるとすれば、そのうちの少なくとも一つは、ほぼ確実に、母星の死のせいで移住せざるをえなくなっていることを示した。[150] そのような文明が一〇万あれば、天の川銀河は、母星が主系列星ではなくなった文明によってコロニーにされつくしているはずだという）。

人類は厳密にはまだ宇宙へまっしぐらにはなっていないが、われわれが宇宙旅行を試みることは決してないと言うのはまだ時期尚早だ。われわれの文明が宇宙船を打ち上げる能力を得てからまだほんの数十年で、フェルミ・パラドックスとの関連で言えば、何万年という幅で考えなければならない。そして、推定される地球外生命体の動機について憶測を巡らせてもおそらく無駄だろうが、母惑星の外にコロニーを建設することには普遍的な論理があるらしい。一つの惑星上にすべての卵を産む生物種は、オムレツになってしまう危険がある。きっと、技術的に進んだＥＴＣは、最初はおずおずとでも、宇宙へ乗り出していくのではないか。

ＥＴＣがすべてわが家から出て行かないという考え方は、（少なくとも私にとっては）可能性が低い――わが家にとどまるべき納得のいく理由がないかぎりは。

解20 ……ネットサーフィン中

人類は現実にはあまり耐えられない。
――Ｔ・Ｓ・エリオット「バーント・ノートン」（『四つの四重奏団』）

プラネタリウム仮説は、バクスターによる、われわれは仮想現実にいるのではないかという説だった（一一一頁）。この宇宙に生命がいないように見えるのは、高度なＥＴＣが人工的にこの現実を、そう見えるように作ったからだという。このプラネタリウム仮説を逆転して、これよりは妄想でなさそうなフェルミ・パラドックスへの答えが出せる。もしかするとＥＴＣは、自分で使うために仮想現実を生成しているのかもしれない。私たちに音信が届かないのは、あちらが外に乗り出さないで、「現実の」現実よりもおもしろくて達成感のある人工現実に入れ込んでいるからなのだ。

ＥＴＣが現実世界から手を切って、仮想現実に住むことにしたと想定するのはたやすい。たとえば、そこの物理学者が万物理論を発見し、生物学者が生命の起源を化学的な基礎にたどり、天文学者は宇宙論モデルに合う観測データを大量に集め、経済学者はとうとう意味のあることを理解し、哲学者はそのいっさいがっさいを組み合わせて合意のとれる知識の理論にまとめるとしよう。要するに、科学は終わったという結論に達したとする。さらに、ＥＴＣに利用できる計算機の処理能力は、われわれのものをはるかにしのいでいるとしよう。その仮想現実のシミュレーション結果は、豊かな感覚の伴う満足のできる経験をもたらすとする。

加えて、そのような文明が、星間旅行は不可能ではないとはいえ、難しすぎたり費用がかかりすぎたりして実際にはできないと見きわめたらどうなるだろう。もしかすると、そのような状況では、探検をやめてしまい、代わりにほとんど限界のない人工の現実を調べることにするかもしれない。

そのような筋書きがありそうかどうか、われわれにはわからない。科学の歩みに決して終わりはなく、文明が見いだすべき新知識、探るべき新しい知的光景は必ずあると論じる人もいるだろう。しかし、この宇宙はわずかな数の法則に従っていて、その法則から生じる現象は比較的数が少ないということもありうる。長続きした高度技術社会であれば、いずれその科学が基本的に結論に達したと思うかもしれない。その場合、その文明は外の宇宙よりも内側の宇宙を調べることになるだろうか。われわれが暮らしている現実と同じくらい有無を言わせない仮想現実を生成するのは不可能だと論じる人々もいるだろう。プラネタリウム仮説について論じたことを思い出そう。高度な文明を騙せるほどの仮想現実を生成するのに必要な処理能力は不可能というわけだ。しかしそれは的を外している。ここで述べているのはバクスターのプラネタリウムではない。承知の上で参加している人々を満足させる仮想現実を生成する計算機の処理能力は、人類を騙すのに必要なものよりはずっと低くていい。言い換えれば、シミュレーションを設計する人々は省略を行なってもいい。素粒子物理学実験で何兆個もの相互作用を計算する必要はないだろう。タンパク質の折りたたみに関する計算結果をシミュレートする必要もない。重力によるマイクロレンズ効果の観測の結果を見せる必要もない。あちらの科学者なら、すでに「本物の」宇宙でその知識を得ているだろう。仮想現実に参加する人々はシミュレーションの「壁を蹴る」ようなことはしないので、設計する方も、満足できる、説得力のある、想像による現実を生み出すことに集中できる。

私の推測では、われわれの技術で可能なら、大部分の人々が仮想現実で暮らす方を選ぶだろう。シミュレーションで火星の地表を歩いているとか、恐竜狩りをしているとか、優勝決定戦の決勝ゴールを決めているとかの感覚経験を、安全かつ完璧に得られるなら、そういうところで過ごしたいと思わないだろうか。その方がテレビよりはるかに良いだろう――今のテレビにさえ、どれほどの時間を費やしているかを考えれば、なおさらだ。

外に出ないで家でネットサーフィンしている文明とは、無気味なほど人類の未来としてありそうなものであるように見えるが[151]、それだけではフェルミ・パラドックスの解決にはならない。それは解として使えるには、すべての技術文明をもつ生物種にあてはまる社会学的条件の例だ。人類はそのうち仮想現実の方を選ぶかもしれないが、カウチポテト式が知的生物種の普遍的な性格である理由はない。自らの物理的宇宙理解がひととおりそろっていると信じる社会にとってさえ、宇宙とかかわることによって新しいことを学ぶ可能性がある。芸術、歴史、エイリアン文明の哲学を発見するのは、家に籠もっていて得られることではないだろう。そうするためには、ＥＴＣも直接にであれ、探査機によるのであれ、探検しなければならない。あるいは少なくとも、会話を始めようとしなければならない。きっと、少なくとも一つの文明は試みるのではないか？

解21　帝国反対

人はどんな人であれ、
自分の帝国を支配しなければならない。

——パーシー・ビシュ・シェリー「政治的偉大さ」

セルビアの天文学者、ミラン・チルコヴィッチは、フェルミ・パラドックスに関して、よく考えられたことを積極的に書いている。チルコヴィッチは、銀河植民の背後にある前提全体が間違っているかもしれないと言う。[152] ひょっとすると進んだ技術文明は、広がる必要とはまったく別のことを動機にしているのかもしれない。

チルコヴィッチはETCの発達を帝国主義的な見方で考えるのは間違っている理由をいくつか提示する。まず、二九七頁で見るように、高度な技術文明は、生物学的段階以後に移行する可能性がきわめて高いと考える根拠がある。この移行がとりうる形はいろいろある——もしかすると精神が半導体に「アップロード」されるかもしれないし、炭素型の体が金属製のロボットと合体するかもしれない。何人ものSF作家が探ったように、いろいろな可能性がある——しかし移行がどのように起きようと、様々な生物学的制約が問題になるだろう。生物学的段階以後の未来には、生物は伝えるべき遺伝子、維持するための生物学的に決まる性別、守るべき子をもっているだろうか。そして拡大と植民のルーツがそのような現象にあるなら、生物学的圧力を除去すれば、宇宙に植民するという欲求も除かれる（この筋書きですべての淘汰圧が実際に除去されることは明らかではないが、ここではぎりぎりの推測をしている）。チルコヴィッチは、生物学的段階以後の文明が依拠する成功基準は別だろうと論じる。宇宙を支配する範囲ではなく、自分たちの環境基盤を支配する程度で測られ、とくに言えば、成功はおそらく、自分たちに利用できるデジタル計算の量と質で測られることになるだろうという。

次に来るのはもっと地上的な論拠、つまりコストだ。われわれの今の物理学理解が正しく、星間移動には近道はないとすれば、植民は安くすみそうにはない。さらに、われわれはすでに、何人かの論者が制約のない成長にありうる落とし穴を指摘してきたのを見ている。われわれに今それがわかるなら、他のＥＴＣもそういうリスクは発達段階で早くから見てとることになるだろう。チルコヴィッチは、技術文明は意図的に別の発達経路を選ぶと論じる――帝国的モデルではなく「都市国家」モデルに基づくものかもしれない。

第三に倫理的論拠。生物種またはその生物学的段階以後の子孫は、エイリアン世界の生命圏に手を出す権利があると思うだろうか。探検か惑星汚染の可能性かというジレンマはすでに論じられている。[153] 倫理的な文明なら、このジレンマを避けるような発達経路を選ぶのではないか。倫理的根拠に基づいて、「都市国家」が「帝国」を上回るのではないか。

第四に政治的論拠。帝国主義は専制になる可能性がある。一部の未来学者は、世界的全体主義が技術的に高度な社会にとって、生存にかかわる重大なリスクを課すと信じている。とくに、暴走的な知能向上の過程を経た人工的な存在が、ニック・ボストロムの言う「シングルトン」〔単一者、一種の独裁的支配者〕をなす可能性がある。[154]「良い」シングルトンならありがたいかもしれない。「悪い」シングルトンとなると、どこから見ても災厄だろう。世界的な安定した長寿の全体主義体制という悪夢になる（オーウェルの『一九八四』にあるぞっとする一節を。「未来の絵が欲しければ、靴が人の顔を踏みつけているところ――永遠に――を想像すること」）。これはきっとあらゆる文明が避けたいと思う運命だ。チルコヴィッチは、都市国家モデルに基づく政治は秤にかけてみれば、帝国型よりもこの運命は避けそうなので、ＥＴＣは都市国家型に舵を切るものだろうと論じる（あらためて、これは私には明らかではない。リスクが逆転する状況も想像できる）。

第五は、われわれの体験から引き出される結論だ（人間の歴史から地球外知的生命の問題に教訓を当てはめて有益になりうると仮定して）。植民による拡大は人間社会の原則ではなかった。都市国家体制に基づいて成功した文明は、インダス川、バビロニア、古代ギリシア、メキシコのマヤ、中世イタリア、ドイツに登場した……人類は帝国になりたがるわけではないのだ。そして地球の都市国家文明が商業に携わり、近隣諸国と連絡し、広い世界に関心を抱くのと同じく、ETCも開けていて、探究心があり、知識に飢えていると予想してもいいだろう。周囲の国々を征服するより、知識を分け合いたいと思うかもしれない。

われわれはまだ星間帝国の兆候は見ていない。それは、これまでの解で論じた理由の一つあるいは複数によるのかもしれないが、もしかすると、すでに挙げたいくつかの理由で、ETCが帝国を築かないからかもしれない。フェルミ・パラドックスが教えるのは、文明は「都市国家」を築くことだったりするのだろうか。

解22　ブレースウェル＝フォン・ノイマン探査機

……私はこの空のあちこちを調べ
その広大な空間を探る……

——ロバート・ブラウニング「クリスマス・イブ」

フォン・ノイマンによる科学に対する貢献（一部は六四頁に挙げた）のうち、最も重要なのは、たぶん計算機の理論だっただろう。フォン・ノイマンが計算機に関心を抱くようになったのは、核爆弾の設計のために必要な計算の仕事をしていたロスアラモスでのことだった。この開発チームの仕事を助けるために初歩的な

図 4.9　ジョン・フォン・ノイマン（右）がスタニスワフ・ウラム（左）やリチャード・ファインマンと話している。3人とも、ロスアラモスで使われたコンピュータ開発に重要な役割を演じた。（写真——American Institute of Physics Emilio Segré Visual Archives）

計算機が開発され、戦後になると、フォン・ノイマンの関心はもっと汎用的な計算機に向かった。その検討からは計算機に関する多くの重要な原理が出てきて、今日の大半のコンピューター——フォン・ノイマンが唱えた全体的な論理設計と動作方式に基づくもの——は、フォン・ノイマン型と呼ばれる。

　汎用計算機の設計に関する問題から、フォン・ノイマンはさらに大きな問題を考えるようになった。生命とは何かということだった。その答えに向かう一段階として、「自己増殖自動機械《オートマトン》」、つまり、(a)世界の中で動作し、(b)自身の複製を作れるマシンというアイデアを繰り広げた（そのような装置も「フォン・ノイマン・マシン」と呼ばれることがあるが、こちらは先のフォン・ノイマン型計算機——今日のコンピュータの中核をなす基本構造《アーキテクチャ》——と混同しやすい。私は、この理論上の装置のことは「自己増殖オートマトン」と呼ぶことにする）。フォン・ノイマンの構想では、このオートマトンは二つの論理的に別々の部分から成る。まず、「構築体《コンストラクター》」という、環境にある物を操作して課題を遂行する部分。汎用《ユニバーサル》コンストラクターなら、しかるべき指示を与えられていれば、「何でも」

——自身のコピーを組み立てるために使える部品の組立てを含め——製造する能力がある。第二は「プログラム」で、何らかの記憶装置に蓄えられ、そこにコンストラクターが必要とする指示が入っている。オートマトンは次のようにして自己複製ができる。プログラムはコンストラクターに、まず当のプログラムの指示のコピーを作り、そのコピーをホルダーに入れるよう命令する。それからコンストラクターに、空の記憶装置をもったそれ自身の複製を作るよう命じる。最後にコンストラクターにホルダーからプログラムのコピーを取り出して記憶装置に転送するよう命令する。その結果、元の装置の複製が得られる。複製も元の装置と同じ環境で動作でき、複製自身にも自己複製する能力がある。

もちろん、フォン・ノイマンは自己複製するオートマトンを実際に作る方法について、明瞭な詳細を示したわけではない（今日でも、そのような装置が作れるところにまでは遠く及ばない。いくつかの技術が収束しそうなところからすると、何十年か後にはできるかもしれないが。私が本書の初版を書いた頃は、「3Dプリンタ」という概念はまだ珍しかった。それから一〇年ちょっとで、街中に3Dプリントショップがある。他の関連する技術もやはり急速に進歩しつつある）。しかしフォン・ノイマンが関心を抱いたのは、特定の機構を支える工学的詳細ではなく、自己複製するシステムの論理的支柱だった。フォン・ノイマンは、一九四八年以来行なわれた講演で、自己複製オートマトンが生命という問題にとっても重要であることを論じた。生きた細胞も、生殖するときには、自己複製オートマトンと基本的には同じ動作をしなければならないという。生体細胞の内部にも、コンストラクターとプログラムがなければならないということだ。それは正しかった。今では、核酸がプログラムの役割を演じ、タンパク質がコンストラクターの役割を演じていることがわかっている。われわれはみな自己複製するオートマトンなのだ（核酸とタンパク質の機能については後の四〇二頁で取り上げる）。ここで関心を向けるのは、フォン・ノイマンの自己複製オートマトンが生命について教えてくれるかもしれないことではなく、銀河系全体に広がるためにこのようなオートマトンを使えるかということだ。

一九八〇年にはすでに、ロバート・フレイタスが自己複製する星間探査機の概略を描き、フランク・ティプラーは自己複製オートマトンが銀河探査にふさわしいことを論じた。[155] 基本的な考え方は、ETCが自己複製するブレースウェル＝フォン・ノイマン探査機を打ち上げることによって銀河系全体に広がれるということだ（この装置はふつう、文献の世界ではただフォン・ノイマン探査機としか言われない。しかし私が知る限り、フォン・ノイマンは星間探査に探査機を用いる可能性を考えたことはない。探査機が星間探査と星間通信に有効なのではないかと唱えた最初の人物は、ロナルド・ブレースウェルだった。[156] ブレースウェル探査機は自己複製するオートマトンである必要はないが、そのような探査機に自己複製する能力を加えれば、その効果は大いに増す。それで、この装置はブレースウェル＝フォン・ノイマン探査機と呼ぶのが妥当と思われる）。

探査機は単独の装置である必要はない（実は、いろいろな装置の集合体で、それ全体が複製能力を持つと考えるほうが良い）が、巨大なマシンである必要もない。ティプラーの想定では、ブレースウェル＝フォン・ノイマン探査機は小さくていい。積荷としては、自己複製オートマトン――汎用コンストラクターと知能プログラムを備えたもの――と、目標となる星系で動き回るための基本的な推進装置以上のものは必要はない。目標の星に着くと、プログラムは探査機に、自己複製するための適切な材料を見つけ、推進装置のコピーを作るよう指示を出す。惑星系が太陽系に似ていれば、コンストラクターが利用できる原材料は豊富にあるだろう。小惑星、彗星、惑星、宇宙塵、何でも分解して利用できる。必要なら、母星からの電波信号でプログラムの修正分を届け、探査機が旧式にならないようにすることもできる。到着してから間もなくして、大量の探査機ができ、それぞれがあらかじめプログラムされた作業にかかることになる。惑星系を探査するものもあれば、科学的データを母星に送り返すものもある。母星の種族が後で植民するのに備えて適切な居住地を建設しているものもあるかもしれない。積荷の一部として保存されていた冷凍胚から元の種族の成員を育てているものもあるかもしれない（また、一九二頁で見るように、生命系全体を母星から送られるプログラムで復元できたりするかもしれない）。別の星へ移動して、そちらで新たにその作業を繰り返し、銀河系のすべての星を訪れてしまうまで続けるものもあるだろう。

ティプラーは、探査機が星と星の間を、堂々たる$c/40$という速さで移動するとし、探査機の広がり方はランダムではなく方向づけられているとすれば、植民の波は四〇〇万年ほど――宇宙カレンダーなら、わずか二時間三三分ほど――で銀河系に行き渡るだろうと論じた。予想されるように、この時間は、ニューマン＝セーガンのモデルや、フォッグ、ビョルク、コッタ＝モラレスのモデルでの植民時間よりもずっと短い。探査機は惑星系にとどまる必要はなく、植民者からどう作業を進めるかに関する指示を与えてもらうのを待つこともない。その指示はすでに得ている。銀河植民時間が短いのは、その手順が効率的になるように計画されているからだ。ティプラーの当初の分析は、たぶん楽観的すぎただろうが、もっと新しい様々な研究は、基本的な結果を追認するらしい[157]。光速と比べてごくわずかな速さで移動する自己複製する探査機でも、銀河系全体に五〇〇万年から一〇〇〇万年で植民できる。

探査機による植民は速いだけでなく安価でもある。先に考えられたモデルの大半では暗黙のうちに、惑星系は生命によって調査され植民されるものと考えられている――積荷には食料、水、生命維持装置などがなければならないので、高価な活動になる。探査機だけならこの問題はない。ＥＴＣは最初の少数の探査機を送り出すだけでよく、その後、作業の継続のための原材料を提供することに関しては自然が面倒を見てくれる。

そのような探査機はできるだろうか。原理的にはできる。ブレースウェル＝フォン・ノイマン探査機を構成するのは、十分な数の夫婦を乗せた宇宙船、しかるべき生命維持装置、大規模データベースの形で蓄えられた知識、高度な船内工場だ。もちろんそれは実用的ではない。乗客を食べさせ、保護し、楽しませる必要があるせいで、先に挙げた費用対効果は消える。しかし原理的には成り立つ。このシステムは自己複製できて、探査の過程を続けることができる。もっと実用的なブレースウェル＝フォン・ノイマン探査機を生み出す仕掛けは、人間の代わりに何らかの形の人工知能を使うことだろう。確かに乗り越えなければならない重大な技術的障壁があるが、それは人間がたとえば小惑星帯やオールトの雲を探査し、利用したいなら、開発しなければならない類の技術だ。われわれが今後数世紀で惑星間探査と採掘のための探査機を使うことになるとすれば[158]、きっとわれわれより何千年、何万年と進んだ技術文明なら、星間探査機を開発するかもしれない。ETCにそれができないとする根本的な理由はなさそうだ。

探査機による銀河系植民は技術的にはありうる。それなら進み方も速いし安価でもある。目的が植民ではなく接触であっても、探査機の方が電波信号よりも効果的な場面もあることを、ブレースウェルは示した。するとフェルミならこう訊ねるだろう。その探査機はどこにあるんだろうね？

この問題については第3章でも、誘導パンスペルミア説で探査機を使う可能性を論じたときと、監視装置を隠せそうな場所を考えたときに触れた。しかしそのような探査機は、惑星を掘り返し、天体土木事業を実施し、宇宙論的には瞬く間に銀河に移住していくブレースウェル＝フォン・ノイマン探査機ではない。今も太陽系に監視用探査機が存在する可能性は排除できないが、そのような探査機が太陽系を訪れたことがあるのを示す証拠はないし、銀河系のどこかで活動していることを示す証拠もない。

ETCがブレースウェル＝フォン・ノイマン探査機を建造する力を有しているとしても、その技術を実際に使わないこともあるかもしれない。何と言ってもリスクのない技術ではないのだ[159]。探査機は結晶のように反復するのではなく、生物のように複製するので、複製の際に写し方に誤差が生じるのは避けられない。突然変異が生じることになる。探査機は、生物が進化するのと同様に進化するだろう。銀河系はすぐにいろいろな探査機の「種《しゅ》」を宿すことになり、それぞれが独自に目標を解釈するという事態になる。たとえば、母星系に探査機が戻り、それを自分の発祥の地であることを認識できないという危険もある――探査機の指令が惑星を発掘して他のものを建造するために原料を使えというものだったら、当のETCにとってはありがたくない話だ。しかしそれはすべてのETCが取りたがらないリスクだろうか。すべてのETCに解決できない問題だろうか。私は本能的に、効率的なブレースウェル＝フォン・ノイマン探査機を建造できるほど進んだ文明なら、必要な安全装置を設置するだけの技術的な知性もあるだろうと思う。

探査機による銀河系植民地化はわかりやすいように見えるので、ETCが植民に携わる強い動機があると論じる人もいる。われわれがしなくても、どこかで他の種がそうするだろう。言い換えれば早い者勝ちということだ（この種の論法は、フォン・ノイマンには訴えるところがあったかもしれない。フォン・ノイマンは、強力な核先制攻撃論者だったからだ。『タイム』誌のインタビューで、フォン・ノイマンはこう言った。「どうせ明日核爆弾を落とすなら、今日にすればいい。五時と言うなら、一時にすればいい」。一九五〇年代から六〇年代には、フォン・ノイマンよりも賢明な顧問が優勢だったことに感謝しなくてはならない）。もしかすると、チルコヴィッチが正しくて、知的な種族であれば、すべての星を所有し、すべての惑星に住んで、銀河全体に自分たちと似たような種族を住み着かせようという欲求を持たないような段階に達することを期待してもいいかもしれない。それでも、これだけの土地をすべて獲られる危険を冒すべきではないという理屈を立てるETCが一つあれば……実際、探査機技術は、少なくとも机上では単純に見えるので、すべての文明が植民に従事するというふうに考える必要はない。もしかすると真に進んだETCの一部が銀河に植民する能力を持つのかもしれない。そうした部分集合の一つでも、われわれの銀河系に進出しようとしたことがない、あるいは独自の宗教を広めようとしない、あるいは単純に生存の危険を最小限にするために植民しようとしていないのはなぜか。

ブレースウェル＝フォン・ノイマン探査機を論じれば、フェルミ・パラドックスのどんな話とも関係することになるが、これをパラドックスの解決に充てられた本書の一部として紹介するのはなぜかと問われるかもしれない。意外に多くの人々が、探査機技術は実際にこのパラドックスを解決すると信じているらしい。そういう人たちは、われわれがエイリアンを見かけないのは、エイリアンが自分ではるばる星間旅行をするのではなく探査機を送るからだと論じる。もちろん、これはまったくの的外れだ。フェルミの問いはエイリアンにも、エイリアンの技術の産物にも向けられる。結局、宇宙空間に明らかに人工的だが人類が作ったのではない何かの対象を探知すれば、その物体を作った何かの地球外文明が存在することは導けるだろう。ところがわれわれは、エイリアンの証拠もその探査機の証拠も見ていない。ブレースウェル＝フォン・ノイマン探査機の可能性は、フェルミ・パラドックスを解決するどころか、パラドックスをさらにおもしろくする。

実際、最近の成果はこのパラドックスを大きく先鋭化している。オックスフォード大学のスチュアート・アームストロングとアンダース・サンドベリは、ブレースウェル＝フォン・ノイマン探査機を使って銀河に植民できるETCなら、銀河どころか、到達可能な宇宙に植民する能力を有することを示した[160]。知的で技術的に進んだ文明が一〇億年前に登場していたら、またそれが0.8*c*で進む探査機を送り出す能力を育てていたら、一〇〇万を超える銀河からの代表が今頃こちらに達していてもおかしくない。フェルミの問いを考えるときには、天の川銀河だけでなく、その近辺の銀河すべても考慮しなければならない。ブレースウェル＝フォン・ノイマン探査機はこのパラドックスに本当の切れ味を与えるのだ。

解23　情報パンスペルミア

よその土地などない。
よそものは旅行者だけだ。
――ロバート・ルイス・スティーヴンソン『シルヴェラードの不法占拠者』

アルメニアの数理物理学者、バヘ・グルザディヤンは、興味深い仮説を立てた。[161] われわれは「移動する生命の流れに満ちた」銀河に暮らしているのかもしれないという――空間全体に発射されるビットの列だ。論証は次のように進む。

われわれは文字列に情報が含まれうることを知っている。それぞれ一兆字からなる二つの列を考えよう。第一の列は「101010…」で始まり、その調子で一兆字並ぶ。第二の列は「x9Y$m&…」で始まり、見たところランダムなパターンで進む。こうした文字列について、当該文字列を記述する二進符号のビット列の最小の長さという、コルモゴロフ複雑性が定義される。[162] 第一列を記述するためのプログラムは短くてよいので、こちらのコルモゴロフ複雑性は小さい。このプログラムは言葉で言えば、「1と0を1から始めて交互に並べ、一兆桁で終えよ」といったことになる。第二列のコルモゴロフ複雑性は大きくなる。それが含む情報を圧縮するわかりやすい方法がないからだ。この列を記述するどんなプログラムも、文字列そのものと同じ長さになる可能性が高い。グルザディヤンは、ヒト・ゲノム――実際には地球の生物全体のゲノム――のコルモゴロフ複雑性は比較的低いと論じた。地球上の何億という種に含まれる遺伝情報は膨大だが、その情報を記述するプログラムはそれよりはるかに小さくてよいということだ。

マウスとヒトのゲノム配列決定

ヒトゲノム配列は二〇〇一年に概略として、二〇〇六年には完成形として発表された。他の多くの動物についてもゲノムの配列が決定されている。たとえば二〇一三年には、ランダムに選ばれたいくつかの生物、アフリカのライオン、大型のチスイコウモリモドキ、ハヤブサのゲノムの配列が決定された。人類の絶滅した親戚、ネアンデルタール人についても行なわれた[163]。完全なゲノム配列決定はあたりまえのことになった。
配列が決定される種が増えるにつれて、ゲノム間に大きな類似があることが明らかになりつつある。たとえば、マウスのゲノムは詳細に調べられ、ヒトとマウスがほとんど同じ遺伝子の集合を共有していることがわかった。それは意外なことではない。ヒトとマウスは八〇〇〇万年前に生きていた動物を共通の祖先としているのだ。実は、哺乳類はすべて共通祖先がいるので、ゲノムは類似性を示すことになる。さらにさかのぼれば、すべての生物に共通の祖先がいる。それでヒトゲノムの複雑性がわかってしまえば、地球の生物種による複雑性の増加は小さい。

地球の生命に含まれるゲノム情報すべてを伝えたいとしよう。通信にはエネルギーがかかる。送信するビット数が多くなるほど、必要なエネルギーも増える。地球の遺伝子データすべてを含むファイルを送りたければ、エネルギーのコストは法外なものになる。送るのがその情報を復元できるプログラムなら、エネルギーのコストは小さくなる。これは一兆桁を送信するのは「1と0を交替に一兆桁表示せよ」という文字列を送信するよりもはるかにコストがかかると言うのと同じ論法だ。グルザディヤンは、アレシボにあるようなアンテナを使えば、地球生物のゲノムを天の川銀河全体に送信することは可能だということを示した。

そのうえでグルザディヤンは、「情報パンスペルミア」とでも呼べそうなものについて想像する。そうして、ETCが自己複製するブレースウェル＝フォン・ノイマン探査機のネットワークを確立していて、生命が、ゲノムそのものを送るのではなく、遺伝子情報を復元できるプログラムを送ることによって広がる、という銀河系の可能性を記述する。言い換えれば、この探査機は、母星から何光年も離れていても、符号化された列を受け取って、その列から母星の生命の多様性をすべて復元するということだ。今でも生命は地球に降り注いでいるかもしれない。しかしそれは奇妙にも粉末になったような生命と言える。生きた生物ではなく、生物になる能力を備えた幽霊のような情報の列なのだ。

グルザディヤンは、こう考えれば、結局フェルミ・パラドックスに対する解になりうると言う。しかし、私はまったくそうだとは思えない。この仮説は確かにSETIにとっては影響がある。われわれはビット列の証拠を求めて電波を分析すべきなのではないかという意味で。しかし、ETCが本当に生命の形態を銀河系に広がるブレースウェル＝フォン・ノイマン探査機のネットワークを介して広めているなら、すでに論じたように、なぜまだここに来ていないのか。こちらまで来る時間は十分にあったはずだが、地球の生命こそが送信されたビット列を復元した結果だと思うのでないかぎり、われわれはそのビット列の兆候は見ていない。私の考えでは、グルザディヤンの仮説は、フェルミ・パラドックスの解決になるのではなく、誘導パンスペルミア説をどう実行するかについての特定の例だ（パラドックスを解決できるとしたら、ETCが自己複製する探査機を作らない、あるいは作れないとした場合だろう。その場合には、タンポポが「綿毛」を風に委ねるように、ともかくも生命の気流を送り出して、どこかで誰かが捕らえてそこに含まれる生命を復元してくれることを期待するのではないだろうか）。

解24　バーサーカー

長い目で見れば、われわれはみな死んでいる。
——ジョン・メイナード・ケインズ『貨幣改革論』

一九五〇年代、冷戦の戦略家たちは、「最終兵器」というアイデアをいろいろと考えていた。これにはすさまじい威力があり、制御不能で、地球上の人類をすべて——当の兵器の所有者も含めて——死滅させる力がある。こちらが最終兵器を行使する気だということを敵が知れば——冷戦の論理が赴くところ——こちらに対して手出しはできなくなる。フレッド・セーバーヘーゲンが、有名な「バーサーカー」シリーズを書いたとき[164]、この最終兵器を念頭に置いていたのではないかと思う。

バーサーカーとは、感覚を備えた、自己複製するマシンで、有機的生命にとっては獰猛で危険な存在となる。ブレースウェル＝フォン・ノイマン探査機に悪意があるようなものと考えよう。フェルミ・パラドックスとの関連は明らかだ。ＥＴＣはバーサーカーのせいで成長できないか、バーサーカーによって滅ぼされるか、バーサーカーの関心を惹かないように息を殺しているか、ということになる。フェルミ・パラドックスの解決としては簡潔だが、バーサーカーはＳＦの世界の外にも存在しうるのだろうか。

ＥＴＣが銀河に進出できる探査機を建造できるなら、不幸にしてバーサーカーを作ってしまう可能性を技術的に排除することはできないだろう。知的な種族がいずれも実際にバーサーカーを作りたいと思っているとは想像しにくい。その技術は他の生命だけでなく、それを作った側にとっても危険だからだ。それに、何が動機でバーサーカーなどを作るのだろう。自分たちだけで銀河に植民することが目的なら、ブレースウェル＝フォン・ノイマン探査機が実際に作れるなら、一番乗りをすれば目的は達成できるだろう。銀河へ植民するのにかかる時間は、銀河の年齢よりもずっと少ないのだ（この探査機を作れないなら、バーサーカーも無理）。それでも、バーサーカーの見込みについて、安心しすぎるのはまずい。「きちんと調整された」探査機のプログラムが突然変異するとしよう。もしかすると迷走する宇宙線が当たり、中心的なモジュールの符号を、「新しい生命と新しい文明を探す」から「新しい生命と新しい文明を探してそれを殺す」に変えるかもしれない。自己複製する探査機は進化せざるをえず、中にはバーサーカー型の装置に育つものがあるかもしれない。

バーサーカーによる解決は、いくつかの根拠で批判もされている。バーサーカーが存在するとしても、それは絶対に制圧できないのだろうか。ＥＴＣは、伝染病に備えて注射するように、「予防接種」しておくことはできないのだろうか。いちばんわかりやすいのは、バーサーカーの想定は、それ自身がフェルミ・パラドックスの対象になることだ。バーサーカーが存在するなら、われわれはどうして今ここにいられるのだろう。バーサーカーがすでにこの星を死滅させているはずだ。逆に、この章でも後で見るように、地質学的な記録は、生物は何億年もの間、地球上に存在してきたことを示している。もちろん、地球にも大量絶滅は何度かあったが、それについては自然な説明がある――バーサーカーがいなくても、宇宙は十分に危険なところだ。すると、バーサーカーはなぜ、他のすべての文明は沈黙させつつ、われわれだけは別にしたのだろう。バーサーカーは技術的な生命体のみを破壊し、「引き金」――おそらく電波の探知――があってはじめて動作を始めると論じることもできる。しかしその余分な手順が論証に入ることで、フェルミ・パラドックスの簡潔な解決だったところがだめになる。さらに、われわれは一世紀近く電波を使っているので、まだ文明は始まったばかりの水準なのに、そろそろ電波を出さない段階に入るかもしれない。バーサーカーが言われるようなものなら、それはどこにいるんだろうね？

解25　あちらは信号を送っているが、その聴き方がわからない

だからみんな耳を傾けた方がいい――私が今そうしているように。
――パーシー・ビシュ・シェリー「ひばりに」

　もしかしたら大規模の星間旅行は、有人の宇宙船であろうと探査機であろうと達成できないのかもしれない。だとすれば、あちらがこちらを訪れていない理由の説明にはなるが、あちらから消息が聞こえてこない理由の説明にはならない。私は時間も費用もかかるのでオーストラリアへ行ったことがないが、いろいろな通信手段を通じて、南半球の様子は伝わってくる。フェルミは宇宙船について話す中で「みんなどこにいるんだろうね？」と問うたが、その問いは来訪者がいないことだけを言っているのではないはずだ。技術的に進んだ地球外文明が存在する証拠がまったくないことを言っているにちがいない。

　文明ともなれば、星間旅行が達成可能かどうか、すぐにわかると思われる。それが無理だという結論になるとしても、なぜ隠れることになるのか。ETCは近くにいる攻撃的なETCによる侵略を恐れる必要はない。いくら近いと言っても脅威になるには遠すぎるからだ。そうなると、文明がその存在を伝えることにしそうな理由はいくつか考えられる。助けを呼ぶのかもしれない――長期的な生存の脅威に直面していて、他の文明ならそれを克服していて助言をくれるかもと期待することもあるだろう――し、少なくとも、その終わりが近いことを知ったなら、その存在を知らせるのではないか。自らの文化的成果や最高の瞬間について自慢したくなるかもしれない。他の文明を自分たちの宗教に改宗させたり、情報を売ったり、単純に声を上げて孤独を解消しようとしたりするかもしれない。可能性はいろいろある。そんなETCは、信号を送っても損をすることはないし、潜在的な見返りはとてつもない。同等に進んだ文明どうしで互いを満足させる対

話ができるのだ。しかし高度な文明が向こうにいて、互いに啓発しあい、噂話をして、文人が集まったことで有名なアルゴンキン・ホテルに集まった円卓の人々の銀河版になるような会話が成り立つとすれば、ときどきそれが漏れ聞こえてこないのはなぜか。少なくとも、話し声だけでも聞こえてこないのはなぜか。

ＥＴＣがどういうふうに信号を送ることにしたのか、われわれにはわからない、だからどう聴取すればいいかわからない、というのはありそうだ。

確かに、ＥＴＣがどんな通信技術を有しているものか、われわれにはわからない。かつて本書の編集者の一人が指摘したことだが、一九三九年の電波技術者が現代のニューヨークにどうにかして運ばれたとしたら、その技術者は受信機を組み立てて、役に立つラジオ放送はほとんど行なわれていないと判断するかもしれない。一九三九年の電波技術者はＦＭのことを知らないだろうからだ。レーザーを用いた通信装置も、光ファイバーも、静止衛星も、きれいさっぱり知らないだろう。だからわれわれよりも何万年、何億年も進んだ技術文化に利用できる通信回路がどんなものか、われわれが知りうると思い込むのは思い上がりということになる。進んだ文明どうしが密かに話したいと思えば（われわれのような幼い種族の発達に影響を及ぼしたくないのかもしれない）、おそらく秘密は難なく確保できるだろう。しかし聞いてもらいたい、それも広く聞いてもらいたいと思ったとしたら話は違ってくる。どんな文明でも物理学の法則に従わざるをえないというのは前提にしていい。さらに、どんなＥＴＣでも他のＥＴＣが同じ法則に従わなければならないことは知っているだろう。エネルギーの対価も払わなければならないので、妥当な範囲で送れる信号の量や種類は限られてくる。四つの通信手段について得失を検討してみよう。電磁波による通信、重力波通信、粒子ビーム通信、仮説上のタキオンをビームにした通信の四つだ。

情報を送る方法としていちばんわかりやすいのは、電磁放射を介することだ。それはありうる最大の速さcで広がるだけでなく、恒星間、銀河間の距離でも広がる。電磁信号がそのような距離でも機能しうることはわかっている。多くの自然の天体が、光などの電磁放射によって、広大な空間を超えてその存在を知らせているからだ。要するに天文学とは、基本的にこの信号を記録し解釈する科学のことを言う。光学望遠鏡を使って星を目で見たり写真に撮影したりするときは可視光を用いている。電波望遠鏡を使って空を調べるときは電波を使っている。とくに衛星を用いた実験では、赤外線、紫外線、X線、ガンマ線といった波長を使うことも増えている。自然の物体を、それが発する電磁放射を用いて恒星間距離でも調べることができるなら、おそらく同じことを人工的な物体についてもできるだろう。

長年にわたってETCを探す研究者は、技術文明は強力な電磁波の発信機を作って信号を放送し、有効な情報を伝えるためにそれを変調するだろうという作業仮説を立てていた――もしかすると、運が良ければ、「ギャラクティカ大百科」を放送することになるかもしれない。次の「解26」では、意図のある電磁信号をどうやって検出するかを詳細に論じる。本節では、KⅡ文明の、意図しないで漏れた標識信号の発見につながる電磁放射の検出さえ可能かもしれないことを論じたい（KⅢ文明の意図しないで漏れた標識なら、もっと簡単かもしれない）。意図しないで漏れた標識信号でも、別の星系に知的生命が存在するということ、それは技術的に進んでいること、その星系の位置など、膨大な量の情報を伝えているだろう。

われわれはすでに、KⅡ文明がダイソン球を建設することにしそうな理由を論じた。ダイソン球であれば、中心にある星と同じ程度のエネルギーを放出することになる――エネルギーはどこかへ行かなければならないため――が、そのとき放射されるのは、おそらく赤外線だろう。要するに、この球は温かいので放射をする。温度は二〇〇K～三〇〇K。したがってＥＴＣを探す一つの方法は、波長一〇ミクロンほどの明るい赤外線源を探すことが考えられる。そのような放射源は、天体土木事業から生じる廃熱ということかもしれない。塵に囲まれているだけでも過剰の赤外線を見せている星も多いので、それは容易な作業ではないが、行なうことはできる。

一九九〇年代の初め、寿岳潤と西村史朗による、八〇光年までの距離で人為的な赤外線源を探した結果からは、ダイソン球からのものと言えそうな徴は見つかっていない。[165] 数年後、赤外線が過剰に出ていることが知られていた一七の星が二〇三ギガヘルツで調べられたが、変わったものは見つからなかった。[166] 二〇〇九年、リチャード・カリガンは、歴史的なＩＲＡＳカタログの分析を行なった[167]（赤外線天文衛星、つまりＩＲＡＳは、一九八〇年代に打ち上げられた重要な衛星の一つであり、最初の宇宙天文台となって赤外線で全天を調査した）。ＩＲＡＳの二五万以上の天体のうち、ともかくもダイソン球の候補と言えそうなものはわずかだった。可能性がありそうな一六の候補の電波望遠鏡を使った追加観測でも、興味を引くようなことは見つからなかった。ジェイソン・ライトらは、もっと新しく、もっと感度の高い衛星観測――広域赤外線探査衛星ＷＩＳＥやスピッツァー宇宙望遠鏡――によるデータベースを調べ、エイリアン技術の廃熱を探している。[168] その探査によって、ＫⅢ文明の活動を絞ることができるだろう。たとえば、「フェルミバブル」――赤外線を大量に出している銀河の区画で、文明が銀河内の近辺を改造している兆候かもしれない――を探すことができる。

もちろん、これまでの否定的な結果から、ＥＴＣが太陽系の近辺にないという結論は出せない。このあたりの文明は様々な理由でダイソン球を作らないことにしたかもしれないからだ。さらに、本当に進んだ文明なら――マーヴィン・ミンスキーが言ったように[169]――宇宙背景温度の二・七Kを超える温度での放射は浪費と考えるだろう。たぶん、ダイソン球を構築できるほど進んだＥＴＣは、恒星の放射から使えるエネルギーを最後の一滴まで搾り取り、ほんの数ケルビン程度の廃熱しか残さないほど進んでいるだろう。もしかして、ダイソン球はあたりまえにあるのだが、マイクロ波背景よりもほんのわずか温度が高いだけのところを調べることによって探すべきなのだろうか。

一九八〇年、ホイットマイヤーとライトは、意図しない標識信号が電磁放射によって送られる別の例を挙げた。[170] 二人は、どこかの文明が、エネルギー源として核分裂反応炉を長期にわたって用いた場合、どういうことが起きるかと考えた。核分裂反応炉の問題点の一つとして、放射性廃棄物を安全に処理しなければならない点があるそして一つの廃棄方法の案が、それをロケットに乗せて太陽に送り込むことだ（私としては、何トンもの放射性廃棄物を化学式ロケットの先端に載せると思うと、あまりぞっとしない）。ＥＴＣが恒星を放射性廃棄物の投棄場所として用いるとしたら、その恒星のスペクトルに、自然のものとは解釈できないような特徴が現れるかもしれない。たとえば、ある恒星のスペクトルに、プラセオジムやネオジムが大量に含まれるのが見えたら、それに注目していい。さらに、スペクトルの変化は一時的な揺れではないだろう。核廃棄物処理方針は、何億年にもわたってスペクトルに現れることになる（どこかの文明がわざとその星のスペクトルを変えて標識に使っているかもしれない。この可能性はドレイクによって唱えられた。母星を標識として使う方法としては、ほかにフィリップ・モリソンが提案したものもある。恒星の公転軌道に微粒子による大きな雲を投入し、軌道面の真横から見ると、その星の光を遮るようにする。雲の面を動かせば、遠くから見る人は、星が明るくなったり暗くなったりするように見える。変光星は自然に明るさを変えているが、たとえば素数で表されるパターンで瞬くなら、遠くから見る人は、すぐに自然現象である可能性を除外できるだろう。[171] この信号を送る側からの方式の美しさは、さほど進んでいない文明による定期的な天文観測のときに信号が探知される可能性が高いということだ。たとえば人間の天文学者は恒星面通過する惑星によって生じる恒星の減光を探している――それが系外惑星の優れた探し方の一つなのだ）。

これまでのところ、電磁波による標識信号は――意図的であろうとなかろうと――確認されていない。

粒子信号

電子、陽子、原子核などの形をした宇宙線は、星間距離を超えて地球まで届く――宇宙線天文学は研究分野としても盛んだ。しかし、荷電粒子では、送信する文明が粒子の行き先を保証できないので、それを通信回路に使うのは上手な選択とは言えない。銀河じゅうにあるねじれた磁場が、荷電粒子の進路を歪める。ニュートリノは電気的に中性なので、一見すると通信手段としてはましに見える。しかし残念ながら、ニュートリノは物質とめったに相互作用せず、ふつう、一個のニュートリノが厚さ一〇〇〇光年の鉛をくぐってやっと止まる程度なので、それを調べるのは難しい。ところが、膨大な困難が伴うにもかかわらず、天文学者はニュートリノ望遠鏡を開発してきた。物理学者は、イリノイ州のフェルミラボの施設で毎秒何兆個ものニュートリノを生成し、それを一三〇〇キロ離れたサウスダコタ州の検出装置へ送るという実験まで唱えている。この実験の目的は、ニュートリノの質量についてもっとよく知るためだが、原理的には、それを使ってイリノイ州とサウスダコタ州の間で信号を送れると私は推測している。ＥＴＣは、似たような、ただもっと大規模なことをしていたりしないだろうか。

ニュートリノ望遠鏡

最初のニュートリノ望遠鏡はレイ・デーヴィスの考案だった。[172] デーヴィスは、太陽の中心部で起きている核融合反応を調べるためにそれを考えた。その望遠鏡の本体は、一〇万ガロンのペルクロロエチレン（ドライクリーニング用の洗浄液）が入った水槽で、それをサウスダコタ州の金鉱の地下一五〇〇メートルほどのとこ

図 4.10　アイスキューブ実験室。2012 年 3 月。実験室は南極のアムンセン＝スコット南極点基地に設置されていて、生データを収集するコンピュータが収められている。しかしニュートリノ検出装置そのものは氷の奥深くに埋設されている。センサーは氷 1km^3 の範囲に広がり、宇宙からやってきた高エネルギーのニュートリノと地球上の原子との相互作用を示しそうなチェレンコフ放射の閃光を探している。アイスキューブは南極に設置されているが、実際には地球の塊の反対側を「見下ろして」いる。北半球側から届くニュートリノを捕らえることを狙っているのだ。（写真―― Sven Lidstrom; IceCube/NSF）

ろに埋設する。それはそれまでに建造された中でも最も変わった望遠鏡だった（今ではもっと変わった望遠鏡がある）が、ニュートリノが捕らえにくいために、そういう舞台が必要だった。ドライクリーニング洗浄液には塩素原子がたっぷりあって、これが検出できるニュートリノの数を確保する。鉱山の深さは水槽を地球に降り注ぐ他の亜原子粒子を遮蔽する。その望遠鏡は太陽ニュートリノに予想される数の三分の一しか検出しなかった。これは粒子物理学にとっては無視できない結果だった。結局、ニュートリノは三つの「フレーバー」――電子ニュートリノ、ミュー・ニュートリノ、タウ・ニュートリノ――で存在するが、デーヴィスの望遠鏡はその一つにしか感度がなかったことがわかった。太陽での原子核反応は予想通りの数のニュートリノを生むのだが、地球へ届くまでに、そのニュートリノのフレーバーが「交代」する。

　もっと新しい、感度の高い望遠鏡は、南極の氷の奥深くに埋設される検出装置を備えた「アイス

図 4.11　LIGO ハンフォード観測所。ワシントン州。これは直交する長さ 4 km のアームで構成され、それぞれのアームで、高度な真空中でレーザービームを飛ばす。ルイジアナ州にもまったく同じ観測所があり、二つの施設が一体になって観測を行なう。目標は、アームの長さの原子核の 1000 分の 1 にもならない変化を探して重力波を検出することだ。(写真―― LIGO Laboratory)

キューブ」だ。二〇一三年、このアイスキューブ共同研究チームは、宇宙のかなたでの、きわめて強力な事象による高エネルギーのニュートリノを二八個検出した。ニュートリノ天文学の時代が来ている。

一九八七年二月、日本にあるカミオカンデ・ニュートリノ検出装置とアメリカにあるＩＭＢ検出装置が、数秒の間に二〇個のニュートリノを捕捉した。そのニュートリノは、その月に現れた有名な超新星《スーパーノバ》ＳＮ１９８７Ａでできたものだった。超新星ＳＮ１９８７Ａは、約一七万光年離れた大マゼラン星雲に現れた。すると明らかに、ニュートリノは恒星間どころか銀河間の距離を移動でき、われわれのような原始的な技術文明でもそれを検出できるということだ。もしかすると、ＥＴＣは変調したニュートリノ・ビームを使って通信しあうのではないか。[173] もしかするとそうかもしれない。宇宙ニュートリノを本格的に探せるような望遠鏡を所有するようになりつつあるので、人工的に生成されたニュートリノの可能性に目を向け続けても害はない。しかし、電磁波の方が同じことをずっと面倒なくできるのに、ＥＴＣはわざわざニュートリ

ノを使うかと問わざるをえない。もちろんコストも考えなければならないだろう。すでに触れた、フェルミラボから、レイ・デーヴィスが草分けとなる研究をした鉱山へニュートリノを送る実験は、進めるとすれば、一五億ドルかかる。宇宙の根本的な成分の一部についてもっと知りたいのであれば、それは安いものだが、メッセージを送るつもりなら、とんでもなく高価だ。

重力信号

電磁気以外に、天文学的距離で作用することがわかっている力と言えば、重力しかない。重力も光速で伝わるので、もしかしたらETCは重力波を用いて信号のやりとりをしているかもしれない。しかし重力は電磁気よりも力がずっと弱い。重力波送信機を作るためには、大質量にして（恒星なみの質量）、それを激しく揺すぶらなければならない。KⅡ文明では、そのような技術を有しているかどうか、疑問だ。KⅢ文明なら、そのような重力波送信機を作れるかもしれないが、電磁波で同じことができて、そちらの方が簡単に作れるのに、なぜわざわざ重力波を使おうとするのだろう。

さらに重力波を検出するという問題がある。[174] これは、それに対応する電磁波を検出する問題と比べるとずっと難しい。その難しさは、地球の科学では、直接に重力波を捕らえていないほどだ〔原書が書かれたのは二〇一四年。LIGOは二〇一六年、重力波を観測したことを発表した〕。LIGOやVIRGOのような検出装置が重力波を探しているが、それが成功するとしても、検出できるのは、激しい天文学的現象による重力放射だけだ。これは非常に興味深い科学的データとなるだろうが、そのデータに意図的に変調された信号を見つけることはないだろう。つまり、重力波を送信するのも受信するのも難しいことを考えると、ETCがそれを通信用に使うことはまずなさそうだ。

可能性だけなら、極度に進んだETCが、タキオンを用いて信号をやりとりするという推測はできる。タキオンが存在し、そのビームを変調して信号を伝えることができるなら、星間通信には魅力的な選択肢になるのは確かだ。タキオン通信なら、問い合わせをしてから返事を受け取るまでの時間差——何千年、何万年にもなりうる——の間、じりじりと待つ必要もなくなる。残念ながら、先に見たように（一三三頁）、タキオンが存在する証拠はまったく見つかっていない。ましてやそれが信号を送るのに使えると言える証拠もない。

SF作家は関連する案を取り上げている。量子力学の奇妙な特色の一つはもつれと呼ばれる現象だ。二つ一組の粒子があって、それがそれぞれの量子状態を別個に記述できず、二粒子系全体の量子状態のみが記述できるようになっているものとしよう。たとえば、系全体のスピンはゼロとなる性質をもった粒子の対ができたということもあるだろう——粒子の一方のスピンが「アップ」で、もう一つがダウンだということがわかるが、個々の粒子のスピンを測定するまでは、両方の粒子のスピンはアップとダウンの量子的重ね合わせの状態にあると結論せざるをえない。ある意味で、測定が行なわれるまでは、両方の粒子のスピンはアップであり、かつダウンなのだ。この粒子はもつれている。この粒子を一光年の距離に引き離すとしよう。こちらでこの粒子のスピンを観測してダウンだったら——その瞬間——遠くの粒子のスピンがアップとなる。まるでこちらの影響が一瞬にして一光年先まで及んだかのようだ。すると、もつれの現象はタキオン通信回線として使えるようにできるのだろうか。残念ながらそうではない。この形では、いかなる情報も送れない。おまけに、こちらで測定を行なうと、どういうわけか直ちにあちらの量子系に影響すると信じるかどうかは、量子力学をどう解釈するかによる。

＊＊＊

現実には多くの文明があって、重力波、ニュートリノ、タキオンを用いて互いに通信しているかもしれない。あるいはひょっとすると、われわれが考えたこともないような技術を用いて信号を送っているかもしれない――物理学の法則を破らないが、一九三九年の電信技術者にとっての光ファイバー通信のように想像を超えた技術だ。そのような信号はわれわれには検出できないのだから、あちらからの声が聞こえてこない理由も説明がつく。それで「大沈黙」は説明できる。

他方、高度文明にとっても、電磁波による通信は論理的選択肢ではないかと思われる。電磁信号は安価に生産でき、通信内容も、相対論的宇宙ではあたうかぎり速く進むし、受信も容易だ。ＥＴＣがその存在を他の、もしかしたらそれほど進んでいない文明に知らせたいと思ったら、電磁波は唯一の選択肢かもしれない。

こうした理由で、多くの物理学者は、うぬぼれが強いかもしれないし、銀河での対話を聞き逃しているのかもしれないが、地球外文明の信号を求めて耳を澄ます方法はわかっていると論じる。つまり電磁波を求めて聞き耳を立てればいいということだ。実際、われわれの現在の技術水準を考えれば、そういう放射を探してみる以外に選択肢はほとんどない。しかしどの周波数に合わせるべきなのだろう。

解26　あちらから信号を送ってきていても、こちらには合わせる周波数がわからない

五七チャンネルあっても、どこも映らない。
——ブルース・スプリングスティーン

ＥＴＣが実際に電磁放射を使って連絡しあったり、自分たちの存在を、それほど進んでいない文明に知らせたりしているなら、こちらから探してもよさそうな信号が何種類かある。

直接われわれに向けたものではない信号を検出する望みはどれほどあるだろう。たとえば、他の活動から漏れ出る放射を探知できるだろうか。電磁信号は何十年か前からテレビ放送や軍用のレーダーなどで地球から漏れている。エイリアンのそれに相当するものを探知できるかもしれない。他方、ケーブルテレビや衛星通信システムが発達するということは、地球からの放射の漏れはすぐに止まるということでもある。われわれの方でそうなるということは、ＥＴＣでもそうなると予想される。たぶん、技術文明が「電波で明るい」時期は数十年といったところかもしれず、そうであれば、われわれがこの種の信号を発見する可能性は基本的にないだろう。未来の技術的展開から電磁波の漏洩が発生すること——太陽衛星がマイクロ波の形で母惑星にエネルギーを送るとか、混雑した惑星系の航行のための灯台のようなものとか——はありうるが、それを見つけるのは難しいだろう。一見すると、「盗聴」して、文明間通信を探した方がいいかもしれない。しかし数字を見ると、とくにわれわれに向けたものではない通信回線を傍受する可能性が小さいのは明らかになる。最も検出しやすい信号はＥＴＣがわれわれに受信させる意図で出したものだろう——誰もが見る可能性がある全方位的信号、あるいはさらに良いのは、意図してわれわれを狙った信号だ。

近くのＥＴＣが太陽に向けて信号を発すると考えるのはさほど不遜なことではない。技術的に進んだ文明

なら、きっと太陽を、生命を宿す惑星がある有力候補に分類するだろう。さらに、恒星間距離を超えて、地球が存在することは探知できるだろう。そう思えるのは、われわれ自身、それができる初期の段階にいるからだ。NASAのケプラー衛星の成功がこの技術が成り立つことを証明している。たとえば、二〇一三年、この衛星はケプラー37bを見つけた――二一〇光年ほど離れたところにある、半径は月よりさほど大きくはない惑星だ。人類の天文学者が利用できるこの技術は着実に進歩していて、一〇年か二〇年で、あちらの大気圏に探知できる生命存在の証拠《バイオシグナチャー》――たとえば酸素とメタン――を遠い系外惑星に探知できるようになるだろう。われわれにできるのであれば、宇宙的には近いところにいる技術的に進んだ文明なら、地球が生命を宿している可能性は十分に知っているだろう。接触するのを期待して目標となる恒星に向かって信号を送り出すとしたら、われわれの太陽はそのリストに載っているはずだ（確かにこの発言は断定的にすぎると思われるだろう。ここではいわゆるエイリアンの動機や意図を忖度しようという領域にいる――危険だらけの試みだ。しかしどこかを出発点にするしかない）。

今の技術水準では、漏れてくる放射を探すのはあまり意味がない。難しいことを試みる前に、易しいことをした方が良い。通信を意図した放射の方が探知しやすい。しかしETCは送信用にどの波長を選ぶだろう。言い換えれば、どの周波数で聴取すればいいのだろう。

電磁スペクトル

ヘルツ（Hz）は一秒当たり一周期の振動に相当する。一メガヘルツ（MHz）は一秒に10^6、つまり一〇〇万回の振動、一ギガヘルツ（GHz）は一秒に10^9、つまり一〇億回の振動を表す。こうした単位を使えば、電磁スペクトルのきわめて広い幅をつかみやすくなる。

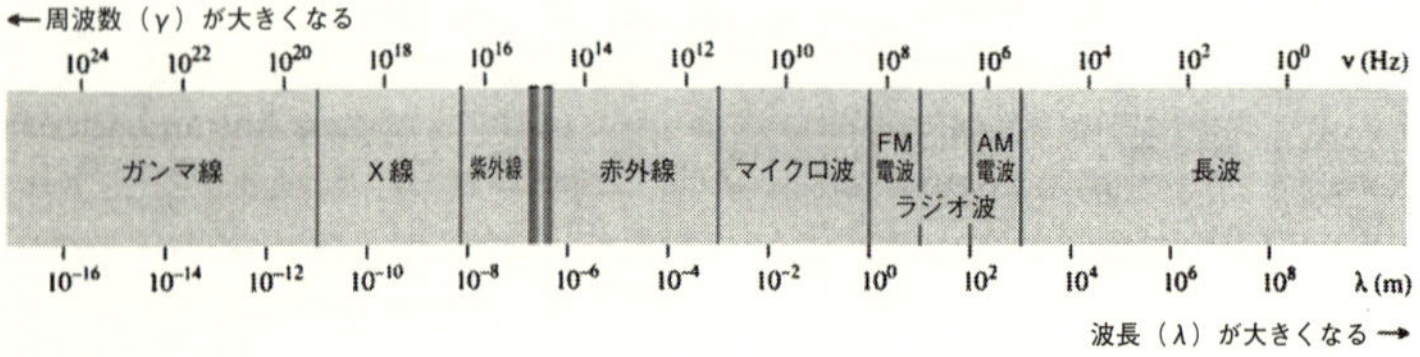

図4.12　電磁波の波長と周波数。横軸は対数目盛で、目盛は10倍ごとについている。この図から、紫外線と赤外線にはさまれた可視光が電磁波全体のうちのほんのわずかな部分であることが明らかになる。（図解—— Philip Ronan）

可視光は7.5×10^{14}ヘルツ（濃い紫）から4.3×10^{14}ヘルツ（赤）にわたるが、電磁波全体の中ではごくわずかな部分でしかない。紫外線、X線、ガンマ線と進むと周波数はもっと高くなり、最終的には3×10^{19}ヘルツ以上に達する。赤外線、マイクロ波、電波とだんだん振動数が下がる。

われわれの技術では、こうした波長の電磁波を、医療用（X線）から家庭用（たとえば車庫を開けるリモコンは、四〇メガヘルツで動作し、赤ちゃん監視カメラは四九メガヘルツ）まで、様々な用途に用いている。周波数はやたらとあるらしい。するとどの周波数が星間通信に適しているのだろう。

一九五〇年代の末、フィリップ・モリソンとその共同研究者のジュゼッペ・コッコーニがこの問題を考えたのが初期の例だ。[175] 天文学者はその頃までに電波望遠鏡を開発しており、その窓を通じて宇宙を見ることによって意義のある発見をしていた。そのことをふまえ、モリソンらはガンマ線を宇宙に開くもう一つの窓として使う可能性を研究した。この研究の一部として、モリソンはガンマ線が可視光とは違い、塵だらけの銀河面を透過して伝わることを示した。モリソンがこの結果をコッコーニに話すと、コッコーニは素粒子物理学者がすでに、シンクロトロンでガンマ線ビームを発生させていることを教えた。そのビームを宇宙に発信して、ETCがそれを検出するかどうか確かめるといいんじゃないか？という。これはすばらしい問いかけで、モリソンはすぐに星間通信の見通しについて考え、検討対象はガンマ線だけでなく、電磁波全体――電波からガンマ線まで――にして、その中から信号を送るのに最も効果的な帯域を選ぶべきだと応じた。

可視光を信号として選択するのはまずいということはすぐにわかった。信号が星の光とかちあうことになるからだ。さらに、研究に参加できそうな電波用パラボラがすでに計画されていた。ＥＴＣも同じ大きさのパラボラを持っていて、それを使って指向性のビームを周波数を絞って送信すれば、こちらの電波望遠鏡でも、銀河を渡ってくる信号を探知できるだろう。

探査を電波に絞ったのは大いに進歩だったが、それでも可能性のある周波数領域は多い。電波は一メガヘルツあたりから三〇〇ギガヘルツあたりまで、どれでも良い。これは次のような理由で好都合とは言えない。ＥＴＣが信号を遠方まで送信したいと思うなら、いくつかの理由から、周波数を絞って――狭帯域《ナローバンド》で――送信すると考えられる。[176] 広帯域《ブロードバンド》の信号では、すぐに背景の雑音にまぎれてしまうのだ（ラジオ――旧式のもので、新しいボタン式のデジタルラジオではない――の周波数を合わせるときに、ラジオ局からの信号がある狭帯域と狭帯域の間に、広帯域のザーザーという雑音が聞こえる）。自然に生成される中でいちばん狭い周波数は、マイクロ波を増幅して、レーザーと同じような動作をする星間メーザーによるものだ。星間メーザーは帯域幅がわずか三〇〇ヘルツほどの放射を出すことができる。したがって、送信されたものと認識されるには、三〇〇ヘルツよりもずっと小さい幅のものでなければならない。そこで、ＥＴＣが〇・一ヘルツ幅の信号を送信するとしよう（〇・一ヘルツ未満の幅で恒星間距離を超える送信を行なうのはほとんど意味をなさない。星間雲にある電子が信号をぼやけさせるからだ）。つまり、探しまわるべき電波帯が膨大にあることになる。一メガヘルツから三〇〇ギガヘルツまでの領域には、〇・一ヘルツ幅の回路は膨大にあり、もっと探す領域を狭めないと、あるいはきわめて運が良くないと、やたらと長い間探すことになりかねない。

図 4.13　アレシボ天文台は、1960 年代初めにプエルトリコのカルストにできた陥没孔に建設されて以来、世界最大の単一パラボラ望遠鏡を擁している。パラボラは直径 305 m、深さ 51 m あり、面積は約 8 ha ある。中国の 500m 球面電波望遠鏡がアレシボを上回ることになるが、このプエルトリコの望遠鏡はやはりとてつもない装置だ。原理的にはエイリアンが銀河系の反対側から送信してきても探知できるだろう。（写真—— H. Schweiker/WIYN and NOAO/AURA/NSF）

コッコーニとモリソンは、一ギガヘルツあたりより小さい周波数は、銀河系にあふれていることを指摘した。したがって、一ギガヘルツ未満で信号を送るのは、ノイズだらけになるので意味がない。逆に、三〇ギガヘルツあたりを超える周波数のところでは、地球大気中の雑音が多くなる。技術的に進んだETCなら、水分の多い大気圏の奥で暮らしている生物に三〇ギガヘルツより高い周波数の信号を送っても、大気の干渉で探知されそうにないことを知っているだろう。結局、いちばん静かな領域は一ギガヘルツから一〇ギガヘルツあたりということになる。コッコーニとモリソンは、その領域なら人為的な信号が目立ちやすいので、そこに電波信号を探すのがいちばん有効ではないかと言う。

二人は周波数帯をさらに絞ろうとして、電気的に中性の水素——宇宙でいちばん単純で最もありふれた元素——の雲は、一・四二ギガヘルツの強い電波を出していることを指摘した。

図 4.14　フランク・ドレイクは SETI 分野の第一人者。その名がついたドレイク方程式の他に、初めて電波を使って ETC を探したことでも知られている。（写真—— Raphael Perrino）

宇宙にいる科学を解する観測者なら、この水素線のことは知っているだろう。そこに目をつけるのは理にかなう。もうひとひねりあって、水酸基は一・六四ギガヘルツのところで顕著な電波を放射している。水素Hと水酸基OHは、化合して水HOH——つまりH_2O——になる。水と言えば、われわれが知る限り、生命の存在には絶対欠かせない。水があれば、生命が見つかる可能性がある。また、一・四二ギガヘルツから一・六四ギガヘルツの間の領域は、電波の中でもいちばん静かな部分なので、文明が関心を引こうと思えば、放送を行なうのには理にかなったところだ。この周波数帯は「水の穴《ウォーターホール》」〔砂漠のオアシスのような場所もウォーターホールと言う〕と呼ばれるようになった。美しい名だ。いろいろな種の生き物が、生命を与える水源に集まってくるようなイメージが浮かぶ。

コッコーニとモリソンが水素線付近の長い波長の領域に耳をすますべきだと考える理論的理由を提示していたのと同じ頃、フランク・ドレイクは、まさにそのとおりに耳をすましていた。ドレイクは、天文学では主流の目的のために、この帯域の電波を調べる装置を組み立てていたが、地球外生命の可能性に関する関心も抱き続けていた。グリーンバンクにある電波望遠鏡を使い、二つの星——くじら座タウ星とエリダヌス座イプシロン星——に耳を澄ませて信号を

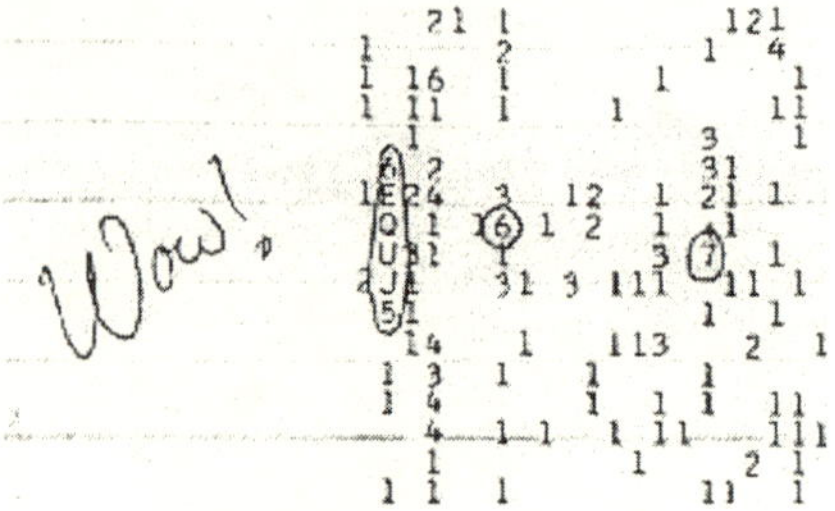

図 4.15　有名な「ワオ」信号。オハイオ州立大学のビッグイヤー天文台は、50 の帯域をスキャンし、観測結果をプリント用紙に打ち出した。それぞれの帯域について、文字と数字の列が印字された。ビッグイヤーの方式では、1 から 9 までの数字が背景の雑音を上回るレベルの信号を表していた。強い信号については文字が使われた（Z は A よりも強い）。1977 年 8 月 15 日の夜、ジェリー・エーマンが、2 番の帯域に「6EQUJ5」という文字列があるのを見つけた。この信号は、37 秒間に、およそ背景のノイズなみのレベルから始まり、U レベルまで上昇し、それから再び背景の雑音波のレベルに下がった。これは地球外生命からの信号が取りそうな外見だった。エーマンは文字を囲んで余白に「ワオ」と書き込んだ。（写真―― Ohio State University Radio Observatory）

探した。それはオズマ計画と言い、人類が初めてETCを探す試みとなった。結果は出なかったが、ドレイクの観測は――コッコーニ＝モリソン論文とともに――SETIにとっては大きな一歩になった。

今の状況は、ドレイクやコッコーニとモリソンの四〇年前よりはるかに複雑になっているらしい。この電波天文学の先駆者に利用できたのは、わずかなスペクトル線で、どこを探すべきかの選択ははっきりしていた。ところが現代の天文学者は、恒星間空間にある一〇〇種類以上の分子による何万本ものスペクトル線があることを知っている。他の周波数を調べるべき理由について、立派な論拠に達することができる。[177] これは水重要な例として、二二・二ギガヘルツなどがある。これは水分子の遷移に対応する。水素線の単純な倍数――水素線の二倍とかπ倍など――だ。そして、星間通信用にとくに魅力となる「自然な」周波数がある。これについては本節の後の方で取り上げる。多くの論者がウォーターホールは銀河系内の信号を探す場所としては「自然な」ところだと唱えるが、われわれは一ギガヘルツから三〇ギガヘルツの窓全体を通して探さざるをえないのかもしれない。

五〇年以上も探していながら、電波探しでは、明らかに人為的なものと言える地球外からの信号は見つかっていない。もちろん信号がまったく見つからなかったわけではない。ドレイク自身、オズマ計画が始まってほんの数時間後、おおよそエリダヌス座イプシロン星の方向からやってくる信号を捉えた。しかしさらに調べてみると、この信号は明らかに地球起源のものであることがわかった。その後の電波探査によって多くの信号が検出され、興味深いものも多い。有名な「ワオ！」信号は、これまで見つかった中で最高の信号の典型だ。狭帯域で強度が急上昇しており、宇宙からやってきたことがほぼ確実であることを示す特徴もあるが、ビッグイヤーが空の同じ部分をもう一度聴取したとき、信号は消えていた。「ワオ！」信号を再び捉えようと何度か試みられたが、失敗した。たとえばニューメキシコ州の超大型干渉電波望遠鏡群（ＶＬＡ）により、天文学者はこの信号に関して二つの仮説を調べられるようになった。一つは、もしかすると弱くても着実な送信によるもので、それがシンチレーション（星が瞬くようなこと）によって瞬間的に強くなっているとするもの。もう一つは、信号が強いパルスで、もっと弱い連続信号に注意を向けることを意図されていること。どちらの可能性も否定されたらしい。元の信号より一〇〇〇分の一程度の強さまで落としても、興味深いものは見つからなかった。

ＧＣＲＴ Ｊ１７４５－３００９という、二〇〇二年一〇月に低周波数の放射を五回噴出《バースト》させた電波源も興味深い候補だ。それぞれのバーストの明るさは同じくらいで、約一〇分続き、七七分ごとに発生した。同様のバーストが一年後にも観測された六か月後、天文学者はそれほど強くないバーストを観測した。それ以後何もない。ＧＣＲＴ Ｊ１７４５－３００９と「ワオ！」信号は、地球外活動、つまりとくにわれわれを狙った通信ではないが、たまたま検出された通信の例と言えるだろうか。そうだとすれば、新しい探索方式が考えられる。「興味深い」一過性の電波のカタログを構築して、統計学的手法によって地球外知的生命の存在に関する確率論的論証を組み立てるということだ。[178] しかし大海の中で求める一滴を識別するのは難しい。GCRT J1745-3009がどんな天体なのか、定かなことはわかっていないが、これかもしれないという候補はいくつもある。歳差運動する回転するパルサー、公転する中性子星、電波を出す白色矮星……。そして「ワオ！」信号は遠い文明から送られて、地球が八月のある夜に通っていた経路をたまたまさっと掃いて先へ進んで行ったビームかもしれないが、この信号は地球上の未知の発信源からのものである可能性の方がずっと高そうだ。[179]

電波によるSETIは精巧になっているが、信号が見つかることを期待して何億もの帯域を調べ上げるのは、やはり手間のかかる作業だ。電磁波のマイクロ波や電波以外のところに代替案は本当にないのだろうか。あるにはある。

コッコーニとモリソンが電波の発信を聴取することを唱えたのと同じ頃、他にもレーザーによる作業原理の概略を描く物理学者がいた。初期の装置は出力が弱かったが、コンピュータの処理能力が倍々で増大したように、レーザーも強力になっていった。今では高度なETCがレーザーを使ってその存在を伝えることができることは明らかで、タウンズが最初に唱えたように、ETCは電波よりもレーザーパルスを選ぶかもしれない。レーザーの短いパルスは星間距離を隔てても目立つだけでなく、見るからに人為的だ。さらに、ETCは何万、何億という星に向かって、毎日、電波標識信号を送ることができるかもしれない。ひょっとすると耳を澄ます相手は電波信号だけではないかもしれない。可視光の範囲にも信号を探すべきなのかもしれない。

地球外知的生命探査（SETI）のいくつかの試み

オズマ計画以後、SETIでは何十もの調査が試みられ、そのほとんどはウォーターホール領域を探してきた。時間を経て、調査は手が込んできている。[180]

一九八五年、ポール・ホロウィッツ[181]によって進められたMETA計画（一〇〇万回線《ミリオンチャネル》地球外生命アレイ）は、ウォーターホール領域の一〇〇万の周波数帯を一度に調べることができた。一九九〇年には、METAⅡが南天の調査を始め、一・四二ギガヘルツの水素線付近で、〇・〇五ヘルツというきわめて狭い帯域八〇〇万本を調査し、二倍の二・八四ギガヘルツのところでも行なった。一九九五年、ホロウィッツはBETA計画（一〇億回線《ビリオンチャネル》ETアレイ）を始めた。こちらはウォーターホール領域を〇・五ヘルツ刻みで走査する。わずか一〇年でMETAからBETAへと、大きな進歩となった。

一九九五年二月から二〇〇四年三月までは、フェニックス計画が世界で最も感度が高く、包括的な電波信号探査だった。地球から二〇〇光年以内の八〇〇の恒星を調べ、一・二ギガヘルツから三ギガヘルツの間で一ヘルツ幅の回路で耳を澄ました（探査を終えて調査責任者は「私たちは静かな界隈に住んでいる」という結論を出した）。

SERENDIP計画（Search for ExtraTerrestrial Radio Emissions from Nearby Developed Intelligent Populations＝周辺先進知的集団起源地球外電波探査〔「偶然の大発見」を意味するセレンディピティに重ねている〕）は、他の天文学研究で使われている電波望遠鏡に相乗りする。[182]この手法の難点は、どこに耳を澄ませるかの選択ができないことで、望遠鏡がたまたま〔正規の観測で〕向いている方向の信号しか探せない。反面、望遠鏡の通常の機能を邪魔しないので、継続的に実施できる。現在実施中のSERENDIP Ⅴは、二〇〇九年に本格的に始まった。アレシボの望遠鏡に相乗りして、一・四二ギガヘルツを中心に二〇〇メガヘルツにわたる幅の一億二八〇〇万の回路を調べる。

アレン望遠鏡アレイ（ATA）は、広視野と広帯域周波数を組み合わせようという野心的な調査だ。ATAは一台の大型パラボラを使うのではなく、小さなパラボラを多数使って信号を組み合わせることを計画している。この調査はマイクロソフト社の創業者の一人、ポール・アレンからの寄付で可能になり、SETI研究にとっては大きな可能性がある[183]――が、先行きは不透明だ。ATAの第一期は二〇〇七年に開始された。アンテナは四二台で、これは観測を始めるのには十分だった。長期計画では三五〇台のアンテナによるアレイにすることになっているが、二〇一一年の四月には、ATAは資金難で休眠状態になった。短期的な資金が得られ、同年一二月に再開された。さらに先の資金が見つかって、チームはパラボラ受信装置の性能を上げることさえできた。それでも、これを書いている段階では、当初の計画を達成する予定はまったくたっていない。

ATAの学術的目標の一つは、二一世紀前半で最大級の意義がある望遠鏡の一つになる、平方キロ《スクエアキロメーター》アレイ（SKA）に向かう足がかりになることだ。SKAはその名のとおり、集光面積の合計が約一平方キロになるパラボラの集合体をなす。パラボラのアレイはオーストラリアと南アフリカに設置され、探索本部はイギリスに置かれる。すべて計画どおりに進めば、二〇二四年にフル稼働を始める。これは従来の電波観測装置の五〇倍という感度になる（たとえば何十光年も離れた空港のレーダーも探知できる）。これまで可能だった速さの何千倍もの速さで空を調べることになる。きわめて高い解像度の画像がもたらされるだろう。SKAは天文学用の装置だが、SETIでも活躍できるはずだ[184]。

光学SETIは従来の電波SETIほど進んではいないが[185]、状況は変化しつつある。長年にわたり、スチュアート・キングスリーがCOSETI（コロンバス光学《オプティカル》SETI）天文台を使って、リストアップした標

図4.16　オーストラリアの「平方キロアレイ」の直径5 kmにわたる中心部分の様子の想像図。このものすごい望遠鏡は、南半球の3000 kmの距離にわたって広がる何千もの小さなアンテナで集めた信号を総合する。この平方キロアレイは天文学を変える可能性がある。SETIも変えるだろうか。（図版――SKA Project Development Office/Swinburne Astronomy Productions）

的星からの狭帯域のレーザー信号を探し、そのような探索に必要な装置は比較的シンプルで熱心なアマチュア天文学者の手が届く範囲にあることを明らかにした。とはいえ、その後本職のSETI科学者も投入され、大規模な計画が展開しつつある。[186] たとえばSEVENDIP（Search for Extraterrestrial Visible Emission from Nearby Develped Intelligent Populations〔周辺先進知的集団起源地球外可視光探査〕）は、SERENDIPの電波方式を補完する光学SETIの計画となっている。

　銀河間の距離を経て連絡を取りあう文明用の通信回線としては、ガンマ線さえ考えられている（ジョン・ボールは、ガンマ線バースト源は、ETCが送るメッセージではないかという仮説を立てた。[187] しかし、そういう事象の詳細な起源はまだ議論の余地はあるものの、バースト源が自然現象であることは今では明らかだ。あらためてオッカムの剃刀を採用しなければならない。バースト源が自然現象として説明できるなら、ボールの仮説は不要ということになる）。ガンマ線の利点は、それが電磁スペクトルの中では最も大きな回線容量を提供するところにある。「ギャラクティカ大百科」を銀河間の距離を超えて送信したければ、ガンマ線を使うことになるだろう。しかしガンマ線は地上の受信機では探知しにくい（われわれの健康にとっては幸いなことに、地球の大気が吸収する）ので、ガンマ線はＳＥＴＩの当面の将来には直接かかわりそうにない。しかしガンマ線で符号化されたメッセージを探すのではないとしても、ガンマ線バーストはＳＥＴＩで出番があるかもしれない。それは「同期信号」の役割をしうるのだ。[188] これは要するに、ＥＴＣが何らかの特定の事象が発生したときに信号を送ることにするかもしれず、そうなるとガンマ線バーストは――容易に探知できるので――その動機のための事象としては良い選択になるだろうということだ。

五〇年にわたる――主として電波だが、赤外線のこともあるし、可視光も増えてきた――探査の中で、天文学者はまったく信号を見つけていない。フェルミの問いを繰り返そう。「信号はどこにあるんだろうね？」。信号がないということは、ここで近隣のＥＴＣの数や種類に制約をかけてもいいということを意味する。結果が出ないということは、天の川銀河だけでなく、われわれのいる局所銀河群の中でも、ＫⅡやＫⅢの文明は除外できるということだと説く人々もいる。[189] たぶんそれは言い過ぎだろう。妥当とは言えないいくつかの前提に依拠しているからだ。それでも、控えめに見れば、天の川銀河の中にはＫⅢ文明はなく、ＫⅡ文明は、この銀河形の中のわれわれのいるあたりにはなく、ＫⅠ文明は一〇〇光年以内にはないと言ってもよさそうだ。そういう文明があったら、きっとそこから何か聞こえてくるにちがいない。

何億チャンネルあっても、どこも感度がない――今のところは。

解27　信号は送られているが、こちらでどこを見ればいいかわかっていない

私たちはあいつをここでも探す。あそこでも探す。
――バロネス・オルツィ『紅はこべ』

ＥＴＣが電波信号を送信しており、こちらも正しい周波数に合わせたとしても、望遠鏡をどこへ向ければいいのだろう。空は広いし、使える資源はわずかしかない。たとえば望遠鏡をカノープス〔南天にある、シリウスに次ぐ明るさの恒星〕に向けても、われわれの関心を引こうとしているのがカペラ〔冬に天頂近くで見られる恒星〕付近の文明だとしたら、すれ違いになってしまう。

探査方針として二つのことが考えられる。一方の「標的あり探査」は、近くにある個々の星をねらう。意図的にこちらに向けられている信号や、漏れた放射がたまたま通りがかるのを探知するのを期待して、高感度の装置を用いる。「広域観測」は、天球の広い範囲を走査し、無数の星が対象になる。広域観測の感度は標的あり探査に比べると大幅に落ちる。

最初の近代的ＳＥＴＩ活動――ドレイクのオズマ計画――は標的あり探査だったが、標的にしたのは、くじら座タウ星と、エリダヌス座イプシロン星という二つの星だけだった。それ以来、天文学者は「ハビスター」、つまり居住可能《ハビタブル》惑星がありそうな恒星について多くのことを知ってきた。現行の考え方は、ハビスターは長期にわたって絶対光度が安定していて、地球型の惑星ができそうな化学的構成をしていそうで、液体の水を持てそうな地球型の惑星が少なくとも一つ入る一帯ができそうな恒星ということになっている。そこで、大規模な星のカタログがあり、ＳＥＴＩの目的のために優先順位をつけたいなら、たとえば変動の大きい変光星は無視するのが理にかなっている。その絶対光度は変化するので、われわれが知っているような生命も、

ましてや技術文明も宿していそうにはない。SETIの資源ができるだけうまく用いられるようにカタログに加える「切り口」は他にもいろいろある。マーガレット・ターンブルとジル・ターターは次のようなやり方をとった。[190] ヒッパルコス・カタログ——星の視差と固有運動の測定専用のESAの衛星が行なった測定で得られた一九九七年発表の一覧——の一一万八二一八個の星を分析して、一万七一二九個のハビスターに絞った（そのうち四分の三は太陽から一四〇パーセク以内にある）。標的あり探査を行なうなら、こうした星に集中するのも悪くない。

NASAのケプラー衛星の赫々たる成功は、標的あり探査の他の可能性を開いた。ヒッパルコス衛星はとくに恒星の天文学的調査のために設計されていたが、ケプラー衛星はとくに惑星探査をするように設計されていた。ケプラー「関心対象《オブジェクト・オブ・インタレスト》」（KOI）は、惑星があることが知られていて、非常に地球型の生命の存在に都合がよさそうだと判断される星だ。[191] KOIの標的あり探査はすでに行なわれていて、さらに多くの探査が続くことになっている。

科学者の中には、われわれがエイリアンの「身になってみる」と、さらに標的のリストを精選できるのではないかと説く人々もいる。技術的に進んだETCが、全方位的に放送することによってエネルギーを浪費することはなく、信号を狙って送るべき可能性の高い標的を選ぶだろう（われわれが耳を傾けるべき可能性のある標的を論じているのと同じように）と仮定するなら、地球をすでに探知している可能性がまずまずあるハビスターだけに関心を向ければよいということになる。言い方を換えて、進んだETCは独自のケプラー衛星（もちろんずっと高性能の）を持っているものとしよう。地球が太陽の前を通過するのを見れば、太陽系はあちらの「関心対象」となるだろうし、こちらへ信号を送ることにしてもおかしくはない。さて、太陽系を公転する惑星は、天の川銀河の円盤に対して約六〇度傾いた平面上にあるので、地球の存在は空の特定の方向にあるET

Cの方が発見しやすい。[192] もしかして、その方向にある星に耳を傾けることに集中すべきではないか。

さらに、地球とハビスターとパルサーの直列を探すという案もある。[193] ＥＴＣはわれわれの太陽をハビスターと分類しており、あちらにはあちらのパルサーのカタログがきっとあると考えることができる。そのＥＴＣ独自の惑星＝ハビスター＝パルサー直列のリストを生み出すことができるだろう。これは要するに、ＥＴＣがわかりやすい通信用周波数の一つを選び、直列したパルサーによって決まる周期でパルスにした送信を行なうということだ。

しかし、標的あり探査がＳＥＴＩの進め方として間違っているということはありうるだろうか。居住可能性の理解とＥＴＣの動機に関する最善の推測に基づいてわれわれの探査を制限するなら、われわれはあらゆる種類の可能性を見逃しているかもしれない。そのような惑星系を徹底して、長期に、深く見るのではなく、望遠鏡を使って全天をさらうべきではないのか。

現代の全天探査はやり方として間違っていないことがわかっている。ネーザン・コーエンとロバート・ホールフェルトの分析は、何にでも賭けて、できるだけ多くの星を見るべきであることを示している。[194] 自然界では、何かの特性を大量に有するものは稀で、その性質を少しだけ持っているものの方がふつうだということがわかる場合が多い。つまり、スペクトル型Ｏの明るい星は数が少なく、暗いＭ型の星は多い。クェーサーのような強い電波源は少なく、恒星のコロナのような弱い電波源はいくらでもある。稀な「明るい」天体と、よくある「暗い」天体のどちらを見つけやすいだろう。それは稀な電波源とよくある電波源との強度の比による。たとえば、クェーサーはとてつもなく強力な電波源だ。それがきわめて遠くにあることは問題にならない。それはもっと近くにあっても弱い恒星の電波源よりはるかに明るいからだ。それで一九六〇年代初めの電波望遠鏡では、稀な、遠くのクェーサーの方が、ふつうの、近くの電波源よりも探知しやすかった。同様に、コーエンとホールフェルトによれば、高度なＥＴＣがとほうもなく稀だとしても、われわれと進み方があまり違わない多くのＥＴＣからの弱い信号よりも、進んだ文明の標識信号を探査する可能性の方が高いという。この結論を避けるとすれば、星は知的生命で満ちあふれているとした場合のみだ。ＥＴＣがありふれたものなら、ＫＯＩ探査のような標的あり探査は当たりの星を見つける可能性が高い。したがって、広域観測の方が、肯定的な結果を得る可能性が高い。少なくとも、精査するための目標を選ぶときには、受け取るビームが、標的の背後に銀河や大きな星団を含むようにすべきだろう。

するとこれが大沈黙の説明になるのだろうか。私たちの焦点が狭すぎるからＥＴＣからの音信が聞こえないのではないか。そうではない。広域観測は数多くなされているし、これからも計画されている。天文学者はまだそれほど長く耳を傾けていないし、たぶん、正しい周波数でも耳をすましていないのだろうが、広域観測を無視したというのは当たらない。

近年の革新的な科学研究の一つ——広く社会の人々の熱意を捉え、様々な「市民科学」の試みを生むことになった——は SETI@home だ。この事業はデーヴィッド・ジェディが始めたもので、一九九九年に発表された。参加者は自宅や仕事場のコンピュータ用に小さなクライアント用アプリをダウンロードする。アプリはふだん、スクリーンセーバーのように機能する。要するに、利用者のコンピュータが「本来の」仕事に従事していないとき、そのアプリが目覚め、アレシボ電波望遠鏡が得たひとまとまりのデータ——ワークユニットと呼ばれる——についての計算を始める。肝心な点は、アレシボのデータが望遠鏡の通常科学業務によるというところにある。目標となっている恒星には、ＳＥＴＩのために向けられているのではなく、入ってくるデータをＳＥＴＩの科学者がかたっぱしから分析しているということだ。計算が終わると、アプリはワークユニットを SETI@home に送り返し、新しいワークユニットをダウンロードする。SETI@home では、送り返されたデータを世界中から返ってくる他の結果と合わせてまとめる。その結果、有志全体で、SETI@homeを世界でも有数の高性能コンピュータにしている。つまり、天文学者は広域観測を行なえるだけでなく、フランク・ドレイクが信号が見つかることを期待して望遠鏡をくじら座タウ星に向けたときには想像もつかなかったような、データを分析するための計算機資源もあるということだ。

全天探査には少し心許ない感じがあり、そのため、どの周波数で聴き取るかという問題に逆戻りしていく。観測には遠くの銀河も入り、ほとんどの探査はウォーターホールあるいはその近辺で耳を澄ましている。しかし銀河間通信となると、ウォーターホールよりも良い周波数がある。それは五六・八ギガヘルツだ。

銀河間通信の周波数

銀河間通信の「自然な」周波数fは、

$$f = k/h\, T_0 \sim 56.8\ \mathrm{GHz}$$

となる。ただしT_0は宇宙背景放射について観測される温度、kはボルツマン定数、hはプランク定数とする（宇宙論と量子物理学とは、こんなふうにつながっている）。この周波数が最初に唱えられたのは、一九七三年、ドレイクとセーガンによる。それとは別に、一九八二年、ゴットもこの周波数を出した。

五六・八ギガヘルツという周波数は、観測される宇宙背景放射とつながっているので、宇宙的／普遍的《ユニバーサル》な周波数ということになる。[195] 遠くの強く赤方偏移した銀河にあるETCが、この周波数で信号を発信しているとしたら、その信号が将来のいずれかの時点で捕らえられるのは確実と言える。信号は多数の銀河に届いている可能性もある（ここで考えるべき因子は他にもある。地球上では技術文明が生じるのにおよそ四五億年かかった。これが他の文明にもあてはまるなら、選ぶ宇宙論モデルの詳細にもよるが、赤方偏移が一を大きく上回る銀河を探すのは的外れになる。それほど遠方の銀河から届いて今われわれが見ている光は、宇宙ができて四五億年しかたっていないときに出た光だ。KⅢ文明が生じるだけの時間はまだたっていなかっただろう）。残念ながら、地球の大気には、六〇ギガヘルツのところに酸素による広い吸収帯がある。つまりわれわれの電波望遠鏡では、五六・八ギガヘルツの探査は実行できないということだ。この周波数の観測は宇宙空間で行なわなければならない。そんなことを言っている間にも、もしかすると遠くの銀河にいるKⅢ文明がわれわれに向けてまさに送信しているところかもしれない。

解28　信号はすでにデータの中にある

私は探すのではない。見つけるのだ。

――パブロ・ピカソ

SETI事業は半世紀以上かけて膨大な量のデータを蓄積してきた。そのデータのどこかにETCの指紋、つまり、まだそれと気づかれていない信号が入っている可能性はあるだろうか。

地上にあふれる信号は、SETIの感度の高い検出装置の目をくらませるほどの力がある――軍用レーダー、携帯電話、通信衛星など、すべて紛らわしい放射を生み出している。SETIの天文学者は、もちろんこうした電波源からの干渉には気をつけているし、どれが何なのかは、たいてい特定できる。しかしどうしても、わずかな例外が残ってしまう。おそらく地球由来だろうが、特定できないものが探知されるのだ。たとえば、一九七二〜七六年、ズッカーマンとパルマーは、近くにある太陽に似た星を六五〇個以上、一四二〇メガヘルツの周波数で調べ、自然のものではない可能性がある信号を次々と一〇件記録した。一九八五〜九四年のMETA計画は、自然のものではないかもしれない信号をいくつか記録した。[196]「ワオ！」信号についてはすでに取り上げた。困ったことに、電波パルスが来た方向にあらためて望遠鏡を向けても、何も見つからない。信号が再現されないのだ。もしかするとこれらの信号は確かにETCの間欠的な放送だったかもしれない。地球をさっとよぎって去った、灯台のようなビームだったかもしれない——あるいは、まだ正体がわかっていない電波源が干渉しただけなのかもしれない。

望遠鏡から得られたデータの解釈に関しては別の問題もある。われわれはガンマ線バーストによる光子を採集し、その出どころを、とてつもない火の玉と説明する。赤外線が過剰になっている星からの光子を集め、この星は塵で覆われていると推理する。熱線スペクトルがあると、黒体から出ていると推定する。こうした観測結果はどれもETCの活動として説明できるかもしれない。すでに見たように、ジョン・ボールは、ETCどうしがガンマ線バーストを交換して通信しているかもしれないと唱えた。ダイソン球と言える証拠の一つは過剰な赤外線だった。ETCなら採用してもよさそうな最も能率的な通信様式は、われわれのような、使用されている装置に通じていない観測者から見れば、黒体放射と区別できない。

結局のところ難点は、われわれが厚い大気の底にある小さな岩の塊にはりついて、自分の望遠鏡で捕捉される、たまたま届く光子を解釈して宇宙を理解しようとしているところにある。これは高いハードルで、科学者が間違って解する場合もあるだろう。しかし観測結果を自然現象として説明できるなら、ETCの存在を仮定する必要はない。これまたオッカムの剃刀だ。そこで、たとえばほとんどすべての銀河のスペクトルが赤方偏移を示しているのを観測しても、それは宇宙が膨張していることと説明すれば十分なのだ——それ自体が途方もない（かつ美しい）説明になっている。あるSF小説のように、赤方偏移は人類から遠ざかるエイリアンの宇宙船から出る排ガスだと想定する必要はない。

進んだETCなら、その信号を雑音から紛れもなく明瞭に区別できるようにするものと予想しなければならない。その信号は、われわれに探知できるほど強いと期待しなければならない。さらに、その信号がふたたび繰り返されると期待しなければならない。ETCがそうしてくれれば、われわれがその信号を記録する可能性が出てくる。しかし、すでに信号を記録しているのに、それがETCからのものであることに気づいていないとしたら残念なことだ。

解29 まだ聴きはじめてから間がない

忍耐は辛いがその実は甘い。

——ジャン＝ジャック・ルソー『エミール』

一九九一年、ドレイクはETCからの信号を探知することへの希望について書いている。「この発見は、西暦二〇〇〇年までには目撃できると私は予想していて、そうなると、世界を根底から変えるだろう」[197]。それから二〇年以上経ち、SETI研究ではいろいろなことがあった。しかし発見には至っていない。ドレイクはただ性急だっただけなのだろうか。もしかすると、フェルミ・パラドックスへの答えは、ETCがいて、互いに連絡を取っていて、さらにはわれわれとも連絡を取ろうとしているかもしれないが、われわれはまだ、探索が成果をあげられるほどの期間、耳を澄ましていないだけということかもしれない。

これは熱心なSETIファンが取る立場で、それも無理はない。たとえば、アレシボ望遠鏡がETCからの信号を受信するときに伴う困難をいくつか考えてみよう。まず、ビームを受信する範囲は、全天のうちのほんのわずかな区画で、望遠鏡を向けることができる少しずつ異なる方向は何百万とあること。また、空から切り取られるそれぞれの部分に、調べるべき周波数が何億とあること。さらに、信号が連続的な標識信号ではなく、突発的なバーストの形を取っているかもしれないこと――ちょうどのときに望遠鏡がそちらに向いていなければ、メッセージを受け取りそこねてしまう。要するに、ETCからの信号を探知するには、ちょうどのときに、ちょうどの方向を、ちょうどの周波数に合わせて望遠鏡を向けなければならないということだ。この三つの因子にありうる組合せは何兆通りにもなる。ETCが電波ではなくレーザーを使ってやりとりをすることにしていれば、地球がたまたまそのビームの通り道にあるという可能性はきわめて低い。何億という文明があって、話し合っているかもしれないが、それをこちらで耳にすることはないだろう。そうなると、われわれはまだ十分な期間探してないというのも、理屈に合わないわけではないらしい。もしかすると、われわれはもっと辛抱しなければならないだけなのかもしれない。[198]

しかし、これはフェルミ・パラドックスの解決としては納得できないと思う人々もいる。ある意味でパラドックスの要点は、われわれはもう何億年も地球外生命の証拠を「待っている」ということだ。当の地球外生命、あるいはその探査機が、あるいは少なくともその信号が、すでにこちらに来ているはずなのだ。それが存在する証拠は、証拠がどんな形を取ろうと、この宇宙に他の生物がいるだろうかと人類が考え始めるよりずっと前からあったはずだ。あとほんの何十年か観測するといっても、当然はるかに強力になる技術を使おうと、そこが肝心なところなのではない。

こんな考え方もしてみよう。今、この銀河系で暮らしているETCの数はどれだけあるだろう。セーガンとドレイクは、この銀河系の中に、われわれの文明並みかそれを超えた技術を発達させたものが10^6ほどあるかもしれず、そうなると、平均的に言えば、地球から三〇〇光年以内にETCが一つあっていいはずだと唱えた。ホロウィッツによるもっと控えめな推定では、この銀河系にある高度な文明は10^3ほどではないかとされ、空間全体にランダムに分布していれば、地球から一〇〇〇光年以内に一つのETCとなる。この10^3から10^6の文明が長命で、もしかしたらできて何億年とたっているなら、きっとクラーク・レベルの技術——われわれから見ると魔法と区別できないようなもの——があるにちがいない。あちらが旅行をしたいとは思わなくても、あるいは旅行は無理だと思っても、それほどの文明なら、われわれから見えるようにすることは簡単にできるのではないか。そうならないわけがない。逆に、こうした文明は短命かもしれない。今現に一〇〇〇の文明があるとして、また技術文明ができる速さがこの銀河の歴史全体でほぼ一定だったとすれば、一〇〇億ほどの文明が、この銀河系だけでも生まれて滅びていることになる。その希望や成果や存在の記録を残したETCが一つもないと考えられるだろうか(もしそうだとすれば、耐え難いほど残念なことだ)。

問題に戻ろう。みんなどこにいるんだろうね?——乗っている宇宙船でも、無人の探査機でも、信号でも。その存在を示す証拠を待つ必要はないはずだ——証拠はすでにあるはずなのだ。

解30　信号は送られているが、われわれが受信していない。

本当に信号は見えません。

——ネルソン提督、コペンハーゲンの戦いにて〔見えない右目に望遠鏡を当ててこう言い、上官の退却命令を無視したという〕

ETCは比較的ありふれているとしてみよう。さらに、ETCは銀河系全体に均等に分布しているものとする（ETCの空間的分布が一様というのはありそうにない。後で見るように、銀河系には居住可能な条件を備えていそうに見えるところと、生命には不利なところがあるからだ。それでも、一次近似としては妥当なところだ）。もう一つ、星間旅行と植民は不可能だが、ドレイクが説いたように、ETCはしばらく通信時代を過ごすものとする。しばらく星々に向かって放送をし、それから（理由は何であれ）放送を停止する。これはどれも比較的成り立ちそうで、単純な分析から、この想定では、われわれはいずれ信号を探知するはずと予想されるということになるらしい。しかしレジナルド・スミス——多方面に関心を抱く科学者——は、この想定にもう一つ仮定を加える。[199] 信号が検出できる距離の上限があるということだった。その地平の向こうからの信号は弱くて探知できなくなる。この追加の前提が分析を変える。

スミスはETCがその寿命Lの間、等方的に放送をするという単純なモデルを検討した。Lが経過した後、放送は止まるが、信号は宇宙空間を広がり続け、母星から距離Dに達するまでは探知できる。信号はD/cの時間でこの最大の距離に達する（そこで二つの可能性が生じる。$L < D/c$なら、信号は、元の文明が放送している間にも距離の上限に達することになる。$L > D/c$なら、信号が距離の上限に達する頃には放送は停止している。これは双方向通信が確立される可能性に影響する）。放送期間全体にわたって信号が満たす空間の体積が計算でき、すると——ドレイクの方程式によって与えられるいろいろなETCの密度について——その範囲に文明が存在する確率が計算できる。信号が占める空間の体積中にETCが存在する確率が高ければ、接触の可能性も高い。その体積内にETCが見つかる確率が低ければ、接触はありそうにない。

もちろん、このモデルに関係する数の値はわかっていない。Dについて推定はできるだろうが、Lの妥当な値がどうなるか、基本的に何もわからない。しかしDとLの推定を行なえば、接触が行なえそうになるのに必要なETCの最小数が推定できる。両極端の場合はたぶん予想がつくだろう。寿命や信号の地平が非常に短ければ、接触の確率を高くするためには文明が多くなければならない。寿命や信号の地平が非常に長ければ、銀河系の中にある文明が一つや二つでも、接触が期待される。最もおもしろいのは中間の場合だ。平均的なETCが通信時代に一〇〇〇年とどまるとし、信号の地平が一〇〇〇光年とすれば、接触できそうになるには、銀河系のこのあたりには少なくとも一〇〇〇のETCが必要となる。この想定では、われわれの近隣にある技術的に進んだ文明が五〇〇だったら、たぶんわれわれが知ることはない。

では、信号の地平はパラドックスの説明になるだろうか。エイリアンが存在し、放送をしている――われわれはただその信号を受け取っていないということか？そう考えることはできる。しかし私の考えでは、その結論はいくらでも回避できるので、われわれの求める答えとは言えない。

解31　みんな聞いているだけ、誰も送信していない

聴く者たちは少しも動く気配を見せなかった。
——ウォルター・デ・ラ・メア「耳を澄ますものたち」

銀河にある何千億もの星の、どこともわからない惑星系からの信号を探知するのも難しいが、星々へ信号を送信することがさらにどれだけ難しいかを考えよう——少なくとも、誰か、あるいは何かが探知してくれることを期待して送信するのは。ある文明に探知可能な信号を放送する技術があったとしても、その文明は放送したいと思うだろうか。何と言っても、自分が存在することを放送することにはリスクもあるかもしれない。もしかすると、どの文明も、フェルミ・パラドックスについて悩んでいて、他の誰もが沈黙を守っている理由があるにちがいないという結論を出すかもしれない。なぜまっさきにそれに反対しようというのか。みんな聞き耳を立てていても、誰も送信はしていないこともありうるのではないか[200]。

ある意味で、われわれの文明はすでに空に向かって信号は送っている。何十年かにわたり、ラジオやテレビの送信機は、宇宙へ電磁波を漏らしている。これを書いている今〔二〇一三〜一四年〕、ベルリンの壁崩壊〔一九八九年〕を伝える生放送がベガ〔こと座、二五光年〕をよぎっているかもしれない。『サタデーナイト・フィーバー』〔一九七七年〕のサウンドトラックは、今頃初めてアルクトゥルス〔うしかい座、三六光年〕に達しているかもしれない。ハマル〔おひつじ座アルファ星、六六光年〕星系にいるクリケット愛好家は、まもなくブラッドマンが最後のテストマッチのイニングで発した言葉〔一九四八年〕を受け取るのではないか。しかしETCが耳を澄ませていたとしても、そうした電波が検出されるかどうかとなると、異論の余地がある。地上の送信機は電波を真横に送り出し、個々のアンテナがそれを拾う。したがって、出力の一部が宇宙に漏れるとはいえ——電磁放射のビームは地球が自転し、太陽を公転す

るうちに、宇宙をよぎっていく――遠くの星のどれかをよぎるかどうかは、運に任される。さらに、こちらの送信機は比較的帯域が広く、出力も弱いので、アレシボほどの大きさの電波望遠鏡でも、冥王星の軌道を大きく超えるところで地球からの放送を探知するのは苦労するだろう。つまり、ETCが近くにあって、きわめて運が良く、受信技術の水準がわれわれよりもはるかに進んでいるのでもないかぎり、われわれの何気ない《イナドヴァーテント》（それを言うなら、あるいは注意深い《アドヴァーテント》のかもしれない）送信を探知しているとは思えない[201]。おまけに、有線放送の利用が増え、この電磁波が漏れる量も減りつつある（強力な軍事レーダーや、天文学者が金星や火星に当てて地形図を作るために使う電波のような放射は、恒星間距離でも探知される可能性が高まる。反面、そのような放射は焦点が絞られているので、そのビームがエイリアンの受信機をよぎる可能性は低くなる）。

気づいて「もらいたい」としたらどうなるだろう。運をあてにしてETCがこちらのテレビにスポット広告を出すことを期待するよりも（先方が『チャーリーズ・エンジェル』ではなく『チアーズ』を受信していることも願って）、強力な狭帯域の信号を発信する方法が必要だろう。これは「能動的SETI」という、従来のSETIの反面だ。どう聞くのがよいかを考えるのではなく、発信する方法の実用性を考えるのだ。さらに、信号を恒星間距離に送信する方法という問題を調べることによって、信号を聞くのに役立つことも大いに学べる。ある本の発売記念のメッセージ、NASA五〇周年記念でのビートルズの「アクロス・ザ・ユニバース」の放送、ドリトスの広告が入った意図的な送信が、おおぐま座47番星に向けて発信されたこともある[202]。この発信はもちろん基本的には変わった趣向のお遊びだが、後で見るように、宇宙へ向けてメッセージを送る本気の試みは、これまでにもいくつかあった。

電波を使うことにしたとしよう。第一の問題は、どの周波数を使うかだ。ウォーターホールのところで信号を探して耳を澄ます側の理屈からすれば、その領域のどこかで送信すべきだということになるが、この論法は、他のいくつかの周波数にもあてはまる。ある周波数に決めたとして——当面ウォーターホールで放送すると仮定しよう——どんな技術が必要になるだろう。

　前もってＥＴＣがどこにいるかはわからないので、最も安全な策は、等方的に——つまりすべての方向に同じ強さで——送信することだ。残念ながら、等方的な送信はコストがかかる。たとえば一〇〇光年先の小型のアンテナで探知できるよう、狭帯域の信号を送りたければ、送信機に必要な出力は、現在、世界中に設置されている発電所の総発電量を超えることになる。しかも一〇〇光年というのは、直近の領域をほとんど出ていない。信号を受け取ってほしいところが遠くなればなるほど、送信機に必要な出力が大きくなる。したがって、等方的な送信は、現在の技術力をはるかに超えているということになる。そのような装置を建造できたとしても、これほどの資源を、成功する保証のない計画につぎ込んだりするだろうか。

　ＥＴＣがただのパラボラ・アンテナではなく、アレシボなみの大きさの電波望遠鏡で待ち受けているとすれば、送信機に必要な出力はもっと小さくてもよい。実は、先方のアレシボ型望遠鏡の位置が正確にわかっていれば、銀河の反対側に向けてでも、こちらのアレシボ・アンテナで信号を送ることができるだろう。問題は、前もって送信機をどこへ向ければいいかがわかっていないということだ。アレシボ型のパラボラは、ウォーターホール領域の周波数で動作し、ビームもきわめて細い。昔からある干し草の山の中の針のことわざ〔見つかりにくいものを探すことのたとえ〕でも、宇宙の奥深くのどこかの大型受信装置とたまたま向きが一致する細いビームを送る可能性の低さには及ばない。

　等方的な送信は、聞く手段がある相手なら誰でも聞こえることを保証するが、膨大なコストがかかる。ビーム式の送信は、安価ではあるが、聞いてくれているかもしれない相手をほとんど排除してしまう。送信戦略には、この両極端がある。もちろん、いろいろなやりくりや妥協をするだろうが、星間電波送信は容易ではない。ＥＴＣが他の文明に難しい送信作業をさせたりするものだろうか。もしかして銀河系には他の文明が電話代を払ってくれるのを待つ文明だらけなのだろうか。

経済的論証は何から何まで納得できるものではない。今の発達段階の人類にとっては、耳を澄ます方が送信するよりも費用対効果が高い[203]。しかし技術的に進んだＥＴＣなら、送信に充てられる資源も多いと考えられる。われわれにとっては壊滅的な費用になることも、ＫⅢ文明にとっては小銭程度だろう。さらに、ＥＴＣは――われわれも――電波だけを使うわけではない。今のわれわれのレーザー技術でも、短い時間ながら、太陽をしのぐ明るさの光のパルスを発生させることができる。進んだＥＴＣなら、何の造作もなく、一瞬、恒星の何億倍もの明るさのパルスを発生させることができるだろう。そのようなパルスは、デジタルカメラにつないだ比較的小型の光学望遠鏡でも探知できる。さらに、数千光年の距離なら、星間物質による可視光の信号への影響は比較的小さい。電波とは違い、光通信はエラーが少ない。多くの点で、恒星間送信の目的には、レーザーは電波望遠鏡よりも効果が大きい。

光学的通信の欠点は、ビームがきわめて細いことだ。つまり、発信する文明は、受け取る望遠鏡の位置を正確に知っていなければならない。空へでたらめに発射しても無駄になる。それではレーザービームは探知されそうにない。したがって、発信する文明は、標的となる惑星系について、その正確・精密な位置を示す値を伴うリストを作成しなければならない。さらに、星は止まっていない。ＥＴＣが星の現在の位置に信号を送れば、その光が届く頃には星は移動している。そこで送信する文明は、標的となる星の速さに関する正確な情報も必要とする。他の惑星系や恒星の正確な位置と速度に関する情報を集めるのは容易ではないが、不可能ではない。ヒッパルコス衛星は一九八九年から九三年にかけて観測を行ない[204]、何万という星について正確な位置と速度を得た。ケプラー探査機は二〇〇九年に打ち上げられ、一〇〇〇を超える惑星を発見した。

ガイア探査機は二〇一三年に打ち上げられ、何億という星の位置と速度を求め、惑星もさらに数多く探知することになっている。われわれにそのような計画を実施できるのであれば、われわれよりはるかに進んだ文明なら、光通信を恒星間距離で用いることができるはずだ——あちらがそうしたければ電波信号でも。

経済的・技術的論拠を別にしても、われわれは送信すべきではないのかもしれない。先進的な、敵対するかもしれない文明にわれわれの存在を知らせることに伴うリスクがどれほどのものかわからないという理由で、多くの立派な人々が能動的SETIに反対している。[205]

先にも述べたように、人類はすでに空へメッセージを送っている——電波が洩れた分だけでなく、意図的な信号も。実際には一八二〇年にはすでに、大数学者のガウスがわれわれの存在を火星の知的存在に合図する方法について考えていた。[206] ガウスの考えは実行できなかったが、一九七四年、フランク・ドレイクが、改装されたアレシボ望遠鏡の起動式典を機会に、二・三八ギガヘルツでM13星雲の方向にメッセージを送った（M13は、三〇万個ほどの星がある球状星団だが、残念ながら、そこにある星は、地球型の惑星を有しているとは期待できるような星ではない）。メッセージは三分ほどのもので、長さはわずか一六七九ビットにすぎないが、ドレイクはそこに多くの情報を詰め込んだ。二万四〇〇〇年後に信号がM13星雲に届き、そこにいる天文学者にそれが解読できれば、われわれについて意外に多くのことを知るだろう。あちらで解読できなかったとしても、信号を探知したことそのもので伝わる情報はある。知的な種族がこちらにいて、電波段階までは進んでいることを知らせることになるのだ——信号があるという事実が一つのメッセージを伝えている。他にも何度か、空に向けてメッセージが送られた。[207] とくにクリミアのイェウパトーリア天文台から、アレクサンドル・ザイツェフの指揮で行なわれたものがある。

ドレイクもザイツェフも、その放送を各方面に相談しないで行なったと言って批判された。送信は地球を代表するというのに、どの国の政府も、信号の内容について相談を受けなかった。[208]たぶん、将来に地球から大規模な送信が行なわれるとすれば、われわれ全員を代表して語る惑星政府が必要だろう。もしかすると、進んだETCは、信号が惑星全体の合意を代表するほどの統一度に達してから初めて送信することにしているかもしれない。だからわれわれはまだ、向こうから何か言ってくるのを待っているということなのだろうか――技術的に難しいからではなく、倫理的に難しいために、みんな聞く側に回っているということなのか?[209]

囚人のジレンマ

犯罪組織の構成員が二人、逮捕拘留されている。それぞれ独房に入れられていて、二人の間で情報交換をする手段はない。警察は二人を重罪で有罪にできるほどの証拠がないことは承知している。そこでどちらの被疑者にも、軽い罪で一年の刑を受けさせようとする。同時に、それぞれの被疑者に取引をもちかける。それぞれにもう一人を裏切ってもう一人が犯罪を行なったことを証言するか、二人で協力してだんまりを決め込むか。どちらも相手を裏切れば、どちらも二年の刑になる。AがBを裏切り、Bが証言しなければ、Aは釈放されBは三年の刑となる(逆も同じ)。両方とも黙っていれば、二人とも一年の刑(軽い罪で)。

完全に合理的で、自分のことだけを考える囚人は、必ずもう一人を裏切る。しかしそうすると、二人が協力した場合よりも悪い結果になることがどちらにもわかる。

そういうふうに考えれば、本当にパラドックスの解決になりうるのだろうか。どの文明も、自分のところが沈黙を最初に破ることにはなりたくないということだろうか。状況はゲーム理論の有名な囚人のジレンマに似ているように見える。どの文明も受動的に探査する（裏切る）か、能動的に探査して放送する（協力する）かを選べる。われわれが放送のコストが高いと本当に思うなら、われわれは標識信号を見ることはないだろう。ＳＥＴＩ計画は終了にしてもおかしくはない。しかし放送には危険もありうるが、恩恵を受ける可能性もあり、ゲーム理論を使ってこの状況を分析することができる。この問題のゲーム理論による分析では、[210] われわれにとって最も効果的な進め方は、混合戦略をとることだという。たいていは受動的に耳を澄まし、ときどき放送するというのだ。われわれがそのような戦略を採用するなら、他の文明もそうすると予想できる。そして突破口を開く文明は一つあればよい……

解32　通信する気がない

言葉は偉大である。しかし沈黙はもっと偉大である。
――トマス・カーライル『論集――シェイクスピアの性格』

ＥＴＣが会話を始めたいとしたら、その理由はいくつでも考えられる――好奇心、自慢、寂しさ……。しかしもしかすると、単純に話したいと思っていないかもしれない。

ＥＴＣが人づきあいをしないという考え方でパラドックスを解決するのは、エイリアンの気持ちについて前提を立てることに依拠している。ＥＴＣのような存在がいるなら、地球とは異なる環境で何億年も進化をした結果で、感覚も欲求も感情も、われわれとは違っていると考えられる。あるいは人工知能が、元は生物だった造り主の後を継いでいるかもしれない。われわれの想像をはるかに超えていることもありうるだろう。われわれと全然違う知的存在の気持ちを、どうやって理解するというのだろう。たぶんエイリアンの気持ちはわからない――それでも推測を巡らせるのもおもしろい。

ＥＴＣがおとなしくしている理由の一つについてはすでに触れた。怖れだ。われわれが宇宙に向けて放送すると、自分の位置や技術水準を明らかにする。近隣のＥＴＣが攻撃的だとか、さらに悪いことに、その隣人がバーサーカーだと考えるなら、沈黙が最善の方針かもしれない。エイリアンがそんなふうに考えるかどうかはわからないが、人類の場合には、確かにそう考える人は多い。もしかすると用心深さは、進んだ知性に一般的な特徴かもしれない。[211]

人類には（地球にいる他の種にも）ごくあたりまえに見られる好奇心も、地球外の知的存在にはないのではないかと言う人もいる。もしかするとＥＴＣは、宇宙を探検したり、他の文明と連絡したりすることに関心がないだけのことかもしれない。ＥＴＣには好奇心やこの宇宙の仕組みを知りたいと思う欲求がないので、恒星間距離を隔てた通信技術を開発しようとはしないと論じることもできるだろう。われわれが遭遇するとすれば、どんな知的種族も、外の世界について好奇心がなければならない。しかし、歴史書を眺め渡せば、他との関係を望まない孤立主義的な文化は人間にもいくつもある。ひょっとして、同様の哲学がＥＴＣにもあたりまえにあるのだろうか。

もっとふつうの論法は、たいていは控えめな考え方の人の頭に育つ考え方だが、ＥＴＣはこれまでのところ、知的にわれわれが遠く及ばないところにいて、われわれの存在には無関心だとすることもありうる。ある天文学者が、高度な文明なら「われわれと連絡を取ろうとは思わないでしょう。われわれから教わることは何もないでしょうから。われわれだって、昆虫相手に連絡を取ろうとは思わないでしょう」と言うのを耳にしたことがある。しかしそうだろうか。たとえば物理学のような「ばりばり《ハード》の」科学について、進んだＥＴＣに何かを教えることができるという可能性はありそうにない。しかし実は、物理学は易しい。宇宙はわずかな数の明瞭な動き方で相互作用する、わずかな種類の材料で構成されている。したがって、進んだETCが物理学に多くの時間をかけている可能性は低い。ETCはみな同じ宇宙にいるのだから、手にしている物理学の理論もみな同じだろう。本当の意味でハードな——つまり会得するのが難しい——ことは倫理、宗教、芸術といった科目だ。進んだETCであれば、電磁気学をわれわれから教わろうとは思わないだろうが、われわれがどう宇宙を見ているかを把握して理解することには魅力を感じるかもしれない——ETCにもふさわしい課題だろう。さらに、「われわれは昆虫と連絡を取りたいとは思わない」というのも当たらない。少なくともわれわれは昆虫どうしの連絡のしかたには関心を抱く。生物学者は蜜蜂のダンスに符号化されているかもしれない信号を解読するために長い時間をかけてきた。蟻のフェロモンによる伝達も、ずっと調べてきた。こうした研究は動物のコミュニケーションや動物の認知というもっと広い研究の一部だ。実際には、「下位の」生物種と意思が通じ合う可能性には、何千年、何万年の間、人間が大いに気持ちをそそられてきた。われわれも他の種族に比べたら「下位」かもしれないという理由だけでは、われわれがそもそも関心を惹く対象ではないことにはならない（おまけに、ETCがわれわれのような下等な生物には無関心だとしても、同格のETCどうしで行なわれている通信があるはずで、それが漏れ聞こえてこない理由の説明にはならない）。

高度に知的なETCは、われわれが劣等感に陥らないように連絡を控えているという論もよくある。銀河クラブで行なわれている会話に価値ある貢献ができるようになるまで待っているというのだ。[212] しかし、ドレイクが指摘したように、個人レベルでは、われわれはいつも自分よりも優れた頭の持ち主とつきあっている。子どもの時は上の子や親や教師からものを教わるし、長じては、過去の作家、科学者、哲学者に学ぶ。これはどうということはない。悪くすると、自分にはシェイクスピアのような文章は書けないし、ニュートンのような深い洞察は得られないことがわかって、がっかりするくらいのことはあるかもしれない——そのときはしかたがないとあきらめて、自分にできることを精一杯やるだけだ。うまくいけば、他の人があげた成果が自分のアイデアの元になるかもしれない。社会どうしでは別とする理由があるだろうか[213]。

知的地球外生命が遠慮している理由は他にいくつも想像することはできる。母星で精神的な完成の域に達してしまい、他の存在を探す必要がなくなったのかもしれない。倫理的に高度な種族のみが宇宙へ広がる試みをすべきだと信じ、自分たちがそのような種族に進化するのを待っているのかもしれない。星間通信が他の種族と双方向的になるのにどうしてもつきまとう時間差が魅力を減じているのかもしれない。通信といっても一方向にならざるをえないだろう（しかしわれわれはいつも一方向通信をしている。ホメロスと双方向的なやりとりができるわけではないが、それでも読み続けるのは、その作品がおもしろいからだ）。あるいは――アポロ計画以後、宇宙飛行に前進がないことを考えると、ありそうな話で落ち込みそうになるが――向こうはただ面倒がっているだけかもしれない。

このような形でフェルミ・パラドックスを解決することの難点は、気持ちはみな同じという、あまりありそうにないことが必要になるところにある。銀河系には、楽観派が言うように一〇〇万の文明があるとすれば、中には他の文明と連絡を取りたがらない文明があるかもしれない。しかしパラドックスの説明となると、すべての文明がそのようにふるまわなければならない。きっとそんなことはありえないだろう。実は、問題はそれよりもさらに厳しいかもしれない。星間通信を開発するために、文明はおそらく、何億もの知的生命から成る社会でなければならないと論じる人々もいる。たとえば人類は、何世紀にもわたり、膨大な数の人々の天才に依拠して今の水準の技術を開発してきた。これが他のＥＴＣにもあてはまるなら、宇宙には何兆人もの知的生命体がいるかもしれない――そのうちの一部がＫⅢ文明に属していれば、想像を絶するような技術を使えるようになるかもしれない。その場合、フェルミ・パラドックスを解決するには、ＥＴＣどうしだけでなく、個々のETC内部の個人や集団どうしでも、気持ちが一様でなければならないことになる。

解33　別の数学を考えている

整数は神が創られた。他は人のなせるわざ。

——レオポルト・クロネッカー

科学の不変の謎の一つは、ウィグナーが言うように、「数学が理屈に合わないほど有効であること」[214]だ。なぜ数学はこれほどうまく自然を記述するのか。理由がどうあれ、この宇宙を数学的に理解できることを感謝すべきだろう。それは宙に浮いていられる飛行機を組み立てられたり、落ちない橋をかけられたり、ほとんど自動運転できる車を作ったりできるということだ。現代技術はつまるところ、数学に依存している（試行錯誤で橋をかけたり、飛行機やコンピュータを作ったりしたこともあるが、私はそうしてできたものを使いたいとは思わない）。

多くの数学者は、もしかすると大半は、少なくとも暗黙には、プラトン主義に賛同しているのかもしれない。プラトンの哲学は、数学と数学法則が、時間と空間の領域の外に、何らかのイデアとして存在していると考える。したがって、純粋数学者の仕事は金鉱を探すようなものだ。元から存在している絶対の数学的真理の塊を数学者は探しているのだ。数学は発見される。考案されるのではない。

しかし強固な反プラトン的な立場を取る数学者もいて[215]、数学は人間の意識から切り離された、何らかの理念化された存在ではなく、人間の頭が考え出したものだと説く。それは社会的な現象であり、人間の文化の一部なのだ。反プラトン主義者は、数学的事物はわれわれによって、日常生活の必要に従って創られる。数学は脳に由来する。

進化は脳に「算術モジュール」を回路として組み込んだということもありうる。神経科学者は、このモジュールの位置と言えそうなところを見つけさえしている。下頭頂葉皮質という、まだ理解が進んでいない脳の領域だ。算術が数学のすべてだと言っているのではない。算術は数学者が築いた巨大な建造物に比べれば何でもないので、脳には重要な役割を演じるところが他にあるのかもしれない（心理学では、算数の基本的な問題が解けない——5×2ができない——のに、(x × y)/(y × x)が1に約されるというような代数の式は操作できる、化学の博士号を持った人物の例が記録されている。これは算術と代数が脳の別の領域で処理されるということになるだろうか）。それでも、世界中の数学者の共同体がこれほど驚異の抽象的思考の大聖堂を建てたのは、算術という土台の上だ。われわれの頭に算術処理ユニットがあるということになっても驚くことではないはずだ。何と言ってもわれわれの祖先は、捕食者の数や獲物の数を認識できる能力があればきわめて有利に作用したであろうような、離散的対象からなる世界に暮らしていたのだ。確かに、知覚された数に基づいて素早い判断を行なえる能力は明らかに役に立つので、動物にも、何らかの「数の感覚」があると予想してもいいかもしれない。実際、ラット、アライグマ、ニワトリ、チンパンジーが初歩的な数の判断ができることを示す証拠もある。[216] つまり、積分は生得のものではないとしても、算術という土台は生得のものだと論じてもいいかもしれない。整数は、人間の意識とは別個に存在する観念的なプラトンのイデアではなく、われわれの頭が生み出したものであり、われわれの祖先の脳が身のまわりの世界を解釈する方法という人工物なのだ。

数えているのか、即座に把握するのか

動物が、われわれが理解している意味で数えることができるとは言えそうにない。動物にも数える能力があることを示すと言われる実験では、動物が使っているのはもっと単純な認知過程である可能性を排除する

のは難しい。たとえば、扱う対象の数が少ない場合、動物は即座に数を把握しているのかもしれない。人間も同じことをする。ビスケットが三枚乗った皿が提示されれば、そこにあるのは二枚でも四枚でもなく、三枚のビスケットであることは、数えなくてもわかる。即座の数把握《スービタイジング》という知覚処理は六個くらいまでの対象の個数について作用している。対象が三個くらいだと、この処理はうまく機能する。並び方の数が限られているからだ（並び方の可能性は∴と…くらいで尽くせる）。二三個の対象となると、その並べ方は非常に多くなり、とっさにあるまとまりを、二二個でも二四個でもなく、二三個と区別できるような知覚的な手がかりはない。同様に、多くの動物は相対的な多い少ないを判断できる。たとえば、動物も餌は少ないより多い方を選ぶ。しかしこの場合も、動物は数えている必要はない――要するに、五〇〇粒の粒餌の山は、三〇〇粒の粒餌の山より大きく見えるだけのことだ。

これが正しければ、とんでもない疑問が生じてくる。ETCの数学はどんなものだろう。もちろんその記号は違うだろう――しかしそれは些細な違いだ。知りたいのは、表面的違いではなく、素数定理〔数 x までの素数の個数は、$x/\log x$ ほどになる〕やミニマックスの定理〔生じうる最大の損失を最小にしようとする選択を記述するゲームの理論の定理〕や四色定理〔地図を隣りあう区域が同じ色にならないようにして塗り分けるためには、四色あれば足りる〕を展開しているかということだ。あちらの進化の歴史がわれわれとまったく異なっているとすれば、人類が行なってきたような定理を展開することにはならないかもしれない。同じようになるはずだとする理由はない。[217] 変数が離散的ではなく、連続的に変化する環境で進化していたら、整数という概念は考えつかないかもしれない。あるいは、人間のような数と集合に基づく数学体系ではなく、形と大きさの概念に基づくものを展開するかもしれない。あるいはひょっとして、地球外生命の脳はわれわれの脳よりもはるかに高性能で、頭で（あるいは何であれ頭のような働きをするもので）数値シミュレーションを実行できるかもしれない。私自身は、そのようなエイリアン数学を想像するのは難しいと思っているが、私の想像力に足りないところがあるのはほぼ確実であり、そのようなまったく異なる体系が存在しえないことの証明にはならない。[218]

だからといって、われわれの数学が間違いだということではない。$e^{\pi i}=-1$という関係はきっと正しく、この宇宙のどこでもそうならざるをえないだろう。少なくとも私には、そうでないことがありうるようには見えない。しかし進化の歴史が異なる他の知性体は、eやπやiや$=$や-1といった概念はどうでもいいと思っているかもしれない。同様に、われわれには思いつかなかった概念——あちらの環境では大事なもの——を得ているかもしれない。

ここでの要点は、人間の数学は技術的な発達を可能にしたということだ。たぶん、この種の数学は科学技術の展開には必要なのだろう。文明が恒星間距離を超えて放送できる電波送信機を製造するには、逆二乗法則をはじめ、大量の「地球的」数学を理解しなければならない。すると、フェルミ・パラドックスへの答えは、他の文明は違う数学体系を発達させているのだということでもいいかもしれない——そちらの地元の状況では使えても、星間通信装置、星間推進装置の建造には応用できない体系というわけだ。

パラドックスへの答えとしては、これは他のいくつかのものと同じ難点を抱えている。一部の文明にはあてはまるかもしれないにしても（その可能性さえ否定する人も多いだろうが）、すべての文明にあてはめるのは、きっと無理だろう。どこかの海洋性の知的種族が三平方の定理のない数学体系を展開していることを想像することはできる（直角という概念すら知らないかもしれない）が、すべての種が海に住んでいるわけではない。われわれのような陸生のものもあるだろうし、少なくとも一部の文明がわれわれにもおなじみの数学を展開していると想定するのが理にかなっているように思われる。

最後にもう一つ。数学はその核心ではパターンに関係している。数学そのものが普遍的でも、[219] 知性体が異なれば、それが認識し研究するパターンのタイプが違うかもしれない。数学者にとっては、異なる数学体系について知ることほど興味深いことはない。私にとっては、そのことがあればこそ、ETCが互いに連絡を取りたがる可能性はさらに高まるように思えてくる。

解34　あちらは呼び出しているのだが、われわれはその信号を認識していない

この世の本当の謎は、見えるものにあって、見えないものではない。
——オスカー・ワイルド『ドリアン・グレイの肖像』

前節に関しては、もっと微妙な論証がある。高度なETCが本当に「違う」数学を創っているとしよう。あるいは——こちらの方が受け入れやすくて、同じことに帰着するかもしれないが——その数学はわれわれよりも何万年分も進んでいるとしよう。あちらが今現在、われわれに向けて送信を行なっていたとしても、そもそもその送信をわれわれは作為的なものと認識するだろうか。

現在のSETIの試みは、ウォーターホール領域と、水素線の周波数の単純な倍数（周波数を二倍、三倍、π倍などにしたもの）だけに集中している。もしかすると、別の数学を使うETCにとっては、そのような周波数を特別とは見ないかもしれない。あちらにとって「わかりやすい」周波数は、まったく別のところにあってもおかしくはない。しかしそれは小さなことだ。あちらがウォーターホール領域で放送しているものとしよう。「共通語《リンガフランカ》」についてはいろいろな選択肢を想像することはできるが[220]、ETCと連絡がつく望みは、たいてい、単純な数学的パターンを含む信号が見つかり、そのパターンから共通の言語を開発することに根拠を置いている。言い換えると、ホグベンのアストラグロッサ[221]〔星界語〕や、フロイデンタールが作ったLINCOS

言語[222]〔lingua cosmica＝宇宙語の略による〕のような、何らかの数学に依拠した言語に符号化された信号を受け取ることを期待している。この希望は理にかなっているだろうか。

進んだETCがメッセージを見つけてほしいと思っていれば、それをこちらで作為的だと認識するように符号化することは簡単にできるだろう。何らかの明瞭なパターンに沿って分布するパルス――たとえば最初のいくつかの素数とか――を含んだ信号なら、その出どころについて、疑問の余地はなくなる。そうであれば、ETCが気づかれたいと思っていると予想するしかない。しかしメッセージを探知したとして、その内容を解読できるだろうか。ヴォイニッチ手稿[223]のことを考えてみよう。一九一二年、ウィルフレド・ヴォイニッチという収集家が、イタリアのフラスカティにあるヴィラ・モンドラゴネのイエズス会コレジオから、この二三四頁の本を買った。今はイェール大学の稀覯書図書館の所蔵となっていて、そこの目録では、MS 408という、あまりロマンチックではない名がついている。この本は現代のペーパーバックほどの大きさで、クリーム色の柔らかい羊皮紙を綴じている。ヴォイニッチ学者の多くは、この本はおそらく一三世紀から一六〇八年にかけてのいずれかの時期に書かれたものと信じている。放射性炭素年代測定によれば、羊皮紙は一五世紀初めに生きていた動物のものでできているらしい[224]。この手稿についてわかっていることは、これでほぼ尽くされる。誰もまだ解読したことのない言語あるいは符号で書かれている。とくに薬草と占星術に関する情報が載っているらしいが、誰も確かなことは言えない。たとえば中世のでっち上げということもありうる[225]（あるいは中世の羊皮紙を手に入れた誰かによるもっと最近の捏造かもしれない――当のヴォイニッチということもありうる。そうだったとしても、稀覯書業者が手稿を捏造するのはこれに始まったことではない）。

ヴォイニッチ手稿に含まれる情報がどうあれ、それがさほど遠くない昔に人間が書いたものであることはわかる。書いた人も、他のわれわれと同じ感覚による入力を得ていたのだ。われわれのものと同じでなくて

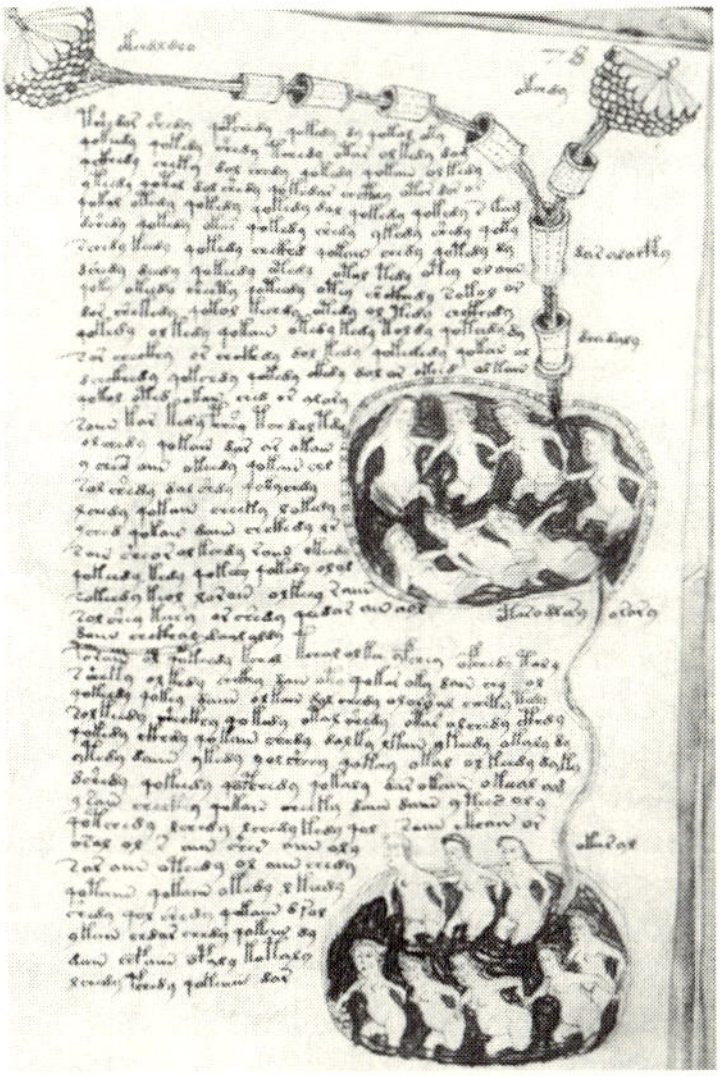

図 4.17　ヴォイニッチ手稿の 78r 丁。本文の文字が見慣れないものであることがわかる。一見するとどこだかわからない国の言葉に見えるが、詳細な研究から、既知の言語にはない文字であることが明らかになっている。私的な符号なのだろうか。そもそもがただのでっち上げなのか。誰にもわかっていない。

も、文化的な素養があることもわかる。人間的情緒は、われわれを動かすのとまったく同じように書き手も動かしていた。それでもこの人物は、われわれに解読できない本を書いた。このような状況が同じ人類の成員についても生じるなら、ETCからのメッセージを理解する可能性はどのくらいあるものだろう。

エイリアンが存在するとすれば、それが所有する感覚器官も、感情も、哲学も、さらにはたぶん、数学も違うだろう。天文学者がこれまでに地球外知的生命からのメッセージを探知していても、人類が抱く主要な感情は——最初は大喜びで騒ぐだろうが——期待はずれの失望になるのではないか。[226] メッセージの意味を解読できないまま、何千年も苦労することになるかもしれない。空の星から来た連絡の中身について推測することしかできないとしたら、即座に情報が利用できるこの世界ではとくに、どれほど狂おしいことになるか。

他方、メッセージの解読ができなくても、メッセージの探知自体がきわめて重要な情報をもたらすことになる。知的生命はわれわれだけではないことがわかるのだ。そのため、エイリアンの言うことがわかるかどうかは、それが存在するかどうかという問題とは別で、実際にはフェルミ・パラドックスとは無関係ということになる。しかしこんな問いもある。われわれはある信号が作為的と認識したと確信できるだろうか。SETIの科学者に作為的な送信と自然の放出との区別ができなければ、その試みはきっと失敗する定めとなる。

信号が信号と判定できることについての問題は次のようになる。物理学者は、あるメッセージが電磁的に送られ、最適の効率で符号化されていれば、符号化方式を知らない観測者は、そのメッセージが黒体放射と区別できないということを示した。[227] 黒体放射は物体が熱いせいで放出する放射にすぎない。天文学者はいつも黒体放射を探知していて、もちろんその観測結果については最も単純な説明を適用する——すなわち、自分は何らかの熱を持った自然の物体を見ているのだというふうに。しかし最適の効率で符号化されたメッセージを観測しているのかもしれない。進んだETCが原始的種族にはそれがわからなくてもおかまいなしで、その通信をお互いに最適の効率で符号化していれば、われわれはそのメッセージを傍受してもメッセージの存在には気づかないままということがありうる。

そしてこれはフェルミ・パラドックスと関係するのだろうか。これまでに出されている想定の一つでは、ETCはとっくに星間旅行が実行できないことを受け入れ、互いに電磁信号で接触することにして、何億年かかっても、互いに最適の効率で符号化したメッセージで通信することに合意しているとされている。そうなると、われわれのような未熟な文明と接触する関心は失い、われわれは銀河系に黒体放射が満ちていることを見る。そういうことになっているのかもしれないと私は思う——しかしこれも検証可能な予測をもたらさない、「そうなっているからそう」の話だ。

解35　瓶に入れた手紙

言葉は消え去る。書かれたものは残る。
――ラテン語のことわざ

電磁波を使って情報を恒星間距離でも送信できることはわかっている。さらに電磁波を通信に使うことには、まっすぐ、可能な限り最大の速さで――光速で――伝わるという利点がある。しかしすでに見たように電磁波による放送にも問題がないわけではない。全方位放送は対象となる星が多くなるが、とてつもない費用がかかる。標的ありメッセージは安くなるが、聴取してくれそうな範囲は小さくなる。それに、ちょうどぴったりのときに聞いていてくれていなければならないという問題もある。ETCが宇宙に向けて『チャイナタウン』という最高の映画を誇らしく放送するが、聴き取られるのがラストシーンの「忘れろ、ジェイク。ここはチャイナタウンだ」だけだったら、その試みはほとんど無駄になる。もちろん、長い放送のしっぽを捕らえれば、聞く方も送信する文明の存在を推理できるだろうし、それ自体がとてつもなく重要だが、それだけなら「ここにいるよ」信号だけでも、もっと安く、信頼できる形で得られるだろう。大量の情報を送って知的生命社会で自分たちの文化的な目玉や科学的知識や蓄積された知恵を伝えたければ、電波は最善の方法だろうか。

最も安く、正確で、効果的な情報送信法にかかわる問題は、もしかすると、通信理論家がうまく処理してくれるかもしれない――何と言っても、そうした人々がインターネットとワイファイを効率的に機能させる

図 4.18　Ben-Bassat et al. (2005) は、アフリカマイマイという巨大なカタツムリがデータ転送体となって、性能を毎秒何ビットで表すなら、既知のすべての「終端」通信技術をしのげることを示した。殻に情報を書き込んだ DVD を２枚つないで、レタスの葉などの餌を提供し、「ほら行け」と言うと、ものすごいデータ転送スピードになる。（写真―― Herbert Bishko）

理論を開発したのだ。二〇〇四年、クリストファー・ローズ（ラトガース大学の電気工学教授）とグレゴリー・ライト（宇宙物理学者）が通信理論の手法を取り上げて、星間通信の問題に当てはめた。とくに、二人は情報を可能な限り高速で送らなければならないという要求を下げ、メッセージを送るのに必要なエネルギーがどれだけかを調べた。二人の結果は驚くほど明瞭だったが、直観には反していた[228]（少なくとも、私の直観には反する）。エネルギーの観点からすると、メッセージを放送するよりも、何らかの素材に書き付けて、それを宇宙に送り出す方がずっと意味をなす。物理的メッセージにはさらに、メッセージが解釈され、解読されれば、情報の全体が、反復して送らなくても届くという利点がある。受取り側が『チャイナタウン』のラストの何秒かだけでなく、全体を見る可能性を確実にするのだ。

こうしてローズとライトはＥＴＣがメッセージを、電波を放送するよりも瓶に入れたメッセージとして送る可能性の方が高いという説得力のある説を立てる。その論証の出発点は、次の日常的な洞察だ。きわめて大量のデータを町の一方から反対側へ送る必要があるなら、信頼できる方法は、トラックにブルーレイ・ディスクを満載して、目的地まで運転することだ。さらに、単純な物理的交換は、放射よりもデータ転送レートが高いことも多い。こんな例を考えよう。光ファイバーでの最大情報転送率は理論的には毎秒約一〇〇テラビットだが、五テラバイトのハードディスクをいくつも詰め込んだ箱を机の端から端まで押すだけで、その転送率を上回ることができる。

現代通信ネットワークでは、「物理的」手法は使わないものだ。情報はすぐに送られることを求め、たいていの目的のためには、日常生活では、電磁信号なら基本的に瞬間的だ。しかし星に向かって電波のメッセージを送るときには、その電波は何百年、何千年と旅をすることになる。この場合、緊急性は優先度が低く、少々遅れても妥当に許容できるかもしれない。ローズとライトはこの考えを星間通信に当てはめ、その状況でこう問うた。「書く方が良いのはどういうときで、電波の方が良いのはどういうときか」。

二人の論旨の要は、われわれがデータ量を増やし、保存する体積は小さくして保存しようとしているという所見だ。私の若い頃には、音楽の収集品は黒いプラスチックが並んだ棚だった。CDに乗り換えたとき、所有する音楽の量は増えたのに、それが占める物理的な体積は減った。妻と私がその後、コレクションをまとめると、今は、ジーンズのポケットに収められるフラッシュカードに収まり、この先聞きそうな量よりも（率直に言うと、趣味が変わっているので、聞きたいと思うよりも）多くの音楽が利用できる。この傾向がこの先長く続かない理由はなさそうに見えるし、いずれ世界中の書かれた本と電子記録のライブラリー――10^{20}ビットほどの情報としようか――をすべて、一グラムほどの重さの粒に保存することが可能になるはずだ。この情報を一グラムの基板に書き込んで、それを宇宙に、たとえば光速の一〇〇〇分の一の速さで送り出すのにかかるエネルギーはどれだけだろう。このビット数のものを放送するのにかかるエネルギーはどれだけか。ローズとライトは数字を計算して比較した。二人は、それ以上になると書いた方がよくなる分岐点が必ずあることを示した。分岐点となる距離はいくつかの因子によるが、天文学的な規模で言えば、決してとくに大きいわけではない。一般論としてはこうなる。ビットあたりのエネルギーで見れば、書いた方が放射するよりもはるかに効率的になる。メッセージが伝わるそのような距離や速さなどの細部にもよるが、効率の違いは10^{24}倍にもなる。

一グラムの物質のかけらに書き込まれたどんな情報も、星間の旅を超えて維持されることはないという妥当な反論を立てることもできるだろう。宇宙線などに襲われてメッセージが劣化するということだ。さらに、メッセージが移動中の何千年かの間に、目的地の星は位置を変えているだろう——そこでメッセージを進路に戻す何らかの推進装置が必要になるだろう。そして「瓶」が目的地に届いたら使用すべき制動装置も必要となる。結構。書き込んだ一グラムのものに、一〇トンの燃料と遮蔽物を与えることもできるだろうし、それでもメッセージを放送するよりもずっと好ましいのではないか。こうした情報量豊富な粒の群れを送り出すこともできるだろうし、それでも情報を放送するよりもずっと理にかなっている。少なくとも、エネルギーの量とメッセージの持続性の観点からは。

もちろん、経済が地球上でどう機能するかについてはわれわれは曖昧な理解しか得ていないので、ＥＴＣについて経済がどう動いているかについてはまったく何もわからない。もしかすると、技術的に進んだ文明にとっては、ビット当たりのエネルギーは重要なことではないのかもしれないし、星間通信について、金に糸目をつけない方式が使えるのかもしれない。もしかすると、そのような小包を広大な宇宙に送り出すのは、それが発見されて作為的なものだと認識されそうにはないので意味がないと推論するかもしれない——瓶が決して開けられないのなら、わざわざそんなことをする理由はない。たぶん。しかしその数を見過ごすのも難しい。ローズとライトはその計算を『ネイチャー』の「レターズ」で発表し、そうすることで、それまでの四〇年以上前にやはり『ネイチャー』のレターズで掲載された論旨——コッコーニとモリソンによる、電波による地球外知的生命探しのきっかけとなった論文——に対する説得力ある代替案を提示した。

するとフェルミ・パラドックスへの答えはこうなる。われわれは瓶に入れたメッセージを探すべきだったのに、電波を探していたということだ（しかしわれわれは、ETCが物理的メッセージを送るのが易しいと思うとしたら、なぜすでにそれが見つかっていないのかと論じることもできる。小さな瓶だけを宇宙に飛ばしたのでは心もとないので、きっと明瞭な、わかりやすい、丈夫な信号を瓶につけることになるが、その信号はどこにあるのだろう）。

ローズ＝ライトが論じたことは、いくつかの興味深い問いを立てる。たとえば、メッセージが太陽系に届いて何らかの標識が実際に添付されていたら、われわれはいったいどこを探せばいいのか（この話は解5で与えられたものと似ている）。RNA分子は膨大な情報量をわずかな質量に保存できるので、もしかしたら生命そのものがメッセージなのか？（これは解6で取り上げたクリックの誘導パンスペルミアの考え方に戻る）。たぶん何よりも、SETIの焦点を電波望遠鏡や光学望遠鏡から、書き込まれた素材探しに切り替えることになるのではないか。しかし問いに対する答えが「そうなる」だとしても、関係者に売り込むのは難しいだろう。従来のSETIは主流の天文学研究に相乗りができた。電波望遠鏡がすでにベガに向いているなら、そこからの送信を探すのに追加するコストはわずかしかない。未知の形態の、性質も位置もわからない（地球・月系のラグランジュ点か？小惑星か？オールトの雲か？）対象を探すための資金はどのようにして得るのか。……そのような探査を承認する機関はないだろう。つまり、夜に街灯のたもとでなくした鍵を、そこでなくしたからではなく、そこなら灯りがあるからという理由で探している酔払いのように、われわれは電波なら探せるからという理由で電波を探す定めにあるのかもしれない。

解36　おっと……この世の終わりだ

……われわれは災厄を太陽や月や星々のせいにする。まるでわれわれはどうしようもない悪党、天に強制された愚か者でもあるかのようだ。
——ウィリアム・シェイクスピア『リア王』第一幕第二場

フェルミ・パラドックスのわかりやすい、ただ夢も希望もない答えは、L——通信段階にあるETCの寿命を表す因数——が小さいとすれば得られる。後で見るように、自然が生命を滅ぼしそうな手段はいろいろあるしかし次の三つの解では、知的種族はそれ自身の滅亡をもたらすのではないかという考え方を検討しておきたい。この解では、好奇心が猫だけでなく文明を殺しうる可能性について見る。

素粒子物理学——危険な学問？

過去の一世紀ほど、物理学者は物質の根本的な性質を探ってきた。その関心は、宇宙の基本的な構成要素やそれがどう相互作用するかを知ることに向かっている。それを調べるために、粒子どうしを高エネルギーで衝突させて、どうなるかを見る。物理的世界の調べ方としては乱暴だが、顕著な効果がある。しかしそのような実験にかかわる高エネルギーが、何らかの全世界的な災害を引き起こしかねないと思う人々もいる。素粒子物理学の実験が実際に世界の破滅をもたらすことがありえて、知的種族の宇宙についての自然な好奇心が必然的にそのような実験の設計に至るなら、フェルミ・パラドックスへの解になるのではないか。

物理学者によって開発されたものが、破局を招くかもという心配は、新しいものではない。一九四二年、エドワード・テラー〔水爆の父と言われる〕は、核爆発の高温が、地球の大気に自己増殖的な火を引き起こすことがあるのではないかと考えた。その後、フェルミも含む物理学者による計算で、ひとまず息をつく。核爆発の火の玉は急速に冷えるので、大気に火がつくことはないという。さらに新しい心配が、一九九五年、ポール・ディクソンによって示された。物理学があまりよくわかっていないこの心理学者は、フェルミ研究所にあるテヴァトロンという粒子加速器に、フェルミラボは「次の超新星の現場」になると警告する自作の看板をかけた。[229] テヴァトロンは粒子衝突器としては当時最大のエネルギーのもので、その後もこれを上回るのは、CERNの大型ハドロン衝突型加速器（LHC）しかない。テヴァトロンが衝突のエネルギーを高めるにつれて、ディクソンの心配も増し、テヴァトロンでの衝突は量子真空状態の崩壊のきっかけになるかもしれないと、ディクソンは思い込むようになった。[230]

　真空とはエネルギーが最低の状態のことをいう。現代宇宙論のいくつか理論によれば、初期の宇宙はほんの短い間、偽真空という、準安定な状態〔もっと安定した状態はあるが、ひとまず落ち着いている状態〕を経たかもしれない。この宇宙はいずれ相転移を引き起こし、今の「真の」真空になり、そのときに膨大な量のエネルギーを解放する――これは蒸気が相転移をして液体の水になるときの経過と似たことだ。しかしわれわれの今の真空が「真」の真空でなかったらどうなるか。リーズとヒュットは、一九八三年、正解かもしれない論文を発表した。[231] もっと安定した真空が存在するなら、何かの「一撃《ジョルト》」でこの宇宙が新たな真空に切り替わることがありうる――その「一撃」が生じる地点では、破壊的なエネルギーの波が光速で広がっていくのが見えることになる。真の真空の通った後では、物理学の法則そのものが変わってくる。

　ディクソンはこの特定の加速器に誘発される終末を不当に心配する必要はなかった。リーズとヒュット自身、元の論文で、自然は宇宙線を使って素粒子物理学実験を何億年も行なってきていることを言っている――そのエネルギーは、物理学者に実現できるものよりはるかに高い。[232] 高エネルギーの衝突で宇宙がトンネルを通り抜けて「真の」真空に達しうるなら、宇宙線がとっくにそんなトンネル効果を生んでいるだろう。まだ心配されるといけないので言っておくと、予算のカットとLHCとの厳しい競争から、テヴァトロンは二〇一二年に閉鎖されることになった。私たちはもう、この弾丸の心配をする必要はない。

一九九九年、よく似た騒ぎがニュースになった。いくつかの新聞・雑誌が、ロング・アイランドにある相対論的重イオン衝突型加速器（RHIC）の実験が破局の引き金を引くかもしれないと報じた。RHICの物理学者は金の原子核を高エネルギーに加速し、その原子核どうしで衝突させる。衝突地点の状況はビッグバンから一マイクロ秒後の宇宙にあった状況を再現できるかもしれない。そうした実験が地球を破壊するかもしれないと言われた。このちょっとした心配が始まったのは、RHIC実験にかかわるエネルギーが小さなブラックホールを生むほどになると誰かが計算したことだった。ブラックホールがロング・アイランドから地球の中心まで突き進み、地球全体を呑み込むことが心配された。幸い、もっと常識的な計算が行なわれ、そんなことが起きる可能性はまずないことが示された。どんなに小さなものでも、ブラックホールが存在するには、RHICが生み出せるよりも一兆倍のさらに一万倍ほどのエネルギーが必要となる。RHICがブラックホールを発生させることができたとしても、一瞬しか存在しない、取るに足りないものだろう。陽子一個を呑み込むのにも苦労するはずで、地球などとうてい無理だ。

小さなブラックホール

ありうる最小のブラックホールは直径が10^{-35}メートルほど——いわゆるプランク長さ——だ。もっと小さい構造は量子のゆらぎで消えてしまう。そんな最小のブラックホールを生み出すのにも、必要なエネルギーは10^{19}ギガ電子ボルト、つまりRHICのエネルギーの何十億倍にもなる。そんな物体が生み出せたとしても、そのブラックホールは10^{-42}秒で蒸発してしまう。もっと差し迫って心配すべきことはきっとあるだろう。

私たちはRHICがブラックホールを生み出すことはないという知識に安心して、ぐっすり眠ることができる（RHICは二〇〇〇年以来運転されていて、理論家が信頼できなかったら、これまでにブラックホールがらみの大事故が起きていてもおかしくないのだが）。RHICが「ストレンジレット」――通常のクォークの配置に加えていわゆるストレンジ・クォークを含む物質の塊――を生み出すことによって地球を破壊することはないことも確信してよいと思う[233]。これまでのところ、誰もストレンジレットを見た人はいないが、RHICほどの実験になると、これができるのではないかと考える物理学者もいる。ストレンジレットができれば、それが通常の物質の原子核と反応して、それをストレンジ物質に変えてしまい、連鎖反応があれば、惑星全体をストレンジ物質に錬成して、地球は直径一〇〇メートルほどの高密度の球になってしまうかもしれない。しかし、物理学者は破局の可能性を取り上げながら、すぐにみんなを安心させた。計算によると、ストレンジレットは、ほぼ確実に不安定だった。安定だとしても、RHICでは、それができるほどのエネルギーはまずできない。さらにRHICでストレンジレットができたとしても、それが持つ正電荷は、まわりを囲む電子の雲による相互作用から、ほぼ確実に検出される[234]。しかし心配というのはいったん生じると、なかなかなくならないものだ。本節を書き始めた頃、二人の法律家による、RHICの改装は今や金の原子核をこれまでより低いエネルギーで――これまでよりもストレンジレット生成がありそうなエネルギーで――衝突させることができるので危険だと説く記事と出会った[235]。これを書いている時点で、RHICは一四年間、どこから見ても安全に、新しい世界を開く物理学を行なっているが、ずっと誰かがそれは危険だと考えることになるだろう。

LHCはテヴァトロン、RHICなど、これまで建造された他のどんな衝突型実験装置よりも大きなエネ

図 4.19　LHC は史上最も複雑で見事な装置になる可能性が高い。ここに示した ATLAS 検出装置は LHC に装着されるいくつかの検出装置の一つ。正面に立っている人を見れば大きさの感じがつかめるだろう。長さ 27 km のトンネルには超伝導磁石の輪があって、これが荷電粒子をものすごいエネルギーにまで加速する。これは確かに驚異の装置だが、宇宙を破壊することはない。地球も破壊しない。（写真 —— CERN）

ルギーで粒子を衝突させる。すると、二〇〇八年にそれが運転を開始する直前、あちこちの裁判所での訴訟、ヨーロッパ委員会に対する抗議、ＬＨＣ要員に対する殺すぞという脅迫があったのも意外ではないだろう。ＬＨＣが運転を始める前に、これまでの衝突来実験について表明されたすべての心配が持ち出され、粒子の衝突でモノポール——要するに磁石のＳ極とＮ極が別々になっている仮説上の粒子——ができるといった他の可能性もあった。ＣＥＲＮの物理学者は辛抱強くそうした心配に答えたが[236]、私の考えでは、そういうことは必要なかった。リーズとヒュットがテヴァトロンが真空崩壊を起こす可能性を取り上げたときに示した見解のように、自然がすでに毎日もっと大きな規模で行なっていることはＬＨＣはしない。高エネルギー粒子は地球大気にある原子核といつも衝突しているのだ。幸い、訴訟もあおられる心配も影響はなく、二〇一二年にはＬＨＣはヒッグス粒子の発見という二一世紀でも最大級の成果の一つを出した。

加速器の事故でブラックホールやストレンジレットができてこの世が破壊される（あるいは真空崩壊の場合には宇

宙全体が破壊される）という考えは、実際には見込みはない。こうした事象の物理は完全には知られていない――だからこそ物理学者は研究を行なうのだ――が、この場合は終末論者が間違っていることがわかるくらいのことは十分にわかっている。パラドックスの解決には他のところを当たらなければならない。

巨大土木工事が暴走する

後の二六五頁で取り上げるように、また誰もがすでにご存じと思うが、ほとんどの気象学者は人間の活動で地球は温暖化していると信じている。気候変動には大災害の結果をもたらす可能性がある（実際、私はそんな大災害もパラドックスへの解の一つとして提示する）ので、温暖化を抑制するために地球工学的な取扱いに向けた真剣な案がいくつかある。一つの方法は、地球の反射率《アルベド》を変えて、反射する太陽光の量を増やすことだろう。これは、宇宙空間で反射鏡を用いるか、成層圏にエーロゾルを放出することでできるかもしれない。これとは別に、大気中の炭素を減らすという手もある。そのためには、水面の藻類の炭素摂取を増やし、藻類が死ぬときには炭素が海底に沈むように、海を肥やすということがあるだろう。こうした事業に伴う問題は、そもそも地球規模の作業が必要になるということだ。われわれは、このような大規模工事事業に伴う副作用すべては理解しきれていないと言っておくべきだろう。そのような工事でわれわれの文明が危機に陥ることはありうるだろうか（ひょっとするとあるかもしれないが、状況はその危険も冒さざるをえなくなるほどひどくなるかもしれない）。

生存の危険が伴う事業もあるかもしれない。たとえば二〇〇三年には、惑星科学者のデーヴィッド・スティーヴンソンは、地球の中心部を調べるという（遠回しな）案を発表した。[237] 要するに、核兵器を使って地殻にひび割れを起こし、そのひびを、探査機を含んだ溶けた鉄で埋めるということだった。鉄は重力で落下し、最終的に地球の中心部に達し、一緒に探査機も運ぶ。誰かが実際にそれを行なうことを考えるといけないので、チルコヴィッチとカスカートは、それはかなり危険なことだということを指摘した。[238] 大量の二酸化炭素が放出され、人類が生み出すのよりもはるかに大きな地球温暖化を引き起こしうるという。地球は金星のようになるかもしれない。

チルコヴィッチとカスカートは、大規模工事による災害がフェルミ・パラドックスの解になると言っていたわけではないが、部分的な解としては提示した。ひょっとして、大規模な工事は生存を危うくしたりするのだろうか。

グレイグー問題

生まれて間もないナノテクノロジーの分野は、多くのいろいろな知識分野での前進が収束して生じる自然な成果であるように見える。[239] ナノテクノロジーとは、ナノスケール、つまり物の大きさがナノメートル(一メートルの一〇億分の一)単位で表されるような規模で生じる技術のことだ。分子はだいたいこの大きさなので、分子工学という名でも通用している。未来のナノテクノロジー技術者なら、特注の分子を組み立てて、大きくて複雑な装置にすることもできるだろう。そうした分子が材料物質を生み出す力は、ほとんど魔法だ。この力は驚異の技術に見え、今のわれわれの能力ははるかに超えているので、ナノテクノロジーについて懐疑的な見解の人々もいる。そこで、われわれがこの技術を開発できないとする根本的な理由はなさそうだという点は強調しておくべきだろう。自然そのものが「ナノ技術者《ナンジニア》」で、たとえば酵素は任務を果たすため生化学的技法を用いるナノテクノロジーの装置と言える。自然にそれができるなら、われわれにもできる(ナノテクノロジーの成否によって、われわれがいつかブレースウェル＝フォン・ノイマン型探査機を開発するかどうかも決まることも言っておくべきだろう）。

未来のナノテクノロジーがどうなろうと、それを構成する要素の一つは「ナノロボット」――あるいは略してナノボット――ということになりそうだ。ナノボットの到来は、保健医療を向上させる能力があるので、歓迎すべきだろう。[240] 健康上の問題があれば初期の段階でも診断をつくだろうし、体の様子を観察し、薬を狙ったところに届けたりする。エネルギー生産、汚染の抑制、水の処理などの分野にも応用先がある。実にわくわくする技術だ。今のところ、ナノボットはきわめて原始的だが、疑いもなく向上するだろう。二〇年ほど先を見れば、理論的研究から、ナノボットを組み立てられる素材は何種類かあると言われる。炭素豊富なダイヤモンドのような素材がとくにお薦めかもしれない。研究からは、ナノボットでいちばん有益なタイプのものは、自己複製する機械になるのではないかとも言われている。[241]

自己増殖という話になると、必ず警報が鳴り始める。実験室で自己複製するナノボットを生産することに内在する危険は、次のような問題に答えれば、すぐに明らかになる。ナノボットが外の世界に逃亡したらどうなるか。増殖するためには、炭素が豊富なダイヤモンドのような素材でできたナノボットは炭素源を必要とする。炭素源として最高なのは、地球表面の生命圏、つまり植物、動物、人類――生物全般――だろう。ナノボットの大群が（元のナノボットのコピーはすぐに大量にできるだろうから）、生物を構成する素材を分解し、それを使って自分たちの複製を増やす。地表の生命圏は、今日われわれが見ている豊かで多様な環境から、貪欲なナノボットとその廃棄物の海に変わってしまう。これが灰色のねばねば《グレイグー》問題だ。[242]

すでに何度か強調したように、指数関数的な増加という現象はものすごい。ロバート・フレイタスは、理想的な条件下では、指数関数的に増えるナノボットの集団が生命圏全体を変えてしまうのにかかる時間は三時間もかからないことを示した。[243] すると、ＥＴＣが通信段階にある時間が短くなる事情というありがたくないことのリストに、実験室の事故やナノボットの逃走によって、生命圏がナノボットの残り滓に変わるという項目を加えることができる。

パラドックスに対するこの解は、真剣に唱えられているものの、他の多くの解と同じ問題に陥る。そういうことがありうるとしても、「普遍的な」解としては成り立たない。すべてのＥＴＣがグレイグーに陥るわけではないだろう。

ウッディ・アレンの映画『アニー・ホール』に登場する青年は、宇宙が死滅することを知って憂鬱になる。それで何もかも終わりになってしまうからだ。私もこの節を書いていて憂鬱になりつつある。そこで元気をつけるために——これを読んでいる若きウッディ諸君も含め——グレイグー問題が、わずかにでも生じそうかどうかを考えなければならないと思う。アシモフが好んで指摘したように、人間は剣を作っても、敵を刺したときに自分の指が刃のところまで行かないよう、柄も作るものだ。ナノテクノロジーを開発する技術者は、きっと精巧な安全装置を開発するだろう。自己複製するナノボットが脱走したり、あるいは悪意によって放たれたりしても、破滅が生じる前にそれを破壊するための手順が取れるのではないか。生命圏を食い物にして指数関数的に増えるナノボット集団は、それが生み出す廃熱によって直ちに探知される。すぐに防御策をとることができるだろう。ナノボットの集団がゆっくりと量を増やすために探知できないという、もっと現実味のある想定では、地球の生物量《バイオマス》をナノボットに変えてしまうには何年か必要になる。それだけあれば、効果的な防御対策を出すのには十分だろう。グレイグー問題は、それほど克服しにくいものではないかもしれない。それは単に、進んだ技術文明を有する種族なら、抱えて生きていかなければならない危険の一つにすぎない。

解37　あいたっ……この世の終わりだ

戦争は誰が正しいかを決めるのではない。誰が残るかを決めるだけである。
――伝バートランド・ラッセル

冷戦時代に研究をしていた科学者には、ＥＴＣが92番の元素（われわれがウランと呼んでいるもの）の興味深い性質を発見し、したがって核兵器の作り方を知ることは確実と思っていた人が少なくない。当時、何人かの科学者にとって、文明の寿命が短い（つまりLの値が小さい）理由は明白だった。進んだ文明は必ず、全面核戦争によって自ら消滅するのであり、それを人類はまさに実証しようとしているのだ。[244]

核戦争の激しさによっては、知的種族が滅びることになるというのはほとんど言うまでもないことだろう（この状況では「知的」という言葉を使うのがためらわれるが、意味していることは明らかだ）。世界じゅうの武器庫には、なお何万という核兵器が収まっており、大量に使われたりすれば、ホモ・サピエンスを滅ぼすことになるのは確実だ。限定核戦争でも、地球規模で核の冬という結果のせいで、人類にとっては壊滅的になりかねない。[245]

それでも、戦争をしている種族の成員が限定核戦争を経て生き残り、何万年もかけて文明を再生するという筋書きを想像することは可能で、多くのＳＦ作家が実際にそうしている。最終戦争後を描いた小説として最初期に属し、かつ、確実に最上級の一つと言える作品は、ウォルター・Ｍ・ミラーの『黙示録三一七四年』で、人類の大部分を滅ぼした核戦争後、修道士によってわずかな知識が保存される話が描かれる。[246] この『黙示録』では、人類はいずれ科学の力を再発見し、最初の全面核戦争から何千年かのうちに、再び核爆弾が投下される段階にまで「発達」してしまう。戦争への衝動は深く染みついているので、文明が学習することはないのだろうか。文明は、核爆弾が投下できるようになれば、間もなく実際に投下するしか、な、く、な、るのだろうか。そうでなければ、限定核戦争はパラドックスの説明にはなりえない。

細菌のコナン・ザ・グレート

全面的な、徹底した、無制限の核戦争であっても、惑星上の生命をすべて破壊することはないだろう。放射線耐性菌 *Deinococcus radiodurans*《ディノコックス・ラディオデュランス》という生物を考えよう。科学者は一九五六年、この菌を牛の挽肉の缶詰から分離した。この牛肉は放射線で殺菌されていたが、肉は腐っていた。その後、*D. radiodurans* は、一五〇万ラドのガンマ線に被曝しても生き延びることができることがわかった。比較のために言うと、人が死ぬには、ふつう、一〇〇〇ラドの照射で足りる。強烈な放射線に曝されると、この菌のＤＮＡはばらばらになる――ただし数時間以内に遺伝子全体を修復し、有害な結果も残らないらしい。この生物は、乾燥状態が続くなど、放射線被曝以外の極限状況にも耐えられる。そのためこの菌は、シュワルツェネッガーの映画になぞらえて「コナン菌」と呼ばれることも多い。核戦争はコナン菌にとっては必ずしも不都合ではないことになる。

それに生き延びるのは細菌だけではないだろう。他にもいろいろな生物が核戦争をくぐり抜けて生きるのではないか。知的生命体が進化の必然的な結果だとすれば（これは後で見るように議論の余地があるが、銀河系に何万となくＥＴＣがいると論じる人々の見方では、おそらくそういうことになるのではないか）、核戦争の絶滅の後に知的生命が現れるのを待てば、いずれそうなるだろう。もしかすると数億年かかるかもしれないが。もちろん人間の尺度からすれば途方もない長さだが、銀河系の年齢に比べたら、とくに大きいわけではない。

七〇年間、地球上の様々な政府が核兵器による脅威を何とかしようとしてきた。われわれにできるのは、この状況が続いて、ＥＴＣも核による全滅を回避できると願うことだけだ。しかし核戦争の一難を回避した

文明も、生物・化学戦争というまた一難を乗り切らなければならない。化学兵器を用いて生態系を不安定にすることができるし、遺伝子組換え生物兵器は食糧供給を破壊して、直接に人口を間引くこともできる。文明を滅ぼす力があるのは水素爆弾だけではない。さらに心配なのは、生物兵器が集団あるいは個人でも用いることができる可能性だ。頭がおかしくなった個人や、世の中に恨みを抱いている人物が、世界を終わらせたりできるのだろうか。数学者のジョシュア・クーパーは、バイオテロを大沈黙にありうる原因として挙げる[247]。

クーパーは、宇宙旅行を行なうような段階に達したどんな文明についても二つのことを妥当に仮定できると論じる。まず、その文明は多くの人からなる（エイリアンの数が軍団程度と予想すべき理由はない。クーパーは、大

図 4.20　キャッスル・ロメオ実験、1954 年、ビキニ環礁での熱核爆発、11 メガトン相当の爆発。このような爆弾の威力はすぐにさらに大きくなった。（写真—— US Dept of Energy）

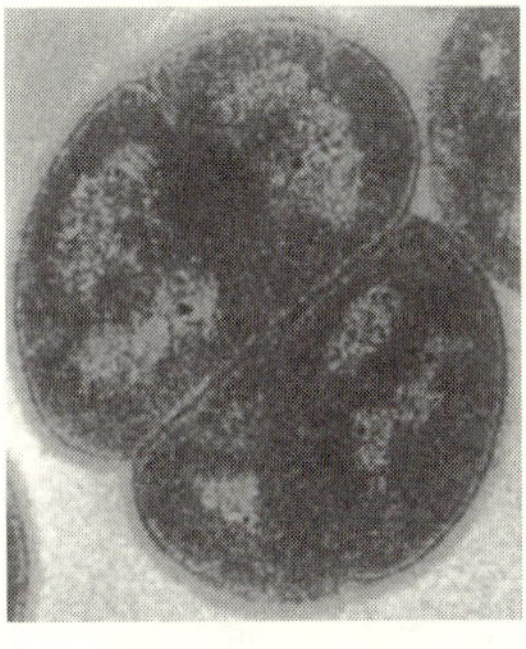

図 4.21　*Deinococcus radiodurans* の電子顕微鏡写真。寒天培地で成長している。この細菌は極度の放射線や乾燥にも耐えて生き延びられる。（写真—— Michael Daly, Uniformed Services University, Bethesda）

気圏があるほど大きな惑星の重力場を脱出するのには莫大な費用がかかると論じる。人類の場合には、十分な資源が問題の処理に投入できるようになったのは、何十億もの人口が得られてからだったし、クーパーは同じことがＥＴＣにも言えると論じる。技術的、科学的発達は、いずれこうした個人がもっと人数の少ない存在にまとまることを意味するのかもしれないが、宇宙航海時代の曙には、何十億という人々の集団としての資金提供で支えられる事業に何万という個人が携わっていなければならなかった）。第二に、その文明の科学者は、生命の化学に習熟しているだろう――その文明が有している生命がどんな形のものであれ（あちらが自分たちの生化学を理解して自在に扱えると仮定すべき理由があるだろうか。クーパーはやはり人間の文明の発達との類比から論じている。生命の物理的根本を調べるのに必要な計算能力や技術的能力は、宇宙旅行の成功に必要なものと変わらない。われわれの場合、宇宙技術とバイオ技術の発達は、基本的に同じ時期に起きた。クーパーは、こうした発達を宇宙の時間規模で見るとき、エイリアン文明は自分たちの生物学と自分たちの宇宙環境の扱いを同時に学ぶだろうと論じる）。以上の二つの論点を認めるなら、困った説が出てくる。

この何十年か、生化学は計算機学と同じ軌道をたどってきた。毎年処理能力は上がり、コストは下がる。ワトソンとクリックは一九五三年にＤＮＡの構造を発表した。その発見から五〇年後、生物学のごくふつうの学生なら、学部学生用の実験室でＤＮＡの配列決定ができるものと期待されている。今から二〇年後には、おそらくごくふつうの学部学生が人工の生物体を一から生み出せると予想される。ヒトゲノム計画は、正式には一九九〇年に設立され、二〇〇〇年には数十億ポンド〔数千億円の規模〕の費用でゲノムの概略を描いた。私が本書の初版を出した頃、ヒト規模の配列決定の費用は約六〇〇〇万ポンド〔一〇〇億円程度〕に下がっていた。今日では、それに相当するコストは四〇〇〇ポンド〔一〇〇万円未満〕ほどで、まもなくコストは問題にならなくなるだろう。ゲノム配列決定の進歩はムーアの法則が遅く見えるほどの経路をたどっている。何十年もしないうちに、地球上の何十億という人々が、望むなら人工生命を生み出す能力を持っているのは確実に見える。そして数十億の人口があれば、その中に頭がおかしくなったり、憎悪や恨みを抱いていたりの人はいるものだろう。実際、今でもそのような人々は多い。違いは、数年もすれば、そういう人々が、X染色体の数が「間違って」いる人々、メラニンの生産量が「高い」〔肌が黒くなる〕人々、そうでなくても「望ましくない」遺伝子型を持つ人々をねらう病原体を作れるかもしれない。人間嫌いがわれわれ全員を殺すために人工の生物兵器を解き放てる機会が均等にある。つまりクーパーはこれをパラドックスにありうる答えとして提示する。宇宙へ乗り出すほどの文明は、どれもそれ自身のような生命を滅ぼす方法の知識も持つことになり、その文明を構成する何十億もの集団の中の一人が――どんな理由であれ――その知識を使用することになるという。

個人的には、クーパーの仮定は人間中心的な考えに根ざしすぎだと思う。SF作家はエイリアンの文明が何億という個体では構成されておらず、科学は地球での歴史の展開とは異なる形で発達する世界を想像している。そうした作家が間違っている可能性はあるが、そのような分野ではきっと、クーパーの説と同じくらいに自説の正当性を主張できる。私はこれがフェルミ・パラドックスに妥当な答えだとは見ない。しかしクーパーの論旨には明瞭な警告が含まれている。そういう脅威について、また実行できそうな対策について、今から考え始めておかないと、われわれの未来も危ういということだ。今のところ、この世界の過激な人々もおかしな人々も、局地的な殺人しか行なえないが、そういう状況が変化するかもしれない。核兵器による全面戦争による絶滅の可能性は永遠にそれを超えているかもしれない。きっと水爆を製造するのに必要な技術は、今後何十年かの間、国家レベルのものでありつづけるだろう。バイオテロによる絶滅の可能性はそれよりはずっと高い。

解38　熱波

熱さに耐えられないのなら、厨房から出なさい。
――ハリー・S・トルーマン

技術文明の発生に必要な成分は――おそらく――長期にわたる適度な気候の惑星だ。単細胞生物は自己復元力《レジリエンス》があるが、複雑な多細胞生命が、水が固体でがちがちになっている極寒の惑星で栄えるというのは考えにくい。他方、複雑な生命は、水が気体になっている熱い惑星では焼けてしまうだろう。実際には、複雑な生命を苦しめるには、温度は沸点付近にまで達する必要もない。文明に必要なのは、ちょうどよい、「ぴったりの」天体《ゴルディロックス》、つまり水が自由に流れ、魔法をふるえるような惑星だ。地球はこの点で明らかにゴルディロックス惑星だが、地球の表面温度がなぜこうなっているのかは、すぐにわかるわけではない。明らかに、地球は太陽からエネルギーを受け取り、それがこの惑星を温める――しかしすると、なぜ月は地球と同じような温度にならないのだろう。何と言っても、地球と月は太陽から同じ距離のところにあるのに（月面での温度は夜か昼かで相当に変動する。太陽が頭上にあるときは、月面の温度は一〇〇度を超えることがあるが、太陽が沈んでしまうと、温度はマイナス一五〇度以下にまで下がることがある。これが地球と月の違いを浮かび上がらせる）。

地球の温度は大気圏のおかげでこうなっている。それぞれ太陽から様々な波長の電磁波――紫外線、可視光、近赤外線など――を受ける。そのエネルギーのほとんどは、大気圏を通り抜け、半分くらいが地面吸収され、そこが温まる。温かい面は温かいからという理由で放射をする。その放射が最も強い波長は表面の温度によって決まる。地球の場合、それが放出する熱放射は遠赤外線の領域にある。素晴らしいところはこういうことだ。地球大気の化学的構成は、入ってくる短波長の紫外線、可視光、近赤外線に対してはほとんど透明でそれを通すが、出て行く長い波長の遠赤外線に対してはほとんど不透明で、通さない。地球の表面から出る放射は大気に吸収され、大気があらためて放射をする——下向きに放射されるものは地面に吸収される。こうしてわれわれの大気圏は暖かさを保つ。それだけではなく、大気圏は緩和作用をする。風が赤道から南北極へ、昼側から夜側へ熱を運ぶ。大気がなかったら、地球には生命はないだろう。

この大気による太陽放射の捕捉は、「温室効果」と呼ばれ、一八九六年にはすでにスヴァンテ・アーレニウス（ご存じパンスペルミア説の人）によって、最初に大きさが見積もられた。根底にある考え方はさらにその七〇年前にさかのぼる。つまり、いわゆる大気圏の温室効果ガス——主に水蒸気、二酸化炭素、メタン、オゾン——が地球の気候を決めるのに決定的な役目をしているというのは新しい説ではないということだ。生命にとって気候が根本的に重要であることを思えば、文明が大気の温室効果ガスをめちゃくちゃにするというのは実にばかげたことだと思われるだろう。しかし人間がしているのはそういうことだ。

一八五〇年以来、世界のエネルギー使用量は飛躍的に増加した。先進国に暮らす人々は、ビクトリア時代の先祖よりも生活を安楽にする無数の技術を利用できる。車、飛行機、インターネット、強力な照明、セントラルヒーティング、携帯電話、異国の食品、きれいな水道水……しかしそうしたあたりまえに得られる現代生活の便利な品々にもエネルギーが必要だ。それも大量のエネルギーが。産業革命以来、人類の飽くなきエネルギー需要は主として化石燃料——石炭、石油、天然ガス——を採掘し、それを燃やすことによって満たされてきた。人類がこのエネルギー濃度の高い物質の巨大な埋蔵量を発見していなかったら、今の文明はまったく別になっていることだろう。科学と技術の革新はきっと続いていただろうが、進歩はきっともっと遅く、われわれの選択肢も制約されていただろう。われわれの今の水準の文明は、少なくとも宇宙探査を考えられるようになるほどのもので、安いエネルギーを大量に必要とする——そして今後何十年かは、その安いエネルギーは化石燃料の燃焼によって提供されるだろう。

この状況には、フェルミ・パラドックスに関連する面が少なくとも二つある（ETCはすべて化石燃料を燃やすことによってエネルギー需要を満たす時期を経由する必要があるという、避けられない人間中心的な前提をとれば）。まず、化石燃料は有限の資源だ。エネルギー需要の増大が避けられなければ、いずれ埋蔵された燃料は涸渇する。今、突然に化石燃料が利用できなくなったら、その影響ははかりしれない。われわれの文明は崩壊するだろう。そこで、化石燃料の避けられない涸渇は、文明が深宇宙まで進出できないことを意味するというのがフェルミ・パラドックスの答えだとも説かれる。文明は、さらにエネルギー資源がある惑星に植民する前に滅びるという。個人的には、この件では私は楽観的だ。困窮するまでまだ何十年かあり、それまでには、政治家も危機に目覚めると確信している。エネルギー生産問題に資源をつぎ込んで、他の形の燃料によって、ぜいたくな生活水準を維持できるようになる。第二には、もっとひどいことに、われわれが化石燃料を燃やすときには温室効果ガスを放出するということだ。大規模な化石燃料の燃焼によって、大気圏の温室効果ガスの量が変化し、それが気候を変動させることがありうる。

化石燃料は埋まった生物の死骸が分解されることで形成された。石油と天然ガスは、かつて川や海に棲んでいて、海底の泥の層の下に埋まった生物による。何百万年あるいはそれ以上の年月にわたり、この有機物は圧力で「調理」され、今日われわれが採掘する埋蔵物となった。石炭も同様に形成されるが、原材料が樹木やシダなどの植物である点が異なる。化石燃料は有機物質でできているので炭素を含む――たとえば無煙炭はほとんど純粋な炭素でできている――ので、そうした燃料を燃やせば、この炭素が放出される。放出される炭素は酸素と結合しやすく、温室効果ガスである二酸化炭素になる。二五〇〇年前に産業革命が始まって以来、人類は何千万年もかけて蓄えられた炭素を放出してきた。大気中の二酸化炭素濃度が着実に増えてい

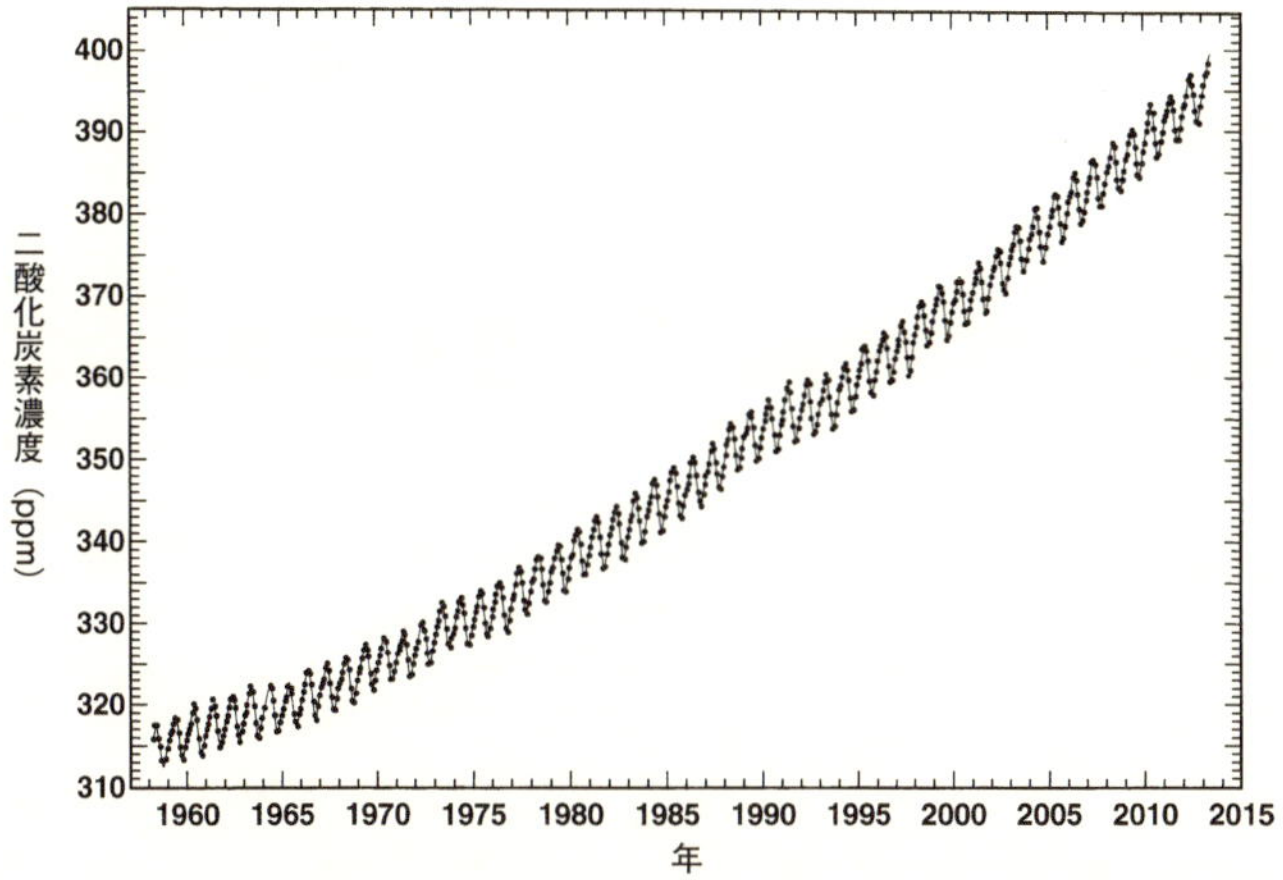

図 4.22　ハワイ州マウナロア天文台で測定された月ごとの平均二酸化炭素濃度。データはスクリップス海洋研究所による長期調査による。2013 年 5 月 9 日、濃度は 400 ppm に達した。南極の氷の空気の泡に閉じ込められた二酸化炭素との比較からは、大気中の二酸化炭素は今、この 80 万年中で最高水準にあるらしい。（出典―― NOAA）

るのも意外なことではない。

大気圏の二酸化炭素濃度に関する最高のデータは、ハワイ州のマウナロア天文台の海抜三〇〇〇メートルを超えるところで取られた測定結果だ。チャールズ・キーリングは一九五八年に二酸化炭素濃度の測定を始め[248]、それを引き継いだ観測が続いている。キーリングの観測結果は見事だった。図4.22に示したキーリング曲線は、科学全体の中でも最大級の美しさを見せる。少なくとも、背筋がぞっとするものでなかったら美しかっただろう。キーリング曲線は地球が「呼吸」していることを示す。春になると、植物や樹木が北半球の陸地で成長して二酸化炭素濃度は下がる。季節が進んで植物の生長が止まると、二酸化炭素濃度は増える。しかし大気中の二酸化炭素の総量は、そうした季節変動をするだけではなく、毎年増えていることがわかる。いろんな筋の証拠がこの増大は化石燃料の燃焼によるものであることを明らかにしている。われわれの安価なエネルギーに対する需要は、毎年約一一〇億トンの二酸化炭素を大気中に加えることを意味する。

温室効果ガスを何十億トンも大気中に押し込めば、当然、地球が温まると予想される。実際、地球温暖化の明瞭な証拠もある。平均表面温度は一八八〇年以来、〇・八五度上がっている。[249] 地球温暖化が今度は気候のパターンを変化させる（気候変動についてきちんと論じようとすれば、平均温度だけではすまない因子があれこれかかわってくるが、本書の文脈では、地球温暖化に集中するのが適切だろう）。声の大きい少数の評論家が人間の活動と地球温暖化のつながりを否定しているが、科学界は有無を言わせない明確さで、過去一世紀か二世紀に人間の活動が大量の温室効果ガスを大気中に放出してきて、それが地球を温めたと述べている。目立った疑問が二つ。今後の何十年かで温度はどれだけ上がるか。そして、地球の温度が上がると人間にどう影響するか。

地球温暖化の最悪の筋書きは、温室効果の暴走だろう。系に正のフィードバックがあると、暴走が生じうる。この場合、心配されるのは、温度上昇によって大気中にさらに水蒸気が放出され、水蒸気も温室効果ガスなので、それが地球全体の温度を押し上げ、それがまたさらに水蒸気を放出させて……となり、その結果、海が蒸発してしまうということになる。温度は表面温度が約一四〇〇Kに達してやっと安定し、地球は近赤外線を放射し始める。この波長では、水蒸気が温室効果ガスにならなくなるからだ。暴走する温室効果は、もちろん地球の複雑な生命を終わらせる呪文となる。幸い、最新の研究では、化石燃料の燃焼では暴走する結果にはならないことがほぼ確実とされている。[250] 弾の一つは避けられた（暴走温室効果は地球の長期的な運命としてはありそうだ――太陽はは年齢を重ねるにつれて熱くなり、いずれは右と同様の暴走過程を引き起こすだろう――ただ、それを心配しなければならなくなるまでには一〇億年ほど間がある）。

人間による暴走温室効果はなさそうでも、来世紀には人間が引き起こす平均温度の上昇が降りかかるだろう。それはそんなに悪いことなのだろうか。何と言っても、氷河期が続いていたら文明も生じなかったと言うことはできるのだ。何十億もの人口を養うには、温暖なのは確かに良いことだ。ただ、温かいほど良いのだろうか。温度上昇予想の下限あたりなら、さほど悪いことではないかもしれない。損をする人々と得をする人々は出るものだろう。低地にある国々には消滅するところがあるだろうし、結局、貧しい国々――気候変動に対応するための資源が最も少ない国々――の方が厳しい事態に陥りそうだ。しかし全体として見れば、温度上昇が限定的で、徐々に進行するものなら、人類は対処する。しかし温度上昇が予想の上限だったということになると、得をする人々はありえない。今より六度以上温かい世界でもわれわれの文明が続くと想像するのは難しい。

　われわれはにっちもさっちもいかない状況に追い込まれそうだ。われわれの文明は化石燃料によって提供される安価なエネルギーがなければ崩壊するので、採掘を止めることはできない。しかし炭素を燃やし続ければ、文明を崩壊させる水準の気候変動が生じかねない。

すると――これがフェルミ・パラドックスに対する答えとなるのだろうか。文明が進むには、化石燃料を燃やすことで得られる安価なエネルギーが必要だが、そうした燃料を燃やすことが文明の終焉をもたらすということか？この論法は人間中心的だという反論を無視すれば、人類はスキュラとカリュブディス〔シチリア島とイタリア本土の間にある二つの渦潮で、間にあるほんの少しの水路しか航行できないという航海の難所とされた〕という二つの難関の間を切り抜ける方法を見いだすという希望は持てる。たぶんまもなく、先進国の人々が、気候変動でもたらされる洪水や大火、台風などから復興するよりも、代替エネルギーを開発する方が安くつくことを理解するだろう。最悪の場合には、地球を暑くしないために何らかの形の地球工学を行なわないといけないかもしれない。しかしそうなれば、少なくとも気候変動の影響を和らげる機会は得られる。われわれにできるなら、他の文明にもできる。

解39　この世の終わりはいつ？

毎日がこの世の最後の審判の日であることを知らないうちは、まだ何ごとも正しく知ったことにはならない。

——ラルフ・ウォルドー・エマソン『仕事と日々』

人類の自滅のしかたはいくつもある。これまでに取り上げた災厄以外にも、遺伝子の劣化、過安定、伝染病など、いくつもの問題がある。さらに、隕石の衝突、太陽の変動、ガンマ線バーストといった、地球外からの因子も加わる。朝、寝床から出る気がしなくなりそうだ。しかしもちろん、ホモ・サピエンスほどの知性がある生物種なら、こうした問題を切り抜ける方法を学ぶのではないか。特筆すべきことに、そうではないことを説く、「デルタt論法」という推論のしかたがある。

一九六九年、学生時代のリチャード・ゴットはベルリンの壁を訪れた。休暇でヨーロッパ旅行をしている途中で、ベルリンの壁を見に行くのも予定の一つだった。その前にはたとえば四〇〇〇年前にできたストーン・ヘンジを見て、それにふさわしい感動を得た。ベルリンの壁を見たとき、この冷戦の産物はストーンヘンジほど長い間立っているのだろうかと思った。冷戦時代の外交戦略の詳細に通じ、両陣営の相対的な経済力・軍事力を知る立場にあった政治家なら、根拠のある推定をしたかもしれない（政治家の実績から判断すれば、それは間違っていただろうが）。ゴットにはそんな専門知識はなかったが、次のような推論をした。[251]

まず、自分がいるのは、壁が存続している間のランダムな時点だ。壁が築かれる（一九六一年）のを見ているのではなく、壁が壊されるのを見ているのでもない（今は一九八九年にそうなったことはわかっているが）。ただ休暇でそこにいただけだ。したがって、壁が立っている期間を四つに分けたまん中の二つ分の間に壁を見てい

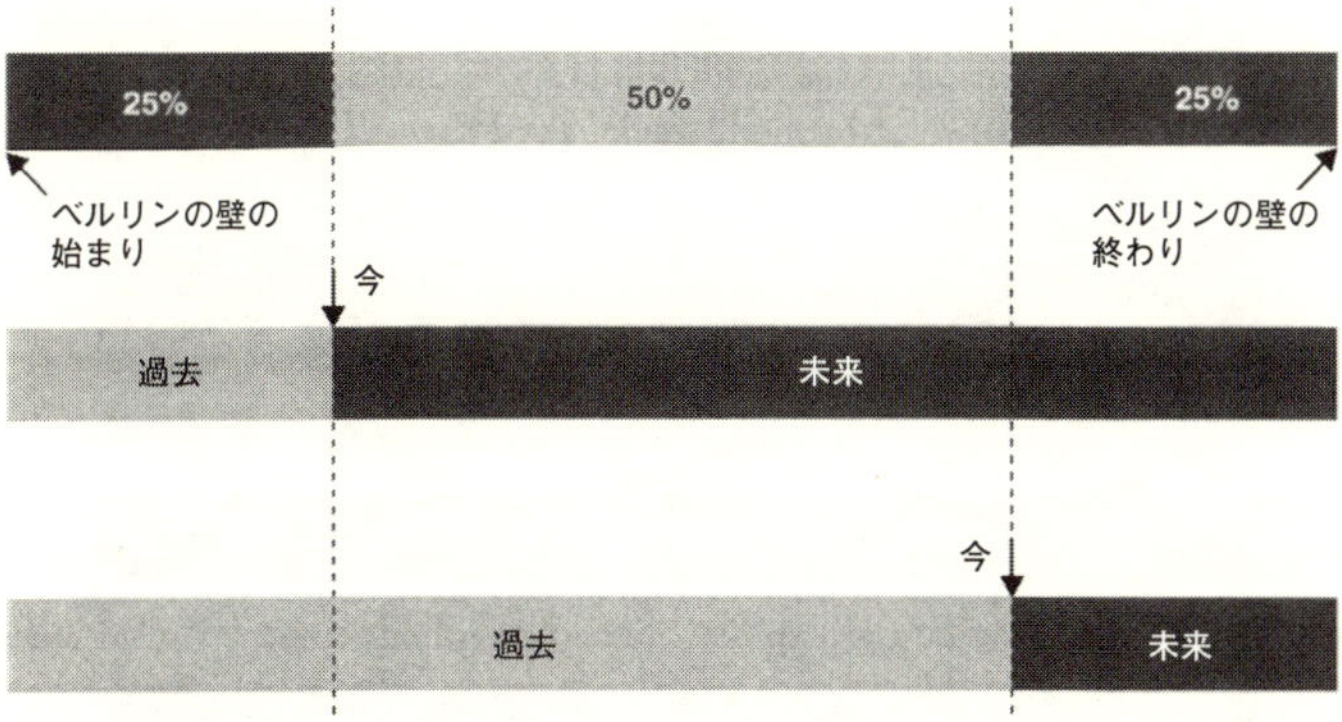

図 4.23　ベルリンの壁が、1969 年にゴットが最初に見てから、さらに存続するのは、2 年と 8 か月から 24 年の間であるというゴットの予測の図解。

る可能性が五〇パーセントだと推論を進めた。自分がその期間の最初にいるなら、壁は寿命の四分の一の間存在しており、まだ四分の三の寿命が残っていることになる。言い換えると、壁はこれから、すでに存在している期間の三倍の期間続くことになる。自分がそこにいるのが同じ期間の最後だとしたら、すでに寿命の四分の三が経過しており、残りは四分の一だけとなる。言い換えると、壁がこれから存在しつづけるのは、これまで存在してきた期間の三分の一だけということだ。ゴットが見たときの壁は、できて八年だった。そこで一九六九年夏のゴットは、壁はあと二年と三分の二（8×1/3）から二四年（8×3）立っている可能性が五〇パーセントあると予想した。あのテレビの劇的な映像を見た人なら思い出すように、壁が壊されたのは、ゴットが訪れてから二〇年後のことだった――予測の範囲内に収まる。

　ゴットは、ベルリンの壁の寿命を推定するために用いた論法は、ほとんど何にでも使えると言う。自分があるものを見ていることに特別のこと〔始まったり終わったりする現場にいるなどのこと〕がない場合、関連する知識がなければ、その物は、今の年齢の三分の一から三倍の間続く可能性が五〇パーセントある。

　物理学で予測をするときは、五〇パーセントの可能性ではなく、

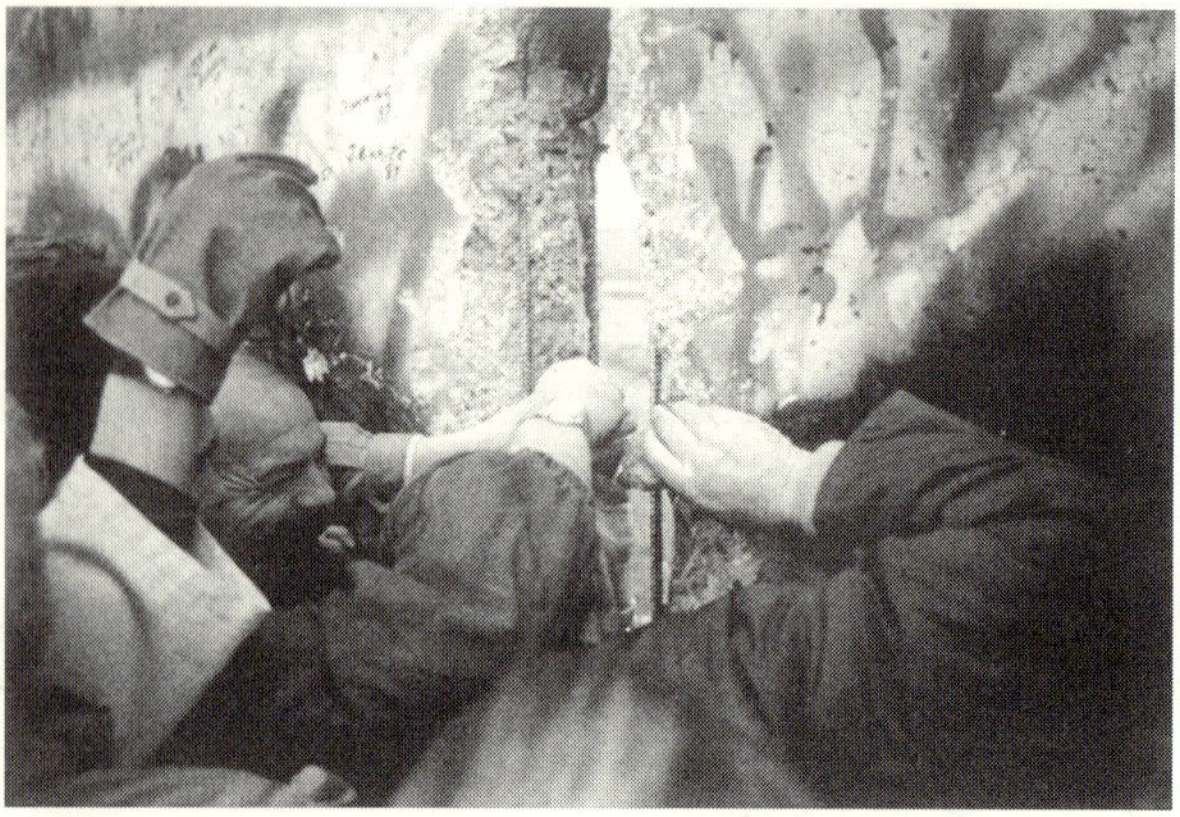

図 4.24　ベルリンの壁の穴。ベルリンの壁の寿命を人類の種としての寿命に結びつけるあっぱれな論法がある。（写真—— Frederik Ramm）

九五パーセントの可能性で考えるのが標準となる。ゴットの論法はそのまま使えるが、数字が少し変わる。自分が何かの事物を見ていることに特別のことがない場合、その事物はその時点での年齢の三九分の一から三九倍の間続く可能性が九五パーセントある。ゴットの規則を適用するときには、見ていることに特別の意味がないことを確かめる必要がある。たとえば、結婚式に招待されて、披露宴でこれまで会ったことのない夫婦とおしゃべりを始めたとしよう。二人は結婚して一〇か月だと言われたとき、二人の結婚生活はあと一週間ちょっとから三二年半続く可能性が九五パーセントだと言うことはできる。しかし、当の新郎新婦がどれだけ一緒にいるかは予想できない。他でもない、結婚生活が始まるのを見るためにそこにいるからだ（葬儀のときにこの規則を適用すれば、その適用のしかたが間違っているのは明らかだろう）。

デルタ t 論法を使ってコンクリートの壁や人間関係の寿命を推定するのは楽しいが、それはもっとゆゆしきことの推定にも使える。ホモ・サピエンスの余命だ。人類は誕生して一七万五〇〇〇年ほど。ゴットの規則を適用すると、人類の残りの寿命はおよそ四五〇〇年から六八〇〇万年である可能性が九五パーセント。それからすると、人類の寿命は一八万年ないし七〇〇万年程度ということになる（哺乳類に属する種の平均寿命は二〇〇万年ほどと言われる。いちばん近い近縁種のネアンデルタール人は二〇万年だったらしい。やはりヒト科に属し、人類の直接の祖先かもしれないホモ・エレクトゥスは、一四〇万年続いたかもしれない。するとゴットの推定は、種の寿命についても、確かにおおよそは正しいと言える）。この論法は終わりを迎える事情については何も言わない。これまでに述べてきたものの一つあるいはいくつかの組合せかもしれないし、それとはまったく別のことかもしれない。この論法は、人類がこれから四五〇〇年ないし六八〇〇万年後のどこかで滅亡する可能性が非常に高いと言っているだけだ。

ゴットの論法にお目にかかるのが今回が初めてだとすると、これはばかげていると思っても当然だろう（実は私もそうだった）。しかしこの論理のどこがおかしいかは、なかなか正確に特定できない。この論法に対する「わかりやすい」反論は、しっかりと否定されてきた。ゴットの推理の方向にありうる反論を検討し、デルタ t 論法のフェルミ・パラドックスにとっての意味を見る前に、同じ考え方の別形態のものを考えておくのがいいだろう。

自分が今テレビのクイズ番組に出ているとしよう。ルールは簡単だ。二つの同一の箱が自分の目の前に置かれていて、司会者は一方の箱には一〇個のボールが入っており、もう一方の箱には一〇〇〇万個のボールが入っていると言う（ボールは小さい）。それぞれの箱のボールには番号が順に振ってある（一方の箱は1, 2, 3, …, 10で、もう一方の箱は1, 2, 3, …, 10,000,000）。右側の箱から無作為にボールを取り出すと、そこには7という番号があったとしよう。この右の箱が一〇個入りの方か一〇〇〇万個入りの方か、いずれかに賭けるというのがこのクイズだ。確率は五分五分ではない。当然、一桁の数がついたボールなら、一〇個入りの箱からのものである可能性の方が高い。もちろん、それに従って賭けることになるだろう。

今度は二つの箱ではなく、人類のありうる二組の集合を考えよう。そうして番号のついたボールではなく、生まれた順に番号のついた人間を考える（たとえばアダムは1、イヴは2、カインは3とするようなこと）。この集合の一方では、現実の人類に対応しているとすれば、私の番号はおよそ七〇〇億ほどになるだろう――読者の誰もがその程度の数になる。人類が始まってから生まれてきた人数はだいたい七〇〇億あたりの数になるからだ。そこで箱の時と同じ論法を使ってみる。自分の順位が七〇〇億番になる可能性は、人類の総数が一〇〇〇億人とした場合と、一〇〇兆人だとした場合と、どちらが高いだろう。賭けをせざるをえないとしたら、生まれる人間はあと何百億人かしかいない方に賭けると言わざるをえない（何百億人と言うと多そうに思えるかもしれないが、今の地球の人口は、一〇年で一〇億人増えている）。

デルタt論法はコペルニクス原理を拡張したものだ。伝統的なコペルニクス原理は、われわれは空間の中で特別な地点にいるわけではないということだ。ゴットは、われわれは時間の中の特別な時点にいるわけではないと論じる。読者諸賢のような知性のある観測者なら、自分はすべての知性ある観測者（過去、現在、未来の）全員の集合の中から無作為に拾われたものであると考えるはずだ。そのうちのどの人〔どの番号〕でもよかったのだ。人類は果てしない未来にまで生き延びて、銀河系に植民し、一〇〇〇兆人もの人類を生むことになると信じるのであれば、こう考えてみなければならない。自分が生まれる予定の人類の総数のうち、最初のわずか〇・〇七パーセントに入っているという幸運なことにどうしてなるのだろう。

ゴットは同じ型の確率論の論法を用いて、銀河系の知的生命体の特徴をいろいろと導いた。その中にはフェルミ・パラドックスと直接に関係するものもある。それはすべて、自分は無作為に抽出された知的観測者である――時間と空間の中で特別な位置にいるわけではない――という考え方に依拠している。まず、銀河系への植民がＥＴＣによって大規模に行なわれることはありえない（もしそうなら、あなたの――他ならぬあなたの

——属している文明がそうなっているだろうに）。また、デルタt論法を、地球上の過去の電波技術の寿命に適用し、それをドレイクの方程式と組み合わせると、ゴットは、電波を送信する文明の数が一二一よりも少ない——式に入れるパラメータによってはずっと少ない——ことを、九五パーセント確信できることになる。さらに、ETCの集団が大規模に広がっているとしたら、あなたは中央値〔それより値が大きい場合と小さい場合が半々になるような値〕よりも大きな人口のETCの出身である確率が高い。したがって、われわれよりもずっと人口が多いETCはめったにいない——多い方のETCの個体が知的生命体の総数のうちの大部分を占めることはないほど少ない——ということにならざるをえない。さもなければ、自分がそちらの方の文明の一人だということになる。そこからおそらく銀河の中にはKⅡ文明は一つも見つからないだろうし、KⅢ文明は観測できる宇宙のどこにもないだろうという結論が導かれる。

先にも触れたように、この論法には正しくないところがあるように見える。私は間違っているような気がする——しかしいったいどこが間違っているのか。ゴットの終末論法に対する哲学的な意見は賛否ともにあり、もしかするといちばん安全な姿勢は、哲学者に戦わせておくことかもしれない。しかし個人的には、知的種族の寿命は必ず有限であるという仮定はしっくりこない。近年の観測結果は、宇宙が永遠に広がる可能性をうかがわせている。すると、人類が永遠に生きることはありうることになる（その場合、終末論法を単純に当てはめるのは問題だということなのだろう）。この場合、そもそも人類の定義はどうなるのだろう。そもそも、ゴットは人類がいつ「始まった」と思っているのか。人類が進化して別の種になるとしたら、それも人類の「終わり」ということになるのだろうか。それでも、しっくりしない感じを抱くとはいえ、終末論法はまだ否定されていない。

終末論法の様々な面は、ウィラード・ウェルズが著書の*Apocalypse When?*〔終末はいつ?〕で巧みに論じている。[252] ウェルズは、この論証を予想を超える方向へ進め、われわれにつきつけられる生存の危険を量的に表すだけでなく、フェルミの問いにありうる別の答えを提示する。進化は人類を、短期的な危険は識別してすぐに処理するようにしたが、長期的な脅威を認識してきちんと評価するための本能のようなものはないのだという。それが知的種族に典型的な特色だとすれば、たぶん、長期的帰結を予想できないことによって終末は必ずやって来るのだろう。

解40　いつも曇り空

長い夜がまたやってきた。

——アイザック・アシモフ「夜来たる」

アシモフの「夜来たる」は、中編以下の人気ＳＦランキングという人気投票をすれば、必ず上位に入る。これは、六連星系にあるラガシュという惑星の科学者の話だ。[253] 現実には、ラガシュのようなカオス的軌道では高度な生物が発達することはできないだろうが、話の組立てとして、アシモフは知性を備えた技術的にも進んだ生物がこの惑星に発達したとしている。この星の物理学者は、近年になって万有引力の法則を発見し、それによってラガシュの六つの太陽の位置を予測できるようになった。この新しい知識によって、ラガシュのまわりを回る衛星の存在も推測された。

月は見えないので、その存在は推理しなければならない。六つも太陽があるため、ラガシュの空が暗くなることはない。この惑星には夜がない。「夜来たる」は、月と六つの太陽がめったにない配置になって日蝕になり、ラガシュの人々が初めて夜空を見たときのことを語る。素晴らしい小説だ。[254]

図 4.25　ケプラー 64b、またの名を PH1 という惑星の想像図。2012 年 10 月に発見され、四重星系に初めて見つかった惑星の例。惑星は二重星を回り、この系をもっと遠くの二重星が回る。PH1 は巨大ガス惑星だが、そこに立つことができたら、二重の日没が見え、夜空には明るい二つの星が見えることになる。太陽が六つあるラガシュの状況はもっと変わっているだろう。（図版—— Haven Giguere/Yale）

ラガシュの天文学者は、われわれの言う天文学を開発するのは難しい。六つの太陽からの光が他の天体からの光をかき消してしまい、惑星や恒星の存在を知りようがないからだ。晴れて遠くが見える空がないとなると、ラガシュの天文学者は、どうすれば自分たちが宇宙の中のどういう位置にいるかについて理解を発達させることができるだろう。

「夜来たる」の状況はありそうにないが、知的種族がいる物理的環境が宇宙を調べるのを妨げるような場合はいくつも考えられる。ある哲学者が問いかけたように、空が雲っているのがあたりまえだったらどうなるか。あるいは、知的種族が陸上よりも海中で進化しやすいとしたらどうか。そこにいる生物種の知能がどれほど高かろうと、その技術がどれほど優れていようと、その知性体は、自分のいる惑星の外の宇宙についての理解を決して発達させることはないかもしれない。星間通信など生じないだろう。

もしかすると、ETCは何万とあるかもしれない――しかしそれは雲に覆われていたり、銀河の中心の、空が永遠に明るいところにあったりなど、天文学が難しくなるようないくつもの環境のどれかにあるのではないか。これでパラドックスに説明がつくだろうか。

このアイデアは、いくつかの最高のSF作品の元になったが、それをフェルミ・パラドックスの説明として受け入れるのは難しい。後で見るように、銀河系にはおそらく一兆個以上の惑星がある。遠くの空を見通せる環境があるのは地球だけだとは考えにくい。

解41　いっぱいいいっぱい

唯一の本物の進歩は、独力で自分が間違っていることを知るところにある。

――アルベール・カミュ

フェルミの問いには暗黙のうちに科学や技術の進歩という概念がある。フェルミが、ヨーク、コノピンスキー、テラーと空飛ぶ円盤について議論したとき、四人は超光速移動の可能性を真剣に考えていた。しかし光より速く移動することが可能だとしても、今のわれわれの知識をはるかに超える物理学の知識が必要となる。研究者がセルオートマトンやモンテカルロ法などのコンピュータによる手法を使って銀河植民をモデル化するとき、研究者は広大な恒星間空間が実際に踏破できると想定している。しかしきっと今の人間には、銀河系に植民するのに必要な技術がない。エイリアンの技術の副産物を示す証拠がないことを考えると、ダイソン球やシュカドフ推進器や反物質ロケットを建造することは可能という想定はされるが、もちろんわれわれは、そのような技術を想像はできても、それを実際に開発することはできなかった。どこかの文明がわれわれより一〇〇万年古ければ、ほとんど魔法に見えるような科学の理解や技術を有していることだろう――われわれはそういう前提を立てたがる。しかし、たとえば二〇二〇年の地球が有する科学が進める限界だったらどうだろう。私たちの今の科学理解の水準が、到達できるめいっぱいのところだったらどうなるか。

極微の世界を考えよう。何十年かの期間で、物理学者はいわゆる素粒子物理学の標準モデルを考えた。このモデルは、すべての物質は限られた種類の素粒子（三対のクォーク、三対のレプトン）でできていて、それが限られた種類の力（電磁気力、弱い核力、強い核力）で相互作用しているとする。二〇一二年、大型ハドロン衝突型加速器（ＬＨＣ）の作業をしている物理学者が、標準モデルで最後まで未発見だったヒッグス粒子を発見した。[255] 標準モデルは途方もない成功を収め、行なわれているすべての亜原子実験の結果と整合している。しかしこのモデルは完全ではない。そこには重力が入っていない。ダークマターやダークエネルギーが入っていないので、宇宙の質量・エネルギーのうち約四パーセント分にしかあてはまらない。理論では決まらないパラメータが一九あり、その値は説明がつかず、「手で」〔実験結果によって〕挿入しなければならない。物理学者は必死で標準モデルを超える物理学の証拠を求めたが、今までのところ、突破口は見当たらない。標準モデルは、それがどこかで成り立たなくならざるをえないことがわかっていながら、相変わらず堅固だ。

あるいは非常に大きな世界を考えよう。何十年かにわたり、宇宙論学者はいわゆる宇宙論の標準モデルを考え出した。一般相対性理論を取り上げよう。これはたぶん物理学全体の中でも最も美しい理論で、わずか六つのパラメータを加えれば（「通常の」物質、ダークマター、ダークエネルギーの各密度などの数字）、これまでに行なわれてきた宇宙論的観測結果すべてと整合するモデルが得られる。われわれは一三八億年ほど前に宇宙のインフレーションを経て、それからビッグバンで膨張する宇宙に暮らしているらしい。物質とダークマターの重力による引力が最初は膨張を減速するが、その後ダークエネルギーの作用で膨張は加速することになる。

宇宙論の標準モデルはとてつもない成果であり、宇宙の大規模な構造について精密測定が行なえて、それを説明するモデルを考えられるというのも驚くべきことだ。しかしこのモデルは完全ではない。われわれはダークマターの正体についてほとんど知らない。ダークエネルギーはまったくの謎だ。根底にある理論、つまり一般相対性理論は量子論ではないので、完全な理論ではありえない（われわれに何かの確信が持てるとしたら、宇宙は根本的に量子論的だということだけしかない）。物理学者は必死に重力と量子論の折り合いをつけたいと思っていて、ダークエネルギーの起源を理解したいと熱心に思っているが、その方法については合意が得られていない。標準モデルは成り立つが、なぜ成り立つのかはわかっていない。

生物の世界を考えよう。一九五三年、クリックとワトソンがＤＮＡの二重らせん構造を唱え、それ以来、生物学者は地球の生命の根本にある生化学を理解するうえで長足の進歩をとげてきた。近年では、遺伝子技術の進歩はコンピュータ技術の進歩をおそらく上回っているだろう。それでもわれわれは、そもそも生命がどのようにして生じたのかを知らない。生物物理学から意識のような現象を理解するとなると、いったいどこから手をつければいいものやら。

一九世紀から二〇世紀に変わる頃、一部の優れた科学者は、物理学は基本的に完成したと信じていた。残っているのは既知の量をさらに正確に測定することだけだと。その頃、地平線にかかっていた雲は二つだけだった。いくら実験を続けても、光を伝えるエーテルが検出できなかったことと、黒体放射の紫外発散が説明できないことだった。その雲が晴れる頃には、特殊相対性理論（エーテルの問題に説明をつけた）と量子論（黒体問題に説明をつけた）という、まったく新しい理論を手にしていた。たぶんわれわれは今、一世紀以上前の科学者とは正反対の状況を経験しているのだろう。誰も物理学が終わったとは思っていない――まだ答えられていない合理的にさしはさめる疑問がたくさんある――が、今われわれが手にしている理論はわれわれにできる観測結果を何でも説明できるほど優れている。たぶんわれわれは、自分たちの理論が不完全である――間違っているとさえ言える――ことを知っているが、もっと良い理論を指し示してくれる実験を行なうこともできないという、がっかりな立場にいるのだろう。ひょっとすると、この宇宙の物理的な構成は、どんな知的種族にとってもそうなるのが運命となるようなものなのかもしれない。

もしそういうことなら、われわれがまだETCからの音信を聞いていないことの説明になる。みんな、ある程度われわれと同じ水準の科学的理解――と技術的能力――にとどまっているのだ。みんなクォークと宇宙のインフレーションとダークエネルギーのことは知っているが、それがどうまとまるかについては、われわれ以上に知っているわけではない。みな、誰かがいるのかしらんと思っているが、われわれと同じく、自分たちの存在を広い宇宙に知らせる能力がない。そう考えると残念だが。

個人的には、科学的進歩がまもなく終わると信じる気はない。ダークマター探しはきっと新しい物理学をもたらすだろう。この節を書いている間にも、LHCの改装作業が完成したことを聞いた。これは素粒子物理学者がまもなく、これまで決して届かなかった距離の規模で亜原子世界を調べられるようになるということだ。近い将来、天文学者と宇宙論学者はダークエネルギーと高エネルギー宇宙線を調べて、重力による宇宙を驚異の能力をもった望遠鏡で調べているだろう。[256] 生物学に関しては、知識増大の速さは減速の兆しを見せていない。何かが現れるだろう。地球外文明に出会うことがあるとしたら、私はその科学がわれわれのよりもはるかに進んでいるものと確信している。私たち以上には知っていないと想像するのはもちろん支持できない。

解42 遠隔学習をしている

説得力のある嘘がつけるぶんだけの情報をくれ。
——スティーヴン・キング

フェルミの問い——「みんなどこにいるんだろうね？」——が反響を呼んだのは、二つの単純な観測結果と対照的だからだ。まず、銀河系は知的生命がとっくの昔に生じたほど古いということ。もう一つは、いくら空飛ぶ円盤がいると言われても、知的生命のなせるわざの兆しはまったく見られない——エイリアンの宇宙船、自己複製する探査機、宇宙的土木工事は見当たらない。しかし第二の観測結果を分析すると、その内部には様々な仮定が見られる。たとえば、われわれは暗黙のうちに銀河系を探査する方法には、宇宙船または自己複製する探査機の船団を「力任せに」使うしかないという前提に立っている。もしかするとＥＴＣはもっとわかりにくい方法で情報を集めているのではないか。

カリフォルニア大学バークレー校の宇宙科学研究所にいる科学者マイク・ランプトン[257]は、われわれが銀河探査を宇宙船を通じてモデル化するとき、「地球二〇〇〇年」の考え方を明かしていることになると言う。物理的探査は西暦二〇〇〇年の地球にいる物理学者には意味をなすかもしれないが、ＥＴＣの物理学者にとってもそうなのだろうか。エイリアンの物理学者には他の選択肢はないのだろうか。とくに、あちらではそのテーマを何百万年と調べていて、自然についてはこちらの物理学者よりはるかに多くのことを知っているのではないか？（そうあってほしい——が、前節の話も参照）。念のために言うと、「二〇〇〇年」と書いたが、数十年の出入りはあるだろう。探査機による銀河進出は一九六〇年代に論じられていて、本書を書いている段階でも論じられている。前後何年かは問題ではない。いずれも「地球二〇〇〇年」の物理学だ。

地球二〇〇〇年の物理学は不完全であることは物理学者によって広く認められている。先に述べたように、素粒子物理学の標準モデルと宇宙論の標準モデルは、人間の知性に対する賛辞になるかもしれないが、両者の基礎は両立せず、宇宙の質量・エネルギーのうち九六パーセントは記述できていない。地球二〇〇〇年の物理学者にとっては、こうしたモデルの先へ進むのが難しい問題となるが、「トランター二〇〇〇〇年」〔トランターはアシモフの『ファウンデーション』シリーズの舞台となる惑星〕の物理学者にとっては問題にならないかもしれない。そしてこうした物理学の根本的な謎を解決すれば、宇宙を探査する新たな方法が開かれてもおかしくない。

ランプトンは、われわれの社会では情報がますます重要になりつつあると言う。石炭の採掘《マイニング》は減っても、データはますますマイニングされている。技術が進むにつれて、物や人を動かす必要は少なくなるだろう（ジューシーな「ジャボチカバ」ってどんなもの？　南米から輸送する必要はない。家でプリントすればよい）。同じことが宇宙旅行にも成り立つ。もともと火星へ有人宇宙船を送ろうとするよりも、遠隔臨場《テレプレゼンス》を使って探査する方が、安全で安価で実用的だ。離れたところで科学をすることさえできる。たとえば、探査車両《ローバー》が火星の砂の下にエイリアンの微生物を見つけても、宇宙飛行士を調べに行かせる必要はなくなる。[258] ローバーにゲノム配列決定装置があれば、遺伝情報を地球に送り返すことができるし、生物学的プリンタを使って実験室でその生物を再現することもできるだろう。地球二〇〇〇年の物理学を使い、離れたところで宇宙について学ぶことを考えられるなら、古くからある情報型社会もきっと同じことができるだろう。それもはるかに効率的に。

つまりランプトンのフェルミ・パラドックス解釈は、すべての技術型社会はいずれ移行を経るということだ。移行以前の社会は植民、征服、交易を動機としている。移行以後の社会は情報によって動く。移行以後の社会は、「あちら」について、完備した、ただ遠隔的な知識があれば、「あちらにいる」必要はない。移行以後の社会の人が実際に「あちら」に行きたければ、現在地であちらのシミュレーションを構成すればよい。

そのような社会的移行が植民にかかる時間に比べて短い時間で起きるなら——そして地球の今の流れから推し量ればそうなりそうに見える——パラドックスは解消される。

私は納得しきれてはいない。私は情報技術の発達が輸送技術の発達よりも重要になったとは全面的に確信していない。私はウェブのアーリーアダプターだったし、インターネットにつながるデバイスもたくさん持っているし、常時接続でなかった時期を思い出すのも難しくなっている——それでも実際のところ、インターネットがなくても結構なことはこなせていた。生産性は今と同じくらいあった（アイザック・アシモフは五〇〇冊を超える本を出し、その多くは一般向けの科学解説書だった。アシモフはそれをタイプライターで書いた。グーグルが使えたら、アシモフはもっと生産的だっただろうか。チャールズ・ディケンズはタイプライターさえ使わなかった。そのディケンズがわれわれのようなコピーアンドペーストやスペルチェックのような技術が利用できていたら、もっと小説を書いていただろうか。私はそうは思えない）。われわれはビクトリア女王が即位した頃〔一八三七年六月〕から光速通信を利用してきた。クックとホイートストンが電信機で特許を取ったのは一八三七年五月のことだった。それ以後の進歩は、単に葉書を豪華にして送る方法ではなかっただろうか。しかし輸送の進歩は、確かに違いをもたらした。先祖が思いもよらなかったような生活様式を与えている。もちろん、私は遅れてきた機械打ち壊し《ラダイズム》の症候を見せているのかもしれない。私より若くて知的な人々はきっと、情報技術の進歩と現実の仮想との境が薄れることを、避けられず、かつ根本から変容させるものと見ているらしい——つまりこの考え方もパラドックスを処理するようになるのかもしれない。

念を押すと、ランプトンが言っている移行は、基本的に天文学的な時間で言えば一瞬のことだが、種類の変化ではない。移行以後の社会は移行以前の存在とは違う動機を持っているかもしれないが、本質は変わらないだろう。以下の一連の解を考えた人々は、技術社会は必然的にまったく別の移行を経ると論じる。

解43　どこかにはいるが、宇宙はわれわれが想像しているよりよくわからない

おい、隣りにめちゃめちゃ立派な宇宙がある――さあ行こう。
――e・e・カミングズ「この忙しい怪物、人類を憐れみたまえ」

現代物理学の理論は、驚くほど広い範囲に適用される。素粒子物理学の標準モデルは原子より小さい規模で生じる現象を説明するし、宇宙論の標準モデルは最大規模での宇宙を記述する。われわれの理論はビッグバン直後の何分の一秒にもならないときの事象を説明し、宇宙がこれからたどる究極の運命を予測する。また、われわれの理論は中程度の現象、つまり日常の規模で起きることを解するのもなかなかうまい。われわれの技術がその証拠となっている。

人によっては、物理学者は傲慢で、自分たちの理論がこんなにも成功していると言い立てるところがいやだと言う――私の経験では、そういう人々は、フェルミ・パラドックスのUFOによる説明を認める傾向がある。科学は人間の脳の産物で、この宇宙の微妙で神秘的なところを捉えることはありえない、などと言われるかもしれない。そうした人々は、宇宙はわれわれが考えているようなものとは違うと想定して、パラドックスを説明しようとしている。科学者とSF作家が立てる、似た感じの、もっと興味深い説もある。

たとえば、知的な種族はもしかすると、時空の制約を超越する非物理的な状態にまで進化するかもしれない。クラークの小説『幼年期の終わり』は、われわれが今の未熟な状態から、銀河の「上位精神《オーバーマインド》」（何らかのスピリチュアルな統合体だが、その正確な正体は明らかにされていない）に合体する移行を描いている。この説によれば、ETCからの音信が聞こえてこないのは、あちらがわれわれの現世の存在を超えた進化をとげているからだという。

こんな説もある。他の知性体はいずれテレパシーの能力を進化させ、星と星の距離を超えて、心から心へ直接に伝えることができる。これなら電波による通信の難しさはどうでもよくなる。もしかすると、精神の力を使って移動までしているかもしれない――ベスターの小説『虎よ、虎よ！』に出てくる旅行のように。もし本当なら、ETCは、われわれのような超能力が不自由な存在との交信をわざわざ試みようとはしないかもしれない。

さらに、やはり突拍子もないが、もっとありふれた考え方に基づいたこんな説もある。ETCは並行宇宙を調べるのに忙しいというのだ。量子力学の「多世界解釈」は、とりうる状態が二つある量子系に対して測定を行なうたびに、そこから宇宙が宇宙Aと宇宙Bに分かれると説く。[259] 宇宙Aの観測者が一方の実験結果を得て、宇宙Bの観測者はもう一方の測定結果を得る。その結果、宇宙が次々と果てしなく枝分かれしていく。宇宙全体では、すべての可能性が実現している。もし多世界解釈が正しければ（この「もし」は大きい――量子力学にはいくつもの競合する解釈があり、多世界解釈が有利になる直接の証拠はない）、また、もし複数宇宙を行き来できるなら（どうにもならないほど巨大な「もし」――そんな移動が可能であることを示すものはまったくない）、ひょっとするとETCは別の世界にいるかもしれない。実におもしろい場所を探検できるというのに、この宇宙のような退屈なところをうろうろすることはないだろう。[260]

最後に一つ。ストリング理論という難しい分野での最近の前進に基づくもので、並行宇宙に概念の扱い方が少し異なる。ストリング理論では、高次の次元に存在するブレーンという物理的対象がある。点粒子はゼロ次元のブレーンと考えられる。ストリングは一次元のブレーンで、ブレーンの次元が p なら、p ブレーンとなる。ブレーン概念に基づく宇宙論モデルを調べる理論物理学者は、四次元宇宙はもっと高次元の空間の中のブレーンに限定されて存在するのかもしれないと唱える。ブレーン宇宙論では、余剰次元のうちいくつかが大きくなれる。この大きな余剰次元は見えない。何かが見えるようにする粒子である光子が、当のブレーンだけに制約されているからで、実はわれわれの体を構成する粒子などすべての粒子がブレーンに制約されている。しかし重力は大きな余剰次元に「漏れる」ことができる。実はブレーン世界の宇宙論では、この「漏れ」が重力の弱さを説明する。ブレーン宇宙論が宇宙の正しい記述だったら、他のブレーン——他の世界——が、文字どおりわれわれのブレーン世界に並行して存在し、パンの山をスライスしたように重なっていることもありうる。こうした宇宙は高次元では一ミリしか離れていないかもしれないが、物質も放射もそれぞれのブレーンにひっかかっているのだろう。ブレーンどうしは重力だけで作用しあうことができる。フェルミ・パラドックスへの答えはもちろん、進んだ文明は「総体《バルク》」〔ブレーンが集まったもの〕を通り抜ける方法を知っていて、[261]高次元空間の一ミリを動く方が、われわれの四次元の時空を何光年も移動するよりエネルギー的に有利だと見ているとすることだ。言うまでもなく、ブレーンが高次元のバルクに存在することを示す実験的証拠はない。こうした大きな余剰次元が存在するとしても、それを行き来できると想定する理由はない。

　科学がわれわれに何でも教えてくれるわけではないのは確かだが——実際発見されないで残っていることは、指数関数的に増えるように見える——科学が教えてくれることはないというのも間違いっている。過去四〇〇〇年、科学——何十万人という科学者が個々に、あるいは共同して研究してきた過程——は、宇宙について信頼に足る知識を生み出してきた。どんな新理論でも、新しい観測結果や実験で発見されたことを説明しなければならないだけでなく、蓄積されている観測結果や知見も説明しなければならない——新理論を展開するのはきわめて厳しいことだ。超越的な精神の統合体や星間テレパシーや複数宇宙間移動のような現象——あるいはそれ以外にも唱えられてきた想像力に富む説——に関する有効な理論を展開できた人はいない。実際には、現在のところそのような現象の存在を持ち出さなくても宇宙を理解できるのだから、そういうものを説明する新しい理論を展開する必要はない。だからといって、そのような現象がありえないことにはならないが、それを真剣に研究しなければならなくなる前に、証拠が必要だ。

したがって、ここに挙げた説はどれも話としてはおもしろいが、それをフェルミ・パラドックスへの答えとして真剣に取り上げるのは難しい。

解44　知性は永遠ではない

われわれには永遠のものはない、われわれは波でそれは流れ、見つかる形何にでも合わせる。

——ヘルマン・ヘッセ『ガラス玉演戯』

二〇〇二年、カナダのSF作家、カール・シュレーダーが、『パーマネンス』〔永続〕という小説を発表し、そこにはいくつもの哲学や科学の思索が入っていた[262]——ミラン・チルコヴィッチが後に強調したように、フェルミ・パラドックスへの解となりうるものもあった。チルコヴィッチはそれを「適応論的」解と呼んだ。[263]

生物学で言う適応とは、生物集団がそれが暮らす棲息地や環境に前よりも適合するようになる進化の過程のことで、その過程から生じた共通の特色が適応的形質、つまり、生物が生き残り、生殖する可能性を向上させる、何らかの生理、行動、生活環の何らかの面のことだ。適応の例はいくつもある。コウモリはエコロケーションを用いて昆虫を捕らえる。キリギリスは葉に似せて捕食者を逃れる。チーターの爪は獲物を捕らえるのに役立つ。

適応はすべてを説明するわけではない

適応的形質を用いてすべてを説明する「というわけ《ジャストソウ》」物語を見つけたくなるものだが、すべてが適応の結果なのではない。たとえば、痕跡的な構造もある。暗い洞穴だけで暮らす魚には視力のない眼がある――視力のあった先祖が視力を維持する圧力のない環境で暮らし始めるようになって以後、その機能は失われたのだ。つまり、その洞窟の暗さでは、視力に優れた魚は視力の乏しい魚より優位になるわけではない。今日の視力のない眼は、進化の歴史の結果であって、適応してそうなったわけではない。副産物のような現象もある。たとえば血が赤いのは、ヘモグロビンという物質の特性によるのであり、適応の結果ではない。外適応の結果と考えられる特色がある。鳥の羽は保温のために生まれたもので、飛ぶ方向に切り替わったのはずっと後のことだろう。この場合、羽は飛行のための外適応的形質ということになる（適応的形質としては保温のため）。

『パーマネンス』でシュレーダーが取り上げたのは、知性や意識は、コウモリのエコロケーションや、バッタの葉の擬態のような適応的形質以上の意味はないという考え方だった。そして視力を有することの淘汰上の有利さがなくなれば、視力のある魚もそれを失うように、知性や意識も、それがいる環境が変われば衰えるのかもしれない。シュレーダーにとって、知能は道具づくりや文明の必須条件ではない。登場人物の一人にこう発言させている。「意識は一つの局面に見える。われわれが調べたどんな種も、ずっと自己意識と呼べそうなものを保持していない。きっと意識以上の何らかの状態に進化したものはない」。後では、「最初は、石や槍のようなものを投げることに多くの思考をかけていたにちがいない。われわれはいずれ考えずに投げ

図 4.26　二羽の雄のイスカ。オレゴン州で撮影。この種の鳥は変わった形質を持っている。嘴（ビル）が交差（クロス）している（そのためこの鳥は英語でクロスビルと言う〔和名の「イスカ」は「曲がっている、かみあわない」という意味の古語による〕）。この鳥は松ぼっくりにある種子を食べ、その嘴の形――先端が交差している――は種子を取り出すのに役立つ。これは適応的形質だ。人間の知能や意識も適応的形質で、イスカの目立つ口と同程度の意味しかないということなのだろうか。人間の知性はそれが振動する環境で進化的な有利さを提供する範囲内でのみ重要なのだろうか。（写真―― Elaine R. Wilson）

られるよう進化する――それがこれからのことの兆しだ。いつかわれわれは……考えなくても技術的基盤を維持できるようになるだろう。全然考えなくても……」とも。

『パーマネンス』では、知性は非永続性のものだ。ETCの通信時代の寿命Lは終末で限られるのではなく、淘汰圧による。知的種族が通信を行なう前に自滅するというのではなく、環境にさらに適応することで、恒星間距離で通信を行なう能力を失うということだ。銀河に広がる文明が見られないのは、技術的に進んだ社会は必然的に方向を変えて生物学的適応に向かうからだ。生命は続く。ただ、恒星間距離にわたって広がるのに必要な知能は持たないのだ。

これはフェルミ・パラドックスの妥当な解と言えるだろうか。私は納得しない。シュレーダーの知性の意味に関する見方には共感するが、その見通しが避けられないものだとはとうてい思えない。いろいろな反論が立てられるだろうし、中には他と比べて堅実なものもある。いずれにせよ憶測の領域にあるので、以下に憶測に基づく反論を。文明の発達上のある時点で、生物学は基本的にどうでもよくなるかもしれない。この筋書きは、次の解で取り上げるが、少なくともシュレーダーが『パーマネンス』で取り上げる考え方と同程度には成り立ちそうに見える。

解45　われわれは生物学以後の宇宙にいる

あらゆるものは必ず変わる
新奇なものに必ず変わる

——ヘンリー・ワーズワース・ロングフェロー「ケラモス」

有名な科学史家、スティーヴン・ディックは長年、宇宙での知性のあり方について考えたいなら、「ステープルドン的」考え方を採用する必要があると論じている。[264] オラフ・ステープルドンはイギリスの哲学者で、何点かのSF小説で、天文学的な時間にわたる人間の進化を考えた。[265] 一九三〇年に発表された『最後にして最初の人類』は、「未来の歴史」の概略を描き、今後二〇〇億年にわたる人類の一八種を描いている（今の人類は「最初の人類《ファーストメン》」となっている）。一九三七年の『スターメイカー』は、さらにスケールが大きく、宇宙における生命全史を描いた——そこには、魅惑の概念が数々ある中で、ダイソン球についての最初の記述がある。フリーマン・ダイソン自身、そのような構造物は「ステープルドン球」と呼ぶのがよいと説いたこともある。ディックの説は、宇宙での知性について考えるときには、天文学的な時間の枠組みだけでなく、そのような時間の規模で生じそうな知的な種の生物学的、文化的進化も考える必要があるということだ。ETCについて考えるときは、ステープルドンが小説で採ったような進め方を採る必要がある。

関係する時間の長さについては第1章でも述べたが、あらためてここで述べておくのが良いだろう。今や、宇宙は生まれて一三七億九八〇〇万年プラスマイナス三七〇〇万年だということはわかっている。[266] 天文学者は最初の恒星がどのようにできたか、まだ理解しきれてはいないが、最初の太陽のような恒星、したがってたぶん最初の岩石型惑星は、ビッグバンから一〇億年以内に――つまり約一二八億年前に――できたと仮定してもよさそうだ。地球を指針にして、知的生命は惑星ができてから四五億年後にできるとするなら、最古の文明が宇宙に登場したのは八三億年前ということになる。天の川銀河で最古の星は一〇〇～一一〇億年前にできたので、同様の論拠で、銀河系最古の文明は、軽く五〇億年は経っているということになる。レイ・ノリスは、恒星の進化に基づく論証を用いて、ETCの年齢の中央値は一七億年と推定した。[267] いろいろな天文学者が、いろいろな論拠を用いて、中央値をノリスの一七億年から、先に挙げた八三億年の間のどこかと論じている。具体的に何年と言いたいわけではない。地球外文明がわれわれより一七億年古いと信じようと、八三億年、あるいはその間のどこかと信じようと、最終的にはこういうことになる。ETCが自然災害でも自ら招いた破局でも生き延びるとすれば、われわれよりもはるかに古い可能性が高いということだ。ヒト属は生まれてから二三〇万年と推定されている。

ETCが長期にわたって残るなら、そのありそうな道筋を探る必要がある。有名な物理学者のニールス・ボーアがかつて述べたように、予測は、とくに未来については難しい。一〇億年の生物学的進化がどう展開するかを予測するのはおそらく無理だろう。しかし、文明が一定の技術水準に達してしまえば生物学的進化はますますどうでもよくなると論じられるかもしれない。文化進化の速さは生物学的進化を大きく上回る。文化が急速に進化するということは、文明が数百年という短い時間でとてつもない変化をしうるということだ。ディックは、進んだ知性を有するとは文化を有することだとすれば、地球外文明についてのどんな論議も必ず文化進化を説明しなければならないと論じる。

文化進化はどのように進むだろう。人類文明の場合でさえ、答えはただただわからない。アシモフが『ファウンデーション』シリーズで描いた人間だけの銀河系では、発達した社会なら、心理歴史学の理論で予想され、形成されもするかもしれないが、われわれはまだそういう理論は得ていない。地球外文明の文化進化となると……誰にわかるだろう。宇宙的文化進化の理論がないので、できるのはせいぜい、われわれが地球で見られると信じる流れを延長することかもしれない。ディックはこのことに最も関連があるとして次のような分野を挙げた。人工知能、バイオテクノロジー、遺伝子工学、ナノテクノロジー、宇宙旅行。ディックはその中でも人工知能が最も重要と見ている。他の分野は知能に仕えるものと見ることができるからだ。バイオテクノロジーやナノテクノロジーを通じて、われわれは効率的な人工知能を構築するかもしれない。宇宙旅行の発達は、知能を広めるかもしれない。遺伝子工学は増えた生物学的知能に道をもたらすかもしれない。この地球では、この傾向が勢いを増しつつある。そこでディックは「知能原理」と呼ぶものを立てる。「知識と知能の維持、向上、恒久化は文化進化の中心的な推進力であり、知能は向上しうるかぎり向上するだろう」。

知能原理は十分な時間があれば――ETCは十分な時間を持っていることだろう――生物学的な知能は人工知能を生み出すということだ。生物学的進化の産物が、機械でできた子に置き換わる、あるいはそれと一体になる。ステープルドン的思考からすると、われわれは生物学以後の宇宙に暮らすことになりそうだ。そのような展望はSETIにもフェルミ・パラドックスにもいくつかの意味をもつ。その一つは、われわれが間違ったところを見ているかもしれないということだ。生物学以後の、体を伴う存在の制約から逃れれば、惑星に縛られることもないだろう。SETIは太陽に似た星のまわりの地球に似た惑星に注目するが、それは目のつけどころが違うかもしれない。こんなこともある。生物学以後の存在は、お互いどうしで通信しようとするより、生物学的存在からの信号を受け取ることに関心があるかもしれない。第三には、生物学以後の存在と生物学的存在とのとてつもない違い――年齢、能力、身体的特徴などの違い――は、われわれの精神とあちらの精神との間に質的な違いをもたらすかもしれない。通信は不可能となるかもしれない。

生物学以後の宇宙という考え方には問題がないわけではない。たとえば、おそらく生物学以後の存在は文化進化を経ることだろう――それはどういうことになるか。また、ディックの論拠となっている知能原理そのものが物理法則の地位には達しない。この原理に説得力がありそうに見えるのは、われわれの文化では増えた知識や知能が競争力の点で有利さをもたらすからだが、この原理は局所的な用途しかないかもしれない。たぶん地球外文明の文化進化は憎悪によって動かされたり、征服欲で動かされたり、はたまた表す言葉がわれわれにはない何らかの感情で動かされたりするかもしれない（ジョージ・R・R・マーティンはかつて、「ライアへの賛歌」という素晴らしく、忘れがたい小説を書いた。[268] そこではある地球外文化の主要な動機が愛とされていた。ぜひ読んでいただきたい）。それでも、われわれが生物学以後の宇宙に暮らすかもしれないという認識には、強烈な魅力がある。ディックの論証を様々な方向へ進めることもできる。そのそれぞれがフェルミ・パラドックスに対する微妙に異なる立場をもたらす。次のいくつかの解は、生物学以後の宇宙の別の面を取り上げる。

解46　みんなブラックホールの周囲に集まっている

時間や空間での動きが止まってからずっと後も多くの旅が続く。
――ジョン・スタインベック『チャーリーとの旅』

ジレットのフェルミ・パラドックスに対する立場を取り上げたとき（一八頁）、ETCを分類するためのカルダシェフスケールを見た。この分類はエネルギー消費に基づいている。おさらいをしよう。KⅠ文明は地球型惑星のエネルギーを利用できる。KⅡ文明は恒星のエネルギーを利用できる。KⅢ文明は銀河全体のエネルギーを利用できる。われわれの技術文明の発達を基準にするなら（毎度のことながら、これが一般的に言えるかどうかはわからないということと解すること）、カルダシェフスケールはETCの発達状態の妥当な尺度に思えるだろう。人類がますますエネルギーを消費するのは、もっと何かをしたいと思う人が増えるからだ。人類が未来に何をしたがるかはわからないが、何をするにせよ、エネルギーは必要だ。同様に、ETCがどれほど驚異的な技術を持っていようと、大量のエネルギーがかかわることになり、技術が進んで広がるほど、必要なエネルギーも増えることは確信できる。

ケンブリッジ大学の宇宙論学者ジョン・バロウは内側操作《インウォード・マニピュレーション》という尺度を発表した。[269] これはカルダシェフによるエネルギー尺度と同じくETCに適用できると言える。発達度がBⅠレベルの文明はそれ自身と同じ大きさ、一メートル程度のものを操作できる（知的存在はわれわれと同じくその程度の大きさで存在するものとする）。BⅡ文明は10^{-7}メートル規模のものを扱える。これだと遺伝子を操作できるだろう。BⅢ文明は10^{-9}メートル規模のものを扱える。これだと分子を操作できる。バロウは人間の文明は今、BⅣレベルにあると論じる。様々な技術の進歩によって、10^{-11}メートル規模の個々の原子を操作できるからだ。しかしリチャード・ファインマンがかつて述べたように、「下を見ればきりがない」[270]。つまり、大きな規模よりも小さな規模の方が探るべきことがたくさんある。実際、人間的な規模である一メートルから、量子物理学で定められるありうる最小の規模――プランク規模――まで、三五桁の差がある。人間の規模から観測可能な宇宙の大きさとの間の差は二五桁「しかない」。するとたぶん、ＥＴＣは高度になるにつれて、マクロの世界よりも、あるいは少なくともそれに加えて、ミクロの世界を調べることにするのだろう。ＥＴＣの分類としては、小さくなる規模を扱う能力を使った方が良いのかもしれない。バロウスケールのＢⅤ文明なら、原子核を操作できる（つまり10^{-15}メートルの規模で動作する）だろう。ＢⅥ文明なら、素粒子（10^{-18}メートル）、ＢΩ文明なら、時空そのものの構造（10^{-35}メートル）を操作できるだろう。

ベルギーの哲学者、クレメント・ヴィダルは、二〇一三年に提出した博士論文で、ＥＴＣの発達は、カルダシェフスケールとバロウスケールを組み合わせた二次元の測度を使って取り上げるのが良いと論じた[271]。とくに、ＳＥＴＩの研究者は文明がＫⅡ-ＢΩレベルにある――恒星のエネルギーを利用できて時空を操作できる――としたらどういうことになるか考えるべきだと言う。

文明に時空を操作する能力があるなら、その技術はブラックホール――何ものも脱出できない時空の領域――を扱えるだろう[272]。ブラックホールは宇宙には比較的ありふれている。大質量の恒星はブラックホールになる定めで、天文学者はどの銀河の中心にも超大質量が潜んでいると信じている。ヴィダルはブラックホールが「知性を引き寄せるもの《アトラクター》」だと論じる。ＫⅡ-ＢΩ文明はこうした極端な天体を利用しようと引き寄せられるだろう。われわれの今の理解の水準では、そのような進んだ文明がブラックホールで何をしようとするか、明言することはできないが、推測を巡らせるのも一興だろう。たとえば進んだ文明であれば、ブラックホールを使ってエネルギーを引き出したり蓄えたりできるかもしれない[273]――ブラックホールからエネルギーを引き出す仕組みはいろいろと唱えられていて、それは見事な効率を示すことも多い。それを科学のためにも使うかもしれない。ブラックホールの重力レンズはとてつもなく強力な望遠鏡の基礎をなしうる。科学者の中には、回転するブラックホールの周囲の時空が超高性能のコンピュータの構築を可能にするかもしれないと想定する人々もいる――従来のコンピュータでは解けないような問題が解けるような装置で、きっとETCならその可能性に関心を抱くだろう。ブラックホールを調べるのには技術的な理由もあるかもしれない。もしかするとそれは時空を超えた旅行をしやすくするかもしれない。本当に進んだ文明なら、ブラックホール周辺の時間の遅れの効果を利用して、どこまでも未来へ生き延びるかもしれない（それほど進んでいない文明は、母星と同じ長さしか生きられない――人類なら、太陽が地球上の生命をすべて呑み込むまでせいぜい二〇億年といったところ）。確かにこうしたことはブラックホールを知性のアトラクターと考えるのに十分な理由になる。そうでなくても、他に思いつく理由はいくつもある。他に何もなくても、ブラックホールは廃棄物処理装置の切り札だ。

KⅡ－BΩ文明は恒星のエネルギーを使ってブラックホール技術を動かせるかもしれない。そのような活動を探知することは可能だろうか。原理的には可能だろう。そのような探知ができることがわかるのは、X線連星（XRB）と呼ばれる天体が何十と天文学者によって観測されているからだ。XRBは提供側天体（たいていふつうの星）が、高密度の降着天体（ブラックホールなど）に物質を奪われるような星系だ。物質は恒星から吸い出されて、高密度天体の周囲に降着円盤を形成する。この落下する物質が、その過程で位置エネルギーを、恒星の原動力になる水素の核融合よりもずっと効率的に解放し、X線と高エネルギーの粒子が連星系から噴出する。すると……X線連星はブラックホールを超高性能計算機や時空旅行装置や廃棄物処理に使っている進んだ文明の表れだったりするのだろうか。XRBはETCの可能性があるのだろうか。

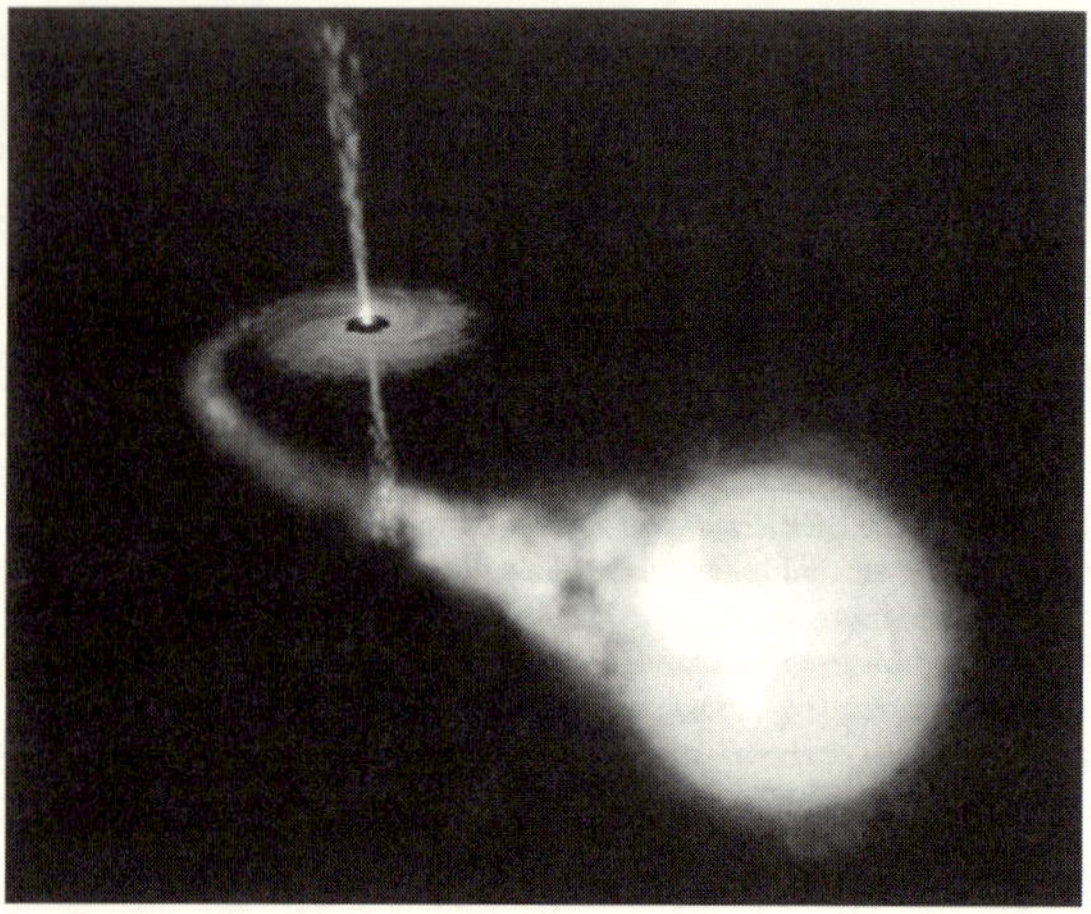

図4.27　マイクロクェーサー GRO J1655-40 が両極から相対論的ジェットを放出しているところの想像図。マイクロクェーサーはクェーサーの弟分で、どちらの場合にも、ブラックホールの周辺に降着円盤ができるが、中央のブラックホールの質量が違う。クェーサーは超大質量ブラックホール（太陽質量の何百万倍以上の大きさ）なみの質量を持っているが、マイクロクェーサーはふつうの星なみの質量しかない。（図版—— NASA/STScI）

文明は不可避的にKⅡ－BΩに向かって進化することを認め、進化は天文学的な時間から見ると急速に生じるとすれば、それはそのような文明が見あたらない理由の説明になるかもしれない。われわれは低エネルギーの通信に耳を澄ましていて、たとえばXRBのような高エネルギーの活動の兆しは探していない。しかしヴィダル自身、X線連星を進んだ技術の表れとして説明しようとすることに内在する弱点を指摘する。それは自然現象で説明する方がはるかに合理的だ。X線連星は、一方の星が寿命を終えようとしていて、古い星によくあることで高密度の天体——白色矮星、中性子星、ブラックホール——になるというだけで、ただの連星にすぎない。関係する物理的過程の具体的詳細がまだ明らかになっていない系もあるが、われわれが観測している現象は単純に重力のなせるわざだということにほとんど疑いはなさそうだ。XRBの出力を説明するためにETCを持ち出すのは、クリスマスの日にプレゼントが配られる説明にサンタクロースを持ち出すようなものだ。しかし、観測結果がこの結論を変える可能性もありうる（もちろんＸＲＢのことで、サンタクロースのことではない）。計算結果からは、恒星の残骸の質量が太陽質量の一・四四倍未満なら、その星は白色矮星になる。残骸の質量が太陽のだいたい一・五倍から三・〇倍程度なら、その星は中性子星になる。残骸が太陽質量の三倍より大きい場合にはじめて、星はブラックホールになる。つまり、Ｘ線連星系にあるブラックホールがたとえば太陽と同じ質量だということが確認できれば、きっとその系を、技術的活動の兆候を求めてもっと詳しく調べたくなるだろう。

私はヴィダルによる文明の二元的分類の価値や、ＫⅡ－ＢΩ文明への注目は、Ｘ線連星の由来が技術的なものであることを示唆するというより、ＳＥＴＩがその宇宙探査範囲を広げると効果があるかもしれないということだと思う。これまでのところ、ＳＥＴＩの焦点は通信に用いられていそうな低エネルギー放射を発見することに充てられている。われわれは、ＫⅡ－ＢΩ水準にある技術の副産物かもしれない痕跡を求めて高エネルギーを調べてもよさそうだ。そして、Ｘ線連星に自然な経路でブラックホールができるとしても、たぶん近在のＫⅡ－ＢΩ文明は、それをすでに挙げた理由で利用することにするということも考えよう。ヴィダルが指摘するように、滝は自然現象だ――が、そこに技術の証拠が見つかる場合も多い。われわれはその近くに水力発電所を建設して、自然が提供してくれているものを利用しているからだ。そこでわれわれは、たとえばＸＲＢ内部のエネルギー流を調節している証拠を探すこともできるだろう。宇宙物理学者はすでに、超新星、マイクロクェーサー、活発な銀河の中心部といった激しい現象についてもっと理解するために、高エネルギー宇宙を調べている。ＳＥＴＩの科学者なら、容易に既存の進行中の観測に相乗りすることができるだろう。それは安価で、調べれば何が出てくるかわかったものではない。

それでも、今のところは、高エネルギー宇宙も低エネルギー宇宙も似たようなもので、観測されていることを説明するために地球外知的生命を持ち出す必要はない。それを説明するのに必要なのは、時間と、生命のない物質とエネルギーに作用する物理学の法則だけだ。

解47 シンギュラリティに達する

ものごとは変化しない。変わるのはわれわれの方だ。
——ヘンリー・デーヴィッド・ソロー『森の生活』

一九六五年、ゴードン・ムーア——インテル社の創立者の一人——は、単位面積の集積回路に詰め込めるトランジスタの数が、一年半で二倍になると言った。[274] この見解はムーアの法則と呼ばれるようになった。ただ、もちろん、自然法則というよりは単なる経験則だ。現代風の装いで言えば、ムーアの法則が言っているのは、データの密度が一年半で二倍になるということだ。この法則は、それが立てられてから五〇年にわたって成り立ってきたし、コンピュータ本体の処理能力で同じペースを保っている部分は他にもある。その結果、安くて高速のコンピュータが使えるようになり、この世界が変わった。この法則が今後一〇年成り立ち続けるとしよう。そうならないとする理由も見当たらない。そうだとすれば、もっと高速で処理能力の高いマシン——もっと優れたタブレットやスマートフォンやウェアラブルな新製品——が出てくることになる。

ヴァーナー・ヴィンジは、コンピュータのハードウェアなどのテクノロジーが、今のままこれから何十年か向上を続けるとどうなるかを推測し、コンピュータのハードウェアは、人類は二〇三〇年になる前に、人間を超える知能をもったものを生み出す可能性が高いと論じた。[275] ヴィンジは、科学がこの飛躍を遂げる道筋について、少しずつ違う四通りのものを考える。強力なコンピュータが開発され、それが「目覚める」可能性。インターネットのようなコンピュータ・ネットワークが「目覚める」可能性。人間＝コンピュータの接続が発達して、利用者が超人的な知能を持つようになる可能性。人間の知能を生物学的に向上する方法が開発される可能性。このような超人的知能の存在は、どのような形で生まれようと、人類最後の発明となるかもしれない。そういう存在であれば、自らをもっと優れた高い知能を備えた子どもが生まれるよう計らうことができるだろうからだ。ムーアが言う二倍になるのに必要な時間は一年半からさらにどんどん短くなり、人口爆発ならぬ「知能爆発」を起こすかもしれない。指数関数よりも急激な暴走的事象で、人類の時代は数時間で終わりを迎えるかもしれないのだ。ヴィンジはそのような事象を「特異点《シンギュラリティ》」と呼ぶ[276]。

シンギュラリティという言葉が選ばれたのは不運なことだ。数学と物理学で、この言葉は特殊な意味で使われているからだ。シンギュラリティは何かの量が無限大になるところに生じる。ところが、ヴィンジのシンギュラリティには、無限大になる量はない。とはいえ、この名は歴史の命運を分けるかもしれないことの本質を捉えている。このシンギュラリティでは、事物が非常に急速に変化し――ブラックホールの中のシンギュラリティの場合と同様――そこにぶつかった後にどうなるか、予測が難しくなる。超高性能のコンピュータ（あるいは超高知能の人間でも、人間コンピュータでも）は……何になるのだろう。このような人間を超えていくような出来事の産物である存在の能力や気持ちや欲求を想像するのは難しいし、もしかしたら無理かもしれない[277]。

ヴィンジは、シンギュラリティがありうるなら、それは実際にそうなると論じる。それは一種の普遍的な法則の性格を帯びている。知能を備えたコンピュータが、さらに知能の高いコンピュータを生産する方法をおぼえれば、必ずそうなるのだ。ＥＴＣがコンピュータを開発すれば――電波望遠鏡を開発するものと仮定しているのだから、コンピュータも開発すると仮定すべきだろう――シンギュラリティにもぶつかることになる。これがフェルミ・パラドックスをヴィンジ流に説明する。異星の文明はシンギュラリティに達し、超高知能で超越的な、こちらからは知りようのない存在になるということだ。

　ヴィンジのシンギュラリティに関する推測は気になる。フェルミ・パラドックスの説明としても、この説は、これまでの説明にあったような、気持ちや状況が一様でなければならない点が改善されている。すべてのETCが自らを吹き飛ばしたり、宇宙旅行には乗り出さないことにしたりなどになるわけではない。しかし、技術文明であればどこでもコンピュータは開発するという論旨は理にかなっている。計算機が必然的にシンギュラリティに達するなら、おそらくすべてのETCはシンギュラリティの中に消えて行かざるをえない。ETCはいても、それがどういうものかは、超高知能ならぬわれわれのような限界のある存在には根本的に理解できない。それでもパラドックスの説明としては、これにもいくつか問題があると私は思う。

　まず、非生物学的な土台の上に高い知性体が存在しうるとしても、シンギュラリティは決してできないかもしれない[278]。シンギュラリティに達しそうにない理由はいくつか——経済的、政治的、社会的——ある。シンギュラリティが生じない技術的な理由もある。たとえば、シンギュラリティに達するためには、ソフトウェアがハードウェアの進歩と同じあるいはそれ以上に必要になるだろう。今あるソフトウェアよりもずっと高度でなければ、シンギュラリティはできない。今のところ、いろいろなハードウェアの尺度がムーアの法則に従うのは確かでも、ソフトウェアの向上はそれほど目をみはるものではない。たとえば私が使っているワープロは最新版で、一〇年前に使っていたものよりは確かに機能は増えているが、そうした機能を使うことはない。むしろ私にとっては、プログラムは一〇年前よりも着実に使えなくなっている。今でもそれを使っているのは、他の人がみんな使っていて、他の人々と文書をやりとりしなければならないからだ。そういう作業のしかたとは別の進め方が登場しつつあり、まもなく私はこのプログラムを完全に捨てることができるかもしれない。この本の版を組むために使っているTeXというプログラムは見事なソフトで[279]、それを作った人はこのプログラムの開発を何年か前に凍結している。世界中のTeX社会では、さらに良い版組のためのプログラムに向けた前進はあるが、ムーアの法則が機能しているとした場合の進み方よりはずっと遅い。もちろん、「知能爆発」をもたらすのに必要なソフトウェアは、ワープロや版組のプログラムとは無関係だが、要点は変わらない。ソフトウェアとソフトウェア方法論の進歩はずっと歩みが遅いということだ。われわれはシンギュラリティに達するようなソフトウェアを生み出すほど頭は良くないかもしれない。もしかするとわれわれは、信じがたいほど強力なマシンが驚異の仕事をしている――自己意識もないままに――未来を見るかもしれない。少なくともそうした筋書きは、シンギュラリティのある未来と同じぐらい成り立つのではないか。

　シンギュラリティが避けられないとしても、それがフェルミ・パラドックスをどう説明するか、私にはよくわからない。フェルミならたぶんしたと思われるように、「その超知性体はどこにいるんだろうね？」と問うことはできる。シンギュラリティ以後の超高知能生物の気持ちや目的はわれわれにはわからないかもしれない――しかしそれなら、存在するかもしれない「従来型の」KⅢ文明にしても、その気持ちや目標はわからないではないか。ただ幸いに、そんなKⅢ文明をどうやって探知するかは考えられる。実は、遠くにいる地球外生命体を理解するよりも、地球にいるシンギュラリティ以後の存在の方が理解できる可能性は高い。そういう存在とは、ある意味ではわれわれ自身だからだ。ある意味でそれを生み出したのはわれわれだし、もしかするとそこに一定の価値観も刷り込んでいるかもしれない。超知性体との通信が理解できないとしても、その存在が他の物理的宇宙から絶縁していなければならないことにはならない。超知性体は、われわれ同様、物理法則には従わなければならないし、おそらくは合理的で経済的な判断をすることだろう。高度技術文明は、銀河系に急速に植民するだろうというのと同じ論理で、超知性体は銀河系に植民するだろうという結論に至る――違うのは、「通常の」生物学的生命体よりも速く、効率的だろうという点だけだ。

たとえ植民しないことにしたとしても、またシンギュラリティ後の存在がわれわれの現実理解を超えているとしても――別の次元へ行ってしまう（二九一頁）とか、ハリソンが唱えた子宇宙を作ることに時間を使っている（一二四頁）とか、あるいはわれわれの宇宙を探索する以外の活動に従事するとか――後には、肥大していない、通常の知性の存在が残るだろう。人類の場合、われわれの多くはシンギュラリティには関わらない方を選ぶかもしれない。しかし、われわれが滅亡するということにはならない。超知性体がわれわれを滅ぼさなければならないと感じない限り（なぜわざわざそんなことをするのか）、これまで同様、生き続けることはできるだろう。細菌がわれわれとの間に結んでいるのと同じ関係を、われわれは超知性体との間に結ぶことになるかもしれない――それでどうだというのか。二〇億年前、細菌は地球で優勢な生命だったし、多くの尺度からすれば（種の寿命、総生体量、地球規模の災害に耐える力など）今でもそうだ。人類の存在は、細菌の存在に影響しない。同様にして、超知性体の存在は、必ずしも人類には影響しない。あちらはあちらの奇怪なことをして、人間は自分たちのしたいことを続けることもできるだろう――銀河系にいる似たような考えの存在と接触を試みたり。

私の頭では、シンギュラリティの存在はフェルミ・パラドックスを説明しない。むしろパラドックスを強くしている。

解48　超越仮説

ここまでのことは前口上。

――ウィリアム・シェイクスピア『テンペスト』第二幕第一場

ジョン・スマートは、二〇一二年に『アクタ・アストロノーティカ』誌で発表された論文で、進んだ文明は実際に技術的シンギュラリティに達するが、そのシンギュラリティが文明を連れて行く先は予測できると論じた。[280] スマートはヴィダル（解46）と同じく、ブラックホールは知性のアトラクターだと論じる。われわれが進んだ文明を見ないのは、ブラックホールの中に消えるからだという。これは超越仮説という。

スマートの論旨は幅広い要素を取り込んでいるが、その骨子は次のようになる。まず、超越そのものを考えよう。スマートは、すでに別の状況で検討したわれわれの計算能力の加速だけに目を向けるのではなく、計算の物理的入力の効率や密度の加速にも向ける。その入力は、空間《スペース》、時間《タイム》、エネルギー、物質《マター》――略してSTEM――で、スマートは「STEM」圧縮を、ある時間にわたる、計算あたりの空間的、時間的、エネルギー的、物質的密度と効率が増大する現象と定義する。空間の面を考えよう。人類の歴史を経て、われわれはノマド的狩猟採集人から都市人へと変化した。この変化は比較的最近のことだ。世界保健機関（WHO）によれば、人類の過半数が都市地域に暮らすようになったのは二〇一〇年になってからだった[281]――ほんの一世紀前には、都市に暮らす割合は二〇パーセントにすぎなかったが、予測では二〇五〇年には七〇パーセントが都市住民となるという。都市は田舎よりも、生み出す一人当たりの富が多く、イノベーションのレベルも高い。そこが人々を都市に引き寄せると考えられるのだが、われわれはすでに都市を超えて進んでいると論じることもできる。資源あたりの情報生成と計算で見ると、企業――これは空間的にさらに濃密だ――は都市を上回る。スマートは、この増大する空間的密度はさらに増して、われわれは時間、物質、エネルギーについても同様の流れを見ることになると論じる。人間の文明は外部宇宙よりも内部宇宙の方向へ進むのだろう。文明は濃密になり、高速になり、エネルギーの効率が上がる——そしてSTEM圧縮の過程を維持するために必要なところでは物理的基盤を変える。知的文明を論じるときにカルダシェフスケールを考える必要はない。STEM圧縮は、進んだ文明がますます局地的になり、ますます濃密になり、ますます効率的な構造やエネルギー流となるということだ。STEM圧縮に限界はあるだろうか。それは宇宙のまとまり方によって定められる限界であるプランク規模だ。シンギュラリティに達する文明は必然的に事象の地平の向こうへ消えざるをえない。

解46ではヴィダルのブラックホールが先進文明を引き寄せるという論旨を検討した。スマートはさらに、ブラックホールが自然に知性を引き寄せると考える理由をいくつか示す。とくに、重力による時間の遅れという現象はいくつかの興味深い推測を生む。たとえば、ブラックホールの事象の地平に近づくほど、時間の進み方は遅くなるように見える(遠くの観測者から見て。地平に近づく当の観測者にとっては、時間の進み方は通常どおり)。この現象の反面は、事象の地平に近い観測者にとっては、外部宇宙の時間は速く進むように見えるということだ。観測者がブラックホールの事象の地平の近くで浮かんでいられれば、その観測者には、宇宙の何億年という展開が一瞬で見られることになる。スマートは、局所的なSTEM資源を最大限にして、局所宇宙では興味深いことも意外なこともなくなっていくと思う文明は、他の宇宙の時間をできるだけ速く進めたいと思うだろうと論じる。そうすると話のいちばんおもしろいところや、役に立つ非局所的情報が、自分のいるところではごく短い時間の間に届くのだ(文明はそれ自身のまわりに物質の殻を生み出して、焦点を結ぶ球にしたいと思うかもしれない。そうすると、この文明は、九五頁で取り上げたように、重力レンズ効果で遠くの宇宙を観測できることになる)。きわめて長期的には、宇宙の中にあるブラックホールは衝突して合体する。事象の地平付近での重力による時間の遅れによって、この合体過程もブラックホール近くに住む進んだ文明の視点からは一瞬のことでしかないということになる。この仕組みにより、いずれ進んだ文明どうしが出会うことにもなるだろう(つまり、スマートが正しくて、人類がスマートの考えるような時期にシンギュラリティに達するなら、ETCに会うまで数百年待てばよいだけということになる。もちろん、外部宇宙では何千億年も過ぎているのだが)。

私の頭にはこの筋書きについて様々な疑問が浮かび、スマートもそれに対する答えを次々と出している。たとえばすぐに思い浮かぶ疑問。超越に向かう途中の文明が見えたり音が聞こえたりしないのはなぜか。そのような文明が多いのなら——スマート自身、関連する発表で、この銀河系には二二億五〇〇〇万という驚くほど高い数字の進んだ文明がありうると推定している——われわれに何らかの天体工学が行なわれている証拠が見えないのはなぜか、超越以前期の電波標識なりとも探知していないのはなぜか。そこでスマートは人間の文明は今から六〇〇年で超越事象に達するかもしれないと論じる。何世紀程度では、宇宙的な時間の規模では一瞬のことだ。われわれが超越以前文明の通信の試みが拾えるほど近くにいる可能性はきわめて低い(一〇〇光年離れていて、われわれと同じ技術水準にある近隣の文明を発見したとしたら——ほとんどありそうにない状況だが——われわれの会話の範囲は、どちらかが超越する前に、双方向のやりとりが三度あるだけになる。ぼけられてもつっこむ暇もろくにない)。スマートはさらに進み、超越への途上にある文明は意図的に放送を控えると論じる。情報を伝えると他の文明の超越経路を変えて、文明が出会うときに情報の多様性が減るかもしれないからだ。確かにスマートは、文明がその運命はブラックホールにあると認識してしまえば、「基本指針《プライム・ディレクティブ》」——放送をしないようにする規範——を発達させるだろうと論じる。この意味で、超越仮説は動物園シナリオ(一〇四頁)の変種だ。

超越仮説には、将来的には検証可能な具体的予測を出すという利点がある。まず、超越仮説が成り立てば電波SETIはおそらく成功しないだろうが、光学SETIの見込みはぐっと高まる。とくに、光学的方法は系外惑星大気を分析できる可能性がある。スマートによれば、文明がSTEM圧縮を経ると、生命の明白な兆候が惑星上から消えるという。超越仮説はたとえば、銀河のハビタブルゾーン圏内には、生命の兆候がある系外惑星がない、あるいは頻度が今より低いことを予測する。次に、スマートは超越ゾーンの端が明瞭でつねに拡大する縁、つまりしかるべき年齢に達し、状態を「切り替えて」STEM高密度状態になる文明の範囲が存在することを予測する。第三に、われわれも超越事象に近づいているらしいので、地球は超越ゾーンの縁付近になければならない。

ここで概略を述べた予測は、検証されるかもしれない。私は個人的には私は納得していない。超越仮説で持ち出される概念の多くは推測に基づく（スマートの論文は、要旨や文献を含めなくてもわずか一〇頁で、「もし……なら」が六六回、「仮定すると」が六回、「と考えられる」が三回出てくる。仮説的な言い回しの出現率は一頁あたり七・五回で、ラディヤード・キプリングのおとぎ話になってもおかしくない）。他方、推測による考えとはいえ、この仮説は超越過程が不可避であることを言う。この不可避性に有利な論拠は、別の想定に依拠する。この宇宙は今のところ一回のサイクルの中にあるということだ。スマートはここで着想の元を、進化発生《エボリューショナリ・デベロップメンタル》生物学なる比較的新たな考え方にとっている[282]（よく「エボデボ」と呼ばれる）。発生は生物が成長して成熟する過程のことだ。有性生殖する生物は、受精卵が胚になり、それがいずれ元の生物と同じ体制を有する個体になり、その個体は年を取り、いずれは死ぬ。ランダムで偶然によって進む進化とは違い、発生はすべてが一定の方向に限られている。ハエの胚はハエになり、ヒトの胚はヒトになる。エボデボは、何よりも発生過程がどのように進化したかを理解しようとして、いろいろな生物の発生過程を比べる（エボデボの驚くべき前進の一つは、生物学者がたとえばヒトの手足がどのように発生するかだけでなく、それを少し変えれば翼やひれの形成を引き起こすのも理解するようになったことだ。一次近似としては、動物は同じ遺伝子を共有している。それでもその一組の遺伝の道具箱が、胚が発生すると、われわれが地球上の生命に見ているさまざまな組織的型をもたらす）。スマートは、宇宙が一生の間にいくつかの局面を示すことを論じる（ビッグバンで「生まれ」、成長して成熟段階に達し、これまでに論じたような過程を通じて子を産むかもしれないし、いずれ何らかの形の死に至る）。そして宇宙に一生があるとすれば、その特色のうちどれが進化で（したがって予測できず）、どれが発生か（予測可能）を問う必要がある。スマートは、進んだ技術文明による、ますます増える内的宇宙の探査は、進化発生の普遍的な過程に導かれると論じる。超越は不可避なのだ。

超越が「不可避」であることは、あまりに多くの仮説の上に立っていて、私には受け入れられない。そして超越仮説が成り立つには、銀河系のすべての文明はブラックホール密度ぎりぎりのところを進まなければならないし、近隣の銀河の文明もそうならなければならない。実際、超越仮説は、あらゆる近隣の銀河にある文明の個々の成分すべてが同じように発生することを求める。個人的には、それはありそうにないと思う。見渡したところ、収束よりも偶発作用のように見える。

解49　移住仮説

寒さほど燃えるものはない。

――ジョージ・R・R・マーティン『ゲーム・オブ・スローンズ』

最近では、セルビアの天文学者ミラン・チルコヴィッチが、フェルミ・パラドックスについて並外れて深いところまで考えている。チルコヴィッチが、クレメント・ヴィダルのような論者と同じ出発点を採り、しかも進んだ技術文明の発達についてまったく別の結論――と少し異なるパラドックスへの答え――に達しうるというのは興味深い。

チルコヴィッチは、未来学者ロバート・ブラッドベリとの共著論文で、[283] 知的生命は銀河系の様々な地点で生じえて、そのような生命が、自然、人為両方の、降りかかる定めの災厄を生き延びるなら、それは必然的に、生物学以後の進化につながる軌道をたどると論じた。チルコヴィッチとブラッドベリは、人工知能の出現とナノスケールでの物質を操作する能力は空間的にコンパクトな文明をもたらすという点で、ヴィダル、スマート、ディックらに同意する。しかし二人は、こうした文明にありそうな物理的位置については一致していない。

技術的に進んだ存在は情報処理で動くという説――これは基本的にディックの知能原理の変種で、こうした存在がコンピュータを「持って」いるか、それ自体がコンピュータ「である」かは実際には問題にならない――を受け入れるなら、そのような処理がどこで生じるのが最も効率的かと問うことはできる。チルコヴィッチとブラッドベリは、熱は計算の敵だと言う。今日のコンピュータに立ちはだかる難関は、いずれ別の設計あるいはもっと優れた技術を採用することによって乗り越えられるだろうが、熱の散逸の問題は、熱力学の法則から生じるものだ。どんなに進んだ技術文明の計算処理でも放熱の問題に制約されるし――ETCが物理学の法則に拘束されるとして――また、情報処理はそのような文明の指針となる動機だと仮定して、チルコヴィッチとブラッドベリは、この制約は政策を支配することになると論じる（そもそもこうした文明がどのような計算を行なうかはわからないが、ETCは銀河系への物理的植民よりも情報処理の能力を優先するという前提）。

一定量のエネルギーを用いて処理できるビットの最大数は、処理装置の温度に反比例する。つまり、プロセッサに接触する熱だめの温度を下げると、計算は効率的になる。限界温度は宇宙そのものの温度、つまり宇宙マイクロ波背景の二・七Kだ（プロセッサの温度をこれ以下にすることは可能だが、それで効率が上がった分は、そこまで冷却するのに必要なエネルギーによって打ち消される）。星からの放射は銀河の内側の領域では、マイクロ波放射温度よりも相当に高くなる。中心から遠ざかるにつれて、漸近的に限界温度に近づく。したがって、熱力学的な視点からは、計算を行なうのに最善の場所は、銀河の外側の冷たい領域ということになる。興味深いことに、これは生命には不利な様々な宇宙物理学的現象――超新星のような高エネルギー事象――があまり起きないところでもある。こうしたことからチルコヴィッチとブラッドベリは、フェルミ・パラドックスへの答えとして移住仮説を立てる。ETCは、計算の効率を向上させるために、銀河系の元の位置から冷たい外側へと移住することになるという。ETCは「銀河ハビタブルゾーン」から「銀河テクノロジカルゾーン」へ移動する――そして銀河の縁は個々の高度に進んだ「都市国家」の集合体の住処となる。進んだ文明が近辺に見当たらない理由は、ETCあるいはそのコンピュータにとって、このあたりは耐えがたいほど熱いと見られるからということになる。われわれに音信も聞こえてこない理由については――チルコヴィッチとブラッドベリは、生物学以後の文明がわれわれのような知的水準がはるかに下の生物と連絡をとろうという気はほとんどないだろうという点で、他の論者と一致する。実際、スマートが少し異なる文脈で指摘するように、ETCは、他の文明には自由に独自の生物学以後の未来に至る道筋を探らせることによって、そちらがやっと通信に価値があるようになったときに学べそうな興味深い情報の量を最大にする。

移住仮説に対してまず思うのは、銀河か中心から外側へ移住することの膨大な費用は、計算効率によって節約できるものが霞んでしまうほどになる可能性が高いということだろう。しかし念を押すと、そうした文明はバロウスケールで高いところにありそうだ――小さくてコンパクトになるのだ。星間旅行は、ETCが実際にまずもって計算をできるだけ効率的に行ないたいということを動機にしているなら、必ずしもとんでもなく難しいことではない。もっと冷たい環境へ引越すことによる節約は、輸送コストを比較的すぐに上回れるだろう。

つまり文明は不可避的に計算を行なう欲求によって支配される、生物以後の未来に続く進化の経路をたどるという説からすると、こんな結論が出せる。ＥＴＣは高エネルギー環境を伴うブラックホールに近いところに行くか（ヴィダルの結論）……あるいはできるだけ遠ざかるか（チルコヴィッチとブラッドベリ）。

解50　無数のＥＴＣが存在するが、地球からの粒子の地平内では地球人だけ

われわれはみな同じ空の下で暮らしているが、みんなの地平が同じというわけではない。
――コンラート・アデナウアー

マイケル・ハートは、フェルミ・パラドックスについておもしろい考え方をしていて、それを熱心に広めてきた[284]。その論法を十分に正しく理解するには、粒子の地平という概念を理解する必要がある。

粒子の地平は、静止した宇宙では説明しやすい（宇宙はもちろん静止していない。ビッグバンに始まり、それ以後ずっと広がってきて、最近の知見からは永遠に広がるのではないかと言われている。宇宙の膨張を考慮に入れると、粒子の地平の話は非常につかみにくくなる。幸い、その考え方を静止的な宇宙として論じても失われるものは何もない）。そこで無限に広がり、銀河が一様に分布している宇宙を想像しよう。さらに、このモデル宇宙は一四〇億年前に生まれたとする。もしかすると銀河はすでに存在していて、何かの超知性体が「スイッチを投入」し、すべての星をぴったり同時に明るくしたのかもしれない。このような宇宙は、地球のような星にいて、できてから

一四〇億年経った宇宙にいる観測者にはどう見えるだろう。無限の数の銀河からの光が届いた結果、夜空はまばゆいほど明るいだろうか。オルバースのパラドックスを知らない人なら、この無限の静止的宇宙が、われわれが今暮らしている宇宙のように見えることを知れば驚くだろう。光よりも速く移動するものはないという点をおぼえておこう。したがっていかなる作用も――光も重力波も何も――一四〇億年を超える距離にある領域からは、観測者のところまで届かない。この距離――「粒子の地平」までの距離――が、観測できる宇宙の実際の大きさとなる。その地平の向こうにあるものは、観測者のところまで届く時間がない。

ハートは次のような論証を立てた。まず、われわれの宇宙は無限だとする。しかし、観測できる宇宙の大きさは、粒子の地平までの距離で与えられ、宇宙は一四〇億年ほど前に始まったので、その距離は有限となる。次に、「生物自然発生《アバイオジェネシス》」――生命のない物質から生命が発達する――は、きわめてまれな事態だとする（生命自然発生についてはは後にもう少し詳しく論じるが、今の時点では、ハートが考えているのは、生命に特徴的な分子が、もっと単純な分子をランダムにシャッフルすることで生まれる確率は例外的に小さいということである点に留意すれば十分）。無限の宇宙には、必然的に生命のいる惑星が無限にできるが、どれか特定の粒子の地平内部では、生命のいる惑星は一つだけということもありうる。この論法によれば、地球もとくに変わっているわけではないと言える。無限の宇宙には、生命に満ちた地球のような惑星が他にも無限にある。しかしわれわれの粒子の地平の内側では――われわれの観測可能な宇宙の内部では――生命が自然発生的に生まれたのは地球だけだったというわけだ。

ハートが指摘するように、その考え方は簡単に論駁できる。たとえば、地球外生命が地球を訪れることがあるかもしれない。あるいはＳＥＴＩが成功して信号を探知することはあるかもしれない。惑星生物学者が火星にも自然発生的に、地球とは別個に生物が生じることを証明するかもしれない。こうした展開のどれもが生命誕生はまれな、宇宙で一度だけの出来事だという考え方の反証となる。しかしそうした展開がない場合には、フェルミ・パラドックスはがっかりする結論につながるとハートは論じる。つまりわれわれは粒子の地平の内側では唯一の文明だということだ。宇宙には高度な文明が無限にあるのに、現実的な意味では、われわれだけなのだ。

著名な物理学者、アラン・グースはわれわれしかいないことをまったく別の宇宙論的論拠で示している。[285] その論法は、宇宙論の根本的な鍵となる概念の一つ、インフレーションに基づく。[286] グースらがインフレーションの概念に達したのは一九八〇年代のことで、従来のビッグバンの構図内では謎となる、宇宙に観測された特色いくつかを説明するためだった。基本的には、宇宙は一種の真空のゆらぎ、つまりその中のごく短期に指数関数的膨張――インフレーション――を経た時空の小さな区画のようなものとして始まり、ほぼ一瞬で、原子よりも小さかったものがリンゴほどの大きさのものになったという考え方だ。インフレーションが止まると、「従来型の」ビッグバンの膨張期が引き継ぐ。インフレーションは、宇宙がどのようにこれほど大きく、なめらかで、平らになったかを説明する。インフレーションはこの観測結果を（宇宙の他のいろいろな特性も）説明するだけでなく、この宇宙がマルチバースの一部であることも強く示唆する――無限個の「局所宇宙」あるいは「泡宇宙」があり、われわれのいる宇宙はその一つにすぎないということだ。特定の泡宇宙では、インフレーション的膨張がごく僅かな時間の後で停止したが、広大なマルチバースには、膨張が続いているものもあれば、その間にまた泡宇宙を派生させるものもある。言い換えれば、インフレーションはいったん始まると止まらず、永遠に続くのだ。

インフレーションにはいくつか異なるモデルがあるが、永遠インフレーションが膨大な数の宇宙を生むという一般的結論を避けるのは難しい。グースは泡宇宙の数が毎秒 e^{1037} 倍で増殖すると考える相当の理由があるというモデルを考える――グーゴルさえ無に等しく見えるほどの数だ。これは異常に大きな宇宙の生産速度だ。最初は一つの宇宙で始まり、一秒後には e^{1037} 個の宇宙になり、さらに一秒経つと同じ数をかけなければならないのだ。これは呆然とするが、宇宙論のインフレーションを論じるときにはそういう構図を考えなければならない。この構図では、若い宇宙は古い宇宙よりも膨大に多くなる。グースはこの筋書きが成り立つとして、こんな問いを立てる。見える範囲の宇宙（つまりわれわれが暮らしている泡宇宙）には他にわれわれと同じくらいに進んだ文明はあるか。

進んだ文明が発達するには、最短でも定まった時間 t_{civ} がかかるとしよう（「進んだ」をどう定義するかは実は問題にはならない。同様に定まった最短発達時間は現実的になりそうにないが、もっと納得できる尺度を定める必要はない。関係する数はそうした考察を呑み込んでしまう）。われわれは存在しているので、われわれの泡宇宙の年齢 t_0 は、条件 $t_0 \geq t_{civ}$ を満たさなければならない。さて、ＥＴＣはわれわれの泡宇宙のどこかに存在するとして、それはわれわれよりも1秒だけ進んでいるとしてみよう。するとわれわれの泡宇宙は $t_0 \geq t_{civ} + 1$ も満たさなければならない。ところが、検討している筋書では、第一の制約を満たす宇宙は第二の制約を満たすより e^{1037} も多くの泡宇宙がある。われわれは $t_0 \geq t_{civ}$ を満たす泡宇宙にいることはわかっているので、われわれの宇宙が $t_0 \geq t_{civ} + 1$ も満たすことがわかるのは圧倒的に可能性が低い。結論は、マルチバースのわれわれがいる特定の部分では、他には誰もいないということになる。

グースは、この論法はフェルミ・パラドックスを説明するかもしれないが、もっとありそうな解釈は、永遠に続くインフレーションでできる無限個の泡宇宙論じているときの問題の立て方を本当には理解していないということだと、皮肉なことを言っている。

＊＊＊

ハートやグースの宇宙論に基づく論旨は、宇宙を広げると無限に多くの宇宙が存在するかもしれないが、そこにはわれわれと連絡がとれるものはないということになる。実質的にわれわれしかいない。この宇宙にいるのはわれわれだけという結論——フェルミ・パラドックスに対する第三種の答え——が次章の主題となる。

5　存在しない

フェルミ・パラドックスに対する最後の解の区分は、「みんな」――われわれが連絡を取れるほど進んだ地球外文明――は存在しないとする。

この区分の解の中でも、フェルミの問いに対するいろいろな扱い方を区別できる。しかしそうした解は、つまるところ、ドレイクの方程式にある項のいずれ一つあるいは複数をごく小さくすることによっている。項の値が一つでもゼロに近ければ、あるいはいくつかの項が小さければ、結果は同じことになる。すべての項をかけ合わせると、答えは$N = 0$となる。他の文明はゼロ、つまり銀河系の中で、あるいはもしかすると宇宙全体で、技術的に進んだ文明はわれわれの文明だけということだ。

ドレイクの方程式にある項のうち、適切な環境にかかわるものが二つある。真に地球に似た惑星はごく稀にしかないのか。ピーター・ウォードとドナルド・ブラウンリーというワシントン大学の二人の科学者が、『稀少な地球《レア・アース》』という、刺激的で考えさせられる本を書いた[287]。二人は、複雑な生命は例外的な現象かもしれない理由について、筋の通った論証を提示した（奇妙なことに、二人はフェルミ・パラドックスには言及していない）。本章では、この『レア・アース』で立てられた説もいくつか取り上げる。そこに出てくる説のそれぞれが、別々にフェルミ・パラドックスの解き方として唱えられたことがあるので、私はそれを別々に取り上げる。しかしそうした解き方を、パラドックスへの一個の「レア・アース」解にまとめることもできるだろう。

つまり、生命からして稀な現象であるために、技術的に進んだETCは存在しないということがありうるのだろうか。もしかすると、非生命の物質から生命が出現することが、奇蹟とも言うべきまぐれ当たりなのかもしれないし、あるいはもしかすると単細胞生物はありふれていても、複雑な生命形態への進化は起こりそうにないことなのかもしれない。ここでは、こうした考え方に基づいた答えをいくつか論じるが、その話には大きな限界があることは念頭に置いた方がいいだろう。私はずっと、自然に生じる生命は炭素型で、溶媒として水を必要とするという前提に立つ。他の化学物質、とくに珪素《シリコン》も炭素の代わりに使えるのではないかと論じる科学者もいるし、他の溶媒、たとえばメタンなどが水の代わりに使えるのではないかとする科学者もいる。私自身は――想像力が足りないだけかもしれないが――水と炭素が出てこない生化学は考えにくいと思う。とくに水は生命には必要だと確信している。水があれば生命が見つかる可能性もある。生命が別の形態をとりうる――プラズマの雲にできる恒久的なパターンだとか、どろどろした液体にできた情報を運ぶ渦だとか――と信じるとすれば、本章で提示する答えは視野が狭いように見えるだろう。[288]

　後になってみると、本章で取り上げる解には、科学的想像力に欠けていたために出てきたものがあるということになるかもしれない。しかしわれわれは一個の例――われわれが知る限り、生命がいる唯一の惑星、地球――だけから一般化しようという難しい立場にある。サンプルサイズが1しかないところから結論を引き出すのは危険だが、この場合、他に何ができるだろう。われわれの継続的な存在に必要と見える因子に影響される――たぶん偏ると言った方がいい――ことは避けられない。われわれは弱い人間原理《ウィーク・アンスロピック・プリンシプル》（WAP）に拘束されている。これは、われわれに観測できる対象は、観測者であるわれわれの存在にとって必要な条件の範囲内のものとならざるをえないことを言う。フェルミ・パラドックスを論じるときにはWAPは避けて通れないので、本章を人間原理的推論に基づく解から始めるのは理にかなっている。人間原理が言っていることはむしろ抽象的だが、これから出てくる解の大半は、もっと具体的な案に基づいている。

解51　宇宙はわれわれのためにある

人間は万物の尺度である。

——プロタゴラス

影響の大きかったハートによるフェルミ・パラドックス分析よりも前に、人類はおそらく他にいないのではないかと唱える特筆すべき説が登場した。この論拠は、技術的に進んだ文明が発達するまでの道筋には、いくつもの「起こりにくい段階」があることに依拠している。「起こりにくい段階」となりそうなことの例には、生命の発生、多細胞動物の進化、記号言語の発達などがある。私はこの後で、その段階それぞれについてもっと詳しく取り上げるが、しかしここでの論証には、その詳細が大事なのではない。この論証に必要なのは、知性に至る道筋には、その成否を分けながら、起きるとは考えにくい段階が、何らかの数、n個あり、各段階はその前の段階に至る段階が起きてはじめて可能になるという点だけを必要とする。高名な進化生物学者エルンスト・マイアは、これらの「起こりにくい段階」を十いくつもあげたことがある。[289] いくつかの物理学的・天文学的な巡り合わせが加わると、起こりにくい段階の数はさらに大きくなるかもと論じる科学者もいる。そうした様々な段階の状況には、もちろん異論を挟むことができる。ここで「起こりにくい」と呼んでいる進化上の段階には、障害にならないものもあるかもしれない。われわれは、特定の進化の段階が地球の歴史で生じたのが一度だけだと、それを起こりにくいと考えるが、中には起こりうるのは一度だけという段階もある——その段階が刺激した競争によって、再び起きたとしても余計なことになるだけだ。他方、本当にありそうにない段階もある。たとえば、特定の決め手となる段階には、何もなければ価値のない突然変異がいくつか同時に生じることが必要だとすれば、この段階を幸運なまぐれ当たりと見るのも無理はない。

そこで一つの特筆すべき巡り合わせを考えよう。それが以下に紹介する論法の核心にある。

まず、太陽の寿命は約一〇〇億年とされる。太陽が生命を生む惑星を維持する期間がそれより短いのはほぼ確実だ――天文学者の中には、太陽の将来のなりゆきによって、地球は今後一〇億年ほどで住めなくなると信じる人々がいる。[290]そうなると、太陽の「有効」寿命は六〇億年しかないことになる。地球の生命圏は、もう老年期にある。他方、ホモ・サピエンスが登場したのは、太陽ができて四五億年ほど経ったときだった。この二つの時間の幅――太陽の寿命と、太陽の周辺に知的生命が現れるまでの時間――はきっと二倍以内に収まるのは確実で、一・三倍以内に収まるかもしれない。二つの時間幅がほとんど等しいというのは特筆すべきことだ。この二つの時間の長さは、個別にも組み合わせてでも、それぞれとは無関係に決まるらしい因子によって決まっている。太陽の寿命は重力と原子核の因子で決まるのに対し、知的生命が出現するまでの時間を決めるのは、化学的因子、生物学的因子、進化の因子だ。われわれは、時間が広大に広がる宇宙に暮らしている。多くの原子核レベルの過程は10^{-10}秒という短い時間で生じるが、天文学的過程は10^{15}秒〔十億年単位〕という長い時間で生じる。二つのまったく別個に決まる時間の長さが同じ値になる可能性は低い。このような観測結果を、巡り合わせに訴えないで説明できるだろうか。

進化の時間の長さが四五億年よりずっと短いとしたら、それが解の一つになるかもしれない。知的生命が地球に似た惑星に登場する時間はふつうわずか一〇〇万年だとしてみよう。時間の長さの巡り合わせ度は小さくなる――しかしその代わりに人類が最近になって登場する確率はないに等しいほど小さくなる。何と言っても、地球が冷えて一〇〇万年で登場しえたのなら、どうしてわれわれがいるのは地球が冷えてから一〇〇万年経った頃ではないのだろう。譲って、二〇〇万年とか三〇〇〇万年、四〇〇〇万年ではないのはなぜだろう。なぜわれわれが現れるのに四五億年もかかったのだろう。これでは優れた解とは言えない。

もう一つの解は、進化の時間の長さが四五億年よりもずっと長いとする必要がある。これは知性の発達には、起こりにくい段階がいくつもあるという、マイア説にも合致する——ここでの「起こりにくい」の意味は、与えられた生命が存在しうる惑星上で、一つの段階が生じるのにかかる時間が長い（もしかすると現在の宇宙の年齢よりも長いかもしれない）ということだ。いくつかの起こりにくい段階を経なければならないとしたら、そもそもわれわれがここにいるとは思えない。

たいていの人は、この第二の解を聞くと、最初の解と同じ根拠で否定する。人類が最近登場する可能性は低いというわけだ。しかし二つの状況は同等ではない。

ありうるすべての宇宙の総体を考えよう（その複数の宇宙が何らかの形で「実在」すると考えるか、数学の理想化のようなものと考えるかは、お任せする）。起きそうにないことが起きる宇宙もある。確率の低い出来事の連鎖も起きるものだ。偶然の盲目的な作用によって、知性体につながる起こりにくい段階がひとそろい起きる宇宙はある。そのような宇宙なればこそ、知性を備えた種がそれを——そこに自分たちがいるのを——観測している。言い換えると、われわれが存在しないような宇宙は、可能性はあっても無視できる——そもそもそういう宇宙はわれわれにとっては存在しないのだ。われわれは、起こりにくい段階が起きてしまい、われわれに至った宇宙を見るほかはない。そこでわれわれはこう問うことができる。われわれにとって存在する宇宙すべてについて、太陽の寿命を一〇〇億年として、その間のどの時期にわれわれが現れる可能性がいちばん高いか（あるいは、同じことだが、太陽の有効寿命が六〇億～七〇億年だとしたらどうか）。単純な計算をすれば、起こりにくい段階が一二あるとした場合、登場の時間として可能性が高いのは、利用できる寿命の九四パーセントが経過したときであることがわかる。
観測結果はこの単純な計算結果と合致するように見える。太陽が地球上の生命を維持できる期間が一〇〇億年とすれば、人類は利用できる時間のおよそ五〇パーセントが経過してから登場したことになる。太陽があとわずか一〇億年ほどしか生命を維持できないとすれば、人類は利用できる時間の八三パーセントが経過してから登場したことになる。これは予想される到来時期に見事なほど近い。

地球外文明が出現する確率が最も高い時期

星間通信ができる文明が発達するまでの道のりに n 個の起こりにくい段階があるとしよう。そしてその n 個の段階が、星の寿命 L（年）の間に生じなければならないとする。単純な計算によって、通信を行なう文明が登場する確率がいちばん高い時期は、式 $L/(2^{1/n})$ で与えられることがわかる。起こりにくい段階が一二ある、つまり $n = 12$ ということなら、出現する確率がいちばん高い時期は $0.94L$ になる。この計算は、知性を備えた種がいつ登場するか、正確に定量できるわけではない。くぐり抜けなければならない起こりにくい段階が一二あるなら、出現する時期の中央値は星の寿命の九四パーセントの時期になるということを言っているだけだ。

ようやく肝心なところへ来た。ただわれわれが自らの存在する宇宙を選んだというだけの理由で（他にどんな宇宙を選べたというのだろう）、他の知的生物種が存在しないとは推論できない。われわれは自分がここにいることを観測しているので、ここにいるしかない。しかし異星人の存在は、確率と争わなければならず、その見込みはあまりよくない。別の計算からもこのことが明らかになる。高度な知性に至る道筋には乗り越えるべき起きりにくい段階が十いくつあるのなら、どんなに甘い前提をしても、別の知的種族が宇宙全体に存在する可能性は億兆に一つしかない。知的種族をこちらで観測していないのも不思議ではない。

この宇宙にいる知的生命の数

知的生命に至る道筋にn個の起きにくい段階があり、それぞれの段階が生じるのにふつうd年かかるとしよう。さらに、生命が存在しうる惑星がp個あり、そのそれぞれはt年間生命を維持できたとする。あちらにいる知的生命の種の数は、$p \times [t/(n \times d)]^n$という式で与えられる。甘く見て、すべての銀河にあるすべての恒星に、生命が維持できる惑星が一つあるとしよう。すると$p \approx 10^{22}$となる。さらに甘く見て、すべての惑星は、宇宙の年齢と同じくらいの間、生命が維持できるとしよう。すると$t \approx 10^{10}$年になる。しかしながら、dは長くなければならない。そうであればこそ、この段階は起きにくいと言われるのだ。そこで$d \approx 10^{12}$年としよう——宇宙の年齢の一〇〇倍ほどだ。それから、先ほどと同様、起きにくい段階が一二ある、つまり$n = 12$とする。これらの数を先の式に入れれば、存在する知的生命の数は10^{-15}ということになる。

ETCは存在しないとするこの種の論法を最初に発表したのは、ブランドン・カーターで[291]、本人はこれを人間原理《アンスロピック》論法と呼んだ（人間原理の考え方には、本書でもすでにお目にかかっている。ゴットの終末論法と、ハートの生命の発生の確率が低いことに関する説は、人間原理の響きがある。これから他の例も見る）。カーターは当初、$n = 1$または2、つまり起こりにくい段階はせいぜい二つしかないとしていた。アンドリュー・ワトソンによるもっと新しい分析は、$n = 4$と説いている。[292]カーターが「人間」原理という言葉を使ったのは不運だったかもしれない。人類が何らかの形で必要だという含みになるからだ。この論法が成り立つために必要なのは、知的観測者——どんな知的観測者でもいい——が自分の宇宙を自ら選択していることだけだ。この宇宙では、観測を行なうのはわれわれだということにすぎない。

　科学に人間原理的推論の出番があることについては異論がある。説明を提供するという科学者の責任の放棄だと見る人もいる。たとえば、宇宙全体に自然淘汰が作用しているというスモーリンの説（一一五頁）は、人間原理的推論から離れようとする試みだ。それでも多くの一流科学者が人間原理的な説を採り、生命の進化にとって「ちょうどいい」ように見えるこの宇宙のいくつかの特徴を説明しようとしてきた。いくつかの物理定数がほんのわずかでも異なる値だったら、われわれはここにはいないかもしれない。星は輝かないだろうし、宇宙は何分の一秒かでつぶれてしまっていただろうし、重い元素はできないだろうし、等々のことだ。われわれが存在するということが、もしかすると、あるところでこうした観測結果を理解できるようにするのかもしれない（しかし私は、こうした「説明」は基本的に自明のことを言っていると論じることもできると思う）。[293]少なくとも、人間原理的推論を知っていると、観測による偏りの重大な例に対する用心の役には立つ。たとえば、惑星生物学者が、生命が生まれてしまえば、それにはきわめて高い自己復元力があると説くのはよく耳にするだろう——さらに、そういう説を唱える人々は、宇宙が生命に投げかける、小惑星衝突や破局的気候変動など、多種多様な衝撃を数え上げてその復元力説の根拠とするものだろう。地球の生命は、そうした衝撃を生き延びてきたので、確かに丈夫そうに見える。しかし、そうでないという観測はいったいありうるだろうか。どんな知的観測者も、進化の歴史を振り返れば、どんな出来事も生命を滅ぼすことはできなかったことを見るしかない。生命が滅ぼされてしまっていたら、振り返ってそのことを見る知的観測者もいないことになるのだ。地球上の過去の生命を一度観察しただけでは、生命の自己復元力についてほとんど何も導けない。実は、このくだりを書いているとき、私はカーターの「起こりにくい段階」論法は他の属性よりも知性を強調しているように描いた——が、自分が知性を焦点に選ぶのは恣意的で、この属性が人類にとっては重要だからというだけでそういうふうに描かれているのを自覚している。カーターのモデルは実際にはむしろ一般的で、どんな「起こりにくい段階」の系列にも適用できる——たとえば、羽が生物で最も重要な属性だと思えば、クジャクのディスプレイ用の羽のようなものがあることにも適用できる。クジャクの羽に到達する起こりにくい段階の数が知性に達するための起こりにくい段階の数と同じなら、出現するまでの最も確率の高い時間は羽も知性も同じになる。しかしクジャクはこういう問題について考えはしない。

文献では、人間原理的推論には何種類かあり、それぞれの人間原理は意味に温度差がある。カーターによれば、弱い《ウィーク》人間原理（WAP）は、「われわれが観測すると予想できるものは、観測者としてのわれわれの存在に必要な条件によって制約されてしまう」ことを言っている。WAPはほとんど同語反復《トートロジー》だ。これに対して強い《ストロング》人間原理（SAP）は、もっと異論が多い。「宇宙（したがってそれが依存している基本的なパラメータ）は、ある段階で内部に観測者ができるのを許容するようなものでなければならない」。バロウとティプラーは、古典的な著作で、決定版《ファイナル》人間原理（FAP）を論じている。これは「宇宙には知的情報処理が生まれなければならず、それは滅びない」と定義される。[294] 数学者のマーティン・ガードナーは、この最後の形のものをまったくばかばかしい《コンプリートリー・リディキュラス》人間原理（CRAP）と呼んでからかっている〔crapには「馬鹿な話」という意味がある〕。

ティプラーが著書『不死の物理学』でFAPの概念を拡張しているのを見ると、興味深い。[295] 宇宙の遠い未来を考え、テイヤール・ド・シャルダンのオメガ点に似てなくもない概念に到達した。ティプラーの分析は、宇宙がビッグクランチにつぶれるとすれば、未来の知的生命は、無限回の計算を行なうことが可能であると思うだろうということを示した。これまで生まれてきた存在はすべて、コンピュータのシミュレーションとして「復活」させることができるだろう。ティプラーのFAP解釈によれば、宇宙はこの種の無限回の情報処理を許容するものでなければならないという。今はティプラーの説はあまりに思弁にすぎる（また過度に宗教的）として攻撃されているが、その仮説には少なくとも、反証可能という長所がある。ティプラーは、宇宙は閉じていて、いずれ重みでつぶれるという、明瞭な、検査できる予測をするのだ。しかし最近の観測結果は、宇宙は開いているだけでなく、年を取るにつれて広がり方が速くなることを示しているようだ。それは大びりびり《ビッグリップ》にはなるかもしれないが、きっと大ぐしゃり《ビッグクランチ》にはならない。ティプラーは間違っていたらしい。そのFAP解釈は反証されているように見える。もしかすると、遠くないある日、地球外生命からの信号を発見するか、その来訪を受けるかもしれない。そのようなことがあれば、WAPとSAPは疑問視されることになるだろう。そのようなことになる可能性が高いかどうかは、読者に判断を委ねよう。

解52　正規工作物

人の関心はできたものにある。誰が作ったかではない。

——ジョナサン・アイブ

この何十年か、物理学者は「万物理論」を求めてきた[296]——四つの基本的な力とそれが作用する素粒子を一つの数学的形式で表して統一しようということだ。このテーマでは膨大な量の研究が行なわれたが、そのような統一がどのようなものか、まだ明瞭なアイデアは得られていないが、仮に何らかの飛躍があって、物理学者が究極の理論の方程式を書けるようになった——そうして基礎物理学が完成した——としよう。万物理論があれば、こんなことが問えるはずだ。宇宙にある核子が約10^{80}個なのはなぜか。宇宙はなぜこんなに長生きなのか（生まれてから4×10^{17}秒で、まだ続いている）。万物理論が答えるかもしれない問いにはこんなものもある。この万物理論に支配される宇宙では、進んだ知性を持った生命が進化する確率はどれほどか？。

この問いはベル研究所――これまで七人のノーベル物理学賞受賞者を輩出している研究機関――で研究者の道を進んだ科学者、ジェラード・フォシーニによって取り上げられた。[297] フォシーニは、進んだ知性の進化という問題を考える際、現存する万物理論（それがどういう形をしているかは、フォシーニの論証には無関係）と、この宇宙ができて一秒のときの状態と同一の数値の組合せによる初期条件という状況を仮定する。言い換えれば、ビッグバンから一秒後まではありうるすべての宇宙が同じように進展するものとする。それはつまり、すべての宇宙で、原子の材料となる核子の数が同じ（約10^{80}）、密度も同じということで、宇宙は大きくて長持ちし、おおよそ同じ大規模構造を持つということを意味する。しかしこうした一定の初期条件の後、宇宙は万物の理論と整合するならどんな方向にも発展できる。繰り返すと、その展開の中で、進んだ知性が進化する可能性はどのくらいあるだろう。

どんなに堅固な決定論者でも、フォシーニが想定した状況――万物理論プラス何らかの初期条件――では、たとえば『ハムレット』を書く作家を含むような宇宙に進展する可能性については何も言えないということに同意するだろう。われわれは、進んだ知性と言える決定的因子として『ハムレット』でも他の何でも、われわれの文化や進化の展開に固有のものを使うことはできない。シェイクスピアが『ハムレット』を書くに至った特定の歴史は、万物理論がそれを予測するとは期待できないほど極端に複雑な流れだ。しかしフォシーニは進んだ知的生命の存在を示すフラグとなるような何らかの対象、あるいはむしろ一群の対象があると論じる。実は、フォシーニが論じるのは、進んだ生命はいずれもすべて、不可避的にそういう対象――正規工作物《カノニカル・アーティファクト》――を開発したいと思うようになるということだ。作れるからだけではなく、そうした生命にとって、この工作物の存在を確認した方が、存在しないことの確認よりも興味深いことになるからでもある。したがって、進んだ知的生命という概念は、この正規工作物を構築する生命というのと同義となり、知性がその正規工作物を築くのは避けられないので、適切な問いはこうなる。想定される万物理論と一定の初期条件に支配される宇宙で正規工作物が生まれる確率はいくらか。これは決して無意味ではない問いだ（念を押すと、人類はまだその正規工作物を築いていない——がそれはできるし、いつかそうなるのだろう）。

すると——その正規工作物とは何か。そこでまず、それが何でないかから考えよう。今しがた触れた理由により、文学、音楽、美術の何らかの作品ではありえない。同様に、蒸気機関のような技術の驚異でもありえない（惑星ナンタラカンタラにいる生物は賢くても、動く蒸気機関を組み立てる材料がないかもしれない）。何らかの成文化された進んだ倫理的原則でもありえない（ナンタラカンタラにいる友人は、まったく倫理とは認識されない、ともあれまつり上げる必要のない倫理を発達させるかもしれない）。フォシーニが論じるのは、正規工作物は簡素でなければならない——最初の一秒を過ぎた後のまったく異なる歴史でもそれを持てるように——が、それでもその工作物が自然な物理的過程を通じて現れる可能性は基本的にゼロであるほど、他とはまったく違うものでなければならない。そのような工作物であれば、原子でできた単純なものを作ることで製造でき（初期条件から原子が存在することはわかっている）、その組立ては正の整数の何らかの集合Nに依存する。純粋数学の中で明瞭かつ深い意味をもつ集合だ。さらに、正規工作物は明瞭な存在感がなければならない。言い換えると、少なくともある一定の時間はもたなければならないし、それを構成する原子は周囲の素材とは明瞭に別になっていなければならない。この要請によって、工作物は紛れなく特定できる。この工作物はどれほど大きくて、どれほど長持ちしなければならないか。さて、Nのすべての数を表すためにnビットの情報が必要なら、この工作物の中の原子の最小数ηの、都合に合う選び方は$\eta=n$とすることだ。工作物の最小の寿命

τは、それが電子を水素原子核の周囲を回る基底状態に運ぶ時間τ_yとなる――$\tau = \tau_y \approx 10^{-16}$秒。フォシーニはそれから正規工作物にありうる一例を示す。

フォシーニはNが二六通りの散在型単純群（囲みでこれの意味を簡単に解説してある）の位数〔要素の数〕の順序付きリストであるとする。言い換えると、Nは抽象数学の奥にある領域と関係する二六個の正の整数による特定の列となる。こういうことは進んだ知的生命でないと知ったり理解したりすることはないだろう。リストにある最初の数は７９２０であり、第二は９５０４０、最後の二六番めは、書き出すことはしないが五四桁の数になる。この二六の整数を表すのに必要な情報は約一二四五ビットなので、これまでの話から進めると、正規工作物は最小でも一二四五個の原子を有していなければならない。この二六個の整数が十進数で表されることを求めると偏狭のそしりをまぬかれないだろう。人類は計算であたりまえのように十進数を使うのは、指が十本になったという進化の歴史の特殊事情のおかげだ。フォシーニは次のように選ぶ方がよかろうと論じる。リストにある二六の整数のそれぞれについて、その整数と互いに素となる最小の数を計算し、それぞれの整数をその適切な底で表す（二つの整数が「互いに素」とは両者の公約数が１のみになる場合のこと）。たとえば、整数４と５は共通に割り切れる数は１だけで他にないので、この二つは互いに素だ。整数４と６はどちらも２で割り切れるので互いに素ではない。たとえばリストの最初の数７９２０については、それと互いに素となる最小の数は７となる。そこで７９２０は七進数で表す。すると正規工作物を表す第一の整数３２０４３が得られる。リストにある残りの二五個の数も同様に扱える。

散在型単純群

数学で言う「群」には特定の意味がある。群とは要素と、そのどの二つの要素にも作用する演算の集合で、次の四つの条件が満たされなければならない。まず、閉じていること――演算の結果は群を構成する要素でなければならない。たとえば二つの整数を足すという演算からは、必ず整数が得られる。第二に、結合則が成り立つ――（1＋2）＋3は、1＋（2＋3）と同じというのが一例だ。結合則については演算が適用される順番は気にしなくてよい。第三に、単位元がある――これと別の要素で演算を行なえば、相手の要素が変化しないというもの。整数の加算の場合、単位元は0となる（たとえば1＋0＝0＋1＝1）。第四に、逆元がある――群のすべての要素について、その群の中に、演算が行なわれると結果が単位元となる相手がある。たとえば整数の加算の場合、すべての正の整数には対応する負の整数があり、足すと単位元になる（たとえば1＋（−1）＝（−1）＋1＝0）。つまり整数の集合は加法の下で群をなす。しかし整数の集合は割り算については群をなさない。逆元があるという条件を満たさないからだ。

群の位数とは単純で、その集合にある要素の個数のことを言う。集合にある要素の数が可算〔番号を振ることができる〕なら、位数は有限でもよいし、無限でもよい。

数学の歩みの重要な里程標の一つは、有限単純群と呼ばれる存在の完全な分類だった。こうした群はすべて単純なパターンに従う――二六通りのいわゆる散在型《スポラディック》の群以外は。最小の散在型の群はM11と呼ばれ、その位数は7920だ。最大の散在型の群はモンスター群と呼ばれ、その位数はだいたい8×10^{53}となる。こうした群は数学の奥深い問題をいくつか処理する。

やっと正規工作物を築く位置につけた。好きな方法を選んで使うことができる。生命の形態が異なれば、選ぶ構成方法も異なるだろう。惑星ナンタラカンタラの肢のない生物は、カンタラナンタラの砂漠に住む多足生物とは異なる方法を使うだろう――しかしそれはかまわない。生物が有していなければならない第一の

要請は（関係する数学の理解に加えて）正規工作物と分類されるものを構築できる十分な操作能力だ。フォシーニは次のような可能性を挙げる。ビーズに糸を通してネックレスにするとしよう。ビーズは質量以外は同じとする。質量が1単位のもの（数1を表す）、質量が2のもの（数2を表す）、などと続いて、質量がm単位のもの（m進数であることを表す。数0を表すときにはこれを用いることができる）。32043（つまりリストNにある最初の数を七進法で表した数）は、何らかのセパレータ——形や素材やサイズが違うビーズでもよい——に挟まれたしかるべき五つのビーズとなる。リストにある残りの二五の整数についても同様に進め、しかるべきビーズをネックレスに加え、一定のセパレータと用いて区別できるようにする。最後まで行くと、正規工作物となるものが得られる。繰り返しておくと、この構成方法は唯一のやり方ではない。たとえば、質量で区分されるビーズではなく、おはじきを使ってもよい。そのおはじきが歴史的な情報に依存しないで意味を伝えられるのであれば。七進法の数3を三つの円盤で表してもよいが、「3」と書き込んだ円盤では足りない——記号は特定の歴史を共有している人々にとってのみ意味をなすからだ。

　われわれは正規工作物を得た——手に取って保持できるものだ。それがどうしたというのか。宇宙がこの正規工作物を構築するという事象の確率を計算することができる。まず、正規工作物を構築する「スペース」が宇宙にどれだけあるかを見積もろう。おおざっぱに見て、宇宙は二〇〇億歳、約10^{18}秒としてみよう。しかし秒はこの状況で使える適切な単位ではない。もっとふさわしい単位は「原子年」、τ_yで、これは10^{-16}秒であることをすでに述べた。この単位では、宇宙の年齢は約10^{34}原子年となる。宇宙には10^{80}個の核子があるので、正規工作物が組み立てられる「スペース」は10^{114}核子・原子年ある。

　仮定した万物理論と初期条件を組み合わせたものは、正規工作物が生じるかどうかとは無関係としよう。宇宙は質量で区別されるビーズで満たされていると想定して、工作物の組み立てはできるだけ単純としよう

――しなければならないのは、ビーズをしかるべき順番に並べ、その順序が最低でも一原子年続くようにすることだけだ。われわれがNに属する二六個の数を表すのに10^3ビット強の情報が必要であることからすると、宇宙には、最大で、$10^{114}/10^3 = 10^{111}$のビーズが入りうる。しかし宇宙は二六の要素の列をたくさん含むことができ、われわれはNが他のありうる列よりも優先されるというわけではないことも述べた。列の選択肢は$2^{1245} \approx 10^{375}$通りある。ここでの$N$はその一つにすぎない。すると、宇宙が正規工作物を組み立てる確率は$10^{111}/10^{375} = 10^{-264}$となる。

10^{264}分の1という確率はほとんどゼロだ。数10^{-264}が変わるように論証を修正することはできるが、それを大きくする修正でも、結論を変えることはできない――そして何らかの妥当な修正は正規工作物の組み立てをさらにありそうにないことにする。万物理論プラス初期条件が、正規工作物の構築には冷淡なら、われわれがいる宇宙には、われわれの他には誰もいないと見ても大丈夫だろう。

万物理論と初期条件の組合せが、正規工作物を組み立てる能力や傾向をもつ生物の出現に強く有利に作用すると論じることもできる。しかしそれが成り立つには、物理学には未知の二六四桁ぶんにも及ぶ作用を必要とする。

あるいは万物理論が存在するとしても、それは――原理的にでも――正規工作物によって表される思考の物質的出現は説明できないと論じることもできる。

フォシーニの論証は変わっているが、この三つの結論のいずれかを避けるのは難しい。第一の結論が成り立つなら、われわれの他には誰もいない。

解53　生命が出現してまだ間がない

何事にも時があり、天の下の出来事にはすべて定められた時がある。
――「コヘレトの言葉」3－1〔新共同訳〕

天文学者のマリオ・リヴィオは、解51で取り上げた、知的生命が進化する時間は主系列星の星の寿命とまったく別個に決まるという考え方には反対する。[298]二つの時間の幅に特定のつながりがある――進化にかかる時間は、星の寿命が長くなるとともに増える――としたら、二つの時間の長さはおおよそ等しくなると予想される。すると、ETCは存在しないというカーターの暗い結論は出てこないことになる。しかし星の寿命が生物が進化する時間の長さにどう影響するのだろう。

リヴィオは、地球大気のような惑星大気が、生命を維持できる段階にまで発達する過程について、ある単純なモデルを検討する。それは大気の発達の本格的なモデルではなく、星の寿命と生物進化にかかる時間との間につながりがある可能性を明らかにする意図によっている。

リヴィオのモデルでは、生命を維持できる大気の発達に、二つの鍵になる段階が特定される。まず、水蒸気の光分解による酸素の放出。地球では、この段階はおよそ二四億年続き、酸素濃度を今の値の〇・一パーセントくらいにまで上げることになった。この段階が続く期間は、星から放出される、波長が一〇〇ないし二〇〇ナノメートルの領域にある放射の強度によって決まる。この放射だけが水蒸気を分解するからだ。

第二段階は、酸素とオゾンの濃度が、今の値の一〇パーセントくらいまで上がる時期。地球では、この時期はおよそ一六億年続く。酸素とオゾン濃度が十分高くなれば、波長が二〇〇ないし三〇〇ナノメートルの紫外線（UV）放射から、地球表面が防護されるようになる。この防護がものをいうのは、核酸とタンパク質という、細胞の生命にかかわる二つの成分が保護されるからだ。核酸は二六〇ないし二七〇ナノメートルの領域にある波長の放射を強度に吸収し、タンパク質は二七〇ないし二九〇ナノメートルの領域の放射を吸収する。波長が二〇〇ないし三〇〇ナノメートルの領域にある放射は、細胞の活動にとって致命的になる。陸上生物の発達にとって決め手となる条件は、大気がこうした波長に対する保護層を発達させることだ。惑星大気として考えられそうな成分の候補のうち、二〇〇ないし三〇〇ナノメートルの波長を効率的に吸収するのはオゾンしかない。惑星にはオゾン層が必要なのだ。リヴィオは、紫外線に対抗するオゾンの保護層が成長するのにかかる時間は、地球の場合のように、生命の発達に要する時間の長さとおおよそ等しくなると論じる。

星の種類が違えば、紫外線領域のエネルギー量も違う。大質量の星は低質量の星よりも熱く、紫外線も多いが、寿命は短い。与えられた惑星の大きさと軌道について、オゾン層が発達するのにかかる時間は、星が発する放射の種類によって決まり、したがって星の寿命によって決まる。リヴィオは詳細な計算をして、知的生命が発生するまでに必要な時間は、星の寿命の二乗にほぼ比例して増加すると論じる。そのような関係が成り立つなら、星が主系列にある寿命なみの時間で知的生命が出現することが観測される可能性が高い。

繰り返しておくと、リヴィオのモデルの目的は、生物の進化にかかる時間と星の寿命の間に関係があるのかということにすぎない。この但書きがあっても、リヴィオの論証には合意できないところがいくつかある。たとえば、そのモデルには、陸上生命が進化するための必要条件（つまりオゾン層の発達）が含まれている。しかしこれは十分条件ではない。知的生命の進化に至る道筋には、他にも多くの段階があり、恒星の寿命と生物進化の時間幅の間につながりがあるとしても、オゾン層の問題はささいなことにしかならないかもしれない。それでも、こうした時間どうしのつながりや、したがってＥＴＣの存在が排除できない可能性が発見

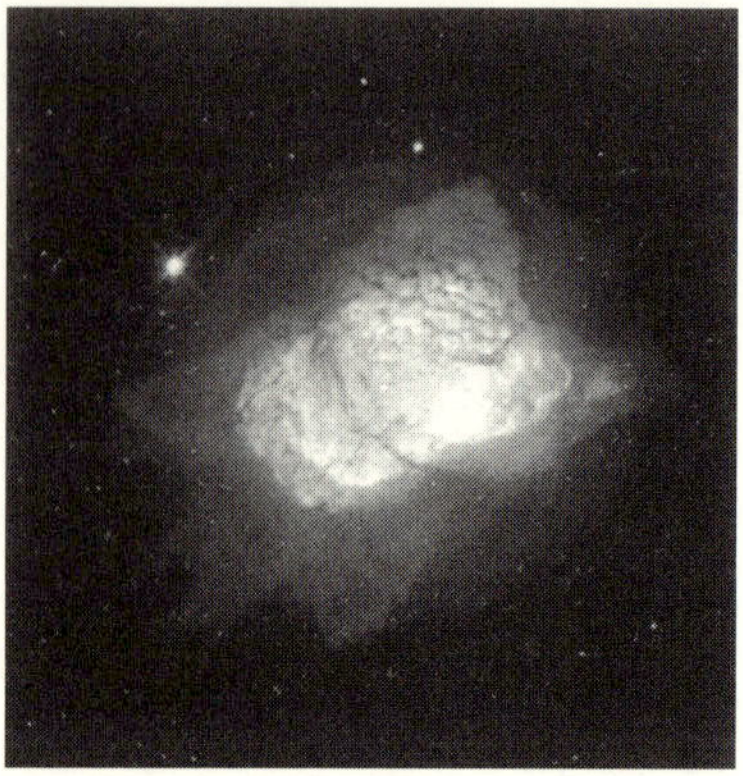

図 5.1　惑星状星雲 NGC 7027 は約 3000 光年離れたところにある。これはとくに若い天体で、約 600 年前に広がり始めたにすぎない。宇宙に観測される炭素の多くは、このような惑星状星雲が生産する。（画像—— NASA）

されたことに励まされ、リヴィオはこんな問いを立てる。宇宙の歴史の中で、ＥＴＣが発生する可能性が高い時期はいつか？

地球の生命はよそでも典型的なものだとすれば、たいていの生命体は炭素型となる。リヴィオはそこで、ＥＴＣの出現は宇宙規模で炭素が生産される頂点に一致するのではないかと言う。これはわれわれにも計算できる。

宇宙での炭素の主な発生源は、惑星状星雲という、平均的な質量の星の赤色巨星期が終わるときに生じるものだ。惑星状星雲は、その外層を星間宇宙に撒き散らし、物質は再生利用されて、後の世代の恒星や惑星を形成する。天文学者は、恒星ができる率の歴史的変化については知っていて（過去の方が今よりも速く、七〇億年ほど前に最大に達していた）[299]、星の進化の関係する細部もわかっていると思っており、惑星状星雲が過去にできた率も計算できる——したがって宇宙における炭素生産の速さも。リヴィオの計算によれば、惑星状星雲の形成は七〇億年前より少し後に頂点に達した。そこから、われわれは炭素型の生命は、宇宙ができておよそ六〇億年ほどになった頃から始まったと予想していいだろうと論じる。進んだＥＴＣが進化するのに必要な時間は、星の寿命に比べて無視できない比率を占めるので、ＥＴＣが発達するのは、宇宙の年齢が一〇〇億年くらいになってからのことだと予想される。もしそのとおりなら、ＥＴＣはわれわれよりも約三〇億年以上古いということはありえない。

リヴィオの結論は、他の人々から、フェルミ・パラドックスへの答えとして提起されたことがある。そうした人々は、生命が出現しえたのは、宇宙的な規模で言えば、比較的最近になってからのことではないかと言う。今のところ星間旅行や通信ができるＥＴＣがいないのは、われわれ同様、発達する時間がまだ十分ではないからで、もしかすると将来は、銀河系には星間貿易と旅行と噂話であふれかえるかもしれないが、今のところ、何も聞こえてこない。

恒星の形成率に関するもっと新しい測定からすると、三〇億年という限界は相当に過小評価かもしれない。しかしリヴィオの結論が正しいとし、われわれより三〇億年以上進んだＥＴＣはないとしても、それでフェルミ・パラドックスへの答えになるとは思えない。技術を発達させる時間が三〇億年もあったＥＴＣなら、銀河系に移住する時間、あるいは少なくともその存在を宇宙に告知するための時間はたっぷりあった（宇宙カレンダーでは、ＥＴＣがわれわれなみの文明に達しえたのは一〇月一日頃となる）。知性体が「今」登場するようになっただけで、したがって地球上の生命は銀河系で最も発達したものの中に入っているということが言えないかぎり、この論法は、実際はパラドックスの本体には迫っていないことになる。

解54　惑星系はめったにない

人々がその目を遠くに向ける時が来るでありましょう。
地球に似た惑星がいくつか見えるはずであります。
——クリストファー・レン「グレシャム・カレッジ天文学教授就任講演」

本章のここまでの論旨はどれも抽象的だった。ＥＴＣが存在しないかもしれないことについてはもっとわかりやすい理由が考えられる。たとえば、それが発達する場所がないのかもしれない。

よくある前提は、複雑な生命は、それが進化する舞台としての惑星——地球型が望ましい——を必要とするということだ。もちろん、技術的に進んだ種はいつか惑星から出て行くことにするかもしれないが、そういう種であっても進化してきた元の祖先は惑星の住民でなければならなかった（ＳＦ作家の中には、たとえば中性子星の上とか、中性子星の周囲にあるガスの環など、もっと変わった舞台で生命が進化する可能性を探った人もいる。[300] こうした小説は、驚くほど真実味があることも多いが、こういう可能性を想像するのは簡単でも、惑星以外のところで複雑な生命が生まれて進化することを、説得力をもって、かつ詳細に明らかにするのはずっと難しい）。セーガンが銀河系にあるＥＴＣについて一〇〇万という数字に達したとき、恒星一つについて惑星が一〇個あるのではないかと仮定していた。しかしひょっとすると、惑星系はめったにない存在で、ドレイクの公式のf_pの項は小さいのではないか。f_pが十分に小さければ、それだけでもフェルミ・パラドックスは説明できるだろう。

この説が、可能性は高くなくても、少なくともありうると考えられたのは、あまり昔のことではない。ここで、純粋に歴史的な興味からその説を紹介しよう。この二〇年間の観測天文学がとげた驚異的な進歩によって、惑星系が稀ではないことがわかった。これを書いている段階で、確認された系外惑星は一七七九個あるが、読者がこれを読む頃にはもっと多くなっているだろう〔二〇一七年段階で四〇〇〇個を超えている〕。ほとんどの星にそれを公転する惑星がある可能性が高い。

では、惑星系があたりまえなら、天文学者は比較的最近になるまで惑星の数が少ないことがフェルミ・パラドックスを説明するのではないかと論じていたのはなぜか。私が学生の頃でも――その後も私はそうたいして進んではいない――天文学の教科書は、まだ二種類の競合する想定を提示することができた[301]。一方では、太陽系のような惑星系は、天変地異的な出来事で生まれると想像されたこともある。他方では、惑星系は星雲から凝集してできると考えられたこともある。

天変地異仮説よりも星雲仮説の方が「自然な」説明に思えるが、致命的な欠陥があるらしい。たとえば、回転する塵とガスの雲が収縮して太陽ができたとして計算すると、太陽の自転はきわめて速くなければならない。太陽は太陽系の角運動量のほとんどを占めているはずだ。ところが太陽はかなりしずしずと回転している――赤道領域では二四日に一回転し、極領域では、三〇日で一回転する。太陽系の角運動量の大半は惑星の方にある。この観測結果から、多くの天文学者は、天変地異的事象に基づく惑星形成モデルの方がいいと思うようになった。いちばん人気のあったモデルは、何かの星が太陽と衝突しそうになったとする。潮汐効果で、太陽からガスが筋状に引き出され、その筋が後に切れ切れになり、凝縮してできたのが惑星というわけだ[302]。

惑星が本当に星の衝突でできたとすれば、ＥＴＣが見つかる見通しは惨憺たるものになる。宇宙空間における星の密度はきわめて低く、したがって頻繁に衝突があるわけではない。初期の推定では、このようにして惑星ができる数は、銀河一つあたり一〇個とされた。ジェームズ・ジーンズは一九二三年の講演で、「事物の構成において生物の占める割合が大きいかどうかわかっていないが、天文学は、生物はきっと、少々珍

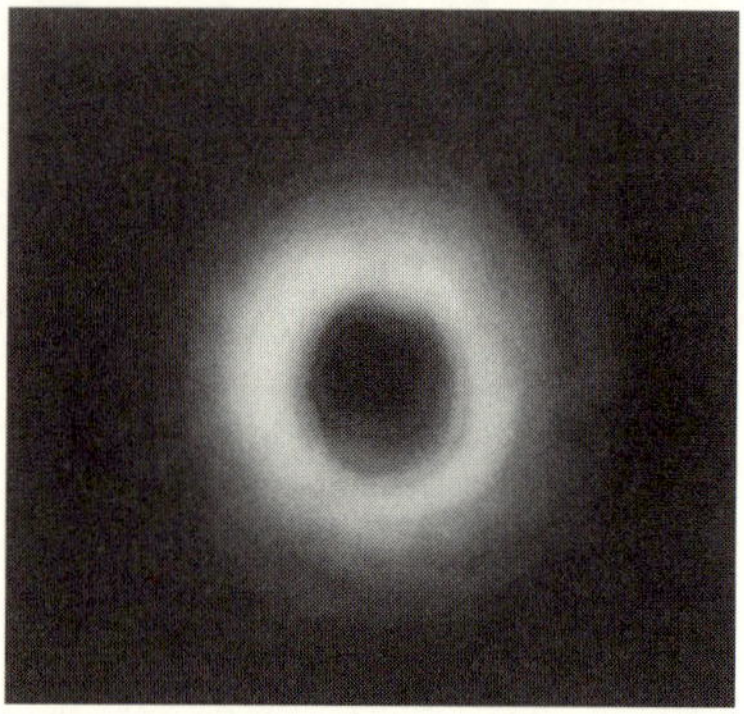

図5.2　2014年、アタカマ大型ミリ波サブミリ波干渉計（ALMA）——地上設置形では第一級の望遠鏡の一つ——がこのHD142527という若い恒星の周囲に、塵による原始惑星系円盤を発見した。この星は地球から約457光年離れている。円盤の北側で塵の密度が高いことは、惑星が今、そこで形成されていることをうかがわせる。もしかしたら、20億年後にには、今できつつある惑星が生命を宿しているかもしれない。（提供—— ALMA/ESO/NAOJ/NRAO/Fukagawa et al）

しい存在にちがいないと囁きはじめている」と言った。明らかにジーンズは、自分はパラドックスの答えを知っていると思っていたわけだが、このときはまだパラドックスは形をとっていなかった。

それでも星雲仮説は消えなかった。衝突に基づく惑星形成理論も問題がある。衝突理論は、太陽系に観測されている多くの特性を説明できなかった。さらに、星雲仮説にある大きな問題点——太陽系の角運動量の大部分が惑星の方にあることの説明——がその後解決された。確かに若い太陽の回転は速かったが、その自転は強力な磁場を生んだ。磁力線は太陽系星雲に自転車の車輪のスポークのように突き出て、その周囲のガスを引きずった。この「磁気制動」効果が太陽の自転を遅くして、角運動量をガス円盤の方に移した。天文学者はその直接の証拠も観測している。若い恒星は、太陽の一〇〇倍にも達する速さで自転しているが、古い星はもっと穏やかに回転している。今では、われわれの太陽系が、円盤状の塵とガスの雲から小さな微惑星体が凝縮し、あまり激しくない衝突を繰り返してだんだん集まり、徐々に今日見られるような惑星を形成したと確信でき

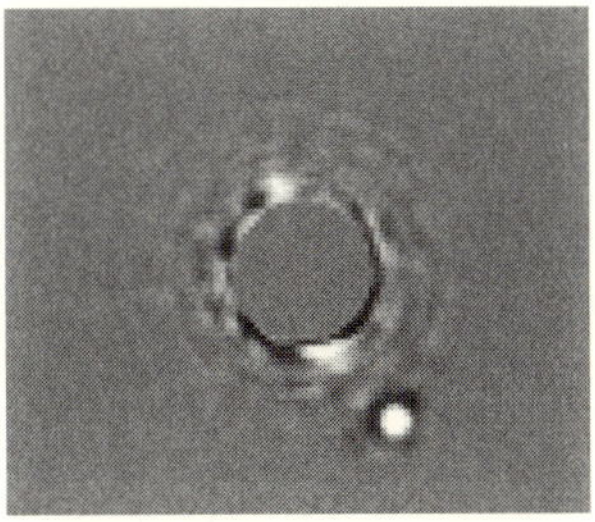

図 5.3　天文学者はいくつかの系外惑星の画像を直接撮影できる。2014 年、ジェミニ惑星撮像装置が最初の光を見た。これはがか座ベータ星 b という惑星の赤外線画像。中央の、がか座ベータ星からの放射はマスクされていて、惑星で反射する光を呑み込んでしまうことはない。がか座ベータ星 b は地球から約 63.4 光年で、木星よりも大きく、ごく最近になって形成されたもので、年齢は約 1000 万年。（画像 —— Processing by Christian Marois, NRC Canada）

る。同じ過程が他の恒星の周囲でも生じたし、今も生じている。惑星はセーガンが信じたようにふつうにあるのだ。

天文学者は原始惑星系円盤の画像を撮っている（たとえば図5.2）。遠い恒星の周囲にある惑星の画像まで撮影されている（たとえば図5.3）。これは見事な技術の成果だ。惑星が母星の光を反射するだけで輝いていて、系外惑星を撮影しようというのは爆弾が爆発する隣で螢の光を観察するようなものなのだ。しかし大規模に系外惑星が発見されるのは、直接の撮影によって実現したのではなく、惑星が母星に対して及ぼす影響を観測することによっていた。たとえば、大型の惑星が恒星に及ぼす重力によって、惑星が公転する間に恒星が「揺れ動く」。軌道面が視線方向にそろっていれば、天文学者は恒星の規則的な前後運動をスペクトル線のドップラー偏移によって検出できる。また、惑星が恒星面通過する——つまり恒星の地球から見える円盤の正面を通る——なら、明るさがわずかでも測定可能なだけ減少する。こうした系外惑星発見の手法はとてつもなく成果を挙げている。[303] とくにNASAのケプラー探査機は大きな成果をあげた。

もちろんその場合、惑星系はめったにないと論じてフェルミ・パラドックスを説明することはできない。何十年か前ならこの論法は真実味があったが、天文学の進歩はそれが間違っていることを明らかにした。今では銀河系に何千億個の惑星があることは明らかだ。生命を宿す可能性があるところは多い。

解55　岩石型惑星はめったにない

こちらにもっと引きつける金属がありますよ。〔字義的には磁石のこと、内容的にはオフォーリアのこと〕
——ウィリアム・シェイクスピア『ハムレット』第三幕第二場

ケプラー衛星や、様々な地上での系外惑星探索活動のおかげで、今や惑星系がふつうにあることがわかっている。確認された系外惑星の大半は、地球よりもはるかに大きく、四分の三ほどは半径が地球の少なくとも二倍あるが、これは意外なことではない。系外惑星を見つけるために一般に用いられる二つの技法——視線速度（「揺動」）法とトランジット（「減光」）法——は、地球のような小型の惑星よりも木星のような大型の惑星に対して感度が高いからだ。しかし、どんな物理的対象の集合でも、そこから得られる少数の代表は、その集合の大多数の要素を圧倒しているものなので、実際には地球サイズの惑星が多数あるらしい——われわれにそれを探知するだけの腕がないだけだ。ただ、銀河系には地球サイズの惑星が多数あるとしても、その惑星の正体は必ず地球型だろうか。これは重要な問いだ。星間旅行、あるいは少なくとも星間通信を可能にする何らかの技術が発達するには、文明は加工できるほどの金属鉱石が利用できなければならないと考えられる（何人かのＳＦ作家は、この仮定を批判的に検討していて、使える鉱石がない惑星に舞台を設定した、考えさせられる小説に仕立てているが、ＥＴＣがどうすれば石と水と有機物で電波望遠鏡をこしらえられるかはよくわからない）。岩に多くの金属が含まれているという点で、地球は特別だということなのか？

それに答えるには、この太陽系がどのようにして生まれたかを考え、その誕生にはどこか特異なところがあるかどうかを検討する必要がある。

われわれが知るかぎり、太陽系の誕生に関して残っている唯一の目撃証言は、球粒隕石《コンドライト》と呼ばれる、金属が豊富に含まれる隕石だ。一定のタイプのコンドライトの中には、富カルシウム・アルミニウム含有物《インクルージョン》（CAI）と呼ばれるものが見つかる。これは大きさが一ミリ未満から一センチほどの範囲の鉱物の塊だ。球粒《コンドリュール》も見つかる。こちらはふつう直径が一ミリから二ミリの球形の含有物で、橄欖《かんらん》石や輝石といった珪酸化合物の鉱物を主成分とする（「コンドリュール」やそれを含む石という意味の「コンドライト」という名称は、「粒」あるいは「種子」を意味するギリシア語の「コンドロス」に由来する）。惑星学者は、様々な放射性同位体の既知の崩壊率を用いて、CAIやコンドリュールが形成された時期を計算できる。最も良い推定では、CAIができたのは四五億六七〇〇万年前――地球ができるよりわずかに前――とされる。[304]

コンドライトはときどき地球に落下して、その際には徹底的に調べられる。実は、コンドライトは何世紀も前から調べられていて、化学的、物理学的構成については今や多くのことが知られる。しかし少なくとも一つの謎が残っている。そもそもコンドリュールとはいったい何物か。[305]

明らかと思われるのは、コンドリュールは瞬間的に閃光加熱されて一〇〇〇K以上になり、すぐに冷えたにちがいないということだ。しかし何がそんな加熱を起こせたのだろう。コンドリュール形成を説明するためには、原始惑星系円盤での擾乱によって引き起こされた衝撃波による加熱、塵の球を稲妻が通るなど、扱いに困るほど多数の仮説が出されているが、まだ一般に受け入れられている説明はない（それも不思議ではない。何と言っても、コンドリュールは遠い昔にできたもので、他のどんな岩石にも見られないので、地質学者は比較対照できる他の標本を持っていないのだ）。四五億六七〇〇万年前に、瞬間的な熱の閃光が太陽系に広がり、塵を溶かしてコ

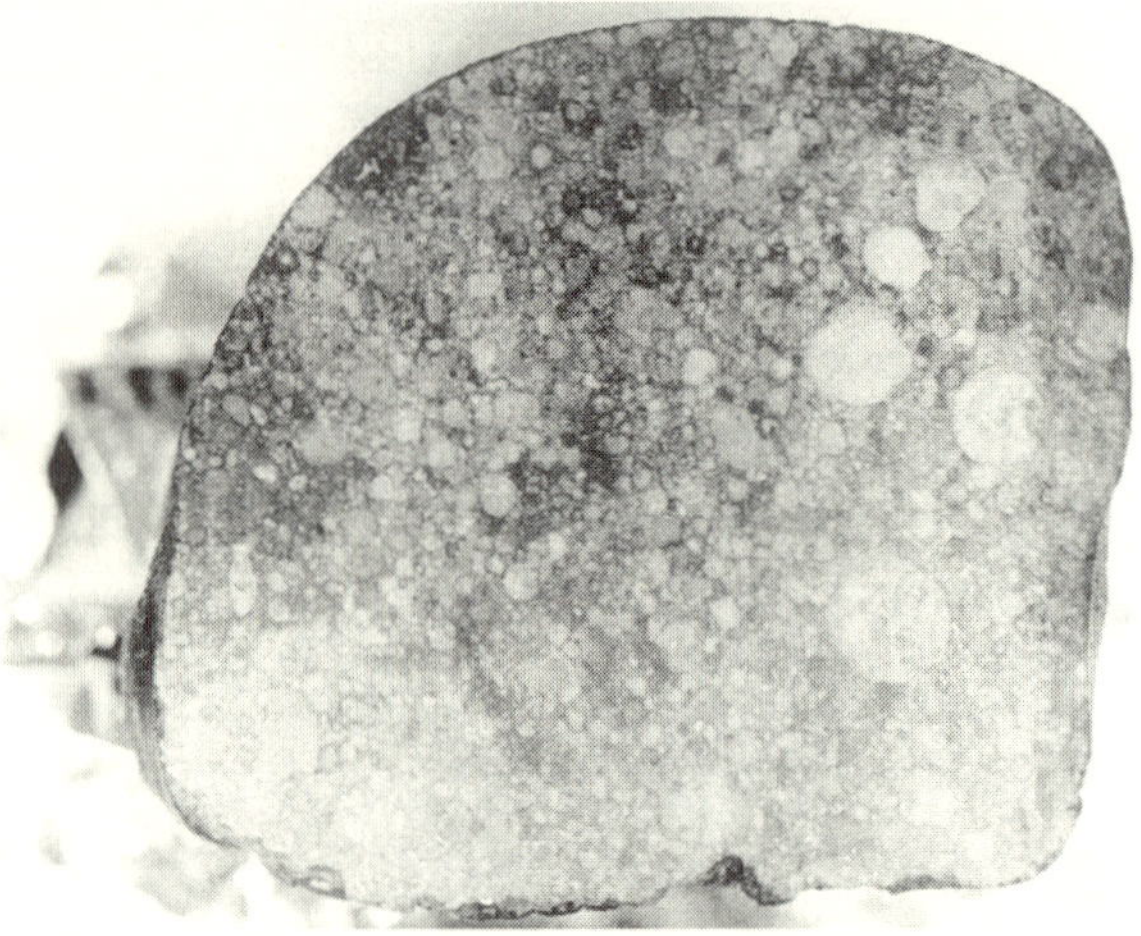

図 5.4　コンドリュールはコンドライト中の珪酸化物による球形の含有物だが、その由来はまだ論争の的。この AH 77278 コンドライトの切断面にはコンドリュールが明瞭に見てとれる。この標本は幅 8 cm ほどで、アラン・ヒルズ――南極のふだんは氷のない丘陵地――で見つかった。この丘陵が最初に調べられた 1957 年以来、多くの興味深い隕石が見つかっている。（画像―― NASA）

ンドリュールを作ったという説もある。アイルランドの天文学者、ブライアン・マクブリーンとロレーン・ハンロンは、近くのガンマ線バースト（GRB）が熱の元だったのではないかと説く。[306] 生まれたばかりの太陽系から三〇〇光年もないところでGRBが発生したとしよう。これは塵とガスでできた原始惑星系円盤が溶けて 10^{26} kg の物質（地球質量の一〇〇倍）を鉄が豊富な滴に溶かしてしまうほどのエネルギーを送り込んだだろう。それがすぐに冷えてコンドリュールになったという。それからコンドリュールはGRBからのガンマ線やX線を吸収する。

　マクブリーン＝ハンロンによる想定では、太陽系はコンドリュールが存在する稀有なところかもしれない。コンドリュールが形成されるには、原始惑星系円盤から比較的近いところに、それが発達する中のここぞという時点でGRBが生じなければならない。コンドリュールが密集していると、それがすぐに原始惑星系円盤の平面に収まって、太陽系での惑星形成を補助することになりそうなところに意味がある。言い換えると、この想定では、太陽系のような惑星系――岩石でできた地球型惑星を備えた――はめったにないことになる。そして、発達の舞台となる地球型の惑星が少ないとなれば、ETCも稀だろう。コンドリュール形成がGRBによって引き起こされるという説は興味深い。しかし、コンドリュール形成について、もっとありそうな仕組みを提示する説もある。さらに、コンドライトにある放射性同位体の最も正確な年代測定では、[307] CAIが形成されたのは四五億六七三〇万年前のごく短期間のことで、コンドリュールはCAI形成期の最初、三〇〇万年にわたる時期にできたらしい。三〇〇万年という幅は原始惑星系円盤の寿命程度で、CAIとコンドリュール形成は、円盤が発達することに内在する過程による可能性が高そうだ。この研究の結論が確かめられれば、太陽系誕生についてはとくに特殊なことはないことになる。したがってフェルミ・パラドックスの解としては、候補リスト中の順位は高くないかもしれない。

解56 水に基づく解

愛なしに生きた人は無数にいるが、水なしに生きた人は一人もいない。
――W・H・オーデン「まず大事なことから」

生命は水を必要とする（少なくとも「われわれが知っているような生命」は水を必要とする）。水は魔法のような液体だ。まず、たいがいのものは水に溶ける。この液体は物質をそこに溶かして移動させることができるし、そうして物質を細胞、生物、生態系へと運ぶ。凍ると膨張するという変わった性質がある。つまり氷は水に浮くということだ。逆に凍ると収縮するものだったら、寒冷地の海や湖は底からだんだん氷で埋まることになる――そうなると、水棲生物には問題が生じるだろう。水が液体にとどまる温度の範囲は広く、水の熱容量が大きいことと相まって、海は地球の気候を穏やかにする。酵素――化学反応の触媒となるタンパク質で、これがないと生物学的過程には何ミリ秒ではなく何千年とかかるものもある――は、その構造に水を必要とする。いくらでも挙げられる。水は陸上の生物にも必要だし、すべての生命が根本的に必要とすると言ってもさほどこじつけとは言えないだろう。地球にはもちろん、この物質の海がある。しかし月には海はない。火星にはかつて川が流れていたかもしれないが、今はからからに乾いている。金星も水星も灼熱の惑星だ。これほどの液体の水を持っている地球が例外なのだろうか。岩石惑星には水の海を宿している可能性は低いということになれば、われわれはフェルミ・パラドックスの解を一部なりとも得たことになるかもしれない。

地球はどうやって水を得たのだろう。この問いはまだ議論の対象だ。第一案は、三八億五〇〇〇万年前、地球は激しい彗星の雨に見舞われたというもの。地球に水をもたらしたのはオールトの雲から来た彗星だったという――その水をわれわれはまだ毎日飲んでいる。一見するとこの説は筋が通る。ごく初期の地球は熱すぎて水による大きな海は維持できず、今ある水は宇宙から届けてもらったものにちがいないという惑星学者もいる。彗星の核には水が含まれていることも、太陽系には何兆という彗星があることもわかっているので、彗星が降り注げば地球に水が湛えられることは想像に難くない。そのように水が降り注いだとしたら、どうしてそういうことになったのかという問いが生じる。何らかの一回かぎりの天変地異的な出来事で生じたことなら、地球に水が存在するのはまぐれ当たりということになる。あらためて惑星進化をやりなおしたら、地球は結局からからになるかもしれない。水のある岩石惑星は例外かもしれない。

しかし地球が液体の水を湛える唯一の惑星だという結論を出す前に、彗星が地球に水をもたらしたという考え方にある二つの問題点を片づけておく必要がある。

第一の問題は、彗星の水は地球にある水とは異なるらしいということ。水分子は酸素原子一個と水素原子

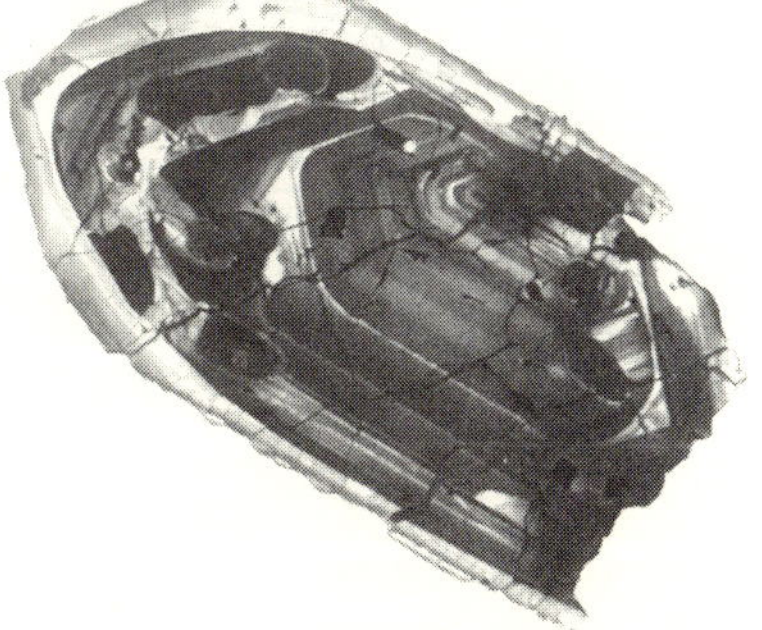

図 5.5　地殻の最古の断片。2001 年にウェストオーストラリア州にあるジャック・ヒルズ地方の砂岩から抽出されたジルコンのかけら。このかけらの大きさは約 200 ミクロン× 400 ミクロン——この文の末尾にある句点ほど——しかない。 ジルコンにあるウラン原子が崩壊して鉛原子になる速さは正確に知られている。ジルコン中のウランと鉛の量を測定できれば、その結晶の年齢が決定できる。このジルコンは 44 億 400 万年前のもの。（画像—— John Valley, University of Wisconsin-Madison）

二個でできている——H_2Oだ。さて、水素原子核はふつう、陽子一個でできている。ところが、陽子一個と中性子一個の水素原子核もありうる。この形の水素は重水素《デューテリウム》と呼ばれる。水のサンプルにある通常の水素と重水素の比は、その水の「指紋」の役をする。ヘール＝ボップ彗星、ハレー彗星、百武彗星のような彗星では、重水素の割合は地球の海にある水と比べると二倍になっている。この三つの天体がオールトの雲にある彗星の典型なら、どうしてそれが地球の海の水になれたかがわかりにくくなる。ところが、小惑星や微惑星——太陽系の歴史の初期には豊富にあって衝突しながら集まって原始地球をなした小さな物体——の重水素の割合は、地球の海での割合と変わらない。地球と微惑星は同じ種類の水を含んでいる。ひょっとして水の元は彗星よりも微惑星だった可能性はあるのだろうか。

　第二の問題は、地質学者が今や、水が非常に早い段階で存在していた証拠を得ていること。太陽系初期の年譜はますます精密になりつつある。原始惑星系円盤で最初の固体、衝突して地球を形成する大小の石が凝縮したのは四五億六八〇〇万年前だったことがわかっている。それからわずか一億六四〇〇万年後、四四億と四〇〇〇万年前、ジルコンと呼ばれる鉱物が地殻で結晶となった。[308] このジルコンを詳しく分析すると、それは水が存在するときにできることがわかる。つまり、地球の歴史のごく初期――彗星が降り注ぐ事件より数億年前、月ができる衝突が起きた直後――に地殻と水があったらしい。

すると、水を含んだ微惑星が水分の多い地球をもたらしたという構図が出てくる。若い地球は巨大な衝突を何度も受けたが、その衝突は水を宇宙空間へと蒸発させてしまうことはなかったらしい。水は大気中に入り、後に大気が冷えると、凝結して海となった。蒸発と凝結の交替は何度かあったかもしれない。とはいえ、科学の興味深い問いはたいていそういうものだが、この構図は議論と再検討の対象となっている。たとえば二〇一一年、ハーシェル宇宙望遠鏡を使ってハートリー2彗星の重水素量が測定され、重水素と水素の比が地球にある水と同じだということがわかった。二〇一三年には本田＝ムルコス＝パイドゥシャーコヴァー彗星について同様の測定が続き、同じ比率が見つかった。[309] これはどちらもカイパーベルト由来の彗星なので、オールトの雲彗星ではなく、こちらの彗星が地球に水をもたらした（あるいはもっと可能性が高いことに、地球の水の一定比率をもたらした）という可能性が出てくる。地質学者はきっと、今後の何年かで地球の海の起源についてもっと多くのことを学ぶ。しかし今のところは、水の海は岩石惑星を形成する過程での自然な結果だと言っても成り立ちそうだ。地球は生命を与える水による海があるという点で特異だという結論は性急だろう。

解57　継続的に居住可能な区域は狭い

もっと愛を。さもなければ侮蔑を。熱いところを。さもなければ凍ったところを。
――トマス・カルー『愛では平凡はだめ』

恒星周辺に地球型の惑星がすぐにできるとしても、またそうした惑星に大量のH_2Oがあるとしても、われわれが知っているような生命が、技術文明が発達するのにかかる何億年もの間生き続けるには、別の条件も満たさなければならないと論じることもできるだろう。地球型惑星は、惑星系の居住可能領域《ハビタブルゾーン》（ＨＺ）という、母星の周囲にできる、液体の水を保持できるような領域になければならないのだ。[310]これはちょうどよい一帯《ゴルディロックス・ゾーン》と呼ばれることが多い。ＨＺの内側の限度は、母星に近すぎて高温のために水を失う地点で定められ、外側の限度は、水が凍る地点で決まる。このハビタブルゾーンの定義は正統的惑星生物学的関心の対象を除外する。たとえば、惑星内部の熱は、ＨＺのはるか外にあっても液体の水を維持するかもしれない。潮汐加熱があれば、大型惑星の衛星に液体の水が存在できるかもしれない。母星と地殻の巨大惑星の重力を受けて黄道傾斜〔地軸の公転面に対する傾き〕がゆらぐ「傾いた」地球型天体は、母星から遠く離れていても氷結を防ぐような気候を有しているかもしれない。[311]地球の生命は地表だけにいるのではないないのと同じく、こうした変わった環境にも生命はありうるかもしれない。それでも、技術的に進んだ文明の存在に関心を抱くなら、規約的なハビタブルゾーンに集中するのも無理はないように見える。現代では、地球半径の約一・五倍以内の惑星に集中すべきだとも考えられている。惑星がこれよりあまりに大きいと、水素やヘリウムの濃密な大気が蓄積する傾向があり、地球型惑星よりも巨大ガス惑星の方に似てくるからだ。

ＨＺ境界の正確な位置を計算するのは単純なことではない。内側は暴走する温室効果に依存するし、外側

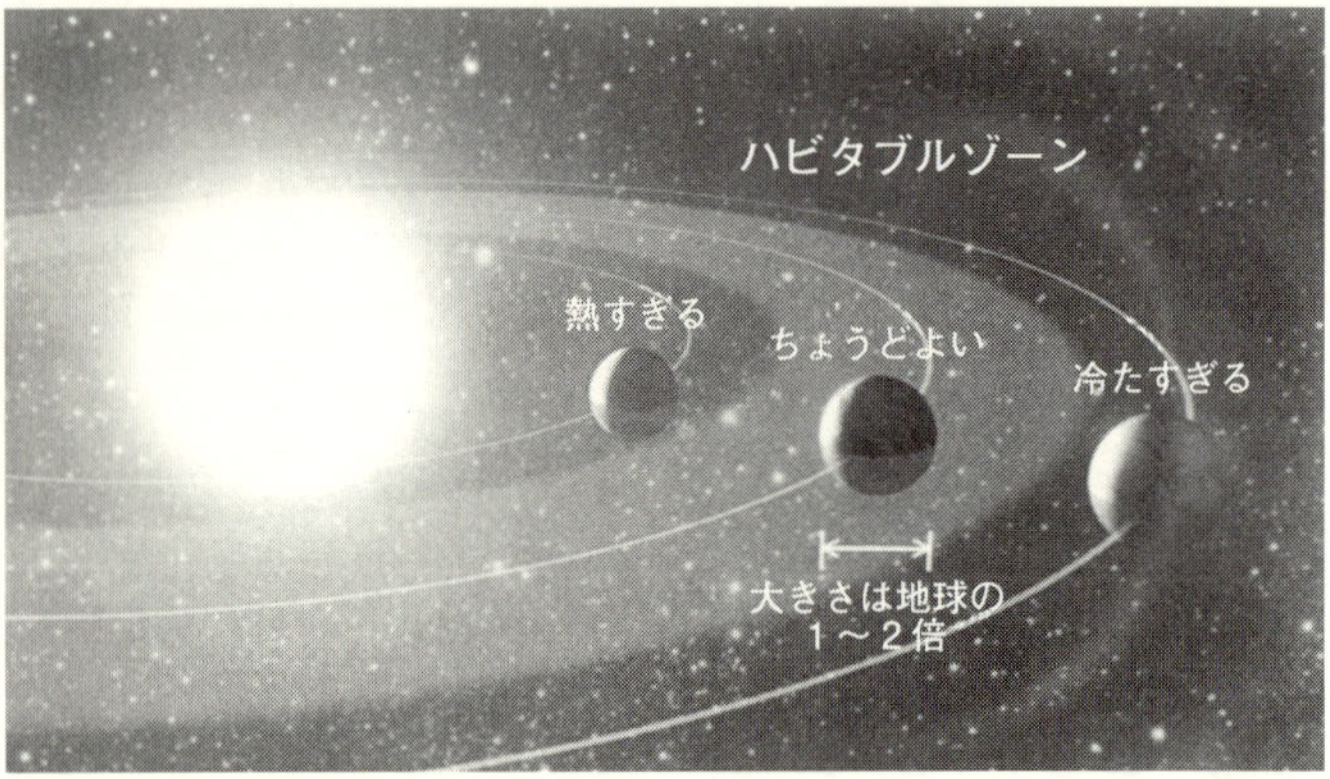

図5.6　惑星の公転軌道が母星に近すぎれば、熱すぎて液体の水が持てない。惑星の軌道が母星から遠すぎれば、冷たすぎて液体の水が持てない。惑星（大きすぎず小さすぎないもの）は、液体の海を湛え、われわれが知っているような生命を有する可能性を残すには、「ちょうどよい」ゴルディロックス・ゾーンになければならない。（図版── Petigura/UC Berkeley; Howard/UH-Manoa; Marcy/UC Berkeley）

は星の放射をブロックする「毛布」のような役目をするCO_2の雲ができるかどうかによって決まる。つまりHZの幅の計算、とくに外側の限度の位置の計算には、精巧な気候モデルを使わなければならない。太陽系のHZについてはいろいろな推定がなされている。最近の研究では、内側の限界が〇・七七〜〇・八七AU、外側の限界が一・〇二〜一・一八AUとされているが[312]、別の推定も存在する。こちらの推定を受け入れるなら、太陽からの平均距離が〇・七二三AUの金星は、HZをわずかに外れたところにある。火星は太陽からの平均距離が一・五二四AUのところにあり、HZから大きくはずれている。ゴルディロックス惑星の地球だけがちょうどのところを占めている[313]。

話はそれだけで終わらない。マイケル・ハートは、恒星のまわりのHZが時間とともに変動すると説いた。主系列星は、古くなるにつれて明るく熱くなるので、HZも星の年齢とともに外側へ移っていく。ハートによれば、大事なのは、継続的《コンティニュアスリー》ハビタブルゾーン（CHZ）だということになる。

ふつう、CHZは地球型の惑星が一〇億年にわたって水を維持できる領域と定義される――進化が複雑な生物を発達させるのに必要と考えられる時間だ。太陽系の場合、ＣＨＺは四五億年にわたって存在してきて、地球は領域のちょうどまん中にあるという幸運に恵まれてきた。しかし明らかに、ＣＨＺはＨＺよりも狭い。ハートは一九七〇年代の末、ＣＨＺがきわめて狭いことを示すらしいコンピュータ上のモデルを発表した。[314] ハートのモデルではG0型の主系列星の周辺でいちばん広く（太陽はG2型）、K1型（太陽よりも低温）ではＣＨＺがなくなり、F7型（太陽より高温）では高すぎてなくなる。K1型星はふつう太陽質量の〇・八倍、F7型星は一・二倍であり、ハートによれば、そもそもＣＨＺがある恒星の範囲は限られていた。さらに、ＣＨＺが存在するところでも、幅は必ず〇・一天文単位よりも狭い。たとえば太陽系の場合、ハートの計算では、内限が〇・九五天文単位、外限は一・〇一天文単位となる。ＣＨＺがこれほど狭いと、地球型の惑星――何十億年にもわたって生命を維持できる惑星――は、ふつうに考えられているよりもずっと稀なことと予想される。

ハートの発見はＥＴＣが存在しえないことを証明してはいないが、フェルミ・パラドックスとの関係は明らかだ。生命を生む可能性のある惑星の数が、たいていの推定が想定しているよりもずっと少ないとすれば、潜在的なＥＴＣの数も少なくならざるをえない。ドレイクの方程式における他の項の値によっては、通信を行なう文明の総数は、１、つまりわれわれだけにまで下がってしまうかもしれない。

ハビタブルゾーンに系外惑星発見？

この節を書いているとき、天文学者が、これまでハビタブルゾーンで発見された中で最も地球によく似た惑星の探知を発表した。[315] ケプラー１８６ｆは半径が地球よりも一〇パーセント大きいだけで、何でできているかはまだわかっていないが、岩石惑星である可能性が高そうだ。この惑星が受け取るエネルギーは、地球が太陽から受け取るエネルギーの約1/3、公転周期は一三〇日。この恒星系の他の四つの惑星は母星に近すぎて液体の水は存在しない。ケプラー186fはハビタブルゾーンにあるが、実際に居住可能なのだろうか。恒星はM型に属しているので、惑星はおそらく激しいフレア活動を受けているだろう。潮汐力で自転と公転が同期している〔つねに同じ面が恒星に向いている〕かもしれない。個人的には、この惑星は進んだ生物を宿していない方に賭けたい。

アレン電波望遠鏡を使うSETIの天文学者はすでにケプラー186f星系からの電波通信を探したが、何も聞こえなかった。

しかし状況はハートが言うほど希望がないわけではないかもしれない。今日ハビタブルゾーンを調べたければ、ハートが使っていたよりも高性能のコンピュータが使える。地球の初期の大気についてもっと精巧なモデルも使えるし、ハートが知らなかった、プレートテクトニクスによるCO_2の再生利用という現象も計算に入れることができる。結果は、ETCの存在（あるいは少なくとも、ETCが生じうる惑星の存在）を信じている人々を勢いづける。たとえば、ジェームズ・ケースティングらが開発したモデルによれば[316]、太陽系について四五億年にわたるCHZは、〇・九五〜一・一五AUの範囲にわたる——ハートが計算した範囲の約四倍の広さだ。太陽系のCHZはさらに広いかもしれないと思っている科学者もいる。他の恒星のまわりのCHZも、ハートが考えていより広くなる[317]。

すると、ある惑星系がCHZ内に惑星を有する可能性はどのくらいあるだろう。そのような問いがただの理論で、答えはコンピュータ・モデルだけに基づいていたのはそう遠い昔ではない。解54で述べたように、近年の天文学での大進歩の一つは系外惑星を探知する手法の開発で、それで今やわれわれは観測データを交えて考えることができる。答えは、太陽のような恒星について、継続的ハビタブルゾーンに惑星が見つかるのは、まったく変わったことではないということらしい。実際、ケプラー探査機やケック天文台のデータを解析した結果からすると、太陽型の恒星のうち約1/5が地球程度の大きさの惑星をハビタブルゾーンに持っているようだ。つまり、銀河系には、太陽に似た恒星のハビタブルゾーンにある地球ほどの大きさの惑星は何億とあるかもしれない[318]。加えて、惑星がハビタブルゾーンにあるからというだけでは、必ずしもそれが居住可能だということにはならない。ゴルディロックス・ゾーンにある惑星でも液体の水がないと言える理由はいくつもある。しかしわかっていることからすると、水が液体でいられる惑星が公転する太陽型の恒星が他ならぬ太陽だけ、というのはなさそうに思われる。

太陽に似ていない星についてはどうだろう。O型、B型、A型の熱い星の周囲にある惑星は、当の恒星の明るさの増大が速く進行するので、ハビタブルゾーンに長くいられそうにない。しかし銀河系にある恒星の圧倒的多数は、K型やM型の、小さくて低温の星だ。こちらはどうだろう。ハートはそのような星には居住可能な惑星はないだろうと論じた。HZが恒星に近すぎて、その領域にあるどんな惑星も自転と公転が同期するだろうからだ（自転と公転が同期した惑星は、母星の熱をいつも一方の面で受け、反対側はいつも冷たい宇宙に向くよう固定されている）。自転と公転が同期した惑星での状況は、大量の液体の水の存在を許さず、したがって惑星は居住可能ではないと想定された。さらに、小さな恒星の一生のうち初期の段階は、巨大な変動を特徴とする。暗くなったり激しいフレアを出したりする。変光は生命には不利と考えられている。しかし海あるいは風の流れが自転と公転が同期した極端な温度を和らげるかもしれないことを示す気象研究もある。活発なフレアも、われわれが思うほどの事件ではないのかもしれない。小さい星は多く、そうした星は長い間輝くので、もしかするとCHZ領域の総量は、太陽に似た星の周囲にあるよりも大きいかもしれない。本当にそうなら、何百万もの継続的居住可能領域に膨大な数の惑星がありうるだろう。

ハビタブルゾーンについて論じるときには、考慮すべきことがさらに一点ある。後の節で見るように、地球型惑星があるために、十分な金属度〔水素とヘリウム以外の元素の割合〕をもつ恒星は一定の型のものだけで、激動の中心から十分に保護されているのは銀河系の一定の部分だけだ。たぶん、銀河《ギャラクティック》居住可能領域（GHZ）も定義する必要があるのだろう[319]——銀河の星のうち二〇パーセントしか収まらない環状地帯ということになるかもしれない。複雑な生物が進化するには、CHZはGHZの内部になければならない——そのせいで可能性は下がる。それでも、どのように数字がフェルミ・パラドックスに片をつけられるほどの差で下がりうるのかはなかなか見えない。銀河系には生命のありかとなる惑星が多数あると想定せざるをえない。

解58　地球が最初

王の刻印があれば金属を良くしたり重くしたりできるということではない。
——ウィリアム・ウィッチャリー『率直な男』

ビッグバンの直後、宇宙にあったのは基本的に水素とヘリウムだけだった（それぞれ七五パーセントと二五パーセントの比率で）。ごく微量のリチウムと、さらに微量のベリリウムとホウ素があったが、それですべてだった。そこで、天文学者にとって、宇宙は水素とヘリウムとそれ以外からできていて、水素とヘリウムより重い元素——「それ以外」——は金属と呼ばれる。さて、地球の生物の生化学と、妥当に想像できる地球外生命の生化学は、決定的な六つの元素、水素（H）、硫黄（S）、リン（P）、酸素（O）、窒素（N）、炭素（C）に依存している。したがって、天文学的な言い方をすると、生命は水素と五種類の金属SPONCによっていることになる。しかしその生命に必須の金属は宇宙が始まったときはなかった。それはどこで生まれたのだろう。重い元素はすべて恒星内部での核反応で加工され、星間物質をなすようになったのは、その星が一生を終えてエネルギーを解放する最期に達したときだ。時間が経つにつれて宇宙の金属度は徐々に高くなる。

パラドックスの一つの解き方——よく唱えられ、解53で見たリヴィオ説と似た考え方——は、重い元素が星間物質の中で生命が成り立つほどの濃度になったのはごく最近になってからとすることだ。古い恒星を回る惑星には金属SPONCが足りないと言われる。かなり若い星——太陽のような星——の周囲にのみ、生命は生じうる。つまり人類は、技術文明としては早い方の部類ということにならざるをえない。もしかすると文字通り最初かもしれない。

銀河系の化学的変遷がそれだけでフェルミ・パラドックスを解決すると言えば、確かに言いすぎだろう。多くの説と同様、これも一翼を担うかもしれない——が、それだけでパラドックスを解決することにはなりそうにない。

この説の一つの問題点は、生命が成り立つ惑星ができるには、恒星の金属度はどれほど必要かについて、われわれは知らないということだ（恒星の金属度といっても、化学組成でのヘリウムより重い元素の分ということにすぎない）。重い金属の比率が太陽にある量の四分の三もあれば十分だろうか。半分？四分の一？実際、われわれにはわかっていない。ケプラー探査機で発見された系外惑星の分析からすると、[320]小型の地球型惑星の形成は金属の多い環境を必要としない。そのような惑星は、低金属度の恒星にも高金属度の恒星と同じくらいできる可能性がある。重い金属の比率が今の太陽系よりも小さい惑星でも生命が発達しうるなら、古い星でも文明の土壌になりえただろう。

第二の問題点は、星の年齢と金属度の関係が、最初に思われたよりも単純ではないということだ。太陽よりもずっと古くても重い元素の比率は同じということもありうる。たとえばHIP102152という恒星を考えてみよう。[321] これは約二五〇光年離れたところにある。G3V型の星で、表面温度は五七二三K。比較のために言うと、太陽はG2V型で表面温度は五七七八Kとなる。両者を並べると、双子のようにそっくりに見える。さらに、HIP102152内には二一種類の化学元素が検出されていて、その比率は太陽に見られるのと似ている。両者は確かに星の双生児だ。それでもHIP102152は太陽より三六億年ほど古い。つまり、われわれが知っているような生命にとって高い金属度が必須だとしても、その条件は大昔から入手可能だった。われわれの太陽は最初ではない。

HIP102152のまわりに地球型惑星があるかどうかはまだわかっていないが、地球の双子があるかもしれない。そして知的生命がそこで進化しているかもしれない。そのような生物が日中に空を見上げれば、ほぼわれわれが見ているもの、つまり空を圧倒する白い太陽が見えるだろう。そうした生物はわれわれよりはるかに古いかもしれないし、その眺めを一〇億年もそれ以上も享受しているかもしれない。その長い年月の間ずっと、外に出て違う眺めを求めたりはしなかったのだろうか。HIP102152の生物はせめてその存在を他の生命に知らせようとしなかったのだろうか。

解59　地球には格好の「進化の活」が入る

共鳴が生じると、わずかな力の入力だけで、系の中に大きなたわみが生じる。
――「タコマ峡橋崩壊に関する報告書」

木星は、フェルミ・パラドックスのいろいろな解決案で活躍する。ここではとくに、物理学者のジョン・

クレーマーによるもの[322]を取り上げる。

ときどき、大きな岩が地球に衝突することは知られている。しかしそれはどこから来たのだろう。小惑星帯から内側に外れて、それがたまたま地球と衝突することがあるとする説がある——しかしこの説が成り立つためには、無数の小惑星が、その安定した軌道から外れ、太陽系の内側に向かって落ちていかなければならない。小惑星がその安定した軌道から押し出されることになる理由は何だろう。それができそうな仕掛はなかなかわからなかったが、一九八五年、ジョージ・ウェザリルは、二・五ＡＵの距離にある小惑星帯の隙間が重要であることを浮かび上がらせた[323]。

「カークウッドの空隙」——小惑星帯にある比較的小惑星が少ない領域——はすでによく知られていた。空隙ができるのは共鳴の作用による。二・五ＡＵのところの空隙の場合、共鳴が生じるのは、その距離にある小惑星は、木星が太陽を公転するのにかかる時間のちょうど三分の一の周期で公転するからだ。そのために、二・五ＡＵの小惑星が特定の位置に来るとき、三回ごとに、木星との相対的位置関係が同じになる。木星が小惑星に及ぼす重力の影響は、いつも同じ方向になり、その効果が蓄積される。ぶらんこを正確な周期で押してやるようなものだ。その結果が重なって、ぶらんこの振幅が大きくなっていく。時間が経つと、二・五ＡＵのところにある小惑星の軌道は不安定になり、どこかへ行ってしまう——小惑星帯ではいずれ、この領域の天体がなくなってしまう。別のところからこの領域に迷い込んだ小惑星も、同じ仕掛でいずれはそこから追い出される。二・五ＡＵのところにあるカークウッドの空隙は、三対一の共鳴のせいであり、他の比率での木星との共鳴による別の空隙も存在する。

二・五ＡＵにあるカークウッドの空隙からはじき出された小惑星はどこへ行くのだろう。計算によれば、その軌道が地球よりも内側に届く確率が高い。言い換えると、この小惑星が地球に衝突する可能性があると

図 5.7　小惑星エロスのモンタージュ画像。NEAR 探査機がこの小惑星に接近したとき、3 週間にわたって撮影した。エロスのような地球近傍小惑星は、比較的に数は少ない。たいていの小惑星は、火星と木星の間にある、ドーナツ状の一帯、「メイン・ベルト」で太陽を公転している。この「ベルト」にある小惑星が、木星の重力の影響で軌道を外れることがある——その結果、大災害となる可能性もある。（画像—— NASA）

いうことだ——そうなると破局的な結末になる。

しかし、小惑星衝突の結果が、たまたま付近にいた生物にとっては大災害になりうるとしても、長期的に見ると、その衝突は好都合でもある。何と言っても、六五〇〇万年前の隕石の衝突がなかったら、地球はまだ恐竜が栄えていて、哺乳類は、爬虫類が支配する世界の隅っこでかろうじて暮らしを立てていたかもしれない。クレーマーは、種にとって大したことが生じない地質学的時代がいくつかあることを指摘する。進化は「壊れていないなら修理はしない」という常識的な姿勢を取っているらしい。何らかの理由で環境が変化する危機的な時点になってこそ、主にそういう場合に、進化が急速に作用して新種が現れ、変化した状況を利用するのだ。クレーマーの言い方をすれば、進化は、危機と安定の循環によって「活を入れられる」。そして、クレーマー説によると、理想的な活は、二〇〇〇万年から三〇〇〇万年ごとに生じる大きな危機を通じて進化を駆動するものではないかという。三対一のカークウッドの空隙から来る小惑星は、まさにその割合で活を入れてきたのかもしれない。

クレーマーの説が正しければ——本人がまっさきに、この説は憶測であることを認めているが——これもまた地球上の生命が特殊である理由となる。生命は地球型の環境を必要とするだけでなく、その環境は、しかるべき割合で小惑星帯に共鳴をもたらすような質量と軌道を取る惑星系に生じる必要があるかもしれないというわけだ。「進化の活」が早すぎれば——小惑星が生命を湛える惑星に衝突する回数が多すぎて——生命が知性を進化させる可能性がなくなる。活が遅すぎると——小惑星が生命を生む惑星に衝突する回数が少なすぎると——生命は停滞する。その結果、惑星は三葉虫かゴキブリか恐竜だらけの惑星になる（あるいは、地球の生物とはあちこちで想像を絶するほど違う生物だらけになる可能性が高い）。こうした生物が栄える限り、環境が変化しないときに新しい行動様式を採用する「必要」はないし、知性も電波望遠鏡も宇宙船を開発する「必要」はない。

小惑星帯に三対一の共鳴が存在するのは木星のおかげによる。小惑星帯そのものが、木星ができることによって惑星形成が途中で止まってしまった原始惑星の残骸だ。「進化の活」のようなものがあるとすれば、そしてそれが太陽系では適切な頻度に合わされているということになるのであれば、われわれは木星にそのことを感謝しなければならない。

解60　銀河系は危険なところ

私は死神、世界の破壊者となった。

——『バガバッドギーター』

宇宙にはあたりまえに激しい現象があり、文明に対する様々な脅威となっている。たとえば、恒星間空間には、一〇〇万ものブラックホールがふらふらとさまよっているかもしれないという推定もある。その一つが惑星系に迷い込めば、そこの惑星を、暮らしている生物ともども飲み込んでしまうだろう（図5.8）。磁石星《マグネター》

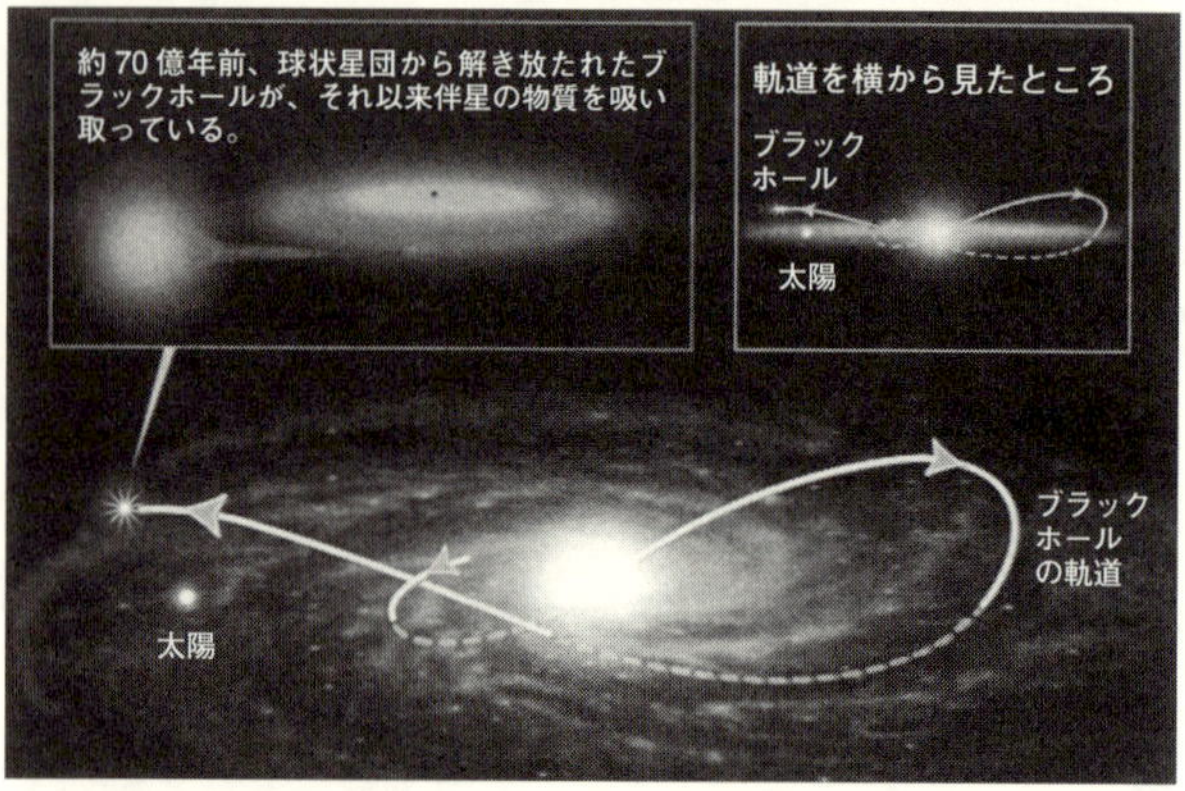
約70億年前、球状星団から解き放たれたブラックホールが、それ以来伴星の物質を吸い取っている。
軌道を横から見たところ
ブラック
ホール
太陽
ブラック
ホール
の軌道
太陽

図5.8　マイクロクェーサー XTE J1118＋480 が過去70億年の間に銀河系でたどった軌道の図解。この例のようなマイクロクェーサーはブラックホールによって動く。太陽に近い経路をとれば、地球の生物にも影響が及ぶ。（図版―― I. Rodrigues and I. F. Mirabel, Space Telescope Science Institute, NRAO/AUI/NSF）

と呼ばれる中性子星が近づいてくると、興味深い危険が生じる。[324] たとえば、一九九八年の夏、いくつかの観測衛星が、SGR1900+14というマグネターからの放射を記録した。この放射は強烈で、何機かの衛星は機能停止せざるをえなくなったし、地表から五〇キロ以内まで入ってきた。幸い、他の形をした宇宙からの放射の場合同様、地表は地球の大気が守ってくれた。しかしSGR1900+14は何万光年離れたところにある――このマグネターがもっと近かったら、地球の大気は守ってくれただろうか。銀河中心も脅威となる。銀河の中心領域に近いところに生きる文明は、様々なリスクに対応しなければならないが、主な脅威は銀河中心部が活発である場合にもたらされる。われわれの銀河系の中心領域は、とくに活発ではないが、それでも住むのにはまったく適さない。中心近くでは、星がひしめきあっており、夜空は本が読めるほど明るくなるだろう。さらに近づけば、太陽の一〇〇万倍もの質量があるブラックホールのまわりにできた降着円盤に遭遇する。そのため、銀河居住可能領域（GHZ）の内側の端は、活動の激しい中心領域がもはや脅威にならない地点によって区切られる。

図 5.9　活発な銀河中心部の再現図。どんな銀河の中心部分も超大質量ブラックホールを宿していると考えられる。このブラックホールは周辺の物質をものすごい勢いで食い尽くし、それによって電磁スペクトル全体にわたる放射を出す。活発な銀河の核の中には、明るくて観測可能の宇宙の反対側にいる天文学者にも探知されるほどのものがある。(画像──ESA/NASA, the AVO project and Paolo Padovani)

これはフェルミ・パラドックスの説明になるだろうか。何も考えていない宇宙のランダムな激動が沈黙を説明できるか。文明はわれわれのところに達する前に滅びるのだろうか。

ここで挙げた三つの機構──さまようブラックホール、マグネター、活発な銀河中心──は、それだけでは、あるいは束になっても、銀河が静かである理由の説明にはならない。ブラックホールとマグネターは、個々の星や星団にとって、銀河の一生にわたって脅威になるかもしれないが、銀河全体を不毛にする因子にはなりえない。また、おそらく銀河の中心は避けた方がよいだろうが、そこから離れた渦の腕の部分、活動の場から三万光年ほど離れたところにいる生命にとっては、脅威とはならないらしい。他方、これとは別の二種類の天体──超新星とガンマ線バースター──は、フェルミ・パラドックスを解決するかもしれない。

超新星

超新星とは、年を取った恒星の最期に起きる大爆発のことだ。この爆発の威力はすさまじく、天文学的な時間の尺度では相当頻繁に生じている。天の川銀河では、平均して一世紀に一個か二個の超新星が現れる。超新星には二種類ある。Ia型の超新星は、連星系の白色矮星が、伴星の物質を吸い込んで臨界質量に達したときにできる。激しい核爆発が発生し、星を粉々に吹き飛ばす。II型の超新星は、大質量の恒星の終わりの方の段階で生じる。大質量の星の中心部が、容赦なく押してくる重力の力に対抗しきれなくなったとき、星はそれ自身の重みでつぶれる。中心は高密度の中性子星か、さらにはブラックホールになる。星の外側の層は中心から高速ではね飛ばされて、宇宙空間に飛び出し、星間物質の一部になるこんな爆発があったら致命的かもしれないが、生命にとっては必要でもある。太古のII型の超新星が星の中心部で合成された重い元素を撒き散らしてくれていなかったら、地球上の生命は存在しない。この二種類の爆発は、細かいところが異なるが、どちらも大量のエネルギーを放射する。何週間かで、様々な形のエネルギーを10^{44}ジュールも解放することがある。

近くで超新星ができれば、地球の生命にとっても災厄となる。地球から三〇光年以内で超新星が爆発すれば、地表にいる生命の大半は滅びるかもしれない。[325] 破壊の仕組みは単純ではない。脅威が生じるのは、近くの超新星が地球大気に送り込むであろう大量のガンマ線による。爆発によるガンマ線が直接にわれわれを傷つけるわけではない。大気圏の上層部分が効果的な防護膜になるからだ。しかしガンマ線は、大気中の窒素分子を分解し、酸素と反応して窒素酸化物を作り、この窒素酸化物がオゾンと反応することになる――こうして急速にオゾン層を奪っていく。オゾン濃度は何年かの間、九五パーセントも減るかもしれない。地球のオゾン層が小さくなれば、地表の生命を太陽からの致死的な紫外線から守ってくれるものがなくなる。死は

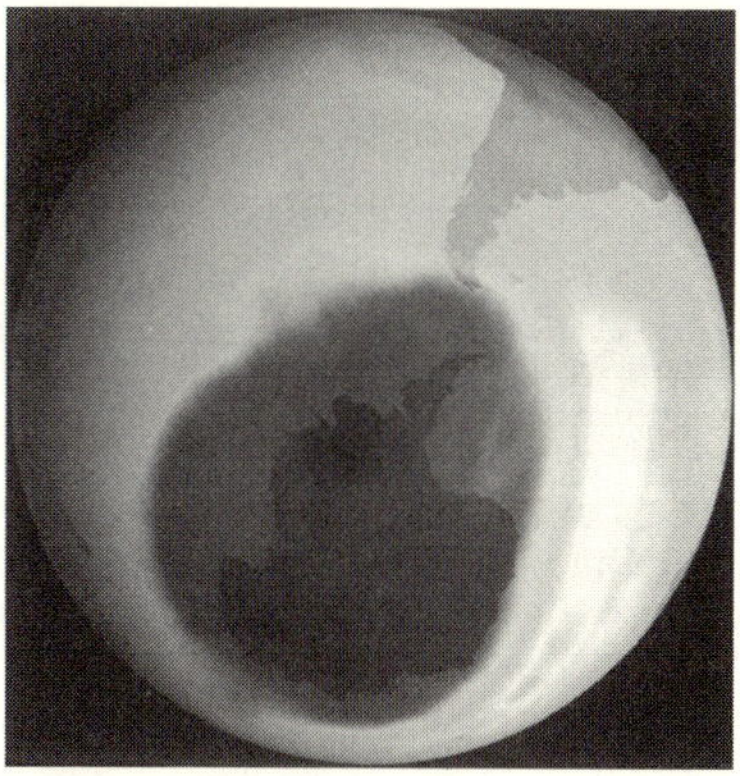

図 5.10　南極上空の黒い部分がオゾンがなくなっている領域を示す。2000 年 9 月。オゾン「ホール」はオゾンを破壊するフロンの蓄積によって引き起こされる。幸い、こうした化学物質の使用は規制されているが、南極のオゾン層が回復しきるのは 2050 年まではかかると予想されている。地殻で超新星爆発があれば、オゾン層は地球全体ではぎ取られるかもしれない。（画像── NASA）

典型的なワンツー・パンチでもたらされる。まず最初のガンマ線放射で防御力を弱め、それから太陽の紫外線放射で多細胞生物を破壊しつくす。

後で論じるように、多細胞生物が陸に上がって以来、何度か大量絶滅事件があった。そのどれかが、近くで超新星ができたせいにすることはできるだろうか。確かなことはなかなか言えない。最後の大量絶滅──恐竜が絶滅したもの──は、隕石の衝突によるものである可能性が高まっている。もしかすると他の大量絶滅も、同様の衝突でもたらされたのかもしれないし、あるいは気候変動によるものかもしれない。はたまた複雑系に生じることのある、カオス的事象にすぎないかもしれない。大量絶滅を超新星の余波とする証拠はない。超新星が大量絶滅を起こしうるとしても、その絶滅が知性の出現に対しては長期的に脅威となるかどうかは定かではない。実は超新星が知性には必要なのかもしれない。もしかすると、クレーマーの言い方を使えば、超新星も「進化の活」かもしれないのだ。しかし当面、近くの超新星が大量絶滅を引き起こすことがあり、そうなると知的生命の発達が遅れるものと仮定してみよう。

太陽を含むすべての恒星は、宇宙空間を移動しており、何億年にもわたるランダムな星の動きの中で、太陽が超新星のそばに行くこともあるだろう。そのうち、超新星が地球のそばで爆発する（読者が心配するといけないので言っておくと、今、地球から六〇光年以内には、今後数百万年の間に超新星になる恒星はない）。死活的に重要な問題はこうなる。超新星が大量絶滅を引き起こせるほど近くで生じる頻度はどのくらいか。推定はばらついているが、推定値の中程では、地球から三〇光年以内に超新星が現れるのは、平均して二億年に一度とされる。それが本当なら、次の問いはこうなる。なぜわれわれがいるのか。

一つの答え方は、超新星の頻度の計算が間違っているとすることだ。あるいはもしかすると（その可能性は高い）、近くの超新星の影響を理解しきれていないのかもしれない。この場合、フェルミ・パラドックスに関係する意味はない。しかしもしかすると、われわれが今いるのは、地球がきわめて運が良く、地球は陸上の生物が登場して以来、近くで超新星ができたことがないのかもしれない。もしそうなら、他の生命が生まれそうな惑星は、すべて、地球ほど運が良くなかったのだと言えば、フェルミ・パラドックスの片はつく。

この説の難点は、地球が超新星については特異的に運が良かったことを支持する宇宙物理学的証拠はないところだ。それに、知的生命があたりまえだということを認めるなら、超新星はフェルミ・パラドックスを説明するほどの効果はないことになる。ETCがその近辺のほんのわずかな部分にでも移住してしまえば、どんな超新星でもその文明を止めることはできない（超新星からの脅威も、ETCが星間植民に乗り出す動機になる。ひとたび文明が母星から半径三〇光年以内のいくつかの星に植民してしまえば、近辺の超新星の影響をくぐり抜けて生き延びるだろう）。

フェルミ・パラドックスを説明したいなら、必要となるのは、銀河系にあるすべての惑星に、例外なく影響しうるような仕組みだ。銀河系全体を不毛にするほど強力な事象を生む何かの仕組みがあったとしたら、その発動がきわめて稀でも（たとえば数億年に一度とか）、なおフェルミ・パラドックスを説明しうるだろう。多細胞生物は、知的生命が生まれる可能性が生じる前に根絶してしまう。文明は脅威に対抗する効果的手段を開発するような段階まで進むことができない。ＥＴＣと目されるものも、銀河系に植民するための何十億年という時間を得たことがない。逆に、最新の全滅事件からほんの数億年しか時間がないことになる。要するに、「標準時計」が、全滅事件が生じるたびにゼロに戻されるのだ。

　そのような広い範囲の破滅をもたらすような現象があるとは信じられないように思えるが、残念ながら、天文学者は今や、銀河規模で生命を絶やしてしまう可能性がある仕組みがあることを知っている。ガンマ線噴出星《レイ・バースター》（ＧＲＢ）だ。

ガンマ線バースター

　ガンマ線バースターは、四〇年以上前、偶然に発見されたが、近年に至るまで、その由来はまったく知られていなかった。[326] 今でも、ＧＲＢの正確な物理的由来は、天文学者の間での激しい議論の的になっている。それを生む現象が何であれ、ＧＲＢで重要なことは、ＧＲＢが宇宙で知られている中で最も強力な現象だということだ。ＧＲＢはほんの何秒かの間に、太陽がその一生の間に放出するよりも多くのエネルギーを放出している。ＧＲＢほど明るいと、われわれの検出装置は、宇宙の直径の半分ぐらいのところからでも見ることができる。われわれがこれまでに検出したＧＲＢはすべて、遠くの銀河で生じたらしい。われわれのいる銀河でＧＲＢができたら、まずいことになる。二つのことを考えなければならない。まず、ＧＲＢがわれわれのいる天の川銀河にできる頻度はどのくらいか。次に、天の川銀河にＧＲＢができたら、どれほどひどいことになるのか。

GRBが生じる頻度を計算するのは、典型的なフェルミ推定だ。ごくおおざっぱには、一つの銀河で見ることができるGRBが現れるのは、一億年に一度ほどと言える。興味深いことに、このおおよその時間の長さは、地球で大量絶滅が生じる間隔とも重なる。そのため、GRBが大量絶滅に関与しているのではないかと説く人もいる。[327]

ガンマ線バーストの出現頻度

一九九〇年代には、コンプトン・ガンマ線観測衛星が、平均して一日に一個のGRBを検出していた。二〇〇四年にGRBを詳細に調べるために打ち上げられたスウィフト衛星は、バーストとその残光をガンマ線、X線、紫外線、可視光の波長で観測している。本書を書いている段階では、スウィフトの観測開始以来八六六個のGRBが探知されている。フェルミ・ガンマ線宇宙望遠鏡やその他の衛星は、スウィフトでは拾えなかったバーストを発見している。そちらでは合わせて毎年約一〇〇個のGRBを検出する。つまりわれわれの衛星は毎年一〇〇個から三六五個の間のGRBを観測している。それを丸めて宇宙では毎年約一〇〇〇個のGRBが地球を向いているとしよう。大ざっぱな推定として、宇宙では10^{11}個の銀河があり、平均すると、銀河系一つについて、一年に10^{-8}個が地球の方を指していると想定しよう。言い換えれば、フェルミが喜びそうな一次近似としては、ごく普通の銀河では一億年に一個ほど、GRBが現れることになる（GRBはあらゆる方向に等しくエネルギーを放出していると考えられるので、本当の率はもっと高いだろう。毎年現れるGRBの総数は、望遠鏡を向ける角度に依存するが、観測されている率の一〇〇～一〇〇〇倍ありそうだ）。

GRBから解放されるパワーが畏るべきものであるというのは、それが地球から遠いところにできたとしても、地球は放射を浴びせられるということである（バーストがこちらを向いているとして）。遠くのＧＲＢでも近くの超新星と同じように地球のオゾン層に同様の被害を及ぼしうる。しかしこの結論は論議の的であることを言っておかなければならない。ＧＲＢが超新星よりも強力なのは否定できないが、超新星よりも持続期間は短い。一分もしないうちに大半のエネルギーを放出してしまう。したがって、バースターの影響を直接に受けるのは、惑星の半分の側だけだ。反対側は惑星本体によって、この突風を遮られる。もちろん、影響を受けた側の被害が波及して、世界的な破滅をもたらす可能性はある。二次的な影響がさらに問題を起こすかもしれない。しかし今わかっていることからすると、惑星にオゾン層があれば、それがＧＲＢの影響から地表の生命を守ってくれるだろう――もちろん、ＧＲＢができるのが近すぎて、惑星が黒こげになってしまうのでなければのことだが。しかし悲観的な見方をとって、ＧＲＢの影響が遠くの惑星の生命圏にまで及ぶという結論を受け入れるなら、それが銀河系を不毛にするかもしれない。

　そこで、ＧＲＢは「さらに高度な」生物を宇宙の広い範囲にわたって破壊できるとしよう。これをバーストは過去、もっと頻繁だったという一部のＧＲＢ形成理論からの予想と組み合わせると、ジェームズ・アニスが唱えたフェルミ・パラドックスの解決案となる。[328]その案は単純で、過去においては、ＧＲＢは、銀河にいるどんな生物も、知的生命を育てる可能性を得る前に惑星を実質的に不毛にするという。今になってやっとそういう事象の率が減少し、ＧＲＢはあまりあたりまえではなくなったので、文明が生じるだけの時間ができたというわけだ。アニス案については、地球や人類が特別なところは何もない。人類がここにいるのは、地球が運良く破滅的な事象を避けられたからではない。われわれのいる銀河には、同じあるいは近い発達段階にある文明が何万とあるかもしれない。そのすべてに、地球にいる生命と同じ発達の時間があった。最後のＧＲＢがこの銀河系で爆発してからの時間だ。

ＧＲＢが生じ、それに驚異的な威力があることは否定できない。不運にも近くにいたどこかの惑星を不毛にすることは確かにあるだろう。ＳＥＴＩの楽観論者——知的・技術的に進んだ文明はあたりまえと論じる人々——は、不愉快な結論をつきつけられざるをえない。銀河カレンダーがめくられていく間に、そのあたりまえとされる文明の中の多くがＧＲＢの影響が及ぶ範囲内に入るだろう。無数にある進んだ文明が、火に焼き尽くされたにちがいない。[329] しかし個人的には、ＧＲＢが銀河全体を不毛にすることができるとは思えず、私はＧＲＢだけでフェルミ・パラドックスが解決できるというのは受け入れられない。

解61　惑星系は危険なところ

人は時々刻々自分を脅かしている危険に十分に目を配ることはない。

——ホラーティウス『歌章』

滅亡の元は、いやになるほど長い危険リストに載ったはるか天上のものだけではない。脅威はもっと身近なところにもある。[330] すでにいちばんわかりやすい心配のたね、隕石の衝突については触れた。小さな隕石は毎日地球に落下している。中型の物体は数年ごとに地上に達している。大型——たとえば直径が二〇キロのもの——は数億年ごとに地球に衝突している。大きな隕石が地球に衝突するのはほんのたまにのことだが、ぶつかったら、破壊力は地球全体に及ぶ。今、直径二〇キロの小惑星が地球に衝突するとしたら、人類が全滅してしまうのはほぼ確実だ。事件が生じるわずかな確率に、そのために死亡する人の数をかければ、一人の人がその事件で死亡する確率が求められる。人間の寿命にわたって平均すると、隕石の衝突で人が死ぬ確率は、飛行機事故で死ぬ確率と同じくらいになる。すると奇妙なことだが、われわれは飛行機の安全には膨

図5.11　地球への小惑星衝突の想像図。過去にそのような天体が地球に衝突したことは知られているが、今このようなことになれば、人類はほぼ確実に絶滅するだろう。（画像—— NASA/Don Davis）

大な費用をかけるが、地球近辺にある、文明を滅ぼしかねない天体の探査にはほとんど費用をかけていない。

ＥＴＣも隕石の衝突による脅威と戦わなければならないと考えられる。隕石のような天体は、惑星系ではあたりまえのようにあるものだからだ。しかし危険は他にもいろいろある。以下でもう少し検討してみよう。

雪球地球

脅威は宇宙空間からやってくる必要はない。近年明らかになったこと——とくに熱帯の低地に氷河の跡が発見されたこと——からすると、地質学的な歴史の中では、地球は何度も氷の層に覆いつくされたことがあるらしい。二五億年前にそのうちの一回があった可能性があり、この八億年の間には、全球凍結《スノーボール・アース》事件が四回あり、それぞれが一〇〇〇万年以上にわたったことがあるかもしれない。[331] こうした出来事を、教科書にあった最後の氷河期のイメージと混同しないようにしよう。全球凍結と比べれば、最後の氷河期は明らかに熱帯のようなものだ。全球凍結期には、厚さ一〇〇〇メートルの氷が海を覆い、赤道付近の海まで覆ってしまう（厚さはそこまでは

図 5.12　南極の外洋で浮氷原が融けつつある。全球凍結のときには、赤道付近なら、よくてもこんな感じになるだろう。地球の他の部分は厚い氷に覆われる。複雑な生命は生き残るのに苦労するだろう。（写真—— NOAA/Michael van Woert）

いかないかもしれないが）。平均気温はマイナス五〇度まで下がる。生物のほとんどがこのような環境を乗り切れず、生命はかろうじて途絶えずにつながった——たぶん、火山の周囲や、赤道付近の透明な薄い氷の下でのことだろう。

地球が全球凍結に陥る仕組みはよくわかっている。氷で覆われる面積が増える理由は様々あるが、氷が増えると、日光を反射してそのまま宇宙に戻してしまう。それによって地表が受け取る太陽熱が減り、温度が下がってさらに氷が増える。氷が臨界量に達してしまえば、「暴走冷凍庫」効果が生じて、惑星は全球凍結事象へと突き進むことになる。なかなか理解できず、そのために科学者が全球凍結が何年も続くのを否定する理由にもなった問題点は、その氷に覆われた状態からどう脱出するかということだった。地球が氷に閉ざされてしまえば、地球に届く日光のほとんどは反射されて宇宙空間に逃げてしまい、地表を温めることにならない。答えは、火山は全球凍結のときにも活動を停止しないという認識がもたらした。火山は膨大な量の二酸化炭素――温室効果ガス――を送り出し続ける。もちろん、火山は今でも二酸化炭素を噴き出しつつあるが、通常の状態では、このCO_2は雨水に吸収され、いずれは海に運ばれ、そこで海底に固体の炭酸塩として蓄積される。全球凍結期には、液体の水がなく、蒸発もほとんどないので、雲も雨もない。一〇〇〇万年か、もしかするとそれ以上の間、火山からのCO_2は大気の成分として蓄積される。最終的には、大気中のCO_2濃度が今日の大気の一〇〇〇倍ほどになるだろう。温度は上昇し、急速に氷が融けていく。地質学的に言えば一瞬にして、冷凍庫から温室に変わるのだ。

全球凍結仮説から言えることは遠大で、後でそのいくつかについて検討する。

超巨大火山

新原生代にあった全球凍結のときには、火山は生命の救世主だったが、もっと近年になると、今度は地球上の知的生命にとっては破壊的になり、火山はホモ・サピエンスを絶滅させかけた。近年の研究から、人類はみな、遺伝的に驚くほど似通っている。この遺伝子の多様性のなさを説明するために、ホモ・サピエンスは七万五〇〇〇年前の「遺伝的隘路《ボトルネック》」を抜けて広がってきたにちがいないと論じる生物学者もいる。ボトルネックは人口が極端に減ったときに生じる。人類の場合、地球上に生きていた人類が、数千人にまで下がったことがあるかもしれない。人類は滅びかけたのだ。

このボトルネックが実際に生じたとしても、それをもたらした出来事を遠いところに求めて探す必要はない。七万四〇〇〇年前、スマトラ島にあるトバ火山が噴火した。噴火は大規模で、この火山は「超巨大火山《スーパーボルケーノ》」

の名を得ている。噴火は、最近のピナツボ火山〔フィリピン〕、セントヘレンズ火山〔アメリカ・ワシントン州〕などをはるかに凌ぐ規模だった。気象学者は、超巨大火山の噴火は火山の冬——核の冬と似た効果だが、放射能はない——をもたらしうるのではないかと言う。そのような爆発の後、干魃と飢饉が何年も続いて、技術以前の人類が滅亡寸前まで行ったというのは、ありえないことではない。

大量絶滅

流星衝突、地球の凍結、超巨大火山と、地球のような穏やかな惑星でも、生命は切り抜けなければならない相手がたくさんある。ときには、この三つのうちのどれかが原因になるか、あるいは空からの他の滅亡の原因によるか、いずれかによって生命がほとんど中止になりかけることもある。

五億四〇〇〇万年前のカンブリア紀の爆発的増大で地球上に動物が豊富になって以来、地球は何度か大量絶滅——大量絶滅とは、地球の生物多様性が大きく減少した時期と定義される——を経験している[332]。絶滅事件の深刻さも様々だ。大規模な五回の大量絶滅のときには、その頃に生きていた生物種の半分以上が死んだ[333]。この五回の事件とは、時代順に、オルドビス紀、デボン紀、ペルム紀、三畳紀、白亜紀に起きたことだった。

オルドビス紀大絶滅は四億四〇〇〇万年前、デボン紀大絶滅は三億七〇〇〇万年前で、どちらも海洋生物の五分の一以上の科が消えた。陸上生物に対する影響はそれほど知られていない。この時期の化石は非常に乏しいからだ。この二つの絶滅の原因もわかっていない。

ペルム紀の絶滅は二億五〇〇〇万年前で、群を抜いて最大の大量絶滅だった。もしかすると、海洋の種の九〇パーセント以上が絶滅したかもしれない。昆虫類のうち二七の目《もく》が失われ、喪失は惨憺たるものだった。この大破局の原因も定かではない。この地球規模の破局を説明するために、重なり合って作用したことも考えられるいくつかの仕組みが唱えられている。

二億二〇〇〇万年前の三畳紀の絶滅では、海洋、陸上の種が相当に減った。この場合も、科学者はこのときの生物多様性減少の原因を議論している。

六五〇〇万年前の白亜紀末大絶滅は、大量絶滅の中ではいちばん有名で、いちばんよくわかっている。この事件は恐竜時代の終わりを告げ、哺乳類の台頭につながる状況をもたらした。この絶滅が、大きな隕石の衝突が残した余波であることはほぼ確実だ。[334] この絶滅に関して衝突説を信じる根拠はいくつかある。まず、メキシコのユカタン半島にある、直径二〇〇キロのチクシュルーブ・クレーターが、まさにこの時代のものであること。次に、世界中のどこから取って来ようと、白亜紀と第三紀の境界の岩石試料には、高い濃度のイリジウムがあり、これは地球に大きな小惑星が衝突したとした場合に予想される事態であること。第三に、同じく白亜紀＝第三紀境界の岩石試料の多くに衝撃石英が見られること――これも激しい衝突があったことを示している。さらに、白亜紀＝第三紀境界の土の中に細かい煤《すす》の粒子が見つかる場合が多いこと――植物が燃えたときにのみ生じえたような粒子だ。地球の植物の多くが燃えたことを意味している。衝突による直接の影響で、多くの生物が死んだだろう。大規模な種の絶滅の仕組みはそれほど明らかではない。大気の変動、核の冬、長期にわたる大規模火災、酸性雨、これらが組み合わさった影響だった可能性がある……あるいはまったく別の何かかもしれない。結果は隕石が地球のどこに、いつ衝突したかによるし、隕石の質量と速度にもよる。衝突がほんの数時間後だと、それほど破滅的にはならなかったかもしれない。隕石がほんの二倍の大きさであれば、生命は全滅ということになったかもしれない。

この絶滅から何が学べるかと言うと、なかなか難しい。それぞれ性格も、原因も、重大さも違う。白亜紀の事件だけは、絶滅の原因となる仕組みが明瞭に特定されている。他の絶滅は、全然別のことによって生じたかもしれない。何と言っても、これまで見たように、潜在的な脅威はいろいろとあるのだ。他の惑星の生命体も、おそらく同じ危険をつきつけられているし、地球の生命にはなくてすんできた危険もあるかもしれない。たとえば、惑星系によっては生命を生む惑星の軌道がカオス的になるものもあるかもしれない——そうなるとおそらく大量絶滅になるだろう。あるいは惑星の自転の速さが変化して大量絶滅のきっかけになるかもしれない。広い範囲での気候変動——動物が生きていける限界を超えて、惑星規模で寒冷化したり温暖化したりする——があれば、大量絶滅を誘発するかもしれない。もしかすると、言えることは単純で、惑星系は危険だということかもしれない。何十億年も経てば、大量絶滅が何度かあるのは避けられないのだ。

大量絶滅は避けられないと論じるところから、フェルミ・パラドックスを解決するのもそれだと論じるところまではほんの一歩だ。実際には、大量絶滅という考え方は、パラドックスに対する二つの正反対の答えを説くために用いられている。素直な説の方は、他の惑星では、大量絶滅のせいで知的生命の発達が妨げられているのではないかとする。少しわかりにくい方の説では、大量絶滅は、セラーズとイートマンが大文字で特筆大書して不朽になった「あってよかったこと《グッド・シング》」の類で、それが他の惑星ではめったに起きないのだという（少なくとも、好都合の類の絶滅は、めったに生じない）。

大量絶滅が「なければよかったこと《バッド・シング》」である理由はすぐにわかる。多くの人が、生命は——少なくともわれわれが知っているような生命は——大量絶滅に対抗する防御が二つしかないと論じる。第一の防御は単純さだ。これは原核生物〔細菌など〕（四三二頁を参照）が用いた方式で、この生物は何十億年も生き残っている。

細菌は基本的にその単細胞という体制を何十億年も守ってきた。実際、決定的に証明するのは難しくても、現代の細菌は、おそらく三七億年前の最古の細胞と遺伝子的には同じだろう。新しい環境からの課題に対する生化学的反応を進化させる能力のおかげで、細菌は自然が投げ与えてくれるものを、ほとんど取り入れられるようになっている。大量絶滅規模の大破局だけが、原核生物すべてを地球から除くことになるだろう。他方、われわれは細菌と話すことはできない。フェルミの問いを検討するときには、複雑な多細胞生物のことを考えている。そのような生物は、何十億年にもわたって降りかかる石や矢を、どうやってくぐり抜けて生き延びるのだろう。

大量絶滅に対抗する第二の防御は多様性で、この方式は動物や植物が採用した。一つの門に多くの種があり、生活を立てる方法がいくつもあれば、大量絶滅のときに一つや二つの種が生き延びる可能性がある。その後、門の多様性は回復できる。つまり、動物や植物の生活は細菌の生活よりも厳しく、絶滅の可能性が高くても、長期的に見ると、それは生き延びられるということだ（もしかすると、カンブリア紀の絶滅がひどかった理由は、多くの門があっても、それぞれの門にはわずかな種しかなかったということかもしれない）。

他の惑星で進化がどう進行してきたか、まったくわかっていないが、もしかすると地球は多くの種が属する門を有する数少ない例なのかもしれない（そう言えそうな理由については「解62」を参照）。他の惑星では、避けられない大量絶滅を複雑な生命が生き残る可能性はもっと低いのかもしれない。多くのいろいろな、奇怪な姿の、まさにエイリアンのような生物――様々な特異な体制を持った生物――を宿す惑星を想像することはできる。そのような世界では、現在の状態にまで進化するのに何億年もかかった門の数は多いかもしれない。しかしその門にはほんのわずかの種しかいないとしたら……隕石が衝突したり、気候が過熱したり、惑星の黄道傾斜が変化したりしたとき、その門がまるごと絶滅してしまう可能性が高い。地球は単に運が良かっただけだ（また「運」という言葉が出てくる）。これがフェルミ・パラドックスに対する暗い答えとなる。

この大量絶滅に関するわかりにくい方の説――知的生命の発達には大量絶滅が必要だという説――には、「進化の活」の説を論じたときにお目にかかっている。もちろん、直径二〇キロもの小惑星が地球にぶつかるとか、地球の温度が急激に下がるとかしたときに居合わせるのは、楽しいことではないだろう。しかし長期的に見れば――何千万年という規模で考えた長期――生命はそのような大破局から利益を得るのかもしれない。大洪水の後、新しくて根本的に違う形のものが進化する可能性を得る。自然は変化した環境を使って、いろいろな種、さらには全然違う体制を生み出して実験できる。大量絶滅の後にはきっと、生物多様性は絶滅前の水準を回復し、それを超えるのだろう。

異論はあるが、地球上の生命の歴史で鍵を握る二つの出来事――真核細胞の発達と、生命のカンブリア大爆発（これについては後でもさらに話す）――をもたらしたのは、全球凍結ではないかという説がある。この事変そのものが大量絶滅となるだろう。しかしそこから脱出したら？全球凍結が海に引き起こすであろう化学変化、遺伝子的な隔離、生命に対する環境からの大きな圧力、温度の上昇、急速な氷の融解――これらの因子すべてが相まって、進化の活動が活発になる時代を生むのではないか。一部の科学者によれば、過去に全球凍結の時期がなかったら、動物も高等になった植物も、今日存在していなかっただろうという。

もしかすると「好都合の」全球凍結は、他の惑星ではあたりまえではないのかもしれない。惑星には継続的ハビタブルゾーン（CHZ）がなくてはならず、水を湛えた海がなければならず、冷凍庫に陥らなければならず、その氷を除くための温室効果ガスを撒き散らす活火山がなければならない。ほとんどの水惑星の標準では、全球凍結に陥ってもそこから脱出する手だてがなく、大量絶滅は全滅になるのかもしれない。

地球の過去の大量絶滅を論じるときには、「完新世絶滅」について語らないわけにはいかない。完新世とは、現代に至るこの一万年をまとめる時代のことをいう。言い換えれば、われわれは今、新たな大量絶滅の時期を生きているということだ。今回の場合は、明らかに人間の活動が原因となっている。生物種を獲りつくして絶滅させ、外来種を持ち込んで混乱をもたらし、何より大きなことに、人間が棲息地を破壊しているのだ。個人の尺度で言えば、一万年は長いので、自分が大量絶滅期のさなかにあるような感じはしない。しかし地質学的な尺度で言えば、一万年は一瞬にすぎない。ある推定によると、今の種が絶滅する速さは、「正常の」あるいは「地《じ》」の速さの一二万倍という。[335]雨林の破壊によって絶滅させられた種には、記録にも残っていないものがたくさんある。今の絶滅の速さが続き、雨林の破壊が続けば、地球全体の大気や気候への影響がきっと出てくるだろう。そのとき、ホモ・サピエンスも絶滅した種に仲間入りすることになりそうだ。本書で論じた以前の答えを振り返ると、もしかすると進化の一般法則は、他ならぬ知的生命体を消してしまうことかもしれない。

解62　地球の地殻構造は特異

われわれが望むのは、地震で始まり、クライマックスへ向かて積み上げられる物語だ。
——サミュエル・ゴールドウィン

二〇〇〇年から二〇〇八年の時期、平均すると年に五万一八四人が地震で死亡した。[336]二〇〇四年のクリスマス翌日、スマトラ島西岸部に起きた海底地震（スマトラ沖地震）によるの津波だけでも二五万人近い犠牲者が出たという。そのため、複雑な生命にとっては「プレートテクトニクス」——地震や火山の噴火などをもたらす作用——の存在が必要だと考える地質学者がいると、不思議に思えてくる。しかし三つの現象——生命、水による海、プレートテクトニクス——はつながっていると信じるまっとうな根拠はいくつかある。そしてこのつながり方は地球に特異なものかもしれない。論証は次のように進む。

太陽系の様々な惑星では、内部で発生する熱を処理する方法がそれぞれ違う。地球の場合、内部での放射性核分裂によって生じる熱は、プレートテクトニクス（あるいは巷間の言い方では「大陸移動」）と呼ばれる対流を通じて運ばれる。[337]海中にある海嶺——新たな地殻ができている水面下の山脈——付近で起きていることを考えよう。地球の地下深くにあるマントル部分から、熱い物質が対流セルという単位で地表近くに上がってきて、表面で広がり、固まって海底の地殻となる——これが岩石圏の一部となる。地質学的な時間を経て、新しい物質がその下の熱いマントルの上に浮かび、それが生まれた場所から広がって遠ざかる。この過程を経る間に、この物質は冷えて大量の火成岩となる。これは重くなり、何千万年も経つと、それ自身の重みで、「沈み込み帯」と呼ばれるところで、マントルの奥深くへ沈んでいく。この周期が繰り返される。地質学的な時間の長さでは、地殻の動きは、キッチュなインテリア、ラバランプに似ている。

一部の科学者は、プレートテクトニクスが動物の発達にとっては最重要の必要条件かもしれないと考えている。プレートテクトニクスが必須ではないかと思われる理由はいくつかある。ここではそのうち三つだけを見ておこう（解67では第四の可能性を検討する）。

まず、プレートテクトニクスの仕組みは地球の磁場を生み出すうえで重要らしい。惑星磁気の理論は恐ろしく複雑だが、要点を言えば、惑星は内部の発電機によって磁場を生むということだ。そのような発電機には三つのことが必要となる。惑星が自転していること、惑星に電気を通す液体の部分があること、電気を通す液体領域の内部で惑星が対流を維持していること。確かなことは言いにくいが、地球の場合、プレートテクトニクスがなければ、対流セルは熱を表面に運べなくなり、発電機は機能しなくなって、磁場の強さは今の値と比べてごくわずかになるだろう。このことの意味は明らかだ。地球磁場は、太陽風が地球大気の粒子を宇宙へ吹き飛ばしてしまうのを防ぐ助けをしているのだ。放っておけば、太陽風によって地球の大気は散逸してしまうこともありうる。要するに、地球の磁場がなかったら、地表の生命は進化しなかったかもしれないのだ。

次の理由として、プレートテクトニクス、つまり大陸移動が地球の大陸を作った――そして今もそれを更新していることが挙げられる。大陸は重要だ。海と島と大陸が混じってできている世界の方が、ただ水だけとか、ただ陸だけの世界よりも、進化を動かすためのハードルができやすい。さらに、プレートテクトニクスは環境条件の変化を引き起こし、これも種の分化を促す。たとえば、大陸の陸塊から陸地の一部が分かれて、一つの特定の種に属する鳥が、新しい島と元の大陸の両方に暮らしているということになったとする。時間が経つと、島の環境が大陸の環境とは違ってくる。それぞれの鳥が相手にする環境によるハードルが異なるので、進化のしかたも異なる。いずれ、かつては一つだった種が二つの種になるだろう。このようにプレートテクトニクスは生物多様性を促し、すでに見たように、これが大量絶滅のときにはものをいう。

もうひとつ、これがいちばん重要な理由で、一〇億年以上の間、プレートテクトニクスは地球の表面温度の調節の主役を務めてきた。地球上の気候は、ずっと綱渡りでつりあいを保ってきた。温度が下がりすぎて、氷に覆われる部分が大きくなりすぎると、暴走する冷凍庫効果が生じるかもしれない。地球は凍結する。温度の上昇が大きすぎて、海が干上がるようになると、大気中に増えた水蒸気が暴走する温室効果を引き起こすかもしれない。地球は煮えたぎってしまう。原核生物の中にはこの極端な温度でも生き延びるものがあるかもしれないが、複雑な生物体が栄えることができる温度範囲はそれよりずっと狭い。プレートテクトニクスが、惑星の保温装置を動物にとって「好適」にセットしておく絶妙の仕組みをもっていると論じる科学者もいる。

プレートテクトニクスによる温度調節方式は非常に複雑で、関係する仕組みは一つではない[338]。しかしそれが枢要な役割を演じる部分は大気中の二酸化炭素の調節のところだ。CO_2は強力な温室効果ガスで、大気中のCO_2の量が多すぎると、地球全体の温度が上昇することがある——人類はせっせとそのことを実践的に証明しようとしている。他方、CO_2が少なすぎると、地球は温室効果の恩恵を受けられなくて、惑星全体が冷える。

さて、CO_2は大気中にいつまでも留まるわけではない。二酸化炭素は水と反応して炭酸になる。つまり降水によって大気から二酸化炭素が「洗い」流される。この炭酸が地球表面の岩石を風化させ、この風化でできた化合物が川を通って海へ運ばれる。できたものは最終的に炭酸カルシウム（$CaCO_3$）や二酸化珪素（SiO_2）となり、堆積岩を形成したり生物の殻になったりを経て、海底の一部となる。最終的にはプレートテクトニクスの仕組みによって、この$CaCO_3$やSiO_2が地球の奥に沈み込む。こうして大気中のCO_2が除かれる。しかしそれで話が終わるわけではない。地球内部の高い温度と圧力が、炭酸カルシウムを再びCO_2とCaOに戻す。つまり、プレートテクトニクスは火山を作ることによって、CO_2を——それだけでなく、他の有益な物質も——循環させる。（火山は大量の物質を送り出す。二〇一〇年のアイスランドの言いにくい名の火山が国際線の旅客機を混乱させた。このエイヤフィヤトラヨークトル山噴火は比較的小規模だったが、それでも二億五〇〇〇万立方メートルの灰や噴石、一〇〇万トン規模のCO_2を噴出した）。

大気中にCO_2がまた戻ってこなかったら、地球寒冷化に陥る羽目になる。しかしCO_2が大気に戻されす

図 5.13　2009 年の桜島の小規模噴火。前景は鹿児島市。桜島は世界的に見ても活発な火山の一つ。本稿を書いている 2014 年 4 月段階で、桜島の警戒レベルは 3 ——入山規制——だ。(写真—— Kimon Berlin)

ぎるとどうなるだろう。暴走する温室効果に陥る危険を冒すことにならないか?惑星が温かくなると、岩石の化学的風化が進む——それが大気中から除かれる CO_2 の量が増える元であり、それによって地球は冷えることがわかっている(こうして CO_2 が系から取り除かれる速さが緩むと、今度は惑星が温まり……以下同様となる。典型的なフィードバック機構だ)。この CO_2・珪酸塩サイクルは、非常に複雑で、詳細はまだわかっていないが、このサイクルは、地球温度の長期的な安定を左右するほど重要なものらしい。

動物が地球で発達するにはプレートテクトニクスが必要だと論じることができる——生物多様性を促し、磁場を生み、地球全体の温度を安定させるなどのために。しかしプレートテクトニクスを必然にしていることは何もない。われわれが知る限り、内部の熱を処理するためにこの方式を用いているのは地球だけだ。この方式はめったにないかもしれず、他の惑星に動物がいないのは、プレートテクトニクスがないからかもしれない。

プレートテクトニクスが惑星の間にどのくらいの比率で生じるのかはわからない。この過程の一般理論がないからだ。

こんなことが問われるかもしれない――プレートテクトニクスの存在は惑星の質量とどう関係するか、それはマントルの化学組成にどう依存しているか。これには、今のモデルでは答えられず、どのくらいの惑星がプレートテクトニクスを発達させ、維持しているかには、良い推定が出しにくい。実験からも理論からも確固たる事実が得られないので、どうとも言える。月ができたときの大衝突でプレートテクトニクスの種子ができたと思っている科学者もいる。この場合はプレートテクトニクスは稀有なことかもしれない。他方、プレートテクトニクスの基本的な条件は比較的単純だ。惑星は熱い液体の領域が対流で中心から熱を伝えている上の部分に、薄い殻が浮くようになるはずだ。もしかすると水でできた海が、地殻からの熱を「和らげ」、沈み込みが起きるようにするために必要かもしれない。そうした条件はおそらく稀有なことではないだろう。頻繁ではないかもしれなくても、めったにないほどではない。つまり、プレートテクトニクスがあたりまえかどうか、ただただわからない。

プレートテクトニクスが稀だとしても、それで必ず動物はめったに生まれないということになるだろうか。プレートテクトニクスは地球での生命の発達に好都合の役割を演じた（今も演じている）らしいが、それが同じような恩恵を提供しうる唯一の仕組みなのだろうか。プレートテクトニクスはきわめて複雑で、ほとんどわかっていない過程だ。CO_2・珪酸塩サイクルの存在そのものが、わかってから何十年もは経っていない。このような、科学的理解がまだできて間がない場合には、可能性は何通りもある。ひょっとすると今にも、名も知らぬM型の恒星を公転するある惑星にいる科学者たちが、自分のいる惑星の冷却機構と、それが惑星全体の機構を奇跡的に安定させている様に目をみはっているかもしれない。

私の勘では――これまで論じてきた多くの因子と同じで――プレートテクトニクスが比較的少ないとしても、それだけではフェルミ・パラドックスへの答えには足りない。しかしこれまたＥＴＣが他の惑星で発達する可能性を下げる因子かもしれない。

解63　月が特異

月が供もなく姿を見せる様はまるで女王のよう

――ジョージ・クローリー「ディアーナ」

私が最後に確かめたとき、天文学者は太陽系の惑星のまわりを公転する衛星を一七三個見つけていた（本書の初版を書いて以来、一〇〇個以上の衛星が発見されている。一方では、惑星の数は一つ減った。二〇〇六年、冥王星は分類区分が変わって、太陽系外縁天体の準惑星、あるいは冥王星型天体ということになった）。太陽系の惑星には相当の数の衛星が存在するとなると、われわれの月は特異だなどと説くのはばかげているように見える。ましてや、月がフェルミ・パラドックスとの間に何かの関係があるとは思えない。ところが何十年も前から、地球を特殊な存在にしているのは月ではないかという疑念が人々につきまとっている。

ここには三つの問いがかかわっている。まず、月のどこが異例なのか。次に、他の惑星系に、地球の衛星に似た衛星が存在する確率はどのくらいあるか。さらに、月の存在が知的生命の発達のために必要かもしれないというのは、どういうことか。

では、第一の問いから。月は大きいという点で並外れている。これほど大きな衛星を有しているという点で地球は特異な存在だ。念のために言うと、月は太陽系で最大の衛星ではない。その栄誉は木星の衛星の一つ、ガニメデに与えられる。木星には他にも二つの衛星――カリストとイオ――が月よりもわずかに大きいし、土星の衛星タイタンもそう。しかしガニメデ、カリスト、イオ、タイタンは巨大惑星を回っていて、惑星本体と比べると埃のようなものだ。ところが地球の月は、地球に対してわりあい大きい。質量は地球の1/81ある。地球・月系はふさわしくも「二重惑星」と呼ばれている。そこで第二の問いに進むが、二重惑星が稀なのかもしれない。

「二重惑星」がどれほど少ないかを概算するには月がどのように形成されるかを理解する必要がある。昔から、月がどう形成されたかは惑星科学に立ちはだかる問題の一つだった。いくつかの仕組みが唱えられており、共成長説《コアクリーション》（地球と月が太陽系星雲のガスと塵から同時に形成されたとする）、分裂説（地球がまずできたが、自転速度が速かった頃に、その物質が大量にちぎり取られて月になったとする）、捕捉説（両天体は太陽系星雲の別々の場所ででき、その後、月が地球に近づきすぎて捕捉され、公転するようになったとする）などがある。こうした仕組みは、地球・月系の重要な特徴をいくつか説明できない点で、それぞれ難点があるが、アポロ計画で持ち帰られた月の石を調べれば、三つのうち一つが正しいことがわかると期待されていた。ところが実際には、いずれも成り立ちにくいことがわかった。月の形成に関する新理論が必要とされた。

一九七五年、アメリカの二つの研究者グループが、それぞれ独自に、月の起源として衝突説を唱えた[339]。火星なみの天体――その後テイアと名づけられた――が、生まれたばかりの地球に、斜めから衝突した。想像を絶する激しい衝突で、地球と衝突物体の物質が入り交じって飛び出し、地球を回る軌道に乗って、この物質が間もなく凝集して月になった。

科学者は一般に、観測結果を説明するために、天変地異的な、あるいは特異な事件に訴えなければならなくなるのを嫌うが、地球の歴史を通じてそこには様々な天体が衝突してきたことはわかっているし、惑星の軸の傾きからすると、実に激しい衝突も初期の太陽系では珍しくはなかったことをうかがわせる。テイアのような天体との衝突は、きっとありうることだったのだろう。

図 5.14　月面のスミス海から見る「地球の出」。写真は 1969 年 7 月 20 日、アポロ 11 号の飛行の際に撮影された。（画像—— NASA）

衝突の詳細についてはなお議論されていることは認めておかなければならない。たとえば、アポロ計画で持ち帰られた月の岩石は、三種類の酸素の同位体（^{16}O、^{17}O、^{18}O）の比率は地球の岩石に見つかるものと正確に同一だ。火星の岩石や隕石は別の同位体比率を示す。同様にチタンの二種類の同位体（^{47}Tiと^{50}Ti）の比率も地球と月の岩石では同一で、太陽系の他のどことも違っている。[340] これは巨大衝突説では困ったことになる。月の実質の大部分がテイアのものだとすると、それが地球と同一の同位体組成になっていることはありそうにない。テイアを想定することには、衝突が地表をマグマの海にしただろうにという問題もある――地球にはマグマの海があったことを示す証拠はない。それでも地球とテイアの衝突は、今のところ月の由来を説明する仮説として認められている。

地球の月が実際に巨大衝突の結果としてできたとすると、太陽系内での地球＝月二重惑星が特異であることもさほど驚きではなくなる。初期の太陽系では天体どうしの衝突はあたりまえでも、月ができるほどの壮絶な衝突はめったになかったかもしれない。もしかすると生まれたばかりの水星、金星、火星は、幸運にももっと大きな飛来物を避けられただけかもしれない。あるいは衝突はあったが、それは「間違った衝突」、つまり発達段階の間違った時期のものだっ

図 5.15　二重惑星、地球と月。（画像―― ESA/AOES Medialab）

たのかもしれない。[341] 月を形成する衝突は、ちょうどのときに生じた。つまりそれよりも早くて、地球の質量がそれほどないときには、衝突でできた破片は宇宙で散り散りになり、月も今よりずっと小さかっただろう。もっと後の、地球の質量がもっと大きくなってからだと、地球表面の重力が、大きな月ができるほどの質量の物体が飛び出すのを防いだだろう。

　月形成に関しては、かつては惑星形成の自然な副産物だと見られていたのに対し、衝突仮説によると、地球＝月系は例外的な存在だったことになる。原初の恒星星雲の集合を考えよう。どれもわれわれの太陽系ができた元になった星雲と同じとする。あの月ほどの大きさの衛星をもった地球型の惑星ができるのは、その星雲のうち、あるいは1/10、あるいは1/100、あるいは1/1000かもしれない。もしかするとこの数字は1/1,000,000になるかもしれない。われわれにはわからない――太陽系外の地球型惑星に、あの月ほどの大きさの衛星があるかどうかがわかるまでには、天文学の観測技術ははるかに進んでいなければならない。しかしわれわれの現在の知識でも、地球がこのような大きな衛星を有している点で異例と考えることはできる。

月がめったにない存在だとして、それがどうしたというのか。地球に月がなかったら、代々の詩人たちは、その霊感の元が一つ少なかったことだろう。人類の科学的発達も影響されただろう。歴史的に見ると、月は天文学の理解が発達する上で、大きな役割を演じているからだ。しかし生命そのものに何か違いがありえただろうか[342]。

金星の衛星は？

金星にはかつて大きな衛星があったのではないかと言われたことがある。でき方は月と同じだが、逆行軌道だった。つまり金星の自転と逆向きに公転していたという。このような軌道は、衛星が衝突でできた場合には確かにありうることだ。しかし地球と月の場合、潮汐力で月は地球から遠ざかることになるが、逆行軌道の場合、作用の方向が逆になる。逆行軌道の衛星は惑星の方へ近づき、いずれ壊れてしまう。海王星最大の衛星トリトンもそうなる定めにある。

月が地球に影響を及ぼした、あるいはもちろん及ぼしつづけているところはいくつかある。たとえば、月は海の満ち引きをもたらす。月ができて間もないころは、地球にもっと近いところにあったので、四〇億年前の潮の満ち引きは巨大だっただろう――サーファーたちのパラダイスだ。潮の満ち引きは生命が始まる因子だったのではないかと言われている。もしかすると、原始のスープの巨大な攪拌機となり、栄養分が豊富な水たまりを作り、そこで最初の生命ができたのかもしれない。月がなくても潮の満ち引きはあっただろう。太陽は、今の月の半分ほどの潮の満ち引きを生む。しかし大潮はなくなる。これは太陽と月の相対的な位置関係によるからだ。

月の潮汐力にはもっとわかりにくい作用、地殻に対する影響がある。月の重力の影響は、地球での火山活動と大陸移動を増幅したかもしれない。つまり、確実とは言えないが、月がなかったら地球は地質学的にもっと不活発だった可能性がある。地球の大気も火山からのガスで形成されるので、生命が生じうる段階に達するまで、もっと時間がかかったかもしれない。プレートテクトニクスの重要性については解62でも論じた。

しかし、最も大きな作用は、月が地球の「黄道傾斜」に対して及ぼす影響だ。八つの惑星は空間内の一平面あるいはそれに近いところで太陽を公転している。惑星の黄道傾斜――自転軸の傾き――とは、惑星の赤道がこの公転軌道平面に対してなす角度のことをいう。地球の黄道傾斜は二三・五度あって、それによってわれわれが享受する美しい四季の巡りが生じる。他の惑星はそんなに幸運ではない。水星の黄道傾斜は〇度で、赤道領域は地獄のようなものだ。われわれが知っているような生命は生き延びられない（おもしろいことに、水星の両極のいずれかにいる観測者から見ると、太陽はいつも地平線上にある。両極では太陽からのエネルギーの吸収量が比較的に少ないので、水星の極地方は実は氷で覆われている）。天王星は、黄道傾斜が九八度あり、ほとんど横倒しになっている。一方の極が、天王星の半年間、日光を受け続け、反対側の極は夜になる。これも生命にとって理想的な状況とは言えない。地球は――偏った視点からにしても――「ぴったり」に見える。

月を形成した衝突事件は、地球の自転軸を元の姿勢からずらしたことだろう。もっと重要なこととして、コンピュータ・シミュレーションによれば、地球の軸の傾きが何千万年、何億年の間、安定していることには、月が関与している。それが重要なのは、黄道傾斜にわずかな変動があっても、惑星の気候には劇的な変化が生じることがありうるからだ。たとえば、地球の黄道傾斜は、四万一〇〇〇年の振動周期でプラスマイナス一・五度ほど振動している。これはわずかな変化だが、それでも過去数百万年の間に地球が何度も氷河期に見舞われたことと関係しているらしい。火星には黄道傾斜を安定させる作用があるものがない（フォボ

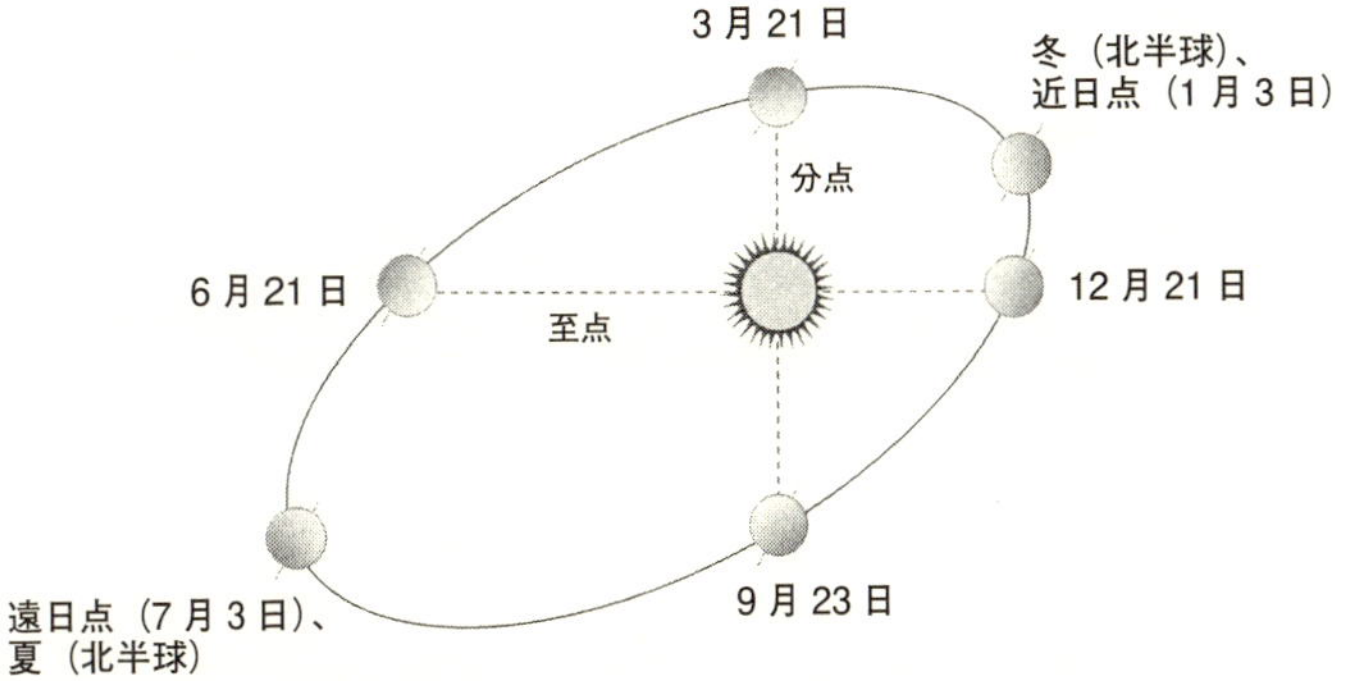

図5.16　地球の黄道傾斜——惑星の黄道平面（太陽を回る公転平面）に対する軸の傾き——が四季を生む。地球のような「中程度」の黄道傾斜の惑星にとっては、太陽エネルギーの大半は赤道領域に降り注ぎ、この地域の真昼の太陽はいつも空の高いところにある。極地は6か月間はずっと明るく、残りの6か月は暗い。太陽が出ていても、黄道傾斜からありうる範囲の高さ——地球で言えば23.5°——以上には高くならないので、地面が日光によって熱くなることはない。そのため極地は寒く、赤道地帯は暑い（図は縮尺どおりではない）。

スとデイモスは、ただの巨石で、影響を及ぼすほどの質量はない)。

火星の黄道傾斜は今は二五度だが、この値は一五度から三五度まで、一〇一〇年周期で変動する。計算によれば、時間をもっと長くとると、火星の黄道傾斜はカオス的に変化している。最近の一〇〇〇万年では、〇度から六〇度の範囲だったかもしれない。安定化作用のある月がなければ、地球の黄道傾斜もカオス的にふらついて、角度が九〇度にまで達するかもしれない。月の質量の半分ほどの天体と言えば比較的大きな衛星だが、これでも黄道傾斜を安定させることはできないだろう。地球の黄道傾斜がふらふらするせいで気候変動が極端から極端に走るのを防ぐには、大きな衛星が必要なのだ（しかし事情はこれほど明瞭ではない。解74で取り上げる）。

地球上の生命は、過去においては気候変動にうまく適応したが、火星のような黄道傾斜の変動だったら、高等な陸上生物が栄えたかどうか、わからない。きっと地球の生命は、われわれが今見ているような形にはならなかっただろう。

以上の話には、「〜なら」や「しかし」や「もしかすると」がたくさん出てくる。惑星が複雑な生命体にふさわしい故郷となるとすれば、大きな衛星は必要かどうかはわかっていない。人間の地球中心の見方は必然的に偏っている。われわれは月が地上の生命の発達にとって好都合だと信じているが、月が生命に必要かどうかはわからない。もしかすると、月のない惑星に住んでいたら、空のこんなに近いところに、あんな岩の塊がのしかかっていないことに感謝しているかもしれない。

それでもあの執拗な疑念が残る。地球・月系のような二重惑星は、いろいろな理由で生命にとって必要かもしれない。それでも、そういうものは偶然の出来事でできるらしい。ひょっとして月が特異であることが、われわれしかいないことの説明なのだろうか。もしかするとそれは月がかかわる悲劇かもしれない。

解64 生命はめったに誕生しない

生の問題が解決したことは、当の問題が消えるときにわかる。
——ルートヴィヒ・ヴィトゲンシュタイン『論理哲学論考』

ハートはフェルミ・パラドックスに対して、生命の誕生はほとんど奇蹟のようなもので、めったにないと答えた。要するにわれわれしかいないのだ。地球は無限の宇宙の見える範囲の部分では唯一の知的生命——唯一の生命——を有している。この奇蹟は、無限の宇宙では、いくぶんその輝きを失う。知的生命を有する惑星も無限個あることになるからだ。しかし、無限個の居住可能な惑星がある無限の宇宙という概念は、多くの人にとっては考えにくい。とくに、フェルミの問いについて考えるあなたや私が無限にいることになるからだ。それは受け入れにくい。ハート説の一部だけを認められないだろうか。無限宇宙という天文学的な概念はなしですませ、生物学だけから議論できないか。もしかすると生命は奇蹟ではないかもしれないが、ただ、ほんの稀にしか生じないということだ。宇宙が不毛に見えるのは――例外的に地球のような生命がある島が一つ、二つあっても――実際に不毛だからかもしれない。

生物自然発生――生命のない物質が生命を生む過程――はごく稀なことかもしれないし、そうではないのかもしれない。今の科学者は生命が生じる様子を知らないし、したがって、誰も物質が無生物から生物へ進む確率について、信頼できる数字を与えることはできない。自然発生の可能性が低ければ、それだけでもフェルミ・パラドックスの解になるかもしれない。逆に、地球型の天体にはほとんど必ず生命が育つということになるかもしれない。生物学者はこの何十年間、生命の起源を理解しようとして長足の進歩をとげてきて、正反対の二つの見解が残っている（フェルミ・パラドックスのどの面についても同様）。一方の陣営は、自然が生命を創造するのは実に難しいと論じる。もう一方は、生命は条件が整えばただちに惑星上に姿を見せるのはほぼ確実と論じる。などと言っている間に、生命の起源がフェルミ・パラドックスにどんな光を当てるかを見るために、双方の立場の利点を見ておくのが良いだろう。しかしまず、長い回り道をして、「生命」という名称でわれわれは何を言おうとしているかを見直し、地球の生命がどのように生じたかを検討しておく必要がある。

生命とは何か

私が教わった学校の先生は、理科の時間に生命を定義させ、生徒がどういう案を出そうと、必ず穴を見つけることができた。生徒の定義からすると、火も生きていることになる（それは成長し、増殖するなど）。他方、生徒の定義では、らばは生きていないことになる（生殖できないから）。本節の目的のために、地球の生命の別の定義を与えてみたい。昔教わった先生なら、おそらくその定義にも穴を見つけられるだろうし、いずれにせよ、この定義は成り立たなくなるかもしれない（一〇年もすれば、科学者が自己意識するコンピュータを開発するかもしれない。そのコンピュータは生きているのだろうか。あるいは一〇〇年後には、アルタイル星の探査に向かった探査機が、ものすごい臭いのピンクの結晶で、毎朝ねばねばに変わり、宇宙船の船体にへばりついて金属を食べる存在を発見するかもしれない。このねばねばは生きているか。いずれの場合も、私の定義では「生きていない」になる――おそらく「生きている」になるはずなのだが。ただ、どこかから始めなければならないし、以下の定義は、少なくとも話の枠組みにはなる）。

私は、次の四つの特性を備えているものがあれば、それは生きていると定義する。

まず第一。「生き物は細胞でできていなければならない」。地球にいるすべての生物は、単細胞か、細胞の集合体か、いずれかでできている。細胞がどうできるかがわかっていれば、生命そのものがどうできるかもよくわかるかもしれない。

細胞には「原核細胞」と「真核細胞」という二種類がある。原核細胞は、中心の核がない。単純で、小さく、様々なタイプのものがある。原核生物は大成功を収めたが、その主な理由は、単純であるがゆえに、すぐに増殖できるということだ。比較的近年の奥の深い発見では、原核生物にもまったく違う二種類がある。[343]古細菌と、真正細菌――つまり「本当の」細菌（簡略化して、ただ細菌と書くことにする）――の二つだ。図5.17に典型的な古細菌をいくつか示す。原核細胞の二種類は、原核細胞どうしだからといって真核細胞よりも互いに近い関係にあるわけではないらしい。真核細胞の方は、原核細胞よりもずっと複雑だ。外側の膜の内側に、畏るべき生化学機構が配置されていて、細胞核が核膜に包まれて収まっている。この複合的な構造によって、真核細胞はふつう、原核細胞の一万倍の体積を必要とする。真核生物は集まって、複合的な多細胞生物――植物、菌類、動物――をなすことができる。

つまり、生物の世界には、古細菌、細菌、真核生物という三つの世界がある。この定義によれば、ウイル

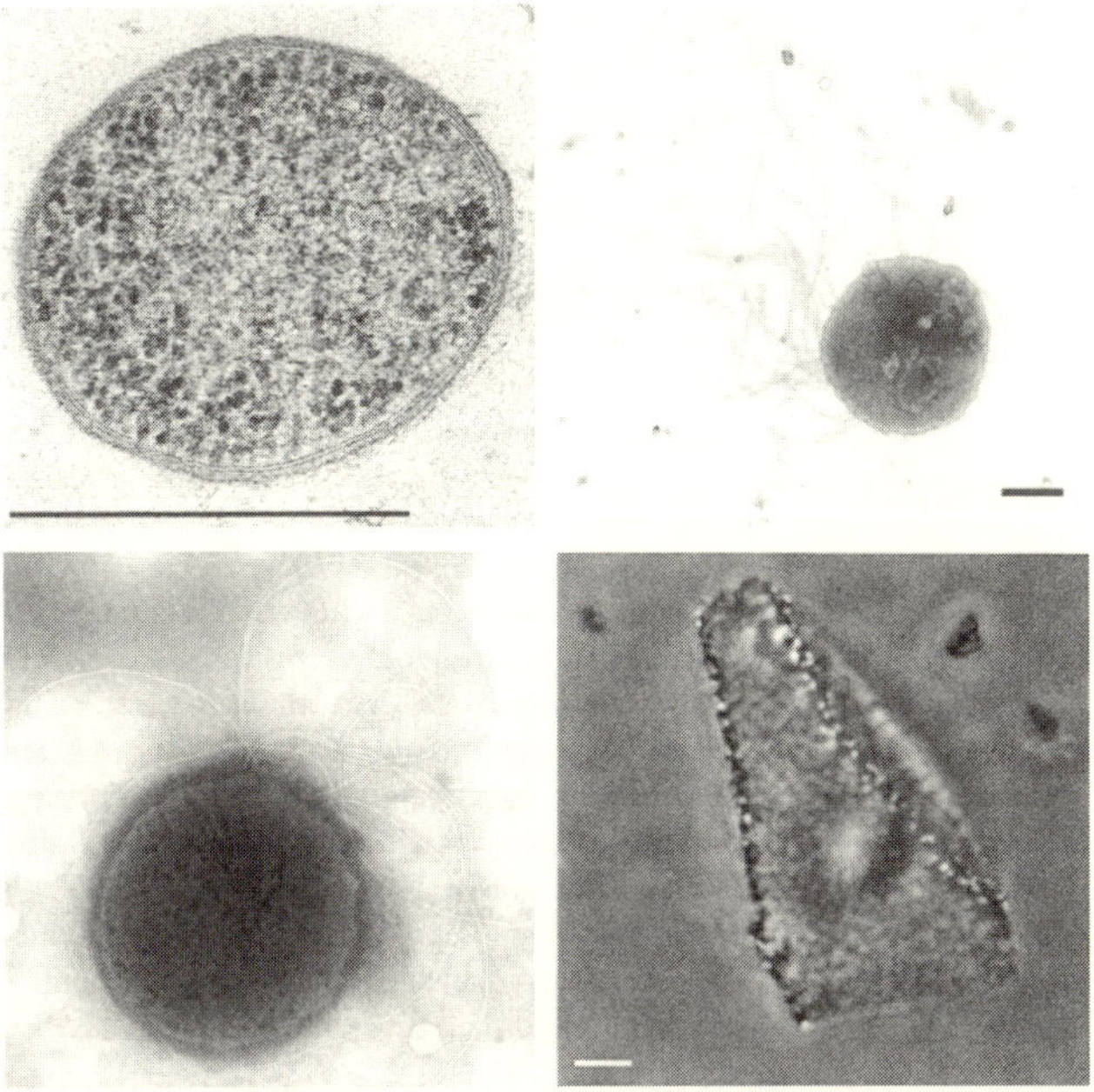

図5.17　4種類の古細菌。左上―― *Nanoarcheum equitans*. これはアイスランド沖の熱水噴出孔で発見され、80℃の温度で生きている。その細胞はものすごく小さい――直径わずか400nmほど（画像―― R. Rachel and H. Huber）。右上―― *Methanococcus maripaludis*. この古細菌は比較的穏やかな環境で生きているが、これにとって酸素は毒となる。（画像―― S. I. Aizawa and K. Uchida）。左下―― *Thermoccoccus gammatolerans*. これは科学者に知られている中で放射線耐性が最も強い生物。55～95℃の温度で生きている。（画像―― A. Tapias）。右下―― *Haloquadratum walsbyi*. この古細菌は塩分濃度がきわめて高い環境で生きていて、細胞の形が四角いことで特異。（画像―― M. A. F. Noor, R. S. Parnell and B. S. Grant）。

スやプリオンは生きていない。

　第二に、「生物には代謝がなければならない」。代謝とは、細胞や細胞の集合体が、エネルギーと物質を取り込み、それを自分の目的のために転換し、廃棄物を排出するための、様々な過程のことだ。言い換えると、生物はすべて何らかの食物を必要とし、また生物はすべて老廃物を生み出す（私が昔教わった先生によれば、火も代謝をするのだが、他の基準を満たさないので、火は生物とは見なされない）。代謝は「酵素」の触媒作用を通して行なわれる。酵素がなければ、細胞内で行なわれる様々な生化学反応は生じないだろう。一方、

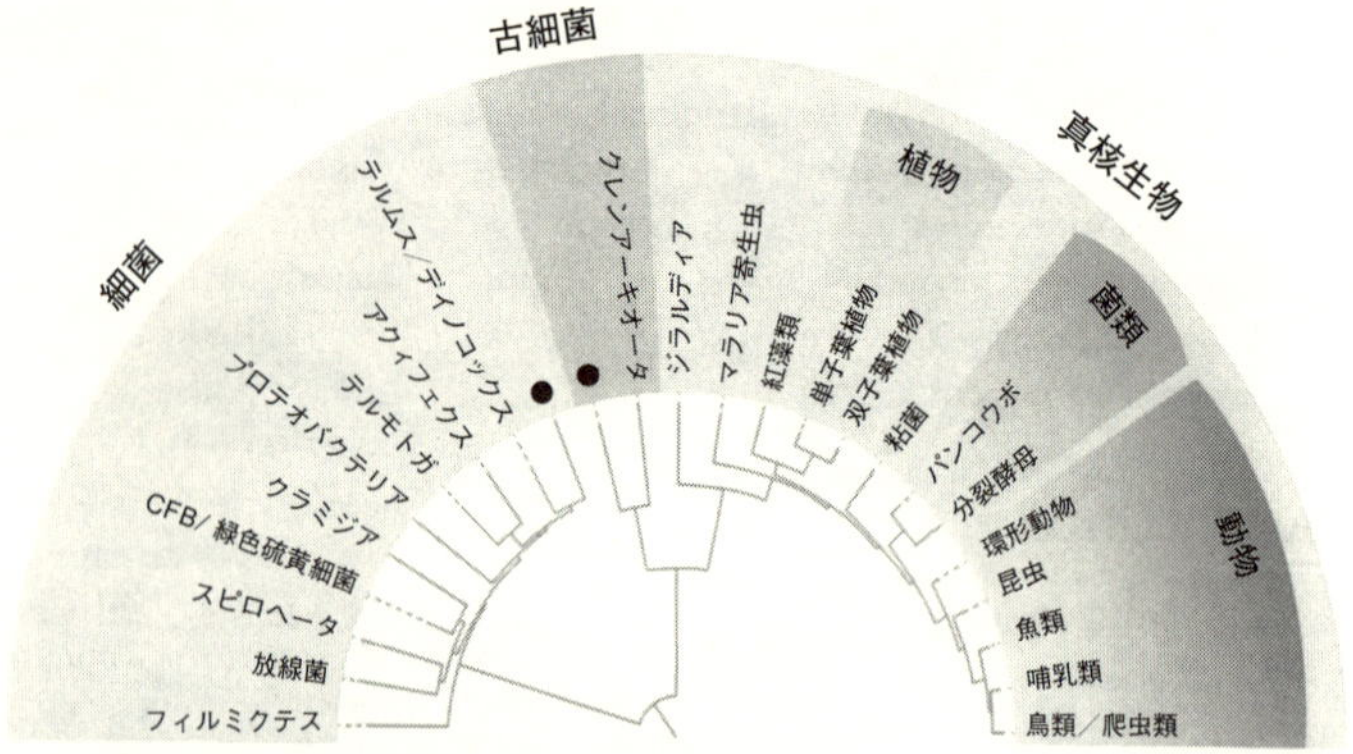

図 5.18　きわめて単純化した系統樹の概略。この系統樹には、古細菌、細菌、真核生物という三つのドメインがある。真核生物のドメインには、動物、植物、菌類というおなじみの三つの界がある。このような図では、ホモ・サピエンスは他の無数の葉の中に紛れる一枚の葉として登場する。図はあまりに文字通りにとってはいけない——しかし地球の生命にはとてつもない統一性があることは示している。（図版—— Madeleine Price Ball）

酵素は「タンパク質」でできている。したがって、タンパク質は生命の必須成分ということになる——少なくとも地球上では。後で見るように、細胞の存在にとって必要ないろいろなタンパク質を生み出すための手順は、デオキシリボ核酸（DNA）に収められており、タンパク質合成のための生化学的な仕組みはリボ核酸（RNA）に依拠する。要するに、DNAはRNAにタンパク質を作らせる。

第三。「生物は再生／生殖《リプロデュース》を行なえる」——あるいは再生が行なえるものから生まれる。細胞は単独で、あるいは有性の対になって再生し、DNAが再生機構となっている。DNAが生物において中心的な役割を果たしているのは明らかだ——どう中心的かの話はすぐ後でする。もちろん、結晶構造も再生ができる。しかし生物が再生するときに生じる変異がない。結晶の成長を表す言葉としては、再生《リプロダクション》というより複製《リプリケーション》の方が適切だし、もちろん、結晶を生きていると見る必要はない。逆に、らばなどの不稔の生物は、再生がでた生物に由来するので、らばを〔それ自身は再生しないからといって〕非生物に分類することはない）。

第四。「生命は進化する」。ダーウィンの進化——遺伝する変異に作用する自然淘汰——の面は生命の鍵を握る。

以上四つの特徴——細胞、代謝、再生、進化——があれば、定義そのものには改善の余地があるとしても、生物を論じる土台としては十分である。これで、生物がどう始まったかと問えるところまできた。

生命はどう始まったか

まず言っておくべきことは、生物がどう始まったかは、誰も知らないということだ。それでも近年は、二つの方向でものすごい進歩があった。一方では、生命の祖先が可能な限りたどられ、他方では、最古の生命に至ったであろう化学的経路を理解する試みが行なわれている（他にも生物自然発生の問題へ向かう有望な方向がいくつかあるが、紙幅の関係で、この方向には立ち入れない）。

一方は生命の起源を「トップダウン」で求める方法で、現在の生命がその共通の生化学的構造を受け継いでいる大もとのＬＵＣＡ——最後の普遍的共通祖先《ラスト・ユニバーサル・コモン・アンセスター》——を探すことだ。生命は、複数の由来ではなく、ＬＵＣＡから派生している可能性の方が圧倒的に高い。すべての生物は、ごくわずかな例外を除いて、同じ遺伝子の符号《コード》を使い、それによって一定のＤＮＡ配列が一定のポリペプチドを特定できるし、すべての生物がＤＮＡを用いて遺伝情報を伝える、等々、地球の生命には途方もない統一性があるからだ。ＬＵＣＡがごく単純なもので、地球の歴史のごく初期の段階に存在していたとすれば——そしてＬＵＣＡを詳細に理解できるとすれば——それがどう生まれたかも推論できるだろう。残念ながら、この方向はここまでしか行けない。

一般に描かれている構図では、ＬＵＣＡはすでに精巧な生物で、生物が最初に現れた頃からだいぶ進化していて、それからまず、古細菌と細菌に分かれたとされる。この構図では、その後に古細菌の枝から真核生物のドメインが分かれる。複雑な真核細胞の形成はおそらく原核生物が別の原核生物を「食べた」(あるいは見方によっては、一方の原核細胞が別の原核細胞に「感染」した――ここまで離れると、この二つの見方を区別するのは難しい)ときに生じたのだろう。そうなることは、どちらの側にも有利だったにちがいなく、内側の細菌は(最初は食べられたのでも、寄生したのでも)世代を超えて伝えられる。この構図だけでも複雑だが、生化学研究室がほとんど毎日のように新しい情報を発見する中で、この構図はさらに入り組んできた。われわれはたいてい、遺伝情報は縦に――親から子へ――のみ伝わると考えている。ところが生命の歴史の初期には、遺伝子が「横に」、別種の生物どうしの間で伝えられることが頻繁にあったらしい。この遺伝情報の水平伝播があるということは、単純な系統樹は描けず、もつれあうようになるということだ。

LUCAの詳細に足を取られるよりも、「ボトムアップ」方式で生命の起源という問題に迫ることも考えられる。生命に普遍的な化合物――核酸やタンパク質――はどのように生まれたかを問うことができる。それがわかれば、ボトムアップとトップダウンの間の溝も埋められるかもしれない。生命のない物質にどう生命が宿るかも理解できるかもしれない。

核酸

「生命の分子」という称号にふさわしい分子が何かあるとすれば、それはもちろん、デオキシリボ核酸――DNA――にちがいない[344]。先に示した定義によれば、生命には二つの枢要な側面がある。代謝機構があることと、再生過程を通じて情報伝達をすることだ。DNA分子は両方の面で中心にいる。タンパク質を合成し、それによって代謝が行なえるようになるときに果たす役割については後で述べる。ここでは再生の面に集中し、DNAがどうやって自己再生でき、その一方では自然淘汰が作用しうるだけの変異ももたらせるかを簡単に見ておく。

DNA分子は「ヌクレオチド」の高分子で、ヌクレオチドは三つの部分からなる。

まず、デオキシリボースという糖がある。この糖は五個の炭素原子を含み、′《プライム》つきの数字で1′から5′までの番号がついている（「ワン・プライム」、「ツー・プライム」などと読む）。この糖はリボースと似ているが、2′の位置の水酸基がない。

次に、リン酸部分がある。ヌクレオチドは、リン酸エステル結合と呼ばれるもの——一方のヌクレオチドのリン酸基と、次のヌクレオチドの糖の部分とにできる結合——を介して長い鎖につながることができる。糖・リン酸の鎖は、DNAの背骨をなす。おなじみの「梯子状」のDNA分子の図では、糖・リン酸の鎖は梯子の「手すり」の方を構成している。鎖はエステル結合を続けてヌクレオチドを新たに加えれば、どこまでも続けることができる。DNA分子の長さはヌクレオチド一〇〇個から数百万個の範囲のいずれでもいい。鎖がどんなに長くなろうと、両端がある。一方の端は3′のところにある自由なOH基（3′端）であり、反対側は5′のところにあるリン酸基（5′端）となっている。

第三に、窒素を含む一対の塩基《ベース》がある。DNAの梯子の「段」の方をなす部分だ。塩基は1′の炭素のところでデオキシリボースにつながっている。塩基はアデニン（A）またはグアニン（G）というプリンか、シトシン（C）またはチミン（T）というピリミジンか、いずれかとなる。生化学者は、5′端から始まってつながっている塩基を順に並べて記述し、それによってヌクレオチドの配列を示す。DNAの典型的な配列は、こんなふうに書かれることになる。—G—C—T—T—A—G—G—

二〇世紀科学の鍵を握る発達の一つは、細胞の核にある物質の中にあるDNAが二本の鎖で、互いにからみ合って二重らせんをなし、一方の鎖が必ず相手の鎖と対応するようになっているという発見だった。塩基

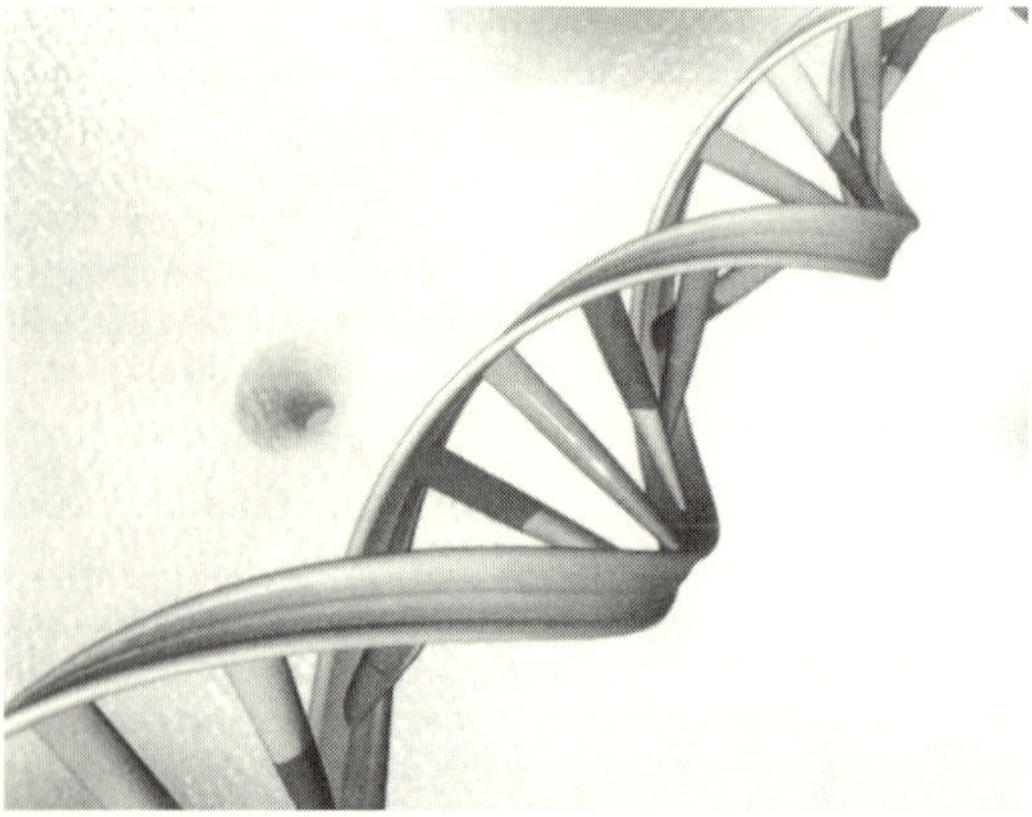

図 5.19　DNA の二重らせん構造を、コンピュータ生成画像で示したもの。（画像── National Human Genome Research Institute）

Gは必ず塩基Cと向かい合い、塩基Tは必ず塩基Aと向かい合う。この相補関係が生じるのは、この塩基対の組合せだけが両者間に水素結合を生み、二本の鎖をまとめられるからだ。個々の水素結合は弱いが、通常のDNA分子には多くの塩基対があるので、二本の鎖はしっかりとまとまっている。この相補関係は、すべての情報が、DNAの一方の鎖の形で保持されている——そのため、複製・再生の可能性が見込めるということになる（最近になるまで、これまで地球に存在した生命は実質的にすべてが、四文字、つまり二つの塩基対GCとTAで符号化された生物学的情報を持っていた。これを書いているとき、生物学者は、DNAを組み換えて余分の二つの文字XとYを持つようにした半合成細菌を作ったことを発表した[345]。つまりこの組換え大腸菌細胞には、第三の塩基対がある——この細胞は新種の生命ということになる。合成生物学の歩みがどこまで行くか、誰も知らない）。

　DNAの複製過程は、DNAヘリカーゼという酵素が、「複製フォーク」と呼ばれる部分で二重らせんのジッパーを一部広げるところから始まる。複製フォークのところにはDNAの二本の鎖がある——一方は他方の鋳型になっている。塩基が露出すると、DNAポリメラーゼという酵素が位置に着き、

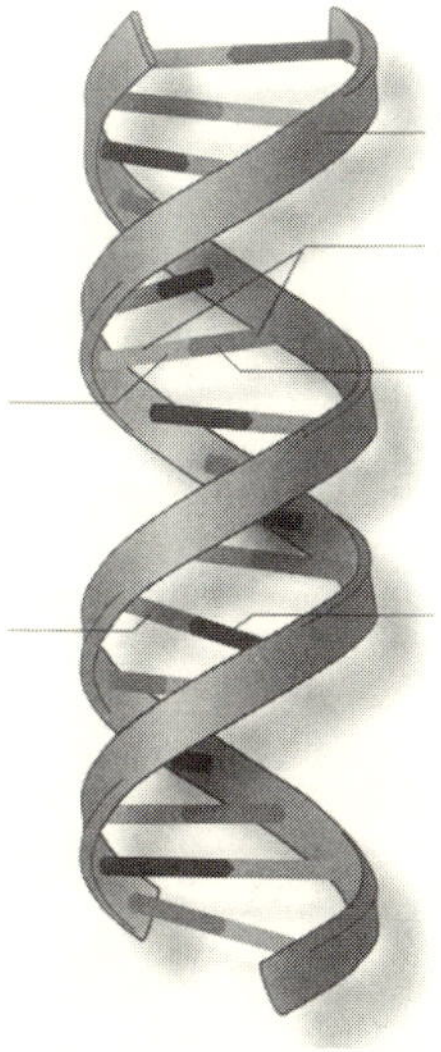

図 5.20　ＤＮＡ分子の背骨はデオキシリボースという糖とリン酸基による長い鎖でできている。それぞれのらせんに含まれる窒素を含む塩基どうしが結合するが、その結合は、アデニンはチミンと、シトシンはグアニンと向かい合うという、対に関する規則に従わなければならない。（画像―― National Human Genome Research Institute）

鋳型に対して相補的なＤＮＡの鎖を合成し始める。酵素は鋳型の塩基配列を3'端から5'端の方向へ読み取り、対応する鎖に一つずつヌクレオチドを加えていく――ＧにはＣを、ＡにはＴを（したがって、―Ｇ―Ｃ―Ｔ―Ｔ―Ａ―Ｇ―Ｇ―という鋳型の鎖に対しては、合成される相補的な鎖に―Ｃ―Ｇ―Ａ―Ａ―Ｔ―Ｃ―Ｃ―という配列が、5'から3'の方向に伸びる）。最後には相補的な鎖が完成する。ＤＮＡポリメラーゼは二本のヌクレオチドどうしの水素結合の形成を触媒し、新しい二重らせんができる。この過程全体が行なわれる間、さらに複雑な過程があって、元の鎖の反対側に対する相補的な鎖ができる（「後からできる《ラギング》鎖」とも呼ばれる）。正味の結果として、元のＤＮＡの二重らせんとまったく同一のものが二つでき、新しいらせんのそれぞれに、元のらせんが一本ずつ入っている。これで複製機構ができた。

右に述べた流れは、実際に生じることを簡

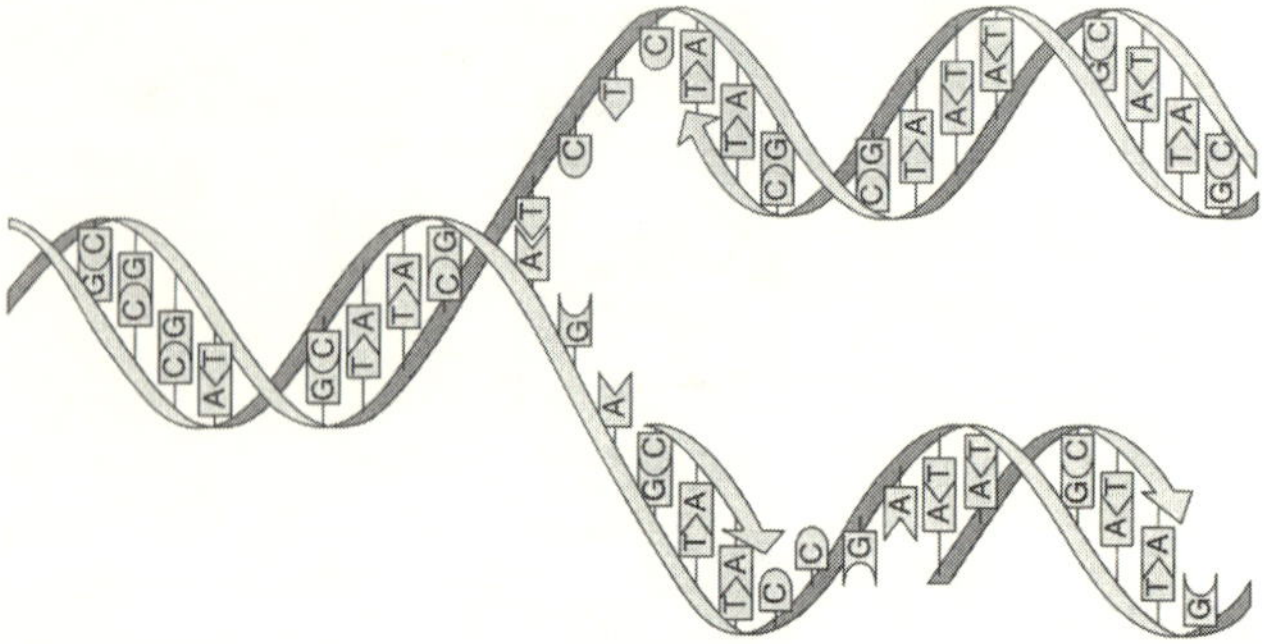

図 5.21　ヌクレオチド基が特定のヌクレオチド基と対になること——AはTと、CはGと——によって、DNAは複製ができる。これが遺伝の基礎をなす。二重の糸になったDNA分子が複製をするときは、二本の糸が複製フォークのところで分かれる。そこへ酵素が新しい塩基を二本の糸に、対の規則に従って加えていく。結果として二つの分子ができ、どちらも元の分子と同一になる。（図版—— Madeleine Price Ball）

略化している。省略した面の一つに、DNA複製でのリボ核酸（RNA）の役割がある。RNAはもう一つの主要な核酸で、こちらも地球の生命にとっては枢要な役割を演じている。DNAとRNAにはいくつか違いがある。構造上の違いは、RNAはたいてい細胞の中では一本のヌクレオチド鎖の形で現れ、DNAの方は二重らせんであるところだ。RNA分子はふつう、DNA分子よりも小さい。両者の分子は化学的にも二点で異なる。まず、RNAのヌクレオチドは、糖としてデオキシリボースではなくリボースを含む（両者の名前の違いはこれによる）。次に、RNAはチミンの代わりにウラシル（U）という塩基を用いている。DNAとRNAの間には大きな機能上の違いもある。DNAは遺伝情報をヌクレオチドの塩基配列の形で貯蔵するためだけに存在するが、RNAの方には複数の仕事がある。RNAには何種類かあり、それぞれ任務が違い、後でそのうち三つ——伝令《メッセンジャー》RNA（mRNA）、リボソームRNA（rRNA）、転移《トランスファー》RNA（tRNA）——にお目にかかる。

　DNAが複製を作れるというのが、生命の再生能力の鍵となる。この能力があればこそ、子は親に似るのだ——カエルの子はカエル、トンビの子はトンビであり、ヒトの子はヒトとなる。しかし生命が進化するため、つまり種が別の種に変化するためには、遺伝は不完全でなければならない。子の間に何かの多様性がなければならない。自然淘汰は多様性のないものを適応させることはできない。幸いなことに、DNAが複製されるときに多様性が生じうる。ときおり、「突然変異」が起きるのだ。ヌクレオチドの塩基配列が変わることがある。この突然変異は、放射線による損傷、化学物質、単なるDNA複写過程での誤りなどによって生じる（突然変異の割合は著しく小さい。DNAが複製されるときにはいろいろな検査があるからだ。複製の第一段階を終えると、「校正」と「ミスマッチ修復」という二段階つのエラー修正がある。この追加の段階があることで、エラー率は一〇億分の一という最小限に抑えられる）。タンパク質を符号化するDNAの一部にエラーがあると（この点については後でさらに話す）、変異したDNAは違うタンパク質を作ることになる。たいてい、突然変異は有害か、少なくとも何の影響もない。しかしときどき、そのタンパク質が元のタンパク質より決められた仕事をうまくできるなら、その突然変異は生物体にとって好都合だ（もしかするとその生命体が生き延びて、子の数が多くなることによって、さらに存在し続けることになる確率が高まるかもしれない）。自然淘汰が作用する対象を突然変異がもたらす。

核酸のすることが複製だけだったら、おもしろみの点では、自己複製する結晶とほとんど違いはなかっただろう。DNAは遺伝情報を貯蔵できるが、その情報が引き出されて使われなければ、DNAもほとんど役に立たない。本が山のようにある公共図書館はあっても、誰もその本を読めないようなものだ。核酸をこれほどすごい存在にしているゆえんは、それがタンパク質を組み立てるための符号になっているところにある。そして生命のおもしろみはタンパク質にある。タンパク質が生命を動かしているのだ。

タンパク質

タンパク質は複雑な巨大分子で、とてつもなく多能なところを見せる。酵素としても機能するし（それで細胞の代謝が可能になる）、ホルモンとしてもふるまうし（調節機能が得られる。よく知られた例にインスリンがある）、構造も提供する（爪、毛髪、筋肉、目のレンズ、すべてタンパク質）。

タンパク質はアミノ酸の長い鎖で、それが折りたたまれて三次元構造を取る。特定のアミノ酸配列は特定の構造に折りたたまれる。配列が変われば、タンパク質の折りたたまれ方が変わる――タンパク質に行なえる仕事も違ってくる。タンパク質が行なえる生化学的任務は、三次元の形状に左右されるのだ。タンパク質は二〇種類のアミノ酸を利用する。自然界には他のアミノ酸もあり、そのいくつかは生物学で重要なものだが、タンパク質が用いるのは二〇種だけだ。アミノ酸には、アミノ基（H_2N）と、残基《レジデュ》あるいはR基（CHR）と、カルボキシル基（COOH）という共通の構造がある。一般構造式は、H_2N―CHR―COOHと書かれ、アミノ基末端とカルボキシル基末端とがペプチド結合でつながることによって、鎖ができる（そのため、アミノ酸の鎖はポリペプチドと呼ばれる。要するにタンパク質は一つあるいは複数のポリペプチドだ）。一つ一つのアミノ酸の独自性はRによる側鎖のところにある。アミノ酸が違えばR基も違い、特性も違う。たとえば、疎水性のアミノ酸を作る側鎖がある。このようなアミノ酸はタンパク質の内側に潜り込み、分子の三次元構造を決める因子となる。親水性の――つまり水と反応しやすい――アミノ酸になる側鎖もある。

それぞれのアミノ酸は、RNAヌクレオチド塩基三つの組合せによって符号化されている。塩基は四種類（A、C、G、U）あるので、4×4×4＝64通りのコドン（の単位《コード》）がある。理論的にはコドンは六四種類のアミノ酸の符号《コード》になれる――しかし実際にタンパク質合成で使われるのは二〇種類だけ。つまり「遺伝子符号」は重複している。コドンのうち、「鎖終了」の指示を表すコドンは三つあり、残りの六一のコドンが二〇種類のアミノ酸を表す符号となる。言い換えれば、ほとんどのアミノ酸について、そのアミノ酸を表すコドンがいくつかあるということだ。たとえば、システインというアミノ酸は、UGUとUGCというコドンで表され、イソロイシンは、AUU、AUC、AUAで表されるなどのことになる。遺伝子符号は基本的に普遍的で、ほんのわずかな例外を除き、地球上のすべての生物がそれを用いている（遺伝子符号が普遍的であるということは、それが唯一可能な符号だということになるだろうか。もしかすると、元は何種類かの符号があり、この符号だけが勝ち上がったということかもしれない。しかし符号が現在において一種類だけだということが、生命の歴史上に一度だけ登場したことを意味するなら、もしかして、効果的な符号の発達は、進化が乗り越えなければならない、カーターの言う「起こりにくい段階」となるのだろうか。われわれが地球で別の遺伝子符号が発達した例を見つけられれば、地球外生命の可能性についてわかることがあるのだが）。

一個の細胞がタンパク質を合成する様子は、見事に単純でかつ驚くほど込み入っている。ごく単純化した過程は次のように進行する。

タンパク質――ひいては生物体――をどう組み立てるかに関する情報は、その生物のDNAに収められている。まず、細胞が何かのタンパク質を作るよう求める信号を受け取ると（そのタンパク質は一個のポリペプチドとしておく）、DNAの二重らせんが、そのポリペプチドの符号となる連鎖の部分でほどける。これは先に述べた鋳型鎖のようなもので、特定のタンパク質を表す情報が入っている。DNAにある、一つのポリペプチドを表す符号となる（あるいはもっと正確に言えば何らかのRNAの形を表す符号となる）領域が「遺伝子」と呼ばれる。

「転写」過程では、遺伝子のmRNAコピーができる――転写と呼ばれるのは、DNAの鎖にある一つ一つの三つ組が、mRNAにある対応するコドンに移し替えられるからだ。その上でmRNAは、このアミノ

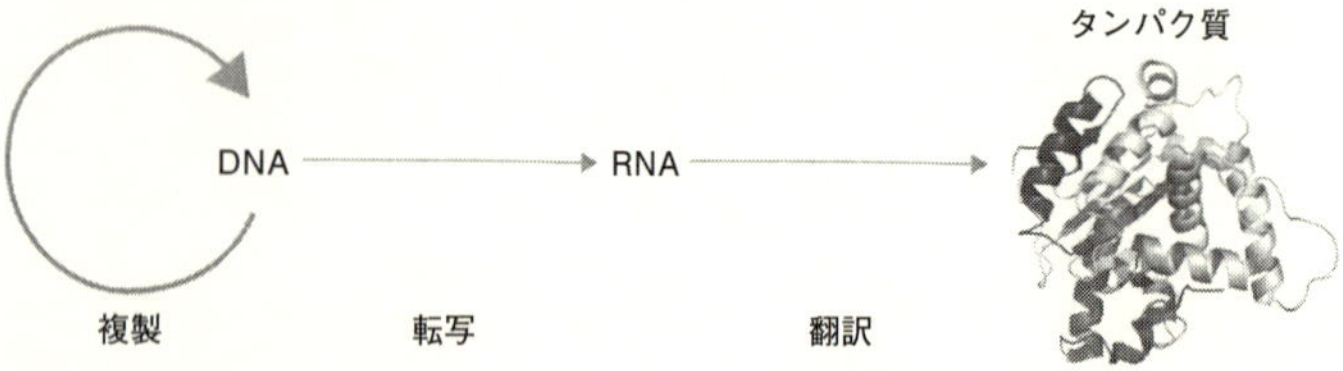

図 5.22　DNA 分子は遺伝情報を保存し、細胞分裂のときにその情報を複写する。遺伝子情報の発現は直接に生じるのではない。まず DNA が RNA に転写される。ヌクレオチドの「4 字」のアルファベット（RNA が用いるアルファベット）の形で保存された情報は、アミノ酸（タンパク質を構成する）の「20 文字」によるアルファベットに翻訳される。フランシス・クリックが最初に述べた生物学のセントラル・ドグマ〔中心となる学説〕は、情報の流れはこの図の矢印の方向をたどるということだ。とくに、RNA は翻訳を通じてタンパク質を合成できるが、逆の翻訳は決して生じない。

酸配列に関する情報をもって、細胞核から細胞質へ移動する。細胞質ではリボソームと呼ばれる細胞内器官がｍＲＮＡを捉え、コドン配列に含まれる情報を使い、アミノ酸をつないで鎖にしてタンパク質を合成する。この過程は「翻訳」と呼ばれ、リボソームが遺伝子符号を使ってコドンの配列からアミノ酸の配列に翻訳する。ここで鍵を握る成分はｔＲＮＡだ——小さな分子で、それぞれが特定のアミノ酸一個だけと結びつく。結合過程を触媒するには一連の酵素が必要だ。酵素それぞれが特定のｔＲＮＡとそれに対応するアミノ酸を認識する。

　タンパク質合成は必ずメチオニン（コドンはＡＵＧ）から始まり、リボソームが停止コドン（ＵＡＡ、ＵＡＧ、ＵＧＡのいずれか）に遭遇するまで続く。ここまで来るとタンパク質が放出され、合成は終了する。これは少なくとも原核生物のタンパク質合成の概略である。真核生物の細胞では、ＤＮＡに何も表さない配列が存在することによって、この過程はさらに複雑になる。一見無用の情報を除くための段階が必要となる。ここでは紙幅が限られているので、タンパク質合成のこの先の話には立ち入れないが、この先の話として手に入る資料はたくさんあるし[346]、幸い、話を進めるためにはこの先の詳細は必要としない。

　おさらいしておこう。ＤＮＡは遺伝情報を保存し、細胞が分裂するときにそれを複製する。実際に情報を発現させるというややこしい仕事は、もっと多能なRNAに任される。情報は、どの生物でも同じ遺伝子符号を用いて、DNAからRNAに転写され、タンパク質合成へと翻訳される。

生命の成分はどのようにして生まれたか

当面、最初のタンパク質と初期の核酸からLUCAに至る何段階もの複雑な過程は、よく知られた物理的・化学的過程を用いる他はないとは言わないまでも、少なくともそれで理解できるものとしよう。それでも疑問は残る。最初のタンパク質と核酸はどのようにして生まれてくるのか。無機化学からDNAやタンパク質へ至る展開がめったにない現象だとすれば、フェルミ・パラドックスは解決できることになる。そうした巨大分子がなければ、進化はLUCAに至る道のりを歩み始めることはできず、したがってわれわれが目にしているような多様な生物へと進むこともできない。タンパク質と核酸がなければ、生命は、少なくともわれわれが知っている形で存在することはできないのだ。

生命にかかわる巨大分子を構成する基本的成分は、簡単に合成されるらしい。たとえばアミノ酸は星間空間にも[347]、初期の地球を模した実験でも見つかる[348]。一九五三年、スタンリー・ミラーは、水、メタン、アンモニアの混合物が入った容器の中で放電するという古典的な実験を行なった。実験の意図は、できたばかりの地球大気に電流を流したときの影響を調べることだった。実験を終えると、容器中には多くの有機化合物ができていた。ミラーの大気モデルの選び方に反対する科学者もいるが、劇的な結果だったことに異論はない。地球が冷えてすぐ、そこにアミノ酸ができる可能性は高そうだ。アミノ酸は、炭素の驚異の結合特性で、有機化学的にほとんど必然的にできる。同様に、糖、プリン、ピリミジン――核酸の素になる成分――も、ミラー型の実験でできる（できる量は少ない場合が多いことは認めなければならないが）。

詳細はまだ定まっていないが、生命に必要な基本的な化学成分は、ともかく例外的でめったにできないと考える理由はない。しかしこれらの成分をうまく結びあわせて生命分子——核酸とタンパク質——にする自然の過程が生じる確率となると、それほど確かなことは言えない。実際、数多くいる創造主義者（と少数の科学者）は、この部分で地球の生命は特異だと説いている。ランダムな進行で核酸やタンパク質が生まれる可能性はごくわずかだと論じられる。

たとえば、血清アルブミンというタンパク質（平均的な大きさのタンパク質で、肝臓で作られ、血中に分泌され、そこでいくつかの必要な仕事をする）を考えよう。血清アルブミンは五八四個のアミノ酸でできていて、これが球状に丸まっている。体内では、この分子の合成は核酸の指揮下にある。しかしＤＮＡが存在する前の、できている鎖の端に一つ一つのアミノ酸がランダムに加わっていくことによって血清アルブミン分子が合成されなければならなかった時代を考えよう。ランダムな過程でこのタンパク質ができる可能性は、無視できるほど小さい——20^{584}分の一しかない。同様に「始源《ジェネシス》ＤＮＡ」——生命が始まるのに必要と言われる原始的なヌクレオチド鎖——も、偶然にできる確率は低い[349]。

ランダムな過程でタンパク質を作る

選ぶべきアミノ酸が二〇種類あるのだから、鎖の端に正しいアミノ酸が加わる確率は、各段階で二〇分の一。したがって、五八四個のアミノ酸がある血清アルブミンについては、すべてのアミノ酸が正しい順番で選ばれる確率は20^{584}分の一となる——これは10^{760}分の一に等しい。信じがたいほど小さな確率で、このタンパク質がこのようなランダムな過程でできる可能性は事実上ゼロだ。チトクロームcという、一〇〇個のアミノ酸でできるタンパク質さえ、ランダムに合成される確率は10^{130}分の一しかない。やはり実質的にはゼロと変わりない。

生命の始まりは、「鶏が先か卵が先か」というパラドックスに陥るように見える。アミノ酸を組み立ててタンパク質にするための指示はDNAが含んでいるが、DNA分子が存在するためには酵素（つまりタンパク質）を必要とする。DNAがタンパク質を作り、タンパク質がDNAを作り、DNAがタンパク質を作り……どれが最初だったのだろう。

一見すると、この批判は生命が偶然にできるという説にとっては致命的に見えるが、生化学者は近年、それへの反論を大きく前進させている。細部は完成していないが、この問題が克服できないと想定する理由はない。まず、原始のタンパク質合成を否定する組合せ数学的論拠について。たとえばチトクロームcがどういうわけか偶然に集まってできる可能性は、確かに基本的にゼロとなる。しかし生命になる前の分子進化の時期を見込めば、タンパク質は偶然の作用によって合成することもできただろう。

たとえば、まだ若い地球上のどこかの湖を考えよう。この湖には、ペプチドを形成できるアミノ酸が一〇種類だけあったとする。また、長さがアミノ酸二〇個分のあるペプチドが触媒機能を示し、自然淘汰によってこのペプチドが有利になるとしよう。その場合、このペプチドに行き当たるのに試さなければならない組合せは10^{20}通りだけになる――まだ膨大な数だが、使える時間の範囲内で何とかなる数字だ。ひとたびこのペプチドができてしまえば、自然淘汰によって、この湖にペプチドの総量が増えることは確実になる。この湖で、それぞれの長さはアミノ酸二〇個分の「使える」ペプチドが一〇〇〇種類できるとしよう。このようなペプチドが二個つながって一本の鎖になれるとしたら、アミノ酸四〇個分のペプチドが一〇〇万種類できることになる。自然にはやはり十分な時間があって、この組合せをすべて試すことができる。同様にして、六〇個のアミノ酸によるペプチドが合成でき、八〇個も一〇〇個もと続く。要するに、太古の湖にタンパク質が生じる時間はあったということだ。それに太古の地球には、あちこちに何万となく湖があった（しかじかの特定のタンパク質ができたのは、もちろん歴史の偶然による。歴史をやり直せば、われわれが使うタンパク質は違っているかもしれない）。

生命以前の分子進化を含む同様の説は、「始源DNA」は奇蹟的なまぐれ当たりだとする説への反論としても使える。しかしそのような論証は要らない。元々の自己複製する分子はDNAではなく、もっと単純なRNA分子だったことが、だんだん正しそうに見えてきている。さらに、RNAは「鶏か卵か」のパラドックスに答えを提供する。一九八〇年代の初め、シドニー・アルトマンとトマス・チェックは、ある種のRNA分子が触媒としても機能しえたことを明らかにした。RNAも酵素《エンザイム》の役割を果たせたのだ。この酵素RNA——リボザイム——は、「RNA世界《ワールド》」——生命の歴史の最初に、触媒RNAによって、原始の細胞構造に必要なすべての化学反応ができた時期——という説につながる。ある意味で、鶏も卵も最初ではない。触媒RNAが遺伝物質としても酵素としても作用したということだ。[350]

偶然でも生じる確率がそこそこある自然の過程を通じては、生命の基本分子は生じえないと想定することには、根本的な理由はないようだ（正直に言えば、最初のRNA分子に至る道筋は、まだよくわかっていないことは認めなければならない。LUCAに至るその後の細胞構造の進化もはっきりしていない。いくつかの競合する筋書きがあり、それぞれ長短がある。さらにいくつかの疑問——なぜ生命が用いるアミノ酸はL型だけなのか、遺伝子符号は必然的なものか、それともありうる大量の符号のうちの一つにすぎないのか——も解決されていない。しかしこの分野の進歩は急速で、[351]この何年かで見通しはさらに明瞭になってくると期待できる。生命の起源がここに概略を記したものとはまったく別だったとしても——他にも競合する仮説があったとしても——生命は何かの奇特なまぐれだとする仮説に乗り換える必要はない）。しかし、検討すべき論証がもう一つある。初期の地球が生命誕生の場所になる確率に関するものだ。逆説的なことに、生命はここでもあっさりと生じたらしい。

地球に生命が登場したのはいつか

生命は苦もなく地球に登場したように見える。地球ができたのは約四五億五〇〇〇万年前であることはわかっている。地球ができてから最大でも七億年後——三八億五〇〇〇万年前——には生命は進化していたらしい。そうだと思われるのは、グリーンランドのイスアにある堆積岩——地球最古クラスの岩石——で、含まれている炭素の同位体が生物学的な過程の兆候がある比率になっているからだ。この測定結果の解釈には異論がないわけではない。非生物学的な過程でも、炭素に同様の同位体比率ができる可能性はある。それでも、多くの生物学者は、この時点で生命が存在していたことを認めている[352]。最古の化石もイスア岩石と比べてそんなに新しくはない。ストロマトライト——藍色細菌《シアノバクテリア》とひっかかった堆積物が層を成した塚——は、ウェスタンオーストラリア州で化石として残っている。こうしたストロマトライトは三五億年前のものだ。

生命が登場したあわただしさは、ほとんど心配になってしまうほどだ。右に記した生命登場までの時間の長さ、つまり七億年は、そのときにはいたという上限だ。この幅は両側から圧縮される。一方では、先のグリーンランドの岩石に見られる生物に至る何らかの進化の過程があったと考えられる。ウェスタンオーストラリア州の古いシアノバクテリアには、それよりも新しい生物なみの精巧な生化学があり、それほど高度なものが発達するには時間がかかったにちがいない（言い換えれば、もっと古い岩石が見つかれば、そこにも生命の証拠が見つかる可能性は大いにあるということだ——もしかするともっと単純な生物かもしれないが、生命は生命だ。生命は地球ができて七億年になる前に出現していたかもしれない）。他方、生命は地球ができたばかりの頃の状況では生きる

図 5.23　バハマ諸島のストロマトライト層。この写真にあるようなストロマトライトが、知られている中では最古の化石。中でも最古のものは、ウェスタンオーストラリア州で 35 億年前のものが見つかっている。（写真—— Vincent Poirier）

ことはできなかったと考えられる。地球ができた直後の、四五億五〇〇〇万年前から三九億年前は、冥王代と呼ばれる。近年の研究からは、地殻は太陽系そのものができてほんの一億六〇〇〇万年ほどで形成されたらしい。[353]他方、地殻の存在は地球上の状況がそれほど厳しくはなかったということを意味すると考えられるが、冥王代の初めの地球には動きの速い大きな岩石が降りかかり、その一部の衝突は、とてつもない打撃になっただろう。月となった物質をはぎとった、文字どおり地球を引き裂くような打撃の激しさがどういうものかを理解するのは難しい。きっとその打撃は冥王代を無菌状態にしたにちがいない——その打撃の前に何らかの形の生物が存在したとしても、その激動をどう生き抜いたか想像しがたい。つまり、生命の出現に要請される七億年という長さは上限ということだ。実際の長さはおそらくもっと短かっただろう。

数億年あれば生命の進化には十分な時間かもしれないが、生命と非生命の間のギャップは巨大で、進化は遅々とした歩みかもしれないことは銘記すべきだろう。生物学者のリン・マーグリスの有名な言い方では「非生命と細菌とのギャップは、細菌と人間の間のギャップよりも大きい」。それでもこのギャップは比較的すぐに埋められた。生命が何の助けもなく地球でこれほど早く始まることができたことは受け入れにくいと思い、パンスペルミア説（九五頁）に訴える科学者もいる。生命が本当に恒星間空間の奥から地球にやって来たとするなら、おそらく銀河系には同様に種子が届いた惑星が無数にあるだろう。生命は至るところにあることになる。逆に、火星起源のものとすると、こちらは生命が稀有であるということになるかもしれない。この可能性は解66でさらに取り上げる。

他の天体の生命

生命が自然の条件下で生じるかどうかを決める直接の方法は、もちろんある。ＳＥＴＩの活動はその一つの方法だが、惑星生物学という現代的な領域は、別の可能性に注目している。[354]太陽系の他のところに原始的な生命を探したり、遠い系外惑星に生命存在の証拠――過去あるいは現在の生命をうかがわせる分子や現象――を観察しようとすることもできるだろう。よそで生命が見つかれば、どんなに単純な微生物でも、少なくとも生命は地球だけのものではないことがわかる。他の惑星に生命が見つかれば、それが地球に登場したいきさつについて、何かがわかるのはほぼ確実だ。銀河系に生命があふれている可能性についても何かを教えてくれるだろう。

生命の鍵を握る成分は水らしい。水が見つかれば、生命が見つかる可能性がある。火星には過去に水があったことはほぼ確実だ。だから過去の火星の生命の化石が見つかる可能性は――たとえかすかでも――ある。土星の衛星で大きさが第六位のエンケラドゥスは、ＮＡＳＡのカッシーニ探査機が、地底に液体の水の巨大な海があることを観測した[355]――そしてこの衛星には、エネルギー源も栄養源もある可能性が高い。生命を探

図 5.24　エウロパの氷の下に海があれば、この想像図に描かれているような水中ロボットを使ってそこを探査することになるだろう。NASA の科学者は今、水中ロボットをエウロパに送り、他からの生命で汚染することなく氷を貫通して海に達し、情報を地球に送り返す方法を検討している。（画像——NASA）

すのには良いところだ。土星最大の衛星タイタンには、地下にアンモニア水の海もあるかもしれない。木星の衛星のうち二つ——エウロパとカリスト——には液体の水があるかもしれない。こうした天体は、もちろん太陽の熱から遠く離れており、表面は厚い氷で覆われているが、しかし地熱と潮汐力による熱があれば、地表からずっと奥の方で液体の水が維持できるかもしれない。以上の四つの天体はもしかすると——あくまでもしかするとだが——エイリアンの故郷かもしれない。連絡できるような生命ではないだろうが、生命が太陽系の複数の場所で独自に登場したことがわかれば、銀河系全体で生命は稀なことだと論じることには無理が生じるだろう。そういうことなら、そうした衛星の——とくにエンケラドゥスの——探査機が優先されるべきだ。一方、天文学者は太陽系から遠く離れた惑星に生命存在の証拠を探せるような望遠鏡の建造を進めている。生命の発生があたりまえなら、いつか、ひょっとするとそう遠くない未来に、エイリアンの生命のサンプルが見つかるだろう。

解65　生命はめったに誕生しない（再論）

確率の法則は総論では正しく、各論では誤りだらけ……
——エドワード・ギボン『ギボン自伝』

宇宙に生命が豊富かどうかを明らかにする最善の方法は、出かけて行って実際に見ることだ。様々な系外惑星でエイリアンの生命が発見されれば、生物自然発生——生命以前の環境から生命が発達すること——はあたりまえに起きる事だと確信してよいだろう。知的生命があちこちにいるかどうかはまだわかっていないが、少なくとも、フェルミ・パラドックスは生物自然発生が稀だと説くことでは解決されないことはわかる。しかし適切な観測を行なうのは難しく、惑星生物学者がこの点でどれだけ早く前進するかも明らかではない。観測の難しさを考えると、理論的な進め方が試せないだろうか。理論家には不運なことに、決め手となる情報がない。生命以前の化学的・物理的状況ごとの、単位時間あたり、単位体積あたりの生物自然発生の率はわかっていないのだ。この情報がない場合、前に進む一つの方法は、できてまもない地球に少なくとも一度生命が生じたという知識を用いて、地球に似た惑星での生物自然発生の確率を推定することかもしれない。

生物自然発生がめったにないことなら——定義からして——惑星が生命に適した状況を達成することと生命が実際に育つことの間には長い時間があるだろう。しかし地球では、地球が冷えるのと生命の出現との間の時間は比較的短かった。地球に細胞が急速に出現したことは、非生物からの生物の発生は単純な過程であることを示すだろうか。地球の例から生物自然発生の確率が小さい可能性は低い——したがって生命が宇宙でありふれているという結論を出せるだろうか[356]。長い間、私はこれがほとんど確実だと信じていたことを認めなければならないが、われわれが手にしている証拠からしてそれは妥当な見方なのだろうか。

生物自然発生の確率という、われわれが手にしている情報がきわめて少ない概念を論じるなら、われわれは正しい確率の扱い方を用いなければならない。確率についての考え方には二つの枠組みがある。

第一は確率を、実験を何度も行なったときに生じる結果の頻度と解釈すること。理想的に偏りのない効果を一〇億回はじけば、表が上になる場合は、わずかな上下はあっても、五億回になるということだ。表が出る確率は〇・五ということになる。誰もがそれを受け入れるだろう。この方式の問題点は、たいていの場合、実験を繰り返すことはできないということだ。陪審員を務めるよう求められ、被告の有罪を合理的な疑いを超えて判断しなければならないとすると、確率は何かが起きる頻度ではなく、「信じる度合い」ということになる。こちらの確率の扱い方——結果が生じる頻度ではなく、人がある結果になると信じる度合い——は、われわれが暮らす世界の理想的とは言えないごちゃごちゃとした現実を取り扱う。それは何らかの仮説について、何らかの証拠が与えられたときに抱くべき信じる度合いを数値化する（有名な経済学者のジョン・メイナード・ケインズは、かつて重要なテーマについて考えを変えることを非難されたことがあった。それに対して理性的にこう答えた。「私は情報が変われば結論を変えます。先生はどうなさいますか？」）

確率を論じるときに用いなければならない式は次のようになる。

$$P(H|E) = P(E|H)\,P(H)\,/\,P(E)$$

これは科学の世界でも最大級の重要な式だ。ことによれば、$F = ma$ や $E = mc^2$ よりも役に立つかもしれない。しかし、このニュートンの運動の第二法則についての方程式やアインシュタインのエネルギーと質量の等価性を示す式とは違い、こちらの式は——重要だというのに——一般の人々にはたいていい知られていない。科学者の中にさえ、この式をきちんと理解していなかったり正しく適用しなかったりする人々もいるが、それでもこの式に体現される確率の扱い方は、実験による科学のあらゆる分野でも、医療、技術、ビジネス、福祉……要するに完全とは言えない知識に基づいて判断をしなければならないどんな分野でも欠かせない。[357]今も判事や弁護士がこの方程式を理解していなかったために投獄されている人々もいる。医師が適切に確率による推論を行なえなかったためにがんで亡くなった人々もいる。この式がものを言うのだ。

先の式は、「ベイズの定理」という、イギリスの聖職者トマス・ベイズの名をつけられた数学の成果の、いちばん多い表し方だ。[358]ベイズ自身は、一七六一年に亡くなった後に発表されたある文章で、一般的な定理の特定の命題について書いていた。その式によって $P(H|E)$、つまり、仮説に対して何らかの証拠が与えられたときの、その仮説のいわゆる「事後確率」を計算することができる。この確率を計算するためには、「事前確率」$P(H)$、「起こりやすさ」$P(E|H)$、証拠が生じる確率 $P(E)$ を知っている、または推定できることが必要となる。この式に、フェルミ・パラドックスとどんな関係があるか（むしろ最終的にはフェルミ・パラドックスとどう無関係か）を論じる前に、ベイズの定理について少し説明しておく必要がある。ベイズが確率について言ったことはすでによく理解しておられるなら、これからの二頁ほどは飛ばしても差し支えない。

SF的状況を用いてベイズ推定の一例を見てみよう。政府機関が地球外生命による地球のっとりの陰謀をつきとめたとする。エイリアンは変身できて、男でも女でも人間の形をとることができ、一般の人々の中に交じっている。まだそんなに多くは入ってきていない——同機関は、一般の人々のうち、変装したエイリアンの割合は一パーセントだけと信じる十分な根拠を得ている。しかじかの個人がエイリアンかどうかを識別するためのアプリがあり、それは有効だ。エイリアンのうち八〇パーセントについては、エイリアンのDNAを有することが正しく露見するのだ。しかし検査は完全ではない。人間のうち九・六パーセントについては間違ってエイリアンが化けているという結果を示す。役人が通行人に対してランダムにアプリを用い、アプリが結果は陽性というランプを光らせる。この設定からすると、この通行人が本当にエイリアンである確率はどれだけか。

先へ進む前に、この状況について考え、確率を推定してみよう。

七〇〜八〇パーセントの確率と推定すれば、同様の人がたくさんいるだろう。医師がこの問題を出されると（エイリアンと変身者検出アプリではなく、マンモグラフィに置き換えられているが）、何度調べても、七人のうち六人が七〇〜八〇パーセントと推定することがわかる。[359] 正しい答えは七・七六パーセントなのだが。言い換えると、検査の正確さが八〇パーセントでも、陽性の結果はその人が本当にエイリアンである可能性（あるいは問題が医者向けに述べられていたなら乳がん患者である可能性）は七・七六パーセントしかないということだ。この数字が積み上げられる様子を見たければ、次の囲みがベイズの公式をこの設定の数字に適用している。

ベイズと変身者問題

陽性の結果という証拠が得られた場合にエイリアンが変身しているという仮説が真である確率 $P(H|E)$ を知りたい。

教えられているのは、本人がエイリアンだった場合に陽性の結果が出る確率 $P(E|H)$ で、これは八〇パーセント。ベイズが言っていることは、ランダムに選んだ相手がエイリアンである可能性、$P(H)$——この設定では一パーセント——を計算に入れる必要があるということだ。さらに $P(E)$、つまり陽性が出る——真の陽性でも偽陽性でも——確率も計算に入れなければならない。この場合、本当の陽性である可能性は 1% × 80%、つまり〇・〇〇八となり、偽陽性の可能性は、99% × 9.6%、つまり〇・〇九五〇四となる。つまり、

$P(E)$ は 0.008 + 0.09504、つまり 0.10304 となる。

以上の数字をベイズの公式に入れれば、$P(H|E) = 7.76\%$ となる。

どうしてそれほど多くの人がこの種の問題で間違うのだろう。究極の理由は、それが頭の中で問い（「ある人の検査結果が陽性だった場合にその人がエイリアンである確率はいくらか」）を、与えられた情報（「あるエイリアンが検査で陽性となる確率」）に置き換えてしまうことらしい。ベイズの定理の重要な利点は、それが推論の正しい扱い方となること以外に、確率を計算するときには関係する情報をすべて計算に入れよと念を押してくれるところにある。ベイズはわれわれを誠実にしてくれる。

ベイズが確率を理解する助けになる例をもう一つ挙げて、変化する情報に照らして推定をどう修正しなければならないかを説明するために、悪名高いモンティ・ホール問題というのを考えよう[360]。この問題はアメリカで一九六三年から七六年まで放送されたテレビでのゲーム番組、『取引しましょう《レッツ・メイク・ア・ディール》』が元になっている。番組の司会者がモンティ・ホールだった。

モンティが三枚の閉じた扉を示す。そのうちの一つの向こうには、ブガッティ・ヴェイロン・グラン・スポーツ・ヴィテッセのぴかぴかの新車がある。他の二つの向こうにはレモンが置いてある。扉のうち一つを選んで、その向こうにあるものがもらえる。もちろん、レモンが好きで好きでたまらないというのではなかったら、ブガッティの方が当たりとなる。そこで扉を一つ選ぶ。モンティはどの扉の後ろに当たりがあるかを知っていて、残った扉のうち、レモンが出る扉を一つ開ける。そこで選択権が与えられる。元の選択にとどまるか、まだ開いていないもう一つの扉に変えるかいずれかを選べるという。変える方が良いか、元のままにするのが良いか。変えることで何らかの違いが生まれるか。

先の変身エイリアン問題と同様、先に進む前にこの状況を考えてどちらかを決めてみよう。

私が最初にこの問題を聞いたときには、変えても変えなくても差はないと思った[361]。車はどちらかの扉の後ろにあるのだから、当たる確率は五分五分だろうから、変えなくてもよいと。ところが結局、変えた方が当たる率は二倍になる。ベイズ方式が正しい答えを導くところを見て、情報が変わったときに結論を変えるのが良いとなる様子を見たければ、次の囲みを見ること。

ベイズとモンティ・ホール問題

三枚の扉をA、B、Cとし、その文字でその扉の後ろにブガッティがあるという事象を表すとする。選んだ扉がどれかとは無関係だが、ひとまずAを選ぶとしよう。モンティはブガッティが隠れている扉は開けないので、車がAの向こうにあるなら、モンティはBかCのいずれかをランダムに選ぶ。

事前確率はすぐにわかる。ゲームの開始段階では、ブガッティが三枚の扉のどれに隠れているかについては同程度の確信を抱ける。

$$P(\mathrm{A}) = P(\mathrm{B}) = P(\mathrm{C}) = 1/3$$

今度は起こりやすさを見る。確率がなぜその値を取るかが明らかにできるとよいのだが。

賞品がAの後ろにあった場合にモンティがBを開ける確率は、

$$P(\text{モンティがBを開ける}\,|\,\mathrm{A}) = 1/2$$

扉Bの裏に賞品があってモンティがBの扉を開ける確率は

P(モンティがBを開ける|B)＝0

賞品が扉Cの裏にあってモンティがBを開ける確率は、

P(モンティがBを開ける|C)＝1

これでモンティが扉Bを開ける確率が計算できる。

P(A)×P(モンティがBを開ける|A)＋P(B)×P(モンティがBを開ける|B)＋P(C)×P(モンティがBを開ける|C)＝1/6＋0＋1/3＝1/2

ここでベイズの定理を適用する。

P(A|モンティがBを開ける)＝1/6÷1/2＝1/3

P(C|モンティがBを開ける)＝1/3÷1/2＝2/3

平たく言えば、自分がまずAを選びモンティがBを開けてレモンがあるのを見せたとき、ブガッティがC

の裏にある確率は2/3ということになる。この状況では、選択を変えると可能性が二倍になる。

こうした例は、生物自然発生の確率について語りたいとしたら、ベイズ流の言語を使う必要があることを示している。地球に生命がすぐに生じたことを観察しても、その観察結果だけでは生物自然発生が容易だという結論は導けない。容易なのかもしれない——が、生物自然発生が容易であると言うときにどれほどの自信を抱くべきかを数値化できるのはベイズ解析だけだ。二人の宇宙物理学者、デーヴィッド・シュピーゲルとエドウィン・ターナーはまさしくそのようなベイズ解析を行なった[362]。

シュピーゲルとターナーは、解析を進めるために、生物自然発生の単純なモデル（あるいは先の言葉遣いを用いれば「仮説」）を考えた。二人のモデルでは、できたばかりの惑星での条件は生命の創造を排除する。ある時点で生命が可能になり、そこで単位時間あたりの生命が育つ確率が一定になり、ある時点から後は、たぶんその星の成長のせいで、惑星は再び生命を生み出すのには向かなくなる。モデルは単純化している。生物自然発生は特定の瞬間に生じる単一の事象ではないと論じることもできるだろうし、単位時間あたりの生物自然発生の確率は一定ではなく、時間とともに変動することもありうる。それでも、他の、もっと複雑なモデルを唱える十分な根拠もない——そこでシュピーゲルとターナーのモデルは他に劣らず優れた出発点となれる。それが仮説というものだ。計算に入れる必要がある証拠は、生命が地球では少なくとも一回、三八億年前に登場し、それが、宇宙論に関心を抱く生物が出現してベイズの公式だとか宇宙論に関心を抱く生物が宇宙の他のところに存在する可能性について考えることができるようになるのに十分な時間となることだ。

ベイズの公式によれば、モデルにある様々な項の事前確率も特定しなければならない（生物自然発生の速さ、惑星が生命を誕生させられなくなる時期、知性が育つのに必要な最小限の時間）。モデルに入れる様々な時期について値を予測する理論はないので、シュピーゲルとターナーは何通りかの興味深い場合を選んだ。同様に、生物自然発生の速さについて事前情報を与えてくれる基礎となる理論もないので、シュピーゲルとターナーはこの速さについても三通りの場合を調べた。

　解析にかかわる数学は、「エイリアンの変身」やモンティ・ホール問題の場合と比べるとやっかいなので、ここでは再現しない。しかしいずれの場合もロジックは変わらない。確率は手に入る情報をすべて使うことによって計算される。その結果はというと、結局、地球に早いうちに生命が生じたという証拠によるよりも、事前確率の選択に影響された。あるパラメータを選ぶと生命はあたりまえになる。別のパラメータにすると、生命の可能性は同じでも、実際に生じるのは稀有になる。つまり、われわれに利用できる証拠では、われわれがここにいるという事実は生物自然発生の確率が低いことと問題なく整合するということだ。生命が地球に早いうちに生じたという事実は、生命がよそにもあたりまえにいるにちがいないと信じることに確信をもたらさない。分析は生命が稀であることを示してはいないことも強調しておくことが重要だ。「生命はあたりまえにある」は相変わらず最善の推測の位置にとどまるが、その立場について確信は抱けないということだ。

　シュピーゲルとターナーの論文が発表されると、これはフェルミ・パラドックスの解決だと評する人々も出た。しかしこれは論文を誤解したことによる。それは生命が、したがって知的生命が稀であるにちがいないという証明ではない。繰り返すと、解析はわれわれには今与えられている情報からは、生物自然発生が稀だという確信は抱けないことを明らかにしたにすぎない。つまりこれはパラドックスの解決ではない。しかし知的生命を探すことが重要であることは浮かび上がらせる。地球とは別個に生命が生じる例を一つ発見すれば、宇宙には生命であふれていると信じる基盤がずっと強化されることになるだろう——そしてそれが知的生命を発見する希望も大きくする。

解66　ちょうどいい相方はめったにない

タンゴを踊るには二人必要。

——アル・ホフマンとディック・マニング

科学者は毎年夏になると国際学会をはしごして旅をする。変わった渡り鳥の群れのようだ。こうした学会の広報担当部局は世間に注目されていいと思う研究を探して発表要旨をあさる。そうして学会発表に基づいてプレスリリースを出す。その発表が報道機関によって取り上げられることが多い。するとその記事がツイッターやブログ圏に登場し、ソーシャルメディアが一時的にそれを目立たせる（そういうことになると、私は誰にも劣らず有罪だ。インターネットによって関心の長さが短くなった読者諸氏、あなただけのせいではない）。二〇一三年八月、惑星生物学研究の興味深い論文がこの扱いを受けた。数日の間、新聞各紙やウェブサイトが「われわれは火星人なのか？」と問い続けた。様々な意見が飛び交ったが、正直な答えは「わからない」だろう。しかしもしかしたらそうかもしれない。そしてもしそうなら、フェルミ・パラドックスにかかわる意味もあるかもしれない。

このインターネット騒動をもたらした学会発表は、スティーヴン・ベナーという、合成生物学をはじめいくつかの分野で重要な研究を行なっている傑出した化学者が行なった。[363] ベナーは出発点として、四〇六頁で見たような、われわれは原子を最初にどう組み合わせれば、地球での生物の鍵を握る要素——RNA、DN

A、タンパク質——を作れるかを知らないという事実にとった。まずRNAから始まったとしてみよう。ミラーの先駆的実験以来の数十年で化学者が発見したように、初期の地球に存在した原始の有機化合物の「スープ」を調べても、できるのはリボ核酸ではなく、ねばねばのタールのような物質だった。一つの説は、基本的部材をRNA構造に組み立てる足場になった触媒——無機物の鉱物表面——があったとすることだ。最善の足場はホウ素と酸化モリブデンを含んでいただろう。ホウ素を含む金属は炭水化合物の環から生命以前的な化学物質の形成を助け、モリブデンを含む鉱物はその生物以前の化学物質を並べ換えてリボースを作り、それがRNAになる。それは優れた説だが、少なくとも二つ難点がある。まず、ホウ素化合物は地球初期の海ですぐに分解してしまう。次に、モリブデンは足場の機能を実行するには高度に酸化される必要があるが、その頃、地球の表面には酸素がほとんどなかった。つまり、一方の元素はどうやら決め手になるのに欠けているし、もう一つの元素は形が違う。すると足場がどうして生まれることができたのだろう。

ベナーは初期の火星表面には地球表面にはない要素があったと説く。火星は乾燥していて酸素が多かったのだ。その足場の化学的構成は地球よりも火星で起きる可能性が高かったのではないか。つまり、生命の基本的な部材は火星でできたのかもしれない。ベナーの説だけが成り立つわけではない——たとえば、RNAの先駆体は実は地球でできたとしても、まったく異なる触媒が関与したのかもしれない——が、この説が正しければ、要は生物を生む岩石が小惑星衝突によって宇宙へ飛び出してということになる。その岩石が地球へ向かった。火星の状況が変化して、あちらでは生命はおそらく途絶えた。地球の方の事情が変わって、こちらでは生命が栄えた。

生命が惑星から惑星へと移動できるという考え方はただの空想どころではない。実際、解6でパンスペルミア説を取り上げたとき、その可能性があることは見た。隕石の衝突の後、岩石が惑星から惑星へと移動することは知られている。地球で見つかった何万という隕石のうち、一〇〇余りが火星由来だと鑑定されている。[364]長年の間には、一〇億トンもの岩石が火星から地球へ移動しているかもしれない。逆方向に移動した岩石もあっただろう。軌道の力学からすれば、エネルギー的には火星から地球への移動の方が地球から火星への移動より約一〇〇倍も起こりやすいことがわかるが、それでも恐竜を滅ぼしたチクシュルーブ衝突は、生命を宿す三六万トンもの岩石を火星に飛ばしたかもしれない[365]（衝突で放り上げられた岩石のうち一握りのものは木星の衛星エウロパに届いたとしてもおかしくない）。

　繰り返すと、地球の生命が火星に由来するかどうかはわからない。われわれがみな火星出身者かどうかはわからない。しかしそうかもしれない。フェルミ・パラドックスにとっては何を意味するだろう。生命が栄えるのには二つの惑星が必要だったのかもしれない。最初のきっかけを提供するのに一つ、長期的な居場所を提供するためにもう一つ。こうした生命以前のスープを攪拌するのには、二つの惑星の間を何度か移動する必要もあるかもしれない。地球は条件が「ぴったり」だった時期が長かったので、「ちょうどよい《ゴルディロックス》」惑星と呼ばれることがある。生命が「ちょうどよい相方」を必要とするということだろうか。もしそうであれば、生命を宿せる惑星の数は小さくなるかもしれない。もしかしたらそれがＥＴＣのいないことを説明するのだろうか。

　私が知るかぎり、このフェルミ・パラドックスの解は私の発案だ。しかし私があなたなら、この案は買わない――この説を本格的に取り上げなければならなくなる前に、生命の起源についてもっとよく理解する必要がある。

解67　原核生物の真核生物への移行はめったにない

生命は変化することがある。
——パーシー・ビシー・シェリー『ヘラス』

地球の歴史の相当部分の間、生物と言えば単細胞の原核生物しかいなかった。真核生物の入り組んだ生化学機構が出現するのには、少なくとも一〇億年はかかった。大型の多細胞生物の発達には、さらに長い時間がかかった。これは必ずしも意外なことではない。真核細胞は原核細胞よりもはるかに複雑で、いろいろな真核細胞が集団として協調して効果的に機能できるようになるまでには、いくつかの進化の展開がなければならなかった。しかし地球に真核生物が出現するのにかかる長い時間は、たぶん、高度な段階の生物の発達は苦難の道のりをたどるということなのだろう。どんな形であれ、複雑な多細胞の生命は、もっと単純な単細胞微生物から進化するものと考えられるので、念の入った多細胞生物——さらにはその後の星間距離を超えて通信できるような生物——は、他の惑星にはまだ登場していないのかもしれない。もしかすると原核生物から真核生物への移行が、カーターの言う「起こりにくい段階」かもしれず、もしかするとこれが宇宙が静かなことを説明するのかもしれない。銀河系は生物を宿す惑星に満ちているが、そこにいるのは原核段階にとどまっているということだ。

地球でも長い間優勢だった原核生物段階から、今、あたりまえに見られる真核生物段階への変化を導いたのは何だろう。それに答えるためには——真核段階の生命が稀な現象かどうかの理解を試みるには——両者の違いについて、いくらか理解する必要がある。

原核細胞と真核細胞の違い

どの方向で考えるにしても、細菌はずっと地球でいちばん栄えている。人体でさえ、ヒトの細胞よりも微生物の細胞の方が数はずっと多い。細菌は皮膚や腸で群れをなしている（そして多くの場合、健康のために必要な存在だ）。その単純さが増殖の速さと組み合わさると、繁盛間違いなしということになる。環境にある難関にも生化学的に反応するよう進化し、外観は似たようなものになっていくが、細菌の種が異なれば、代謝も違い、幅広いニッチに潜り込んで生きられる。きわめて丈夫で、種によっては何億年もの間、変わらずに生き延びてきたらしい。

植物や動物のような複雑な真核生物は、堅牢という点では遠く及ばない。大量絶滅に陥りやすく、自然な流れの中でも、動物の種の寿命はふつう、何億年というよりは、何百万年、何千万年という単位になっている。それでも、真核段階の生命は原核段階のものよりもずっと興味深い。真核生物は、環境の難関に対する形態的な対応を進化させ――つまり新しい体形や新しい部品を開発し――そのことによって原核生物にはない多様性と新しさがもたらされる。

真核細胞と原核細胞との主な違いは、原核細胞には硬い細胞壁、あるいは硬い細胞膜があるのに対し、真核細胞には細胞壁がないか、壁が非常に柔らかいか、いずれかになっているところだ。この柔らかさによって、真核細胞は形を変え、したがって膜動輸送《サイトーシス》――細胞膜が内側に凹んで細胞内の液胞を作る〔それによって物質を輸送する〕過程――を行なう。多くの多細胞の過程はサイトーシスを用いているが、その主な役割は、たぶん「食作用《ファゴサイトーシス》」だろう。食作用では、真核細胞が食物の粒子を飲み込み、食物胞にし、そこで酵素がそれを消化する。このような、つまり捕食による栄養の取り方をするのは、細菌が採用する方式よりもずっと効率が良い。細菌の方は周囲に消化酵素を分泌し、その結果としてできる分子を吸収する。

真核細胞は細胞核を持ち、それがその細胞のDNAを収容するところも、際だった違いとなる特徴だ。細胞核は細胞質——細胞活動のほとんどが行なわれるところ——から二枚の膜で隔てられる。真核細胞には、膜で他の細胞質から区別される「細胞器官《オーガネル》」——「小器官」——もある。細胞器官には、「ミトコンドリア」（エネルギーの代謝に必須の役割を演じる）、「色素体」（植物や藻類では光合成で活躍する）などがある。一九七〇年代初め、リン・マーグリスは、細胞器官は共生によって生じたにちがいないと論じた。その推論では、何十億年も前、ごく原始的な真核細胞が、食作用を用い、小さな原核細胞を食物として取り込んでいた。一部の原核細胞は消化できず、大きな真核細胞の中にしばらくとどまることになっただろう。そうした原核細胞の一部には、何かの機能——エネルギー変換など——を宿主よりも効率的に行なうものもあったことだろう。この提携関係からどちらの細胞も利益を得る——そして遺伝子を伝える段階になると、どちらにとっても淘汰で有利になる。元は消化できなかった食物だったものが、真核細胞の円滑運営には欠かせないものとなる。マーグリスは自説を認めてもらうために苦労して戦わなければならなかったが、支持する根拠はDNAの配列決定から出てきた。ミトコンドリアと色素体には独自のDNAがあり、それは細胞核にあるDNAとは異なる。ミトコンドリアのDNAと色素体のDNAは、真核生物のDNAよりも原核生物のDNAに近かった。たとえばミトコンドリアは、共通祖先で見ていちばん近いのは、おそらく現代の共生する紅色非硫黄細菌だろう。

二種類の細胞の間の大きな違いの二つめは、新しい真核生物は、原核生物とは違い、両親に由来する配偶子の融合を通じてできる——言い換えれば性が生じるところだ。さらに、真核生物が蓄える（有性・無性いずれの生殖を通じてでも伝えられる）遺伝情報の量は、原核生物が蓄える量よりもはるかに多い。

また、真核生物は「細胞骨格」を有する。細胞骨格は、細胞に引っぱる力がかかった場合、それに抵抗するアクチンの繊維と、剪断力や圧縮力がかかった場合に抵抗する微小管からなる。これによって真核細胞は、硬い細胞壁がなくてもその形と一体性を維持できる。しかし細胞骨格はそれ以上のこともできる。細胞を一時的にいろいろな形にし、細胞器官を様々な配置につかせ、真核細胞が大きくなれるようにする。アクチンとチューブリン——細胞骨格を形成する構造タンパク質——は、複雑な生命が発達するための最重要のタンパク質に数えられる。

　すると真核細胞が出現する確率はどのくらいあるのだろう。この原始の細胞から現代のおそるべき複雑さの真核細胞という移行は必然だったのだろうか。それともまぐれだったのか。この問いには答えにくい。何よりはるか昔に、その移行に関係する多くの段階があったからだ。最初の段階は硬い細胞壁の喪失だったにちがいないが、そんなことを試みれば、たいていの生物にとっては命取りになっただろう（たとえばペニシリンのような抗生物質は、細菌の細胞壁の形成を阻害する作用があるからこそ効く。保護する硬い細胞壁がなかったら、たいていの単細胞生物は環境からの攻撃に耐えられない）。細胞壁を棄てることは、最終的にはきわめて有効だった。食作用ができるようになったからだ。しかし食作用が進化したのは後の時代になってからで、細胞壁を失った生物に対して、直接の利益はもたらせなかっただろう。進化は見通しをもっているわけではない。いかなる可能性を有していようと、生物体が今ここにある状況を生き延びて、その遺伝子を子孫に伝えないことには、それは失われてしまうのだ。まだわかっていないが、何らかの経緯で、ある生物が、新しい構造タンパク質——アクチンとチューブリン——を採用することになり、細胞壁の喪失を緩和するのに役立つ細胞骨格を発達させることになった。こんなことが起きる可能性はどのくらいあるのだろう。それはわからないが、真核細胞が、めったにないランダムな出来事——自然の気まぐれ——によって生じた可能性は確かにある。そして中でも重要な新機軸となるもの、つまり細胞間の協調の由来はどうなるだろう。

原核生物にも多細胞の生活様式を採用したものがわずかながらある。たとえばストロマトライトは細菌の群集《コロニー》でできている。しかし一般的には原核細胞は単独生活をしている（それにストロマトライトの場合でも、「生物体《オーガニズム》」という用語があてはまるかどうか、異論がある）。地球の歴史の大半においては、真核細胞も単独生活をしてきた。その中で特筆すべき移行が生じた。集まることの利益を一部の真核細胞が発見したのだ。この細胞には、環境や他の細胞から切り離す外壁がなかったので、自由に情報を交換したり物質を共有したりすることができた。その結果、今日われわれが目にしている世界、つまり、とてつもなく複雑で多様な三つの界——菌類、植物、それから何よりも複雑な動物——ができた。

真核細胞がその資源を持ち寄るようになった原因はわかっていない。多細胞への切替えがいつ生じたのかもまったく明らかになっていない。五億四〇〇〇万年前のカンブリア大爆発は、様々な動物の体制が定まり、地球での知的生命への道筋の中核を成す一歩となったらしく、確かに生物の歴史の中で枢要な事象だった。しかし詳細は明らかではない。五億四〇〇〇万年前以前の岩石には、動物の化石はほとんどないが、カンブリア紀には様々な動物が化石化したということはわかっている。しかしこの所見から導けることは、体の一部に硬いところがある大型の動物は、カンブリア紀にふつうに見られるようになったということだけだ。カンブリア紀以前に小型の軟体動物が生きていて、痕跡を残さずに死んだ可能性はいくらでもある（今日の世界で最も豊富にいる動物は、たぶん線虫類だろう。線虫類は、遅くともカンブリア大爆発のときからは存在しているが、化石としては痕跡は残っていない）。遺伝子の配列決定に基づいて、動物の起源は一〇億年前だと思っている生物学者もいる。これが正しければ、化石は地球上の動物の歴史のうち半分ほどしか伝えないということになる。しかし、動物の起源が一〇億年前だろうと五億年前だろうとその間のどこかだろうと、動物は地球の歴史では新参である事実には変わりない。単細胞の生物は地球が冷えてまもなく姿を現していた。複雑な生物が発達するには三〇億年かかった。多細胞生物はなぜそんなに長い間待たなければならなかったのだろう。

一つの可能性は、大気中の酸素濃度の上昇がカンブリア大爆発を引き起こしたということだ。[366] 地球ができたばかりのころは、自由な酸素はないも同然だった。酸素の欠如は原始の原核生物にとっては厳しい条件ではなかった。むしろ最初の生物は、酸素にさらされれば確実に死んでいた（今日の一部の細菌にとっても酸素は致命的な毒となる）。しかしシアノバクテリアのような生物は、代謝の副産物として酸素を生産する。二〇億年の間――三七億年前から一七億年前まで――こうした生物が酸素を環境に送り込んでいた。その時期のほとんどの間、海に溶けている鉄など、酸素を除去してしまうものも十分にあった。しかしその後、酸素が収まる場所も満杯になる――そして大気中の酸素濃度が上昇し始めた。多くの生物にとっては、この出来事はこの世の終わりだった。「酸素危機」は大量絶滅の中でも最大のものをもたらし、多くの原核生物の種は、このような毒ガスの大規模な放出に適応できなかった。ところが繁栄した生物もいた。これは酸素に依拠する代謝を進化させ、食物を二酸化炭素と水に分解した。この酸素代謝は無酸素代謝よりも生成されるエネルギーが多く、こちらの生物は栄えた。中でも繁栄したのが真核生物だった。それでも約五億五〇〇〇万年前になる頃でさえ、大気中や海に溶けている酸素濃度は、今日の量に比べると、はるかに低かった。この時期以前に存在した動物は、組織で使う酸素を浸透によって取り込んでいたにちがいない。その進み方は遅い。こうした動物には心臓――少なくともポンプ――はなかっただろうし、循環系もなかっただろう。それはごく小さなガーゼのような生物で、化石に残っていないのは不思議ではない。しかしその後、カンブリア紀に再び、まったく明らかでない理由によって大気中の酸素濃度が上がった。いくつかの鍵を握る進化上の発達――えら、心臓、血液中のヘモグロビン――が生じ、海で暮らす動物が酸素を有効に利用し、いろいろな組織に酸素を送れるようになった。動物は大きくなり、各種専用の器官を発達させることもできた。たぶん捕食者の登場によって、他の種は硬い殻の形の防御を進化させることになったのだろう――やっと動物は化石を残せるようになった。

　すると、カンブリア大爆発は大気中の酸素濃度の上昇によって引き起こされたということになる。そしてこの出来事が、もしかすると必然とは言えないかもしれない。大型の多細胞生物の発達は、たいていの惑星では生じないのかもしれない。

　ここで述べた概略と必ずしも矛盾するものではないが、一〇億年ほどの間、長期的な地殻の安定によって進化は「停止」したという説もある。[367]一八億年ほど前、地球の陸地の大半は、ロディニアという超大陸の形をしていたと想定されている。しかし、ロディニアは数千万年（超大陸が大陸移動のせいで変化するのにかかる時間）経っても分裂せず、約七億五〇〇〇万年前に分裂するまで、中緯度地方にとどまっていた。ロディニアが安定していたのは、その頃の地球のマントルがまだ熱く、海洋性地殻を柔らかくしたせいらしい。沈み込み領域はロディニアの地殻を今のようには引きずり下ろせなかったのだ。約七億五〇〇〇万年前にもなると、マントルは十分に冷えて、現代のような地殻活動が始まり、ここでロディニアの日々（あるいはロディニア時代）は寿命が尽き、ロディニアは分裂した。地質学のピーター・ケイウッドとクリス・ホークスワースは酸素濃度はロディニアが形成される前とそれが分裂した後で変わっているが、ロディニアが存在した一〇億年間は安定していたことをつきとめた。ロディニアが生まれる前と死んだ後には大規模な氷河期があったが、ロディニアがある間にはなかった。一〇億年の間、地球は退屈な場所だった。ひょっとすると、真核細胞の出現という驚異の生化学的高度化は、それほど長期の安定期を必要としたのかもしれない。もしかして、複雑な動物の発達は長期的に安定していた超大陸が分裂することによって課せられた、新たな環境の難関に対する反応だったのだろうか。

　すると、複雑な生命は「ぴったり」の地質学的条件の産物ということにもなる。たいていの惑星では、地質活動が活発すぎたり不活発すぎたりすることで複雑な多細胞生物の発達が封じられているのかもしれない。

エネルギー的検討

　真核細胞の出現が稀な偶然の出来事だとしても――またそう言える理由もいくつか見たとしても――何十億年もの進化が複雑で大きな原核生物を生まないと誰が言えるのだろう。もちろん、四〇億年の進化は地球では大型の複合的原核生物型生命をもたらすことはなかったが、もしかして他の惑星では違っていたということはないのだろうか。それはありそうにない。以下で見るように、エネルギー的に検討すると、原核生物は小さく単純なままでいるものだ。そこで他の解に進む前に、原核生物から真核生物への移行の気まぐれそうな性質がフェルミ・パラドックスの説明になると言える論拠をもう一つ。

　先にわれわれは生命のための様々な化学的・生化学的要請を見たが、生命に必須の因子がもう一つあるのを取り上げなかった。

　生物はすべて、生物が生きていられるようにする様々な過程を実行するためにエネルギーの供給を必要とする。生物はエネルギーを得るために様々な方法を用いるが、そのエネルギーを使う前に、それをそれぞれの生物が扱える形に変換しなければならない。地球の生物はすべて同じ燃料、アデノシン三リン酸（ＡＴＰ）分子を用いる。生命は膨大な量のエネルギーを必要とする。標準的な人体は二五〇グラムのＡＴＰを含んでいるが、われわれが果てしなくエネルギーを必要とするということは、この分子をたえず再生利用していることを意味する。われわれは各自が毎日、のべで自分の体重と同じ重さのＡＴＰを使い回している。しかし細胞はどうやってこの燃料を生み出せるのだろう。一九六一年、イギリスの生化学者ピーター・ミッチェルは、細胞は膜の両側にできる電位差を動力としているという説を唱えた[368]。電位差が生じるのは、一定のタンパク質が「陽子《プロトン》ポンプ」として動作し、膜の両側で異なるプロトン濃度を生むからだ。ミッチェル説はその後正しいことが明らかになった。細胞は極微の電池のようなものなのだ。プロトン濃度の差は膜の両側に一五〇ミリボルトの電位差を生むことができて、これが五ナノメートルの距離で動作するので、場の強さは一メートルあたり三〇〇〇万ボルトとなる。これは生きた細胞がその内部に稲妻なみの電位差を有しているということだ。この電位差を用いて細胞は燃料ＡＴＰを作る。

　このプロトン濃度機構が生きた細胞すべてにわたっていることが、それが早い時期に生じたことを示している。それがどのように生まれたかの詳細は不明だが、そこに何らかの奇蹟的な出来事がかかわっていると想定する理由はない。しかし、単純な生物から複雑な生物への漸進的進歩はなかったということはわかっている。先に論じたように、真核細胞が生まれるまでには長い時間がかかった——地球の歴史では一度しか起きなかったらしい（最初に起きてしまったことで、その後は起こりえなくなったのかもしれないが）。さらに、単純な原核細胞が徐々に複雑な真核細胞に進化したのだとしたら存在するはずの中間的細胞の証拠がない。逆に、地球上の生命には大きな断絶がある。この断絶の一方の側に原核生物がいる。細胞の体積もゲノムのサイズも小さい。反対側に真核細胞がある。大きさでもゲノムでも一〇〇〇倍の大きさがある。

　するとなぜ原核細胞は小さくて単純なままだったのだろう。生化学者のニック・レーンとウィリアム・マーティンはこの問いを、大きさの異なる細胞に必要なエネルギーの量から検討した[369]。二人は、細胞が膜を挟んだ勾配で動いているなら、エネルギーの観点からは、細胞は小さいままの方が圧倒的に有利だということを明らかにした。典型的な原核生物を取り上げて、典型的な真核生物の大きさに膨らませたとしよう。今や巨大な原核生物となったものにある各遺伝子に使えるエネルギーは、真核生物の各遺伝子の何万分の一しかない。巨大な原核生物は、遺伝子がタンパク質を作るためにエネルギー——大量のエネルギー——を必要とするので機能できない（しかも生命の様々な活動を行なうのはそのタンパク質だ）。いくつかの実に巨大な細菌が存在するという事実もこの点を強化する。こうした巨大な細菌はすべて一揃いのゲノムを何万部も持っていて、それぞれの遺伝子が通常の大きさの細菌と同じほどのエネルギーが使えることになる。どうしてそう言えるのだろう。細胞にとっての問題は、膜を挟んで存在する巨大な電位差だ。電位差は細胞を有効に動かすが、電圧が制御できなくなると、細胞を殺しかねない——細胞が雷に打たれたようになるのだ。どうやらゲノムがタンパク質の生産を指揮して膜電位を支配しているらしい。ゲノムは膜のそばに位置して、電圧が制御しきれなくなりそうな場合には、適切に応対する。するとこれは、膜電位を動力とする単純な細胞は困った状況に陥ることになる。大きくなってもっと遺伝子を獲得し、そうしてもっと複雑になるには、エネルギーがさらに必要だ。エネルギーを大きくするには膜の面積を大きくすることによるしかない。しかし大きくなった膜を制御するには、さらに多くのゲノムのコピーが必要となる。各遺伝子に使えるエネルギーはおおむね変わらない。得られるものは何もない。細菌はサイズが小さくてもちゃんと動作するが、さらに大きくなるのは妨げるエネルギー障壁がある。われわれが地球外生命を発見することがあり、それが単純な膜電位によって動作していることがわかれば、生命は小さな、単純な形でできている見込みはありそうだ。その細胞は複雑にはならないし、いずれ動物や知能も成立することもない。

真核生物には同じ制約はかからない。なぜか。そこにはミトコンドリア——今は発電機として動作するのが役目の小さな構造物——がある。ミトコンドリアはATPを作る膜と、膜を挟んだ電位を制御するゲノムを持っている。真核細胞の他の部分はエネルギー需要をミトコンドリアに面倒を見てもらい、複雑さを自由に大きくすることができる。それが今の状況だが、地球の歴史の大部分ではそうではなくて、細胞は小さかった。しかし遠い昔の運命の日、ある単純な細胞が別の単純な細胞を呑み込んだ（あるいは一方が他方に感染した）。ところが一方が死ぬのではなく、両者はどうにかして共存し、子をなした。小さい方の細胞はますます小さくなり、今日見られるミトコンドリアになる。それで宿主の細胞がさらにＤＮＡを蓄積できるようになる。真核細胞が生まれた。しかし真核細胞の誕生はまぐれ、つまり地球で一度だけ起きた気まぐれな出来事に見える。他のところでもそうなる保証はない。

動物の進化を可能にする適切な生物学的環境的事象の継起があったのは地球だけということなのだろうか。それは銀河系の他の所では生命が単細胞段階にとどまっているということで、それはフェルミ・パラドックスの少なくとも成り立ちうる答えに見える。われわれはいつか遠くの惑星を訪れて、どこでも海に変わった微生物があふれていることを見るかもしれない――生命は豊富だが、われわれが連絡をとれるような生命ではないのかもしれない。

解68　道具を作る種はめったにない

人間は道具を作る動物である。

――ベンジャミン・フランクリン
（ジェームズ・ボズウェル『サミュエル・ジョンソン伝』による）

真核細胞が発達してしまえば、高等な動物が惑星上に必ず現れるものとする。それで電波望遠鏡を建造できる動物種が発達することになるだろうか。

長い間、人類の定義となるような特徴——ホモ・サピエンスを地球上の動物から区別するような属性——が求められてきた。しばしば道具の使用と製作が、この役割を務める特徴ではないかと言われる。「道具を作る人間」というイメージは強力だ。道具づくりが人間に特異なことなら、つまり地球で暮らしたことのある何億もの生物種の中で、ホモ・サピエンスだけが込み入った道具を習得したのだとしたら、それがフェルミ・パラドックスは解決できたかもしれない。もしかすると、道具使用と道具製作は、銀河系のどこであれ、稀なことかもしれないということだ。道具がなければ宇宙船も標識信号も作れないので、生物種が宇宙の向こうから自らの存在を知らせてくることはありえないと考えられる。

この説には大きな難点がある。道具を使う生物種は多く、作る生物種も少なくないのだ[370]。たとえば、鳥には枝を使って木の幹から虫をほじくり出す種がいくつかある。ラッコは腹の上に台になる石を置き、それを使って貝殻を割る。スズメバチは小石を使い、卵を産んだ後の巣への入り口を隠す。エジプトハゲワシは、足で岩をつかみ、それをダチョウの巣に落として卵を割る。動物の世界での道具使用を列挙すればきりがない。もちろん、こうした例は、道具使用という言葉でわれわれが理解しているものではない。右に挙げた動物の行動は、すべて固定されたものであり、特定の問題に対する特定の反応であり、それが繰り返されるだけだ。問題の性質が変われば何もできない。こうした動物が本質を見通していることを示すものは何もない。念の入った求愛や威嚇のディスプレイも、何も考えていない進化から、知的に見える行動が生じたということだ。

道具使用のもっと良い例を求めるなら、霊長類を見ざるをえない。この点でホモ・サピエンスは、唯一ではないとしても特殊に見えてくる。霊長類の間でも、「本物の」道具使用の例は比較的稀にしか見られない。後で見る大型の類人猿を除けば、野生で自然発生的に道具を使用する霊長類は、オマキザル（手回しのオルガ

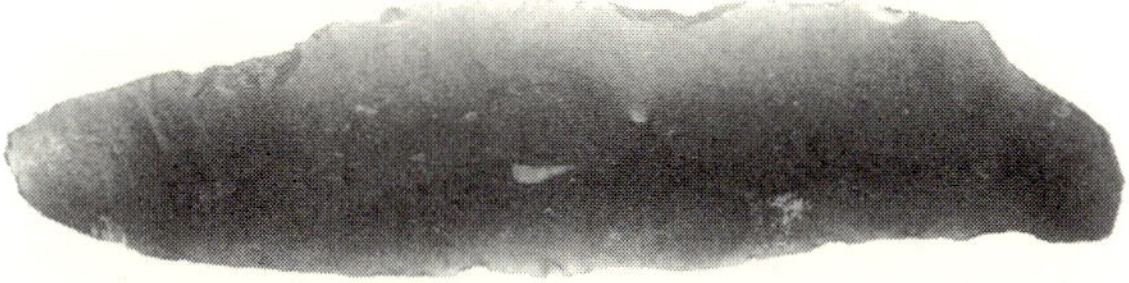

図 5.25　何万年も前の誰ともわからぬ人物が作った、鋸歯がつけられたれ石刃。長さ 9 cm ほど。単純な道具だが、このような刃、つまり掻器（スクレーバー）の製作は動物の能力をはるかに超えている。（写真―― Derby County Council）

ンを弾く芸に使われる種類）しかいない。フィールドの研究者は、オマキザルが石と棒をいろいろな用途に使っているのを観察している。食物を手に入れたり、捕食者を追い払ったりする。実験室では、いろいろな実験的な状況で棒を使って木の実を取る。しかしオマキザルは道具使用の原理は理解していないし、なぜ特定の技法がうまくいったりいかなかったりするのかも理解していない。オマキザルがしていることを見ていれば、試行錯誤で棒をつっ込み、探っているだけなのは明らかだ。

あらゆる動物の中で、野生で最も創造性豊かに道具を使うのはチンパンジーらしい。たとえば西アフリカのチンパンジーは、石をハンマーと台にして、木の実を割る（クルミを割るのも私がクリスマスに割るのよりずっとうまい）。ぴったりの石はなかなかないので、チンパンジーはそういう石を、木の実が採れるところまで、はるばる運んで行かなければならない。この地のチンパンジーは図ってそうしているのだ。タンザニアのチンパンジーは、木の小枝をいろいろな目的に使い、必要なら、あらかじめ形を整えている。こうしたチンパンジーは道具を作っている。各種の葉を各種の機能にも利用する――バナナの葉を雨傘のように使い、もっと小さな葉を使って汚れを拭い、噛んだ葉をスポンジのように使う。さらに見事なのは、ボノボのカンジのなしとげたことだろう[371]（ボノボは、姉妹種のチンパンジーとともに、動物界の中で最も人間に近い）。とくに言えば、初歩的な石器製作を習得したらしい。

カンジ——動物界のエジソン？

一九九〇年代の初め、考古学者のニック・トスとケイシー・シックは飼育されているボノボの道具製作能力を調べ始めた。カンジは、いろいろな容器にしまわれている餌を、縁の鋭い石片を使って取り出す方法を見せられた。カンジはその技能をすぐにおぼえた。そこで二人は、カンジに石工の基礎知識を見せた。つまり、ハンマー役の石で石塊を叩いて鋭い縁の剥片を作る方法を実演した。カンジが最初の道具を作るまでに一か月かかった。一年経たないうちに、自力で何度か向上して、最初の剥片製作技法へと進んだ。

しかし、カンジのこの石工としての技能はあまり大げさに取るべきではない。まず、野生のボノボはこの種のものは作らない。カンジの方は、手取り足取りの訓練を人間から受けることができた。次に、カンジの石片は小さなもので、大きくて使いやすい剥片を手に入れるには、石をどう割るのが良いかという見通しはまったくなかった。もう一つ、カンジはボノボの石工としては世界最高だが、約二五〇万年前の原始人類が作った道具と比べると、カンジの成果は粗雑だ。

こうした例から言えるのはこういうことだろう。動物は道具を使うことができ、だから使う。道具使用は動物の自然の「知能」の指標というよりは、物を操作する能力（そしてその種が特定の環境のニッチに収まるまでにとげてきた進化上の適応）を映している。鳥はその嘴を、ゾウは鼻を、いろいろな目的に使うことができるし、チンパンジーには、幸運にもいろいろな物の扱い方ができる手がある。しかし、ラクダや牛や猫は、自然に道具を使うようになることはない——こうした動物がもともと鳥よりも劣っているだとか、チンパンジーよりも頭が良くないといったことのせいではなく、ただ必要な操作能力がないだけのことだ。そうした動物も、道具が使えるなら、きっと使うだろう。

人類は幸運だ。驚くほど多岐にわたる動作ができる手がある（ふだんの一日の中で、仕事のために手をどういうふうに使うか、それが何通りあるか、数えてみるといい。驚くことだろう）。そこでこう問わなければならない。地球外生物種が、人間がたどったのと同じような進化の道のりをたどることになる可能性はどれほどあるのか。もちろん、地球外生命には、電波望遠鏡を建造するために五本指の手がなければならないということではない。進化の流れが同じである必要はない。しかし道具を作り、高度な技術を発達させるようになるためには、何らかの精密な操作能力が（爪を使おうと、手の甲でも何でも、想像のつかない何を使おうと）、立体視のような他の特徴と結びついている必要はあるだろう。このことはフェルミ・パラドックスへの唯一の解ではないとしても、道具製作の発達するかどうかは、たぶん、生物種が通信できるようになるまでに超えなければならないハードルを一つ増やすことになるだろう。そのために、生命に満ちた世界でも、われわれと通信できる生命形態を生み出せないということもあるのだ。

解69　ハイテクは必然ではない

あまりに高度になった技術は魔法と区別できない。
——アーサー・C・クラーク『未来のプロフィル』

解41では、ETCはわれわれレベルの技術水準で止まっているという可能性を考えた。通信を行なう文明は存在するだろうが、その星間距離通信能力はわれわれと同じ程度しかない——向こうからの連絡を聞き取れる可能性はごく小さいということだ。この考え方に少し手を加える、どんなに「進んだ」生命形態でも、必ずしも精巧な技術を発達させないということになる。たぶん、あちらの技術水準は、われわれの水準よりはるかに下の水準にとどまっているのだろう。一種の知的生命体が地球外にいるものの、「石刃や熊の皮からほとんど出ていない装備で作業」(ミスタースポックがカーク艦長に対して述べた不満のような)するということがありうるだろうか。われわれの技術は、今はまだ初歩的に見えていても、星間通信が可能になるものとしては唯一ということなのだろうか。

前節では技術の誕生について述べたが、これをフェルミ・パラドックスの解として使いたければ、技術の発達についてもっと見ておく必要がある。

二五〇万年以上前、*Australopithecus garhi*《アウストラロピテクス・ガルヒ》が石を片手で握り、もう一方の手で押さえた石の端を尖らせる方法をおぼえた。石に繰り返し手を加えることで、この先祖は狩猟にきわめて役立つ鋭い刃を生み出すことができた。こうして鋭い石の刃を作り出すのは見事な技だ——先にも述べたように、人類にいちばん近い親戚を徹底訓練しても、とうに滅びた先祖の、この種の単純な道具製作の技には達することはできなかった。石の刃の製造には見通し(一方の物体を使って、他方をもっと役に立つものにすることができる)を必要とするだけでなく、器用さや身体的制御も大いに必要だった。そうなるには脳が大きな役割を演じた。*A. garhi* が石器製作を発見したことで、われわれの祖先の知能や意識の進化に火がつきさえしたかもしれない(知能の存在は加工可能な石が大量にある惑星を前提にするということだろうか)。

しかし技術的前進は約一〇〇万年の間、停止していた。さらに精巧な石器が発達したのは、Homo ergaster《ホモ・エルガステル》(「仕事人」)が到来してからのことだった。*H. ergaster* は、アシュール握斧石器技術を生み出した。優れた握斧の製造には、準備と計画が必要となる。作ろうとすれば、石の各部分にどのくらいの力をかければ最終的に使える道具になるかを理解しなければならない。興味深いことに、研究からは現代人類の脳の、この種の道具製造活動のときに「点灯」する部分は、唇と舌の細かい運動を制御するのに必要な部分——発声にかかわる部分——だということが示されている。もっと精密な道具を作るときは、「点灯」する領域の中にブローカ領域——言語生産と言葉の認知に関連する部分——がある。確かにヒトの手による精密な製造を制御し、移動する獲物に飛び道具を投げつけるなどの活動を統御するのに必要な神経回路は驚異的だ——今日のどのロボットの能力も大きく超えている。技術は人間の高い知能の助走であるだけでなく、その後の知能の継続的発達を動かしていたりするのだろうか。もしかすると、私たちは知能が高いから他の動物と比べて道具造りがうまいのではないのかもしれない。道具造りがうまいから知能が高いのかもしれない。エイリアンの生命体が「石の刃と熊の皮」の水準にとどまっているとすれば、高い知能に達することはありえないのかもしれない。

　技術に対応した不可避の進歩の感覚があると論じることもできるだろう。何と言っても、一〇〇万年ほどの間、アシュール技術は徐々にだが着実に改善され、斧の製造も精巧になり、クリーバー〔形の精巧になった握斧〕の発達や槍の発明もあった。するとヒト属の種は技術的進歩の速さを爆発的に高めた……のだろうか。話はそう単純ではない。

　地球には今、ヒト属の種は一つしかいないが、最近——約四万年前——までは、少なくとも他に二つヒト属の種がいた。もちろん四万年はわれわれの文明史と比べれば長いが、宇宙カレンダーで言えばほんの一瞬で、われわれが存在した時期の長さと比べても四分の一ほどにしかならない。ヒトはネアンデルタール人（*Homo neanderthalensis*）とデニソワ人（*Homo denisova*）と共存して成長した（地球は時期を異にすれば十余りのヒト属の種を宿し、そのうちのいくつかは共存した時期があったにちがいない。ヒト属の進化について広く流布した単純なイメージ——類人猿のような生物がだんだん「もっと進んだ」種に進化して、栄光の人類で頂点に達する——は間違っている。むしろ、ホモ・

図 5.26　手斧の二つの面。この斧はスペインで発見され、珪岩でできている。約 35 万年前のもの。（写真—— J-M Benito Álvarez）

サピエンスは進化の系統樹の入り組んだ枝にある最後に残った小枝だ。そういう目で見ると、われわれもあまり成功したというふうには見えなくなる）。

　ネアンデルタール人の存在はよく調べられ、資料も整っているが、デニソワ人の方は、二〇一〇年になってやっと「発見」された。[372] シベリアのアルタイ山地には、デニソワという洞窟がある。一八世紀にこのあたりを住処としたロシア人の隠者、デニスの名による。二〇〇八年、ある科学者が、少女の小指の骨のかけらを発見し、二年後、スヴァンテ・ペーボという、古代人ＤＮＡの世界でも先頭に立つ権威がそのかけらの一部からミトコンドリアＤＮＡを抽出した。デニソワ洞窟の年平均気温が氷点ほどだったのが幸いした。ＤＮＡが保存されやすかったのだ。少女のミトコンドリアＤＮＡの分析から、この少女が現代人でもネアンデルタール人でもなく、近縁ではあっても別の種に属することが明らかになった（執筆時点では、この種の遺骸としてはこの骨の断片と二本の歯だけだ。デニソワ人は「化石を求めるゲノム」と呼ばれたこともある）。デニソワ洞窟で顕著なところは、ネアンデルタール人が占めていたらしい明らかな証拠があり、その洞窟では人類が活動したことを示す証拠も明らかだという点だ。

図 5.27　シベリア、アルタイ山地にあるデニソワ洞窟の入り口。数万年前、この洞窟は現代人類、ネアンデルタール人、デニソワ人の隠れ処となった。(写真── Novosibirsk Institute of Archaeology and Ethnography)

この洞窟は、確実に三種類のヒト属の種が住んだことが知られている唯一の地という点で特異だが、ネアンデルタール人とデニソワ人が、地球上の各地で少なくとも近くに住んできたと言っても大丈夫だろう。実際、交雑の証拠もある。アフリカ系でない人はたいてい、ゲノムの二～四パーセントはネアンデルタール系であり、メラネシア系とオーストラリアのアボリジニについては四～六パーセントがデニソワ人に由来する。

デニソワ人の生活様式に関する知識はほとんどないが、最も近い親戚であるネアンデルタール人についてはもっとよくわかっている。ネアンデルタール人の能力や成果を見直すと、教えられることがある。個々のネアンデルタール人は寿命も短く、厳しい生活を送っていたが、種としては人類よりも長い間生きていて、地球上の広い範囲に居住していた。厳しい気候変動も切り抜けた。要するに、ネアンデルタール人は生物学的なニッチをうまく埋めていたのだ。ネアンデルタール人が死者を埋葬したことを示す証拠もあるし（ただし、この営みが現代人類の葬儀のような儀式を伴っていたかどうかは疑わしい）、長い時間をかけて衣類を調えていたにちがいない。とくに興味深いのは、ネアンデルタール人がムスティエ文化と呼ばれる一種の道具技術を有していたことだ（最初にこの種の道具が発見されたフランスのル・ムスティエ洞窟にちなむ）。ムスティエ文化の道具は石製で、いくつかの基本形がいろいろな形を取っている。当時のムスティエの職人たちは、おそらく頭の中に道具の作り方について、いくつかのパターンを保持しており、それを石の特性に関する認識と組み合わせ、美しく構成された実際の成果物を生み出した。ネアンデルタール人は現代人類には及ばなかったかもしれないが、とても下等とは言えない[373]。

それでも、ネアンデルタール人が地球上にいた間には、技術革新の点ではほとんど見るべきものがない。その技術は有効ではあっても、われわれが不可避と信じるようになった類の進歩を経ることはなかった。後期のムスティエ石器が初期のムスティエ石器と比べて目立って優れているわけではない（これはネアンデルタール人にはひどい言い方かもしれない[374]。二〇一三年、マリ・ソレッシらの考古学者チームが、フランス南西部、ペシュ・ド・ラゼという岩の隠れ処でリソワールと呼ばれる骨角器を発見した証拠を発表した。今日の皮革業の労働者もまだリソワールを使っているが、ペシュ・ド・ラゼーの道具は四万一〇〇〇年から五万一〇〇〇年前のものだった。この発見の一つの解釈は、われわれが今も使っている道具を、ネアンデルタール人が独自に考案したということだ。しかし問題が片づいたとはとうてい言えない。年代の不確定部分が大きく、この地のネアンデルタール人が現代人類のヨーロッパ移住の第一波と出会った可能性も大いにありうる。ネアンデルタール人がこうした道具を使わずにこれほど長いこと過ごしていながら、それから突然現代人類が進んだ道具類を携えてやって来た頃にそれを発明したということになれば、相当の巡り合わせということになるだろう）。同意しない考古学者もいるが、私はネアンデルタール人は、さほどの技術的前進がないまま一〇万年以上生き延びた、道具を作る知的な種と見なせると思う。デニソワ人についての知識は断片的だが、その技術がさらに進んでいたことをうかがわせる証拠はない。われわれの親戚は、ラチェット〔一方にしか回転しない歯車〕も、もちろん電波望遠鏡も考案することなく、少しずつ絶滅に向かっていた——理由はまったく明らかではない。たぶん、このような状況は他の惑星にもあるのだろう。

すると、何らかの理由（言語の欠如、「創造のひらめき」の欠如、眼と手の協同の欠如、その他の欠如）で、エイリアンの種は一定水準の道具製作に達してから、そのレベルにとどまるのではないかと考えられる。もしかすると、銀河系には木材や石や骨を扱うのには熟達していても、それ以上に発達しない種にあふれているのかもしれない。われわれのところにＥＴＣの音信が届かないのは、ＥＴＣには必要な技術を持ったものがない、つまりＥＴＣの存在を伝える技術が存在しないからなのだ。

この説の弱点の一つは、道具を作る種がすべて同じ発達のしかたをしなければならないところだ。すべてのＥＴＣが同じようにふるまうことを必要とするため説得力がない「社会学的」説明と同様、この説にも説得力がない。要するに、ヒト属の種は一般に技術革新力に劣るとしても、そのうちの一つの種だけは例外的に革新的だった。比率は一〇分の一といったところだ――論外というほどではない。地球外に道具製作を行なう種が数多くいて、そのうちの一〇パーセントでも継続的な技術革新の利点を見いだすなら、ＥＴＣが見つかる見込みはそう悪くはない。

しかしこの説を捨ててしまう前に、われわれの歴史は技術革新に達したとはいえ、それまでの歴史の大部分は、ネアンデルタール人と比べて大差はなかったことを述べておくべきだろう。われわれの技術と芸術が躍進を始めたのは、四万年前あたりにすぎない。[375] クロマニョン人の洞窟絵画は実にめざましい。紛れもなく人の手になるもので、長い時代の差を超えて訴えかけてくるものがある。それ以前に登場したものとはものが違う。この創造力の爆発以前は、それまで残っていた三つのヒト属の種は、同じように停滞していたらしい。この突然の変化の理由は何か。ありうる説明はいくつかある。言語の発達が創造性の爆発の引き金になったのかもしれない。爆発はもっと前にあったかもしれないが、四万年前以前の製作物は残っていない。四万年前以前の人類は、解剖学的には現代人類だが、現代人の脳にはなっていなかったのかもしれない。文化的な知識の蓄積が遅く、四万年前になってやっと、臨界となる閾に達したのかもしれない。ヒトのこの例外的に長い発達段階と、子どもが行なう遊びが人類に環境を新たにまた創造的に考えることを可能にしたのかもしれない。いろいろな因子の配置がかかわったのかもしれない。いずれなのかはわからない。しかし、この創造力の爆発をもたらしたものが何であれ、それがまぐれ当たりの偶然だとしたら、通信するＥＴＣの数は少ないと予想してもいいだろう。

解70　人類レベルの知能はめったにない

自然がわれわれの行く手に投げかける多くの難問は、知能の営みによって均されるのかもしれない。

——リウィウス『ローマ建国史』第二五巻第一一節

フェルミが「みんなはどこにいるんだろうね？」と問うたときの「みんな」とは、知的地球外生命だった。どんな生命でもどこかで見つかれば、それはそれでとてつもなく重要なことだが、ここで求めているのは知的生命だ。星から星へと移動でき、われわれの通信相手になり、われわれと双方向で応対でき、われわれが何かを教われるのは、知的生命だけだ（と思われる）。しかしもしかすると、知的生命——物理学の法則を調べて理解できるような——となると、この宇宙にはめったにいないのではないか。地球上には五〇〇億種もの生物が生まれたかもしれないが、ヒッグス粒子の存在を明らかにできるような知能に進化したのは一つだけだった。もしかすると知能が発達するのはまぐれで、ドレイクの公式にあるf_iの項は小さいのではないか。

この問題には多くの側面があるが、ここではすべてを取り上げる余裕がない。そこで二つだけを取り上げよう。まず、知的生命をどう定義するか。それから、知能——人間の水準の知能——はどのように進化しそうか。

そもそも知的生命とは何か

SETIの活動から言えば、電波望遠鏡が建造できる種が知的生命と言われる。この定義の問題点は、人類が知的と言えるようになったのは、やっと二〇世紀になってからということになるところだ。知的生命の根幹をもっとうまく捉えた定義は他にあるだろうか。

一般的な方向は、一定の難しいと思われる精神的作業、たとえばチェスをルールどおりに指すといったことを行なう能力に基づいて知能を定義することだ。しかし、チェスを指すコンピュータのプログラムを書くのは、当のチェスを指す活動よりそんなに難しいわけではない。ソフトウェアに知能があるとは当然には言いにくい。結局のところ、人間や他の動物が考えることなく行なう行動の方が、プログラムしにくいものだ。日常生活で降りかかるいろいろな課題をこなしながら、独力で実際の世の中を渡っていけるロボットのプログラムを組んだ人はまだいない。生活の糧を見つけ、危険を回避することが知能の尺度だとすれば、ふつうの齧歯類の動物は、現時点でいちばん頭のいいロボットよりもずっと知能があることになる。つまり、知能とは何かを見きわめたいと思うなら、また人間がこの点で特異かどうかを見きわめたいと思うなら、動物の知能について理解できることがあれば、役に立つかもしれない。残念ながら、人間の知能が定義しにくいとすれば、動物の知能を定義するのはさらに難しい[376]。

陸上の生物を知能の高い順に並べろと言われたら、たいていの人は人間を最上位に置き、その次に猿、それから犬や猫、さらに鼠の類、それから鳥というふうに並べるだろう。この構図は人間の自尊心にはしっくりくる。われわれは知能の系統樹の最上位にあり、われわれに近いものはなかなか賢く、ペットはけっこう頭が良く、あまり好きになれない動物は頭が悪いというわけだ。ただ、この構図に暗黙のうちに含まれているのは、進化とは、「あまり進化していない」状態（鼠など）から「高度に進化した」状態（われわれ）への進歩で、知能はその進歩を量る物差しであるという考え方だ。これは端的に言って間違っている。

　そもそも、知能が（どう定義されようと）動物を序列化する唯一の基準と考える理由は何もない。視覚の鋭さ、足の速さ、力の強さなどでもかまわない。いったいなぜ、動物をこんなふうに序列化しようとするのだろう。進化ははしごのようなものだとか、ましてや人間がその最上位にあり、他の動物は、知能を得るほど「十分に進化」していないからその下にいるとは見るべきではない。猿も鳥も犬も猫も鼠も人間も、約六五〇〇万年前に暮らしていた共通の祖先がいるので、そこから等しく「進化」しているのだ[377]。環境への適応のしかたは種ごとに異なる。人類には、それをうまく行なう特徴があるが、地球上にいる他の種も同じことだ。こうした種は、生き残るか滅びるかのテストにずっと合格してきて、等しくうまく生きていて、みなすべて生き延びてきた。動物にいろいろな知能の水準を指定したければ、われわれの先入観よりもましな尺度が必要になる。

　生物学者が動物の知能を測定しようとするとき、ほとんど無理な課題がつきつけられる。人間のＩＱを、文化による偏りなしに測定することからして難しい。人間に対する検査が偏っているなら、どうすればいろいろな種の動物の知能検査ができるのだろう。知覚能力の違い、操作能力の違い、気質の違い、社会的行動の違い、やる気の違いなど、種ごとの違いをどう括り出せるのか。猿が迷路を解けないのは、頭が悪いからなのか、それともその課題がつまらないからか。猫が餌の出るレバーを押さないのを、頭が悪いと解釈すべきか、単に空腹ではないからだと解釈すべきか。ラットにできない知能検査があったのは、とろいからか、それともその検査には臭いの識別（ラットは優れている）よりも視覚による識別（ラットにとっては苦手）が必要だったからなのか。この種の疑問のせいで、確かに動物の認知能力を調べていると納得することはなかなかできない。

こうした認知能力検査において、種の違いを超えた、考えられるかぎり多くの変数を説明しようとしているとしよう（たとえば、動物は何項目ぐらいを記憶できるかとか、動物は顔を認識できるかとかを調べたいとする。こうした課題はいずれも、動物に生じる認知過程について何ごとかを教えてくれるかもしれない。研究者は、検査の細部が動物ごとに違うようにしなければならない。鳩用の検査とチンパンジー用の検査とは、両者の肉体的能力の違いを考えるだけでも、別々の検査でなければならないのだ）。さらに、知能、つまり一般的な知能を、動物がそのような基本的な認知検査でどれだけの成績を出すかの尺度と定義するとしよう。すると、意外な事実が浮かび上がってくる。たいていの動物がほぼ同じ水準の成績になるのだ。もちろんいくらかの違いはあるが、その差は予想されるよりずっと小さい。チンパンジーはリストにあるものを一度に七項目くらいはおぼえられる――しかし鳩にもそのくらいはできる（もう「鳥の記憶力」とは言わせない）。猿はAの山の方がBの山よりも食べ物が多いことをすぐに識別する――しかし猫にもそれはできる。実は、知能がこのような言語によらない基本的な課題を処理する能力と定義されると、一次近似では、あらゆる鳥類と哺乳類が、人類も含めて、ほぼ同程度の知能と言える。この結論にはなお異論の余地はある。しかしそれが本当だということになっても驚くことはない。要するに、人類を含めてどんな種も、同じように危険な世の中を渡っていかなければならないのだ。みな食べたり飲んだり配偶者を見つけたりしなければならない。動物がこうした課題をこなせるようになる基本的な認知能力は、どの種にも共通であってもおかしくない。

他方、逆の方式を取ることもできる。もしかすると動物の知能は、認知能力検査で意図的に省かれている因子のところにあるのかもしれない。コンピュータのたとえを使うと、われわれは処理装置（脳）だけを考えるのではなく、付属する入出力装置（動物の感覚と操作能力）も考えるべきだ。何と言ってもチンパンジーには、牛ならやってみようとも思えないような課題をこなせるようになる手がある。この視点からすると、脳に宿る一般的な知能はほとんどないかもしれない。むしろ知能は特化した知能を用いて定義すべきかもしれない――特定の種が特定の環境のニッチでうまくやっていけるようになる適応だ。この見方の根拠は、きっと知能の大きな部分を占める学習能力が特化しているらしいところにある。多くの動物は、特定の課題は難なく学習できるが、論理的には同等の課題でも学習できないらしい。動物の学習能力は、すでに脳にある作りつけの行動に依存するように見える。この観点からすれば、すべての動物は違った形で知的なのだ。ボノボはイエバトより賢いかと問うのはただただ意味をなさない。どちらの生物も、それぞれがそれぞれの環境でうまくやっていけるようにする特化した知能を有している。

この一見すると正反対の知能観――一般的知能と特化した知能とのいずれかを重要な因子とする――は、もしかすると同じ硬貨の表と裏にすぎないかもしれない。そこから言えるのは、認知的に言うと、動物は似ており、かつ違うということだ。人類の場合、そうは考えたくなくても、われわれと他の動物の類似点ははっきりしている。基本的な、非言語的認知能力を調べる課題については、われわれは他の動物と大して変わらない。

それでも、人類と他の種の動物との間に甚だしい違いがあることは否定できない。進化する知能の階梯のてっぺんにいるわけではないかもしれないが、抽象的な思考体系を築ける種はわれわれだけだ。人類に属するものだけが、自分の思考と他者の思考について考えることができる。人類だけが、知能の概念を定義することに関心を抱き、それを測定しようとしたり、それがいったいどういう意味かを考えたりする。その特異な知能が、多くの因子の稀有な組合せから生じたとするなら、銀河系にはわれわれしかいないということになるかもしれない。銀河系は知的なエイリアン種族で満ちている――ただし動物が知能を有しているというのと同じ意味での知能を有する種が――ということなのだろうか。エイリアンはみなそれぞれ異なる形で知的なのだろうか。

人型の知能水準が進化する可能性はどれくらいか

私が会ったＳＥＴＩに熱心な人々はの大半は物理学畑の人々だ。ほとんど例外なく、地質学的な時間をかけた進化の間に知能の水準が一様に上がったと論じ、さらに、カール・セーガンがかつて述べた言い方では「他のことが同じなら、馬鹿より賢い方が良い」ので、そうなるしかないとも論じる。この愚かな生物がいずれ賢い生物に進化するという一般に抱かれている想定には、どんな根拠となる証拠があるだろう。とうに滅びた生物のＩＱを測定することはもちろんできないので、物理学系の科学者は、頭蓋の容積と体の大きさの比率など、知能の代理となるものを見つけ、この比が時間とともに上昇することを示すグラフを描いて論拠としたりするものだ。確かに、たとえば脊椎動物の脳の相対的な大きさのグラフを描けば、下等な脊椎動物の脳は体に比して小さくなる。太古の哺乳類はこの系統から分岐して、脳がだんだん大きくなった。その後、食虫目がこの系統から分かれ、さらに脳が大きくなった。食虫目から原猿類〔キツネザルなど〕が分かれ、さらに脳は大きくなり、かくて時間を経て、現生人類に至る。切れ目なく脳化が進み、頂点たるわれわれになるという筋書きだ。私のＳＥＴＩ界にいる何人かの友人は、人間が一番と思っているとは見られたくなくて、この相対的な脳の大きさの――したがっておそらく知能の――増大は、地球よりも古い惑星では、さらに長い間繰り返されているだろうと言う。すると、人類は地球では進化の頂点にあっても、地球外生命の種族と比べると、知的には未発達ということになるだろう。これは有無を言わせないほど強い論証に見える。ただし……

チャールズ・ラインウィーヴァーが述べたことだが[378]、脳の大きさの進化をグラフにすることにする場合には、われわれを人類と定義する特徴をグラフにしようとしている。そこには選択バイアスがはたらいている。どの種にも何らかの独特の特色があり、人類の場合はそれが脳にかかわっているということにすぎない。しかし種の特徴となる極端な特色を選び、その特色が時間を経てどう発達したかをグラフにしたら、必ず前段で述べたようなグラフが得られる。たとえば、現代のゾウがそのようなことを考えることができたとしたら、体長に対する鼻の長さを動物の最も重要な特色として選ぶだろう。確かにそのような比を様々な種について時間経過に対してグラフにすれば、常に増大してそれがゾウに至るのが見られるだろう。そのような傾向は、生物一般については何も言っていない。

説得力をつけるには、今述べたようなグラフが、ある系統で、われわれがそこから分岐した後でどうなるかを考える必要がある。たとえば食虫目は、われわれに至る系統が分岐した後も知能が増したことを示せたら、それはセーガンの馬鹿よりも賢い方が良いという見方を支持する証拠になるかもしれない。しかしわれわれに至る系統が分離した後の食虫目の知能が増したという証拠はない。

ラインウィーヴァーは、脳の大きさの時間変化のグラフにある別のバイアスも指摘し、グラフ上の線はまったく別のことを表しているという。場合によっては、線は一つの種だけ（とくに言えば、最上段の線が人類）を表すが、他の何千何万という種を表す場合もある。これはデータを分析する方法として信頼できない。われわれが進化の趨勢を探しているなら、すべてのデータを見る必要がある。そうすると、何らかの種が賢くなる場合もあれば、別の種が愚かになる場合もあることがわかるだろう。方向性はないのだ。すべては種が、それに作用する圧力に、時間とともにどう反応するかによっている。多くの種にとって、精巧になることには見返りがある。しかし寄生する吸虫や条虫のような種にとっては、単純になる方が見返りはある。

すると、知能の進化的収斂を示す証拠はないのだろうか。何と言っても、鳥類、恐竜、魚類、昆虫、哺乳類、爬虫類すべてで飛ぶ能力が進化した──言い換えれば、進化の系統が分かれても、それぞれの種が空を飛ぶ仕組みを発達させたのだ（捕食者から逃れるためであれ、捕食するためであれ）。われわれの系統と分かれた後に知能の水準が増す進化をした種の例は本当にないのだろうか。実は一つ例がある。鳥類と人類の最後の共通祖先は約三億一〇〇〇万年前に生きていた。これは体に対する脳の比率が小さい生物だった。人類と鳥類ではこの比が別個に増えている。もう一例。イルカと人類の共通祖先はもっと新しいが、やはり脳の容積は二つの系統でそれぞれ別個に増大している。

鳥類の例はとくに興味深い。鳥類と人類の最後の共通祖先はボーダーコリーほどの大きさだったが、ボーダーコリーと比べると知能ははるかに劣っていたと考えられる。しかし小さな脳の内部には、脳外套《パリウム》と呼ばれる領域がある。これは哺乳類では前部前頭葉に進化し、鳥類ではニドパリウム・カウドラテラレ〔逐語的には尾側部巣状外套部〕という部分に進化する。つまりヒトの脳と鳥の脳はかなり違っているが、当初のパリウムから進化した領域は、いずれの場合も作業用記憶の操作、学習、予想に関係している。二〇一三年、カラスが抽象的な推理をこなせることが明らかにされた[379]。この研究者はカラスがこの推理の課題をこなすときに、ニドパリウム・カウドラテラレで神経の発火が起きるのを観察している。このカラスの知能の例は、おそらく、異種知能に科学者が最も迫った例だろう。鳥は抽象的な問題について人類と同じ答えに達するが、そのために用いる脳の構造はまったく異なる。これは知能が進化で収束する例だということにならないだろうか。もしそうだとしても、いくつか言っておきたいことがある。

まず、すべての生物に、つまるところ何らかの共通祖先があるとわれわれは信じている。したがって、二つの生物が分かれるまでは、両者は何億年もの進化の歴史を共有することになる——その後の進化が操作するための生化学的・遺伝子的道具は共通なのだ。たとえば、眼は独自に何度も進化しているが、眼に対応する遺伝子の信号体系は、種を超えて動作している。その特異な例は、マウスの遺伝子がハエの眼の発達を制御できる様子だ。[380]生物体が環境の圧力に反応するとき、過去の進化の歴史は、現在それに利用できる選択肢を制限する。眼でも知能でも、独自に発達することは、長い共通の歴史によって制約される並行的な進化と見るべきではないのか。進化は既存の主題に基づいて変奏を行なっているのだ。

第二に、カラスやイルカに知能があると考えることにするとしても、この二つの生物が、電波望遠鏡を建造することになりそうには見えない。このことについて別の見方をしてみよう。明日、地球に隕石が衝突して大量絶滅を引き起こし、人類を跡形もなく滅ぼすとしてみよう。何千万年かの間に人間のような知能を持った他の種が生まれることになるだろうか。ラインウィーヴァーは、この見方、つまり知能が低いものがもっと賢くなるという考え方を、猿の惑星仮説と呼ぶ。その名はもちろん『猿の惑星』——ピエール・ブールによる一九六三年刊の小説で、一九六八年の同名のハリウッド映画で有名になった——による。映画では、何人かの宇宙飛行士が未来へ時間旅行し、宇宙船がどこかわからない惑星に墜落する。生き残った乗組員は、猿が言語（幸いにして英語）と人間型の知能を発達させた社会に遭遇する。そこでは猿が優勢な種なのだ。映画の最後では（注意——結末が出てきます）、宇宙飛行士はこの惑星が人類滅亡後の地球だということを知る。有名な生物学者エルンスト・マイアは、地球の生命の歴史はこのアイデアを否定すると論じた。四〇億年近い進化を経ても、知能は古細菌にも細菌にも現れていない。真核生物の中でも、菌類や植物には知能は現れていない。動物の中で考えても、知能が現れたのは……これはみなさんに考えていただこう。人類は巨大な生命の森に生えたごく小さな枝を占めるにすぎない。このように見ると、恒星間距離の通信を行なう知能をもった種の発達はとうてい必然とは言えないように見える。

何十億年もの共通の生物学的進化をもってしても、このような電波望遠鏡を建造できる種は一つ——ホモ・サピエンス——しか生まれなかった。進化の歴史を共通にしていない生物が、恒星間距離を隔てた通信に必要な知能（や記号言語、道具使用など、他の因子）を有するようになると期待すべき理由があるだろうか。人間型の知能はその名が示すとおりのこと、つまり種に特有の特徴なのだ。

解71　言語は人類に特有

……私は他の星の言語を学んだ。

——バイロン卿『マンフレッド』第三幕第四場

ルートヴィヒ・ヴィトゲンシュタインの有名な言葉に、「ライオンが話せても、われわれにはそのライオンが言うことは理解できない」というのがある。ヴィトゲンシュタインがそう言った理由はよくわかる。ライオンの世界認識はわれわれとはまったく異質にちがいないということだ。ライオンの衝動や感覚は、われわれと共通ではない。そうは言いながらも、この発言は間違っている。ライオンが英語を話すなら、英語を話す人はおそらくそのライオンの英語がわかるだろう——ただし、そのライオンの心はもはやライオンの心ではないだろう。ライオンはもはやライオンではない。人間がしゃべっているのであって、ライオンではないのだ。[381]

多くの人が、人間は地球上の歴史の中で言語を用いる唯一の種という点で特異だと論じる。言語を発達させた種が、かつて存在した五〇〇億種のうちの一つだけだとしたら、言語が発達する可能性は小さいかもしれない。もしかすると言語は、ただの僥倖によって発達したのかもしれない——いくつかのめったにない身体的・認知的適応が偶然に組み合わさったのだ。われわれは地球上で特異な存在であり、銀河系全体でも特異なのではないか。話ができる生物は人類だけなのかもしれない。そして言語があればこそ開ける可能性がたくさんあるので——われわれが個人的・社会的に行なうことの大部分が、言語なしには行なわれないだろうから——言語のない生物では、きっと電波望遠鏡は建造できないだろう。他の点でその生物にどれほど知能があろうと、言語がなかったら、その生物から連絡が来ることはない。[382]

これで——話せるようになった種がいるのは地球だけということで——フェルミ・パラドックスは説明できるだろうか。

この問いに答えようとすると、まず、われわれは言語を有する唯一の種かどうかを考えなければならない。何と言っても、鳥類の中には、複雑な鳴き声でやりとりをするものがあるし、ミツバチはダンスで連絡する。イルカも高低さまざまな鳴き声で意思疎通を行なう。もしかすると動物はすべて、程度の差はあっても生得の言語能力を持っているのではないか。この問いを考えるときに難しいところの一つは、われわれ自身が言語を使うということだ。どうしても擬人化して考えざるをえなくなるらしい。無機的な対象を記述するときでさえ、われわれは擬人化をする。遺伝子が「利己的」だと言ったり、車の「機嫌が悪い」と言ったり、チェスのアプリが最善の手を「考え出す」と言ったりする。もちろん、比喩を用いることがまずいのではない——無生物に志向性を割り当てることによって、しかるべき考えをすばやく伝えることができる——が、往々にしてわれわれは、擬人的な言い方が必ずしも実際の出来事を記述しているわけではないのを忘れることがある。動物の行動をわれわれの意識的思考や動機を用いて述べるときには注意しなければならない。動物が何らかの単語あるいは概念を伝えていると述べるとき——要するに動物が「話している」と言うとき——それは間違っていることがありうるのだ。

事象についての当初の解釈が間違っているかもしれない例を一つだけ挙げよう。開けた土地に棲むジリス〔地上生活をするリス〕のいくつかの種にとっては、二種類の捕食者がいる。スピードに任せて空中から襲ってくるタカと、地上でこっそりと忍び寄って襲ってくるアナグマだ。リスが捕食者を察知すると、二つの防御方式のいずれかを選ぶ（もう擬人的な言い方をしている）。アナグマを察知すると、巣穴の入り口まで戻って直立姿勢を維持する。アナグマはその姿勢を見て、リスはそのアナグマを察知しているので、襲っても時間とエネルギーの無駄だということを知る。タカを察知したときは、直近の遮蔽物に向かってまっしぐらに走る。リスは二種類の警戒音も出す。アナグマの場合は、粗い、かたかたという音を立て、タカの場合は、高い、ぴーいーという音を出す。近辺の他のリスはこの音を聞いて、アナグマ警報なら巣穴に戻り、タカ警報なら遮蔽物に向かって走る。人はまずあたりまえのように、リスは声をかけ合って、要するに「注意しろ、あたりにアナグマがいるぞ、巣に戻った方がいい」とか「あっ、タカだ、そこから逃げろ」とかのことを言っているのだと思うものだ。しかしそうなのだろうか。

捕食者を察知しての個々のリスの行動が示すように、いずれのリスも、関心は自らの身を守ることにある。実際、進化論はそうならざるをえないことを言う。リスは知り合いの運命を気にしてはいられないだろう。しかしリスの警戒音が意味を持つ情報を伝えるとすれば——リス語で「アナグマだ」とか「タカだ」と声を上げているとすれば——パラドックスにぶつかる。淘汰で有利になるのは、黙ってこそこそと逃げて、他のお人好しが食べられるようにするリスの方だろう。声を上げる集団の中の声を上げない個体が淘汰では有利で、そういうリスが自分の遺伝子を伝える。しかしそれではすぐに、声を上げないリスばかりの集団になるはずだ。声を上げる本能はどこから生じるのか。

リスの行動は、その声が意味論的情報を伝えないとした場合にのみ意味をなす。リスの「タカ警報」を考えてみよう。まず、それはぴぃーっという高い音の声だ——実験が明らかにしたところでは、タカはその位置を特定しにくい。つまりリスは自分の位置についてタカにはほとんど知らせていないのだ。次に、自分だけが遮蔽物に向かって逃げると、かえって目立つ。一群のリスが一斉に逃げ回る中の一匹でいる方がよい。タカに目をつけられる可能性が小さくなるからだ。同様に、高い鳴き声を聞いて遮蔽物を求めて逃げるリスは、その場に立っているリスよりタカに食べられる可能性は低い。つまり淘汰はタカを察知したときに声を上げるリス、また高い声を聞いたときに遮蔽物目指して逃げるリスの方に有利に作用する傾向がある。人類がこの状況を見るとき、われわれはリスが情報を伝えていると解釈する。しかしそうなっているわけではない。この行動は単純に、有効だからということで世代を超えて伝えられる形質にすぎない。この種の行動が進化するには、リスがお互いの行動を知っている必要もない。単語も言語もない。ただ進化の力があるだけだ。

動物は確かに連絡《コミュニケート》する。しかしそれなら細菌もする。細胞どうしもする。ただ、その言語は同じではない。長年調べられているにもかかわらず、人類の言語にできるようなことをすべてできる伝達方式を有する生物がいる証拠は——ボノボやチンパンジーやイルカでも——ない。人類は抽象的な概念、環境にあるもの、過去にあった出来事や未来に起こりうる出来事を指すことができる。人類は意味のある小さな要素を組み合わせて、意味のあるもっと広い要素にすることができ、何万という概念をおぼえ、それを特定の声のパターンに置き換えることができる。系統だった文法から意味の組合せを無限に生み出すことができる。この種の記号論理を有するのは人類だけだ。

これは、人類だけが言語を有するのだから、人類の方がいささか「優れている」と言っているのではない。鳥は人類には補助がなければまねできないような長距離飛行を行なえる。海洋動物の中には、人類とは違い、電流を感知するものもある。犬は人間が知覚できる範囲を超える音を聞き取れるし、われわれの鼻では感じない匂いもかぎ取る。コウモリはエコロケーションというとてつもないシステムを用いる。馬は人間がまったく気づかないような合図を拾うことが知られている、等々。すべての種が進化に鍛えられた能力を持っていて、それによって、その生物が生き延びるかどうか構ってはいない世界をどうにか生き延びることができる。この多様性は驚くほどで、喜ぶべきことだろう。動物のそうした能力を、私たちの能力を物差しにして測るのは傲慢と言わざるをえない。人間にある形質の使い方がどれだけうまいとか下手とかで他の種の品定めをするのは、そういう種をおとしめることになる。それでも言語を有するのは人類だけだ。そして言語はわれわれの世界を広げた。

言語は実に見事なものだ。それなりの教育を受けた人、本書を読むほどの人なら、七万五〇〇〇語ほどを知っている。それは、読者諸賢が若い頃、平均して一時間に一つずつ、一三年間、単語を覚えてきたということだ（一日八時間は眠るとして）。単語を声に出して言うとき、人はきわめて複雑な機械的運動を行なっている。様々な器官の動きをミリ単位でそろえ、調節し、コンマ何秒の範囲でタイミングを合わせなければならない。他の誰かの言葉に耳を傾けるとき、脳は見事な速さで情報を了解する。こうしたことで驚くべきは、言葉を生み出すこと、言葉を了解すること、また無限の種類がある文の発話を可能にする文法の複雑なところを扱うことを、すべて、結局は造作なく行なえるというところだ。267 × 384 を暗算しなさいと言われれば、ちょっと待てと眉間にしわを寄せるだろう。しかし言葉はただ出てくる。このほとんど奇蹟とも言うべき能力をわれわれはどのようにして発達させたのだろう。

言語の起源という問題は、きっと科学でも難問の一つだろうが、それは関連する観察による証拠が限られているからでもある。声は化石には残らない。化石になった頭蓋はそこに収まっていた脳に何ができたかは教えてくれない。ほぼ唯一と言っていい堅固な証拠は、声道の解剖学的特徴にある。現代の言葉の音は一〇万年以上前に暮らしていた者には出せなかった（舌骨という、舌の上辺を支え、その位置で複雑な発声が決まる構造があるが、ネアンデルタール人の舌骨の化石を分析した結果からは、[383] ネアンデルタール人が話すための身体的能力は持っていたかもしれないとされる――ただし、われわれのような意思疎通ができたかどうかはまだ明らかになっていない）。言語はもっと前から始まっていてもおかしくはなかったが、そうなったとしても、限られた範囲の音を使うしかなかっただろう。

　科学者は、こうした難問を前に、言語の起源や、人類がこの驚異の財産を有するようになった経緯を説明しようとして、様々な理論を唱えている。この問題を取り上げて最も影響があったのは、哲学者で言語学者のノーム・チョムスキーだろう。[384] チョムスキーは言語は生得だと論じる。子どもは言語を学習する必要はない。子どもの心の中で言語が育つのだ。言い換えれば、子どもは遺伝的に設計図――言語の獲得が必然になるようにする処理規則と単純な手順の集合――を仕込まれている。われわれはみな「言語器官」を持っている――メスで切り出せるものではないが、脳の中の視覚に当てられた部分があるというのと同様に言語に当てられた配線の集合がある。この見方からすると、子どもが言語を獲得するのは、思春期になると突如として体毛が増えるのと同じような過程ということで、成長の一部をなしている。言語もわれわれが遺伝によって受け継いできたものなのだ。

　チョムスキーの考えたことは、社会科学の標準モデルの信奉者（しかじかの社会集団の中での人間の営みは、その集団の文化によって形成されると論じる）からも、言語学者（人類の言語進化について他の競合するモデルをあれこれ唱えている）からも、計算機学者（言語研究についてまったく異なる扱いをしている）からも攻撃されてきたが、チョムスキーの理論は何十年もの間、論争の骨格を構成し、言語獲得に関するいくつかの難問を処理している。

難問の一つは、すでに触れたように、言語が無限大の体系だということだ。有限個の単語から無限個の文を組み立てることができる。私が今書いている文を声に出して言うとすれば、私はその特定の語句を特定の順番で発する初めての人間となるという、ものすごい可能性がある。その組合せは一つしかない。この無限集合を処理するには、脳は反応を蓄えたものを利用するのではなく、規則に従わなければならない。両親やきょうだいが話しかけてくるときに子どもが耳にするもの――音のただの連なりで、無意味な「あー」や「うー」や「いいこちゃんでちゅねぇ」が混じる、つい口にしてしまう形のはっきりしない、不完全な文――を考えると、子どもが複雑な文法を、あんなに早く、しかも訓練してもらうこともなく、また多くの場合、間違ってもそれを直してもらうこともなしに発達させ、用いるというのは驚くべきことだ（この意味での文法は、学者が押しつけようとする些細な規則ではなく、言語の構造のことを言っている。文法は言語の基本的なパターンのことであって、「見れる」にすべきか「見られる」にすべきかといった話のことではない）。しかし子どもには、耳に降ってくるよしなしごとから、適切な文法パターンを子どもが拾えるようにする、生まれつきの言語獲得装置《ランゲージ・アキジション・デバイス》（ＬＡＤ）が備わっているとすれば、謎は解ける。アルバニア語用の装置、バスク語の装置、チェコ語の装置といった個々の装置があるのではなく、人類共通の一つのＬＡＤだけがある。どの子どもも――適切な年齢のときにＬＡＤのスイッチを入れられるだけの十分な刺激を受け取れば――どんな言語でもおぼえられるのだ。刺激は必ずしも聴覚によるものでなくてもいい。しかるべき年齢のときに手話づけになれば、耳が聞こえない親から生まれた耳の聞こえる子どもは手話を身につけられる。

ＬＡＤが存在するなら、人間のＬＡＤの動作は多くの動物が生まれつき持っている視覚獲得装置（ＶＡＤ）

に似ているかもしれない。科学者は子猫に対して、生まれてすぐには目隠しをする実験を行なっている。生まれて八週になる前に目隠しを外されれば、子猫の視覚系の通常の発達が始まり、成体の猫はふつうに目が見える。目隠しを八週以上つけておくと、猫はずっと視覚障害に陥る。したがって、子猫の脳にある特定の配線済みの部位でしかるべき神経の接続が確立するには、ＶＡＤが外からの視覚的刺激を受け取らなければならない外せない時期があるということだ。この期間内に接続ができなければ、完全に機能する視覚系が発達する見込みが失われる。脳の他の部分が視覚系の代わりをすることはできない。思春期に至るまでの岐路となる時期の間に、子どもに対して言語の入力が与えられないという悲劇的な状況でも、同じ効果が生じることがわかっている。その子には、文法的に話すという能力が、大きく損なわれることになる。言語獲得にとって岐路となる時期が存在することは、必ずしも不思議ではない。それは単に乳を吸う反射が消え、乳歯が抜けるなど、人体に生じる他の変化をもたらすのと同じ、遺伝子が制御する成長の過程の一部だと考えられる。幼い頃にＬＡＤのスイッチが入るのは進化の上でも筋が通る。そうすれば言語の恩恵を享受できる時間が最大になるからだ。ＬＡＤが仕事を終えるとスイッチを切られるのも理に適っている。その装置を維持するには、必要なエネルギーという意味で、相当のコストがかかることが考えられるからだ。

　言語が異なれば細部に違いはあるが、言語には普遍的なところもある。チョムスキーらが生得だと説くのは、その普遍的な原理だ。子どもが言語を発達させるとき、その手順は、内的な、あらかじめ定められた流れをたどる。オランダ語を身につける子どもは、このあらかじめ決まっている装置のパラメータをある一通りにセットすることになる。英語を身につける子は、また別のパラメータをセットする。フランス語を身につける子はさらに別のパラメータをセットする。しかし根底にある原理は変わらない。ソフトウェアのたとえを使うなら、言語の獲得は引数を伴うマクロ〔一定の定型的操作手順〕のようなものだ――一つの言語に一通りの引数ということだ（語彙はもちろん学習しなければならない。個々の単語まで生得だとすると、「パルサー」のような新語が遺伝子プールに吸収されないと、その言葉を天文学者は使えないことになる。文化の進化は遺伝子の進化と同様、氷河のような歩み方になってしまう。文法構造の中には、やはり学習しなければならないものがある。たとえば、英語の動詞には、過去形を作る規則変化――つまり、-ed をつける――があるが、不規則動詞の過去形は、個々の事例についておぼえなければならない）。

臨床からの証拠も、言語が生得であるという考え方と、少なくとも矛盾はしない。不運にも、外傷や病変によって脳の特定の部位――言語処理に関与するらしい部位――に損傷が生じた患者がいる。その結果、厄介なことが生じうる。

たとえばウェルニッケ領域と呼ばれるところに損傷がある患者は、周囲で話されている言葉を理解しにくくなる。さらに奇妙なことに、そうした人々はウェルニッケ失語症になる。患者本人は流暢に、文法的に正しい言葉を話せる――ところがその言葉は意味をなさないのだ。単語が別のものに置き換わったり、新しい言葉を作ったりする。ものの名を訊ねられると、意味は関連する言葉あるいは正しい言葉の音が変わった言葉を答える。その話したことを書き取ると、読むのに苦労する――精神病患者のとりとめのない話を読むようなものだ。また、ブローカ領域に損傷のある患者は、ブローカ失語症になる――話すのが遅くなり、途中で止まり、文法に合わなくなる。周囲の会話は理解できる場合が多く、少なくとも言葉の意味に関してはよくわかっている。それまでに得ている世の中に関する知識と、言葉に組み込まれている冗長性とのおかげだ（こうした患者は「猫が鼠を追いかける」のような文は理解できる。猫が鼠を追いかけることを知っているからだ）。ウェルニッケ領域とブローカ領域の接続に障害がある患者は、文を反復できないという失語症に陥る。さらにひどいのは、ウェルニッケ領域とブローカ領域とその間の接続は損なわれていないのに、皮質の他の部分から切り離されている患者が陥る失語症だ。患者は耳にしたことを反復はできるが、自分が言っている内容を理解できない。会話を始めることもできない。さらに、脳の特定の部分の損傷が——卒中による場合が多いが——顕著に特徴的な言語障害をもたらす場合もある。色は認識できるがその名がわからない失語症もあれば、自分が食べたいものはわかっているのに、食物の名が挙げられない場合もある。何の問題もなく服は着られるのに、衣類の名を言えない場合もある。現時点では、神経学者にも、言語のいろいろな側面を扱う領域を特定した脳の地図を作ることはできていない。しかし明らかなのは、言語は特定の場所にあるということだ。場所が決まっているからといって言語は生得だということにはならないが、言語器官があることはうかがえる。

われわれが生得の言語設備をもっているとすれば、すぐに出てくる疑問がある。これほど複雑で複合的な器官はどういうふうに生じてきたのだろう。答えも同様に明らかで、多様性が遺伝され、自然淘汰されて進化したのだ。[385]

造物主の関与を持ち出さないとすれば、これほど驚異の構造物を生み出せる過程として知られているものは、自然淘汰以外にはない。われわれの言語器官が進化の産物だとすると、類人猿にその痕跡が見られるはずだとする批判もある。何と言っても、われわれは類人猿の末裔ではないのか。そうではない。人類と類人猿は、たぶん七〇〇万年ほど前に生きていた共通祖先のところでつながる。われわれのLADが、この七〇〇万年前より後から進化し、現代の類人猿につながる進化の枝とは共通ではないということも大いにありうる。実際、一〇万年ほど前の初期の現代人類の頭には、いくつかの「モジュール」があったのではないかと説く科学者もいる。言語モジュール、技術モジュール、社会的知能モジュール、自然学モジュールなどだ。こうした個別のモジュールがつながったのは五万年前になってからのことらしい。人間が集団になって、たとえば新しい狩猟用道具の設計の利点について論じられるようになったのはそれ以後のことで、そうなってはじめて、われわれは人間になりきったと言える。

分節言語は人類の成功にとっては必須のものだ。同様の精巧な意思伝達方法がないと、星間距離にわたって移動したり通信したりする能力が育つのは不可能と言っても無理はないかもしれない。それでも、人間の言葉の進化の場合には、分節言語は偶然の環境の変化と進化による反応とがつながった結果だと結論せざるをえないらしい。それはただ運がよかっただけなのだ。たとえば、われわれの祖先の体がどうなったかを考えよう。人間の横隔膜、喉頭〔声帯がある部分〕、唇、鼻腔、口腔、舌といった分節言語が発達するために必要なものすべてを作り替えることになるが、そのいずれももともと言語が発達するために生じたわけではない。こうした器官の変化は、話す能力とはまったく無関係だった。言語とは別の直接の淘汰上の利点をもたらした小さな変化だったのだ。その変化のうち少なくとも一つ——喉頭が喉の奥に位置すること——は奇妙に思える。喉頭が喉の低いところにできることで、舌が動く余地が広くなり、いろいろな母音の音が出せるようになるが、食物も飲料も飲み込むときに気管の入り口を通らなければならなくなる。喉につまらせて死ぬ可能性が顕著に高くなるのだ。利点も大きいが、代価も相当に高い。生命のテープをあらためて再生したら、人間は言語を発達させないかもしれない。利益も大きいが、その対価も大きい。

　地球では、これまで存在した五〇〇億もの種のうち、人類だけが言語を有している。言語によってわれわれは、考えられるようになっただけでなく、自分の抱いている考えについて考え、それによって新しい思考のパターンを試し、考えたことの結果を記録できるようになる。言語こそが人間を人間たらしめている。われわれが他の惑星を訪れることがあれば、他の生物種はいくらでも見つかるかもしれない——それぞれがそれぞれの特定のニッチにうまく適応しているかもしれない。しかしそのいずれも、われわれが求めている適応性のある形質、つまり言語はもっていないかもしれない。

解72　科学は必然ではない

科学は美徳のようなものだ。それ自身がきわめて大きな見返りなのだ。
——チャールズ・キングズリー『健康と教育』

地球外文明がわれわれと通信するなら、おそらく高度の科学的知識を有していなければならないだろう。科学を通じればこそ、電波望遠鏡（あるいは星間通信を可能にする他の何らかの装置）の作り方もわかる。しかし知的地球外生命の種族が実際に道具を作ることを学習し、技術を発達させ、言語を身につけるとして、それで必ず自然科学の方法を発達させることになるだろうか。銀河系には人間よりも知的でありながら——芸術や哲学に優れていながら——科学という手法は持たない種族がたくさんいるかもしれない。われわれのところに連絡が届かないのは、先方が恒星間距離を超えてその声を聞いてもらえるようになっていないからだ。

この説は多くのSF小説に暗黙のうちにあり、それをパラドックスの解決として出す人々は、おそらく、地球での自然科学の歴史的展開に手がかりを得ているのだろう。多くの文明が数学や医学を発達させたが、自然科学の起源となると、もっと限られてくる。たとえば、オーストラリアのアボリジニを考えてみよう。近年の発見から、アボリジニがオーストラリアにやって来たのは五万年も前のことだった[386]——人間の探検の歴史の中で、評価が低くなりがちだが、画期的な成果だ。オーストラリアの工夫に富んだ人々の文化は、たぶん、連続性を維持した文化としては世界最古だろう。この民族の物語と信仰体系は、地球で最も古い。多岐にわたる環境の中で、想像もつかないほど長い間、生き延びてきた。ところがその間に、アボリジニの人々は近代自然科学の方法は決して開発することはなかった。近代科学の夜明けは、やっと二五〇〇年前、ギリシア人とともに始まった。ギリシア科学は史上最高の科学者を何人か擁しながら、限界もあった。実験よりも思索の方が上とする知的貴族主義が浸透していて、それによって制約されていたのだ。今理解されているような科学が、ガリレオやニュートンのような、科学的推論への定量的な手法を切り拓いた人物を得て本当に動き始めるまでには、ギリシア時代から二〇〇〇年近くかかることになる。なぜギリシア人が播いた種子が、近代科学の営みとして開花するまでに、これほど長い時間がかかったのだろう。科学は今や地球全体の活動になっているのに、それが芽生えたのは、地理的に狭い範囲だったのはなぜだろう。

古代ギリシア文明の没落以後、多くの文明が精巧な技術と数学の体系を発達させた。北アフリカから中東にかけてのアラビア文明には立派な数学者がいた（ギリシア天文学に関するわれわれの知識はアラブ人が保存したものだ）。南アメリカの文明には、壮大な建造物を築く建築家がいた。中国文明は、何百年もの間、地球で最も進んだ文明だった。ところがそのいずれも――世界中の他のどの文明も――近代科学の方法を開発せず、今やこれほど強力であることがわかっているのに、自然研究に科学的に取り組む姿勢を発達させなかった。なぜか。

文化的な因子が作用しているかもしれない。たとえば、中国文明に支配的な哲学は、世界を「全体論的」に見ることを奨励したため、西洋の知識に対する「分析的」姿勢をなかなか取れなかったと論じる人々がいる。ある系を宇宙の他の部分から切り離して考え、その理想化され、単純化された系に自分の技法を適用することは、ニュートンには難なくできた。ごちゃごちゃした全体論的複雑性のまま自然の完全な記述を出そうとしていたら、ニュートンはきっと成果をあげられなかっただろう。一七〇九年、世間がまだニュートンの偉大な科学の著作による衝撃を吸収しつつある頃、産業革命が始まり、それとともに、科学が技術に転用できる速さが増した。産業革命の口火となった火花――エイブラハム・ダービーが、鉄の精製に、木炭ではなくコークスを使った――が、イングランドのアイアンブリッジに生じた。その頃中国では、何世紀にもわたる鉄づくりが終わろうとしていた。中国の人々は、もうこれ以上鉄は必要ないと思っていたのだ。すると、科学の発達は必然的とはとても言えないと論じることはできる。様々な理由――文化的な好み、環境からの障害、哲学的傾向、まったくの運――によって、ＥＴＣは科学という技法には巡り会わないのかもしれない。

しかしこれがフェルミ・パラドックスの確度の高い説明だとは認めにくい。確かにギリシア科学の登場から近代科学の勃興までには二〇〇〇年近くの間隙がある[387]――人間の尺度では疑いもなく長い時間だ。しかしこの尺度は、この種の問題を考えるときには適切な尺度ではない。宇宙カレンダーでは、二〇〇〇年は五秒分でしかない。宇宙的な時間の尺度では、自然科学がインカ文明でも、トルコ文明でも、中国文明でもなく、西欧文明で発達したというのはどうでもいいことだ。人類が科学を発明するのにさらに二〇〇〇年（あるいは二万年）かかったとしても、フェルミ・パラドックスに関しては大差はない。人類にとっては、科学的方法は一度生まれればよかった。きわめて効果的なので、生まれてしまえばすぐに広がったし、今では人類の共通の遺産となっている。同じことがＥＴＣにも期待できないのだろうか。

解73 意識は必然ではない。

死んでいることと、生きているのを知らないだけであることとの違いは何か。
――ピーター・ワッツ『ブラインドサイト』

ここまで来られたなら、読んで下さる方の粘りを称えるしかない。読者の中にはきっと、途中で論理の通らないところに遭遇したり（きっと欠落はあると思う。しかししこれほどの細かい情報を一般の人々向けに希釈しようとするのは……容易ではない）、言い回しがきれいでなかったりで（好みは異なるものだ）、怒って投げ出したくなった方々もいるだろう。私が幸運なら、誰かが間違いを指摘して、フェルミ・パラドックスの取扱いについてもっと良い案を出してくれるだろう。私が本当に幸運なら、誰かがパラドックスについてまったく新しい答えを出すきっかけを提供できたということになる。本書に対する読者の反応がどうあれ——一方には退屈や不満、反対側におもしろくてわくわくするという感覚——私が紹介した様々な推測による説を読者が時間をかけて秤にかけ、批評し、そうした説に感情的な反応を抱けるという事実だけでも、実に驚くべきことだ。われわれはみな内面の「舞台」を持っていて、そこで感覚や感情を記録するだけでなく、地球外文明が存在する可能性のような抽象的なことを考えたりもする。なぜわれわれは、こうした意識という（お好みによってはものごころとか自覚とも言う）驚異の現象を有しているのだろう。意識とはどういうことか、自分の主観的な体験からわかってはいても、それを定義するのは難しい。

　きっと意識は生を生きるに値するものにしているし、この現象は確かに複雑な現代世界にいるわれわれには有利に作用する。それによってわれわれは、多くのいろいろな課題をこなせるからだ。しかし進化は何かをあらかじめ見とおしているわけではない。意識のようなものが、どのようにして、五万年前のアフリカでの生活をやりくりするうえで人類に有利をもたらせたのだろう。実際には、意識は明らかな不利だったのではないか。われわれの先祖の一人がライオンを察知したとしたら、正しい反応は逃げることであって、立ち止まって大きな猫が獲物に上手に忍び寄るのを鑑賞することではない。今日でも、スポーツをする人々は、意識的に何かしようとする結果ではなく、ただただ流れに任せる状態である「体が動く」ことが大事だと言う。高速で移動するボールの捕らえ方について考えることに時間をかけていたら取り損ねる。体で反応すればおそらく捕球できるだろう。多くの場合、意識は邪魔をするだけだ。するともしかしたら、知的生物は意識しない方がうまくいくのではないか。

われわれが地球外生命を探すとき、われわれは知的生命が見つかることを願うだけでなく、意識がある存在も見つかってほしい。科学や芸術や哲学に見識を共有できる相手と話したいのだ。この探査が、結局知的種族は一般に不利になる意識を発達させないからということで失敗したりすることがあるのだろうか。意識がなければ、おそらく他の知的で意識のある種族を求めて通信したり、探査したり、手を差しのべたりしようとは思わないだろう。そうした存在は他のことを気にしないだろう。

フェルミ・パラドックスの解は意識の概念にあるという考え方は、カナダのSF作家、ピーター・ワッツによる。解44で見たように、やはりカナダのカール・シュレーダーは、知的生命、ひいては意識は移行段階だと説いた。ワッツは逆に、そもそも意識は進化しそうにないと説く。意識は重要ではないのだ。ワッツによれば、知能は意識がなくても存在しうる。ワッツとシュレーダーは、まったく別の道筋を進んで、最終的には同じところに達する。知的で意識ある存在はめったにいないと。

ワッツは自説を『ブラインドサイト』というぞくっとするSF小説に仕立てる。[388] この小説の題名は、一次視覚皮質に障害がある患者に生じる変わった現象から取られている。こうした患者は眼の機能は正常だが、それでも皮質的には見えない。通常の検査からすれば、全盲と判断される。その障害にもかかわらず、一部の皮質的に目が見えない患者は自分には見えていることを知らずに見ることができる。対象の存在を感じ取り、投げつけられた物体を捕らえることさえできるが、その物体を知覚するという意識的な経験はまったくない。ある例では、脳の異なる領域で二度卒中を起こして完全に目が見えなくなった人が、心理学者に、杖なしで廊下を歩いてみてくださいと言われた。患者は不安になったが、心理学者が廊下には何もないし、助けが必要なら私たちがすぐ後ろについていますからと言うと、患者は課題を試みた。この研究者チームは実験を撮影した。[389] 映像はこの患者が、並んだ障害物を注意深くくぐり抜けるところを示している。ゴミ箱やトレイなど、いろいろな事務用品を避けて通った。そうしたものがあって、自分がそれを回避するよう体を動かしているという意識はまったくないのに。

どういうことなのだろう。見えないのに見えるというのがどうしてありうるのだろう。研究者にはなかなか調べられない問いだ。難点の一つは、皮質的盲だけにかかっている患者は比較的数が少ないこと。たいていは脳の他の部分にも重大な損傷がある。さらに、皮質盲の患者の大半は、自分には無意識の視覚機能があるのではないかと気づく可能性が低い。まさしくこの現象は意識的自覚には処理できないからだ。もう一つ、このサンプルサイズの小ささから、研究者は主観的な叙述に依存することになる。そのため何が起きているかを明らかにするのが難しい。それでも、この現象について広く認められている説明の一つは、人間の眼は、脳のまったく異なる二つの視覚系に情報を送るということだ。後頭葉にある高等哺乳類の系と、中脳にある、もっと古くて原始的な爬虫類の系だ。後頭葉の損傷は信号が哺乳類的視覚系に達するのを止めることができるが、それは信号が中脳の爬虫類視覚系に達するのは止めない。意識が相手にするのは高等な視覚系の方で原始的な系ではないとしたら、また原始的な系は体の動きや位置を認知するなどの基本的な行動に対応しているのだとすれば、これはブラインドサイトが生じるいきさつの説明になるだろう。もしかすると、これが爬虫類であるとはどういうことかに最も近い体験かもしれない。トカゲは餌を捕るために、ハエをハエと認知したり、ハエが表すことは何かと考えたりする必要はない。動きを察知すればいい。その動きの認知により、トカゲの舌が延びてハエを捕らえることになる。すべては自動的に生じる。トカゲが生きるのに意識は必要ない。実は、意識があるとトカゲにとってはかえって邪魔だろう。

これが本当にブラインドサイトの説明なら、われわれの意識の理解にかかわる意味もある。意識が脳のあらゆるところに存在するわけではないことになる。もっと重要なことに、それはあらためて先の問題を立てる。われわれの脳が意識することに依存していないのなら、人類がアフリカで狩猟採集生活をしていたときに意識が一団にもたらしたものはいったい何か。なぜわれわれは意識を有しているのか。この誰もが頭の中に抱えている一人称の語り手の目的は何か。

人間レベルの意識が発達し、物質が何らかの形でそれ自身を意識するいきさつについて、納得のいく説明に私は出会ったことはない。私が読んだ限りでは、人間の意識の正体は科学にとってはまだ謎のままだ。[390] 意識という、推測し、考察し、反省する能力、最終的には人間の文明という高みに繋がるこの能力は、進化の途上でたまたま生じた、必然とはいえない副産物なのだろうか。ひょっとすると、われわれはいつか地球を離れ、銀河系を探査し、知的生物を見つけるかもしれない。しかしそれには意識がなく、われわれがなぜ話しかけてくるのかわからないこともありうる。灯りはともっているのに、そこには誰もいないということが。

解74　ガイアか、神か、ちょうどよくできているのか

幸運な人こそが幸運を称えるのだ。
――ヨハン・ヴォルフガング・フォン・ゲーテ『トルクァート・タッソ』

第5章の導入で述べたように、ピーター・ウォード（地質学者にして古生物学者）とドナルド・ブラウンリー（天文学者にして宇宙生物学者）は、われわれの惑星が特殊と言える理由を幅広く見渡した。二人は『レア・アース』という著書で、銀河ハビタブルゾーンの大きさや絶滅が起きる割合など、複雑な生命が生じる惑星の数に制約をかけそうないくつかの因子について述べた。もっと最近になると、イギリスの地球物理学者デー

ヴィッド・ウォルサムが著書の『幸運な惑星《ラッキー・プラネット》』で地球を生命にとって特別なところにしていそうなある細部に注目している。四〇億年にわたる穏やかな気候のことだ[391]。

生命が初めて現れて以来、地球は比較的安定した気候だった。表面の平均気温は何億年もの間には変動をまぬかれない——地球は何度も氷河期や猛暑期を経ている——が、その温度差は何百度もはなく、何十度の程度と測定できる。この安定が重要だった。水がすべて氷に閉じ込められる冷凍庫地球では暮らしにくい。生命が存在したとしても、休眠状態になって、大したことはできないだろう——生命を成り立たせるのは、液体の水が様々な仕事を行なえればこそのことだ。地球が蒸し風呂状態だったら、さらにまずいことになる。高温はタンパク質を本来の状態からほどいてしまうからだ。タンパク質がほどけるのは、人間にとっては有益な活動にもなりうる——タンパク質に熱を当てて変性させると言えば、それは「料理」の手の込んだ言い方だ（少なくとも私程度の料理能力の人にとっては）——が、生物多様性を促すことはまずない。確かに生物は極限状態で生き延びることができる。たとえば *Methanopyrus kandleri*《メタノピュルス・カンドレリ》〔メタンを生成する好熱菌〕の１１６系統は、一二二℃でも生き延びられる（深海なので、これほど高温でも水は水圧のせいで沸騰しない）。海氷に囲まれた塩分濃度の高い一帯でも、低温で繁殖する生物が見つかる。たとえば *Methanogenium frigidum*《メタノゲニウム・フリギドゥム》〔メタンを生成する低温にいる菌〕は、南極の湖の底で生きていて、酸素も日光も必要としない。しかし地球が金星（表面の平均気温は四六二℃程度）、あるいは火星（表面の平均気温はマイナス五五℃くらい）のような道をたどっていたら、生命が生き延びることはなかっただろう。さらに、極限生物はそれぞれ高低いずれの極端な温度にも適応しているが、温度の変動にはうまく対応できない。たとえば *M. kandleri* でも八〇℃未満では苦労するし、*M. frigidum* の方は室温に達すると増殖が止まる。進化は環境の温度変化に対応する様々な仕組み——羽毛や毛皮、ぶるぶる震えたり汗をかいたりなど——を持ったもっと複雑な生物をもたらしたが、どんな生物も限られた温度の範囲でのみ安楽に過ごせる。過去五億年にわたり、地球の気候は複雑な多細胞生物にとって好適だった。

地球が途切れなく気候に恵まれたことは、様々な因子――天文学的、生物学的、地質学的――がそれぞれ別個に地表の温度を左右し、そのすべてが地球の一生にわたって変化してきたことを考えると、きわめて驚くべきことだ。海の組成も大気の組成も変化してきたし、陸地の量も変わっている。表面温度に影響する因子を一つ、もう少し細かく見てみよう。地球が生まれたとき、太陽は今よりも小さかった。太陽は徐々に膨張してきた――水素の核融合で生じる「灰」、つまりヘリウムによる。ヘリウムは太陽の中心部に沈み、するとそこが収縮して熱くなり、それがまた核融合する水素の量を増やす。その結果、太陽は時間とともに大きくなって、放射して排出できる熱の量も増える。地球で生命が生まれた頃、太陽の放射量は熱量にして今日の約七〇パーセントだった。その頃の地球大気が今と同じだったら、液体の海はありえないが、実際には海が存在したことはわかっている。地球の表面温度が太陽の熱放出量の増加の後を追って変化するなら、地球の生物多様性はわずかな好熱極限生物に広がるかもしれないが、今のわれわれ――動物、植物、菌類――は、みな、どちらかと言えばわずかに冷える傾向を示す快適な気候を享受している。様々な変化は多少の差はあれ、お互いに打ち消し合っているらしい。たとえば、若い地球の大気は大量の温室効果ガスを含んでいて、それが温暖化に作用し、太陽の非力を補っていた。太陽の光度が増すにつれて、地球大気は温室効果ガスを十分に失い（これまでのいくつかの節で述べたような仕組みで）温度を維持している。

ウォルサムは、この幸いな環境、つまり複雑な多細胞生物が発達できるような何億年にもわたる安定した気候について、三つのありうる説明を略述し、その説明を、ガイア、神《ゴッド》、ちょうどよい世界《ゴルディロックス》と呼ぶ。

「神」による説明は、これ以上の説明を要しない。恵み深い神が、生命一般、とくに人間が栄えるように一群のパラメータを微調整してくれると信じるなら、それまでのことだ。他に言うことはない。

「ガイア」による説明は、ジェームズ・ラヴロックに始まる、様々なフィードバック機構によって生命が生き延びて繁殖するのに必要な条件を、生命自体が生み出し、維持し、発達させるという仮説に基づいている。[392]地球は生きた自己調節する一個の有機体と見なせるということだ。生命が地球に相当の影響を及ぼした――たとえば地球に生命がいなかったら地球の大気はずいぶんと違っているだろう――ことは否定しようがないが、ガイア仮説にも批判がないわけではない。ラヴロック説は大いに生物学研究を刺激したが、観測による明瞭な支持材料には欠ける。ガイアは存在するかもしれないが、しないかもしれない。

「ゴルディロックス」による説明は、われわれはとんでもなく幸運だったことの別の言い方だ。先に述べた温度の話を考えてみよう。だんだん明るさを増す太陽は温暖化に作用し、他の何らかの機構は冷却作用があって、それが合わさって、全体としてはわずかに冷える傾向となった。ガイア説を支持する人々は、冷却はつまるところ生物のフィードバックループによると論じる。しかし冷却の見方には、フィードバックを必要としない見方もある。もしかすると、生命は確かに大気から温室効果ガスを除去することによって重要な役割を演じたのかもしれないし、一定の地質学的作用が冷却作用を生んだのかもしれないが、これをすべてフィードバックループのせいにするのではなく、偶然の一致のせいにすることもできる。成長する太陽によって生じる全体としての温暖化作用は、生物学的、地質学的な作用で生じる全体としての冷却作用によって、たまたま、おおよそ相殺されるだけということだ。正味の結果は、二〇度、三〇度程度のゆらぎは伴うものの、総体としては冷却傾向にあり、それはすべて運による。幸運だ。他の地球に似た惑星で、さほど相殺効果が作用しなければ、そうした惑星は凍結するか沸騰するかして、複雑な生命はありえないだろう。また別の地球型惑星では相殺がもっとうまくいくかもしれないが、正味の結果が温暖傾向になれば、やはり複雑な生命が発達する可能性は低いだろう。われわれはたまたま、相殺によって、複雑な生命が――ひいては知的生命が――進化できるちょうどのところにある、幸運な惑星にいるだけなのだ運に基づいて科学的説明を行なってよいだろうか。ここでまた人間原理に遭遇する。カーターが説いたように、地球の歴史は、われわれという知的観測者の存在と矛盾してはならない。われわれは現にいるのだ。ガイアのフィードバック機構が配置についていると想定することによって、その事実を説明することができる。あるいはウォルサムが説くように、われわれはたまたま、いろいろな原因による温度の傾向が、生命が進化するような形に相殺される惑星にいるのだと想定することでも説明はつく。われわれがいるのは、過去の気候が生命の進化を許さないような惑星だったということは、まずありえない。

ガイアとゴルディロックスとを区別する方法はあるだろうか。地球の住みやすさに影響する因子の大半については、しかじかの結果がただの運によるのか、生命の特定の特性によるのかを事実によって判定することはほぼ不可能だろう。しかしウォルサムは、ガイアとゴルディロックス、生命と運を区別できるようにする一つの因子を取り上げる。それは月だ。

解63は、月が生命には必要かもしれないところを見て、月が地球の軸の傾きを安定させることに一役かっていることを解説した。月を取り除くと地球の傾きは激しく変動し始める。傾きの変動が激しくなると、気候も生命にとって不都合な変化をするようになる。しかしウォルサムは、「月が今なくなったらどうなるか」と問うのではなく、「月を形成した衝突が今の月よりもっと大きな月を生んでいたとしたらどうなっただろう」と問う方が適切だと説く――その答えが意外だ。

月は潮汐力で海面を上昇させ（それほどではなくても大陸の陸塊にも作用し）、これは地球の自転を摩擦によって減速させる作用をする。五万年ほどごとに、一日は一秒ほどずつ長くなる。さらに、潮汐力による海面上昇は月の真下にできるのではなく、それに少し先んじるので、月は前に引かれて、軌道がわずかに高くなる。

それで月は地球から毎年四センチほどずつ遠ざかっている。地球・月系のこの進展、つまり地球の一日が長くなり、地球と月の距離が遠くなるのは、ニュートン力学の表れに他ならない。この軌道の進展から生じる一つの帰結は、地球の首振り――ジャイロスコープの回転軸にあるような自転軸の方向の変化――が遅くなることだ。今のところ、地球の自転軸の方向は二万六〇〇〇年に一回転する。この周期は、地球の自転が遅くなり、月までの距離が遠くなって潮汐力が弱くなるとともに長くなる。いずれ、約一五億年後、この周期は五万年ほどになっているだろう。われわれの後継者には不運なことに、惑星軌道はやはり約五万年周期で振動している。地球は「不安定地帯」に入る。この領域のことを「不運」と言うのは、振動周期がそろうと共鳴が生じるからだ。それはブランコを押すようなものだ――適切な周期で押せば、ブランコの振れ幅は大きくなる（同様のことは解59でも見た。木星による共鳴効果で小惑星帯に空隙ができるという話だ）。つまり、約一五億年後、惑星軌道の影響で、地球の軸の傾きがカオス的にぶれ始めるようになるということだ。その結果、極端な温度になり、生命が苦しむことになる（実際には、一五億年後の地球の生命は別の心配もしなければならなくなっている。たとえば、自転軸の不安定による難点は、今よりはるかに明るくなった太陽の影響の付け足しにすぎない）。

ウォルサムは地球・月系の進展を調べるために、コンピュータモデルを考えた。コンピュータモデルの美しいところは、月がわずかに小さかったり大きかったりしていたらどうなっただろうとか、若い地球の一日が少し長かったり、ほんの何分か短かったりしたらどうなるかといったことを調べられる点にある。そこでわかったのは、大きな月を有することには一長一短があるということだった。月が大きいと、潮汐力が増して、地軸の安定性も増す。それは良いのだが、月が大きいと、惑星が不安定地帯に入る速さも増す。結局、月はありうる中でめいっぱい、ただし不安定を起こさない、ほぼちょうどの大きさだった。ウォルサムのモデルは、月を形成した衝突でできた衛星の半径が月より一〇キロ大きいだけでも、また若い地球の自転周期が実際の地球より一〇分長くても、今頃われわれは不安定地帯に入っていることを示した。あるいは、潮汐力による抵抗がほんの数パーセント増える以外は、すべての点でわれわれの地球・月系と同じ系を想像してみよう。やはり今頃不安定地帯に入っていることになる。われわれに残された日々は少なくなる。

自転軸が不安定になるゾーンに押しやることなく、できるだけ大きい、ほぼぎりぎりの月があるというのはむしろ偶然だろう。しかし、大きな月が、自転軸の安定性とは無関係の他の理由で複雑な生命の存在を促すとしても、その生命はそういう月があるのを見ることになる。ウォルサムはこの状況を、イギリスの高速道路で観察される平均速度になぞらえる。時速七〇マイル〔約一一〇キロ〕の制限は、認められる速さに上限をかける。しかしわれわれはみな急いでいるので、みんな上限ぎりぎりのところで運転することになる。イギリスの高速道路でランダムに車を選べば、それは時速七〇マイル近くで走っている可能性が高い――違反の領域に入らずに走れる最大限の速さだ。すると、大きな月があることが複雑な生命に恩恵をもたらす理由は何かあるだろうか。解63では、いくつかの推測を取り上げた。ウォルサムは自分の推測を加えている。われわれの月は地軸がゆっくりと首を振るようにし、地球の一日が比較的長くなるようにする。ウォルサムは、この二つの作用からすると地球が陥る氷河期は比較的軽く、回数も少なくなることを――現時点ではまだ推測とはいえ――説得力をもって論じる。

月を形成する衝突は、それぞれが少しずつ異なる何億通りもの形を想像することができる。たいていの場合、できた地球・月系は凍結に陥ったり、そうでなくてもカオス的気候に陥ったりする。たいていの場合には、生命はなかなか生きられない。われわれの地球・月系は、かの「スイートスポット」に当たっている。月の大きさ、一日の長さ、地軸の傾きの角度、すべてが組み合わさって、われわれに適度な気候をもたらした。そして要所は、これがすべてガイアとは無関係ということだ。バイオフィードバックループが何らかの形でかかわっているとか、生命の適応能力や堅牢性が鍵だったと論じることはできない。これはニュートン力学がゴルディロックスに作用しているということにすぎない。

これほど幸運に恵まれるというのは呑み込みにくいだろうか。必ずしもそうではなかろう。やはり人間原理論法だ。生命が様々な惑星にかかわる因子（磁場の存在、適切な量の岩石、大きくても大きすぎない月の存在など）に依存し、そうした因子がドレイクの方程式のように組み合わさって、複雑な生命の可能性を一兆分の一にしてしまうとしても……まあ、惑星が何兆もあるからというだけのことでどこかに生じることになるだろう。そしてその生命が知的観測者をもたらすなら、その観測者は必然的に自分はそうした因子が適切に組み合わさった惑星にいると見ることになる。そうした観測者がガイア（あるいは神）による説明を求めることもあるだろうが、必要なのはゴルディロックスによる説明だけだ。

惑星科学者は、系外惑星について、また惑星系のいろいろなでき方について知るようになれば、地球が本当に変わり者かどうかをさらに理解できるようになるだろう。今のところ判定するのは時期尚早だ。しかしわれわれが幸運な惑星《ラッキー・プラネット》に暮らしている可能性は確かにある。

6

結論

フェルミ・パラドックスの解決案七四通りを批評してきたところで[393]、今度は私自身の案を示すのが筋というものだろう。本書の初版で私が提示した処置には不満だったので、今回は別の扱いをしてみる。結論は同じだが、そこに至る道筋はまったく異なる。この案は決して私のオリジナルではないが、このパラドックスがわれわれのいる宇宙について教えてくれていそうなことが、そこにまとまっている。

アメリカのSF作家デーヴィッド・ブリンは、「大沈黙」に関する一九八三年の優れた分析で、「これほどデータが乏しく、根拠のない、偏った推測に左右された——そのため人類の究極の運命の巻き添えになった——重要問題もあまりない」と書いている。この評論が出てから三〇年以上経ったが、ほとんど変化はしていない。

今なおデータは乏しい。確かに関連する知識は、二一世紀になったばかりの頃と比べてさえ増している。個々の領域ではとてつもなく前進したところもある。コンピュータや天文学の技術の進歩によって、強力なSETI事業が展開できるようになったし、天文学者は惑星系の形成についてますます理解するようになったし、系外惑星の発見はあたりまえになっている。生物学者は地球の生命の根本的な動き方を解明しつつある(科学のつねで、新発見は無知の範囲を広げるようにも見えるが)。それでも、この領域での多くの難問に対する答えはやっと見つかり始めたばかりだ。

この分野は今なお根拠のない、偏った推測に左右されている。それでも、問題が途方もなく重要であることを考えると、確固としたデータがないからといって、何も言わないでいていいのだろうか。確かにこの状況でできることは、せいぜい自分の偏りを率直に認め、推測について他の可能性を見込んでおくことくらいのことしかない。少なくともそれで議論を行なうことはできる。当面そのような議論は白熱はしても、白黒がつくことはないのだろうが。

この分野は今なお重要だ。これ以上重要なものがありうるだろうか。宇宙にはわれわれしかいないのか、それともわれわれがいつか連絡をとれる生命と宇宙を共にしているのか。いずれにせよ、途方もないことを考えているものだ。

解75　フェルミ・パラドックスは解決された……

事実が少ないと、個人の心理は憶測で占められるものだ。

——カール・グスタフ・ユング

パラドックスは解決されたのだろうか。そうとは言えない。もちろん解決はされていない。この問題はあまりに漠然としていて、真剣に考えても正反対の結論に達することがありうる。読者はこれまで出されてきた答えの一つを選んでもいいし、自分自身の案を考えてもいい。ここでは私にはいちばんわかりやすい答えを提示する。とはいえ、このパラドックスについての私自身の立場を披瀝する前に、なぜこれほど多くの人々が、知的地球外生命体が存在するにちがいないと信じるのかについて、簡単に述べておきたい。

私の科学者でない友人は、地球外知的生命がいると信じることを、ダグラス・アダムズの回答とでも呼べそうな考え方で擁護する。[394] 曰く、「宇宙は広い。実に大きい。あなたはそれがどれほど、めちゃくちゃ、どこまでも、とてつもなく大きいかを信じようとしていないだけだ」と。これほど大きな宇宙に知的種族がわれわれだけというのは、きっとありえないのではないか。図1の、地球の隣にある惑星から撮影した写真で、地球がどれほどとるに足らないかを見れば、その広大な宇宙に他の文明がないという結論を導くのは難しい。それでも、われわれのいる宇宙はほとんど空っぽだったということになったので、大きさという論拠はあまり重みはない。むしろまったく正しくないのだ。宇宙は「中身《スタッフ》」で一杯に見えるが、それは生命を構築するのには向いていないという事実以外にはほとんど何もわかっていない「中身」――ダークエネルギーとダークマター――だ。宇宙にある、われわれが理解している五パーセントの質量・エネルギー――原子、ニュートリノ、放射――でさえ、希薄に広がっていて、そのほとんどは生命の存在を許容しそうな形のものではない。宇宙は大きいかもしれないが、大きいだけでは、そこがわれわれのような存在を宿しているかどうかについては、ほとんど何もわからない。

　私の物理学者の友人は、地球外知的生命がいると信じることを、数字を挙げて擁護する傾向がある。大事なのは宇宙の大きさそのものではなく、膨大な数の地球型の惑星が収まるほど大きいということなのだという。そのような惑星が宇宙にいくつあるか、正確なところはわかっていないが、近年のある推定では、[395]（たぶん楽観的な見方だが）銀河系には一〇〇〇億もの居住可能な地球型惑星があるのではないかという。宇宙には約五〇〇〇億の銀河があるので、生命を宿していそうなところが五〇〇億兆もあるかもしれない。これは5の後に二二個のゼロが続く数だ。これほど知的種族が進化できそうな地点があるのなら、知的種族がわれわれだけというのはきっとありえない。億兆というのは大きな数ではないか。

　この論証からすると困ったことに、億兆（あるいは五〇〇億兆でも一〇〇〇億兆でも、ふさわしいと思われるどんな数でも）がこの状況で大きいかどうかわからない。大きいかもしれないし、そうではないかもしれない。大きな数はごく単純な状況でも簡単に生じる。一例を挙げよう。今度何かの退屈な委員会に出たときに考えるとよい問題だ。その会議に出ている人々で構成しうる下部委員会が何通りあるか、すべて数え上げて、下部委員会にありうる対をすべて考える。対のそれぞれを、二つの集団の一方に割り当てる。どういう割り当てにしようと、四つの下部委員会について、すべての対が必ず同じ集団にあるという四つ組が必ずあって、全員が必ず偶数の下部委員会に属するようにする、元の委員会の最小の人数はいくらか。

確かに、私もちょっと見には、あまりおもしろい問題ではなさそうだと思う。私の判断は不当とも言える。これは手強い問題で、まだ解けていないのだ。しかし数学者のロナルド・グレアム〔日本では一般に「グラハム」と表記される〕は、この問題に――あるいは正確に言えば、これと同等の問題に――解が存在することを証明し、解は6と、G（グラハム〔グレアム〕数を表すG）と呼ばれることになるある数の間にあることを証明した。[396] 私が言いたいのは、単純な問題から生じるこのグラハム数は大きいということだ。実にとてつもなく大きい。Gはあまりに大きいため、専用の表記法を必要とする。非常に大きな数を表すために一般に用いられる表記法は、TeXで有名なドナルド・クヌースだが、これから見るように、この表記法でも、グラハム数の大きさの整数は容易には扱えない。

クヌースは演算子↑を導入した。一個の↑はべき乗と同じことを表す。

$$m \uparrow n = m \times m \times \cdots \times m = m^n$$

つまり、$2 \uparrow 2 = 2 \times 2 = 2^2 = 4$で、$3 \uparrow 4 = 3 \times 3 \times 3 \times 3 = 3^4 = 81$などとなる。矢印を二つにして

↑↑とすると、興味深いことになる。これは重ねて累乗することを表す。

$$m \uparrow\uparrow n = m^{m^{\cdot^{\cdot^{\cdot^{m}}}}}$$

で、重ねるmがn個ある。これによって、すぐに大きな数が生成される。たとえば、

$$3 \uparrow\uparrow 2 = 3^3 = 27$$

$$3 \uparrow\uparrow 3 = 3^{3^3} = 3^{27} = 7625597484987.$$

二重の矢印表記を試してその感触をつかんでみよう。$3 \uparrow\uparrow 4 = 3^{7625597484987}$がどれほど大きいか、了解できるだろうか。了解できたら私よりも筋がいい。この数だけでも既知の宇宙にある粒子の個数よりはるかに大きい。しかしまだ始まったばかりだ。演算子↑↑↑を考えよう。これは累乗を重ねたものを重ねて累乗する。$3 \uparrow\uparrow\uparrow 3$となると、

$$3 \uparrow\uparrow\uparrow 3 = 3 \uparrow\uparrow 7625597484987 = 3^{3^{\cdot^{\cdot^{\cdot^{3}}}}}$$

となり、重なった3が7625597484987階建てだ。この数はめちゃくちゃに大きい。しかしグラハム数にはまだかすりもしない。演算子↑↑↑↑を考えよう。これは累乗を重ねて重ねて重ねたものだ。$3 \uparrow\uparrow\uparrow\uparrow 3$という数を考えると、これは……書き表すのも難しいほど大きな数になる。試して確かめられたい。グラハム数

について考えるときは、この数から始まり、これは g_1 で表される。つまり、$g_1 = 3 \rightarrow \rightarrow \rightarrow \rightarrow 3$ だ。g_2 はあきれるほど巨大になる。

$g_2 = 3 \rightarrow \rightarrow \dots \rightarrow \rightarrow 3$ で、3に挟まれた矢印が g_1 本ある。

二つの3の間に↑が四つだけでも書ききれないほど大きい数になるというのに、今度は二つの3の間に矢印が $3 \rightarrow \rightarrow \rightarrow \rightarrow 3$ 本ある数について考えていることになる。それが g_2 だ。g_3 という数は、3の間に g_2 本の→演算子がある。等々。そうして g_{64} をグラハム数と言う。

グラハム数のばかでかさを端的に理解するのはほぼ不可能だ。頭で（少なくとも私の頭で）了解できるいかなるものも微々たるものだ。グラハム数に比べれば、五〇〇億兆——居住可能な地球型惑星にありうる個数——など、笑ってしまうほど小さい。すると、地球外知的生命の可能性を論じている場合に、五〇〇億兆は大きな数だろうか。たとえば生命がそうした惑星のほとんどにあるということにでもなれば、大きいかもしれない。しかし生命のない物質から知的生命が発達するのが G 分の1程度の出来事だということになれば、これほどの惑星の数も取るに足りなくなるだろう。

いくつかの巨大数

グラハム数はとんでもなく大きく、それを数字として並べると、書ききれない（この数の十進数表記をどれほど小さい数字で書いても宇宙はそれを収容できるほど大きくはない）が、最後の何桁かがどうなるかはわかっている。グラハム数の真の値はともかく、それは……2464195387 で終わる。

グラハム数よりもさらに大きい他の数は、本格的な数学の文献に登場する。組合せ数学あるいは計算機科学の分野で研究する数学者は、驚異的に大きな数を調べていて、それを表すのには、専用の表記が必要となる。たとえばクラスカルの木《ツリー》定理を研究する数学者は、グラハム数でも霞んでしまうほどの数に遭遇する。そこではTREEと呼ばれる関数が用いられるが、これはTREE(1)＝1、TREE(2)＝3から始まるが、TREE(3)となると、とんでもなく大きくなって、クヌースの矢印表記でも扱うのに苦労するほどだ。グラハム数はTREE(3)よりははるかにTREE(2)に近い。

私の生命科学者の友人は、物理学を研究する人々（あるいはそもそも科学を勉強したことがない人々）とは違い、知的生命の見込み——あるいは少なくとも、われわれと連絡がとりあえるような文明に発達した知的生命の見込み——にはずっと懐疑的になる傾向にある。生物学者は別の形態の生命が存在することは認めるものだ（何と言っても、生命が生まれそうな惑星の数は大きいのだ）が、「高度な知的生命が地球で進化したのだから他の惑星でもいずれ進化するにちがいない」という決定論的な論証には乗らない。大方の生物学者が見るところでは、知的生命は必然というよりはなかなかないらしい。

私自身はどう思うかというと、まあ、生物学者の友人の側にいる。

地球外知的生命についての論議には、一つだけ、確固たる事実が光を放っている。われわれはまだＥＴＣの来訪を受けておらず、あちらからの音信も聞こえていないということだ。これまでのところ、宇宙はまだわれわれに対して沈黙している。この事実を否定する人々は、もちろんフェルミ・パラドックスへの答えがすでに用意できている（本書を読むのも、最初の何ページかでやめているだろう）。そうではないわれわれにとっての仕事は、この一個の事実を解釈することだ。

本節冒頭の引用からうかがえるように、根拠にできる証拠が一つしかない場合、自身が持つバイアスが前面に出てくる。私自身でこれと言える私のバイアスには、われわれの未来に関する楽観的姿勢などがある。私は、われわれの科学的知識はこれからも広がり、技術も改善されると私は思いたい。人類はいつか他の恒星に達すると信じたい――まずメッセージを送り、それからたぶん、宇宙船を送るだろう。アシモフが小説『ファウンデーション』シリーズで描いたような銀河系に広がる文明が、いつか立ち寄ると願いたい。しかしこうしたバイアスがフェルミ・パラドックスにぶつかる。われわれが銀河系に乗り出すことになるのなら、なぜ向こうはすでにそうしていないのか。コロニーを樹立する手段も動機も機会もあるのに、そうしているようには見えない。なぜか。結局私は、それは「あちら」――文明を築き、われわれが連絡できる、ものごころがあり、知能も知恵もある存在――が存在しないからだと信じている。

月のない晴れた夜、空を見上げ、肉眼で何千もの星と広大な空間を見つめると、われわれしかいないとはなかなか信じられないというのには同意する。われわれは小さく宇宙はあまりに大きく、われわれだけとは思えないのだ。しかし見かけには騙されることがある。どんなに理想的な観測条件でも、見える星は三〇〇〇を越えることはまずないし、その中には、われわれのような生命にとって居住可能な条件を備えるものはほとんどないだろう。夜空を見たときに誰もが感じるかもしれない本能的な反応――あのどこかに知的生命がいるにちがいない――は、良い指針とは言えない。本能的な反応ではなく、理性を指針にしなければならない。で、理性は……銀河系だけでも何十億という地球型の惑星があり、直近の銀河を含めるとそんな惑星が何兆もあることを教える。すると物理学者や天文学者の方が正しいのではないか。数の重みだけでも、知的生命、もしかしたらわれわれよりもはるかに優れた知的生命は必ずあるということにならないか？私はそうは思わない。その論法には、一片の傲慢がつきまとっていると思う。どういうことか説明させていただこう。

まず、知恵も知能もある地球外生命を探すとき、われわれは生物自然発生——非生物からの生物発生——の可能性は低くないという前提に立っている。この前提が確実に成り立つものではないかもしれない。地球上の生命は何らかのまぐれで生じたもので、二度とないような出来事だったかもしれない。しかし、生命のための化学的成分の多くは宇宙塵にも存在するし、宇宙にはとてもたくさんの惑星があるとなれば、生命が誕生する例は数多くあることには同意しよう。

すると、われわれが探すのは、生命が誕生し、何億年もの間——進化がその手腕を発揮できるほどの長さ——条件が好適であり続けた惑星だ。しかしその水準の安定性を有する惑星はどれだけあるだろう。地球史ではずっと条件は生命に好適だったが、それをもって他の惑星の条件にありそうな安定性を云々することはできない。われわれは今ここにいるので、過去にさかのぼって、知的生命の発達に好適だった歴史を見るしかないだけだ。他の惑星には大きな月がないかもしれない。保護してくれる磁場がないかもしれない。あまりに変動が激しい星を公転しているかもしれない。温室効果か冷凍室にまっしぐらの気候かもしれない。近くで起きたガンマ線バーストで大気圏がはぎとられたかもしれない。あるいは……宇宙がどれほど危険なところかも本書では見た。生命をもたらす惑星すべてがその子孫を守れるわけではない。

われわれが探しているのは、長期的に生命を宿すだけでなく、複雑な多細胞生物の登場を見るような惑星だ。しかし生命は原核細胞段階以上に進化するものだと予想する理由があるだろうか。それが避けられないことだとする事情はなさそうだ。複雑な形態の生命が存在するようになる惑星では、通信が行なわれるために、われわれと同じ、あるいは似た感覚器官を発達させたものを探そうとするが、あたりまえにそうなるものと予想する理由はあるだろうか。他の惑星にある環境を生きようとすれば、もしかすると嗅覚、磁気覚、熱覚——あるいはわれわれが想像もしないような感覚である可能性も高い——の方が役に立つということもあるかもしれない。

われわれが探しているのは、高度な知能を発達させた生命だ。しかし知能が広く行き渡っているものと予想する理由はあるだろうか。もちろん地球ではあたりまえではない。古細菌と細菌では、そこからわれわれに至る系統が分離した後、知能は進化しなかった。菌類や植物では、そこから動物の系統が分かれた後、知能は進化しなかった。動物が分かれるいろいろな門のうち、知能が進化したのは脊索動物のみだった。さらに、脊椎動物〔脊索動物の下位分類〕のうちでは哺乳類だけ、哺乳類の中では人類だけで、われわれが探しているような高度な知能が進化した。われわれは後から振り返って、自分が最上段にある知能の階梯を見る。しかしそれはバイアスのかかった見方だ。振り返るのではなく、周囲を見回せば、高い知能はまったく重要ではないことがわかる。何百万という生物種がそれなしでも文句なしにちゃんと暮らしている。

われわれが探しているのは意識的自覚も進化した知的生命だ。使える資源と、原材料に手を加えて道具にする必要の両方がある、知的で意識のある生命だ。われわれに理解できる言語を発達させた、知的で、意識があり、道具を作る生命だ。社会的集団で暮らし（文明の恩恵を受け取れるように）、科学や数学の道具を開発する、知的で意識があり、道具を作り、伝達能力のある存在だ。

われわれが探しているのはわれわれ自身なのだ……

私が地球外知的生命が存在するとする論拠は少々傲慢のきらいがあると言うのはそういう意味だ。夜空を見上げてその奥を覗き込むとき、まさしく人類の定義となるような性質を有する存在が見つかるものと予想する理由があるだろうか。地球を共にする何百万という生物種は、すべてわれわれと同じく「進化した」存在だ。それはすべて、その生物が生きるか死ぬかにはお構いなしの厳しい世界で暮らしを立てている。壮大な数の様々な方法で何とかかんとか生き延びている。人類を定義するような知能に向かう進化の駆動力などない。ここに知能が見つからないのなら、いったい宇宙に見つかるものと予想する理由があるだろうか。

しかし、われわれが自分を探しているとしたら、その活動はとてつもない重みを担うことになる。宇宙にいる意識ある生物種が実はわれわれだけだということを知ったら、それはわれわれにとって何を意味するだろう。とてつもない責任がかかってくるだろう。

有名なフランスの生物学者ジャック・モノーは、「人間はとうとう、無情にも広大な宇宙の中に自分だけがいて、自分はそこから偶然によって生まれたことを知った」と書いた[397]。それは暗い考え方だ。もっと悲しいことも考えられる。意識を持った唯一の生物種、愛とユーモアと思いやりの行為で宇宙を明るくできる唯一の種が、ばかげたふるまいで自ら消えようとしているのかもしれない。第4章で取り上げた様々な「解」は、フェルミ・パラドックスの答えにはならないと私は思うが、それはわれわれの子孫にとってありうる様々な未来は記述している。われわれは望む未来を選ぶことができる。われわれが生き残るなら、探検して自らのものにできる銀河系がある。自滅したら、故郷の惑星を飛び立てるようになる前に地球をだめにしたら……別の種の生物がその惑星から夜空を見上げ、「みんなどこにいるんだろうね?」と思うようになるまでには、長い長い時間がかかることだろう。

新版訳者あとがき

旧版の『広い宇宙に地球人しか見当たらない50の理由』から十余年、原書が改訂され、理由も75に増えたのに応じて、翻訳も『広い宇宙に地球人しか見当たらない75の理由』と改めて新版を出すことになりました（原書は *If the Universe Is Teeming with Aliens... Where Is Everybody? — Seventy-Five Solutions to the Fermi Paradox and the Problem of Extraterrestrial Life*, Springer 2014）。文中、〔　〕でくくった部分は訳者による補足です。また巻末の文献リストに挙げられている資料に邦訳がある場合は、その旨を補足しましたが、本書の訳文は、とくに断りのないかぎり、本書訳者による私訳です。

科学の世界は常に変化していますから、物理学から生物学、認知科学、情報科学にいたるまで、科学の各分野を包摂する本書の内容も、当然変わらざるをえません。出るべくして改訂版が出るまでにも、著者自身が『現代物理学が描く突飛な宇宙をめぐる11章』や『宇宙物理学者がどうしても解きたい12の謎』といった、本書の旧版を補うような本を出していて（いずれも拙訳が青土社から出ています）、今回の改訂版も、その内容や、またさらにその後の展開もふまえた内容になって、新登場しています。旧版をそのまま用いている部分もありますが、細部の記述が変わったりもしていますので、この訳書も、旧版に拠りつつも、旧版の文章も改めるべきは改め、言い回しにも手を加え、結果として旧版部分も変動しています。

これほど広い宇宙なら、地球人だけでなく、他にも地球人とコミュニケートできたり、こちらまでやって来たりするような「知的生命」がいてもよさそうなものに（地球や地球人は決して特別ではないという平凡の原理）、今のところそれがいる証拠が見当たらないのはなぜか（この点に同意しない人々がいるということは著者も重々承知していますが）。この一つの問いをめぐって、様々な可能性を取り上げ、検討するという本書の性格は何も変わっていません。私たちが新たに知ることによって、検討すべきことも増えたということです。

それをふまえてエイリアンの可能性をどう考えるかは読者に委ねられていますが、著者自身の立場は、旧版と変わったわけではないものの、今回、さらに明瞭に述べられているように思います。それは、科学的思考のつねとして平凡の原理に立って宇宙を見ようとしていると、いつのまにかそれが人間中心主義に戻ってしまうということに関係しています。地球人は特別ではないと考え、地球人のような知的生命が他にもいるのではないかと思って探すのは、実は「地球人のような」という限定をつけてしまうことになる。地球人のように見えない存在はETとして見えなくなるということです。地球にいる私たちは alone か（地球人のような存在は私たちだけか）という問いが出発点ですが、その問い方からして私たちは alone とならざるをえなくなる、つまり地球人のような存在は地球人だけという、（本書でも重要な役目を演じている人間原理にも似た）トートロジーのような結論が示唆されます。そのような意味で著者はエイリアン探しに「成果」があることには否定的です。

それでも、それで答えは出たということでもないと、訳者は思います。私たちとは違う（知的）エイリアンはいるのか、あるいは見つかるのか？――そこにはそういう存在を認識できるかという難問が待ち構えていて、著者もそれについては、定義上、認識のしようがないから、私たちは alone と見るしかないという方の根拠にするところで止めていますが、含みは十分残している。この改訂版は、その含みをむしろ広げているように思います。私たちは今、たとえばＡＩを人間扱いできるかという問いにも直面しています。そしてその問いが扱えるようになったとき、「〇〇であるとはどのようなことか」の理解（もしくは経験）が進み、それによって認識しうる「他者」の範囲が広がったりするのかもしれません。それもまた次の展開というものだろうと訳者は思います。

そうしたあらためてその先も考えつつ、現時点での可能性の検討を著者とともに楽しんでいただければと思います。

新版の刊行に当たっては、青土社の篠原一平氏にもろもろの労をとっていただきました。また新たな装幀は松田行正氏のお世話になりました。記して感謝いたします。

訳者識

二〇一八年五月

索引　（ ）内は巻末注番号

か行

さ行

た行

な行

は行

ま行

や行

ら行

わ行

註

1　みんなどこにいるんだろうね？

1　アメリカの作家、アイザック・アシモフ（1920～1992）は、20世紀でも有数の多産な作家の一人だ。膨大な数のテーマ――聖書やシェークスピアに至るまで――について書いたが、私にいちばん影響したのは、SFであれ、ノンフィクションであれ、科学に関係する本だった。アシモフが最晩年に書いた回顧録については、Asimov(1994)を参照。

2　まず、アメリカの地学者でSF作家のスティーヴン・リー・ジレット（1953～）による、「フェルミ寄り」の記事が、『アイザック・アシモフSFマガジン』の1984年8月号に掲載された。反論の方は、アメリカの科学者にして作家のロバート・A・フレイタス（1952～）によるもので、同じ年の9月号に掲載された。何年か後、ジレットは元の記事に加筆し、フレイタスが立てて、本書でも19頁で取り上げる「レミング・パラドックス」の別解釈を指摘した。地球にレミング以外のものがいなかったら、レミングは至るところにいることになるが、地球には他の生物で一杯で、他の生物がレミング競争力で上回り、レミングが広がるのを抑えている。レミングが見られないことから引き出すべき正しい結論は、資源を求めて競争する生物が豊富にいるということだ（元々それはわかっている。われわれは生物に囲まれているのだから）。しかし宇宙を覗き込んだ場合には、生命の存在がうかがえるものは何も見えない。

3　WMAPとプランク両探査機は、われわれの宇宙を記述するうえで鍵になる数字について一致した。詳細については、たとえばNASA（2012）やESA（2014）を参照。

2　フェルミとパラドックスについて

物理学者エンリコ・フェルミ

4　フェルミの生涯の詳細については、二つの典拠に当たった。妻ラウラが書いた伝記（Fermi 1954）と、友人で学生で共同研究者だったエミリオ・セグレ（1905–1989）が書いた、読みやすい、物理学面でのフェルミ伝（Segré 1970）だ。このセグレも、1959年、ノーベル物理学賞を受賞している。2001年、フェルミ生誕100周年を記念してシカゴで催されたシンポジウムでは、フェルミが物理学に及ぼした影響の幅広さを浮かび上がらせた。その会の記録は後に公刊されている（Cronin 2004）。

5　フェルミを教えたルイジ・プッチアンティ（1875～1952）は、ピサの高等師範学校の物理学研究室の主任だった。ラウラによる叙述（Fermi 1954）によれば、プッチアンティは、フェルミ青年に相対論を教えてくれと頼んだ。「君は明晰に考えるから、君が説明することは必ず理解できる」とプッチアンティは言ったという。

6　最初の連鎖核反応の実現を目指した研究全体を指揮した人物は、アメリカの物理学者、アーサー・ホリー・コンプトン（1892～1962）で、自身の素粒子物理学の研究でノーベル賞を受賞した。フェルミがその目標を達成したことが明らかになったとき、コンプトンは、ハーバードの学長だったジェームズ・ブライアント・コナント（1893～1978）に電話した。電話は暗号だった。「ジム、イタリアの船乗りがたった今、新世界に上陸したことを君が知りたがっていると思ってね」〔コロンブスがアメリカに達した故事をふまえる〕)。この研究の詳細については、Compton（1956）を参照。

パラドックス

7　様々なパラドックスを扱った楽しく読みやすい本としては、Poundstone（1988）を参照。本文で取り上げるものだけでなく、ラッセルの理髪師のパラドックス、ニューカムの超能力のパラドックスなど、多くのものがある——ただしフェルミ・パラドックスはない。

8　ロシア生まれの数理生物学者アナトール・ラパポート（1911～2007）は、様々な分野の研究で知られる。中には有名な数学のパラドックス、囚人のジレンマの分析がある。このパラドックスの短くて読みやすい入門としては、Rapoport（1967）を参照。

9　ここで「連鎖式（sorites）」と言われていることは、ギリシア語で「積もった山」を意味するソロスという言葉に由来する。最初にその語が用いられたのが、本文に述べられている種類の推論でのことだからだ（つまり、砂粒一粒では山にはならない。砂粒一つでは山にならないなら、二粒でもならない。以下同様で無限に続く、ということ）。連鎖式パラドックスについての包括的な解説は、Williamson（1994）を参照。

10　このカラスのパラドックスは、ドイツ生まれの哲学者で、論理実証主義運動の指導者の一人だった、カール・グスタフ・ヘンペル（1905～1997）によって考えられた。このパラドックスは、Hempel（1945a, b）で初めて登場した。

11　予期せぬ絞首刑のパラドックスに最初に気づいたのは、スウェーデンの数学者、レナート・エクボムで、戦時中、スウェーデン放送協会が次のような予告をしたときのことだという。「今週、民間防衛演習が行なわれます。民間防衛班には確実にしかるべく態勢を整えておいてもらうため、何曜日に演習が行なわれるか、前もって知らされません」。このパラドックスの詳細については、Gardner（1969）を参照。マーティン・ガードナー（1914～2010）は、『サイエンティフィック・アメリカン』誌の数学コラムで有名だが、哲学畑の出身で、パラドックスに関する学術論文も発表している。

12　双子のパラドックスはアインシュタインの特殊相対性理論にかかわるものだが、もちろんアインシュタイン自身は、自分の理論のことをよくわかっていて、この現象をパラドックスとして紹介したりはしなかった。しかし、アインシュタインは量子論の創始者の一人でありながら、その分野の根拠についてはさほど確信してはいなかった。ボリス・ポドルスキー（1896～1966）とネーザン・ローゼン（1909～1995）の二人の共同研究者とともに、驚くほど絶妙な論証を立て（今ではＥＰＲパラドックスと呼ばれる）、量子論は不完全であることを証明しようとした。これまた分析してしまえば、パラドックスはないことがわかる——ただ、「もつれ」と呼ばれる「気味の悪い（スプーキー）」（アインシュタイン自身の言い方）現象を導入しなければならなかった。ＥＰＲによる結果は、人が触れたことのある事物はすべて、量子論の奇怪な法則によって、目に見えないところで当人と結びついていることを教える。ＥＰＲパラドックスについての明快な解説は、Mermin（1990）および Gribbin（1996）にある。このパラドックスが最初に述べられたのは、Einstein et al.（1935）でのこと。

13　ファイアーウォール・パラドックスを提起した論文は、2012年の前刷りとして入手した。活字になったものは翌年発表された。Almheiri et al.（2013）を参照。

14　たとえば Webb（2004）を参照。

15　夜空が暗いというパラドックスは、ドイツの天文学者、ハインリヒ・ヴィルヘルム・マテウス・オルバース（1758～1840）にちなんでオルバースのパラドックスと呼ば

れるが、オルバースが自分の考察を1826年に発表する前にも、他の何人かの天文学者、とくに有名なのはヨハネス・ケプラー（1571〜1630）とエドモンド・ハレー（1656〜1742）がこの問題を検討している。オルバースのパラドックスを、夜空がなぜ暗いのかという疑問の古い歴史も含め、完全に、簡潔に論じたものとして、Harrison（1987）を参照。

フェルミ・パラドックス

16 エリック・ジョーンズは研究歴のほとんどをロスアラモスで過ごした天文学者で、フェルミが有名な問いを発した日に昼食をともにした、エミール・ジョン・コノピンスキー（1911〜1990）、エドワード・テラー（1908〜2003）、ハーバート・フランク・ヨーク（1921〜2009）に連絡をとり、このときの記憶を記録してくれるよう求めた。ジョーンズはその話をJones（1985）で発表した。1950年代の初め、アメリカ人のコノピンスキーとヨークは、ともに核兵器開発に関する理論的研究に参加しており、ハンガリー生まれのテラー（「水爆の父」と呼ばれるようになっている）もそうだった。3人とも、自分たちの核物理学をめぐる論議では、フェルミがもたらしたものを享受したことだろう。

17 アメリカの天文学者、フランク・ドナルド・ドレイク（1930〜）は、ＥＴＣの探索に電波望遠鏡を使った史上初の人物となった。ドレイクがなぜ天文学に進み、地球に知的生命体が見つかる見込みがどのくらいあるのかといった話は、Drake and Sobel（1991）にある。

18 たとえば、Haqq-Misra and Baum（2009）あるいはPrantzos（2013）を参照。

19 科学の予言者であり、ロシアの著述家にして哲学者、コンスタンティン・エドゥアルドヴィチ・ツィオルコフスキー（1857〜1935）は、ロシア東部にあるイジェフスクという町の貧しい家庭に生まれた。9歳の頃、連鎖球菌の感染によって、ほとんど耳が聞こえなくなった。それでも独学で化学と物理学を勉強し、1898年には、宇宙飛行には液体燃料ロケットが必要であることを明らかにして、1920年のSF小説『地球の彼方に』では、人々が軌道上の居住地で暮らす様子を書いた。「他の太陽のまわりにも惑星がある」（1934）、「惑星は生物が占めている」（1933）という２本の記事で、地球外生命についての考え方を宣伝している。ツィオルコフスキーの哲学とフェルミ・パラドックスの先取りについては、Lytkin et al.（1995）を参照。

20 Viewing（1975）を参照。

21 Hart（1975）を参照。フェルミ・パラドックスへの関心を広めたのは他のどれよりもこの論文だと私は信じる。

22 バーロック卿ダグラス（1889〜1980）は、原始的生命から知的生命に至る進化の段階の数が多すぎて、それがよそで生じる確率は無限小ではないかと論じた（Douglas 1977）。

23 アメリカの数理物理学者、フランク・ジェニングス・ティプラー（1947〜）は、銀河系に植民するために探査機を使うことを論じた一般向けの記事を何本か書いている。たとえば、Tipler（1980）を参照。

24 グレン・デーヴィッド・ブリン（1950〜）は、天文学畑の出身だが、SF作家としての方が知られている。「大沈黙」に関する記事（Brin 1983）は、この話を扱ったも

のとして、今なお最も明快なものである。ブリンの一般向けの記事（Brin 1985）も参照。これはフェルミ・パラドックスにありうる24通りの解を簡単に論じている。

25 Zuckerman and Hart（1995）を参照。このとても読みやすい本は、初版よりも改訂第2版の方が手に入れやすい。

26 宇宙にある星の数からだけでも、他に生物がいるとせざるをえないのではないか、という簡単な解説については、Aczel（1998）を参照。何かが起きる可能性が十分にあれば、それはいずれ起きるということだ。しかし、この結論を導く論法には説得力がないと思う読者も多いかもしれない。

27 Smolin（1997）を参照。

28 Gould（1985）を参照。

29 経済学者というと、フェルミ・パラドックス型の、時間旅行が存在しないことの証明が思い浮かぶ（Reinganum 1986–7）。時間旅行者がいたら、金利はプラスにはならないというのだ。確かに人が時間をさかのぼって旅行できたら、利率は0％にならざるをえない——そうでなかったら、預金者は銀行を無制限のATMとして使えることになる。単純に2000年ほど過去へ行って何ドルか預金して現在に戻ってくれば、元金は小さくても、複利計算で確実に金持ちになれてしまうのだ〔そういう人は見当たらないので時間旅行はないと考えられる〕。

30 実験が必要であることの好例は、ティプラーが論じる、遠い将来、神のような知性体によって、われわれはソフトウェアの中に復活するだろうという話だ（Tipler 1994)。この論旨は、一定の宇宙論的特性を有する宇宙であるかどうかにかかっている。近年の観測結果はその特性があることを排除し、したがってティプラー説もだめということになるらしい。しかし天文学者が見たのでなかったら、そうかどうかわからないだろう。

3　実は来ている（来ていた）

解1　みんなもう来ていて、ハンガリー人と名乗っている

31 McPhee（1973）は、ハンガリー人が火星人の子孫だというこの「説」を、やはり火星人の一人だったことになるレオ・シラードのものとする。しかし、没後に公表されたある手紙（Morrison 2011）が、この話について、少し違う——またこちらの方がありそうな——語り方を提示している。

32 本文で言われる5人の「火星人」は、確かに並外れた才能の集まりだった。エドワード・テラーについてはすでに触れた。レオ・シラード（1898～1964）は、核物理学だけでなく、分子生物学にも貢献した——また新型の家庭用冷蔵庫も発明した。一緒に発明したのはアインシュタインだった（シラードの優れた伝記はLanoutte 1994を参照)。ユージン・ポール・ウィグナー（1902～1995）は、量子論では第一人者の一人だった。ジョン・フォン・ノイマン（1903～1957）は、いくつもの分野で大きな貢献をしている。テオドール・フォン・カルマン（1881～1963）は、航空工学では世界的な権威の一人だった。この5人は全員ブダペスト生まれだ。ロスアラモスにはいなかったが、同じ頃ブダペストに生まれた物理学者には、デニス・ガーボル（1900～1979、ガーボル・デネシュ）もいる。ガーボルは、ホログラフィの発明によってノーベル物理学賞を獲得した。放射化学者で、1943年にノーベル化学賞を受賞したゲオ

ルク・ド・ヘヴェシー（1885 〜 1966、ヘヴェシー・ジェルジ）もブダペスト生まれだった。これほど才能が集まるのは稀有なことだが、他にないわけではなく、ときどき、英才が集まるという現象が起きる。たとえば、1979 年のノーベル賞を受賞した素粒子物理学者で、電弱統一理論をそれぞれ別個に研究していたシェルドン・リー・グラショー（1932 〜）とスティーヴン・ワインバーグ（1933 〜）の２人は、ブロンクス理科高校の同じクラスにいた。同じクラスには、タキオンのアイデアを展開したジェラルド・ファインバーグ（1933 〜）もいた。ブロンクス理科高校は、グラショーとワインバーグ以外にも、３人のノーベル物理学賞の受賞者を出している。オーストリア・ハンガリー帝国のウィーンでは、1913 年、もっと不吉な人の集まり方があった。アドルフ・ヒトラー、ヨシフ・スターリン、ヨシップ・チトー、レフ・トルストイ、ジークムント・フロイトは、全員が数キロの範囲内に暮らしていた。巡り合わせは起きるものだ。

解２　みんなもう来ていて、政治家と称している

33　たとえば Icke（1999）を参照。アイクはかつてイギリスのテレビでは知られた顔で、アイクがそんなことを信じていることを知って、私は著書を１冊読まざるをえなくなった。私が選んだ本は、出だしもひどく、すぐにあの、めちゃくちゃすぎておもしろいと言われるようなレベルに落ちるが、困ったことにその低下が続くので、私は何頁か読んだところで、それ以上読めなくなった。

34　ヘルヤーの他の 39 件の証言も含めた証言については、Citizen Hearing on Disclosure（2013）を参照。

35　本書執筆段階で、パークスはホイットビータウン町議会のステークスビー区の代議員。2012 年の選挙結果については、Scarborough Borough Council（2012）を参照。パークスをネットで検索すると、「カマキリ」エイリアンとの交渉を取り上げた何度かのテレビ出演へのリンクがあるだろう。

36　数学者ジョン・フォーブス・ナッシュ（1928 〜 2015）については、ナッシュがノーベル経済学賞を受賞したのと同じ頃に出版された、Nasar（1994）を参照。

解３　ラディヴォイェ・ライッチに石をぶつけている

37　Miodownik（2013）を参照。私はこのミーオドヴニクの『人類を変えた素晴らしき 10 の材料』以上に優れた一般向けの材料科学に関する本は一つしか知らない。それは『強さの秘密』（Gordon 1991）だ。

38　小さな物体が地球に衝突する率の推定については、Brown et al.（2002）を参照。地球のどの特定の 1 m^2 でも、特定の１年の間に隕石が衝突する可能性は低いが、地球外の物体が人間に当たった事例が少なくとも一つ記録に残っている。1954 年 11 月 30 日、アラバマ州に落下したシラコーガ隕石で、かけらがある屋根に衝突してそれを突き破り、木製のラジオの筐体に当たって跳ね返り、ソファで眠っていたアン・ホッジスのお尻に当たった。

39　時間が経って当たりくじを換金できなかった夫婦の話については Guardian（2001）を参照。

40　ゴーマンの捏造話を取り上げた古い例の一つについては、Digital Spy（2013）を参照。

ネットを手早く検索するだけでも、この話がどれほど変化しているかが明らかになる。

解4　みんなＵＦＯからこちらを監視している

41　「エゼキエル書」1 － 4 〜 28 には、空中に車輪が現れたことを記しており、これを空飛ぶ円盤だと解釈する人もいる。この黙示録的な文章は、解釈が難しいことで有名だが、預言者エゼキエルは物理的な出来事を述べていたのではないとするのが穏当なところだろう。この種のことに対する姿勢によっては、神からのメッセージを述べているという可能性もあるだろうし、妙なキノコでも食べたのかもしれない。

42　ケネス・アーノルド（1915 〜 1984）は、自分の目撃について、『円盤の到来』という本（Arnold 1952）に書いている。

43　多くの世論調査がこの数十年にわたるＵＦＯに対する各国の人々の姿勢を調べている。問われる質問が正確にどういうものかにもよるが、ＵＦＯの存在を信じる——これは地球外の宇宙船の存在を信じるのと同等のことと考えられる——と告白するアメリカ人の割合は、一般に 30 〜 50% の間にわたる。最近の調査結果については、たとえば Harris Interactive（2013）を参照。

44　エドワード・Ｊ・ルッペルト（1922 〜 1959）は、心臓発作で比較的に若くして亡くなり、悲しいことに、しかし必然的に、少なからぬ陰謀説に火をつけた。ルッペルトの伝記と、「UFO 研究」の視点から見た 1950 年代の UFO 現象の話は Hall and Connors（2000）にある。

45　UFO はエイリアンの宇宙船だという説を支持する本がたくさん書かれてきた。それに比べると、懐疑的な取り組みははるかに例外的らしい。UFO 現象に関する明快な懐疑派の論集の一つが、Sheaffer（1995）。

46　倹約の法則——必要以上に関係する事項を増やしてはならない——は、14 世紀よりも前の哲学者や科学者が持ち出していたにちがいない。しかしオッカムのウィリアム（1284 〜 1347）が、この原理を頻繁に使い、しかも鋭く使ったので、オッカムの剃刀と呼ばれるようになった。

解5　かつて地球にいて、存在した証拠を残している

47　「宇宙法科学」や過去にエイリアンが活動した痕跡を探すことの難しさについては、Davies（2012）を参照。ポール・デーヴィスは、専門的な物理学の著述だけでなく、一般向けの科学書を書くのにも優れている。たとえば、「大沈黙」についての見事に明瞭ないくつかの説明については、Davies（2010）を参照。

48　われわれの今の文明のどの要素が遠い未来にまで残るかと考えることによって、ありうる過去の技術的活動が今に残っていることの理解を試みることはできる。すべての人が明日死ぬとしたら、人類という種がかつて地球を歩いていたことを示すどんな証拠が 100 万年残るだろう。1000 万年ならどうか。もっと長くなるとどうか。こうした問いに対する一般向けの解説については Weisman（2007）を参照。もっと科学的な解説は、地質学者が書いた Zalasiewicz（2009）がある。

49　オクロ天然原子炉についての明瞭で非専門家向けの解説については、Meshik（2005）を参照。

50　スイス人のエーリヒ・アントン・フォン・デニケン（1935 〜）は、ホテルの支配

人をしながら、その最も有名な本『未来の記憶』を書いた。その後、『神々の帰還』、『人類を創った神々』などの続編を書いた（von Däniken 1969, 1972, 1997 を参照）。デニケンの本が間違いと言える理由を論じた優れて楽しい本として、Story（1976）を参照。

51 関連する問題、つまり地球由来の隕石が月に残っていて探知できる可能性については、Crawford et al.（2008）を参照。

52 月面のエイリアンの遺物探しに用いることができそうな方策については、Davies and Wagner（2013）を参照。

53 60 年経ってみると、月に橋が見えるというのは奇妙なことに見えるが、ウェールズの天文学者ヒュー・パーシー・ウィルキンス（1896 〜 1960）は立派な観測家だった。月の地球側の面の詳細な地図を何種類か作り、1961 年には、ある直径 57km のクレーターに自分の名をつけてもらうという栄誉も受けている。

54 地球を観測する探査機をどう探すかに関しては、Freitas and Valdes（1980）および Freitas（1983a, b）を参照。

55 探査機が何千年にもわたって地球を観測しているのではないかという説は、それほど突飛なことではない。われわれの現在の技術水準でも、KEO 計画〔宇宙タイムカプセル〕が、地表から 1400km 上空に衛星を上げて、軌道上に 5 万年にわたって乗せておこうとしている。この企てはフランスの芸術家ジャン＝マルク・フィリップ（1939 〜 2008）の発案によるもので、それを思いついたのは 1994 年のことだった。フィリップは、ラスコーの洞窟に絵を描いた人々がわれわれにメッセージを残したように、自分も子孫にメッセージを残したいと願った。情報は放射線に強い DVD 上に記録され、未来にこれを発見した人誰にでも適切な読取り装置の作り方を示せるよう、何通りかのフォーマットで記号による指示がつけられることになっていた。当面、打ち上げ予定は 2015 年だが、本書を書いている段階では、それが実現するとは明言しにくい（打ち上げは当初 2003 年を予定していたが、何度か延期されている）。KEO（2014）を参照。

56 イタリア生まれのフランス人数学者ジョセフ＝ルイ・ラグランジュ（1736 〜 1813）は、18 世紀最高の数学者に数えられる。もしかすると、いちばん重要な天文学の研究は、月の秤動や、惑星の軌道を計算したことかもしれない。ラグランジュの略伝については、Rouse Ball（1908）を参照。

57 Lissauer and Chambers（2008）は、一連の数値シミュレーションを行ない、惑星による重力の影響は、太陽からのもっと大きな影響と組み合わされると、数百万年ほどの時間で軌道を不安定にするに足りるということを示した。

58 LDE の説明は Lawton and Newton（1974）によって示された。この論文は、Lunan（1974）による、LDE が L4 か L5 に ETC の探査機があることの証拠だとする仮説を受けてのもの。この問題についての別の見解については Faizullin（2010）を参照。

59 火星観測について見事に解説したものとして、Sheehan（1996）を参照。

60 イタリアの天文学者ジョヴァンニ・ヴィルジニオ・スキアパレッリ（1835 〜 1910）は、ミラノのブレラ・パレス天文台の台長で、流星や彗星について重要な観測をいくつか行なった後、1877 年、関心を惑星に向けた。火星の運河を最初に記録したのがスキアパレッリだったわけではない。真に火星の地図と言える最初のものは、ドイツの天文学者、ヴィルヘルム・ベーア（1797 〜 1850）と、ヨハン・ハインリヒ・フォン・

メドラー（1794 〜 1874）によって発表され、運河に見える地形を少なくとも一つ記載していた。とはいえ、スキアパレッリがカナリ説を広めたため、火星と言えばこれという主題となった。その後の火星に関する人々の空想につけこんだ小説で最も有名なものは、たぶん、イギリスの作家、ハーバート・ジョージ・ウェルズ（1866 〜 1946）による『宇宙戦争』（Wells 1898）だろう。

61　パーシヴァル・ローウェル（1855 〜 1916）は、ボストンの裕福な家庭の出身で、真剣に天文学とかかわるようになったのは比較的遅い 40 歳のときだった。始めるのは遅かったが、数々の科学的業績をあげ、海王星よりも遠くにある惑星を探そうとしていた。アリゾナには、その名がついたローウェル天文台もある。しかしローウェルといえば火星に関する説を思い浮かべられることになる。ローウェルについて興味深い記事として、Zahnle（2001）を参照。

62　ウクライナの宇宙物理学者、ヨシフ・サムエレヴィチ・シュクロフスキー（1916 〜 1985）は、かに星雲からの連続的な放射の説明をつけたことで知られているが、宇宙線天文学と惑星状星雲に関する距離の尺度について重要な貢献をした。シュクロフスキーが書き、カール・セーガンが英訳して増補した『宇宙の知的生命』は、この分野の古典になっている（Shklovsky and Sagan 1966）。シュクロフスキーがフォボスに関する自説の元にしたアメリカの天文学者、ビーヴァン・P・シャープレス（1904 〜 1950）は、米海軍天文台に勤めていた。健康が勝れず、生涯そのことが研究の妨げになり、若くして亡くなった。フォボスで五番めに大きいクレーターにはシャープレスの名がつけられている。

63　ドイツ生まれの天文学者、ハインリヒ・ルイス・ダレスト（1822 〜 1875）は、コペンハーゲン天文台の台長となり、1862 年に徹底した火星の衛星探しを始めた。しかしその衛星を発見したのはアメリカの天文学者、アサフ・ホール（1829 〜 1907）で、1877 年のことだった（これ以上の詳細については Sheehan 1996 を参照）。発見したのがホールになって、ダレストではなかった理由は明らかだ。火星の衛星は、ダレストが想像したよりもずっと火星に近かったのだ。ホールは適切なところを覗いたが、ダレストはそうではなかった。そういうわけで、アメリカの生物学者、フランク・ボイヤー・ソールズベリ（1926 〜）による、フォボスとデイモスは 1862 年と 1877 年の間に打ち上げられた人工衛星ではないかという説を採る必要はない。

64　シドニアの「顔」が最初に指摘されたのは 1977 年のことで、アメリカの電気技術者ヴィンセント・ディピエトロによる。この顔が人工的なものだという見方は、アメリカの作家、リチャード・C・ホーグランド（1945 〜）が盛んに唱えている。たとえば Hoagland（1987）を参照。同じ流れの別の本を求めるなら、Hancock et al.（1988）を参照。顔に関するほっとするようなまともな記事は、Gardner（1985）を参照。

65　ギリシア系アメリカ人天文学者、マイケル・デメトリオス・パパヤニス（1932 〜 1998）は、国際天文学連合の生物天文学委員会初代委員長を務めた。小惑星帯にコロニー用の隠れ処があるという説については、Papagiannis（1978）を参照。Kecskes（2002）は、人類が結局「諸惑星住民」となる理由を示している。これはパラドックスの別解にならないか。ETC が植民するのは、実現しにくい宇宙空間ではなく、故郷の惑星系にあるアステロイドベルトなのだ。

66　様々な鉱物を求めて小惑星が採掘された可能性について論じられたことはある。し

かしそのような活動は無理と思われるほど高くつくということになるかもしれない。Elvis（2014）を参照。

67 Stephenson（1978）を参照。

68 どうすれば太陽系外縁に人工的に照明されている天体を探すことができるかについての話はLoeb and Turner（2012）を参照。

69 太陽の重力レンズについて最小限の距離を計算した最初の論文は、Eshleman（1979）。

70 太陽を重力レンズとして利用する可能性についての進んだ話は、Maccone（1994, 2000, 2009, 2011, 2013）およびMaccone and Piantà（1997）を参照。

71 SETIのやり方は太陽による焦点に注目するよりも下手かもしれないという論旨の詳細については、Gillon（2014）を参照。

72 私はWebb（2012）で、最近稼働するようになった、あるいは計画段階にある多くの観測施設を取り上げて解説している。

73 太陽系に小型の（たとえば1～10m程度の）探査機がないと断言するのが難しい理由をつっこんで論じたものとして、Haqq-Misra and Kopparapu（2012）を参照。この二人は太陽系を1～10mの探査機を探知できるのに必要な空間解像度で探すのは、干し草1000トンの中から一本の針を探し出すようなものだと論じる。

74 Freitas（1983, 1985）を参照。

75 地球の遺伝子符号に信号が埋め込まれているという説については、shCherbak and Makukov（2013）を参照。

76 Yokoo and Oshima（1979）を参照。

解6 現にいて、それはわれわれのこと――われわれはみなエイリアン

77 ギリシア有数の哲学者の一人で、ソクラテスの師でもあったアナクサゴラス（BC500頃～428）は、あらゆる生物が発する元になった「生命の種子」のことを語っている。O'Leary（2008）を参照。

78 スウェーデンの化学者スヴァンテ・アウグスト・アーレニウス（1859～1927）は、現代物理化学の基礎を敷くのに貢献した人物として最もよく知られている。その著書『史的に見たる科学的宇宙観の変遷』は、地球の生命が宇宙からやって来たかもしれないという説を広めた。Arrhenius（1908）を参照。

79 イギリスの天文学者フレッド・ホイル（1915～2001）とナリニ・チャンドラ・ウイクラマシンゲ（1939～）は、科学にたぐいまれな貢献をしたが、定説には反する仮説もいくつか出した。ここに挙げたのも、そうした仮説の一つだ。それでも、ホイルとウイクラマシンゲらは、この主題について広く発表してきた。たとえば、Hoyle and Wickramasinghe（2000）と、そこにある参考文献を参照。物理学者のトマス・ゴールド（1920～2004）も、非正統的な説を出すのが好きな科学者だった。ゴールドは、冗談まじりに地球の生命の起源について、「ごみ」説を出した。ETCは生命が現れる以前に地球へ来て、ごみを捨て、そのごみによる汚染が生命の種子になったという。

80 計算からすると、生命は宇宙にある放射線環境を生き延びるのに苦労しそうだ。たとえば、Secker, Weson and Lepock（1996）を参照。それでも、Lage（2012）は、極限環境生物の、宇宙環境に見られる状況に似せた状況での顕著な生存能力を明らかにしている。

81　死体パンスペルミアという興味深い考え方については Wesson（2010）を参照。

82　Crick and Orgel（1973）を参照。イギリス生まれの生物物理学者フランシス・ハリー・コンプトン・クリック（1916 〜 2004）は、アメリカの生化学者ジェームズ・デューイ・ワトソン（1928 〜）とともに、DNA の二重らせん構造の発見で名声を得た。イギリス生まれの生化学者レスリー・エリーザー・オーゲル（1927 〜 2007）は、生命の起源研究に大きな貢献をした。クリック＝オーゲルの誘導パンスペルミア説は、1971 年、セーガンとカルダシェフが主催し、アルメニアのビウラカン宇宙物理観測所で開催された地球外知的生命との通信に関する学会のときに始まる。SETI 分野の錚々たる人々が多くこの会議に出席した。

解 7　動物園シナリオ

83　アメリカの天文学者、ジョン・アレン・ボール（1935 〜）は、フェルミ・パラドックスについていろいろと書いている。動物園仮説については Ball（1973）を参照。

84　Hair（2011）は、銀河系にまだ存在している最古の文明が、次に古い文明に対して 1 億年「先行」しているとしたら、この文明は、若い文明の発達を導く指導力を確立できただろうと論じる。この場合、修正動物園シナリオがフェルミ・パラドックスへの説得力ある答えになると、このヘアーは説く。動物園シナリオが生じるような全面的な優位が確立しうるという考え方の批判については Forgan（2011）を参照。

85　アシモフの有名な「人類のみ」の銀河系は、人間は必ずエイリアンの上を行くはずだというキャンベルの執着に対する反動だった。アシモフは、人間の文明は、遭遇するかもしれない他の地球外文明よりも発達していないと考え、地球がエイリアンのもっと優れた技術に対して勝つような話は書けなかった。他方、キャンベルのところへ小説を売る気はあった。そこで対立の元になりそうなことは排除し、『ファウンデーション』三部作では、人類しかいない銀河系を書いたのだ。フェルミ・パラドックスが、われわれしかいないということになるなら、ひょっとすると、アシモフがいやいやながら描いたような帝国が登場するのかもしれない。

86　抜け穴だらけの禁止説は、退職した大気物理学者ジェームズ・W・ディアドーフ（1928 〜）が唱えた。この案の詳細については Deardorff（1986, 1987）を参照。ディアドーフは科学者としての経験は積んでいるが、その抜け穴だらけの禁止仮説は科学的なものではない。批判の対象となる例としてディアドーフの説を用いて、科学的方法についてうまく解説したものとして、Carey（1997）を参照。

解 8　禁止シナリオ

87　禁止仮説の当初の提示については Fogg（1987）を参照。Fogg（1988）はもっと一般向けの解説。マーティン・J・フォッグ（1960 〜）は、元は歯科医になる教育を受けた。今では、テラフォーミング〔惑星地球化〕など、「空想」技術に関する作家の一番手となっている。

88　少し古いが、今でも読みやすいこの問題への入門編については Asimov（1981）を参照。アシモフは楽観論者で、われわれのいる銀河系にある惑星のうち 50 万個が技術文明を宿していると論じた。

89　「銀河法」という概念は Newman and Sagan（1981）で取り上げられている。しかし、

この文献もまた、審査がある専門誌に載って敬意を払われる前の、SF 雑誌に載った説であることに注意しておこう。

解 9　プラネタリウム仮説

90　イギリスの作家スティーヴン・バクスター（1957 〜）は、「ハードな」SF 作品で有名だ。プラネタリウム仮説の詳細については、Baxter（2000a）を参照。

91　SF にはこの種の妄想ものの例が多く存在する。私が知る中でこの種の話の最初のものは、エドモンド・ハミルトン（1904 〜 1977）による "The Earth-Owners"〔地球所有者〕という、地球が姿を変えたエイリアンに侵略される話で、もちろんエイリアンはわれわれをせっせと操っている。このハミルトン作品は、『ウィーアード・テールズ』誌の 1931 年 8 月号に掲載された。SF 史家なら、もっと古い例を指摘できるかもしれない。アシモフの話というのは「亡びがたき思想」〔冬川亘訳、『変化の風』（創元推理文庫）所収〕のこと（『ギャラクシー』誌、1957 年 10 月号）。ワイナーの "The News from D Street"〔D街からの知らせ〕は、『アイザック・アイモフ SF マガジン』誌、1986 年 9 月号に掲載された。プラネタリウム仮説の根底にある哲学的考察は Deutsch（1988）でうまく論じられている。また、Tipler（1994）も参照。

92　ベッケンシュタイン境界という名は、メキシコ生まれのアメリカ系イスラエル人物理学者で、ブラックホールの熱力学に基づいてこの概念を導入した、ヤコブ・ダヴィド・ベッケンシュタイン（1947 〜）による。

93　この宇宙がシミュレーションだという考えは、重量級の哲学者が真剣に論じ合っているので、たぶん、この考え方をあんまりあっさり退けるわけにはいかないだろう。たとえば Bostrom（2003）や、Bostrom and Kulczycki（2011）を参照。この説を本格的に取り上げた物理学の論文（Beane et al. 2012）は、原理的に、シミュレーションされる側が、する側を発見する可能性がつねにあるという結論を導いている。

解 10　神が存在する

94　「最後の質問」という怖い短編（Asimov 1959 を参照）は、二人の酔っ払い技師が、ある晩、スーパーコンピュータに、エントロピーの増大を逆転させ、それによって宇宙の死を止められるかと訊く話だ。コンピュータは、意味のある答えを出すためにはデータが足りないと答える。同じ質問が、いろいろな時代にわたり、六度コンピュータに訊ねられる。コンピュータの最後の答えがどうなるかは、話を読んでのお楽しみ。

95　われわれが全体としての宇宙の問題にダーウィン的思考を適用したがる理由については、Smolin（1997）を参照。

96　オーストリア出身のイギリスの哲学者、カール・ライムント・ポパー（1902 〜 1994）は、科学的仮説は反証可能でなければならないという考え方を唱えた。仮説を反証しようとすることが、科学の根幹をなす。ある仮説が検証できず、たぶん間違いだということがわかりえないなら、それは科学の歩みの妥当な部分とはならない。たとえば、Popper（1963）を参照。ポパーの科学的前進の見方は批判も受けたが、今なお影響力がある。スモーリンの説は、検証しうる明瞭な予測をしているので、確かに反証できる。変わっているのは、検証が実験ではなく、計算によらなければならないところだ。

97 Harrison (1995) を参照。Byl (1996) は、ハリソンの推測を、事後的なつじつま合わせで、検証できず、要するに念の入った有神論的原理、あるいは人間原理だと言って批判する。マルチバースの概念についてのさらに進んだ解説としては、一般向けに語ったものとして Gribbin (2010)、専門的な面を扱ったものとしては Carr (2007) を参照。マルチバースの設定でフェルミ・パラドックスに言及したものとして、Vaidya (2007) を参照。

4　存在するが、まだ会ったことも連絡を受けたこともない

98 本書を書いている段階〔刊行は 2014 年〕では、詳細は前刷りのみで入手できる (Sandberg et al. 2014)。

解 11　星はあまりに遠い

99 ボイジャー 1 号と 2 号についての情報は、Voyager (2013) を参照。本節で取り上げられるいくつかの先進的な推進方式についての有益な資料については、NASA (2013) を参照。

100 特殊相対性理論によれば、光子のような質量のない物体は常に光速 c で進むが、質量がゼロでない物体は、必ず速さはそれより遅くなる。もちろん、低速の物体でも、力をかけることによって、もっと高速に加速することはできる。宇宙旅行の見通しにとっては残念なことながら、特殊相対性理論は、ものが速く動くほど、その質量が大きくなることを教えてくれる。c に近い速さになると、加速するための力は速くするより、質量を大きくしてしまう。光速は質量をもったどんな物体にも達することのできない壁だ。この考え方の優れた紹介については、French (1968) を参照。

101 天文学的な距離に関する解説は、Webb (1999) を参照。

102 アイルランドの物理学者、ジョン・デズモンド・バーナル (1901 ～ 1971) は、ある予言的な本で、世代宇宙船のアイデアを発表している (Bernal 1929 を参照)。この本には、以下のようなくだりがあり、フェルミ・パラドックスを論じるならいずれにもかかわってくる。「人間は、宇宙生活に順応してしまえば、恒星宇宙の大半を巡って植民してしまうまで、進出をやめたり、そもそも終わりになったりすることは考えられない。結局は星に寄生することに満足できず、自らの目的のために星に侵入し、それを組織することになるだろう」。「人間」のところを「ETC」に置き換えてみよう。すると——みんなどこにいるんだろうね？

103 アメリカのロバート・アンソン・ハインライン (1907 ～ 1988) による短編「大宇宙」は、1941 年、『アスタウンディング・サイエンス・フィクション』誌、1941 年 5 月号に掲載された (これは Bova (1973) での方が見つかりやすい)。この小説は、ハインラインが書いた多くの SF の古典の一つである。

104 Crawford (2009) は星間飛行を科学的に擁護している。望遠鏡による観測で学べることは限られている。天文学、惑星生物学、惑星科学で前進するためには、星間宇宙飛行を開発しなければならないという強い論拠がある。

105 この可能性は、アメリカの作家ポール・ウィリアム・アンダースン (1926 ～ 2001) が、その小説『タウ・ゼロ』(Anderson 2000) で劇的に表現している。この小説には、宇宙一周旅行ができるほど c に近いところまで加速するラムジェットが登場

する。

106 SETI探査方針にありうる追加方針については、Garcia-Escartin and Chamorro-Posada（2013）を参照。この2人は、相対論的速度で進む物体から反射する光を探すことを唱えている。

107 特定の星への航行に内在する問題を論じて興味深いものとして、Hemry（2000）を参照。

108 オーストリアの科学者オイゲン・ゼンガー（1905～1964）は、反物質ロケットのアイデア以外にも、ロケット類の実用的なアイデアを、いくつか切り拓いている。星間旅行のためのいろいろな案の見事な紹介は、Mallove and Matloff（1989）およびCrawford（1995）を参照。

109 ブサードのラムジェットのアイデアは、半世紀以上も前に登場した（Bussard 1960）。それ以後、いろいろな人から、当初のラムジェットの構想を改良する案が出されている。

110 アメリカの物理学者ロバート・ラル・フォワード（1932～2002）は、本書で言及する多くの科学者同様、SF作家としても名をなしている。レーザー帆走の詳細についての解説と、それが星間往復飛行でどう用いられるかについては、Forward（1984）を参照。

111 レーザー帆走を移住のための方法としてどう使えるかを論じたものとしてはDyson（1982）、宇宙帆走の概論についてはWright（1992）を参照。

112 様々なタイプの帆走に伴う費用や必要な技術についての解説は、Andrews（2004）を参照。

113 この推進装置のアイデアは、Shkadov（1987）で紹介されている。ETCがシュカドフ推進装置を使っているのを探知する方法については、Forgan（2013）を参照。Benford and Niven（2012）は恒星推進装置について小説として解説している。

114 ポーランド生まれの数学者、スタニスワフ・マルチン・ウラム（1909～1984）は、いくつもの分野に貢献している。その自伝（Ulam 1976）がおもしろい（ウラムは185頁の図4.9にも登場する）。イギリス生まれの物理学者フリーマン・ジョン・ダイソン（1923～）は、その世代ではトップクラスの想像力ある物理学者だ。重力推進に関する論文としては、Dyson（1963）を参照。

115 負の質量についてはForward（1990）を参照。

116 2011年9月、オペラ実験は*c*よりも速く移動するミューオン・ニュートリノを観測したという発表を行なって物理学者に衝撃を与えた（OPERA Collaboration 2011）。数か月後、実験チームはその主張を撤回し、この結果は実験装置の不具合に影響されたものと発表した。

117 アメリカの天文学者カール・エドワード・セーガン（1934～1996）は、その小説『コンタクト』の中の科学を、アメリカの理論物理学者、キップ・スティーヴン・ソーン（1940～）の業績の上に立てている。ソーンはワームホールの特性の研究では傑出している（この研究の一般向けの解説としては、Thorne（1994）を参照）。この小説は、1997年、ジョディ・フォスターを主演にして、同名で映画化された。

118 クラシニコフ・チューブの詳細についてはKrasnikov（1998）を参照。

119 メキシコの理論物理学者ミゲル・アルクビエレ・モヤ（1964～）は、今は国立自

治大学の核科学研究所で所長を務めている。ワープドライブを記述した論文としては、Alcubierre（1994）を参照。

120　輸送にワームホールを使う可能性の詳細については、Krasnikov（2000）を参照。ファン・デン・ブルックのワープドライブについてはVan Den Broeck（1999）を参照。こうした問題は、SF誌『アナログ』に掲載されているジョン・クレーマーによる“Alternate View”〔見方を変えよう〕の欄で詳細に論じられている。

121　1948年、オランダの物理学者ヘンドリク・ブルイト・ヘルハルト・カシミール（1909～2000）は、伝導体の板を2枚、平行に並べて近づけると、電磁場の量子的ゆらぎによって、2枚の間にわずかに引力が作用することを予想した。平行な板の間にはたらくカシミール力が初めて測定されたのは2002年だった（Bressi et al. 2002を参照）。この実験はカシミールの予測を確かめた。人類がいつか零点エネルギーを取り出せるかもしれないという説を提起した論文としては、たとえばHaisch et al.（1994）を参照。

122　今後数十年の人類による太陽系探査の未来は、人とロボットを組み合わせるところにあるということかもしれない。たとえば、人間を土星の衛星で、様々な理由で関心をかき立てるエンケラドゥスに着陸させるのはリスクもコストも大きいだろう。たぶん、宇宙飛行士はエンケラドゥスの周回軌道に残り、表面に下ろしたローバーとロボットを遠隔操作で操縦する方が見込みはあるだろう。Schmidt et al.（2012）を参照。

解12　こちらまで来るだけの時間がまだ経っていない

123　ハートの論文に対して最初に出てきた反応の一つがCox（1976）で、これはパラドックスの時間的説明は確かに成り立つと論じている。

124　たとえばJones（1975, 1981）を参照。Jones（1995）では、過去の人間の拡散から、将来ありうる太陽系や近隣の恒星系への入植まで、植民の過程がいろいろと書かれていてとくにおもしろい。Finney and Jones（1985）も参照。

125　Newman and Sagan（1981）を参照。

126　ビョールクの探査アルゴリズムの詳細についてはBjørk（2007）を参照。

127　Cotta and Morales（2009）を参照。

128　銀河植民のモデルと、そのフェルミ・パラドックスとの関連に関するうまい解説については、Crawford（2000）を参照。銀河植民のある特定のモデルの詳細についてはFogg（1987）を参照。

129　フェルミ・パラドックスについて考える興味深い枠組みについてはPrantzos（2013）を参照。

解13　パーコレーション理論による扱い

130　アメリカの物理学者でNASAに勤めるジェフリー・アラン・ランディス（1955～）も、むしろSF作家の方で有名な科学者だ。ランディスの研究の詳細についてはLandis（1998）を参照。

131　パーコレーション理論は、1957年、イギリスの数学者ジョン・マイケル・ハマースレー（1920～）らによって展開された。パーコレーション理論の考え方について最も優れた紹介はStauffer（1985）を参照。しかし、このすばらしい本は楽しく読めるが、数学の初歩はどうしても入ってくることになる。

132　フェルミ・パラドックスに対する「強固解」の詳細についてはKinouchi（2001）を参照。

133　興味深い植民モデルについてはHanson（1998）を参照。この論旨をきちんと理解するにはいくらか数学が必要となるが、結論は一般の言葉で明瞭に表されている。Bainbridge（1984）も参照。

134　パーコレーション・モデルの詳細な批判や他の様々な植民モデルについてはWiley（2011）を参照。

解14　しばし待て

135　「ライフゲーム」はイギリスの数学者、ジョン・ホートン・コンウェイ（1937～）によって考案された。フォン・ノイマンが自己複製するマシンの数理モデルを構成しようとしたことについて考えたことから派生したものだった。このゲームは、マーティン・ガードナー（1914～2010）が『サイエンティフィック・アメリカン』誌に連載していた「数学ゲーム」のコーナーで取り上げると（Gardner 1970）、すぐに一般の社会でも大当たりをとった。

136　フェルミの早い時期の実験やウラムの実験など、モンテカルロ法の初期の歴史についてはMetropolis（1987）を参照。

137　たとえばForgan（2009）を参照。

138　Vukotić and Ćirković（2012）を参照。

解15　光ケージ限界

139　ETCが光ケージ限界によって邪魔される様子を論じたものとして、McInnes（2002）を参照。基本的なアイデアは、それよりずっと前に、von Hoerner（1975）によって簡単に取り上げられた。

140　フェルミ・パラドックスにありうる一つの解を小説で描いた興味深い例として、Baxter（2000b）を参照。

解16　向こうの気が変わる

141　Fogg（1995）は、テラフォーミングと、惑星を生命に好適となるようにどう技術的に改造するかに関して、最も包括的な資料だろう。

142　性格や優先順位を変更できるとした文明の人口動態力学を支配する各種の率の方程式について、詳細はGros（2005）を参照。

解17　こちらが太陽系流に考えすぎ

143　このフェルミ・パラドックスの解決のしかたはRood and Trefil（1981）で論じられている。残念なことに、今は品切になっている〔邦訳も同様の模様〕。

144　ダイソン球の概念が最初に登場したのはDyson（1960）（ダイソン球は、恒星のまわりでそれぞれ別個の軌道をめぐる物体の、緩やかな集合体のこと。つながった球体では不安定になる）。このアイデアが元になって、『リング・ワールド』（Niven 1970）と、『オービッツヴィル』（Shaw 1975）という二つのSFの大作が生まれた。科学者は他にも、技術的に進んだETCが乗り出しそうな数々の巨大工学事業を唱えている。たと

えば、Roy et al.（2013）は、「シェルワールド」の可能性を論じる。シェルワールドは、生命にとって居心地の良い根拠地を作るために、物質の殻によって空気や生物のない一帯を覆うことで形成される。

145 Kecskes（1998, 2002）は、技術文明の発達にありうる「軌跡」の概略を描く。それは惑星の住民から小惑星の住民となり、さらに星間旅行者となり、恒星間空間の住人となるという。この構図では、われわれが地球外生命と出会わないのは、われわれとは居住地が違うからだ〔向こうは地球のような惑星には来ないし、こちらが恒星の周囲を探してもそこにはいない〕。

解 18　エイリアンは環境保護的

146 フェルミ・パラドックスに対する「持続可能性解」を論じたものとしては、Haqq-Misra and Baum（2009）を参照。

解 19　家から出ない……

147 アメリカの宇宙飛行士ニール・オルデン・アームストロング（1930 ～ 2012）とエドウィン・ユージン・オルドリン２世（1930 ～）は、1969 年 7 月 20 日に月の静かの海のはずれに着陸した。アームストロングは 22 時 56 分（米東部夏時間）、月面を歩いた。月面を歩いた最後の人物は、ユージン・アンドリュー・サーナン（1934 ～）で、残念ながらその記録はまだ相当の期間、破られそうにない。サーナンはアポロ計画での自分の体験を、Cernan and Davis（1999）で語っている。Smith（2005）の叙述はアポロ時代の記憶を呼び起こす。

148 本文で言及される二人の皇帝は、洪武帝（1328 ～ 1398）と永楽帝（1359 ～ 1424）。宮廷の宦官で外交官の鄭和（1371 頃～ 1435 頃）のものすごい航海が明らかになったのは、比較的最近のことにすぎない。鄭和が行なった 7 回の壮大な航海について読みやすく語ったものとして、Levathes（1997）を参照。

149 アメリカの作家ローレンス（ラリー）・ファン・コット・ニーヴン（1938 ～）による最高の小説の一つである「無常の月」は、ある夜、月がかつてない明るさで輝くという出来事を描く。これは珠玉の作品で、1972 年のヒューゴー最優秀短編賞を受賞した。Niven（1973）で読める。

150 Zuckerman（1985）を参照。

解 20　……ネットサーフィン中

151 『都市と星』（Clarke 1956）は、10 億年後に舞台をとり、並ぶもののない驚異の感覚と壮大な視野を見せている。この小説でアーサー・クラークは、生物は「都市」にとどまる――過酷な宇宙の現実と直面することを避ける――方を選ぶかもしれないという考え方など、少なくとも二つ、フェルミ・パラドックスの解を示している。

解 21　帝国反対

152 Ćirković（2008）および、そこにある参考文献を参照。

153 われわれが惑星探査を行なうときの汚染の問題を考えたものとして、たとえば Rummel（2001）を参照。

154 「シングルトン」という言葉の定義についてはBostrom（2005）を参照。また、シングルトンをめぐる問題について述べたものとして、Caplan（2008）も参照。

解22 ブレースウェル＝フォン・ノイマン探査機

155 探査機による星間探査について早い時期に述べられたものとしては、Freitas（1980）を参照。第2章で触れたように、自己複製する探査機技術とフェルミ・パラドックスとの関連性は、Tipler（1980）によって考察された。この検討の出発点はさらに早く、クリックが誘導パンスペルミア（102頁）の合い言葉として「細菌は先へ行く」を唱えたときだとも言えるだろう。クリックとオーゲルは、細菌を満載した小型の探査機なら簡単に、安く、迅速に建造できて、ETCは銀河系に種を播くことができると論じた。しかし細菌を満載した探査機では、銀河系を探査してそれについて知りたいETCにとってはほとんど役に立たない。その試みで成果を挙げるには、ブレースウェル＝フォン・ノイマン探査機の方が良さそうだ。

156 オーストラリア生まれの電気工学者ロナルド・ニューボルド・ブレースウェル（1921～2007）は、長年、SETIの先頭に立ってきた。Bracewell（1960）を参照。

157 フライバイの作用を有効に使えば、探査機による銀河探査の時間を短縮できることを論じたものとしては、Forgan et al.（2013）およびNicholson and Forgan（2013）を参照。とくに、自己複製する探査機がフライバイを用いれば、植民時間はティプラーの計算に近い値になりうる。ブレースウェル＝フォン・ノイマン探査機に沿って銀河植民を分析したものとしては、Barlow（2013）もある。Cartin（2013）は、別の植民方式を取り上げるが、こちらには自己複製探査機は入っていない。

158 Mathews（2011）は、探査機がわれわれの惑星探査船を自然に拡張したものであると論じる。われわれは太陽系を探査するために、人間ではなく、ロボットを送り出すだろう。この技術の発達によって、われわれは本文で論じられている自己複製探査機の類に至る道を進むことになるのかもしれない。

159 ブレースウェル＝フォン・ノイマン探査機を通じての銀河探査を批判し、それが機能しないとする理由を述べたものとして、Chyba and Hand（2005）を参照。しかし、Wiley（2011）は、銀河植民の自己複製型探査機方式批判には見るべきところはないとしている。

160 Armstrong and Sandberg（2013）を参照。

解23 情報パンスペルミア

161 宇宙は複雑さが低いビット列で満ちているかもしれないという論旨については、Gurzadyan（2005）を参照。「情報伝送」が物理的な旅行よりもずっと安価な星間旅行法だとする考え方を、以前から、徹底して擁護したものとし、Scheffer（1993）を参照。このシェファーは、銀河に最初に植民する文明が困難な仕事をすべてなすことになるだろうと論じることでフェルミ・パラドックスを解決する。後から誕生する社会にとっては、物理的に銀河に植民しようとするのではなく、既存の文明に参加することが圧倒的に魅力があるということだ。一個の、統一された文明があることになる。われわれの天の川銀河の最初の文明が、どんな理由であれ、わざわざ地球と接触しないのだとすれば、それに続く社会もそうしようとは思わないだろう。

162 系の複雑さを表す尺度は、その系を再現するアルゴリズムの長さと見なせるという考え方は、アンドレイ・ニコラエヴィチ・コルモゴロフ（1903〜1987）による。コルモゴロフは20世紀の傑出した数学者の一人だった。コルモゴロフの業績の一部なりとも評価したものとしては、たとえばParthasarathy（1988）を参照。

163 2013年12月、今のシベリアで13万年前に暮らしていたネアンデルタール人女性の高品質のゲノム配列が発表された。DNAは足の指の骨から獲られた。Prüfer et al.（2013）を参照。

解24 バーサーカー

164 アメリカの作家、フレッド・トマス・セーバーハーゲン（1930〜2007）は、バーサーカーに関する小説を数多く書いている。最初の短編集は、1967年刊の『バーサーカー』〔邦題『赤方偏移の仮面』〕だった（Saberhagen 1967）。最終兵器の概念は、スタンリー・キューブリック監督の『博士の異常な愛情』で皮肉られ、連続ドラマだった最初の『スター・トレック』では「終末機械」というタイトル〔邦題は「宇宙の巨大怪獣」〕の回の話に出てくる。これは破壊できない世界殺戮装置の概念をドラマにしたものである（もちろんカーク船長以下の乗組員が破壊するのだが）。『スター・トレック』に出てくる装置は、一個の大型で低速の物体だった。私の頭でのバーサーカーのイメージは、少し違っていて、小さくて光速で動く機械の群れが思い浮かぶ。アメリカの作家フィリップ・ホセ・ファーマー（1918〜2009）の小説『気まぐれな仮面』も、世界を殺戮する存在の概念を扱っている（Farmer 1981）。しかし、悪意ある殺人機械というアイデアをいちばん網羅的に論じているのは、アメリカの天体物理学者グレゴリー・ベンフォード（1941〜）だろう。この人も優れた現代SF作家の一人だ。たとえば、Benford（1977）を参照。

解25 あちらは信号を送っているが、その聴き方がわからない

165 Jugaku and Nishimura（1991）を参照。2人は太陽の近辺の探索を続けたが、候補は見つけられなかった。Jugaku and Nishimura（1997, 2000）を参照。

166 Mauersberger et al.（1996）を参照。

167 Carrigan（2009）を参照。Carrigan（2010, 2012）には、星間考古学が可能かという楽しい論考がある。

168 カルダシェフ文明のG-HAT〔エイリアン技術による熱をかいまみる〕探索についての話が、たとえばBattersby（2013）を参照。

169 地球外知的生命との通信に関する未来を開くビュラカン学会のとき、アメリカの計算機科学者マーヴィン・リー・ミンスキー（1927〜）は、エネルギーを気にかける真に進んだETCなら、宇宙背景放射のすぐ上の温度で放射するのではないかと説いた。Minsky（1973）を参照。

170 信号を送るために星そのものが使えると説いた論文は、Whitmire and Wright（1980）が最初というわけではない。フィリップ・モリソン（1915〜2005）は、それより20年前に、「星蝕」法を唱えていたし、ドレイクも以前に同様の説を述べている。しかしホイットマイアーとライトの論文はたぶん、信号を送るために星のスペクトルを改変する方法について詳細な計算を示した最初だろう。

171　Sullivan（1964）の 245 ページを参照。Arnold（2013）も参照。

172　アメリカの化学者、レイモンド・デーヴィス２世（1914 ～ 2006）は、30 年以上太陽ニュートリノ実験を行なっていて、その研究に対して、2002 年、ノーベル賞を与えられた。初期のニュートリノ天文学については Bahcall and Davis（2000）を参照。

173　ニュートリノに基づく地球外知的生命探しを論じたものとしては、たとえば Learned et al.（1994）、Silagadze（2008）、Learned et al.（2009）を参照。

174　アインシュタインの一般相対性理論は、重力波——時空そのものにできるさざ波——の存在を予測した。そのような波は、アメリカの物理学者、ジョセフ・ホーテン・テイラー（1941 ～）とラッセル・アラン・ハルス（1950 ～）によって、PSR1913+16 という星の精密な観測から間接的に証明された。このパルサーは連星系をなし、別の中性子星を伴星としている。二つの星が互いに公転するとき、一般相対論が予想するとおりの形でエネルギーを失う。連星系は波の形で重力エネルギーを放射しているのだ。詳しい情報については Weisberg and Taylor（2005）を参照。現世代の検出装置の典型は、LIGO（レーザー干渉重力波観測所）。LIGO が重力波を観測しないとなると、天文学者は次世代の検出装置に期待をかけることになる。その中ではアインシュタイン観測所が最も先進的なものになるだろう〔本書の原書出版後、LIGO は重力波を検出した〕。

解 26　あちらから信号を送ってきていても、こちらには合わせる周波数がわからない

175　イタリアの物理学者ジュゼッペ・コッコーニ（1914 ～ 2008）は、コーネル大学でモリソンと研究した後、ヨーロッパに戻り、CERN に勤め、最後には所長となった。モリソンとの共著論文（Cocconi and Morrison 1959）は、SETI 界の古典の一つ。

176　ナローバンドの信号に集中すべき立派な理由はあるが、ブロードバンド信号の可能性に対する関心が増しつつある。ブロードバンド信号の探索はナローバンド信号探しよりも難しいが、反面、ブロードバンド信号はナローバンド信号より大量の情報を伝えることができる。ブロードバンド SETI に関するもっと詳しい情報は、たとえば Benford, Benford and Benford（2010a, b）; Harp et al.（2011）; Messerschmitt（2012）; Morrison（2012）を参照。

177　他の可能性の高い SETI 用周波数案については、Kardashev（1979）, Mauersberger et al.（1966）, Kuiper and Morris（1977）を参照。

178　Hair (2013) は、興味をそそる一過性の電波について資料集を構築しようとする「長期注視」に統計学的手法を用いることの難点について考察している。

179　「ワオ！」信号のおもしろく詳細な話と、それをもっとよく理解しようとする一人の人物の試みについては、Gray（2011）を参照。

180　SETI 事業の背景についてもっと細かい話は Tartar（2001）と Bowyer（2011 ）を参照。

181　ポール・ホロウィッツ（1942 ～）はハーバード大学の天文学者で、何年か SETI 研究の先頭に立ったこともある。META に充てられる資金の大部分は、映画『E. T.』の監督、スティーヴン・スピルバーグ（1947 ～）から出ている。META 計画の解説は Lazio, Tarter and Backus（2002）を参照。

182　SERENDIP のアイデアは、1978 年、アメリカの天文学者Ｃ・スチュアート・ボウヤー（1934 ～）とジル・ターター（1944 ～）とともに始まった。ターターは 2012

年にSETI協会での職を退くことを発表したが、この分野の象徴的存在だ。セーガンが『コンタクト』の主人公を思いつく元になった人物と広く信じられている。SERENDIPなどSETI関連の研究事業についてのさらに詳しい情報は、たとえばKorpela et al.（2011）を参照。

183　アレン望遠鏡アレイについての背景や論文は、たとえばWelch et al.（2009）、Siemion et al.（2010）、Tarter et al.（2011）を参照。

184　SKAがSETIとどうかかわるかについての対照的な見方が、たとえばPenny（2004）、Loeb and Zaldarriaga（2007）、Forgan and Nichol（2011）、Rampadarath et al.（2012）にある。

185　光学SETIの理解が遅いのは、この技術が比較的新しいせいかもしれない。レーザーの発明が誰によるかについては少々論議がある（たとえばHecht 2010を参照）。アメリカの物理学者アーサー・レナード・ショーロー（1921～1999）とチャールズ・ハード・タウンズ（1915～2015）は、ともにレーザー関連の業績によってノーベル物理学賞を受賞している（タウンズは1964年、ショーローは1981年）。タウンズはレーザーの可能性に関して遠くを見通していた。SETIは光学的な探索を考えるべきだという説は、コッコーニ＝モリソン論文とほぼ同じ頃からある。Schwartz and Townes（1961）を参照。

186　光学的探索の初期の二つの例については、Eichler and Beskin（2001）とReines and Marcy（2002）を参照。SEVENDIP計画の詳細についてはKorpea et al.（2011）を参照。

187　Ball（1995）を参照。

188　ガンマ線バーストが信号を同期する場面で果たしそうな役割についての解説は、Corbet（1999）を参照。要するに、バーストは、宇宙全体のタイミングを取るマーカーになるということだ。

189　LePage（2000）を参照。

解27　信号は送られているが、こちらでどこを見ればいいかわかっていない

190　ヒッパルコスによるハビスターの詳細についてはTurnbull and Tarter（2003 a, b）を参照。

191　Siemion et al.（2013）は、ケプラー関心対象86個の標的あり探査を取り上げている。この論文は、ETCからの電波を探したが見つからなかった。

192　SETIが優先すべき方向についての興味深い案はNussinov（2009）を参照。

193　この説の詳細と、パルサーが標識に使える一つの形については、Edmondson and Stevens（2003）と、Edmondson（2010）を参照。

194　Hohlfeld and Cohen（2000）およびCohen and Hohlfeld（2001）を参照。

195　「ユニバーサル」周波数規格が最初に取り上げられたのは、Drake and Sagan（1973）による。Gott（1995）も参照。

解28　信号はすでにデータの中にある

196　METAの研究者が合わせて約60兆回の事象から見つけた有望な候補信号はわずか11回だった。しかし、この11回の信号が本当に通信を試みたものなら、なぜ天文学者はそれを再び観測できないのだろう。恒星間プラズマあるいは重力マイクロレン

ズが信号源と地球の間を通過して、安定した標識様の信号が「瞬く」——そうして一時的に探知できるほど強くなる——ようにしたという説もあった。しかしデータの詳細な分析から、この可能性は排除され、結果からすると、われわれと意図的に接触しようとしているわれわれと同水準の技術をもった他の文明は銀河系にはせいぜい一つであることを示しているようだった。Lazio, Tarter and Backus（2002）を参照。

解 29　まだ聴きはじめてから間がない

197　ドレイクはこれを書いたのは、*Is Anyone Out There?*〔誰かいますか？〕への序文（Drake and Sobel 1991）。

198　21 世紀に変わる頃行なわれたネットでの世論調査に回答した 7 万 5000 人近くの人々のうち、39% は 10 年以内に ET の信号が発見されると信じていると述べた（SETI@home 2000）。それから 14 年後の今、われわれはまだ待っている。

解 30　信号は送られているが、われわれが受信していない

199　スミスは「アマチュア」科学者だが、様々な分野にわたり、査読ありの学術誌に定評のある論文をいろいろと発表している。フェルミ・パラドックス論争に対する貢献については、Smith（2009）を参照。

解 31　みんな聞いているだけ、誰も送信していない

200　この考え方、つまりわれわれがいるのは、探す文明は多くても、発信する文明はいない宇宙だという考え方は、Zaitsev（2006）によって、「SETI」パラドックスと呼ばれている。

201　ETC がわれわれのテレビ放送を探知できたら、番組を復元できなくても、こちらの惑星について多くのことが導けるだろう。天文学者は、どうすれば ETC が地球の自転速度、大きさ、一年の長さ、太陽からの距離、表面温度まで推定できるかを明らかにした。Sullivan, Brown and Wetherill（1978）を参照。

202　Denning（2010）は空へ向けての意図的放送の部分的リストを提示するが、この文献は、われわれが空に向けて送信すべきかどうかについての論議を取り上げている点でさらに興味深い。

203　Billingham and Benford（2011）は、従来の SETI と能動的 SETI の費用を比較して論じている。

204　ESA のヒッパルコス衛星についての詳しい情報は、Webb（1999）を参照。

205　誰もが能動的 SETI はグッドアイデアだと確信しているわけではない。Billingham and Benford（2011）は能動的 SETI の一時停止を求めているし、Haqq-Misra et al.（2013）は注意喚起を行なっている。Denning（2010）および Musso（2012）は「送信するか、送信しないか」論争について優れた概観を示している。Vakoch（2011）は能動的 SETI に乗り気だ。こちらは、われわれが発信すれば、メッセージを解読して解釈する負担は先方に移ると論じている。あちらの方が古い可能性が高いし、おそらく進んでいるので、あちらにとっての方が易しいだろうし、したがって通信も容易になるだろう。Penny（2012）は送信は危険だが、聴取も同じことかもしれない（Hoyle and Eliot 1963 による「アンドロメダ病原体」でドラマ化されているように）と説く。実は、

場合によっては聞かないでいることさえ危険かもしれない。どうなのかはまったくわからない。

206 地球外文明に信号が送れるというアイデアは、200年近く前からある。1820年、ドイツの数学者で、あらゆる数学者の中でも最高クラスに数えられるヨハン・カール・フリードリヒ・ガウス（1777～1855）は、三平方の定理を図解するように松の木の森を植えることを唱えた。太陽系に地的生命がいれば、ここに誰かがいることの合図になるというのだ。このアイデアは、ウィーン天文台長のヨゼフ・ヨハン・フォン・リットロウ（1781～1840）によって拡張された。幾何学模様の溝を掘り、そこに石油を入れて火をつけるという。そうすれば、その見るからに人工的な火による光が太陽系じゅうに見えるとリトローは信じた。1869年、フランスの物理学者シャルル・クロ（1842～1888）は、鏡を計算して並べて日光を火星に向けて反射させるのが、火星の天文学者にわれわれの存在を合図するいちばんいい方法ではないかと説いた。新旧の通信の試みの比較については、Cerceau and Bilodeau（2012）を参照。

207 Zaitsev（2012）には、当時までに送られた宇宙へのメッセージすべてのリストがある。

208 能動的SETIのために提案された手順については、Atri et al.（2011）を参照。

209 この案の話とSETIの問い全般については、SetiLeagu（2013）を参照。

210 受動／能動SETIの問題に対するゲーム理論的な取扱いについては、de Vladar（2013）を参照。

解32 通信する気がない

211 イギリスの天文学者で王立天文台長を務め、ノーベル物理学賞も獲ったマーティン・ライル（1918～1984）が、1974年のアレシボからM 13に向けて送信した件を知ったときの慌て方を、ドレイクが語っている。ライルは進んだETCが襲いに来るかもしれないと心配したという。もっと新しいところでは、スティーヴン・ホーキングが知的エイリアンとの接触を始めようとする人類に警告を発した。Hawking（2010）を参照。Korhonen（2013）は、冷戦とそのときの相互確証破壊の例から推論してETCが攻撃を始めるリスクを分析する。極端な慎重さ――臆病なほどに――を特徴とする生物種の小説による描き方として私が好きなのは、「パペッティア〔人形つかい〕」の描き方だ。これはラリー・ニーヴンの『リングワールド』（Niven 1970）など、「ノウン・スペース」シリーズに出てくる。

212 Kuiper and Morris（1977）は、「上位の文明（そこに蓄えられた知識はわれわれにも利用できるようになる）との完全な接触は、われわれのさらなる発展を中止してしまうだろう」と論じる。

213 Drake and Sobel（1991）を参照。

解33 別の数学を考えている

214 この引用の出典については、Wigner（1960）を参照。

215 プラトン的数学観の批判については、たとえばChaitin（1997）、Dehaene（1997）、Hersh（1997）、Davies（2007）、Abbott（2013）を参照。

216 動物が数えていると言っているときにしていることの批判的検討については、

Budiansky（1998）を参照。このブディアンスキーは、動物の認知過程について、優れた入門的解説を行なっている。

217　数学や、たぶんLINCOSのような言語を用いてエイリアンと会話できるはずだとする理由を強力に論じたものとしては、Minsky（1985）を参照。

218　スペイン語圏でたぶん20世紀最高の作家、アルゼンチンのホルヘ・ルイス・ボルヘス（1889～1986）は、エイリアンの数学を想像できる作家の一人であり、その小説も面白い。Borges（1998）には数学に基づいた小説がいくつかある。Bloch（2008）はボルヘスの有名な作品の一つにある数学のアイデアを調べている。

219　Lemarchand（2008）は、黄金分割Φ、つまりa/b = b/（a+b）を解くときに出てくる数は、認知的に普遍的かもしれず、星間通信用符号や意味論や星間芸術作品のために使える可能性があると説く。しかし黄金分割には数々の無意味なことが言われてきた。人間の圏内でも言われているような普遍的なものではなく、ましてや地球外生命に普遍的ということはない。たとえばDevlin（2007）を参照。

解34　あちらは呼び出しているのだが、われわれはその信号を認識していない

220　地球外生命と、たとえばアイコンを使って通信を試みるのを想像することができる。解31で取り上げたように、ガウスはこの方式を唱えた。たとえば巨大な幾何学図形をシベリアのツンドラに描き、松の森や小麦などの畑に築けば、火星の観測者に対してこちらの知的レベルを送信することになる。星間通信のためにはもっと念の入ったことが試みられるかもしれない。Musso（2011）は、アナロジーに基づく宇宙言語という、さらに興味深いことを唱える。

221　アストラグロッサは、イギリスの数学者ランスロット・ホグベン（1895～1975）が開発したもので、そこでは数を数えることが、無線のパルスによって表される。たとえばパルスが三つなら、数3を表す。「等しい」といった数学的概念は、ラジオグリフ〔電波文字〕――もっと長いパルスのパターン――によって表される。骨格はHogben（1963）で概略が述べられている。フィリップモリソンはラジオグリフのアイデアを拡張する。Morrison（1962）を参照。

222　LINCOS言語は、ドイツの数学者ハンス・フロイデンタール（1905～1990）によって開発された。LINCOSを専門にしたウェブサイトもいくつかあるが、この言語を本当に勉強したいなら、資料は原著しかないと思うが、これは品切れになっている（Freudenthal 1960）。フロイデンタールの本は数学のみを取り上げている。非数学的概念をやりとりする問題を検討する第二部が計画されていたが、本人のこのテーマに対する関心がなくなった。共同研究者のアレクサンダー・オロングレン（1928～）がこの難問を取り上げ、何通りかのLINCOSを考えた。たとえばOllongren（2011, 2013）を参照。

223　謎のヴォイニッチ手稿の印刷資料として最も優れているのは小さな出版社による本（D'Imperio 1978）だが、これはなかなか見つからない。それでも多くのウェブサイトがヴォイニッチ手稿の謎の興味をかき立てる様々な面について述べている。

224　Hodgins（2012）を参照。

225　捏造の手稿本を作ったのが誰で、なぜそんなことをしたのかについては諸説が出されている。捏造説は、ヴォイニッチ手稿の意味がわかっていない理由を説明する。

見つかるべき意味などないというのだ。他方、様々な科学者が、ヴォイニッチ手稿に単語がランダムではないこと、文に意味があることをうかがわせるパターンを見いだしている。たとえば、Amancio et al.（2013）を参照。

226 Elliott（2011）は、信号が探知されたが解読されていないとき、期待する世間に対して時宜を得た正確な情報を広めるための手順を論じる。Elliott and Baxter（2012）および Elliott（2012）も参照。

227 情報送信に電磁放射が用いられるなら、しかじかのメッセージのための最も効率的な形式は、黒体放射と区別できない（その形式を知らない受信者にとっては）。このことが最初に示されたのは、Caves and Drummond（1994）による。同じ結論が、別の論拠を用いて、Lachman et al.（2004）によって導かれた。

解 35　瓶に入れた手紙

228 二人の成果（Rose and Wright 2004）は『ネイチャー』誌の「レター」として掲載され、SETI の世界にちょっとした騒ぎを起こした。理論的な論文にしては、驚くほど読みやすい。

解 36　おっと……この世の終わりだ

229 フェルミ研の管理部門はディクソンの抗議を不快に思い、同研究所発行のニュースレター『フェルミ・ニューズ』でこの件を取り上げた（FNAL 1998）。

230 カート・ヴォネガットは『猫のゆりかご』という作品で、相転移がもたらす結果を小説にしている（出てくるのは、真空ではなく、架空の「アイス・ナイン」——室温でふつうの水より安定した H_2O の一形態——で、量子真空状態ではないが）。

231 宇宙が「真の」真空ではないかもしれないという説は、トンデモの類ではない。マーティン・ジョン・リーズ（1942 ～）はイギリスの天文学者で、1995 年から 2005 年まで王室天文学者を勤め、2010 年には王立協会の会長だった。つまりリーズ卿はイギリスでも超一流の科学者の一人だ。共同研究者でオランダ人のピート・ヒュット（1952 ～）は、プリンストン高等研究所に勤務している。この二人の説の詳細は、Hut and Rees（1983）を参照。

232 1991 年 10 月 15 日、ユタ州の「フライズ・アイ〔蠅の眼〕」という検出装置が、320EeV というエネルギーの宇宙線を検出した（このエネルギーは国際単位系でもめったに使われないエクソという接頭辞が必要になるほどのものだ。この接頭辞は 10^{18} の桁を表す）。フライズ・アイが検出した粒子は、50 ジュールという驚異的な量のエネルギーを持っていた。言い換えると、原子よりも小さいこの粒子 1 個が、時速 280 km のテニスボールよりも大きなエネルギーを持っていたということだ。そのエネルギーは、これまで計画された中でも最大の加速器で到達できるエネルギーよりも、さらに 1000 万倍以上も大きい。どうしてこの粒子がこれほどのエネルギーを得たのかは解明されていない。すぐにわかるような作用では、これほどの運動エネルギーは得られない。ただ、それを生んだのが何であれ、比較的近くになければならない。宇宙論的な距離を移動してきたとしたら、マイクロ波背景との相互作用で減速されていただろうからだ。Bird（1995）を参照。

233 ストレンジ・クォークの存在は何十年も前から知られていて（Webb 2004 を参照）、

その特徴的な点が浮かび上がったのは、1964年、ジョージ・ツヴァイク（1937～）とマレー・ゲル＝マン（1929～）による。しかしその存在が宇宙線による実験で明らかになったのは、1947年のクリフォード・チャールズ・バトラー（1922～1999）とジョージ・ロチェスター（1909～2001）が行なった実験による。二人がこの成果でノーベル賞を与えられなかったのは不当だ。

234 こうした計算は、アメリカの物理学者ロバート・ローレン・ジャッフェ（1946～）らが行なったもの。専門家でない人向けの解説はMatthews（1999）を参照。もっと立ち入った分析については、Jaffe et al.（2000）を参照。

235 Johnson and Baram（2014）を参照。

236 たとえばEllis et al.（2008）を参照。

237 Stevenson（2003）を参照。

238 Ćirković and Cathcart（2004）を参照。

239 「ナノテクノロジー」という用語が一般化したのは、アメリカの物理学者K・エリック・ドレクスラーによる。影響力のあった著書（Drexler 1986）で、ナノスケールの技術に革命が起きることを予言している。ドレクスラーは「ナノテクノロジー」という言葉を導入して、分子製造（非生物学的分子機構によって誘導される一連の化学反応を用いて対象を複合的で原子のレベルの仕様に沿って組み立てる）と、その技法、産物、設計、分析を指している。近年では、「ナノテクノロジー」という言葉はナノスケールの結果を伴う技術すべて――たとえばミクロン以下のエッチング〔平板印刷〕など――を指すようになってきた。ドレクスラー本人は元の概念を、現在各地の研究室で行なわれていることとを区別して、「分子ナノテクノロジー」と呼んでいる。ナノテクノロジーの分野そのものは、ファインマンによる、個々の原子を直接操作することを検討した講義（Feynman 1959）とともに始まったと言えるかもしれない。

240 医療とともに作品の背後にある科学の解説もするSFの短編集については、Aiken（2014）を参照。何らかの形でナノテクノロジーに触れている小説が多く収められている。

241 英王立協会の報告（Royal Society 2004）は、ナノテクノロジーの可能性を論じ、関係機関は自己複製するマシンを心配する必要は、少なくとも当面はないとした。その発達があるのは、未来のはるか彼方。

242 グレイグーを取り上げたフィクションの中でも秀逸なのは、グレッグ・ベアの傑作短編「ブラッド・ミュージック」で、これは1983年――ドレクスラーの本の3年前――に刊行されている。小説は短編集に収められている（Bear 1989）。

243 ナノテクノロジーの環境的リスクを数学的に詳細に評価したものとしては、Freitas（2000）を参照。

解37 あいたっ……この世の終わりだ

244 Drake and Sobel（1991）は、先にフェルミ・パラドックスを早い時期に公にした一人としてお目にかかったシュクロフスキーが、晩年SETIにのめり込んだ様子を伝えている。シュクロフスキーは、核戦争は避けられず、他の技術文明にも、必然的に大量殺戮が生じると確信していた。

245 核の冬の影響を論じたものとして、Turco et al.（1983）を参照。

246 ウォルター・マイケル・ミラー（1923 〜 1996）はアメリカの無線技師で、第二次大戦中は爆撃機の尾部機銃手としてイタリアとバルカン半島に 53 回出撃した。賞も獲った小説『黙示録 3174 年』は、最終戦争後を扱った SF の古典で、ミラーはこれを、連合軍がイタリアのモンテ・カッシーノに攻撃をかけたことに応じて書いた――この攻撃にはミラー自身も参加し、きっと心理的に影響を及ぼしただろう（核の冬の細部がはっきりしてきたのは、つい最近になってからのことで、ミラーは大量殺戮後の世界を活写しているが、どうしても科学的な正確さには欠ける。それでもこの小説はお薦めだ）。

247 バイオテロとそのフェルミ・パラドックスとのつながりを論じたものとして、Cooper（2013）を参照。

解 38 熱波

248 アメリカの化学者、チャールズ・デーヴィッド・キーリング（1920 〜 2005）は、スクリップス海洋学研究所に 40 年以上在籍し、その間ずっと、大気中の二酸化炭素の見事な観測データをとり続けた。キーリングの内容のある伝記として、Weart（2008）または Bowen（2006）を参照。

249 IPCC（2013）には、陸地と海を合わせて平均を取った地表温度上昇の詳細が載っている。

250 Goldblatt and Watson（2012）は、人類が化石燃料を燃やすことで暴走する温室効果を引き起こすことはおそらくありえないと論じる。この 2 人はまた、自分たちの結果は気候変動否定派にとって何の慰めにもならないことも言う。2 人は人間に由来する温室効果ガス放出は人間文明にとっては大きな脅威になると明言している。また、2 人の研究結果が正しくて暴走する温室効果はありえなくても、そのモデルは、これが突然「熱く湿った温室」状態に変化することを排除しないとも言われている。つまり、これは暴走する過程にはならないが、困った結果にはなるということだ。

解 39 この世の終わりはいつ？

251 J. Richard Gott III（1947 〜）はプリンストン大学の宇宙物理学教授。終末論法に関する元の論文（Gott 1993）は、いろいろある中で、人類が銀河系に植民する可能性は低いことも明らかにすると説いた。この論法の単純化した解説として、Gott（1997）を参照。この論文はきわめて興味深いやりとり（Buch et al. 1994）を生んだ。哲学者のジョン・レスリーは、独自に終末論法を考えた（Leslie 1996）。この種の推論の威力を最初に認識した人物は、たぶんオーストラリアの物理学者、ブランドン・カーター（1942 〜）だろう。カーターの人間原理については本書第 5 章で概略を述べる。

252 人間の存続の問題に、舞台興業や企業の記録されている寿命を通じてほれぼれするような検討を加えたものとして、Wells（2009）を参照。ウェルズはファインマンが指導した数少ない学生の一人で、その著書にも、ファインマンの不遜なところや恐れを知らない疑問が見てとれる。

解 40 いつも曇り空

253 本書を書いている段階では、まだ「夜来たる」に出てくるものほど極端な惑星系

は見つかっていない。しかし2012年、天文学者は四重星系にある惑星の例を見つけた。この惑星の想像図は図4.25にある。

254　1941年に書かれた「夜来たる」は決まって史上最高のSF短編に選ばれる。Asimov（1969）など、多くの短編集に収められている。

解41　いっぱいいいっぱい

255　ヒッグス粒子発見と、それが重要である理由についての明快な解説は、Carroll（2013）を参照。

256　新しい観測施設、計画中の観測施設の解説として、Webb（2012）を参照。

解42　遠隔学習をしている

257　ランプトンはカリフォルニア大学バークレー校でSETIの活動、とくに解26で紹介した光学SETIの進行にかかわった。ランプトンが唱えるパラドックスへの解についてさらに詳しいことは、Lampton（2013）を参照。

258　われわれが火星の生命を、火星上のゲノム配列決定探査機に遺伝情報を送らせ、それをバイオプリンタを使って「組み立てる」ことによって、地球で再現できるという考え方は、Venter（2013）で取り上げられている。

解43　どこかにはいるが、宇宙はわれわれが想像しているよりよくわからない

259　ヒュー・エヴェレット（1930〜1982）は、プリンストンでの博士論文として量子力学の多世界解釈を展開した。この論文の要旨についてはEverett（1957）を参照。残念ながら、発表当時にはこの考えはまともには取り上げられず。エヴェレットはやる気をなくして学界を去った。エヴェレットの悲しい人生の物語をよく調べて記したものとして、Byrne（2010）を参照。

260　アメリカの作家アルフレッド・ベスター（1913〜1987）は、1956年、有名な『わが赴くは星の群れ』という小説を『虎よ、虎よ』という題で発表した（Bester 1956）。アーサー・クラークの最も野心的な作品は、たぶん『幼年期の終わり』だろう（Clarke 1953）。しかし見たところ、過激な推測はSFだけのものではなさそうで、理論物理学者も過激なアイデアを夢想して喜んでいるらしい。たとえばTegmark and Wheeler（2001）を参照。

261　このアイデアは、Gato-Rivera（2006）に出てくる。これは見たところまじめな説だが、私はそれを本気では取りがたい。

解44　知性は永遠ではない

262　Schroeder（2002）を参照。

263　Ćirković（2005）およびĆirković, Dragićević and Berić-Bjedov（2005）を参照。

解45　われわれは生物学以後の宇宙にいる

264　われわれが生物学以後の宇宙に暮らしているとしたらSETIはどうなるかということの明快な説明についてはDick（2003, 2008）を参照。ディックの*Biological Universe*〔生物学的宇宙〕（Dick 1996）もお薦め。

265 ステープルドンのSF作品は、ブライアン・オールディス、アーサー・C・クラーク、スタニスワフ・レム、ヴァーナー・ヴィンジといった作家に影響を及ぼした。本文で触れた『最後にして最初の人類』や『スターメイカー』といった小説（Stapledon 1930, 1937）だけでなく、『シリウス』や『オッド・ジョン』といったやはり影響を及ぼした小説も書いている。

266 宇宙の年齢の最も正確な年齢は、ESAのプランク衛星からのデータと、NASAのWMAP衛星のような以前の観測のデータを組み合わせて得られている。プランクもWMAPも宇宙マイクロ波背景放射を測定することで観測を行なった。私は天文学者がこれほどの正確さで根本的な宇宙論的パラメータを特定できることがものすごいことだと思う。私が学生の頃は、宇宙の年齢の推定値は何十億年も違っていた。こうした宇宙設置型の観測についての話は、Webb（2012）を参照。

267 星の進化に基づく論証についてはNorris（2000）を参照。ノリスの論文は、アレン・タフが編集した興味深い論集に載っている。

268 「ライアへの賛歌」は1974年、『アナログ』誌に掲載され、ヒューゴー最優秀小説賞を獲るまでになった。この作品は同名の作品集に収められている（Martin 1976）。

解46　みんなブラックホールの周囲に集まっている

269 Barrow（1998）を参照。

270 Feynman（1959）を参照。ファインマンは1959年12月20日、カリフォルニア工科大学でのアメリカ物理学会の大会に際して、“There’s Plenty of Room at the Bottom”〔下には大いに余地がある〕という題の講演を行なった。そこでファインマンは、個々の原子を直接操作する可能性を検討した——多くの点でナノテクノロジーという分野を先取りした講演だった。

271 ヴィダルの博士論文は「始まりと終わり——宇宙論的視点から見た生命の意味」という（Vidal 2013）。

272 われわれはブラックホールの中を見ることはできない——光さえ向こうから事象の地平を超えてわれわれのところには届かない——が、特定のタイプのブラックホールの内部を見ることができたら、そこに地球外文明が暮らしているのが見えるのではないか？ 2011年、ロシアのある物理学者が、ブラックホールの内部には安定した周期的軌道が存在しうることを示し、KⅢ文明なら超大質量ブラックホールの内部で安全に暮らせるという仮説を立てた。そのような文明となると、われわれの望遠鏡では見えないことになる。これがパラドックスの解決でありえるのだろうか。ETCはブラックホールの中で暮らすことにして、だからわれわれと連絡を取ることができないということだろうか。Dokuchaev（2011）を参照。

273 Inoue and Yokoo（2011）はKⅢ文明なら、超大質量ブラックホールの周囲に要するにダイソン球を建造することになるのではないかと説く。しかし2人はバロウスケールについては言及していない。これは要するに「伝統的な」ダイソン球を大がかりに改造したものだ。

解 47　シンギュラリティに達する

274　ゴードン・アール・ムーア（1929～）は、1968 年のインテル社創業に加わり、すぐに世界でも有数の資産家になった。その「法則」を最初に述べたときのことについては、Moore（1965）を参照。

275　アメリカの数学者ヴァーナー・ステッフェン・ヴィンジ（1944～）は、何点かのSF や短編小説で「シンギュラリティ」の考え方を用いている。小説ではない解説はVinge（1993）にある。コンピュータの処理能力が容赦ないほどに発達することの優れた解説は Moravec（1988）にある。

276 「シンギュラリティ」という言葉は 1950 年代、フォン・ノイマンが使っている。「技術の進歩がどんどん加速すると、われわれが承知しているような人の営みがそれ以上は続かないような、人類の歴史の根幹にかかわるシンギュラリティに達するように見えてくる」。Ulam（1958）を参照。

277　人類の知的発達が地球社会を根本から変えるかもしれないという説を考えた最初の人物はヴィンジではない。フランスのイエズス会司祭ピエール・テイヤール・ド・シャルダン（1881～1955）は、個人の精神が合体してノーオスフィア〔人智圏〕——人間の知識と知恵から成る拡大する圏——をなすと考えた。精神と物質はいずれ合体して新しい意識の状態を形成する。それをテイヤール・ド・シャルダンは「オメガ点」と呼んだ。その論旨は神秘主義的でとりとめないが、ヴィンジのシンギュラリティによく似た結論に達している。それでもヴィンジとテイヤール・ド・シャルダンの間には二つの大きな違いがある。まず、ヴィンジは現実世界の流れを延長して、われわれをシンギュラリティに導く明確な仕組みを唱えている。次に、生物の進化はノーオスフィアを構成するのに何百万年とかかる。われわれ（とわれわれの後を継ぐ存在）は、ほんの何十年かでシンギュラリティを築いてしまう。この種の考え方についての見通しを得るには、たとえば Teilhard de Chardin（2004）を参照。

278　人間なみの「人工」知能が存在しうるという説を批判する刺激的な本として、Searle（1984）および Penrose（1989）の 2 点を参照。私はこのきわめて優れた思想家の結論には賛成ではないが、この 2 点はきわめて興味深い読み物となっている。

279　TeX はアメリカのコンピュータ学者ドナルド・エルヴィン・クヌース（1938～）が開発した。Knuth（1984）を参照。クヌースがこのソフト（版組をデザインするためのプログラムとともに）を書いたのは、ただただ、その何巻にも及ぶ *The Art of Computer Programming*〔コンピュータ・プログラミングの技〕を、自分の満足の行くように版組みできるようにするためだけだった。

解 48　超越仮説

280　Smart（2012）を参照。この論文でスマートは超越と、そのフェルミ・パラドックスとの関係について 10 年考えたことをまとめあげている。

281　都市人口の増加の詳細については、WHO（2013）を参照。

282　進化発達生物学の読みやすい解説は、Carroll（2006）を参照。

解 49　移住仮説

283　移住仮説の詳細については、Ćirković and Bradbury（2006）を参照。ロバート・J・

ブラッドベリ（1956～2011）は、過激な寿命延長のための選択肢など、様々な非正統的な科学の探究に関心を抱いていた。残念ながら、自分が関心を抱いた寿命延長技術の恩恵を受けるまでは生きられなかった。

解50　無数のＥＴＣが存在するが、地球からの粒子の地平内では地球人だけ

284　ハートが書くものはとくに明瞭で力がある。生命を宿す惑星が無限にありながら、観測可能な宇宙ではわれわれしかいないという説を述べたものとしては、Hart（1995）を参照。このテーマの同様に明瞭な、宇宙論学者による取り上げ方が、Wesson（1990）にある。

285　Guth（2007）を参照。

286　インフレーションの解説と、2014年に発表されたそれが観測可能な結果がインフレーションの確認をもたらすかもしれない事情についての話は、Webb（2014）を参照。

5　存在しない

287　『レア・アース』という本（Ward and Brownlee 1999）は、地球が複雑な形態の生命を宿すという点で、例外的であり、もしかすると唯一かもしれないという何人もの惑星生物学者で大きくなる疑念を明確に表している。

288　生命が採るかもしれない形についての、想像力のある、非正統的で異論のある本としては、Feinberg and Shapiro（1980）を参照。２人は恒星でのプラズマ型生命や、恒星間の雲にいる放射型生命、二酸化珪素系生命、低温生命など、多くの可能性を論じる。エイリアンの生化学を取り上げた初期の、また魅力的なSF小説の一つとして、スタンリー・G・ワインボウムの『火星のオデッセイ』がある。（*Wonder Stories*, July 1934所収）これはAsimov（1971）など、いくつかの選集に収められている。

解51　宇宙はわれわれのためにある

289　たとえば、Mayr（1995）を参照。

290　太陽の明るさは太陽系ができてから約25%増している。ところが地球の表面温度はその間、わりあい安定している。主に二酸化炭素の温室効果を減らす負のフィードバックループのおかげだ。このループをもってしても、地表温度を複雑な生命に適切な水準に今後約10億年以上維持することはできない。たとえばBergman et al.（2004）を参照。

291　Carter（1974）を参照。

292　カーターの研究を拡張したものはWatson（2008）を参照。McCabe and Lucas（2010）も参照。

293　人間原理的バイアスを徹底して論じたものとして、Bostrom（2002）を参照。

294　Barrow and Tipler（1986）を参照——様々なタイプの人間原理を詳細に取り上げた、めざましい、刺激的な本だ。

295　Tipler（1994）を参照。

解52　正規工作物

296　万物理論探しの背景にある動機の見事な取扱いについてはWeinberg(1993)を参照。

297　フォシーニは通信工学に対する貢献で数々の賞を受賞している。正規工作物という興味深い概念については Foschini（1994）を参照。

解 53　生命が出現してまだ間がない

298　Livio（1999）を参照。

299　Sobral et al.（2013）による研究によると、恒星形成の率は約 110 億年前にピークに達したらしい。これはそれまで考えられていたよりも宇宙の歴史の中でかなり早い時期だ。

解 54　惑星系はめったにない

300　本文で触れられている小説は、『インテグラル・ツリー』（Niven 1984）と、『竜の卵』（Forward 1980）。

301　フランスの博物学者、ビュフォン伯ジョルジュ＝ルイ・ルクレール（1707 ～ 1788）は、1749 年、惑星は彗星が太陽に衝突したときにできると唱えた。ドイツの哲学者、イマヌエル・カント（1724 ～ 1804）は、1754 年、惑星形成について星雲説を唱えた。太陽系の起源を説明するために唱えられていた様々な考え方を比較調査したものとして、Williams and Cremin（1968）を参照。

302　星の衝突による惑星形成モデルとして最初期のものは、アメリカの科学者トマス・クラウダー・チェンバリン（1843 ～ 1928）とフォレスト・レイ・モールトン（1872 ～ 1952）によって展開された。このモデルはイギリスの数学者ジェームズ・ホプウッド・ジーンズ（1887 ～ 1946）とハロルド・ジェフリーズ（1891 ～ 1989）によって修正、改良された。太陽系の形成を含む、すばらしい太陽系旅行については Taylor（1998）を参照。この著者は、地球上の生命は偶然の結果かもしれず、つまり生命がよそで発生する可能性は低いかもしれないという結論に達している。

303　最新の惑星発見について、もっと詳しいことについては、The Extrasolar Planets Encyclopædia（Exoplanet Team 2014）を閲覧のこと。系外惑星を探した科学者について美しく書かれた印象的な解説として、BIllings（2013）を参照。

解 55　岩石型惑星はめったにない

304　地球の年齢は、地球化学者が放射性同位体年代測定法を使って、45.4 ± 0.5 億年と計算した値が認められている。これに近い値が最初に発表されたのは、1956 年、アメリカの地球化学者、クレア・キャメロン・パターソン（1922 ～ 1995）による。その後の研究からパターソンの値が精密になったが、大きく修正はされていない。化学者が地球の年齢を決めた様子についての詳細は、たとえば Dalrymple（2001）を参照。

305　われわれが今コンドリュールであると見ているものについての言及は、1802 年の科学文献にもある。コンドリュールの名がついたのは 1864 年、ドイツの鉱物学者、グスタフ・ローゼ（1798 ～ 1873）による。イギリスの地質学者で優れたアマチュア科学者、ヘンリー・クリフトン・ソービー（1826 ～ 1908）は、岩石顕微鏡――自ら発明した装置――を使って、コンドリュールについて初めて詳細な研究を行なった。ソービーは、コンドリュールを「火の雨の滴のよう」と記述し、これは太陽のプロミネンスで放り出された太陽のかけらではないかと唱えた。Sorby（1877）を参照。

306　McBreen and Hanlon（1999）を参照。また、Duggan et al.（2003）も参照。

307　もっと詳しいことは、Connelly et al.（2012）を参照。

解 56　水に基づく解

308　ウラン（U）は 2 種類の系列で崩壊し、鉛（Pb）になる（238U は半減期 44.7 億年で 206Pb になり、235U は半減期 7.04 億年で 207Pb に崩壊する。ジルコンは鉛を含有しにくいので、この鉱物に検出される鉛は放射性崩壊によるものだったにちがいない。このことは、ウラン・鉛年代測定方式の可能性を生み、Valley et al.（2014）は、ジルコンのウラン・鉛「時計」が信頼できることを明らかにした。このグループは、ウェストオーストラリア州のジャック・ヒルズ地方のジルコンのかけらが、44 億年前に形成されたものであることを確認した。

309　ハートリー 2 彗星観測の詳細については Hartogh et al.（2011）を参照。本田 = ムルコス = バイドゥシャーコヴァ彗星観測についての詳細は Lis et al.（2013）を参照。

解 57　継続的に居住可能な区域は狭い

310　Dole（1964）は、惑星が人類にとって居住可能になるのに必要と思われる条件を論じた最初の本の一つ。今では相当古くなっているが、今なお優れた案内となっている。この本は、ランド研究所〔アメリカの大手シンクタンク〕での研究の成果であり、かなり専門的。一般向けのものでは Dole and Asimov（1964）が薦められる。Dole の研究から半世紀近く後に出版された Seager（2013）は、系外惑星の居住可能性に影響しそうな因子を詳細にまとめている。

311　傾きのゆらぎが必ずしも生命の存在を排除せず、場合によっては実は生命を促進するという話については、Armstrong et al.（2014）を参照。

312　Vladilo et al.（2013）を参照。これはハビタブルゾーンでの大気圧の影響を検討している。

313　ハビタブルゾーンの境界を求めるいくつかの計算では、地球は限界を広げていると見ることもできる。生命の可能性について、「地球中心的」な見方をとることは容易だが、科学者はますます液体の水が様々な状況で存在しうることを発見している。Heller and Armstrong（2014）は、地球よりも生命に適していそうな惑星もあると言う。

314　Hart（1978, 1979）を参照。

315　ケプラー 186f 発見の詳細については、Quintana et al.（2014）を参照。

316　アメリカの地質学者ジェームズ・フレーザー・ケースティング（1953 〜）は、地球の機構が長期的に安定していることに関する理解に、いくつかの重要な貢献をしている。ケースティングらが用いるモデルは、ハートの元のモデルよりもずっと細かい。もっと細かいところについては、Kasting, Reynolds and Whitmire（1992）および Selsis eta l.（2007）を参照。

317　Rushby et al.（2013）は、ハビタブルゾーンが時間とともにどう進展するかのモデルを検討し、系外惑星の中には、母星のハビタブルゾーンで何十億年もすごせるものがあることを明らかにする。

318　Petigura, Howard and Marcy（2013）は、系外惑星についてケプラーとケックのデータを分析し、太陽型恒星の 22 % で大きさが地球程度の惑星がハビタブルゾーンを公

転しているという結論を出した。

319 銀河ハビタブルゾーン（GHZ）の最初の定義についてはGonzalez, Brownlee and Ward（2001）を参照。またこの領域の大きさと時間的変化についての詳細な話は、Lineweaver, Fenner and Gibson（2004）を参照。Gowanlock, Patton and McConnell（2011）は、複雑な生命の発達に有利かもしれないGHZのモデルを、銀河系の空間的・時間的次元の点から記述している。

解58 地球が最初

320 Buchave et al.（2012）を参照。

321 この太陽に似た星についての詳細な調査はMonroe（2013）にある。

解59 地球には格好の「進化の活」が入る

322 木星が地球の進展に影響するのではないかという考え方を一般向けに解説したものとして、Cramer（1986）を参照。

323 アメリカの地質学者ジョージ・ウェスト・ウェザリル（1925～2006）は、木星が太陽系で演じる役割に関する研究で知られている。共鳴効果によって小惑星帯に隙間が生じるという説は、最初、1866年、アメリカの天文学者ダニエル・カークウッド（1814～1895）によって唱えられた。非線形力学という現代の手法を用いて、太陽系の軌道を調べた最初の科学者の一人が、アメリカの物理学者ジャック・リーチ・ウィズダム（1953～）だった。ウィズダムは小惑星帯の3:1の共鳴を詳細に調べた。こうした考え方についての、信頼できて新しくなった解説や、もっと一般的な太陽系の起源や進展についての解説については、Yeomans（2012）を参照。

解60 銀河系は危険なところ

324 マグネターは異様に強い磁場を伴う中性子星のこと。SGR1900+14の磁場は、5×10^{10}テスラと推定される——科学者が生み出した最強の非破壊的磁場がわずか100テスラであることと比べること。マグネターの磁場は強く、ポケットにある鍵を15万km以上離れたところから吸い寄せるほどだ。もちろん、そんなマグネターの近くにいたら、撒き散らされる放射と荷電粒子で即死だろう。本書を書いている段階では、21個のマグネターが発見されている。詳しい情報についてはMereghetti（2008）を参照。

325 たとえばGehrels et al.（2003）はタイプII超新星が8パーセク以内で生じれば、地球表面での「生物学的に活性のある」紫外線の流束が2倍になりうることを計算した。

326 ガンマ線バースターが最初に発見されたのは1969年で、VELA衛星による（これは核爆発によると思われるガンマ線を探すために軌道に打ち上げられていた）。しかし、バースターが宇宙論的な距離のところにあるという証拠が得られたのは、1997年になってからのことだった。今でもその元になっている事象の正確な正体は、論争の的になっている。Vedrenne and Atteia（2009）を参照。

327 Melott et al.（2004）は、GRBが4億4000万年前のオルドビス紀大量絶滅を引き起こしたのではないかと説く。この説のもっと詳しいことについては、Thomas (2009)

を参照。

328 Annis（1999）を参照。

329 アーサー・クラークの短編「星」は、天文学的爆発で破壊された文明の遺跡を人間が見つけることを述べる。爆発からの光は2000年ほど前に地球に届いたことになる——この小説にその心を乱す質を与えている事実だ。2008年にクラークが亡くなって何時間もしないうちに、スウィフト衛星がGRB 080319Bを発見したのは痛恨のことだと私は思う。起きたのは75億年前だというのに、30秒もの間、肉眼でも見えるほど強力だった。「星」は多くの作品集に載っている。たとえば、Asimov（1972）を参照。

解61　惑星系は危険なところ

330 惑星上の脅威をつっこんで取り上げたものとして、Bostrom and Ćirković（2008）を参照。

331 地球が原生代に全球凍結を体験したという考え方は新しいものではない。イギリスの地質学者ブライアン・ハーランド（1917～2003）は、すでに1964年、まさにこのことを仮定した。同時に、ロシアの地質学者ミハイル・ブドイコ（1920～2001）は、暴走する冷凍庫効果が生じうることを示した。しかしその説がまともに取り上げられるようになったのは、最近になってからのことにすぎない——アメリカの地質学者ジョセフ・カーシュヴィンクとジェームズ・ケースティングが率いるグループの研究によるところが大きい。2人のグループは、「雪玉地球」から抜け出す道筋も調べてきた。早い段階での紹介はHarland and Rudwick（1964）を参照。雪玉地球説として明瞭に書かれた紹介はHoffman and Schrag（2000）を参照。もっと専門的な論文には、Hoffman et al.（1998）やKirschvink（1992）がある。

332 地球の歴史の早い時期、とくに全球凍結のときにはもっと多くの絶滅があってもおかしくはないが、硬い骨格をもった生物があたりまえになったのは、この5億年になってからのことで、生物が化石を残せるようになったのは、比較的最近のことでしかない。実は、われわれは顕生代と呼ばれる地質時代にいる。この名は「目に見える生命」を意味するギリシア語に由来する。自然は5億4000万年前のカンブリア紀の爆発的増大の時期に、現在の動物の各門で実験を始めた。カンブリア紀大爆発以前の40億年は、ギリシア語で「隠れた生命」を意味する言葉をとって、陰生代と呼ばれる。地球の歴史の大半では、ほとんどすべての生物が痕跡を残さずに生きて死んでいた。カンブリア紀大爆発について詳しい情報は、Gould（1986）を参照。

333 Raup（1990）を参照。

334 隕石が衝突して恐竜を滅ぼしたという説は、古くからある。枢要な論文はAlvarez et al.（1980）だ。しかしその論文が現れる何年か前、驚くほど先見的な記事がSF雑誌に掲載された（Enever 1966を参照）。この記事は、大きな隕石が地球にぶつかる結果を述べていた。白亜紀＝三畳紀絶滅を引き起こした隕石の衝突を支持する証拠を検討しておもしろいのは、Alvarez（1997）。

335 Leakey and Lewin（1995）を参照。

解 62　地球の地殻構造は特異

336　McClean（2010）を参照。

337　証拠を整理して大陸が動いているのではないかと初めて説いたのは、ドイツの気象学者、アルフレート・ロタール・ヴェゲナー（1880 〜 1930）だった。ヴェゲナーが大陸移動説を発表したのは 1915 年だが、冷たくあしらわれた。その説の欠陥と見られたことの一つは、大陸移動を説明できるような仕組みが知られていないということだった。ヴェゲナーは北極探検に出かけて雪嵐に襲われて亡くなったが、その直後、イギリスの地質学者アーサー・ホームズ（1890 〜 1965）は、大陸移動を説明するのにぴったりの仕組みが対流によって得られるのではないかと説いた。ホームズは一定の評価を得た地質学者だった。たとえば、地質学的な過程について、妥当な時間の長さを唱えている—— 1913 年の推定では、地球の年齢を 40 億年としており、これはそれまでのどんな推定よりもはるかに優れている。しかし大陸移動説が確立するまでには、さらに 20 年を要した。1960 年、アメリカの地質学者、ハリー・ハモンド・ヘス（1906 〜 1969）は、海洋の真中にある海嶺から海底が広がっていることを示した。マグマが上昇して冷えると、海嶺の両側に元からある海底を遠くへ押しやる。大陸を動かすのはこの力だった。プレートテクトニクスの理論が生まれた経緯についてのつっこんだ解説は、Oreskes（2003）を参照。Marshak（2009）は、本節で取り上げられる概念の背後にある詳細を解説した見事な資料だ。

338　地球の地質学的な時間規模での CO_2 サーモスタットを最初に記述したものは、Walker, Hays and Kasting（1981）にある。この仕組みは生物が地球の表面温度を安定させることに及ぼしたかもしれない影響は考えていない。何人かの高名な科学者が、生命そのものが温度を一定の範囲に保つ上で枢要な役割を演じたという見解を取っている。

解 63　月が特異

339　アメリカの科学者グループ二つが、それぞれ独自に、火星の大きさの天体が衝突して月ができたとする説に達した。一方は、アメリカの天文学者で、アリゾナにある惑星科学研究所のウィリアム・ケネス・ハートマン（1939 〜）とドナルド・レイ・デーヴィス（1939 〜）が率いるグループで、もう一つは、カナダ生まれのアメリカの天文学者、ハーバード大学のアリステア・グレアム・ウォルター・キャメロン（1925 〜 2005）が率いるチームだった。Hartmann and Davis（1975）および Cameron and Ward（1976）を参照。

340　月の岩石試料の酸素同位体比率の詳細については、Wiechert et al.（2001）を参照。月の岩石試料のチタン同位体比率の詳細については、Zhang et al.（2012）を参照。

341　Jacobson（2014）は、月ができた事件を、太陽系ができて 9500 万年（± 3200 万年）と特定する。これはそれまでの推定よりもかなり遅いが、太陽系発達の比較的遅い時期に生じた高エネルギーの衝突は、月と地球が同じ同位体構成になっているという観測結果（本文参照）と整合する。

342　月の重要性をおもしろく取り上げた、科学者でない人々向けのものとして、Comins（1993）を参照。

解64　生命はめったに誕生しない

343　生物を古細菌、細菌、真核生物に分けるのは、比較的最近になってからのことだ。この案は、アメリカの生物物理学者カール・R・ウーズ（1928 〜 2012）による。ウーズは極限環境（高温、高塩分濃度、強酸性――それまで生命とは相反すると思われていたところ）で暮らす微生物を発見した。最初、こうした生物は、極端な条件に適応できた細菌だと考えられた。確かに、その生物の核は核膜で囲われていないので、細菌に似ているように見えた。ところが、ウーズらの研究グループは、こうした極限環境微生物について、リボソーム RNA を調べてみた（細胞の中にあるリボソーム RNA は、タンパク質合成の場――アミノ酸がタンパク質に組み立てられるところ。したがってこれはすべての細胞に見られ、rRNA のヌクレオチド配列を調べれば、理想的な「進化時計」が得られる）。このチームは、極限環境微生物の rRNA が、細菌の rRNA とは根本的に異なることを発見した。あれやこれやの根本的な違いがあって、ウーズは、生命が三つのドメイン〔かつての動物界、植物界などの「界」の上位の分類区分〕から成ることは明らかだと考えた。画期的な論文は、Woese, Kandler and Wheelis（1990）。

344　核酸の物語は遠くまで遡る。まず、ドイツの生化学者アルブレヒト・コッセル（1853 〜 1927）が、核酸分子の化学構造を調べ始めた。窒素を含む塩基を分離し、それにアデニン、グアニン、シトシン、チミンという名をつけたのはコッセルだった。この成果により、コッセルは1910年のノーベル賞を受賞した。それから50年後、DNA が遺伝に果たしていると思われる役割が、生物学の熱い問題の一つとなった。1953年、フランシス・クリックとジェームズ・ワトソンが、DNA 分子の二重らせんモデルを提案して、科学全体の中でも重要な躍進をとげた。この話の詳細と、かかわった人々については、Watson（2010）や Ridley（2011）を参照。

345　遺伝子の「アルファベット」を拡張する研究は、Malyshev et al.（2014）に述べられている。

346　大きな図書館が利用できるなら、Brooker（2011）が遺伝学に関する人気の入門レベルの教科書。

347　たとえば、Elisa, Glavin and Dworkin（2009）は、スターダスト探査機によってヴィルト第2彗星から持ち帰られた物質にアミノ酸のグリシンが存在したことを報告している。星間物質に、多環芳香族炭化水素――生命の出発点となる物質として重要かもしれない分子――が星間物質に検出されたこともある。複合的な有機物を形成する基本的な素材は宇宙にもありふれている。

348　生命の起源という問題に関する科学研究の物語は長く、引き込まれる。それは1924年、ロシアの生物学者アレクサンドル・イヴァノヴィチ・オパーリン（1894 〜 1980）とともに始まった。オパーリンは、有機物質の小さな塊が自然に形成され、それが現代の他パク質のさきがけとなったのではないかと説いた。イギリスの生物学者ジョン・バードン・サンダーソン・ホールデーン（1892 〜 1964）とともに、オパーリンは生命物質が生まれる原始のスープという刺激的なアイデアを生み出した。このアイデアが実験的検証にかけられたのは、1953年になってからのことだった。ノーベル賞を受賞していた化学者ハロルド・クレートン・ユーリー（1893 〜 1981）の研究室にいた大学院生、スタンリー・ロイド・ミラー（1930 〜 2007）というアメリカの生物学者による。ミラーの実験の結果からは、少なくとも生物の基本的素材は原始

地球で自然にできることがうかがわれた。それでも、この素材から生命そのものへつながるには多くの段階があり、その道筋にはなお霧に覆われている。この分野は、魅力的で活発な研究領域となっている。この分野で研究を行なった人物による叙述として、Deamer（2012）を参照。

349 生命の登場が稀な出来事だと言える理由に関する議論については、Hart（1980）を参照。この論文の論証は間違っていると私は信じているが、例のごとく、ハートは自説を明瞭に、また強力に述べている。

350 リボザイム—— RNA でできた酵素——は、アメリカの生化学者トマス・ロバート・チェック（1947 〜）と、カナダの生化学者シドニー・アルトマン（1939 〜）が、それぞれ独自に初めて発見した。2 人はこの成果で 1989 年のノーベル化学賞を共同受賞した。RNA ワールドについての優れた全体像は、Bernhardt（2012）にある。

351 生命の発生に関してはいくつもの案がある。以下に挙げる資料は、すべて本書執筆段階に出ているもので、幅広い考え方のほんの雰囲気だけを提供するものでしかない。Sharov and Gordon（2013）は、私はほとんど推測によると思う方針を採り、生命の起源を 97 億年前に取る。念のために言うと、地球の年齢は 35 億年だ。なかなかの主張だ。England（2013）は、もっと伝統的な方式を採るが、それでも同様に驚くべき説に達する。こちらは自分が生命の起源を動かす基本的な物理的原理を特定したと思っている。イングランドが正しければ、生命はごく自然に生じることになる。Deacon（2013）は、「自動発生（オートジェネシス）」——秩序を生み出すだけでなく、秩序を維持し、再生もできる、相互触媒と自己合成という物理的な過程——について述べている。生命について語るときに求められる類の特性だ。Martins et al.（2013）は、生命に必要な化学物質が、氷の彗星が岩石質の物体に衝突する、あるいは岩石が氷でできた面にぶつかったときにできた可能性を論じる。ここに挙げた簡単な資料集から見当がつくように、生命の起源という魅惑の問いは、果てしない論争の的となっている。実際、Gollihar, Levy and Ellington（2014）は、生命の起源が依然として謎なのは、逆説的なことながら、核酸の自己複製と細胞の想像に至りえたありうる仕組みを、科学者があまりにもたくさん知っているからでもあると指摘するほどだ。

352 生命が約 38 億 5000 万年前、グリーンランドにあるイスアの泥火山で始まったという説については、Pons et al.（2011）を参照。

353 解 56 で触れたように、研究者はウェスタンオーストラリアで採取された極微のジルコン結晶が 44 億年前のものと測定している。このかけらは、知られている中では最古の地球の一部だ。Valley et al.（2014）を参照。

354 比較的新しい惑星生物学という科学については、今や多くの入門書や教科書がある。Dartnell（2007）, Sullivan and Baross（2007）, Catling（2014）の 3 点が推薦できる。

355 Witze（2014）を参照。

解 65　生命はめったに誕生しない（再論）

356 Lineweaver and Davis（2002）を参照。

357 ベイズの公式の背景となる歴史と現代世界でのこの式の重要性を論じたものとして、McGrayne（2011）を参照。

358 トマス・ベイズの生涯については多くのことは知られていない。ベイズの公式が

登場するのは、Bayes（1763）。

359 医療の専門家がどれほどベイズ推定の使い方を間違うかの調査については、たとえば Casscells, Schoenberger and Braboys（1978）；Eddy（1928）；Gigerenzer and Hoffrage（1995）を参照。

360 モンティ・ホール問題が有名になったのは 1990 年、『パレード』誌に載ったコラム（vos Savant, 1990 を参照）が、選択を変えた方が分があると論じたときのことだった。コラムの筆者はマリリン・ヴォス・サヴァントで、明らかに非常に聡明な女性だった。1986 年から 89 年にかけて、「最高の IQ の持ち主（女性）」としてギネスブックに載っていた。載らなくなったのは、他の女性の IQ がもっと高いと見なされたからではなく、ギネスブックの編集部がこのような形で知能に数字を割り当てることは基本的に意味がないことを認識したからだった。ともあれ、ヴォス・サヴァントによるモンティ・ホール問題に対する解は、何人かの数学教授からの非難を呼んだ。少なくともある学者は、そのようなナンセンスを発表することによって、ヴォス・サヴァントは世間の数学の理解に害をなしていると論じた。それでもヴォス・サヴァントの解析は文句なく正しかった。

361 モンティ・ホール問題の答えを捉え損なった点では、私には強い味方がいた。ポール・エルデシュという、20 世紀でも有数の生産力があった数学者がいた。数学者も科学者も、自分の「エルデシュ数」を自慢した。エルデシュとの共著論文があればエルデシュ数は 1 となる。エルデシュ数が 1 の人との共著論文があれば、エルデシュ数は 2 となり、以下同様（エルデシュの伝記は Hoffman（1998）を参照)。私自身のエルデシュ数は、やや見劣りする 5 だ。ともあれ、その偉大なポール・エルデシュも、正しい結論を受け入れたのは、コンピュータによるシミュレーションを見てからのことだった。

362 この解析の専門的な詳細については Spiegel and Turner（2012）を参照。

解 66 ちょうどいい相方はめったにない

363 当該の研究は、フィレンツェで開催されたゴールドシュミット学会で発表された。Benner（2013）を参照。

364 たとえば、Belbruno et al.（2012）を参照。

365 Worth, Sigurdsson and House（2013）を参照。

解 67 原核生物の真核生物への移行はめったにない

366 Knoll and Carroll（1999）を参照。

367 10 億年の間、地球の地殻活動は最小だった。Cawood and Hawkesworth（2014）はプレートテクトニクスの仕組みが動作する時間の規模について述べている。

368 ピーター・デニス・ミッチェル（1920 ～ 1992）は、化学浸透仮説—— ATP 合成は膜を挟んだ電位差のおかげで生じるという考え方——を唱えたことに対して、1978 年のノーベル化学賞を受賞した。ミッチェルの考え方は、最初に唱えられたとき（Mitchell 1961）には大きな批判を受け、この仮説の正しさが実験結果の観察で明らかになるまでには何年もかかった。

369 真核細胞の発達など、進化生物学の様々な話題を取り上げて見事に明瞭に論じた

ものとして、Lane（2010）を参照。

解 68　道具を作る種はめったにない

370　動物の道具使用に関しては広範な文献があるが、道具使用とは何か、明瞭な定義は一つもない。犬は壁を道具にして背中を掻いているのだろうか。どう定義するかによって、道具を使っているところが観察される動物は多くなる。たとえばチンパンジーについては Boesch and Boesch（1984, 1990）を参照。オマキザルについては Visalberghi and Trinca（1989）を参照。ゾウについては Chevalier-Skolnikoff and Liska（1993）を参照。道具使用（人間の道具使用の発達も含む）についての優れた概論の書として、Calvin（1996), Gibson and Ingold（1993), Griffin（1992）の 3 点が挙げられる。

371　この特筆すべきボノボ、カンジ（1980 ～）については、Savage-Rumbaugh and Lewin（1996）を参照。

解 69　ハイテクは必然ではない

372　われわれの親戚であるデニソワ人の物語はまだ書かれつつあるところだ。{Homo denisova} 発見は、Krause（2010）で発表された。それ以来、古い原始人類から採ったミトコンドリアのゲノム配列決定（Mayer, 2013）によれば、デニソワ人はまだ特定されていない原始人類と交雑したらしい。これを書いている時点では、人類進化の年譜はなかなか読めないが、遺伝学者によるものすごい前進があり、きっと何らかの光をもたらしてくれるだろう。

373　ヒト属のいろいろな種がかつて共存していたことを述べる入門的な記事は、Tattersall（2000)。初期人類の道具使用に関する優れた本を 4 点挙げると、Tattersall（1998)、Schick and Toth（1992)、Leakey（1994)、Kohn（1999)。こうした考え方や、現代人類とネアンデルタール人の分かれ目となりそうなことについての現代的な総合は、Stringer（2012)。スヴァンテ・ペーボが「ネアンテルタール人 DNA の達人」。現代技術が人類とネアンデルタール人両方の理解をすっかり変容させつつあるという魅惑の話については、Pääbo（2014）を参照。

374　現在のドルドーニュのネアンデルタール人遺跡で見つかった骨角器の詳細については、Soressi et al.（2013）を参照。Appenzeleer（2013）は、ネアンデルタール人について推定される成果をめぐる論争の両サイドを取り上げている。

375　洞窟絵画については、たとえば Sieveking（1979）を参照。

解 70　人類レベルの知能はめったにない

376　Herzing（2014）は、他の惑星にいる生命の知能を評価する準備というもっと大きな目標の一環として、人間以外の様々な知能を評価し、比較しようとしている。われわれは、地球外生命の種と遭遇することがあるとすれば、柔軟な方式を採る必要があるのだろう。たとえば、手入れされた庭、室内温度調節と通風を備えた建物を築ける生物種と遭遇すれば、その種は知能があると考えるのではないか？　もっとも、シロアリはそのような構造物を築くが、われわれは一般に個々のシロアリに高水準の知能があるとは考えない。あるいはシロアリの「群れの心」に知能はあるのだろうか。この可能性は多くの SF 小説に論じられている。たぶん科学者と哲学者はいつかこの問

題に現実のこととして取り組まなければならなくなるだろう。

377　すべての哺乳類の祖先に考えられる姿に関する研究の詳細については O'Leary et al.（2013）を参照。

378　人間の水準の知能は進化の収斂する特徴ではないことを示す、強力で美しい理屈のついた論証については、Lineweaver（2008）を参照。

379　この研究は、Viet and Nieder（2013）に出ている。

380　1993 年、ウォルター・ゲーリングとレベッカ・クワイアリングは、アイレスと呼ばれる、ショウジョウバエの眼の形成に対応するマスター制御遺伝子としてふるまうらしい遺伝子を見つけた（詳しいことは、Quiring et al. 1994 および Halder et al. 1995 を参照）。しかるべき操作によって、いろいろな場所の「遺伝子のスイッチを入れる」ことができ、ハエに羽や脚や触角など、異所に眼を出現させることができた。アイレスは眼のための遺伝子ではなく——遺伝子の働き方はそう単純ではない——何より、眼を胚の発達の早い時期に眼を形成する無数の遺伝子の動作を協調させるものらしい。ハエのアイレス遺伝子は、マウスの「小眼」と呼ばれる遺伝子に似ていることが明らかになった。欠陥のある小眼症遺伝子を持つマウスは発生で縮小した眼になる。さらに、この遺伝子は人間では無虹彩症という、これにかかると虹彩、水晶体、角膜、網膜に欠陥を生じることがある症状に関与する遺伝子に似ている。遺伝学者が詳細な比較を行なうと、この三つのまったく異なる種——ショウジョウバエ、マウス、ヒト——が二つの枢要な位置では基本的に同じであることが発見された。ゲオルク・ハルダーとパトリック・カラーツは、マウスの小眼症遺伝子をショウジョウバエに移植することにした。この遺伝子は機能した。その結果、ハエは異所に眼を発生させた——ただし、マウスの眼ではなく、ショウジョウバエの眼だった。この眼は脳にはつながっていなかったが、通常の昆虫の複眼のように見え、光にも反応した。すると、眼は動物界全体で造りは異なっているが、眼を機能させる生化学的な通路は、歴史のごく早い時期に敷かれたものらしい。

解 71　言語は人類に特有

381　Budiansky（1988）は動物の認知研究の読みやすい解説。動物の意識や知能という問題について別の捉え方をしたものとして、Rogers（1997）を参照。

382　人間の言語能力とフェルミ・パラドックスとの関連についての話は、Olson（1988）を参照。

383　D'Anastasio et al.（2013）を参照。

384　アメリカの言語学者アヴラム・ノーム・チョムスキー（1928 〜）は、世界でも最高レベルの知性の持ち主で、言語学についてだけでなく、政治や社会問題についても、広く著述を行なっている。その言語学研究は難解だが、1959 年にひらめいたことについての——さらに、これまでの何十年かの間に他の人々が進めたことの——入門としては、ピンカーによるすばらしく読みやすい本（Pinker 1994）以上のものはない。

385　KE と呼ばれるイギリスのある家系の半分の構成員は、重い言語障害を抱えている。文法、書記、把握に苦労するだけでなく、なめらかに話すのに必要な複合的機械運動処理系列を適切に処理できない。遺伝学者（Lai et al. 2001）は、この問題が、フォークヘッド・ボックス・タンパク質 P2 ——略して FOXP2 ——の遺伝子が突然変異を

起こしているせいだということを発見した。通常、FOXP2は他の遺伝子の発現を調節するが、関係するKE家系の構成員では、それが損なわれている。これは科学者が、話すことや言語の障害に特定の遺伝子があることを示した最初の例で、ジャーナリストがそれを「言語遺伝子」と呼ぶようになったのも意外なことではない。しかし解釈のしすぎにもなった。FOXP2は決して言語あるいは文法の遺伝子ではない。しかし興味深い遺伝子ではあるし、研究を続ければ、それが言語で演じていると思われる役割も明らかになるだろう。

解72　科学は必然ではない

386　遺伝子研究からすると、アボリジナルの人々はアフリカから最初に移住した人々の子孫らしい。この人々は約7万年前にアジアに移住し、5万年前、どうにかしてオーストラリアまでたどり着いた。Rasmussen et al.（2011）を参照。

387　科学の歴史的展開については、優れた解説がたくさんある。たとえばAsimov（1984）を参照。

解73　意識は必然ではない

388　Watts（2006）はその小説『ブラインドサイト』に、本格的な科学に基づいた推測をちりばめ、知能と意識を区別する立場に立って、本当にエイリアン〔異質〕に見える存在を描くことに成功している。この小説は、生命についてとことん荒涼たる展望を採っているが、読むに値する——とりわけ作者が親切にも、この作品をネットで無料で閲覧できるようにしてくれているからには。

389　ブラインドサイト現象についてすぐれた解説として、de Gelder（2010）を参照。この記事には、本文で言われている実験の動画へのリンクもある。動画はTNという患者ががらくたの散らばる廊下をうまく進んでいくところを見せている。また、この動画では、TNの後ろを、1970年にブラインドサイト現象を発見して命名したローレンス・ワイスクランツ（1926～）が歩いているところも見える。

390　ワッツが『ブラインドサイト』で薦めていることに基づいて、私は意識と主観性という現象への案内役としてMetziger（2003）を用いている。なかなか読み進めにくいが（私はたいていの哲学書は読みにくいと思う）、メッツィンガーは明らかに優れた思想家で、その論証には説得力がある。

解74　ガイアか、神か、ちょうどよくできているのか

391　本節の話の詳細と、いろいろな意味で地球が特殊であるという話については、Waltham（2014）を参照。

392　ラヴロック（1919～）は、ガイア仮説がいちばん知られているが、その名がついた発明や科学への貢献はいくつもある。ただどこにも所属しない、独立の科学者だ。ガイアと人類にありうる未来についてもっと詳しいことは、たとえばLovelock（2009, 2014）を参照。

6　結論

393　パラドックスに対する新しい解、パラドックスに触発された新しい研究は、しば

しば科学の文献にもSF作品にも現れる。たとえば、Whates（2014）は、フェルミの問いに触発されたオリジナルなSF小説集だ。これは本書が印刷所に回されるほんの数週間前に出版された。

解75　フェルミ・パラドックスは解決された……

394　引用部分はもちろん、『銀河ヒッチハイク・ガイド』（Adams 1979）にある。

395　居住可能な地球型惑星の数についての1000億という推定は、これまでの推定よりも大きいが、無理な数字ではない。推定はAbe et al.（2013）に出ている。

396　グラハム数の話が最初に登場したのは、マーティン・ガードナーの『サイエンティフィック・アメリカン』誌の連載（Gardner 1977）でのことで、それは「本格的な数学の証明に用いられた中で最大の数」と呼ばれていた。ガードナーの記事は、グレアムが未発表の証明で用いたある数のことを言っていた。1971年、グレアムは本書の本文で触れられた問題を論じる共著論文を発表した（ただし、その問題は、委員会と下部委員会ではなく、*n*次元の超立方体の頂点の対を結ぶ線に色を塗るという形に収まっていた）。Graham and Rothschild（1971）を参照。２人が計算した上限は、グラハム数よりはずっと小さかったが、それでも巨大だった。下限はその後改善され、今では13となっている。上限も改善されており、今では2↑↑2↑↑2↑↑9となっている。

397　Monod（1971）を参照。引いたのはA. Whitehouseによる英訳。

参考文献

Abbott D (2013) The reasonable ineffectiveness of mathematics. Proc IEEE 101:2147- 2153

Abe F et al (2013) Extending the planetary mass function to earth mass by microlensing at moderately high magnification. Mon Not R Astro Soc 431:2975-2985

Aczel A (1998) Probability 1: why there must be intelligent life in the universe. Harcourt Brace, New York〔アクゼル『地球外生命体 : 存在の確率』加藤洋子訳、原書房（1999)〕

Adams D (1979) The Hitchhiker's guide to the galaxy. Pan, London〔アダムス『銀河ヒッチハイク・ガイド』安原和見訳、河出文庫（2005)〕

Aiken B (2014) Small doses of the future: a collection of medical science fiction stories. Springer, Berlin

Alcubierre M (1994) The warp drive: hyper-fast travel within general relativity. Class Quantum Gravity 11:L73-L77

Almheiri A, Marolf D, Polchinski J, Sully J (2013) Black holes: complementarity or firewalls? J High Energy Phys 2013(2): 1-20

Alvarez L et al (1980) Extraterrestrial cause for the Cretaceous-Tertiary extinction. Science 208:1094-1108

Alvarez Q (1997) T-Rex and the crater of doom. Princeton University, Princeton〔アルヴァレズ『絶滅のクレーター』月森左知訳、新評論（1997)〕

Amancio DR, Altmann EG, Rybski D, Oliveira ON Jr, Costa L da F (2013) Probing the statistical properties of unknown texts: application to the Voynich Manuscript. PLoS ONE 8(7):e67310

Anderson P (2000) Tau zero (SF Collector's Edition). Orion, London.〔アンダースン『タウ・ゼロ』浅倉久志訳、創元 SF 文庫（1992)〕

Andrews DG (2004) Interstellar propulsion opportunities using near-term technologies. Acta Astronaut 55:443-451

Annis J (1999) An astrophysical explanation of the great silence. J Br Interplanet Soc 52:19

Appenzeller T (2013) Neanderthal culture: old masters. Nature 497: 302-304

Armstrong JC, Barnes R, Domagal-Goldman S, Breiner J, Quinn TR, Meadows VS (2014) Effects of extreme obliquity variations on the habitability of exoplanets. Astrobiology 14:277-291

Armstrong S, Sandberg A (2013) Eternity in six hours: intergalactic spreading of intelligent life and sharpening the Fermi paradox. Acta Astronaut 89:1-13

Arnold K (1952) The coming of the saucers (Privately published)

Arnold L (2013) Transmitting signals over interstellar distances: three approaches compared in the context of the Drake equation. Int J Astrobiol 12:212-217

Arrhenius SA (1908) Worlds in the making. Harper and Row, New York〔アーレニウス『史的に見たる科学的宇宙観の変遷』寺田寅彦訳、岩波文庫（1987）など〕

Asimov I (1959) Nine tomorrows. Doubleday, New York〔アシモフ『停滞空間』伊藤典夫訳、ハヤカワ文庫 SF（1979)〕

Asimov I (1969) Nightfall and other stories. Doubleday, New York〔アシモフ『夜来たる』美濃透訳、ハヤカワ文庫 SF（1986）所収〕

Asimov I (ed) (1971) Where do we go from here? Doubleday, New York

Asimov I (ed) (1972) The Hugo winners, volumes 1 and 2. Doubleday, New York〔『ヒューゴー賞傑作選』No. 1 ～ No. 2、中島靖侃訳、ハヤカワ文庫 SF（1965)、『世界 SF 大賞傑作選』1 ～ 4、伊藤典夫訳、講談社文庫（1978 ～ 79、第 3 巻は未刊)〕

Asimov I (1979) In memory yet green. Doubleday, New York〔アシモフ『思い出はなおも若く 1920 ～ 1954』上下、山高昭訳、早川書房（1983)〕

Asimov I (1981) Extraterrestrial civilizations. Pan, London
Asimov I (1984) Asimov's new guide to science. Basic Books, New York
Asimov I (1994) I, Asimov: a memoir. Doubleday, New York
Atri D, DeMarines J, Haqq-Misra J (2011) A protocol for messaging to extraterrestrial intelligence. Space Policy 27:165-9
Bahcall JN, Davis R (2000) The evolution of neutrino astronomy. CERN Cour 40(6):17-21
Bainbridge WS (1984) Computer simulation of cultural drift: limitations on interstellar colonization. J Br Interplanet Soc 37:420-429
Ball JA (1973) The zoo hypothesis. Icarus 19:347-349
Ball JA (1995) Gamma-ray bursts: the ETI hypothesis. www.haystack.mit.edu/hay/staff/jball/grbeti.ps
Barlow MT (2013) Galactic exploration by directed self-replicating probes, and its implications for the Fermi paradox. Int J Astrobiol 12:63-68
Barrow JD (1998) Impossibility: the limits of science and the science of limits. OUP, Oxford〔バロウ『科学にわからないことがある理由』松浦俊輔訳、青土社（2000）〕
Barrow JD, Tipler FJ (1986) The anthropic cosmological principle. OUP, Oxford Battersby S (2013) Alien megaprojects: the hunt has begun. New Sci 2911:42-45 Baxter S (2000a) The planetarium hypothesis: a resolution of the Fermi paradox. J Br Interplanet Soc 54:210-216
Baxter S (2000b) Manifold: space. Voyager, London
Bayes T (1763) An essay towards solving a problem in the doctrine of chances. Phil Trans R Soc 53:370-418
Beane SR, Davoudi Z, Savage MJ (2012) Constraints on the universe as a numerical simulation. arXiv:1210.1847v2
Bear G (1989) Tangents. Warner, New York〔本文でこの短編集に所収とされている「ブラッド・ミュージック」の邦訳は、長編化された、ベア『ブラッド・ミュージック』小川隆訳、ハヤカワ文庫 SF（1987）〕
Belbruno E, Moro-Martín A, Malhotra R, Savransky D (2012) Chaotic exchange of solid material between planetary systems: implications for lithopanspermia. Astrobiology 12:754-74
Ben-Bassat A, Ben-David-Zaslow R, Schocken S, Vardi Y (2005) Sluggish data transport is faster than ADSL. Ann Improbable Res 11:4-8
Benford G (1977) In the ocean of night. Dial, New York〔ベンフォード『夜の大海の中で』山高昭訳、ハヤカワ文庫 SF（1986）〕
Benford G, Niven L (2012) Bowl of heaven. Tor, New York
Benford J, Benford G, Benford D (2010a) Messaging with cost-optimized interstellar beacons. Astrobiology 10:475-90
Benford J, Benford G, Benford D (2010b) Searching for cost-optimized interstellar beacons. Astrobiology 10:491-8
Benner SA (2013) Planets, minerals and life's origin. Mineral Mag 77:686
Bergman NM, Lenton TM, Watson AJ (2004) COPSE: a new model of biogeochemical cycling over Phanerozoic time. Am J Sci 304:397-437
Bernal JD (1929) The world, the flesh and the devil. Cape, London〔バナール『宇宙・肉体・悪魔』鎮目恭夫訳、みすず書房（1972）〕
Bernhardt HS (2012) The RNA world hypothesis: the worst theory of the early evolution of life (except for all the others). Biol Direct 7:23. doi:10.1186/1745-6150-7-23
Bester A (1956) The stars my destination. Sidgwick and Jackson, London〔ベスター『わが赴くは星の群』中田耕治訳、講談社（1958）など〕
Bezsudnov I, Snarskii A (2010) Where is everybody?—Wait a moment ... New approach to the Fer-

mi paradox. arXiv:1007.2774v1
Billingham J, Benford J (2011) Costs and difficulties of large-scale "messaging", and the need for international debate on potential risks. arXiv:1102.1938v2
Billings L (2013) Five billion years of solitude: the search for life among the stars. Current, New York〔ビリングズ『五〇億年の孤独』松井信彦訳、早川書房(2016)〕
Bird DJ (1995) Detection of a cosmic ray with a measured energy well beyond the expected spectral cutoff due to cosmic microwave radiation. Astrophys J 441:144-151
Bjørk R (2007) Exploring the galaxy using space probes. Int J Astrobiol 6:89-93
Bloch WG (2008) The unimaginable mathematics of Borges' library of Babel. OUP, Oxford
Boesch C, Boesch H (1984) Mental map in wild chimpanzees: an analysis of hammer transports for nut cracking. Primates 25:160-170
Boesch C, Boesch H (1990) Tool use and tool making in wild chimpanzees. Filia Primatol 54:86-99
Borges JL (1998) Collected fictions. Viking, London〔これの邦訳ではないが、ボルヘスの代表的作品は『伝奇集』(1993)、『アレフ』鼓直訳、岩波文庫(2017)などに収められている〕
Bostrom N (2002) Anthropic bias: observer self-selection effects in science and philosophy. Routledge, New York
Bostrom N (2003) Are you living in a computer simulation? Phil Q 53(211):243-255
Bostrom N (2006) What is a singleton? Ling Phil Investig 5:48-54
BostromN, Ćirković, MM (2008) Global catastrophic risks. OUP, Oxford
Bostrom N, Kulczycki M (2011) A patch for the simulation argument. Analysis 71:54-61
Bova B (ed) (1973) The science fiction hall of fame, volume 2A. Doubleday, New York
Bowen M (2006) Thin ice: unlocking the secrets of climate in the world's highest mountains. Holt, New York
Bowyer S (2011) A brief history of the search for extraterrestrial intelligence and an appraisal of the future of this endeavor. Proc. SPIE: Instruments, Methods, and Missions for Astrobiology XIV 8152 Ed. R B Hoover, P C W Davies, G V Levin and A Y Rozanov
Bracewell RN (1960) Communication from superior galactic communities. Nature 186:670-1
Bressi G, Carugno G, Onofrio R, Ruoso G (2002) Measurement of the Casimir force between parallel metallic surfaces. Phys Rev Lett 88:041804
Brin GD (1983) The "great silence": the controversy concerning extraterrestrial intelligent life. Q J R Astro Soc 24:283-309
Brin GD (1985) Just how dangerous is the Galaxy? Analog 105(7):80-95
Brooker RJ (1998) Genetics: analysis and principles, 4th edn. McGraw Hill, New York
Brown P, Spalding RE, ReVelle DO, Tagliaferri E, Worden SP (2002) The flux of small near-earth objects colliding with the earth. Nature 420:294-296
Buch P, Mackay AL, Goodman SN (1994) Future prospects discussed. Nature 358:106- 108
Buchhave LA et al (2012) An abundance of small exoplanets around stars with a wide range of metallicities. Nature 486:375-377
Budiansky S (1998) If a lion could talk. Weidenfeld and Nicolson, London
Bussard RW (1960) Galactic matter and interstellar flight. Acta Astronaut 6:179-194 Byl J (1996) On the natural selection of universes. Q J R Astro Soc 37:369-371
Byrne P (2010) The many worlds of hugh Everett III. OUP, Oxford
Calvin WH (1996) How brains think. Basic Books, New York〔カルヴィン『知性はいつ生まれたか』澤口俊之訳、草思社(1997)〕
Cameron AGW, Ward WR (1976) The origin of the moon. Abstr Lunar Planet Sci Conf 7:120-122
Caplan B (2008) The totalitarian threat. In: Bostrom N, Ćirković MM (eds) Global catastrophic risks. OUP, Oxford, pp 504-519

Carey SS (1997) A beginner's guide to scientific method. Wadsworth, Stamford
Carr B (ed) (2007) Universe or multiverse? CUP, Cambridge
Carrigan RA Jr (2009) IRAS-based whole-sky upper limit on Dyson spheres. Astrophys J 698:2075-2086
Carrigan RA Jr (2010) Starry messages: searching for signatures of interstellar archaeology. J Br Interplanet Soc 63:90-103
Carrigan RA Jr (2012) Is interstellar archeology possible? Acta Astronaut 78:121-126
Carroll S (2013) The particle at the end of the universe. Oneworld, London〔キャロル『ヒッグス』谷本真幸訳、講談社（2013）〕
Carroll SB (2006) Endless forms most beautiful: the new science of Evo Devo. Norton, New York〔キャロル『シマウマの縞蝶の模様』渡辺政隆、経塚淳子訳、光文社（2007）〕
Carter B (1974) Large number coincidences and the anthropic principle in cosmology. In: Longair MS (ed) Confrontation of cosmological theories with observation. Reidel, Dordrecht
Cartin D (2013) Exploration of the local solar neighbourhood I: fixed number of probes. Int J Astrobiol 12:271-281
Casscells W, Schoenberger A, Graboys TB (1978) Interpretation by physicians of clinical laboratory results. N Engl J Med 299:999-1001
Catling DC (2014) Astrobiology: a very short introduction. OUP, Oxford
Caves CM, Drummond PD (1994) Quantum limits on bosonic communication rates. Rev Mod Phys 66:481-537
Cawood PA, Hawkesworth C (2014) Earth's middle age. Geology 42:503-506
Cerceau FR, Bilodeau B (2012) A comparison between the 19th century early proposals and the 20th-21st centuries realized projects intended to contact other planets. Acta Astronaut 78:72-9
Cernan E, Davis D (1999) The last man on the moon. St Martin's, New York〔サーナン『月面に立った男』浅沼昭子訳、飛鳥新社（2000）〕
Chaitin GJ (1997) The limits of mathematics. Springer, Berlin〔チャイティン『数学の限界』黒川利明訳、エスアイビー・アクセス／星雲社（2001）〕
Chevalier-Skolnikoff S, Liska J (1993) Tool use by wild and captive elephants. Anim Behav 46:209-219
Chyba CF, Hand KP (2005) Astrobiology: the study of the living universe. Ann Rev Astron Astrophys 45:31-74
Ćirković MM (2005) Permanence—an adaptationist solution to Fermi's paradox? J Br Interplanet Soc 58:62-70
Ćirković MM (2008) Against the empire. J Br Interplanet Soc 61:246-254
Ćirković MM, Bradbury RJ (2006) Galactic gradients, postbiological evolution and the apparent failure of SETI. New Astron 11:628-39
Ćirković MM, Cathcart RB (2004) Geo-engineering gone awry: a new partial solution of Fermi's paradox. J Br Interplanet Soc 57:209-215
Ćirković MM, Dragićević I, Berić-Bjedov T (2005) Adaptationism fails to resolve Fermi's paradox. Serb Astron J 170:89-100
Citizen Hearing on Disclosure (2013) The citizen hearing on disclosure homepage http://citizen-hearing.org. Accessed 17 Jan 2014
Clarke AC (1953) Childhood's end. Del Rey, New York〔クラーク『幼年期の終り』福島正実訳、ハヤカワ文庫 SF（1979）など〕
Clarke (1956) The City and the Stars. New American Library, New York〔クラーク『都市と星』酒井昭伸訳、ハヤカワ文庫 SF（2009）など〕
Cocconi G, Morrison P (1959) Searching for interstellar communications. Nature 184:844-6

Cohen N, Hohlfeld R (2001) A newer, smarter SETI strategy. Sky Telesc 101(4):50-51
Comins NF (1993) What if the moon didn't exist? Harper Collins, New York〔カミンズ『もしも月がなかったら』竹内均監修、増田まもる訳、東京書籍（1999)〕
Compton AH (1956) Atomic quest. OUP, Oxford〔コンプトン『原子の探求』仲晃ほか訳、法政大学出版局（1959)〕
Connelly JN, Bizzarro M, Krot AN, Nordlund A, Wielandt D, Ivanova MA (2012) The absolute chronology and thermal processing of solids in the solar protoplanetary disk. Science 338:651-655
Cooper J (2013) Bioterrorism and the Fermi paradox. Int J Astrobiol 12:144-148
Corbet R, H D (1999) The use of gamma-ray bursts as direction and time markers in SETI strategies. Pub Astron Soc Pacific 111:881-885
Cotta C, Á M (2009) A computational analysis of galactic exploration with space probes: implications for the Fermi paradox. J Br Interplanet Soc 62:82-88
Cox LJ (1976) An explanation for the absence of extraterrestrials on earth. Q J R Astro Soc 17:201-208
Cramer JG (1986) The pump of evolution. Analog 106(1):124-127
Crawford IA (1995) Interstellar travel: a review. In: Zuckerman B, Hart MH (eds) Extraterrestrials: where are they? CUP, Cambridge
Crawford IA (2000) Where are they? Sci Am 283(7):28-33〔クロウフォード「銀河系でなぜ見つからないのか」西川美沙訳『日経サイエンス』2000年10月号所収〕
Crawford IA (2009) The astronomical, astrobiological and planetary science case for interstellar spaceflight. J Br Interplanet Soc 62:415-421
Crawford IA, Baldwin EC, Taylor EA, Bailey J, Tsembelis K (2008) On the survivability and detectability of terrestrial meteorites on the moon. Astrobiology 8:242-252
Crick F, H C (1981) Life itself. Simon and Schuster, New York〔クリック『生命』中村桂子訳、新思索社（2005)〕
Crick FHC, Orgel LE (1973) Directed panspermia. Icarus 19:341-6
Cronin JW (2004) (Ed) Fermi remembered. UCP, Chicago
Dalrymple GB (2001) The age of the earth in the twentieth century: a problem (mostly) solved. Geol Soc London, Special Publ 190:205-221
D'Anastasio R et al (2013) Micro-biomechanics of the Kebara 2 hyoid and its implications for speech in Neanderthals. PLOS ONE doi:10.1371/journal.pone.0082261
Dartnell L (2007) Life in the universe: a beginner's guide. Oneworld, London
Davies EB (2007) Let platonism die. Euro Math Soc Newsletter (June) 64:24-25
Davies P, C W (2010) The Eerie silence. Allen Lane, London
Davies P, C W (2012) Footprints of alien technology. Acta Astronaut 73:250-7
Davies PCW, Wagner RV (2013) Searching for alien artifacts on the moon. Acta Astronaut 89:261-5
Deacon T (2013) Life before genetics: autogenesis, and the outer solar system. https://www.youtube.com/watch?v=jeMwy3xuEs8. Accessed 8 May 2014
Deamer D (2012) First life: discovering the connections between stars, cells, and how life began. University of California, Oakland
Deardorf JW (1986) Possible extraterrestrial strategy for earth. Q J R Astro Soc 27:94-101
Deardorf JW (1987) Examination of the embargo hypothesis as an explanation for the Great silence. J Br Interplanet Soc 40:373-379
de Gelder B (2010) Uncanny sight in the blind. Sci Am 302:60-65〔デ・ゲルダー「見えないのにわかる」古田正俊訳、『日経サイエンス』2010年8月号所収〕

Dehaene S (1997) The number sense: how the mind creates mathematics. OUP, Oxford〔ドゥアンヌ『数覚とは何か？』長谷川眞理子、小林哲生訳、早川書房（2010)〕
Denning K (2010) Unpacking the great transmission debate. Acta Astronaut 67:1399-1405
Deutsch D (1998) The fabric of reality. Penguin, London〔ドイッチュ『世界の究極理論は存在するか』林一訳、朝日新聞社（1999)〕
de Vladar HP (2013) The game of active search for extra-terrestrial intelligence: breaking the "Great Silence". Int J Astrobiol 12:53-62
Devlin K (2007) The myth that will not go away. MAA Online (May). www.maa.org/external_archive/devlin/devangle.html. Accessed 21 Feb 2014
Dick SJ (1996) The biological universe: the twentieth century extraterrestrial life debate and the limits of science. CUP, Cambridge
Dick SJ (2003) Cultural evolution, the postbiological universe and SETI. Int J Astrobiol 2:65-74
Dick SJ (2008) The postbiological universe. Acta Astronaut 62:499-504
Digital S (2013) "Jesus Christ image" found in fabric conditioner www.digitalspy.co.uk/fun/news/a474585/jesus-christ-image- found-in-fabric-conditioner.html. Accessed 20 Jan 2014
D'Imperio ME (1978) The Voynich manuscript—an elegant enigma. Aegean Park Press, Laguna Hills〔ディンペリオ『ヴォイニッチ手稿』高橋健訳、http://www.voynich.com/enigma/elegant_enigma.pdf〕
Dokuchaev VI (2011) Is there life inside black holes? Class Quantum Gravity 28:235015
Dole SH (1964) Habitable planets for man. Blaisdell, New York
Dole SH, Asimov I (1964) Planets for man. Random House, New York
Douglas F (1977) The absence of extraterrestrials on earth. Q J R Astro Soc 18: 157-158
Drake FD, Sagan C (1973) Interstellar radio communication and the frequency selection problem. Nature 245:257-8
Drake FD, Sobel D (1991) Is anyone out there? Simon and Schuster, London
Drexler KE (1986) Engines of creation: the coming era of nanotechnology. Doubleday, New York〔ドレクスラー『創造する機械』相澤益男訳、パーソナルメディア（1992)〕
Duggan P, McBreen B, Carr AJ, Winston E, Vaughan G, Hanlon L, McBreen S, Metcalfe L, Kvick AA, Terry AE (2003) Gamma-ray bursts and X-ray melting of material to form chondrules and planets. Astron Astrophys 409:L9-L12
Dyson FJ (1960) Search for artificial sources of infrared radiation. Science 131:1667
Dyson FJ (1963) Gravitational machines. In: G W Cameron A (ed) Interstellar communication. Benjamin, New York〔ボナペルマ、キャメロン編『地球外文明をさぐる』大島泰郎訳、講談社ブルーバックス（1976)〕
Dyson FJ (1982) Interstellar propulsion systems. In Zuckerman B, Hart MH (eds) Extraterrestrials: where are they? CUP, Cambridge
Eddy DM (1982) Probabilistic reasoning in clinical medicine: problems and opportunities. In Kahneman D, Slovic P, Tversky A (eds) Judgment under uncertainty: heuristics and biases. CUP, Cambridge, pp 249-267
Edmondson WH (2010) Targets and SETI: shared motivations, life signatures and asymmetric SETI. Acta Astronaut 67:1410-1418
Edmondson WH, Stevens IR (2003) The utilization of pulsars as SETI beacons. Int J Astrobiol 2:231-271
Eichler D, Beskin G (2001) Optical SETI with air Cerenkov telescopes. Astrobiology 1:489-493
Einstein A, Podolsky B, Rosen N (1935) Can a quantum-mechanical description of physical reality be considered complete? Phys Rev 41:777-780
Elliott JR (2011) A post-detection decipherment strategy. Acta Astronaut 68:441-444

Elliott JR (2012) Constructing the matrix. Acta Astronaut 78:26-30
Elliott JR, Baxter S (2012) The DISC quotient. Acta Astronaut 78:20-25
Ellis J, Giudice G, Mangano ML, Tkachev T, Wiedemann U (2008) Review of the safety of LHC collisions. J Phys G Nucl Part Phys 35:115004
Elsila JE, Glavin DP, Dworkin JP (2009) Cometary glycine detected in samples returned by Stardust. Meteor Planet Sci 44:1323-30
Elvis M (2014) How many ore-bearing asteroids? Planet Space Sci 91:20-6
Enever JG (1966) Giant meteor impact. Analog 77(3):62-84
England JL (2013) Statistical physics of self-replication. J Chem Phys 139:121923
ESA (2013) ESA home page http://sci.esa.int/planck/
Everett H (1957) "Relative state" formulation of quantum mechanics. Rev Mod Phys 29:454-462
Exoplanet Team (2014) http://exoplanet.eu. Accessed 1 April 2014
Faizullin RT (2010) Geometrical joke(r?)s for SETI. arxiv.org/abs/1007.4054
Farmer PJ (1981) The unreasoning mask. Putnam, New York
Feinberg G, Shapiro R (1980) Life beyond earth. Morrow, New York〔フェインバーグ&シャピロ『宇宙の中の生命』竹内均訳、三笠書房（1981)〕
Fermi L (1954) Atoms in the family. UCP, Chicago〔フェルミ『フェルミの生涯』崎川範行訳、法政大学出版局（1977)〕
Feynman RP (1959) There's plenty of room at the bottom. Lecture given to the American Physical Society at Caltech, 29 Dec
Finney BR, Jones EM (eds) (1985) Interstellar migration and the human experience. University of California, Berkeley
Fischer DA et al. (2002) A second planet orbiting 47 Ursae Majoris. Astrophys J 564:1028-1034
FNAL (1998) The universe lives on and rumors of its imminent demise have been greatly exaggerated. www.fnal.gov/pub/ferminews/FermiNews98-06-19.pdf
Fogg MJ (1987) Temporal aspects of the interaction among the first galactic civilizations: the "interdict hypothesis". Icarus 69:370-384
Fogg MJ (1988) Extraterrestrial intelligence and the interdict hypothesis. Analog 108(10):62-72
Fogg MJ (1995) Terraforming: engineering planetary environments. SAE, New York
Forgan DH (2009) A numerical testbed for hypotheses of extraterrestrial life and intelligence. Int J Astrobiol 8:121-131
Forgan DH (2011) Spatio-temporal constraints on the zoo hypothesis, and the breakdown of total hegemony. Int J Astrobiol 10:341-347
Forgan DH (2013) On the possibility of detecting class A stellar engines using exoplanet transit curves. J Br Interplanet Soc 66:144-154
Forgan DH, Nichol RC (2011) A failure of serendipity: the square kilometre array will struggle to eavesdrop on human-like ETI. Int J Astrobiol 10:77-81
Forgan DH, Papadogiannakis S, Kitching T (2013) The effects of probe dynamics on galactic exploration timescales. J Br Interplanet Soc 66:171-178
Forward RL (1980) Dragon's egg. Del Rey, New York〔フォワード『竜の卵』山高昭訳、ハヤカワ文庫 SF（1982)〕
Forward RL (1984) Roundtrip interstellar travel using laser-pushed lightsails. J Spacecraft 21:187-195
Forward RL (1990) The negative matter space drive. Analog 110(9):59-71
Foschini GJ (1994) The canonical artefact and its cosmological interpretations. Proc Math Phys Sci 444:3-16
Freitas RA Jr (1980) A self-reproducing interstellar probe. J Br Interplanet Soc 33:251-264

Freitas RA Jr (1983a) If they are here, where are they? Observational and search considerations. Icarus 55:337-343
Freitas RA Jr (1983b) The search for extraterrestrial artifacts (SETA). J Brit Interplanet Soc 36:501-506
Freitas RA Jr (1985) There is no Fermi paradox. Icarus 62:518-520
Freitas RA Jr (2000) Some limits to global ecophagy by biovorous nanoreplicators, with public policy recommendations. Available from www.foresight.org/nano/Ecophagy.html
Freitas RA Jr, Valdes F (1980) A search for natural or artificial objects located at the earth-moon libration points. Icarus 42:442-447
French AP (1968) Special relativity. Norton, San Francisco〔フレンチ『特殊相対性理論』平松惇監訳、培風館（1991)〕
Freudenthal H (1960) Design of a language for cosmic intercourse. North Holland, Amsterdam
Garcia-Escartin JC, Chamorro-Posada P (2013) Scouting the spectrum for interstellar travellers. Acta Astronaut 85:12-18
Gardner M (1969) The unexpected hanging and other mathematical diversions. Simon and Schuster, New York〔『ガードナーの予期せぬ絞首刑』岩崎宏和、上原隆平訳、日本評論社（2017）など〕
Gardner M (1970) The fantastic combinations of John Conway's new solitaire game "Life". Sci Am 223:120-123
Gardner M (1977) Mathematical games. Sci Am 237:18-28
Gardner M (1985) The great stone face and other nonmysteries. Skept Inquirer 10(2): 14-18
Gato-Rivera B (2006) The Fermi paradox in the light of the inflationary and brane world cosmologies. Trends in general relativity and quantum cosmology. Nova, New York
Gehrels N, Laird CM, Jackman CH, Canizzo JK, Mattson BJ, Chen W (2003) Ozone depletion from nearby supernovae. Astrophys J 585:1169-1176
Gibson KR, Ingold T (eds) (1993) Tools, language and cognition in human evolution. CUP, Cambridge
Gigerenzer G, Hoffrage U (1995) How to improve Bayesian reasoning without instruction: frequency formats. Psych Rev 102:684-704
Gillon M (2014) A novel SETI strategy targeting the solar focal regions of the most nearby stars. Acta Astronaut 94:629-633
Goldblatt C, Watson AJ (2012) The runaway greenhouse: implications for future climate change, geoengineering and planetary atmospheres. Phil Trans R Soc A 370:4197-4216
Gonzalez G, Brownlee D, Ward PD (2001) Refuges for life in a hostile universe. Sci Am 285(4):60-67〔ゴンザレス、ブラウンリー、ワード「過酷な宇宙で生き残れる場所は」吉田二美、伊藤孝士訳、『日経サイエンス』2002年3月号所収〕
Gordon JE (1991) The new science of strong materials or why you don't fall through the floor (2nd revised ed.). Penguin, London〔ゴードン『強さの秘密』土井恒成訳、丸善（1999)〕
Gott JR III (1993) Implications of the Copernican principle for our future prospects. Nature 363:315-319
Gott JR III (1995) Cosmological SETI frequency standards. In Zuckerman B, Hart MH (eds) Extraterrestrials: where are they? CUP, Cambridge
Gott JR III (1997) A grim reckoning. New Scientist 15 Nov pp 36-39
Gould SJ (1985) SETI and the wisdom of Casey Stengel. In: The Flamingo's smile. Penguin, London〔グールド『フラミンゴの微笑』新妻昭夫訳、ハヤカワ文庫NF（2002）下に所収〕
Gould SJ (1986) Wonderful life. Norton, New York〔グールド『ワンダフル・ライフ』渡辺政隆訳、ハヤカワ文庫NF（2000)〕
Gowanlock MG, Patton DR, McConnell SM (2011) A model of habitability within the Milky Way

galaxy. Astrobiology 11:855-873
Graham RL, Rothschild BL (1971) Ramsey's theorem for n-parameter sets. Trans American Math Soc 159:257-292
Gray RH (2011) The elusive wow: searching for extraterrestrial intelligence. Palmer Square, Chicago
Gribbin J (1996) Schrödinger's kittens. Phoenix Press, London〔グリビン『シュレーディンガーの子猫たち』櫻山義夫訳、シュプリンガー・フェアラーク東京（1998)〕
Gribbin J (2010) In search of the multiverse. Penguin, London
Griffin DR (1992) Animal minds. Chicago University, Chicago〔グリフィン『動物の心』長野敬，宮木陽子訳、青土社（1995)〕
Gros C (2005) Expanding advanced civilizations in the universe. J Br Interplanet Soc 58:108-110
Guardian (2001) It could've been you. www.theguardian.com/society/2001/may/02/lottery.g2. Accessed 20 Jan 2014
Gurzadyan VG (2005) Kolmogorov complexity, string information, panspermia and the Fermi paradox. Observatory 125:352-355
Guth AH (2007) Eternal inflation and its implications. J Phys A Math General 40:6811
Hair TW (2011) Temporal dispersion of the emergence of intelligence: an inter-arrival time analysis. Int J Astrobiol 10:131-135
Hair TW (2013) Provocative radio transients and base rate bias: a Bayesian argument for conservatism. Acta Astronaut 91:194-197
Haisch B, Rueda A, Puthoff HE (1994) Beyond E = mc2. Science 34(6):26-31
Halder G et al (1995) Induction of ectopic eyes by targeted expression of the eyeless gene in Drosophila. Science 267:1788-1792
Hall MD, Connors WA (2000) Captain Edward J. Ruppelt: summer of the saucers. Rose, Albuquerque
Hancock G, Bauval R, Grigsby J (1998) The Mars mystery. Michael Joseph, London Hanson R (1998) Burning the cosmic commons: evolutionary strategies for interstellar colonization. http://hanson.gmu.edu/filluniv.pdf
Haqq-Misra J, Baum S (2009) The sustainability solution to the Fermi paradox. J Br Interplanet Soc 62:47-51
Haqq-Misra J, Kopparapu RK (2012) On the likelihood of non-terrestrial artifacts in the solar system. Acta Astronaut 72:15-20
Haqq-Misra J, Busch M, Som S, Baum S (2013) The benefits and harms of transmitting into space. Space Policy 29:40-48
Harland WB, Rudwick MJS (1964) The great infra-Cambrian glaciation. Sci Am 211(2):28-36
Harp GR, Ackermann RF, Blair SK, Arbunich J, Backus PR, Tarter JC, ATA Team (2011) A new class of SETI beacons that contain information. In: Vakoch DA (ed) Communication with extraterrestrial intelligence (CETI). State University of New York, Albany, pp 45-70
Harris I (2013) Americans' belief in God, miracles and heaven declines. www.harrisinteractive.com. Accessed 23 Jan 2014
Harrison E (1987) Darkness at night. Harvard University, Cambridge〔ハリソン『夜空はなぜ暗い？』長沢工監訳、地人書館（2004)〕
Harrison E (1995) The natural selection of universes containing intelligent life. Q J R Astro Soc 36:193-203
Hart MH (1975) An explanation for the absence of extraterrestrials on earth. Q J R Astro Soc 16:128-135
Hart MH (1978) The evolution of the atmosphere of the earth. Icarus 33:23-39
Hart MH (1979) Habitable zones about main sequence stars. Icarus 37:351-357

Hart MH (1980) N is very small. In strategies for the search for life in the universe. Reidel, Boston, pp 19-25
Hart MH (1995) Atmospheric evolution, the Drake equation and DNA: sparse life in an infinite universe. In Zuckerman B, Hart MH (eds) Extraterrestrials: where are they? CUP, Cambridge
Hartmann WK, Davis DR (1975) Satellite-sized planetesimals and lunar origin. Icarus 24:504-14
Hartogh P et al. (2011) Ocean-like water in the Jupiter-family comet 103P/Hartley 2. Nature 478:218-220
Hawking SW (2010) Stephen Hawking warns over making contact with aliens. BBC News (25 April). http://news.bbc.co.uk/1/hi/8642558.stm. Accessed 14 March 2014
Hecht J (2010) Beam: the race to make the laser. OUP, Oxford
Heller R, Armstrong J (2014) Superhabitable worlds. Astrobiology 14:50-66
Hempel CG (1945a) Studies in the logic of confirmation I. Mind 54(213):1-26
Hempel CG (1945b) Studies in the logic of confirmation II. Mind 54(214):97-121
Hemry JG (2000) Interstellar navigation or getting where you want to go and back again (in one piece). Analog 121(11):30-37
Hersh R (1997) What is mathematics really? OUP, Oxford
Herzing DL (2014) Profiling nonhuman intelligence: an exercise in developing unbiased tools for describing other "types" of intelligence on earth. Acta Astronaut 94:676-80
Hoagland RC (1987) The monuments of Mars. North Atlantic, Berkeley〔ホーグランド『火星のモニュメント』並木伸一郎、宇佐和通訳、学習研究社（2003)〕
Hodgins G (2012) Forensic investigations of the Voynich MS. Voynich 100 Conference www.voynich.nu/mon2012/index.html. Accessed 4 March 2014
Hoffman P (1998) The man who loved only numbers. Hyperion, New York〔ホフマン『放浪の天才数学者エルデシュ』平石律子訳、草思社文庫（2011)〕
Hoffman PF, Schrag DP (2000) Snowball earth. Sci Am 282(1):68-75〔ホフマン／シュラグ「氷に閉ざされた地球」岡本和明、丸山茂徳訳、『日経サイエンス』2000 年 4 月号所収〕
Hoffman PF, Kaufman AJ, Halverson GP, Schrag DP (1998) A neoproterozoic snowball earth. Science 281:1342-6
Hogben LT (1963) Science in authority. Norton, New York
Hohlfeld R, Cohen N (2000) Optimum SETI search strategy based on properties of a flux-limited catalogue. SETI beyond Ozma. SETI Press, Mountain View
Höss M (2000) Ancient DNA: neanderthal population genetics. Nature 404:453-4
Hoyle F, Eliot J (1963) A for Andromeda. Corgi, London〔ホイル、エリオット『アンドロメダのA』伊藤哲訳、ハヤカワ文庫 NF（1981)〕
Hoyle F, Wickramasinghe NC (2000) Astronomical origins of life. Kluwer, Dordrecht
Hut P, Rees MJ (1983) How stable is our vacuum? Nature 302:508-509
Icke D (1999) The biggest secret. Bridge of Love, Newport〔アイク『大いなる秘密』上下、太田龍訳、三交社（2000)〕
Inoue M, Yokoo H (2011) Type III Dyson sphere of highly advanced civilisations around a super massive black hole. J Br Interplanet Soc 64:58-62
IPCC (2013) Climate change 2013: the physical science basis. WMO, Geneva〔Thomas F. Stocker ほか編『気候変動 2013』気象庁訳、環境省（2015)〕
Jacobson SA, Morbidelli A, Raymond SN, O'Brien DP, Walsh KJ, Rubie DC (2014) Highly siderophile elements in earth's mantle as a clock for the moon-forming impact. Nature 508:84-7
Jaffe RC et al. (2000) Review of speculative "disaster scenarios" at RHIC. Rev Mod Phys 72:1125-1140
Johnson EE, Baram M (2014) New US Science Commission should look at experiment's risk of de-

stroying the earth. Int. Business Times www.ibtimes.com. Accessed 7 March 2014
Jones EM (1975) Colonization of the Galaxy. Icarus 28:421-2
Jones EM (1981) Discrete calculations of interstellar migration and settlement. Icarus 46:328-36
Jones EM (1985) Where is everybody? An account of Fermi's question. Physics Today (Aug) pp 11-13
Jones EM (1995) Estimates of expansion timescales. In Zuckerman B, Hart MH (eds) Extraterrestrials: where are they? CUP, Cambridge
Jugaku J, Nishimura SE (1991) A search for Dyson spheres around late-type stars in the IRAS catalog. In: Heidemann J, Klein MJ (eds) Bioastronomy: the search for extraterrestrial life (lecture notes in physics) 390. Springer, Berlin
Jugaku J, Nishimura SE (1997) A search for Dyson spheres around late-type stars in the solar neighborhood II. In: B Cosmovici C, Bowyer S, Wertheimer D (eds) Astronomical and biochemical origins and the search for life in the universe. Editrice Compositori, Bologna, pp 707-10
Jugaku J, Nishimura SE (2000) A search for Dyson spheres around late-type stars in the solar neighbourhood. III. In: Lemarchand G, Meech K (eds) Bioastronomy: a new era in the search for life. UCP, Chicago
Kardashev NS (1979) Optimal wavelength region for communication with extraterrestrial intelligence— λ = 1.5mm. Nature 278:28-30
Kasting JF, Reynolds RT, Whitmire DP (1992) Habitable zones around main sequence stars. Icarus 101:108-128
Kecskes C (1998) The possibility of finding traces of extraterrestrial intelligence on asteroids. J Br Interplanet Soc 51:175-180
Kecskes C (2002) Scenarios which may lead to the rise of an asteroid-based technical civilisation. Acta Astronaut 50:569-577
KEO (2014) Welcome to KEO. www.keo.org
Kinouchi O (2001) Persistence solves Fermi paradox but challenges SETI projects. arXiv:cond-mat/0112137v1
Kirschvink JL (1992) Late proterozoic low-latitude global glaciation: the snowball earth. In Schopf JW, Klein C (eds) The Proterozoic biosphere. CUP, Cambridge
Knoll AH, Carroll S (1999) Early animal evolution: emerging views from comparative biology and geology. Science 284:2129-2137
Knuth DE (1984) The TEX book. Addison Wesley, Reading〔クヌース『TEX ブック』鷺谷好輝訳、アスキー（1992)〕
Kohn M (1999) As we know it. Granta, London
Korhonen JM (2013) MAD with aliens? Interstellar deterrence and its implications. Acta Astronaut 86:201-210
Korpela EJ et al (2011) Status of the UC-Berkeley SETI efforts. Proc. SPIE: Instruments, Methods, and Missions for Astrobiology XIV 8152 Ed. R B Hoover, P C W Davies, G V Levin and A Y Rozanov
Krasnikov SV (2000) A traversible wormhole. Phys Rev D 62:084028
Krause J, Fu Q, Good JM, Viola B, Shunkov MV, Derevianko AP, Pääbo S (2010) The complete mitochondrial DNA genome of an unknown hominin from southern Siberia. Nature 464:894-897
Kuiper TBH, Morris M (1977) Searching for extraterrestrial civilizations. Science 196:616-621
Lachman M, Newman MEJ, Moore C (2004) The physical limits of communication, or why any sufficiently advanced technology is indistinguishable from noise. Am J Phys 72:1290-1293
Lage C (2012) Probing the limits of extremophilic life in extraterrestrial environment-simulated ex-

periments. Int J Astrobiol 11:251-256
Lai C, S L et al. (2001) A forkhead-domain gene is mutated in a severe speech and language disorder. Nature 413:519-523
Lampton M (2013) Information-driven societies and Fermi's paradox. Int J Astrobiol 12:312-3
Landis GA (1998) The Fermi paradox: an approach based on percolation theory. J Br Interplanet Soc 51:163-166
Lane N (2010) Life ascending. Profile, London〔レーン『生命の跳躍』斉藤隆央訳、みすず書房 (2010)〕
Lanouette W, Szilard B (1994) Genius in the shadows: a biography of Leo Szilard, the man behind the bomb. UCP, Chicago
Lawton AT, Newton SJ (1974) Long delayed echoes: the search for a solution. Spaceflight 6:181-187
Lazio TJW, Tarter J, Backus PR (2002) Megachannel extraterrestrial assay candidates: no transmissions from intrinsically steady sources. Astron J 124:560-564
Leakey R (1994) The origin of humankind. Weidenfeld and Nicolson, London〔リーキー『ヒトはいつから人間になったか』馬場悠男訳、草思社 (1996)〕
Leakey R, Lewin R (1995) The sixth extinction. Doubleday, New York
Learned JG, Pakvasa S, Simmons WA, Tata X (1994) Timing data communications with neutrinos: a new approach to SETI. Q J R Astro Soc 35:321-329
Learned JG, Pakvasa S, Zee A (2009) Galactic neutrino communication. Phys Lett B 671:15-19
Lemarchand GA (2008) Counting on beauty: the role of aesthetic, ethical, and physical universal principles for interstellar communication. arXiv:0807.4518
LePage AJ (2000) Where they could hide. Sci Am 283(7):30-31〔ルパージュ「隠れた高度文明はあるのか」『日経サイエンス』2000 年 10 月号所収〕
Leslie J (1996) The end of the world. Routledge, London〔レスリー『世界の終焉』松浦俊輔訳、青土社 (2017)〕
Levathes L (1997) When China ruled the seas: the treasure fleet of the dragon throne. OUP, Oxford, pp 1405-1433〔リヴァシーズ『中国が海を支配したとき』君野隆久訳、新書館 (1996)〕
Lineweaver CH (2008) Paleontological tests: human-like intelligence is not a convergent feature of evolution. In: Seckbach J, Walsh M (eds) From fossils to astrobiology. Springer, Berlin, pp 355-68
Lineweaver CH, Davis TM (2002) Does the rapid appearance of life on earth suggest that life is common in the universe? Astrobiology 2:293-304
Lineweaver CH, Fenner Y, Gibson BK (2004) The galactic habitable zone and the age distribution of complex life in the Milky Way. Science 303:59-62
Lis DC et al (2013) A Herschel study of D/H in water in the Jupiter-family comet 45P/Honda-Mrkos-Pajdůšáková and prospects for D/H measurements with CCAT. Astrophys J Lett 774:L3-L8
Lissauer JJ, Chambers JE (2008) Solar and planetary destabilization of the earth-moon triangular Lagrangian points. Icarus 195:16-27
Livio M (1999) How rare are extraterrestrial civilizations, and when did they emerge? Astrophys J 511:429-431
Loeb A, Turner EL (2012) Detection technique for artificially illuminated objects in the outer solar system and beyond. Astrobiology 12:290-294
Loeb A, Zaldarriaga M (2007) Eavesdropping on radio broadcasts from galactic civilizations with upcoming observatories for redshifted 21 cm radiation. J Cosmol Astropart Phys. doi:10.1088/1475-7516/2007/01/020
Lovelock JE (2009) The vanishing face of Gaia: a final warning—enjoy it while you can. Allen Lane,

London
Lovelock JE (2014) A rough ride to the future. Allen Lane, London
Lunan D (1974) Man and the stars. Souvenir, London
Lytkin V, Finney B, Alepko L (1995) Tsiolkovsky, Russian cosmism and extraterrestrial intelligence. Q J R Astro Soc 36:369-376
Maccone C (1994) Space missions outside the solar system to exploit the gravitational lens of the Sun. J Br Interplanet Soc 47:45-52
Maccone C (2000) The gravitational lens of Alpha Centauri a, b, c and of Barnard's star. Acta Astronaut 47:885-897
Maccone C (2009) Deep space flight and communications—exploiting the Sun as a gravitational lens. Springer, Berlin
Maccone C (2011) Focusing the galactic internet. In: Paul Schuch H (ed) Searching for extraterrestrial intelligence: SETI past, present and future. Springer, Berlin, pp 325-49
Maccone C (2013) Sun focus comes first, interstellar comes second. J Br Interplanet Soc 66:25-37
Maccone C, Piantà M (1997) Magnifying the nearby stellar systems by FOCAL space missions to 550 AU. Part I. J Br Interplanet Soc 50:277-280
Mallove EF, Matloff GL (1989) The starflight handbook. Wiley, New York
Malyshev DA, Dhami K, Lavergne T, Chen T, Dai N, Foster JM, Corrêa IR, Romesberg FE (2014) A semi-synthetic organism with an expanded genetic alphabet. Nature. doi:10.1038/nature13314
Marshak S (2009) Essentials of geology, 3rd edn. Norton, New York
Martin G, R R (1976) A song for Lya. Avon, New York〔マーティン「ライアへの賛歌」谷口高夫訳、『世界 SF 大賞傑作選』8、講談社文庫（1978）所収〕
Martins Z, Price MC, Goldman N, Sephton MA, Burchell MJ (2013) Shock synthesis of amino acids from impacting cometary and icy planet surface analogues. Nat Geosci 6:1045-1049
Mathews JD (2011) From here to ET. J Br Interplanet Soc 64:234-241
Matthews R (1999) A black hole ate my planet. New Scientist 28 Aug pp 24-27 Mauersberger R et al (1996) SETI at the spin-flip line frequency of positronium. Astron Astrophys 306:141-144
Mayr E (1995) A critique of the search for extraterrestrial intelligence. Bioastronomy News 7(3)
McBreen B, Hanlon L (1999) Gamma-ray bursts and the origin of chondrules and planets. Astron Astrophys 351:759-765
McCabe M, Lucas H (2010) On the origin and evolution of life in the galaxy. Int J Astrobiol 9:217-226
McClean D (ed) (2010) World disaster report 2010. International Federation of Red Cross and Red Crescent Societies, Geneva
McGrayne SB (2011) The theory that would not die. YUP, Yale〔マグレイン『異端の統計学ベイズ』冨永星訳、草思社（2013）〕
McInnes CR (2002) The light cage limit to interstellar expansion. J Br Interplanet Soc 55:279-284
McPhee J (1973) The curve of binding energy. Farrar, Straus and Giroux, New York〔マックフィー『原爆は誰でも作れる』小隅黎訳、文化放送開発センター出版部（1975）〕
Melott AL, Lieberman BS, Laird CM, Martin LD, Medvedev MV, Thomas BC, Cannizzo JK, Gehrels N, Jackman CH (2004) Did a gamma-ray burst initiate the late Ordovician mass extinction? Int J Astrobiol 3:55-61
Mereghetti S (2008) The strongest cosmic magnets: soft gamma-ray repeaters and anomalous x-ray pulsars. Astron Astrophys Rev 15:225-287
Mermin ND (1990) Boojums all the way through. CUP, Cambridge〔マーミン『相対論／量子のミステリー』町田茂訳、丸善（二分冊、1994）〕
Meshik AP (2005) The workings of an ancient nuclear reactor. Sci Am 293(5):83-91 Messerschmitt

DG (2012) Interstellar communication: the case for spread spectrum. Acta Astronaut 81:227-38
Metropolis N (1987) The beginning of the Monte Carlo method. Los Alamos Science (Special issue dedicated to Stanislaw Ulam). pp 125-130
Metzinger T (2003) Being no one: the self-model theory of subjectivity. MIT Press, Cambridge
Meyer M et al. (2013) A mitochondrial genome sequence of a hominin from Sima de los Huesos. Nature 505:403-406
Miller WM Jr (1960) A canticle for Liebowitz. Lippincott, Philadelphia〔ミラー『黙示録 3174 年』吉田誠一訳、創元 SF 文庫（1971)〕
Minsky M (1973) Talk given at the Communication With Extraterrestrial Intelligence (CETI) conference. In C Sagan (ed) Proceedings of a Conference Held at Byurakan Astrophysical Observatory, Yerevan, USSR, 5-11 Sept 1971 p ix (Cambridge, MA: MIT Press)
Minsky M (1985) Communication with alien intelligence. In Regis E (ed) Extraterrestrials: science and alien intelligence. CUP, Cambridge
Miodownik M (2013) Stuff matters. Viking, London〔ミーオドヴニク『人類を変えた素晴らしき 10 の材料』松井信彦訳、インターシフト／合同出版（2015)〕
Mitchell P (1961) Coupling of phosphorylation to electron and hydrogen transfer by a chemi-osmotic type of mechanism. Nature 191:144-148
Monod J (1971) Chance and necessity. Collins, London〔モノー『偶然と必然』渡辺格、村上光彦訳、みすず書房（1972)〕
Monroe T, W R et al. (2013) High precision abundances of the old solar twin HIP 102152: insights on Li depletion from the oldest Sun. Astrophys J Lett 774:L32(6pp)
Moore GE (1965) Cramming more components onto integrated circuits. Electronics 38(8):114-117
Moravec H (1988) Mind children. Harvard University, Cambridge〔モラヴェック『電脳生物たち』野崎昭弘訳、岩波書店（1991)〕
Morbidelli A, Chambers J, Lunine JI, Petit JM, Robert F, Valsecchi GB, Cyr KE (2000) Source regions and timescales for the delivery of water on earth. Meteor Planet Sci 35:1309-1320
Morrison IS (2012) Detection of antipodal signalling and its application to sideband SETI. Acta Astronaut 78:90-98
Morrison P (1962) Interstellar communication. Bull Phil Soc Wash 16:68-81
Morrison P (2011) Hungarians as Martians: the truth behind the legend. In: Schuch HP (ed) Searching for extraterrestrial intelligence: SETI past, present and future. Springer, Berlin, pp 515-517
Musso P (2011) A language based on analogy to communicate cultural concepts in SETI. Acta Astronaut 68:489-499
Musso P (2012) The problem of active SETI: an overview. Acta Astronaut 78:43-54
NASA (2012) Wilkinson Microwave Anisotropy Probe home page. http://wmap.gsfc.nasa.gov
NASA (2013) Voyager home page. http://voyager.jpl.nasa.gov
Nasar S (1994) A beautiful mind. Simon and Schuster, New York〔ナサー『ビューティフル・マインド』塩川優訳、新潮文庫（2013)〕
Newman WI, Sagan C (1981) Galactic civilizations: population dynamics and interstellar diffusion. Icarus 46:293-327
Nicholson A, Forgan D (2013) Slingshot dynamics for self-replicating probes and the effect on exploration timescales. Int J Astrobiol 12:337-344
Niven L (1970) Ringworld. Ballantine, New York〔ニーヴン『リングワールド』小隅黎訳、ハヤカワ文庫 SF（1988)〕
Niven L (1973) Inconstant moon. Gollancz, London〔ニーヴン「無常の月」小隅黎訳、『無常の月』ハヤカワ文庫 SF（1979）所収〕

Niven L (1984) Integral trees. Del Rey, New York〔ニーヴン『インテグラル・ツリー』小隅黎訳、ハヤカワ文庫 SF（1985)〕
Norris RP (2000) How old is ET? In Tough A (ed) When SETI succeeds: the impact of high-information contact. Foundation for the Future, Bellevue, pp 103-105.
Nussinov S (2009) Some comments on possible preferred directions for the SETI search. arXiv:0903.1628v1
O'Leary M (2008) Anaxagoras and the origin of panspermia theory. iUniverse, Bloomington
O'Leary MA et al (2013) The placental mammal ancestor and the post-K-Pg radiation of placentals. Science 339:662-667
Ollongren A (2011) Recursivity in Lingua Cosmica. Acta Astronaut 68:544-8
Ollongren A (2013) Astrolinguistics. Springer, New York
Olson EC (1988) N and the rise of cognitive intelligence on earth. Q J R Astro Soc 29:503-509
OPERA Collaboration (2011) Measurement of the neutrino velocity with the OPERA detector in the CNGS beam. arXiv:1109.4897v1
Oreskes N (2003) Plate tectonics: an insider's history of the modern theory of the earth. Westview, Boulder
Pääbo S (2014) Neanderthal man: in search of lost genomes. Basic, London〔ペーボ『ネアンデルタール人は私たちと交配した』野中香方子訳、文藝春秋（2015)〕
Papagiannis MD (1978) Are we all alone, or could they be in the asteroid belt? Q J R Astro Soc 19:236-251
Parthasarathy KR (1988) Obituary: Andreii Nikolaevich Kolmogorov. J Appl Prob 25:445-450
Penny AJ (2004) SETI with SKA. The scientific promise of the SKA (SKA Workshop, Oxford)
Penny AJ (2012) Transmitting (and listening) may be good (or bad). Acta Astronaut 78:69-71
Penrose R (1989) The emperor's new mind. OUP, Oxford〔ペンローズ『皇帝の新しい心』林一訳、みすず書房（1994)〕
Petigura EA, Howard AW, Marcy GW (2013) Prevalence of earth-size planets orbiting Sun-like stars. Proc Natl Acad Sci. doi:10.1073/pnas.1319909110
Pinker S (1994) The language instinct. Allen Lane, London〔ピンカー『言語を生み出す本能』上下、椋田直子訳、日本放送出版協会（1995)〕
Pons M-L, Quitte G, Fujii T, Rosing MT, Reynard F, Moynier F, Douchet C, Albarede F (2011) Early Archean serpentine mud volcanoes at Isua, Greenland, as a niche for early life. Proc Natl Acad Sci. doi:10.1073/pnas.1108061108
Popper K (1963) Conjectures and refutations: the growth of scientific knowledge. Routledge, London〔ポパー『推測と反駁』藤尾隆志ほか訳、法政大学出版局（2009)〕
Poundstone W (1988) Labyrinths of reason. Penguin, London〔パウンドストーン『パラドックス大全』松浦俊輔訳、青土社（2004)〕
Prantzos N (2013) A joint analysis of the Drake equation and the Fermi paradox. Int J Astrobiol 12:246-253
Prüfer K et al (2013) The complete genome sequence of a Neanderthal from the Altai mountains. Nature 505:43-49
Puthoff HE (1996) SETI, the velocity of light limitation, and the Alcubierre warp drive: an integrating overview. Phys Essays 9:156
Quintana EV (2014) An earth-sized planet in the habitable zone of a cool star. Science 344:277-280
Quiring R et al (1994) Homology of the eyeless gene of Drosophila to the small eye in mice and aniridia in humans. Science 265:785-789
Rampadarath H, Morgan JS, Tingay SJ, Trott CM (2012) The first very long baseline interferometric SETI experiment. Astron J 144(2):38

Rapoport A (1967) Escape from paradox. Sci Am 217(1):50-56
Rasmussen M et al (2011) An Aboriginal Australian genome reveals separate human dispersals into Asia. Science 334:94-98
Reines AE, Marcy GW (2002) Optical SETI: a spectroscopic search for laser emission from nearby stars. Pub Astron Soc Pacific 114:416-426
Reinganum MR (1986-1987) Is time travel impossible? A financial proof. J Portfolio Manage 13(1):10-12
Ridley M (2011) Francis Crick. Harper Perennial, London〔リドレー『フランシス・クリック』田村浩二訳、勁草書房（2015）〕
Rogers LJ (1997) Minds of their own. Westview, Boulder〔ロジャース『意識する動物たち』長野敬、赤松眞紀訳、青土社（1999）〕
Rood RT, Trefil JS (1981) Are we alone? Charles Scribner's, New York〔ルード／トレフィル『さびしい宇宙人』出口修至訳、地人書館（1983）〕
Rose C, Wright G (2004) Inscribed matter as an energy-efficient means of communication with an extraterrestrial civilization. Nature 431:47-9
Rouse Ball WW (1908) A short account of the history of mathematics. Dover, New York
Roy KI, Kennedy RG III, Fields DE (2013) Shell worlds. Acta Astronaut 82:238-245
Royal S (2004) Nanoscience and nanotechnologies. Royal Society, London
Rummel JD (2001) Planetary exploration in the time of astrobiology: protecting against biological contamination. Pub Natl Acad Sci 98:2128-2131
Rushby AJ, Claire MW, Osborn H, Watson AJ (2013) Habitable zone lifetimes of exoplanets around main sequence stars. Astrobiology 13:833-849
Saberhagen F (1967) Berserker. Ballantine, New York〔セイバーヘーゲン『赤方偏移の仮面』浅倉久志、岡部宏之訳、早川書房（1980）〕
Sagan CE (1985) Contact. Simon and Schuster, New York〔セーガン『コンタクト』上下、池央耿、高見浩訳、新潮文庫（1989）〕
Sandberg A, Armstrong S, Ćirković MM (2014) That is not dead which can eternal lie: what are the physical constraints for the aestivation hypothesis? Preprint　https://arxiv.org/abs/1705.03394
Savage-Rumbaugh S, Lewin R (1996) Kanzi: the ape at the brink of the human mind. Wiley, New York〔サヴェージ＝ランバウ／ルーウィン『人と話すサル「カンジ」』石館康平訳、講談社（1997）〕
Scarborough Borough Council (2012) Election results, Stakesby Ward of Whitby Town Council. http://democracy.scarborough.gov.uk/mgElectionAreaResults.aspx?ID=91&RPID=0. Accessed 20 Jan 2014
Scheffer LK (1993) Machine intelligence, the cost of interstellar travel and Fermi's paradox. Q J R Astro Soc 35:157-175
Schick KD, Toth N (1993) Making silent stones speak: human evolution and the dawn of technology. Simon and Schuster, New York
Schmidt GR, Landis GA, Oleson SR (2012) Human exploration using real-time robotic operations (HERRO): a space exploration strategy for the 21st century. Acta Astronaut 80:105-113
Schroeder K (2002) Permanence. Tor, New York
Schwamb ME et al (2013) Planet hunters: a transiting circumbinary planet in a quadruple star system. Astrophys J 768:127 (21pp)
Schwartz RN, Townes CH (1961) Interstellar and interplanetary communication by optical masers. Nature 190:205-208
Seager S (2013) Exoplanet habitability. Science 340:577-581
Searle JR (1984) Minds, brains and programs. Harvard University, Cambridge〔サール「心・脳・プログラム」久慈要訳、『マインズ・アイ』TBS ブリタニカ（1992）所収〕

Secker J, Wesson PS, Lepock JR (1996) Astrophysical and biological constraints on radiopanspermia. J R Astro Soc Canada 90:184-192

Segré E (1970) Enrico Fermi: physicist. UCP, Chicago〔セグレ『エンリコ・フェルミ伝』久保亮五、久保千鶴子訳、みすず書房（1976）〕

Selsis F, Kasting JF, Levard B, Paillet J, Ribas I, Delfosse X (2007) Habitable planets around the star Gliese 581? Astron Astrophys 476:1373-1387

SETI@home (2000) SETI@home poll results. http://boinc.berkeley.edu/slides/xerox/polls.html. Accessed 14 Feb 2014

SETI@home (2013) SETI@home homepage. www.SetiAtHome.ssl.berkeley.edu. Accessed 14 Feb 2014

SetiLeague (2013) Ask Dr SETI www.setileague.org/askdr/index.html. Accesssed 14 Feb 2014

Sharov AA, Gordon R (2013) Life before earth. arXiv:1304.3381

Shaw B (1975) Orbitsville. Gollancz, London

shCherbak VI, Makukov MA (2013) The "Wow! signal" of the terrestrial genetic code. Icarus 224:228-242

Sheaffer R (1995) An examination of claims that extraterrestrial visitors to earth are being observed. In Zuckerman B, Hart MH (eds) Extraterrestrials: where are they? Cambridge, CUP

Sheehan W (1996) The planet Mars: a history of observation and discovery. University of Arizona, Tucson

Shklovsky IS, Sagan C (1966) Intelligent life in the universe. Holden-Day, San Francisco

Siemion APV, von Korff J, McMahond P, Korpela E, Werthimer D, Anderson D, Bowera G, Cobb J, Foster G, Lebofsky M, van Leeuwen J, Wagner M (2010) New SETI sky surveys for radio pulses. Acta Astronaut 67:1342-1349

Siemion APV, Demorest P, Korpela E, Maddalena RJ, Werthimer D, Cobb J, Howard AW, Langston G, Lebofsky M, Marcy GW, Tarter J (2013) A 1.1 to 1.9 GHz SETI survey of the Kepler field: I. A search for narrow-band emission from select targets. Astrophys J 767:94

Sieveking A (1979) The cave artists. Thames and Hudson, London

Silagadze ZK (2008) SETI and muon collider. Acta Phys Polonica B 39:2943-2948

Smart JM (2012) The transcension hypothesis: sufficiently advanced civilizations invariably leave our universe, and implications for METI and SETI. Acta Astronaut 78:55-68

Smith A (2005) Moondust: in search of the men who fell to earth. Bloomsbury, London

Smith RD (2009) Broadcasting but not receiving: density dependence considerations for SETI signals. Int J Astrobiol 8:101-105

Smolin L (1997) The life of the cosmos. Weidenfeld and Nicolson, London〔スモーリン『宇宙は自ら進化した』野本陽代訳、日本放送出版協会（2000）〕

Sobral D, Smail I, Best PN, Geach JE, Matsuda Y, Stott JP, Cirasuolo M, Kurk J (2013) A large, multi-epoch H α survey at z = 2.23, 1. 47, 0.84 & 0.40: the 11 Gyr evolution of star-forming galaxies from HiZELS. Mon Not R Astro Soc 428:1128-1146

Sorby HC (1877) On the structure and origin of meteorites. Nature 15:495-498

Soressi M et al. (2013) Neandertals made the first specialized bone tools in Europe. Proc Natl Acad Sci 110:14186-14190

Spiegel DS, Turner EL (2012) Bayesian analysis of the astrobiological implications of life's early emergence on earth. Proc Natl Acad Sci 109:395-400

Stapledon O (1930) Last and first men. Methuen, London〔ステープルドン『最後にして最初の人類』浜口稔訳、国書刊行会（2004）〕

Stapledon O (1937) Star maker. Methuen, London〔ステープルドン『スターメイカー』浜口稔訳、国書刊行会（2004）〕

Stauffer D (1985) Introduction to percolation theory. Taylor and Francis, London〔スタウファー／アハロニー『パーコレーションの基本原理』小田垣孝訳、吉岡書店（2001)〕
Stephenson DG (1978) Extraterrestrial cultures within the solar system? Q J R Astro Soc 19:277-281
Stevenson DJ (2003) Mission to earth's core—a modest proposal. Nature 423:239-240
Story R (1976) The space gods revealed. Barnes and Noble, New York
Stringer C (2012) The origin of our species. Penguin, London
Sullivan WS (1964) We are not alone. Pelican, London〔サリヴァン『われわれは孤独ではない』上田彦二訳、早川書房（1967)〕
Sullivan W T III, Baross J (eds) (2007) Planets and life: the emerging science of astrobiology. CUP, Cambridge
Sullivan WT III, Brown S, Wetherill C (1978) Eavesdropping: the radio signature of the earth. Science 199:377-388
Tarter J (2001) The search for extraterrestrial intelligence (SETI). Ann Rev Astron Astrophys 39:511-548
Tarter J et al. (2011) The first SETI observations with the Allen telescope array. Acta Astronaut 68:340-346
Tattersall I (1998) Becoming human. OUP, Oxford〔タッターソル『サルと人の進化論』秋岡史訳、原書房（1999)〕
Tattersall I (2000) Once we were not alone. Sci Am 282(1):56-62〔タッターソル「共存していた多様な人類」内田亮子訳、『日経サイエンス』2000 年 4 月号所収〕
Taylor SR (1998) Destiny or chance. CUP, Cambridge
Tegmark M, Wheeler JA (2001) 100 years of the quantum. Sci Am 284(2):68-75〔テグマーク／ウィーラー「量子力学 100 年の謎」岡村浩訳、『日経サイエンス』2001 年 5 月号所収〕
Teilhard deCP (2004) The future of man. Image, London〔テイヤール・ド・シャルダン『人間の未来』伊藤晃 , 渡辺義愛訳、みすず書房（1969)〕
Thomas B (2009) Gamma-ray bursts as a threat to life on earth. Int J Astrobiol 8:183-186
Thorne K (1994) Black holes and time warps. Norton, New York〔ソーン『ブラックホールと時空の歪み』林一、塚原周信訳、白揚社（1997)〕
Tipler FJ (1980) Extraterrestial intelligent beings do not exist. Q J R Astro Soc 21:267-281
Tipler FJ (1994) The physics of immortality. Anchor, New York
Turco RP et al (1983) Nuclear winter: global consequences of multiple nuclear explosions. Science 222:1283-1297
Turnbull MC, Tarter J (2003a) Target selection for SETI. I. A catalog of nearby habitable stellar systems. Astrophys J Supp 145:181-198
Turnbull MC, Tarter J (2003b) Target selection for SETI. II. Tycho-2 dwarfs, old open clusters, and the nearest 100 stars. Astrophys J Supp 149:423-436
Ulam SM (1958a) On the possibility of extracting energy from gravitational systems by navigating space vehicles. Report LA-2219-MS. (Los Alamos, NM: Los Alamos National Laboratory)
Ulam SM (1958b) Tribute to John von Neumann, 1903-57. Bull Am Math Soc 64:1-49
Ulam SM (1976) Adventures of a mathematician. University of California, Berkeley Vaidya PG (2007) Are we alone in the multiverse? arXiv:0706.0317v1
Vakoch DA (2011) Asymmetry in active SETI: a case for transmissions from earth. Acta Astronaut 68:476-488
Valley JW et al. (2014) Hadean age for a post-magma-ocean zircon confirmed by atom-probe tomography. Nat Geosci 7:219-223
Van Den Broeck C (1999) A "warp drive" with more reasonable total energy requirements. Class

Quantum Gravity 16:3973-3979
Vedrenne G, Atteia J-L (2009) Gamma-ray bursts: the brightest explosions in the universe. Springer, Berlin
Venter C (2013) Life at the speed of light: from the double helix to the dawn of digital life. Viking, New York
Vidal C (2013) The beginning and the end: the meaning of life in a cosmological perspective. PhD thesis, Vrije Universiteit Brussel.
Viet L, Nieder A (2013) Abstract rule neurons in the endbrain support intelligent behaviour in corvid songbirds. Nat Commun 4. doi:10.1038/ncomms3878
Viewing D (1975) Directly interacting extra-terrestrial technological communities. J Br Interplanet Soc 28:735-744
Vinge V (1993) VISION-21 Symposium (NASA Lewis Research Center)
Visalberghi E, Trinca L (1989) Tool use in capuchin monkeys: distinguishing between performing and understanding. Primates 30:511-521
Vladilo G, Murante G, Silva L, Provenzale A, Ferri G, Ragazzini G (2013). The habitable zone of earth-like planets with different levels of atmospheric pressure. Astrophys J 76:65 (23 pp)
von Däniken E (1969) Chariots of the gods. Souvenir, London〔フォン・デニケン『未来の記憶』松谷健二訳、角川文庫（1974)〕
von Däniken E (1972) The gold of the gods. Bantam, New York〔フォン・デニケン『人類を創った神々』金森誠一訳、角川書店（1997)〕
von Däniken E (1997) The return of the gods. Element, London〔フォン・デニケン『神々の帰還』南山宏訳、廣済堂出版（1999)〕
von Eshleman R (1979) Gravitational lens of the Sun: its potential for observations and communications over interstellar distances. Science 205:1133-1135
von Hoerner S (1975) Population explosion and interstellar expansion. J Br Interplanet Soc 28:691-712
Vonnegut K (1963) Cat's cradle. Holt, Rinehart and Winston, New York〔ヴォネガット『猫のゆりかご』伊藤典夫訳、ハヤカワ文庫 SF（2010)〕
vos Savant M (1990) “Game show problem”. marilynvossavant.com. Accessed 30 May 2014
Voyager (2013) HPL home page. www.jpl.nasa.gov/index.cfm
Vukotić B, Ćirković MM (2012) Astrobiological complexity with probabilistic cellular automata. Orig Life Evol Biosph 42:347-371
Walker J, Hays P, Kasting J (1981) A negative feedback mechanism for the long-term stabilization of the earth's surface temperature. J Geophys Res 86:9776-9782
Waltham D (2014) Lucky planet. Icon, London
Ward PD, Brownlee D (1999) Rare earth. Copernicus, New York
Watson AJ (2008) Implications of an anthropic model of evolution for emergence of complex life and intelligence. Astrobiology 8:175-185
Watson JD (2010) The double helix: a personal account of the discovery of the structure of DNA. Phoenix, London〔ワトソン『二重らせん』江上不二夫、中村桂子訳、講談社ブルーバックス（2012)〕
Watts P (2006) Blindsight. Tor, New York〔ワッツ『ブラインドサイト』上下、嶋田洋一訳、創元 SF 文庫（2013)〕
Weart SR (2008) The discovery of global warming: revised and expanded edition. Harvard University, Cambridge〔ワート『温暖化の「発見」とは何か』増田耕一、熊井ひろ美訳、みすず書房（2005)〕
Webb S (1999) Measuring the universe. Springer, Berlin
Webb S (2004) Out of this world. Praxis, Chichester〔ウェッブ『現代物理学が描く突飛な宇宙をめぐる 11 章』松浦俊輔訳、青土社（2005)〕

Webb S (2012) New eyes on the universe. Springer, New York〔ウェッブ『宇宙物理学者がどうしても解きたい 12 の謎』松浦俊輔訳、青土社（2013)〕
Webb S (2014) Ripples from the start of time? In: Mason J (ed) Patrick Moore's yearbook of astronomy 2015. Macmillan, London, pp 243-265
Weinberg S (1993) Dreams of a final theory: the search for the fundamental laws of nature. Hutchinson, London〔ワインバーグ『究極理論への夢』小尾信弥、加藤正昭訳、ダイヤモンド社〕
Weisberg JM, Taylor JM (2005) The relativistic binary pulsar B1913+16: thirty years of observations and analysis. In Rasio F A and Stairs I H (eds) Astron Soc Pacific Conf Series 328, p. 25
Weisman A (2007) The world without us. Picador, New York〔ワイズマン『人類が消えた世界』鬼澤忍訳、ハヤカワ文庫 NF（2009)〕
Welch J et al. (2009) The Allen Telescope Array: the first widefield, panchromatic, snapshot radio camera for radio astronomy and SETI. Proc IEEE Spec Issue Adv Radio Telesc 97:1438-47
Wells HG (1898) War of the worlds. Heinemann, London〔ウェルズ『宇宙戦争』各種文庫など、邦訳多数〕
Wells W (2009) Apocalypse when? Praxis, Chichester
Wesson PS (1990) Cosmology, extraterrestrial intelligence, and a resolution of the Fermi-Hart paradox. Q J R Astro Soc 31:161-170
Wesson PS (2010) Panspermia, past and present: astrophysical and biophysical conditions for the dissemination of life in space. Space Sci Rev 156:239-252
Whates I (2014) Paradox: stories inspired by the Fermi paradox. NewCon Press, Cambridgeshire
Whitmire DP,Wright DP (1980) Nuclear waste spectrum as evidence of technological extraterrestrial civilizations. Icarus 42:149-156
WHO (2013) Urban population growth. http://www.who.int/gho/urban_health/situation_trends/urban_population_growth_text/en/
Wiechert U, Halliday AN, Lee D-C, Snyder GA, Taylor LA, Rumble D (2001) Oxygen isotopes and the moon-forming giant impact. Science 294:345-358
Wigner E (1960) The unreasonable effectiveness of mathematics in the natural sciences. Commun Pure Appl Math 13(1):1-14
Wiley KB (2011) The Fermi paradox, self-replicating probes, and the interstellar transportation bandwidth. arXiv:1111.6131v1
Williams IP, Cremin AW (1968) A survey of theories relating to the origin of the solar system. Q J R Astro Soc 9:40-62
Williamson T (1994) Vagueness. Routledge, London
Witze A (2014) Icy Enceladus hides a water ocean. Nature. doi:10.1038/nature.2014. 14985
Woese CR, Kandler O, Wheelis ML (1990) Towards a natural system of organisms: pro- posal for the domains Archaea, Bacteria, and Eucarya. Proc Natl Acad Sci U S A 87:4576-4579
Worth RJ, Sigurdsson S, House CH (2013) Seeding life on the moons of the outer planets via lithopanspermia. Astrobiology 13:1155-1165
Yeomans DK (2012) Near-earth objects: finding them before they find us. Princeton University, Princeton〔ヨーマンズ『地球接近天体』山田陽志郎訳、地人書館（2014)〕
Yokoo H, Oshima T (1979) Is bacteriophage phi X174 DNA a message from an extraterrestrial intelligence? Icarus 38:148-153
Zahnle K (2001) Decline and fall of the Martian empire. Nature 412:209-213
Zaitsev A (2006) The SETI paradox. Bull Spec Astrophys Obs 60
Zaitsev A (2012) Classification of interstellar radio messages. Acta Astronaut 78:16-19
Zalasiewicz J (2009) The earth after us: what legacy will humans leave in the rocks? OUP, Oxford
Zhang J, Dauphas N, Davis AM, Leya I, Fedkin A (2012) The proto-earth as a significant source of

lunar material. Nat Geosci 5:251-255
Zuckerman B (1985) Stellar evolution: motivation for mass interstellar migration. Q J R Astro Soc 6:56-59
Zuckerman B, Hart MH (eds) (1995) Extraterrestrials—where are they? CUP, Cambridge

Translation from the English language edition:
If the Universe Is Teeming with Aliens ... WHERE IS EVERYBODY?
Seventy-Five Solutions to the Fermi Paradox and the Problem of Extraterrestrial Life
by Stephen Webb

Japanese translation published by arrangement with Springer International Publishing AG
through The English Agency (Japan) Ltd.

広い宇宙に地球人しか見当たらない75の理由
フェルミのパラドックス

著者　スティーヴン・ウェッブ
訳者　松浦俊輔

2018年5月25日　第一刷印刷
2018年5月30日　第一刷発行

発行者　清水一人
発行所　青土社

〒101-0051　東京都千代田区神田神保町1-29　市瀬ビル
［電話］03-3291-9831（編集）　03-3294-7929（営業）
［振替］00190-7-192955

印刷・製本　ディグ
装丁　松田行正

ISBN978-4-7917-7077-9　Printed in Japan